U0258913

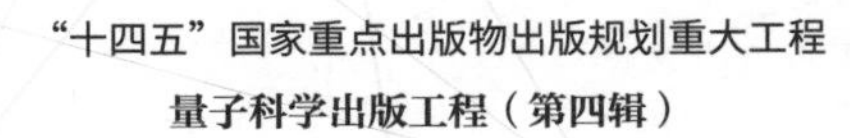

Non-perturbative Theory of Quantum Physics

汪克林　高先龙　著

中国科学技术大学出版社

内 容 简 介

随着量子物理的发展，原广泛使用的微扰理论逐渐表现出局限性，非微扰理论随之被提出. 本书对量子物理中的一些非微扰理论进行了详细阐述，从为何要引入非微扰理论开始，介绍了非微扰理论在 Jaynes-Cummings 模型、Rabi 模型、Dicke 模型、Rabi Dimer 模型等前沿理论模型中的应用，并专题讨论了玻色-Hubbard 系统、Dirac 粒子颤动、量子自由电子激光、双势阱中的势垒穿透、含时哈氏量系统、玻色化及 Luttinger 液体等内容. 对于从事量子物理研究的理论工作者以及相关领域实验工作者均具有较高的参考价值.

图书在版编目(CIP)数据

量子物理的非微扰理论/汪克林，高先龙著. —合肥：中国科学技术大学出版社，2023.9
(量子科学出版工程. 第四辑)
国家出版基金项目
“十四五”国家重点出版物出版规划重大工程
ISBN 978-7-312-05447-1

Ⅰ. 量…　Ⅱ. ①汪…　②高…　Ⅲ. 量子论—微扰论　Ⅳ. O413

中国版本图书馆 CIP 数据核字(2022)第 153837 号

量子物理的非微扰理论
LIANGZI WULI DE FEI WEIRAO LILUN

出版　中国科学技术大学出版社
安徽省合肥市金寨路 96 号，230026
http://press.ustc.edu.cn
https://zgkxjsdxcbs.tmall.com
印刷　合肥华苑印刷包装有限公司
发行　中国科学技术大学出版社
开本　787 mm×1092 mm　1/16
印张　24.25
字数　500 千
版次　2023 年 9 月第 1 版
印次　2023 年 9 月第 1 次印刷
定价　168.00 元

前言

量子物理的研究内容是从对微观世界的本质进行探讨后提出一系列基本的和重要的有别于宏观物理的新的概念和原理开始的，在应用这些原理去求解各种量子物理的问题时需要一个系统的近似计算的方法，因为除了少数的量子物理系统是严格可解的之外，大多数情况下量子物理系统只能在近似计算的情形下求解，将物理系统的态矢按Fock态集作基态矢集展开的微扰论很好地完成了这一任务，在量子物理发展的相当长的时期中，微扰论起到了将量子理论的论断与量子物理实验的观测结果做比较的桥梁作用.

随着理论和实验技术的发展，特别是激光的出现及由此带来的理论和实验问题，微扰论开始表现出其局限性：它无法承担起对这些强耦合问题的计算任务，因为微扰论运用的条件是物理系统中的相互作用的强度较弱．一个典型的、大家较为关注的例子是一个二态的粒子与单模玻色场的耦合系统，强度较弱时，在旋波近似下该系统可用JC模型来描述并可严格求解，而当耦合较强及旋波近似不再适用时需用Rabi模型来描述，这时不仅不能严格求解，微扰论亦失效．为了跳出这一困境，近年来出现了不少为处理强耦合系统而提出的方法，虽然这些方法都不是用微扰展开的微扰论方法，但它们有一个共同的特点，就是在将物理系统的态矢在态矢空间中展开时用的基态集都不再是Fock态而是相干态，这些新方法因而被统称为非微扰理论.

我们在若干年前讨论极化子、激子等准粒子有关的问题时提出了相干态展开方法，后来发展成所谓的“相干态正交化方法”，和其他的非微扰方法相同，这一方法也是在相干态表象中讨论和计算.我们经过一些思考后把它描述成了相干态表象中的积分形式，与其他的非微扰论方法的相干态表象中的微分形式有所不同，它的特点是无论对什么样的量子系统，在这种积分形式下动力学过程中的哈密顿量对系统的态矢作用都会使态矢回归到原有的积分形式，仅积分式中的“系数函数”不同而已.因此，它可以表述成一个适用于各种物理系统的统一的系统近似计算方法.除此之外，对这种积分形式下低阶系数函数递推到高阶系数函数时，函数形式的繁复程度越来越大(其他的非微扰方法亦有类似的情形)的困扰，还可通过高斯积分或辛普森积分把系数函数的复杂的解析形式用一组等效的数组代替，从而使计算量得到大大缩减.因此，该方法不仅具有适用于各种物理系统的广泛性，而且会使原来一些多分量和多模场的大计算量的问题亦有可能求解.一维量子多体系统的强关联特性使得传统的微扰方法在处理这一类体系时常常失效，因此亦需要动用非微扰的方法.

目前处理一维量子多体系统的强关联特性有三种方法:(1) 对于可积模型，可用Bethe-Ansatz猜想精确求解；对于 $U(1)$对称破缺(粒子数不守恒)的可积模型(如拓扑边界可积系统，非对角边界可积系统等)，可用局域变换方法给出边界满足一定约束条件的非平庸精确解.(2) 精确数值求解方法，包括严格对角化方法、量子蒙特卡洛方法、密度矩阵重正化群方法和密度泛函方法.(3) 玻色化的方法，这一方法是把原来具有复杂相互作用的费米子或者玻色子或者自旋问题变成容易处理的相互作用的玻色化问题，这种方法被广泛应用于一维系统、准一维系统、量子自旋链系统、自旋-声子耦合系统的晶格动力学问题及二维拓扑系统的边界态的研究中.

但是对于目前冷原子实验中的受限原子系统，特别是谐振势阱中的一维多原子系统中这样一些问题的讨论和研究，还没有专著进行总结和报道，这是本书后一部分予以系统论述的目的.

汪克林　高先龙

2023年6月

目录

前言 —— i

绪论 —— 001

第 1 章
与相干态展开法有关的基础内容 —— 021

1.1 玻色算符与 Fock 态 —— 025
1.2 谐振子系统 —— 026
1.3 相干态展开法 —— 029
1.4 演化问题 —— 039
1.5 相干态作基态矢集的两种不同方法 —— 044
1.6 一些基本运算 —— 046

第 2 章
JC 模型 —— 056

2.1 JC 模型的严格解 —— 056
2.2 用相干态展开法计算 JC 模型 —— 060

第 3 章
Rabi 模型 —— 074
3.1 Rabi 模型的准严格解 —— 075
3.2 Rabi 模型的可积性 —— 078
3.3 Bogoliubov 算符下的量子 Rabi 模型 —— 082
3.4 双光子量子 Rabi 模型 —— 087
3.5 Rabi 模型的相干态展开法的求解 —— 093
3.6 有偏置(隧穿)项的 Rabi 模型 —— 101

第 4 章
Dicke 模型 —— 106
4.1 多个二态粒子和单模耦合系统 —— 106
4.2 粒子间有相互作用的 Dicke 模型 —— 111
4.3 相干态展开法讨论 Dicke 模型 —— 114

第 5 章
Rabi Dimer 模型 —— 135
5.1 有限分量和双模耦合系统的 Rabi Dimer 模型 —— 135
5.2 物理性质的计算 —— 145

第 6 章
玻色-Hubbard 系统 —— 163
6.1 引言 —— 163
6.2 二格点、二粒子系统 —— 166
6.3 四格点、四粒子系统 —— 170

第 7 章
Dirac 粒子的颤动与量子自由电子激光 —— 176
7.1 引言 —— 176
7.2 一维 Dirac 粒子的颤动问题的求解 —— 180
7.3 二电子与单模场的自由量子激光系统的演化 —— 191

第 8 章
双势阱中的势垒穿透 —— 209
8.1 引言 —— 209
8.2 双势阱系统 —— 213
8.3 全同性原理下的计算 —— 215
8.4 量子概念下的计算 —— 226

第 9 章
含时哈密顿量系统 —— 231
9.1 绝热近似 —— 232
9.2 不变算符方法 —— 235
9.3 函数和变量变换 —— 239
9.4 用相干态展开法求解含时哈密顿量问题 —— 242
9.5 Rabi 模型的调控 —— 245
9.6 操控 Rabi 模型的演化 —— 250

第 10 章
一维体系的玻色化 —— 260
10.1 无相互作用和强相互作用电子气 —— 262
10.2 玻色气体 —— 266
10.3 玻色化:无相互作用电子气 —— 268
10.4 玻色化:相互作用电子气 —— 274

第 11 章
玻色化在受限一维费米气体中的应用 —— 276
11.1 完全极化体系的玻色化方法 —— 277
11.2 微扰的粒子密度 —— 283
11.3 单粒子动量分布 —— 286

第 12 章
一维谐振势下两组分费米气体的玻色化 —— 288
12.1 两组分理论 —— 289
12.2 单粒子矩阵元 —— 293
12.3 对角矩阵元和非对角矩阵元 —— 295
12.4 费米面 —— 299
12.5 Friedel 振荡的观测 —— 300

第 13 章
受限相互作用费米气体背散射的 Luttinger 液体方法 —— 302
13.1 自旋极化的理论模型 —— 303
13.2 耦合系数的分类 —— 304
13.3 背散射和玻色化 —— 305
13.4 单粒子密度矩阵 —— 308
13.5 理论的有效性 —— 310
13.6 数值方法 —— 311
13.7 占据概率 —— 313
13.8 粒子密度 —— 315
13.9 相互作用系数模型 —— 316
13.10 大数极限 —— 318
13.11 粒子密度和动量密度 —— 319
13.12 Wigner 函数 —— 321

第 14 章
受限一维相互作用费米气体的 Friedel 振荡 —— 325
14.1 谐振受限的 Tomonaga-Luttinger 模型 —— 326
14.2 单组分气体背散射 —— 327
14.3 单粒子算符和相位场 —— 328
14.4 谐振势中密度算符的分解 —— 330
14.5 Friedel 振荡和边界指数 —— 332
14.6 势阱参数的依赖性 —— 333

14.7　两组分的边界指数 ——— 334

第 15 章

受限 Tomonaga-Luttinger 模型的相理论和临界指数 ——— 338

15.1　单组分的相位理论 ——— 340
15.2　相位算符 ——— 341
15.3　相位哈密顿量 ——— 344
15.4　玻色化 ——— 344
15.5　玻色化和辅助关联函数 ——— 345
15.6　单粒子关联函数 ——— 346
15.7　两组分间的背散射 ——— 349
15.8　两组分的相理论 ——— 350
15.9　临界指数和静态两点关联函数 ——— 352
15.10　局域动力学关联函数 ——— 354
15.11　局域谱密度 ——— 356
15.12　两组分关联函数 ——— 357

第 16 章

高斯积分的数值计算 ——— 359

16.1　Rabi 模型中波函数的递推 ——— 360
16.2　实际可行的数值计算 ——— 365
16.3　重新归一的必要性 ——— 368
16.4　物理量计算 ——— 370

参考文献 ——— 373

绪论

量子物理之所以被认为是一个成功和系统的科学体系，是因为它具有清晰和确切的基本原理，除此之外，它还具有一套完整的和系统的计算方法，这就是微扰论. 在量子理论中能够严格地、解析地求解的量子物理系统是屈指可数的. 但由于有了微扰论，我们可以对任何量子系统做近似的计算，并可根据对问题的精度要求来确定微扰展开的阶数，在这样的情形下，量子物理中理论与实验的比较便能实施了，并可在此基础上验证理论的正确性，然后将其应用到各个科学和技术领域. 由此可知微扰论在量子物理的发展过程中所起的重要作用，特别是在量子物理的早期发展过程中，实验和应用方面涉及的量子物理系统中的相互作用是较弱的，于是应用微扰论总是能够得到所需的求解结果，因此可以说量子理论的正确性的确立及其在应用上的成功有微扰论的贡献.

但是随着科学技术的进步，量子物理研究系统中的相互作用越来越强，使得微扰论不再是一个在许多情况下都能起作用的计算手段. 对不少问题人们不能再依靠微扰论来解决，只能针对特定的问题用特定的办法去处理，并在多数情形下常借助于纯数值的计算. 为此人们一直在寻找一种替代微扰论的计算方法. 微扰论的中心思想是按照耦合常量的幂来展开，因而耦合变强时不再收敛. 根据这种考虑，对于一种新的近似计算的方法，在它没有诞生之前就已被赋予了非微扰论的称号.

在量子理论中有一个基本原理：并协性，讲的是每个量子系统总存在具有一定对易关系的一对或多对基本物理量.如最简单的一维量子系统位置及动量这一对基本物理量算符，它们之间的对易关系为$[\hat{x},\hat{p}]=\mathrm{i}\hbar$.在它们构成的相空间中，微扰论的基本思想是一个量子系统的哈密顿量常可划分为两部分，即$H=H_0+\lambda H_1$，其中H_0是系统中各部分的裸能和，经常是严格可解的，λH_1表示的是系统中各部分间的相互作用或是受外界作用的势能部分，λ是标志作用强弱的耦合强度参量.微扰论的基本做法是将解按λ的幂次展开.如果λ是一个小量，那么微扰论是行之有效的.但当λ较强或更强时，微优论就会因展开时的发散而失效.

量子理论中谐振子是一个受到大家特别关注的系统，它不仅是量子物理中少数的解析可解的系统，而且在量子物理的许多问题中也起到重要的作用.对于它的分析及计算，量子理论的早期都是在$(\hat{x},\hat{p})$的相空间里进行的.后来发现如果从$(\hat{x},\hat{p})$的表述变换到以一对玻色算符$(a,a^\dagger)$作为基本物理算符的表述来处理是等价的，而且更加简便.在$(a,a^\dagger)$表述下，相互作用的哈密顿量部分λH_1常含有$\lambda(a+a^\dagger)$或$\lambda(a^m+a^{\dagger m})$的作用形式，如此便不难理解在$(a,a^\dagger)$表述下的微扰论就是将解的态矢按Fock态集$\{|n\rangle\}$展开，其中的态矢$|n\rangle$是粒子数算符$a^\dagger a$的本征值为$n$的本征态，同时亦可看出在$\lambda\gtrsim1$后微扰论同样会失效.当转到$(a,a^\dagger)$表述下来分析和思考，启发了我们将系统的近似解法中的原理，即用$\{|n\rangle\}$的态矢集作为基态矢集来展开的微扰论，代之以用$\{|\rho+\mathrm{i}\eta\rangle\}$的相干态集作为基态矢集展开的非微扰论的新方法，态矢$|\rho+\mathrm{i}\eta\rangle$是如下表示的相干态：

$$|\rho+\mathrm{i}\eta\rangle=\mathrm{e}^{(\rho+\mathrm{i}\eta)a^\dagger}|0\rangle=\sum_n\frac{(\rho+\mathrm{i}\eta)^n}{\sqrt{n!}}|n\rangle$$

从上式可看出任一个相干态已包含了所有的Fock态，亦即包含了所有的λ的幂次.因此它的展开不是按λ的幂次展开的，将不受λ值大小的限制.下面将列出对提出的新的非微扰论系统的近似理论要回答的几个主要问题：

(1) 使用相干态展开法的可行性，即如何在新方法下进行系统的解析的近似计算.

(2) 如何验证方法的可靠性，即对已知的可严格解的系统，重新用新方法去计算，看是否一样能得到正确的结果.

(3) 是否能适用于所有的量子系统，本书下面的内容就是将新方法用到各种量子系统上，看是否都能行之有效.

相干态展开法的基本形式

首先对相干态展开法的基本内容和形式做一个简要的描述.

(1) 动力学规律.

过去微扰论的思考途径是先讨论系统的定态集的解，求出定态集后再转而讨论系统的动力学问题. 对相干态展开法而言，更简便的做法是直接求系统的中心问题——动力学过程. 一个量子系统的动力学规律遵照的是薛定谔方程：

$$\mathrm{i}\frac{\partial}{\partial t}|t\rangle = H|t\rangle \tag{0.1}$$

为了简化，已令普朗克常量 $\hbar=1$，$|t\rangle$是系统在时刻 t 的态矢. 由(0.1)式可得$|t\rangle$ 的形式解如下：

$$\begin{aligned}|t\rangle &= \sum_n \frac{(-\mathrm{i}Ht)^n}{n!}|t=0\rangle \\ &= \sum_n \frac{(-\mathrm{i}t)^n}{n!}H^n|t=0\rangle\end{aligned} \tag{0.2}$$

如此求系统的演化的动力学问题就转化为求不同的 n 阶的$H^n|t=0\rangle$问题.

回顾一下过去的微扰论，它的大致步骤如下：

(ⅰ) 假定 $H=H_0+\lambda H_1$ 中的 H_0 可严格解：

$$H_0|\varepsilon_n\rangle = \varepsilon_n|\varepsilon_n^{(0)}\rangle$$

即$\{\varepsilon_n\}$及$\{|\varepsilon_n\rangle\}$已知.

(ⅱ) 用微扰展开，在$\{\varepsilon_n\}$，$\{|\varepsilon_n\rangle\}$已知的基础上求出

$$H|E_n\rangle = E_n|E_n\rangle$$

即求出$\{E_n\}$及$\{|E_n\rangle\}$.

(ⅲ) 讨论动力学时，将给定的初始态$|t=0\rangle$在定态集$\{|E_n\rangle\}$上展开，即

$$|t=0\rangle = \sum_j f_j|E_j\rangle$$

然后任意时刻 t 的系统的态矢$|t\rangle$便可得出：

$$|t\rangle = \sum_j f_j \mathrm{e}^{-\mathrm{i}E_j t}|E_j\rangle$$

对照上面的(0.2)式，可知新的相干态展开法不是先求定态，再做动力学，而是直接计算动力学. 在过去微扰论的做法中，把 H 分为H_0 及 λH_1 两部分亦不能保证 H_0 一定能严格求解，这样的问题在相干态展开法中是不存在的.

(2) 相干态展开法的可行性.

这一方法的基本思想是不论系统的初始态$|t=0\rangle$还是演化中任意时刻$|t\rangle$的态矢

$|t\rangle$，都是可以用相干态来展开的.

不过有的人可能会对此提出如下质疑：我们知道在$(a, a^{\dagger})$的表述里，微扰论是用粒子数本征态集$\{|n\rangle\}$展开的，而不同的 Fock 态$|n\rangle$是归一的和相互正交的，即该方法是在一组正交、归一的基矢上展开的，反观相干态$|\rho+\mathrm{i}\eta\rangle$固然亦可归一，但没有相互的正交性，那么这种用非正交基的展开是可行的吗？

对于这样的质疑，我们将做如下讨论. 为了更好地看清其实质的内容，不妨将连续分布的$\{|\rho+\mathrm{i}\eta\rangle\}$想象为分立的情形，即把它们看成是在希尔伯特(Hilbert)空间中的一组线性无关但并不相互正交的基矢，换句话说，把它们看作一组不是正交而是斜交的基矢，于是要回答上述质疑就成为问这样的问题：将一个矢量在多维空间展开时，是否一定需要在正交基上展开？是否亦可在斜交基上进行？

(ⅰ) 用图像来说明这个问题.

为简化计，考虑一个二维空间的平面，如图 0.1 所示，在平面上标出一组正交基

$$\boldsymbol{i}_1, \quad \boldsymbol{i}_2$$

和一组斜交基

$$\boldsymbol{i}'_1, \quad \boldsymbol{i}'_2$$

从图中可以清楚看出，一个矢量 $\boldsymbol{A}$ 既可以在$(\boldsymbol{i}_1, \boldsymbol{i}_2)$上展开，亦可在$(\boldsymbol{i}'_1, \boldsymbol{i}'_2)$上展开. 如果有另一个矢量 $\boldsymbol{B}$，它在正交基上展开时和 $\boldsymbol{A}$ 一样，那么一定有 $\boldsymbol{A}=\boldsymbol{B}$，同时如果 $\boldsymbol{A}$ 与 $\boldsymbol{B}$ 在斜交基上展开亦相同，一样会有 $\boldsymbol{A}=\boldsymbol{B}$ 的结论.

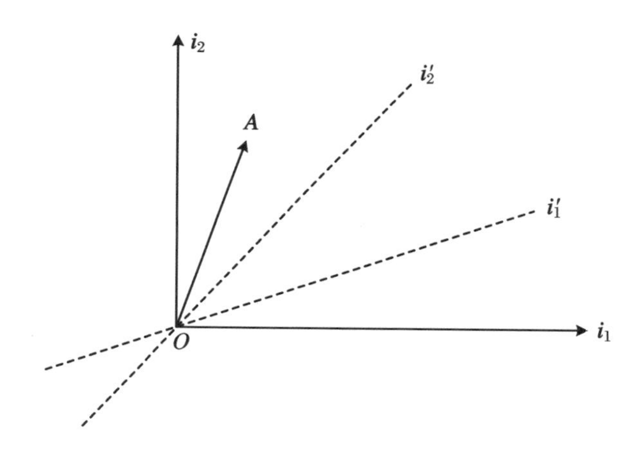

图 0.1　矢量投影图

(ⅱ) 为了讲得更清楚一些，再做仔细一点的论证. 如果在一个 n 维空间里有一组正

交基

$$\{\boldsymbol{i}\} \quad (i = 1,2,\cdots,n)$$

亦有一组斜交基

$$\{\boldsymbol{k}\} \quad (k = 1,2,\cdots,n)$$

它们都是线性无关的,那么两组基间可表示为如下的关系:

$$\begin{cases} \boldsymbol{i} = \sum_k \Phi_{ik}\boldsymbol{k} \\ \boldsymbol{k} = \sum_i \varphi_{ki}\boldsymbol{i} \end{cases} \tag{0.3}$$

若有两个矢量 $\boldsymbol{A}$ 和 $\boldsymbol{B}$,它们在斜交基上的展开为

$$\boldsymbol{A} = \sum_k f_k^{(A)}\boldsymbol{k}, \quad \boldsymbol{B} = \sum_k f_k^{(B)}\boldsymbol{k} \tag{0.4}$$

并有

$$f_k^{(A)} = f_k^{(B)} \tag{0.5}$$

则根据(0.3)式有

$$\boldsymbol{A} = \sum_k f_k^{(A)}\boldsymbol{k} = \sum_k \Big(\sum_i \varphi_{ki}\boldsymbol{i}\Big) = \sum_i \Big(\sum_k f_k^{(A)}\varphi_{ki}\Big)\boldsymbol{i} \tag{0.6}$$

$$\boldsymbol{B} = \sum_k f_k^{(B)}\Big(\sum_i \varphi_{ki}\boldsymbol{i}\Big) = \sum_i \Big(\sum_k f_k^{(B)}\varphi_{ki}\Big)\boldsymbol{i} \tag{0.7}$$

于是就有如下结论:若两个矢量 $\boldsymbol{A}$ 和 $\boldsymbol{B}$ 在斜交基上的展开相同,则在正交基上的展开亦相同,反之亦然.因此作为矢量的展开基集,正交与斜交是等效的.

用谐振子系统检验相干态展开法的可靠性

前面谈到将在这里提出一种新的能替代微扰论系统的近似算法,它不受耦合强弱的限制,而且是在解析形式下进行计算的.对于一种新的算法,应首先检验一下它的有效性和可靠性,为此我们以严格可解的谐振子系统为例来证实这一要求.这一系统不论是用$(\hat{x},\hat{p})$的表述还是用$(a,a^{\dagger})$的表述,其定态解都容易求出.事实上,它的定态即能量本征态,亦是粒子数算符的本征态$\{|n\rangle\}$,其相应的能量本征值是$\left\{\omega\left(n+\frac{1}{2}\right)\right\}$.因此就谐振子系统而论,它完全不必用相干态展开法进行讨论.这里讨论的唯一目的是用它来检验相干态展开法是否能给出相同的结果.

为了简化,下面的讨论舍去固定的$\frac{1}{2}\omega$ 因子.记系统在 $t=0$ 的时刻居于一个一般的

$|n\rangle$的定态中,即

$$|t=0\rangle=|n\rangle,\quad \text{相应的能量本征值为 } E_n=n\omega \tag{0.8}$$

对于这样简单的系统,根据前面已谈到的结果,在以后的任一时刻 t,系统演化得到的态矢$|t\rangle$为

$$|t\rangle=\mathrm{e}^{-\mathrm{i}n\omega t}\,|n\rangle \tag{0.9}$$

下面我们用相干态展开法来计算从初始态的(0.8)式出发是否亦能得到(0.9)式表示的态矢$|t\rangle$.

在做相干态展开法计算时,首先我们注意到系统的初始态$|t=0\rangle=|n\rangle$不是一种相干态表示形式.对于这一问题,我们将在第1章里的一些基本运算中给出态矢$|n\rangle$的如下相干态展开的表示:

$$\begin{aligned}|t=0\rangle=|n\rangle&=\iint\phi(\rho,\eta)\mathrm{e}^{-\rho^2-\eta^2}\,|\rho+\mathrm{i}\eta\rangle\frac{\mathrm{d}\rho\mathrm{d}\eta}{\pi}\\&=\iint\frac{(\rho-\mathrm{i}\eta)^n}{\sqrt{n!}}\mathrm{e}^{-\rho^2-\eta^2}\,|\rho+\mathrm{i}\eta\rangle\frac{\mathrm{d}\rho\mathrm{d}\eta}{\pi}\end{aligned} \tag{0.10}$$

按前面讨论过的步骤在相干态展开法中应做如下一些计算.

谐振子系统用$(a,a^\dagger)$表述,其哈密顿量为

$$H=\omega a^\dagger a \tag{0.11}$$

如前所述,已舍去$\frac{1}{2}\omega$因子.

第一步是计算:

$$\begin{aligned}H|t=0\rangle&=\omega a^\dagger a\iint\frac{(\rho-\mathrm{i}\eta)^n}{\sqrt{n!}}\mathrm{e}^{-\rho^2-\eta^2}\,|\rho+\mathrm{i}\eta\rangle\frac{\mathrm{d}\rho\mathrm{d}\eta}{\pi}\\&=\omega\int\cdots\int(\rho-\mathrm{i}\eta)(\rho_1+\mathrm{i}\eta_1)\frac{(\rho_1-\mathrm{i}\eta_1)^n}{\sqrt{n!}}\\&\quad\cdot\mathrm{e}^{(\rho-\mathrm{i}\eta)(\rho_1+\mathrm{i}\eta_1)}\mathrm{e}^{-\rho^2-\eta^2}\mathrm{e}^{-\rho_1^2-\eta_1^2}\,|\rho+\mathrm{i}\eta\rangle\frac{\mathrm{d}\rho\mathrm{d}\eta\mathrm{d}\rho_1\mathrm{d}\eta_1}{\pi^2}\end{aligned} \tag{0.12}$$

在得到(0.12)式的最后表示时,用到了第1章中的基本运算的结果,包括下面的运算亦是这样.下面继续做(0.12)式的推演.在(0.12)式中可以先实施对 ρ_1 和 η_1 的积分:

$$\iint(\rho_1+\mathrm{i}\eta_1)\frac{(\rho_1-\mathrm{i}\eta_1)^n}{\sqrt{n!}}\mathrm{e}^{(\rho-\mathrm{i}\eta)(\rho_1+\mathrm{i}\eta_1)}\mathrm{e}^{-\rho_1^2-\eta_1^2}\frac{\mathrm{d}\rho_1\mathrm{d}\eta_1}{\pi}$$

$$
\begin{aligned}
&= \iint (\rho_1 + \mathrm{i}\eta_1) \frac{(\rho_1 - \mathrm{i}\eta_1)^n}{\sqrt{n!}} \mathrm{e}^{\rho\rho_1 + \eta\eta_1 + \mathrm{i}\rho\eta_1 - \mathrm{i}\eta\rho_1} \mathrm{e}^{-\rho_1^2 - \eta_1^2} \frac{\mathrm{d}\rho_1 \mathrm{d}\eta_1}{\pi} \\
&= \frac{1}{\sqrt{n!}} \iint (\rho_1 + \mathrm{i}\eta)(\rho_1 - \mathrm{i}\eta_1)^n \mathrm{e}^{-\left(\rho_1 - \frac{\rho - \mathrm{i}\eta}{2}\right)^2} \mathrm{e}^{-\left(\eta_1 - \frac{\eta + \mathrm{i}\rho}{2}\right)^2} \mathrm{e}^{\frac{1}{4}(\rho - \mathrm{i}\eta)^2} \mathrm{e}^{\frac{1}{4}(\eta + \mathrm{i}\rho)^2} \frac{\mathrm{d}\rho_1 \mathrm{d}\eta_1}{\pi} \\
&= \frac{1}{\sqrt{n!}} \iint (\rho_1 + \mathrm{i}\eta_1)(\rho_1 - \mathrm{i}\eta_1)^n \mathrm{e}^{-\left(\rho_1 - \frac{\rho - \mathrm{i}\eta}{2}\right)^2} \mathrm{e}^{-\left(\eta_1 - \frac{\eta + \mathrm{i}\rho}{2}\right)^2} \frac{\mathrm{d}\rho_1 \mathrm{d}\eta_1}{\pi} \\
&= \frac{1}{\sqrt{n!}} \iint \left[\left(\rho' + \frac{\rho - \mathrm{i}\eta}{2}\right) + \mathrm{i}\left(\eta' + \frac{\eta + \mathrm{i}\rho}{2}\right)\right] \\
&\quad \cdot \left[\left(\rho' + \frac{\rho - \mathrm{i}\eta}{2}\right) - \mathrm{i}\left(\eta' + \frac{\eta + \mathrm{i}\rho}{2}\right)\right]^n \mathrm{e}^{-\rho'^2 - \eta'^2} \frac{\mathrm{d}\rho' \mathrm{d}\eta'}{\pi} \\
&= \frac{1}{\sqrt{n!}} \iint (\rho' + \mathrm{i}\eta')(\rho' - \mathrm{i}\eta' + \rho - \eta)^n \mathrm{e}^{-\rho'^2 - \eta'^2} \frac{\mathrm{d}\rho' \mathrm{d}\eta'}{\pi} \\
&= \frac{1}{\sqrt{n!}} \iint (\rho' + \mathrm{i}\eta') \sum_l C_l^n (\rho - \mathrm{i}\eta)^{n-l} (\rho' - \mathrm{i}\eta')^l \mathrm{e}^{-\rho'^2 - \eta'^2} \frac{\mathrm{d}\rho' \mathrm{d}\eta'}{\pi} \\
&= \frac{1}{\sqrt{n!}} \iint [(\rho' + \eta') C_0^n (\rho - \mathrm{i}\eta)^n + (\rho'^2 + \eta'^2) C_1^n (\rho - \mathrm{i}\eta)^{n-1} \\
&\quad + C_2^n (\rho'^2 + \eta'^2)(\rho' - \mathrm{i}\eta')(\rho - \mathrm{i}\eta)^{n-2} + \cdots \\
&\quad + C_n^n (\rho'^2 + \eta'^2)(\rho' - \mathrm{i}\eta')^{n-1}] \mathrm{e}^{-\rho'^2 - \eta'^2} \frac{\mathrm{d}\rho' \mathrm{d}\eta'}{\pi}
\end{aligned} \tag{0.13}
$$

根据第1章中的基本运算得到的结果知道，上式除积分中的第二项外其余各项是

$$
\iint (\rho' + \mathrm{i}\eta') \frac{\mathrm{d}\rho' \mathrm{d}\eta'}{\pi} \quad \text{（第一项）}
$$

$$
\iint (\rho'^2 + \mathrm{i}\eta'^2)(\rho' - \mathrm{i}\eta')^m \frac{\mathrm{d}\rho' \mathrm{d}\eta'}{\pi} \quad \text{（第三项至最后一项）}
$$

它们的积分均为零，只剩下第二项，故有

$$
\begin{aligned}
&\iint (\rho_1 + \mathrm{i}\eta_1) \frac{(\rho_1 - \mathrm{i}\eta)^n}{\sqrt{n!}} \mathrm{e}^{(\rho - \mathrm{i}\eta)(\rho_1 + \mathrm{i}\eta_1)} \mathrm{e}^{-\rho_1^2 - \eta_1^2} \frac{\mathrm{d}\rho_1 \mathrm{d}\eta_1}{\pi} \\
&\quad = \frac{1}{\sqrt{n!}} C_1^n \iint (\rho - \mathrm{i}\eta)^{n-1} (\rho'^2 + \eta'^2) \mathrm{e}^{-\rho'^2 - \eta'^2} \frac{\mathrm{d}\rho' \mathrm{d}\eta'}{\pi} \\
&\quad = \frac{1}{\sqrt{n!}} n (\rho - \mathrm{i}\eta)^{n-1} \iint (\rho'^2 + \eta'^2) \frac{\mathrm{d}\rho' \mathrm{d}\eta'}{\pi} \\
&\quad = \frac{n}{\sqrt{n!}} (\rho - \mathrm{i}\eta)^{n-1} \frac{1}{\pi} \left(\frac{\sqrt{\pi}}{2} \cdot \sqrt{\pi} + \sqrt{\pi} \frac{\sqrt{\pi}}{2}\right)
\end{aligned}
$$

$$= \frac{1}{\sqrt{n!}} n(\rho - \mathrm{i}\eta)^{n-1} \tag{0.14}$$

将(0.14)式代入(0.12)式,得

$$\begin{aligned} H|t=0\rangle &= \omega \iint (\rho - \mathrm{i}\eta)\left[\frac{n}{\sqrt{n!}}(\rho - \mathrm{i}\eta)^{n-1}\right] \mathrm{e}^{-\rho^2-\eta^2} |\rho + \mathrm{i}\eta\rangle \frac{\mathrm{d}\rho \mathrm{d}\eta}{\pi} \\ &= n\omega \iint \frac{(\rho - \mathrm{i}\eta)^n}{\sqrt{n!}} \mathrm{e}^{-\rho^2-\eta^2} |\rho + \mathrm{i}\eta\rangle \frac{\mathrm{d}\rho \mathrm{d}\eta}{\pi} \\ &= n\omega |t=0\rangle \end{aligned} \tag{0.15}$$

第二步是计算:

$$\begin{aligned} H^2|t=0\rangle &= H(H|t=0\rangle = H(n\omega|t=0\rangle) \\ &= n\omega(H|t=0\rangle) = (n\omega)^2|t=0\rangle \end{aligned} \tag{0.16}$$

第 m 步,类似可得

$$H^m|t=0\rangle = (n\omega)^m|t=0\rangle \tag{0.17}$$

最后可得

$$\begin{aligned} |t\rangle &= \sum_m \frac{(-\mathrm{i}t)^m}{m!} H^m|t=0\rangle \\ &= \sum_m \frac{(-\mathrm{i}t)^m}{m!}(n\omega)^m|t=0\rangle = \mathrm{e}^{-\mathrm{i}n\omega t}|t=0\rangle \end{aligned} \tag{0.18}$$

至此我们可以得出如下结论:

(1) 对于谐振子系统,用$(\hat{x},\hat{p})$表述求解,用$(a,a^\dagger)$表述及 Fock 态展开的微扰论求解,以及用$(a,a^\dagger)$表述的相干态展开法求解,都得到相同的系统演化规律.

(2) 在 3 种方法中,对特定的谐振子系统而言,当然是第 2 种 Fock 态展开的微扰论方法最为便捷,不过前面已提到这里讨论的目的是用它来验证相干态展开法的可靠性.

(3) 在以后的讨论中,涉及较为复杂及耦合较强的物理系统时,相干态展开法将显现出它的有效性及必要性,因为它没有受耦合强度限制的微扰论问题.

相干态展开方法

(1) 演化问题

(ⅰ) 量子物理基本问题中最基本的问题是演化.

初始时刻 $t=0$ 系统的初始态矢:

$$|t=0\rangle$$

问：以后的时刻 t，系统的态矢 $|t\rangle$ 为何？

已知如系统的哈密顿量 H，则有($\hbar=1$)

$$|t\rangle = e^{-iHt}\,|t=0\rangle \tag{0.19}$$

(ⅱ) Taylor 展开计算如下：

$$|t\rangle = \Big[\sum_m (-\mathrm{i}t)^m H^m\Big]\,|t=0\rangle \tag{0.20}$$

(ⅲ) 近似计算：如 t 很小.

取最低近似：

$$|t\rangle \cong (1-\mathrm{i}Ht)\,|t=0\rangle \tag{0.21}$$

次级近似：

$$|t\rangle \cong \left(1-\mathrm{i}tH+\frac{t^2}{2}H^2\right)|t=0\rangle \tag{0.22}$$

……

(2) 态矢的展开

无论 $|t=0\rangle$，$|t\rangle$ 都需在一组基态矢上展开.

(ⅰ) 在基态矢集 $\{|n\rangle\}$ 上展开：

$$|t=0\rangle = \Big(\sum_n |n\rangle\langle n|\Big)|t=0\rangle = \sum_n f_n\,|n\rangle$$

$$f_n = \langle n\,|\,t=0\rangle \tag{0.23}$$

$$|t\rangle = \Big(\sum_n |n\rangle\langle n|\Big)|t\rangle = \sum_n F_n(t)\,|n\rangle$$

其中

$$F_n(t) = \langle n\,|\,t\rangle \tag{0.24}$$

由(0.23)式和(0.24)式知

$$F_n(t=0) = f_n \tag{0.25}$$

(ⅱ) 在相干态矢为基态矢上的展开：

$$|t=0\rangle = \left(\iint e^{-\rho^2-\eta^2}\,|\rho+\mathrm{i}\eta\rangle\langle\rho+\mathrm{i}\eta|\,\frac{\mathrm{d}\rho\,\mathrm{d}\eta}{\pi}\right)|t=0\rangle$$

$$= \iint e^{-\rho^2-\eta^2}\varphi(\rho,\eta)\,|\rho+i\eta\rangle \frac{d\rho d\eta}{\pi}$$

其中

$$\varphi(\rho,\eta) = \langle \rho + i\eta \mid t = 0\rangle \tag{0.26}$$

同样 t 时刻的态矢 $|t\rangle$ 亦可展开为

$$|t\rangle = \left(\iint e^{-\rho^2-\eta^2}\,|\rho+i\eta\rangle\langle\rho+i\eta|\,\frac{d\rho d\eta}{\pi}\right)|t\rangle$$
$$= \iint e^{-\rho^2-\eta^2}\psi(\rho,\eta:t)\,|\rho+i\eta\rangle\frac{d\rho d\eta}{\pi}$$

其中

$$\psi(\rho,\eta:t) = \langle \rho + i\eta \mid t\rangle \tag{0.27}$$

由(0.26)式和(0.27)式知应有

$$\psi(\rho,\eta:t=0) = \varphi(\rho,\eta) \tag{0.28}$$

(3) 分段计算

如果像(0.21)式那样来由给定的 $t=0$ 的 $|t=0\rangle$ 去计算 $|t\rangle \cong (1-itH)$,显然是粗浅的,因为它略去了 $\frac{(-itH)^m}{m!}$ 从 $m=2$ 到以后的各项,故这样的近似计算只在 $t\ll 1$ 时成立.

(ⅰ) 为此将要计算的时间 t 分成小格:

$$\Delta t = \frac{t}{N}$$

(ⅱ) 小格计算如下:

$$\begin{aligned}
&|\Delta t\rangle \cong (1-iH\Delta t)\,|t=0\rangle \\
&|2\Delta t\rangle \cong (1-iH\Delta t)\,|\Delta t\rangle \\
&\cdots\cdots \\
&|(n+1)\Delta t\rangle \cong (1-iH\Delta t)\,|(n)\Delta t\rangle \\
&\cdots\cdots
\end{aligned} \tag{0.29}$$

在 N 为大数时,$\Delta t\ll 1$,(0.29)式所示的近似就可应用.

(4) 典型例:Jaynes-Cummings(JC)模型

(ⅰ) (a) 它是最简单的二分量模型.

(b) 它有严格解,可用以检验近似计算.

(c) 从 JC 模型到 Rabi 模型,很困难.

用现在的方法完全一样做(仅多了项).

(ⅱ) 哈密顿量:

$$H = \frac{\Delta}{2}(|e\rangle\langle e| - |g\rangle\langle g|) + \lambda a^{\dagger}|g\rangle\langle e| + \lambda a|e\rangle\langle g| + \omega a^{\dagger}a \tag{0.30}$$

系统是二分量$|e\rangle$,$\langle g|$,把态矢表述成二分量形式:

$$|t=0\rangle = \begin{pmatrix} \iint \varphi_1(\rho,\eta)\mathrm{e}^{-\rho^2-\eta^2}|\rho+\mathrm{i}\eta\rangle \frac{\mathrm{d}\rho\mathrm{d}\eta}{\pi} \\ \iint \varphi_2(\rho,\eta)\mathrm{e}^{-\rho^2-\eta^2}|\rho+\mathrm{i}\eta\rangle \frac{\mathrm{d}\rho\mathrm{d}\eta}{\pi} \end{pmatrix} \tag{0.31}$$

(例如

$$|t=0\rangle = \begin{pmatrix} \mathrm{e}^{\alpha_1+a^{\dagger}-\frac{\alpha_1^2}{2}}|0\rangle \\ \mathrm{e}^{\alpha_2+a^{\dagger}-\frac{\alpha_2^2}{2}}|0\rangle \end{pmatrix} \tag{0.32}$$

一般取$|\alpha_1|^2 \ll |\alpha_2|^2$.)

$$|t\rangle = \begin{pmatrix} \iint \psi_1(\rho,\eta:t)\mathrm{e}^{-\rho^2-\eta^2}|\rho+\mathrm{i}\eta\rangle \frac{\mathrm{d}\rho\mathrm{d}\eta}{\pi} \\ \psi_2(\rho,\eta:t)\mathrm{e}^{-\rho^2-\eta^2}|\rho+\mathrm{i}\eta\rangle \frac{\mathrm{d}\rho\mathrm{d}\eta}{\pi} \end{pmatrix} \tag{0.33}$$

$$\begin{aligned} \psi_1(\rho,\eta:t=0) &= \varphi_1(\rho,\eta) \\ \psi_2(\rho,\eta:t=0) &= \varphi_2(\rho,\eta) \end{aligned} \tag{0.34}$$

将 $\boldsymbol{H}$ 写成矩阵形式:

$$\boldsymbol{H} = \begin{bmatrix} \frac{\Delta}{2} + \omega a^{\dagger}a & \lambda a \\ \lambda a^{\dagger} & -\frac{\Delta}{2} + \omega a^{\dagger}a \end{bmatrix} \tag{0.35}$$

(ⅲ) 分段求解.

(a) 记第一时段 $0 \to \Delta t$,初态为

$$
|t=0\rangle=\begin{pmatrix}\iint\varphi_1(\rho,\eta)\mathrm{e}^{-\rho^2-\eta^2}\ |\rho+\mathrm{i}\eta\rangle\ \dfrac{\mathrm{d}\rho\mathrm{d}\eta}{\pi}\\ \iint\varphi_2(\rho,\eta)\mathrm{e}^{-\rho^2-\eta^2}\ |\rho+\mathrm{i}\eta\rangle\ \dfrac{\mathrm{d}\rho\mathrm{d}\eta}{\pi}\end{pmatrix}
\equiv\begin{pmatrix}\iint\phi_1^{(0)}(\rho,\eta)\mathrm{e}^{-\rho^2-\eta^2}\ |\rho+\mathrm{i}\eta\rangle\ \dfrac{\mathrm{d}\rho\mathrm{d}\eta}{\pi}\\ \iint\phi_2^{(0)}(\rho,\eta)\mathrm{e}^{-\rho^2-\eta^2}\ |\rho+\mathrm{i}\eta\rangle\ \dfrac{\mathrm{d}\rho\mathrm{d}\eta}{\pi}\end{pmatrix}\tag{0.36}
$$

末态为

$$
\begin{aligned}
|\Delta t\rangle&=\begin{pmatrix}\iint\psi_1(\rho,\eta:\Delta t)\mathrm{e}^{-\rho^2-\eta^2}\ |\rho+\mathrm{i}\eta\rangle\ \dfrac{\mathrm{d}\rho\mathrm{d}\eta}{\pi}\\ \iint\psi_2(\rho,\eta:\Delta t)\mathrm{e}^{-\rho^2-\eta^2}\ |\rho+\mathrm{i}\eta\rangle\ \dfrac{\mathrm{d}\rho\mathrm{d}\eta}{\pi}\end{pmatrix}\\
&\equiv\begin{pmatrix}\iint\phi_1^{(1)}(\rho,\eta)\mathrm{e}^{-\rho^2-\eta^2}\ |\rho+\mathrm{i}\eta\rangle\ \dfrac{\mathrm{d}\rho\mathrm{d}\eta}{\pi}\\ \iint\phi_2^{(1)}(\rho,\eta)\mathrm{e}^{-\rho^2-\eta^2}\ |\rho+\mathrm{i}\eta\rangle\ \dfrac{\mathrm{d}\rho\mathrm{d}\eta}{\pi}\end{pmatrix}\\
&=(1-\mathrm{i}\Delta tH)\ |t=0\rangle\\
&=(1-\mathrm{i}\Delta tH)\begin{pmatrix}\iint\phi_1^{(0)}(\rho,\eta)\mathrm{e}^{-\rho^2-\eta^2}\ |\rho+\mathrm{i}\eta\rangle\ \dfrac{\mathrm{d}\rho\mathrm{d}\eta}{\pi}\\ \iint\phi_2^{(0)}(\rho,\eta)\mathrm{e}^{-\rho^2-\eta^2}\ |\rho+\mathrm{i}\eta\rangle\ \dfrac{\mathrm{d}\rho\mathrm{d}\eta}{\pi}\end{pmatrix}
\end{aligned}
$$

将上式按分量表示，为

$$
\begin{aligned}
&\iint\phi_1^{(1)}(\rho,\eta)\mathrm{e}^{-\rho^2-\eta^2}\ |\rho+\mathrm{i}\eta\rangle\ \frac{\mathrm{d}\rho\mathrm{d}\eta}{\pi}\\
&\quad=\iint\phi_1^{(0)}(\rho,\eta)\mathrm{e}^{-\rho^2-\eta^2}\ |\rho+\mathrm{i}\eta\rangle\ \frac{\mathrm{d}\rho\mathrm{d}\eta}{\pi}\\
&\qquad-\mathrm{i}\Delta t\left\{\left(\frac{\Delta}{2}+\omega a^\dagger a\right)\iint\phi_1^{(0)}(\rho,\eta)\mathrm{e}^{-\rho^2-\eta^2}\ |\rho+\mathrm{i}\eta\rangle\ \frac{\mathrm{d}\rho\mathrm{d}\eta}{\pi}\right.\\
&\qquad\left.+\lambda a\iint\phi_2^{(0)}(\rho,\eta)\mathrm{e}^{-\rho^2-\eta^2}\ |\rho+\mathrm{i}\eta\rangle\ \frac{\mathrm{d}\rho\mathrm{d}\eta}{\pi}\right\}\\
&\quad=\iint\phi_1^{(0)}(\rho,\eta)\mathrm{e}^{-\rho^2-\eta^2}\ |\rho+\mathrm{i}\eta\rangle\ \frac{\mathrm{d}\rho\mathrm{d}\eta}{\pi}\\
&\qquad-\mathrm{i}\Delta t\left\{\frac{\Delta}{2}\iint\phi_1^{(0)}(\rho,\eta)\mathrm{e}^{-\rho^2-\eta^2}\ |\rho+\mathrm{i}\eta\rangle\ \frac{\mathrm{d}\rho\mathrm{d}\eta}{\pi}\right.
\end{aligned}
$$

$$+\omega\iint(\rho-\mathrm{i}\eta)\left(\iint(\rho_1+\mathrm{i}\eta_1)\phi_1^{(0)}(\rho_1,\eta_1)\mathrm{e}^{(\rho+\mathrm{i}\eta)(\rho_1-\mathrm{i}\eta_1)}\mathrm{e}^{-\rho_1^2-\eta_1^2}\frac{\mathrm{d}\rho_1\mathrm{d}\eta_1}{\pi}\right)$$

$$\cdot\mathrm{e}^{-\rho^2-\eta^2}|\rho+\mathrm{i}\eta\rangle\frac{\mathrm{d}\rho\mathrm{d}\eta}{\pi}$$

$$+\lambda\iint(\rho+\mathrm{i}\eta)\phi_2^{(0)}(\rho,\eta)\mathrm{e}^{-\rho^2-\eta^2}|\rho+\mathrm{i}\eta\rangle\frac{\mathrm{d}\rho\mathrm{d}\eta}{\pi}\Big\}\tag{0.37}$$

$$\iint\phi_2^{(1)}(\rho,\eta)\mathrm{e}^{-\rho^2-\eta^2}|\rho+\mathrm{i}\eta\rangle\frac{\mathrm{d}\rho\mathrm{d}\eta}{\pi}$$

$$=\iint\phi_2^{(0)}(\rho,\eta)\mathrm{e}^{-\rho^2-\eta^2}|\rho+\mathrm{i}\eta\rangle\frac{\mathrm{d}\rho\mathrm{d}\eta}{\pi}$$

$$-\mathrm{i}\Delta t\Big\{-\frac{\Delta}{2}\iint\phi_2^{(0)}(\rho,\eta)\mathrm{e}^{-\rho^2-\eta^2}|\rho+\mathrm{i}\eta\rangle\frac{\mathrm{d}\rho\mathrm{d}\eta}{\pi}$$

$$+\omega\iint(\rho-\mathrm{i}\eta)\left(\iint(\rho_1+\mathrm{i}\eta_1)\iint\phi_2^{(0)}(\rho_1,\eta_1)\mathrm{e}^{(\rho+\mathrm{i}\eta)(\rho_1-\mathrm{i}\eta_1)}\mathrm{e}^{-\rho_1^2-\eta_1^2}\frac{\mathrm{d}\rho_1\mathrm{d}\eta_1}{\pi}\right)$$

$$\cdot\mathrm{e}^{-\rho^2-\eta^2}|\rho+\mathrm{i}\eta\rangle\frac{\mathrm{d}\rho\mathrm{d}\eta}{\pi}$$

$$+\lambda\iint(\rho-\mathrm{i}\eta)\left(\iint\phi_1^{(0)}(\rho_1,\eta_1)\mathrm{e}^{(\rho+\mathrm{i}\eta)(\rho_1-\mathrm{i}\eta_1)}\mathrm{e}^{-\rho_1^2-\eta_1^2}\frac{\mathrm{d}\rho_1\mathrm{d}\eta_1}{\pi}\right)$$

$$\cdot\mathrm{e}^{-\rho^2-\eta^2}|\rho+\mathrm{i}\eta\rangle\frac{\mathrm{d}\rho\mathrm{d}\eta}{\pi}\Big\}\tag{0.38}$$

在(0.37)式和(0.38)式中用到以下等式：

$$a\iint\psi(\rho,\eta)\mathrm{e}^{-\rho^2-\eta^2}|\rho+\mathrm{i}\eta\rangle\frac{\mathrm{d}\rho\mathrm{d}\eta}{\pi}=\iint(\rho+\mathrm{i}\eta)\psi(\rho,\eta)\mathrm{e}^{-\rho^2-\eta^2}\frac{\mathrm{d}\rho\mathrm{d}\eta}{\pi}\tag{0.39}$$

$$a^{\dagger}\int\psi(\rho,\eta)\mathrm{e}^{-\rho^2-\eta^2}|\rho+\mathrm{i}\eta\rangle\frac{\mathrm{d}\rho\mathrm{d}\eta}{\pi}$$

$$=\iint(\rho-\mathrm{i}\eta)\left(\iint\psi(\rho_1,\eta_1)\mathrm{e}^{-\rho_1^2-\eta_1^2}\mathrm{e}^{(\rho+\mathrm{i}\eta)(\rho_1-\mathrm{i}\eta_1)}\frac{\mathrm{d}\rho_1\mathrm{d}\eta_1}{\pi}\right)\mathrm{e}^{-\rho^2-\eta^2}|\rho+\mathrm{i}\eta\rangle\frac{\mathrm{d}\rho\mathrm{d}\eta}{\pi}\tag{0.40}$$

$$a^{\dagger}a\iint\psi(\rho,\eta)\mathrm{e}^{-\rho^2-\eta^2}|\rho+\mathrm{i}\eta\rangle\frac{\mathrm{d}\rho\mathrm{d}\eta}{\pi}$$

$$=\iint(\rho-\mathrm{i}\eta)\left(\iint(\rho_1+\mathrm{i}\eta_1)\psi(\rho_1,\eta_1)\mathrm{e}^{(\rho+\mathrm{i}\eta)(\rho_1-\mathrm{i}\eta_1)}\frac{\mathrm{d}\rho_1\mathrm{d}\eta_1}{\pi}\right)\mathrm{e}^{-\rho^2-\eta^2}|\rho+\mathrm{i}\eta\rangle\frac{\mathrm{d}\rho\mathrm{d}\eta}{\pi}\tag{0.41}$$

比较(0.37)式和(0.38)式的两端，得 $\phi_1^{(0)}$，$\phi_2^{(0)}$ 及 $\phi_1^{(1)}$，$\phi_2^{(1)}$ 间的关系：

$$\phi_1^{(1)}(\rho,\eta) = \phi_1^{(0)}(\rho,\eta) - \mathrm{i}\Delta t\left\{\frac{\Delta}{2}\phi_1^{(0)} + \omega(\rho - \mathrm{i}\eta)\right.$$

$$\cdot\left[\iint(\rho_1 + \mathrm{i}\eta_1)\phi_1^{(0)}(\rho_1,\eta_1)\mathrm{e}^{(\rho+\mathrm{i}\eta)(\rho_1-\mathrm{i}\eta_1)}\mathrm{e}^{-\rho_1^2-\eta_1^2}\frac{\mathrm{d}\rho_1\mathrm{d}\eta_1}{\pi}\right]$$

$$\left. + \lambda(\rho + \mathrm{i}\eta)\phi_2^{(0)}(\rho,\eta)\right\} \tag{0.42}$$

$$\phi_2^{(1)}(\rho,\eta) = \phi_2^{(0)}(\rho,\eta) - \mathrm{i}\Delta t\left\{-\frac{\Delta}{2}\phi_2^{(0)}(\rho,\eta) + \omega(\rho - \mathrm{i}\eta)\right.$$

$$\cdot\left[\iint(\rho_1 + \mathrm{i}\eta_1)\phi_2^{(0)}(\rho_1,\eta_1)\mathrm{e}^{(\rho+\mathrm{i}\eta)(\rho_1-\mathrm{i}\eta_1)}\mathrm{e}^{-\rho_1^2-\eta_1^2}\frac{\mathrm{d}\rho_1\mathrm{d}\eta_1}{\pi}\right]$$

$$\left. + \lambda(\rho - \mathrm{i}\eta)\left(\iint\phi_1^{(0)}(\rho_1,\eta_1)\mathrm{e}^{(\rho+\mathrm{i}\eta)(\rho_1-\mathrm{i}\eta_1)}\frac{\mathrm{d}\rho_1\mathrm{d}\eta_1}{\pi}\right)\right\} \tag{0.43}$$

(b) 第二时段,初态为

$$|\Delta t\rangle = \begin{pmatrix} \iint\psi_1(\rho,\eta:\Delta t)\mathrm{e}^{-\rho^2-\eta^2}\ |\rho + \mathrm{i}\eta\rangle\dfrac{\mathrm{d}\rho\mathrm{d}\eta}{\pi} \\ \iint\psi_2(\rho,\eta:\Delta t)\mathrm{e}^{-\rho^2-\eta^2}\ |\rho + \mathrm{i}\eta\rangle\dfrac{\mathrm{d}\rho\mathrm{d}\eta}{\pi} \end{pmatrix}$$

$$\equiv \begin{pmatrix} \iint\phi_1^{(1)}(\rho,\eta)\mathrm{e}^{-\rho^2-\eta^2}\ |\rho + \mathrm{i}\eta\rangle\dfrac{\mathrm{d}\rho\mathrm{d}\eta}{\pi} \\ \iint\phi_2^{(1)}(\rho,\eta)\mathrm{e}^{-\rho^2-\eta^2}\ |\rho + \mathrm{i}\eta\rangle\dfrac{\mathrm{d}\rho\mathrm{d}\eta}{\pi} \end{pmatrix} \tag{0.44}$$

末态为

$$|2\Delta t\rangle = \begin{pmatrix} \iint\psi_1(\rho,\eta:2\Delta t)\mathrm{e}^{-\rho^2-\eta^2}\ |\rho + \mathrm{i}\eta\rangle\dfrac{\mathrm{d}\rho\mathrm{d}\eta}{\pi} \\ \iint\psi_2(\rho,\eta:2\Delta t)\mathrm{e}^{-\rho^2-\eta^2}\ |\rho + \mathrm{i}\eta\rangle\dfrac{\mathrm{d}\rho\mathrm{d}\eta}{\pi} \end{pmatrix}$$

$$\equiv \begin{pmatrix} \iint\phi_1^{(2)}(\rho,\eta)\mathrm{e}^{-\rho^2-\eta^2}\ |\rho + \mathrm{i}\eta\rangle\dfrac{\mathrm{d}\rho\mathrm{d}\eta}{\pi} \\ \iint\phi_2^{(2)}(\rho,\eta)\mathrm{e}^{-\rho^2-\eta^2}\ |\rho + \mathrm{i}\eta\rangle\dfrac{\mathrm{d}\rho\mathrm{d}\eta}{\pi} \end{pmatrix} \tag{0.45}$$

根据$|2\Delta t\rangle = (1 - \mathrm{i}\Delta tH)|\Delta t\rangle$,立即有

$$\phi_1^{(2)}(\rho,\eta) = \phi_1^{(1)}(\rho,\eta) - \mathrm{i}\Delta t\left\{\frac{\Delta}{2}\phi_1^{(1)}(\rho,\eta) + \omega(\rho - \mathrm{i}\eta)\right.$$

$$\cdot\left[\iint(\rho_1 + \mathrm{i}\eta_1)\phi_1^{(1)}(\rho_1,\eta_1)\mathrm{e}^{(\rho+\mathrm{i}\eta)(\rho_1-\mathrm{i}\eta_1)}\mathrm{e}^{-\rho_1^2-\eta_1^2}\frac{\mathrm{d}\rho_1\mathrm{d}\eta_1}{\pi}\right]$$

$$+\lambda(\rho+\mathrm{i}\eta)\phi_2^{(1)}(\rho,\eta)\Big\} \tag{0.46}$$

$$\phi_2^{(2)}(\rho,\eta)=\phi_2^{(2)}(\rho,\eta)-\mathrm{i}\Delta t\Big\{-\frac{\Delta}{2}\phi_2^{(2)}(\rho,\eta)+\omega(\rho-\mathrm{i}\eta)$$

$$\cdot\left[\iint\phi_1^{(2)}(\rho_1,\eta_1)(\rho_1+\mathrm{i}\eta_1)\mathrm{e}^{(\rho+\mathrm{i}\eta)(\rho_1-\mathrm{i}\eta_1)}\mathrm{e}^{-\rho_1^2-\eta_1^2}\frac{\mathrm{d}\rho_1\mathrm{d}\eta_1}{\pi}\right]$$

$$+\lambda(\rho-\mathrm{i}\eta)\left(\int\phi_1^{(1)}(\rho_1,\eta_1)\mathrm{e}^{(\rho+\mathrm{i}\eta)(\rho_1-\mathrm{i}\eta_1)}\frac{\mathrm{d}\rho_1\mathrm{d}\eta_1}{\pi}\right)\Big\} \tag{0.47}$$

……

(c) 第 m 个时段为

$$|(m+1)\Delta t\rangle=(1-\mathrm{i}\Delta tH)\,|m\Delta t\rangle$$

有

$$\phi_1^{(m+1)}(\rho,\eta)=\phi_1^{(m)}(\rho,\eta)-\mathrm{i}\Delta t\Big\{\frac{\Delta}{2}\phi_1^{(m)}(\rho,\eta)+\omega(\rho-\mathrm{i}\eta)$$

$$\cdot\left[\iint(\rho_1+\mathrm{i}\eta_1)\phi_1^{(m)}(\rho_1,\eta_1)\mathrm{e}^{(\rho+\mathrm{i}\eta)(\rho_1-\mathrm{i}\eta_1)}\mathrm{e}^{-\rho_1^2-\eta_1^2}\frac{\mathrm{d}\rho_1\mathrm{d}\eta_1}{\pi}\right]$$

$$+\lambda(\rho+\mathrm{i}\eta)\phi_2^{(m)}(\rho,\eta)\Big\} \tag{0.48}$$

$$\phi_2^{(m+1)}(\rho,\eta)=\phi_2^{(m)}(\rho,\eta)-\mathrm{i}\Delta t\Big\{-\frac{\Delta}{2}\phi_2^{(m)}(\rho,\eta)+\omega(\rho-\mathrm{i}\eta)$$

$$\cdot\left[\iint(\rho_1+\mathrm{i}\eta_1)\phi_2^{(m)}(\rho_1,\eta_1)\mathrm{e}^{(\rho+\mathrm{i}\eta)(\rho_1-\mathrm{i}\eta_1)}\mathrm{e}^{-\rho_1^2-\eta_1^2}\frac{\mathrm{d}\rho_1\mathrm{d}\eta_1}{\pi}\right]$$

$$+\lambda(\rho-\mathrm{i}\eta)\left(\int\phi_1^{(m)}(\rho_1,\eta_1)\mathrm{e}^{(\rho+\mathrm{i}\eta)(\rho_1-\mathrm{i}\eta_1)}\frac{\mathrm{d}\rho_1\mathrm{d}\eta_1}{\pi}\right)\Big\} \tag{0.49}$$

……

(ⅳ) 数值计算(高斯积分).

从上面的推导看出从(0.42)式到(0.49)式可以依次得出

$$\phi_1^{(1)}(\rho,\eta),\quad \phi_2^{(1)}(\rho,\eta),\quad \cdots,\quad \phi_1^{(m)}(\rho,\eta),\quad \phi_2^{(m)}(\rho,\eta),\quad \cdots$$

但是需做其中的两种积分:

$$\iint_{-\infty}^{+\infty}\phi(\rho_1,\eta_1)\mathrm{e}^{(\rho+\mathrm{i}\eta)(\rho_1-\mathrm{i}\eta_1)}\frac{\mathrm{d}\rho_1\mathrm{d}\eta_1}{\pi}\mathrm{e}^{-\rho_1^2-\eta_1^2}$$

$$\iint_{-\infty}^{+\infty}(\rho_1+\mathrm{i}\eta_1)\mathrm{e}^{(\rho+\mathrm{i}\eta)(\rho_1-\mathrm{i}\eta_1)}\phi(\rho_1,\eta_1)\mathrm{e}^{-\rho_1^2-\eta_1^2}\frac{\mathrm{d}\rho_1\mathrm{d}\eta_1}{\pi}$$

这是一件很难的事情：

- 对于 $\phi(\rho,\eta)$取各种可能的函数，上式积分一般不可能有解析解.
- 即使对特殊的情况能积分，在递推中函数也会越来越复杂，几乎不可能积分下去.

(a) 高斯积分.

尽管 $\phi_{(1,2)}^{(m)}(\rho,\eta)$的函数随 m 越来越复杂，但两种积分的表现形式对所有 m 都一样，所以在做高斯积分时有完全一样的形式.

在高斯积分的意义下(一个变量如取为 N 个高斯点)，则

$$\phi(\rho,\eta)\to\{\phi_{ij}\}\quad (i,j=1,2,\cdots,N;\phi_{ij}=\phi(\rho_i,\eta_j)\text{ 数组})$$

(b) 高斯积分中的高斯点的权重因子为$\{w_i\}$.

定义

$$a_1^{(m)}(\rho_i,\eta_j)=(\rho_i-\mathrm{i}\eta_j)\left[\sum_{k,l}(\rho_k+\mathrm{i}\eta_l)\phi_1^m(\rho_k,\eta_l)\mathrm{e}^{(\rho_i+\mathrm{i}\eta_j)(\rho_k-\mathrm{i}\eta_j)}\mathrm{e}^{-\rho_k^2-\eta_l^2}\frac{w_kw_l}{\pi}\right] \tag{0.50}$$

$$a_2^{(m)}(\rho_i,\eta_j)=(\rho_i-\mathrm{i}\eta_j)\left[\sum_{k,l}(\rho_k+\mathrm{i}\eta_l)\phi_2^m(\rho_k,\eta_l)\mathrm{e}^{(\rho_i+\mathrm{i}\eta_j)(\rho_k-\mathrm{i}\eta_j)}\mathrm{e}^{-\rho_k^2-\eta_l^2}\frac{w_kw_l}{\pi}\right] \tag{0.51}$$

$$b_1^{(m)}(\rho_i,\eta_j)=(\rho_i-\mathrm{i}\eta_j)\left[\sum_{k,l}\phi_1^m(\rho_k,\eta_l)\mathrm{e}^{(\rho_i+\mathrm{i}\eta_j)(\rho_k-\mathrm{i}\eta_j)}\mathrm{e}^{-\rho_k^2-\eta_l^2}\frac{w_kw_l}{\pi}\right] \tag{0.52}$$

$$b_2^{(m)}(\rho_i,\eta_j)=(\rho_i-\mathrm{i}\eta_j)\left[\sum_{k,l}\phi_2^m(\rho_k,\eta_l)\mathrm{e}^{(\rho_i+\mathrm{i}\eta_j)(\rho_k-\mathrm{i}\eta_j)}\mathrm{e}^{-\rho_k^2-\eta_l^2}\frac{w_kw_l}{\pi}\right) \tag{0.53}$$

(c) 当我们得到$\{\phi_1^m(\rho_i,\eta_j)\}$，$\{\phi_2^m(\rho_i,\eta_j)\}$后，为了要得到

$$\{\phi_1^{(m+1)}(\rho_i,\eta_j)\}\quad\text{及}\quad\{\phi_2^{(m+1)}(\rho_i,\eta_j)\}$$

首先由$\{\phi_1^m(\rho_i,\eta_j)\}$，$\{\phi_2^m(\rho_i,\eta_j)\}$这两个数组，利用(0.50)式～(0.53)式($m$ 换为 $m+1$)算出

$$\{a_1^{(m+1)}(\rho_i,\eta_j)\},\quad\{a_2^{(m+1)}(\rho_i,\eta_j)\}$$
$$\{b_1^{(m+1)}(\rho_i,\eta_j)\},\quad\{b_2^{(m+1)}(\rho_i,\eta_j)\}$$

然后代入(0.48)式和(0.49)式，做高斯积分(积分→求和)：

$$\phi_1^{(m+1)}(\rho_i,\eta_j)$$
$$=\phi_1^{(m)}(\rho_i,\eta_j)-\mathrm{i}\Delta t$$

$$\cdot \left\{\frac{\Delta}{2}\phi_1^{(m)}(\rho_i,\eta_j)+\omega(\rho_i-\mathrm{i}\eta_j)a_1^{(m)}(\rho_i,\eta_j)+\lambda(\rho_i+\mathrm{i}\eta_j)\phi_2^{(m)}(\rho_i,\eta_j)\right\}$$

$$(0.54)$$

$$\begin{aligned}&\phi_2^{(m+1)}(\rho_i,\eta_j)\\&\quad=\phi_2^{(m)}(\rho_i,\eta_j)-\mathrm{i}\Delta t\\&\qquad\cdot\left\{-\frac{\Delta}{2}\phi_2^{(m)}(\rho_i,\eta_j)+\omega(\rho_i-\mathrm{i}\eta_j)a_2^{(m)}(\rho_i,\eta_j)+\lambda(\rho_i+\mathrm{i}\eta_j)b_1^{(m)}(\rho_i,\eta_j)\right\}\end{aligned} \tag{0.55}$$

按照以上步骤即可求得所有 $m(m=1,2,\cdots,n)$ 的 $\{\phi_1^{(m)}(\rho_i,\eta_i)\}$，$\{\phi_2^m(\rho_i,\eta_i)\}$.

（Ⅴ）需要重新归一.

(a) 为什么需要重新归一？

如果要严格计算

$$|t\rangle=\mathrm{e}^{-\mathrm{i}Ht}\ |t=0\rangle=\left(\sum_m\frac{(\mathrm{i}\Delta t)^m}{m!}\right)|t=0\rangle \tag{0.56}$$

则需要 $|t=0\rangle$ 是归一的：

$$\langle t=0\,|\,t=0\rangle=1 \tag{0.57}$$

但因 $\mathrm{e}^{-\mathrm{i}Ht}$ 是一个幺正算符，故态保持归一：

$$\langle t\,|\,t\rangle=1$$

又因 Δt 很小，做了

$$|(m+1)\Delta t\rangle\cong(1-\mathrm{i}H\Delta t)\,|m\Delta t\rangle \tag{0.58}$$

后，得到的 $|(m+1)\Delta t\rangle$ 总有一定偏差，故不完全归一：

$$\langle(m+1)\Delta t\,|(m+1)\Delta t\rangle\neq 1 \tag{0.59}$$

如果一直算下去不归一性会累加下去，所以必须在每一步后重新归一.

(b) 如何重新归一？

首先要明确的是，如 $\phi_1^{(m)}(\rho,\eta)\sim\{\phi_1^{(m)}(\rho_i,\eta_j)\}$，$\phi_2^{(m)}(\rho,\eta)\sim\{\phi_2^{(m)}(\rho_i,\eta_j)\}$ 已归一，那么我们得到的(0.54)式和(0.56)式的左端并不是真正的

$$\{\phi_1^{(m+1)}(\rho_i,\eta_j)\},\quad\{\phi_2^{(m+1)}(\rho_i,\eta_j)\}$$

记它们为

$$\{\phi_1^{(m+1)'}(\rho_i,\eta_j)\},\quad \{\phi_2^{(m+1)'}(\rho_i,\eta_j)\}$$

于是,可将(0.54)式和(0.55)式分别改写为

$$\begin{aligned}&\phi_1^{(m+1)'}(\rho_i,\eta_j)\\&\quad=\phi_1^{(m)}(\rho_i,\eta_j)-\mathrm{i}\Delta t\\&\quad\cdot\left\{\frac{\Delta}{2}\phi_1^{(m)}(\rho_i,\eta_j)+\omega(\rho_i-\mathrm{i}\eta_j)a_1^{(m)}(\rho_i,\eta_j)+\lambda(\rho_i+\mathrm{i}\eta_j)\phi_2^{(m)}(\rho_i,\eta_j)\right\}\end{aligned}\tag{0.54'}$$

$$\begin{aligned}&\phi_2^{(m+1)'}(\rho_i,\eta_j)\\&\quad=\phi_2^{(m)}(\rho_i,\eta_j)-\mathrm{i}\Delta t\\&\quad\cdot\left\{-\frac{\Delta}{2}\phi_2^{(m)}(\rho_i,\eta_j)+\omega(\rho_i-\mathrm{i}\eta_j)a_2^{(m)}(\rho_i,\eta_j)+\lambda b_1^{(m)}(\rho_i,\eta_j)\right\}\end{aligned}\tag{0.55'}$$

这时的$|(m+1)\Delta t\rangle'$为

$$|(m+1)\Delta t\rangle'=\begin{pmatrix}\iint\phi_1^{(m+1)'}(\rho,\eta)\mathrm{e}^{-\rho^2-\eta^2}\ |\rho+\mathrm{i}\eta\rangle\dfrac{\mathrm{d}\rho\mathrm{d}\eta}{\pi}\\\iint\phi_2^{(m+1)'}(\rho,\eta)\mathrm{e}^{-\rho^2-\eta^2}\ |\rho+\mathrm{i}\eta\rangle\dfrac{\mathrm{d}\rho\mathrm{d}\eta}{\pi}\end{pmatrix}\tag{0.60}$$

不是严格归一的.故需计算

$$\begin{aligned}{}'\langle(m+1)\Delta t\,|(m+1)\Delta t\rangle'=&\int\cdots\int\phi_1^{*(m+1)'}(\rho_1,\eta_1)\mathrm{e}^{-\rho_1^2-\eta_1^2}\phi_1^{(m+1)'}(\rho_2,\eta_2)\mathrm{e}^{-\rho_2^2-\eta_2^2}\\&\cdot\langle\rho_1+\mathrm{i}\eta_1\,|\rho_2+\mathrm{i}\eta_2\rangle\frac{\mathrm{d}\rho_1\mathrm{d}\eta_1\mathrm{d}\rho_2\mathrm{d}\eta_2}{\pi^2}\\&+\int\cdots\int\phi_2^{*(m+1)'}(\rho_1,\eta_1)\mathrm{e}^{-\rho_1^2-\eta_1^2}\phi_2^{(m+1)'}(\rho_2,\eta_2)\mathrm{e}^{-\rho_2^2-\eta_2^2}\\&\cdot\langle\rho_1+\mathrm{i}\eta_1\,|\rho_2+\mathrm{i}\eta_2\rangle\frac{\mathrm{d}\rho_1\mathrm{d}\eta_1\mathrm{d}\rho_2\mathrm{d}\eta_2}{\pi^2}\\=&\int\cdots\int\phi_1^{*(m+1)'}(\rho_1,\eta_1)\mathrm{e}^{-\rho_1^2-\eta_1^2}\phi_1^{(m+1)'}(\rho_2,\eta_2)\mathrm{e}^{-\rho_2^2-\eta_2^2}\\&\cdot\mathrm{e}^{(\rho_1-\mathrm{i}\eta_1)(\rho_2+\mathrm{i}\eta_2)}\frac{\mathrm{d}\rho_1\mathrm{d}\eta_1\mathrm{d}\rho_2\mathrm{d}\eta_2}{\pi^2}\\&+\int\cdots\int\phi_2^{*(m+1)'}(\rho_1,\eta_1)\mathrm{e}^{-\rho_1^2-\eta_1^2}\phi_2^{(m+1)'}(\rho_2,\eta_2)\mathrm{e}^{-\rho_2^2-\eta_2^2}\\&\cdot\mathrm{e}^{(\rho_1-\mathrm{i}\eta_1)(\rho_2+\mathrm{i}\eta_2)}\frac{\mathrm{d}\rho_1\mathrm{d}\eta_1\mathrm{d}\rho_2\mathrm{d}\eta_2}{\pi^2}\end{aligned}\tag{0.61}$$

(0.61)式是一个重积分,但因 $\phi_1^m(\rho,\eta)\to\{\phi_1^m(\rho_i,\eta_j)\}$,$\phi_2^m(\rho,\eta)\to\{\phi_2^m(\rho_i,\eta_j)\}$已知,故可将(0.61)式用高斯积分算出:

$$
\begin{aligned}
&'\langle(m+1)\Delta t\,|(m+1)\Delta t\rangle' \\
&\quad=\sum_{ijkl}\frac{w_iw_jw_kw_l}{\pi^2}\left[\phi_1^{*(m+1)'}(\rho_i,\eta_j)\mathrm{e}^{-\rho_i^2-\eta_j^2}\phi_1^{(m+1)'}(\rho_k,\eta_l)\mathrm{e}^{-\rho_k^2-\eta_l^2}\mathrm{e}^{(\rho_i-\mathrm{i}\eta_j)(\rho_k+\mathrm{i}\eta_l)}\right] \\
&\qquad+\sum_{ijkl}\frac{w_iw_jw_kw_l}{\pi^2}\left[\phi_2^{*(m+1)'}(\rho_i,\eta_j)\mathrm{e}^{-\rho_i^2-\eta_j^2}\phi_2^{(m+1)'}(\rho_k,\eta_l)\mathrm{e}^{-\rho_k^2-\eta_l^2}\mathrm{e}^{(\rho_i-\mathrm{i}\eta_j)(\rho_k+\mathrm{i}\eta_l)}\right]
\end{aligned}
\tag{0.62}
$$

计算出(0.62)式后,真实的$\{\phi_1^{(m+1)}(\rho_i,\eta_j)\}$及$\{\phi_2^{(m+1)}(\rho_i,\eta_j)\}$分别为

$$
\phi_1^{(m+1)}(\rho_i,\eta_j)=\left(\frac{1}{'\langle(m+1)\Delta t\,|(m+1)\Delta t\rangle'}\right)^{\frac{1}{2}}\phi_1^{(m+1)'}(\rho_i,\eta_j) \tag{0.63}
$$

$$
\phi_2^{(m+1)}(\rho_i,\eta_j)=\left(\frac{1}{'\langle(m+1)\Delta t\,|(m+1)\Delta t\rangle'}\right)^{\frac{1}{2}}\phi_2^{(m+1)'}(\rho_i,\eta_j) \tag{0.64}
$$

到此,我们将演化问题做完了.

(c) 如何计算物理量?

从上知我们已能求得 $t=0\to t$ 各个时刻的态矢.例如 $0\to t$ 间某一时刻 $t_1=m_1\Delta t$,它的态矢是

$$
|t_1\rangle=|m_1\Delta t\rangle=\begin{pmatrix}\displaystyle\iint\phi_1^{(m_1)}(\rho,\eta)\mathrm{e}^{-\rho^2-\eta^2}\,|\rho+\mathrm{i}\eta\rangle\frac{\mathrm{d}\rho\mathrm{d}\eta}{\pi}\\ \displaystyle\iint\phi_2^{(m_1)}(\rho,\eta)\mathrm{e}^{-\rho^2-\eta^2}\,|\rho+\mathrm{i}\eta\rangle\frac{\mathrm{d}\rho\mathrm{d}\eta}{\pi}\end{pmatrix} \tag{0.65}
$$

那么 t_1 时刻的光子数期待值为

$$
\begin{aligned}
&\langle t_1\,|a^\dagger a\,|t_1\rangle \\
&\quad=\iiiint\phi_1^{(m_1)*}(\rho_1,\eta_1)\mathrm{e}^{-\rho_1^2-\eta_1^2}\langle\rho_1+\mathrm{i}\eta_1\,|a^\dagger a\phi_1^{(m_1)}(\rho_2,\eta_2)\mathrm{e}^{-\rho_2^2-\eta_2^2} \\
&\qquad\cdot|\rho_2+\mathrm{i}\eta_2\rangle\frac{\mathrm{d}\rho_1\mathrm{d}\eta_1\mathrm{d}\rho_2\mathrm{d}\eta_2}{\pi^2} \\
&\qquad+\iiiint\phi_2^{(m_1)*}(\rho_1,\eta_1)\mathrm{e}^{-\rho_1^2-\eta_1^2}\langle\rho_1+\mathrm{i}\eta_1\,|a^\dagger a\phi_2^{(m_1)}(\rho_2,\eta_2)\mathrm{e}^{-\rho_2^2-\eta_2^2} \\
&\qquad\cdot|\rho_2+\mathrm{i}\eta_2\rangle\frac{\mathrm{d}\rho_1\mathrm{d}\eta_1\mathrm{d}\rho_2\mathrm{d}\eta_2}{\pi^2}
\end{aligned}
$$

$$
\begin{aligned}
&= \int\cdots\int \phi_1^{(m_1)*}(\rho_1,\eta_1)\mathrm{e}^{-\rho_1^2-\eta_1^2}(\rho_1-\mathrm{i}\eta_1)(\rho_2+\mathrm{i}\eta_2)\phi_1^{(m_1)}(\rho_2,\eta_2) \\
&\quad \cdot \mathrm{e}^{-\rho_2^2-\eta_2^2}\mathrm{e}^{(\rho_1-\mathrm{i}\eta_1)(\rho_2+\mathrm{i}\eta_2)}\frac{\mathrm{d}\rho_1\mathrm{d}\eta_1\mathrm{d}\rho_2\mathrm{d}\eta_2}{\pi^2} \\
&\quad + \int\cdots\int \phi_2^{(m_1)*}(\rho_1,\eta_1)\mathrm{e}^{-\rho_1^2-\eta_1^2}(\rho_1-\mathrm{i}\eta_1)(\rho_2+\mathrm{i}\eta_2)\phi_2^{(m_1)}(\rho_2,\eta_2) \\
&\quad \cdot \mathrm{e}^{-\rho_2^2-\eta_2^2}\mathrm{e}^{(\rho_1-\mathrm{i}\eta_1)(\rho_2+\mathrm{i}\eta_2)}\frac{\mathrm{d}\rho_1\mathrm{d}\eta_1\mathrm{d}\rho_2\mathrm{d}\eta_2}{\pi^2} \\
&\overset{\text{高斯积分}}{=} \sum_{ijkl}\frac{w_iw_jw_kw_l}{\pi^2}\Big[\phi_1^{(m_1)*}(\rho_i,\eta_j)\mathrm{e}^{-\rho_i^2-\mathrm{i}\eta_j^2}(\rho_i-\mathrm{i}\eta_j)(\rho_k+\mathrm{i}\eta_l) \\
&\quad \cdot \phi_1^{(m_1)}(\rho_k,\eta_l)\mathrm{e}^{(\rho_i-\mathrm{i}\eta_j)(\rho_k+\mathrm{i}\eta_l)} \\
&\quad + \phi_2^{(m_1)*}(\rho_i,\eta_j)\mathrm{e}^{-\rho_i^2-\eta_j^2}(\rho_i-\mathrm{i}\eta_j)(\rho_k+\mathrm{i}\eta_l) \\
&\quad \cdot \phi_2^{(m_1)}(\rho_k,\eta_l)\mathrm{e}^{(\rho_i-\mathrm{i}\eta_j)(\rho_k+\mathrm{i}\eta_l)}\Big]
\end{aligned} \tag{0.66}
$$

如果我们用这一方法计算大家一直难以计算的 Rabi 模型，则可以采用几乎相同的办法，唯一的不同仅是

$$
\boldsymbol{H} = \begin{bmatrix} \dfrac{\Delta}{2} + \omega a^\dagger a & \lambda(a+a^\dagger) \\ \lambda(a+a^\dagger) & -\dfrac{\Delta}{2} + \omega a^\dagger a \end{bmatrix} \tag{0.67}
$$

和(0.35)式比较仅在非对角上多了 $\lambda a^\dagger$ 及 λa.

第 1 章

与相干态展开法有关的基础内容

量子理论建立多年以后，很多人都在思考描述微观世界的量子物理与描述宏观世界的经典物理之间的最根本区别是什么. 对于这样一个问题，有一种说法是量子理论具有并协原理，而经典物理则没有. 并协原理指的是一个微观的物理系统具有若干自由度，其中包括外部自由度和内部自由度. 对应于每一自由度都有一对相伴的正则算符，它们之间存在一个基本的对易关系，从而导致这一对算符的涨落间具有海森伯的不确定关系. 从一个物理系统的所有自由度对应的正则算符对中，抽出一个合起来构成这个物理系统的一组算符的完全集合，它们的共同本征态集构成这一系统的希尔伯特(Hilbert)空间(体系的态矢空间)中的基态矢集.

一个物理系统的自由度数是固定的，用以表示系统算符的完全集合中的算符可以有不同的选择，但算符对的数目与系统的自由度数相同. 在这些不同的完全集合中，有一种算符的完全集合具有特殊的意义，那就是对应于每一个自由度相伴的正则算符对(a, $a^\dagger$)，例如我们熟知的一维($\hat{x}$, $\hat{p}$)算符对亦可以代之以

$$a = \frac{1}{2}\left(\mathrm{i}\sqrt{\frac{2\Delta}{\hbar}}\hat{p} + \sqrt{\frac{2}{\hbar\Delta}}\hat{x}\right)$$

$$a^{\dagger} = \frac{1}{2}\left(\mathrm{i}\sqrt{\frac{2\Delta}{\hbar}}\hat{p} - \sqrt{\frac{2}{\hbar\Delta}}\hat{x}\right)$$

其中，$\hbar$ 是普朗克常量，Δ 是一个有量纲的参量，使得$\sqrt{\frac{\hbar}{2\Delta}}$具有所需的动量量纲，$\sqrt{\frac{2\Delta}{\hbar}}$具有长度的量纲，这两种正则算符对的对易关系分别为

$$[\hat{x},\hat{p}] = \mathrm{i}\hbar$$

及

$$[a,a^{\dagger}] = 1$$

上述两种表述量子理论的并协原理的形式，一方面看它们是等效的，另一方面来看，应当说$(a,a^{\dagger})$的表述能更本征地反映出量子理论的本质，这是因为描述微观世界的量子物理的并协原理应当和具体的个别的物理体系的性质无关，换句话说，应和这一微观系统用什么样的物理量算符，以及这些算符具有什么样的量纲没有关系才对. 也就是说，没有量纲的$(a,a^{\dagger})$以及它们的对易关系，才实质地反映了量子物理的规律的本质，而不附带其他因素. 那么，我们用$(\hat{x},\hat{p})$的正则对来表述时，会带来什么样的非本质因素呢？从$(a,a^{\dagger})$变换到$(\hat{x},\hat{p})$时，在

$$\hat{x} = \sqrt{\frac{\hbar\Delta}{2}}(a + a^{\dagger}), \quad \hat{p} = \mathrm{i}\sqrt{\frac{\hbar}{2\Delta}}(a^{\dagger} - a)$$

的变换关系中出现了一个有量纲的参量 Δ，它的值依赖于我们如何选定单位，是一个可以任意变动的量. 仔细一点讲，从量子物理的角度来看，一个特定的物理体系由$(a,a^{\dagger})$来表述时，其哈密顿量表示为 $H(a,a^{\dagger})$，即哈密顿量由$(a,a^{\dagger})$表示的形式是确定的，但变换到由$(\hat{x},\hat{p})$表述时，$H(\hat{x},\hat{p};\Delta)$中含有一个任意的参量，当 Δ 不同时，对应的物理系统的性质亦会不同，因此从$(a,a^{\dagger})$表述变换到$(\hat{x},\hat{p})$表述时带来了不确定性，与电磁场以场强来表述时是确定的而改用势来表述时就带来一定的不确定性的情形类似.

说到这里，顺便谈一下并协原理是量子理论的最本质的体现这个想法，还可用另一个大家都关心的话题来说明. 近年来，量子物理中的纠缠态是一个大家十分关注的问题，有关量子纠缠和薛定谔猫的介绍和解说非常多，大家都喜欢列举的一个共同的简单例子，是一个由两个自旋为$\frac{1}{2}$的粒子组成的系统，它们的自旋态矢部分为

$$|\rangle = \frac{1}{\sqrt{2}}(|\uparrow\rangle_1|\downarrow\rangle_2 - |\downarrow\rangle_1|\uparrow\rangle_2)$$

对于这样的态矢，薛定谔给出了一个很形象的描绘，他说如果我们把$|\uparrow\rangle$态看作活的猫，$|\downarrow\rangle$态看作死的猫，则系统的状态$|\rangle$可看作这样的：它具有两种可能性，要么第一只猫活着、第二只猫死了，要么第一只猫死了、第二只猫活着. 薛定谔把这种状态叫作纠缠态. 爱因斯坦他们(EPR)用这一状态的存在对量子物理进行了质疑，他们认为如果把处于这样内部自由度状态的两个粒子分开到相隔一个相当大的距离时，去测一个粒子的自旋，测得的结果是$|\uparrow\rangle_1$，则远处的另一粒子的自旋态一定是$|\downarrow\rangle_2$；反之，若测得的是$|\downarrow\rangle_1$，则远处的粒子的自旋状态一定是$|\uparrow\rangle_2$. 从逻辑上来讲，不论相距有多远，测量第一个粒子的自旋时，没有任何的作用施加到第二个粒子上，而它的自旋就相应地确定了，这能理解吗？所以爱因斯坦他们认为这是量子理论的不完备所在. 近年来，不少人认为如果量子理论是完善的，这一规律就应当是没有问题的，即 EPR 的质疑并不成立. 量子纠缠态的本性就是如此. 这样超距地、瞬时地决定第二个粒子的自旋没有问题. 但我们要问的是量子理论果真肯定了这点吗？

事实上，在爱因斯坦那个时代，量子理论尚处于初创时期，包括爱因斯坦他们在内，对量子理论的整体框架并不完全清楚. 为了回答这个问题，我们不得不回到量子理论的并协原理. 前面讲过一个外部自由度的一对正则算符是$(\hat{x},\hat{p})$，而内部自由度的自旋算符的正则对又是什么呢？其实，我们习惯表示的$|\rangle=\frac{1}{\sqrt{2}}(|\uparrow\rangle_1|\downarrow\rangle_2-|\downarrow\rangle_1|\uparrow\rangle_2)$这种写法并不完整，准确的表示应当是

$$|\rangle=\frac{1}{\sqrt{2}}(|\uparrow\rangle_1^{(z)}|\downarrow\rangle_2^{(z)}-|\downarrow\rangle_1^{(z)}|\uparrow\rangle_2^{(z)})$$

其中，$|\uparrow\rangle^{(z)}$或$|\downarrow\rangle^{(z)}$指的是自旋角动量在 z 方向上的分量(z 方向可以取定在空间中的任一方向). 对内部自由度来讲，只是一个 z 方向的角动量算符，显然构不成并协原理的一个正则对. 事实上，我们已知与 z 方向正交的 x 方向或 y 方向的自旋分量算符，和 z 方向的角动量分量在一起才能构成一对正则量(σ_x,σ_z)，它们之间有对易关系，并具有和$(\hat{x},\hat{p})$的不确定关系类似的关系. 不过和$(\hat{x},\hat{p})$对照来看，两者有一个显著的不同在于$(\hat{x},\hat{p})$的本征值是连续变化的，而(σ_x,σ_z)的本征值和本征态是分立的(只有$|\uparrow\rangle$和$|\downarrow\rangle$两种状态). 因此，对自旋来讲，和$(\hat{x},\hat{p})$情形下的不确定关系对照的相应关系可以表述为(σ_x 和σ_z 的本征态之间的关系)

$$
\begin{aligned}
|\uparrow\rangle^{(x)} &= \frac{1}{\sqrt{2}}(|\uparrow\rangle^{(z)} + |\downarrow\rangle^{(z)}) \\
|\downarrow\rangle^{(x)} &= \frac{1}{\sqrt{2}}(|\uparrow\rangle^{(z)} - |\downarrow\rangle^{(z)}) \\
|\uparrow\rangle^{(z)} &= \frac{1}{\sqrt{2}}(|\uparrow\rangle^{(x)} - |\downarrow\rangle^{(x)}) \\
|\downarrow\rangle^{(z)} &= \frac{1}{\sqrt{2}}(|\uparrow\rangle^{(x)} + |\downarrow\rangle^{(x)})
\end{aligned}
\tag{1.0.1}
$$

从前两个等式可以看出，当 x 方向的自旋分量的状态完全确定时，z 方向的自旋状态向上、向下各占一半，处于完全不确定的状态. 反之，从后两个等式来看，当 z 方向的自旋状态完全确定时，x 方向的自旋状态就完全不确定了. 除此之外，并协原理还告诉我们，这里的二粒子纠缠态 $|\rangle$ 还可表示为

$$
\begin{aligned}
|\rangle &= \frac{1}{\sqrt{2}}(|\uparrow\rangle_1^{(z)}|\downarrow\rangle_2^{(z)} - |\downarrow\rangle_1^{(z)}|\uparrow\rangle_2^{(z)}) \\
&= \frac{1}{\sqrt{2}}\Big[\frac{1}{2}(|\uparrow\rangle_1^{(x)} - |\downarrow\rangle_1^{(x)})(|\uparrow\rangle_2^{(x)} + |\downarrow\rangle_2^{(x)}) \\
&\quad - \frac{1}{2}(|\uparrow\rangle_1^{(x)} + |\downarrow\rangle_1^{(x)})(|\uparrow\rangle_2^{(x)} - |\downarrow\rangle_2^{(x)})\Big] \\
&= \frac{1}{\sqrt{2}}(|\uparrow\rangle_1^{(x)}|\downarrow\rangle_2^{(x)} - |\downarrow\rangle_1^{(x)}|\uparrow\rangle_2^{(x)})
\end{aligned}
\tag{1.0.2}
$$

有了上面谈到的并协原理后，我们便知道对于这样的纠缠态，单独测得第一个粒子的 z 方向向上，从(1.0.2)式来看，系统这时可以是处于 $|\uparrow\rangle_1^{(x)}|\downarrow\rangle_2^{(x)}$ 的状态，亦可以是处于 $|\downarrow\rangle_1^{(x)}|\uparrow\rangle_2^{(x)}$ 的状态. 因为按(1.0.1)式知，不论是 $|\uparrow\rangle_1^{(x)}$ 还是 $|\downarrow\rangle_1^{(x)}$，都含有 $\frac{1}{2}$ 概率的 $|\uparrow\rangle_1^{(z)}$ 态，这时第二个粒子相应地居于 $|\downarrow\rangle_2^{(x)}$ 或 $|\uparrow\rangle_2^{(x)}$ 这样的状态，而这两种的第二个粒子的自旋状态中含有的 $|\uparrow\rangle_2^{(z)}$ 和 $|\downarrow\rangle_2^{(z)}$ 各占一半. 如前所述，第二个粒子在 z 方向的取向是完全不确定的，至此可以得出的结论是：EPR 说的测一个粒子的自旋，另一个粒子在远处的自旋状态随即确定的说法并不成立. 除了理论上的分析，这个问题应当说在实验上亦没有认真地做过，而做这样的实验的重要性又是不容置疑的，因为量子理论本质的原理之一——并协原理将在这样的实验中受到直接的检验.

现在我们再回到本书要讨论的中心问题：量子物理系统的动力学的求解. 若干年来，自从在谐振子的问题中发现将 $(\hat{x},\hat{p})$ 的表述转为用 $(a,a^{\dagger})$ 表述后，原本求解较为繁杂的过程一下变得简单和明晰，因此在以后的时间里，对于大多数的物理系统都习惯地使用

了$(a,a^\dagger)$表述，而且大家亦感觉到在求解上比起用诸如$(\hat{x},\hat{p})$那样的带有量纲的正则对的表述去求解要容易一些.从并协原理的角度看，用$(a,a^\dagger)$的表述比用$(\hat{x},\hat{p})$这类的表述在求解上之所以方便一些，是因为从$(a,a^\dagger)$变换到$(\hat{x},\hat{p})$时带来了一定的不确定性的因素，这些因素自然会给求解过程增加一定的难度.不仅如此，各种各样的物理系统带来的不确定性亦会各不相同，求解时就会因系统的不同而使求解方法各异.如果不论什么样的物理系统都用无量纲的$(a,a^\dagger)$正则对来表述，会不会因此而找到一种在理论方法上形式较为统一的求解呢？其实，这就是本书试图努力达到的目标和出发点.

在讨论量子物理中的相干态展开法之前，为了便于对以后内容的理解和讨论，本章将需要用到的量子物理的内容逐一列出，但不包括量子理论中其他的基本原理和应用所需的知识，因此其范围是有限的.

1.1 玻色算符与 Fock 态

这里不去讨论如何从量子理论的基本原理引入玻色算符对$(a,a^\dagger)$，只是将已有的相关内容罗列于后.

a 称作湮灭算符，$a^\dagger$ 称作产生算符，它们满足如下的对易关系：

$$\begin{cases}[a,a]=[a^\dagger,a^\dagger]=0\\ [a,a^\dagger]=1\end{cases} \tag{1.1.1}$$

用$|0\rangle$表示没有粒子的真空态，$|n\rangle$表示有 n 个粒子的状态.则$(a,a^\dagger)$的湮灭算符及产生算符的物理意义由下式表示：

$$\begin{cases}a^\dagger\,|0\rangle=|1\rangle\\ a\,|1\rangle=|0\rangle\end{cases} \tag{1.1.2}$$

$\hat{n}=a^\dagger a$ 称作数算符，它有如下的本征态集$\{|n\rangle\}$：

$$|n\rangle=\frac{1}{\sqrt{n!}}(a^\dagger)^n\,|0\rangle,\quad \hat{n}\,|n\rangle=n\,|n\rangle \tag{1.1.3}$$

且有

$$\begin{cases} a^{\dagger}\ |n\rangle = \sqrt{n+1}\ |n+1\rangle \\ a\ |n\rangle = \sqrt{n}\ |n-1\rangle \end{cases} \tag{1.1.4}$$

由(1.1.3)式及(1.1.4)式可以清楚地看出，$|n\rangle$是 n 个粒子的态矢，是数算符 $\hat{n}$ 的本征态，亦称 Fock 态，同时再一次清楚地表明了湮灭算符 a 和产生算符 $a^{\dagger}$ 的意义.

1.2　谐振子系统

这里把量子物理中最简单的且为少数能严格求解的谐振子系统重述一下，目的是通过这一重述说明一些有意义的启示.

1. $(\hat{x},\hat{p})$表述中的谐振子

用$(\hat{x},\hat{p})$即位置及动量基本算符表述的一维谐振子系统的哈密顿量为

$$\hat{H} = \frac{\hat{p}^2}{2m} + \frac{k}{2}\hat{x}^2 \tag{1.2.1}$$

在位置表象中表示出的定态方程是

$$\begin{aligned} \hat{H}\Psi(x) &= \left(-\frac{\hbar^2}{2m}\frac{\mathrm{d}^2}{\mathrm{d}x^2} + \frac{k}{2}x^2\right)\Psi(x) \\ &= E\Psi(x) \end{aligned} \tag{1.2.2}$$

在这样的$(\hat{x},\hat{p})$表述里求解这一简单系统还是较为繁复的.引入

$$\omega = \sqrt{\frac{K}{m}}$$

将(1.2.2)式化为如下方程：

$$\left(-\frac{\hbar^2}{2m}\frac{\mathrm{d}^2}{\mathrm{d}x^2} + \frac{1}{2}m\omega^2 x^2\right)\Psi(x) = E\Psi(x) \tag{1.2.3}$$

将上述方程无量纲化，引入

$$\xi = \alpha x,\quad \alpha = \sqrt{\frac{m\omega}{\hbar}} \tag{1.2.4}$$

则(1.2.3)式化为

$$\frac{\mathrm{d}\Psi(\xi)}{\mathrm{d}\xi^2}+(\lambda-\xi^2)\Psi(\xi)=0 \tag{1.2.5}$$

再对 $\Psi(\xi)$做函数变换,得

$$\Psi(\xi)=\mathrm{e}^{-\frac{\xi^2}{2}}u(\xi) \tag{1.2.6}$$

将(1.2.5)式化为

$$\frac{\mathrm{d}^2u}{\mathrm{d}\xi^2}-2\xi\frac{\mathrm{d}u}{\mathrm{d}\xi}+(\lambda-1)u=0 \tag{1.2.7}$$

通过对上面方程的求解得到能谱为

$$E_n=\left(n+\frac{1}{2}\right)\hbar\omega \quad (n=0,1,2,\cdots) \tag{1.2.8}$$

相应的波函数为

$$\Psi_n(x)=N_n\mathrm{e}^{-\frac{1}{2}\alpha^2x^2}H_n(\alpha x) \tag{1.2.9}$$

其中,归一常数为

$$N_n=\left[\frac{\alpha}{2^n n!\sqrt{\pi}}\right]^{\frac{1}{2}} \tag{1.2.10}$$

$H_n(\alpha x)$是厄米多项式.

2. 表述变换

上一小节叙述了在$(\hat{x},\hat{p})$表述下求解谐振子的情况,从中可以看出对于这样一个十分简单的系统,其求解过程仍然显得比较繁复,如果不在$(\hat{x},\hat{p})$表述下讨论这一问题,情况将如何?将它通过如下的算符转换:

$$\begin{cases}\hat{x}=\left(\dfrac{\hbar}{2m\omega}\right)^{\frac{1}{2}}(a+a^\dagger)\\ \hat{p}=\mathrm{i}\left(\dfrac{\hbar m\omega}{2}\right)^{\frac{1}{2}}(a^\dagger-a)\end{cases} \tag{1.2.11}$$

$$
\begin{cases}
a = \left(\dfrac{m\omega}{2\hbar}\right)^{\frac{1}{2}}\left(\hat{x} + \dfrac{\mathrm{i}\hat{p}}{m\omega}\right) \\
a^{\dagger} = \left(\dfrac{m\omega}{2\hbar}\right)^{\frac{1}{2}}\left(\hat{x} - \dfrac{\mathrm{i}\hat{p}}{m\omega}\right)
\end{cases}
\tag{1.2.12}
$$

变换到$(a,a^{\dagger})$表述中求解，则我们可以看到通过这一变换立即可将H表示成如下的算符形式：

$$
\hat{H} = \hbar\omega\left(a^{\dagger}a + \frac{1}{2}\right) \tag{1.2.13}
$$

3. $(a,a^{\dagger})$表述中的谐振子

从$(\hat{x},\hat{p})$表述转换为$(a,a^{\dagger})$表述时，其中，a，$a^{\dagger}$就是前面谈过的湮灭算符和产生算符，因为从

$$
[\hat{x},\hat{p}] = \mathrm{i}\hbar \tag{1.2.14}
$$

看到由(1.2.14)式及变换(1.2.11)式可以导出$(a,a^{\dagger})$的对易关系(1.1.1)式，而且从(1.2.13)式立即知道数算符$\hat{n}$的本征态集$\{|n\rangle\}$恰是$\hat{H}$的本征态集，因此从(1.2.13)式便可得出谐振子系统的能量本征态集为$\{|n\rangle\}$，能量本征值谱为$\left\{E_n = \left(n+\dfrac{1}{2}\right)\hbar\omega\right\}$.

通过(1.2.11)式、(1.2.12)式将谐振子系统从(1.2.1)式的算符形式转换成(1.2.13)式的算符形式后，就可直接得到系统的能量本征态和能量本征值谱.从数学的角度来讲，常常解释为能量算符相应的矩阵从非对角的形式通过算符变换转换成对角的形式，从而直接得解.如果从物理的角度来观察这一表述变换，则会看到在这一变换中带来的具有显著意义的启发.

首先，在$(a,a^{\dagger})$表述中能量本征态$|n\rangle$的物理图像告诉我们，能量值是量子化的，是描述微观世界的量子理论的一个量子化的明显图像.其次，一个更有意义的启示是当我们从$(\hat{x},\hat{p})$表述转到$(a,a^{\dagger})$表述时，看到系统的能量算符和数算符的本征态集是同一个本征态集，即谐振子系统具有能量算符和数算符的共同本征态矢集.用量子物理的语言讲，就是$\hat{H}$与$\hat{n}$可对易，即

$$
[\hat{H},\hat{n}] = 0 \tag{1.2.15}
$$

这亦是说，谐振子系统具有$\hat{n}$的守恒量.这个结论在$(\hat{x},\hat{p})$表述中不容易看出来.最后，我们将这段讨论总结为以下几点：

(1) 从上述讨论中看到，变换到$(a, a^\dagger)$表述时有不少的有利之处，故许多的物理模型都用它来表述.

(2) 谐振子系统通过表述变换使求解系统的定态集能较轻易地得到解决，是因为在$(a, a^\dagger)$表述中能看到系统除能量的守恒量外，还有其他的守恒量. 如果在泛泛地求定态解问题中知道还有其他守恒量，而将问题转换成求能量及守恒量的共同本征态时能使求解问题变得容易一些，那么这点启发我们知道求解物理系统时去发现该系统是否有其他守恒量是一个求解的有力手段.

(3) 可以看到，从$(\hat{x}, \hat{p})$表述到$(a, a^\dagger)$表述的变换中还有另外一个因素，前者的两个算符都是具有量纲的量，而 $a, a^\dagger$ 是无量纲的量，物理规律由无量纲的因素来表示一般更能体现物理的本质.

1.3 相干态展开法

这里提出的用相干态展开法直接求解物理系统的动力学过程的基本出发点是相干态，所以下面把有关相干态的内容在本节里罗列一下.

1. 相干态

在$(a, a^\dagger)$表述中，数算符 $a^\dagger a$ 的本征态矢$|n\rangle$满足

$$\hat{n}\,|n\rangle = a^\dagger a\,|n\rangle = n\,|n\rangle \tag{1.3.1}$$

而相干态定义为湮灭算符的本征态，即

$$a\,|\varphi\rangle = \varphi\,|\varphi\rangle \tag{1.3.2}$$

因为任何态矢总可用完备的 Fock 态矢集展开，相干态自然亦一样，故可将$|\varphi\rangle$用$\{|n\rangle\}$来展开：

$$|\varphi\rangle = \sum_n A_n(\varphi)\,|n\rangle \tag{1.3.3}$$

现在将$\{A_n(\varphi)\}$求出. 将(1.3.3)式代入(1.3.2)式，有

$$a\,|\varphi\rangle = a\sum_n A_n(\varphi)\,|n\rangle = \sum_n A_n(\varphi)\sqrt{n}\,|n-1\rangle$$

$$= \varphi \sum A_n(\varphi) \mid n\rangle \tag{1.3.4}$$

比较上式两端的$|n\rangle$，由于$\{|n\rangle\}$中不同的$|n\rangle$是互为正交的，故有

$$A_n(\varphi) = \frac{\varphi}{\sqrt{n}} A_{n-1}(\varphi) \tag{1.3.5}$$

递推下去，最后可得

$$A_n(\varphi) = \frac{\varphi}{\sqrt{n}} A_{n-1}(\varphi) = \frac{\varphi}{\sqrt{n}} \frac{\varphi}{\sqrt{n-1}} A_{n-2}(\varphi) = \cdots = \frac{(\varphi)^n}{\sqrt{n!}} A_0(\varphi) \tag{1.3.6}$$

由于 $A_0(\varphi)$不定，故可令 $A_0(\varphi)=1$，于是有

$$A_n(\varphi) = \frac{(\varphi)^n}{\sqrt{n!}} \tag{1.3.7}$$

2. 相干态的性质

(1) 将(1.3.7)式代入(1.3.3)式，得

$$\begin{aligned} |\varphi\rangle &= \sum_n A_n(\varphi) \mid n\rangle = \sum_n \frac{(\varphi)^n}{\sqrt{n!}} \mid n\rangle = \sum_n \frac{(\varphi)^n}{\sqrt{n!}} \left[\frac{(a^\dagger)^n}{\sqrt{n!}} \mid 0\rangle \right] \\ &= \sum_n \frac{(\varphi a^\dagger)^n}{n!} \mid 0\rangle = \mathrm{e}^{\varphi a^\dagger} \mid 0\rangle \end{aligned} \tag{1.3.8}$$

因此得到相干态指数形式的表示式.

(2) 将(1.3.2)式相干态的定义式取共轭，得

$$\langle \varphi \mid a^\dagger = \langle \varphi \mid \varphi^* \tag{1.3.9}$$

(3) 相干态的内积. 从相干态的定义式来看，可以用复数 φ 来标示相干态，不同的 φ 值表示不同的相干态. 现在来看不同的相干态之间的内积：

$$\begin{aligned} \langle \varphi \mid \varphi' \rangle &= \left[\sum_{n_1} \langle n_1 \mid \frac{(\varphi^*)^{n_1}}{\sqrt{n_1!}} \right] \left[\sum_{n_2} \frac{(\varphi')^{n_2}}{\sqrt{n_2!}} \mid n_2 \rangle \right] \\ &= \sum_{n_1 n_2} \frac{(\varphi^*)^{n_1} (\varphi')^{n_2}}{\sqrt{n_1! n_2!}} \langle n_1 \mid n_2 \rangle \\ &= \sum_{n_1 n_2} \frac{(\varphi^*)^{n_1} (\varphi')^{n_2}}{\sqrt{n_1! n_2!}} \delta_{n_1 n_2} \\ &= \sum_n \frac{(\varphi^* \varphi')^n}{n!} = \mathrm{e}^{\varphi^* \varphi'} \end{aligned} \tag{1.3.10}$$

从上式知，相干态的内积不同于 Fock 态的内积$\langle n_1 | n_2 \rangle = \delta_{n_1 n_2}$，后者有正交归一性质，而不同的$|\varphi\rangle$的内积不为零，即不同的相干态并不是互为正交的，这是相干态与 Fock 态显著的不同点. 不过，相干态和 Fock 态一样，仍然是可归一的，因为只要将它乘以一个归一因子 $e^{-\frac{1}{2}|\varphi|^2}$，就会得到

$$(e^{-\frac{1}{2}|\varphi|^2}\langle \varphi |)(e^{-\frac{1}{2}|\varphi|^2} | \varphi \rangle) = e^{-|\varphi|^2}\langle \varphi | \varphi \rangle = e^{-|\varphi|^2}e^{|\varphi|^2} = 1 \quad (1.3.11)$$

3. 相干态的封闭关系

Fock 态有如下封闭关系：

$$\sum_n |n\rangle\langle n| = \mathbb{I} \quad (1.3.12)$$

上式表示它是一个恒等算符，因此在任何两个态矢的内积中可以将它插入：

$$\langle A | B \rangle = \langle A | \sum_n |n\rangle\langle n| |B\rangle = \sum_n \langle A | n \rangle\langle n | B \rangle \quad (1.3.13)$$

对于连续改变的$\{|x\rangle\}$，$\{|p\rangle\}$的本征态矢集，亦有类似于(1.3.12)式的封闭关系，即

$$\int |x\rangle\langle x| \mathrm{d}x = \int |p\rangle\langle p| \mathrm{d}p = \mathbb{I} \quad (1.3.14)$$

对于相干态，是否亦有这样的封闭关系？答案是虽然相干态之间并不正交，但仍能由它们构成一个封闭关系如下：

$$\int \frac{\mathrm{d}\varphi^* \mathrm{d}\varphi}{2\pi \mathrm{i}} e^{-|\varphi|^2} |\varphi\rangle\langle \varphi| = \mathbb{I} \quad (1.3.15)$$

下面来证明上式成立.

(1) 由前知

$$|\varphi\rangle = e^{\varphi a^\dagger}|0\rangle$$

故有

$$a^\dagger |\varphi\rangle = a^\dagger e^{\varphi a^\dagger}|0\rangle = \frac{\partial}{\partial \varphi}e^{\varphi a^\dagger}|0\rangle = \frac{\partial}{\partial \varphi}|\varphi\rangle \quad (1.3.16)$$

对上式取共轭，得

$$\langle \varphi | a = \frac{\partial}{\partial \varphi^*}(\langle \varphi |) \quad (1.3.17)$$

（2）计算下面的对易式：

$$\left[a,\int\frac{\mathrm{d}\varphi^*\mathrm{d}\varphi}{2\pi\mathrm{i}}\mathrm{e}^{-|\varphi|^2}|\varphi\rangle\langle\varphi|\right]=\int\frac{\mathrm{d}\varphi^*\mathrm{d}\varphi}{2\pi\mathrm{i}}\mathrm{e}^{-|\varphi|^2}[a,|\varphi\rangle\langle\varphi|]$$

$$=\int\frac{\mathrm{d}\varphi^*\mathrm{d}\varphi}{2\pi\mathrm{i}}\mathrm{e}^{-|\varphi|^2}(a|\varphi\rangle\langle\varphi|-|\varphi\rangle\langle\varphi|a)$$

$$=\int\frac{\mathrm{d}\varphi^*\mathrm{d}\varphi}{2\pi\mathrm{i}}\mathrm{e}^{-|\varphi|^2}\left(\varphi|\varphi\rangle\langle\varphi|-|\varphi\rangle\langle\varphi|\frac{\partial}{\partial\varphi^*}\right)$$

$$=\int\frac{\mathrm{d}\varphi^*\mathrm{d}\varphi}{2\pi\mathrm{i}}\mathrm{e}^{-|\varphi|^2}\left(\varphi-\frac{\partial}{\partial\varphi^*}\right)|\varphi\rangle\langle\varphi|$$

$$=\int\frac{\mathrm{d}\varphi^*\mathrm{d}\varphi}{2\pi\mathrm{i}}|\varphi\rangle\langle\varphi|\left(\varphi+\frac{\partial}{\partial\varphi^*}\right)\mathrm{e}^{-|\varphi|^2}$$

$$=\int\frac{\mathrm{d}\varphi^*\mathrm{d}\varphi}{2\pi\mathrm{i}}|\varphi\rangle\langle\varphi|[\varphi+(-\varphi)]\mathrm{e}^{-|\varphi|^2}$$

$$=0\tag{1.3.18}$$

在上式的倒数第四行到倒数第三行应用了分部积分.

（3）由于

$$\left(\int\frac{\mathrm{d}\varphi^*\mathrm{d}\varphi}{2\pi\mathrm{i}}\mathrm{e}^{-|\varphi|^2}|\varphi\rangle\langle\varphi|\right)^+=-\int\frac{\mathrm{d}\varphi^*\mathrm{d}\varphi}{2\pi\mathrm{i}}\mathrm{e}^{-|\varphi|^2}|\varphi\rangle\langle\varphi|$$

故对(1.3.18)式取共轭，可得

$$\left[-\int\frac{\mathrm{d}\varphi^*\mathrm{d}\varphi}{2\pi\mathrm{i}}\mathrm{e}^{-|\varphi|^2}|\varphi\rangle\langle\varphi|,a^\dagger\right]=\left[a^\dagger,\int\frac{\mathrm{d}\varphi^*\mathrm{d}\varphi}{2\pi\mathrm{i}}\mathrm{e}^{-|\varphi|^2}|\varphi\rangle\langle\varphi|\right]=0\tag{1.3.19}$$

（4）从(1.3.18)及(1.3.19)两式可见，$\int\frac{\mathrm{d}\varphi^*\mathrm{d}\varphi}{2\pi\mathrm{i}}\mathrm{e}^{-|\varphi|^2}|\varphi\rangle\langle\varphi|$ 和$(a,a^\dagger)$都对易.

所有的物理量算符都是由$(a,a^\dagger)$构成的，因此可知$\int\frac{\mathrm{d}\varphi^*\mathrm{d}\varphi}{2\pi\mathrm{i}}\mathrm{e}^{-|\varphi|^2}|\varphi\rangle\langle\varphi|$亦和任意算符对易. 这表明它一定是一个数，而不是一个一般意义下的算符. 为了进一步确定这个数的数值，可将它放到一个任意态中去求期待值，求出的值应该就是它的值. 最简便的态是真空态，于是有

$$\left\langle 0\left|\int\frac{\mathrm{d}\varphi^*\mathrm{d}\varphi}{2\pi\mathrm{i}}\mathrm{e}^{-|\varphi|^2}|\varphi\rangle\langle\varphi|\right|0\right\rangle=\int\frac{\mathrm{d}\varphi^*\mathrm{d}\varphi}{2\pi\mathrm{i}}\mathrm{e}^{-|\varphi|^2}\langle 0|\varphi\rangle\langle\varphi|0\rangle$$

$$=\int\frac{\mathrm{d}\varphi^*\mathrm{d}\varphi}{2\pi\mathrm{i}}\mathrm{e}^{-|\varphi|^2}\tag{1.3.20}$$

其中用到

$$
\begin{aligned}
\langle 0 \mid \varphi \rangle &= \langle 0 \mid e^{\varphi a^{\dagger}} \mid 0 \rangle \\
&= \langle 0 \mid 0 \rangle + \left\langle 0 \left| \sum_{n=1}^{\infty} \frac{(\varphi)^n}{n!} (a^{\dagger})^n \right| 0 \right\rangle \\
&= \langle 0 \mid 0 \rangle = 1
\end{aligned} \tag{1.3.21}
$$

为了将(1.3.20)式的积分积出，同时亦为了以后计算上的方便，需要把相干态中的复数 φ 写成明显的 $\varphi = \rho + \mathrm{i}\eta$ 形式，同时亦把在(1.3.20)式中对 φ 和 φ^* 的积分换为对 ρ 和 η 的积分.

在从对 φ 和 φ^* 的积分换为对 ρ 和 η 的积分时，需算出积分变量变换时的雅可比(Jacobian)行列式：

$$
\boldsymbol{J} = \begin{vmatrix} \dfrac{\partial \varphi^*}{\partial \rho} & \dfrac{\partial \varphi^*}{\partial \eta} \\ \dfrac{\partial \varphi}{\partial \rho} & \dfrac{\partial \varphi}{\partial \eta} \end{vmatrix} = \begin{vmatrix} 1 & -\mathrm{i} \\ 1 & \mathrm{i} \end{vmatrix} = 2\mathrm{i} \tag{1.3.22}
$$

代入(1.3.20)式中，得

$$
\begin{aligned}
\left\langle 0 \left| \int \frac{\mathrm{d}\varphi^* \mathrm{d}\varphi}{2\pi \mathrm{i}} e^{-|\varphi|^2} \mid \varphi \rangle \langle \varphi \right| 0 \right\rangle &= \int \frac{\mathrm{d}\varphi^* \mathrm{d}\varphi}{2\pi \mathrm{i}} e^{-|\varphi^2|} = \int \frac{\mathrm{d}\varphi^* \mathrm{d}\varphi}{2\pi \mathrm{i}} e^{-\varphi^* \varphi} \\
&= \int (2\mathrm{i}) \frac{\mathrm{d}\rho \mathrm{d}\eta}{2\pi \mathrm{i}} e^{-\rho^2 - \eta^2} = \int \frac{\mathrm{d}\rho \mathrm{d}\eta}{\pi} e^{-\rho^2 - \eta^2} \\
&= \frac{1}{\pi} (\sqrt{\pi} \cdot \sqrt{\pi}) = 1
\end{aligned} \tag{1.3.23}
$$

计算的结果表明这个数就是 1.

(5) 最后将已证得的结果列出，即

$$
\int \frac{\mathrm{d}\varphi^* \mathrm{d}\varphi}{2\pi \mathrm{i}} e^{-|\varphi|^2} \mid \varphi \rangle \langle \varphi \mid = \int \frac{\mathrm{d}\rho \mathrm{d}\eta}{\pi} e^{-\rho^2 - \eta^2} \mid \rho + \mathrm{i}\eta \rangle \langle \rho + \mathrm{i}\eta \mid = 1 \tag{1.3.24}
$$

在上式第一个等号中，已将相干态 $|\varphi\rangle$ 改写为 $|\rho + \mathrm{i}\eta\rangle$. 今后常用的封闭关系亦是第一个等号后的表示.

4. 相干态表象

(1) 在量子理论中，为了表示态矢空间中的任一态矢，需要在态矢空间(Hilbert 空间)中选定一组完备的态矢集合来作为基态矢集，这样的情况就如同几何空间中的矢量需要选定一组基矢量来表示一样. 当在态矢空间中选定坐标算符的本征态矢集为基态矢量集时,任一态矢便可以在它们的基础上展开:

$$|\psi\rangle = \int \psi(x) \, |x\rangle \mathrm{d}x \tag{1.3.25}$$

如果基态矢集选定的是动量的本征态矢集,那么任一态矢亦可表示为

$$|\phi\rangle = \int \phi(p) \, |p\rangle \mathrm{d}p \tag{1.3.26}$$

此外,亦可以选择能量本征态矢集,即将定态集作为基态矢集. 根据上面的分析当然亦可以选择不同的相干态,如湮灭算符的本征态集来作为基态矢集.

习惯上,将态矢在坐标本征态集上展开时的展开系数 $\psi(x)$ 称作该态矢的位置表象中的波函数,在动量本征态集上的展开系数称作态矢的动量表象中的波函数. 这就是说,一个态矢可以在不同表象中展开,可以有各种波函数. 不过由于经常用到的是坐标表象中的波函数,为了简便计,常把位置表象的波函数简称为波函数.

下面以动量表象的波函数为例来看如何确定一个态矢的波函数. 因为有动量本征态矢集的封闭关系

$$\int |p\rangle\langle p| \mathrm{d}p = 1$$

故任意态 $|\phi\rangle$ 可表示为

$$\begin{aligned} |\phi\rangle &= \left(\int |p\rangle\langle p| \mathrm{d}p\right)|\phi\rangle = \int |p\rangle\langle p | \phi\rangle \mathrm{d}p \\ &= \int \phi(p) \, |p\rangle \mathrm{d}p \end{aligned} \tag{1.3.27}$$

可见,态矢 $|\phi\rangle$ 的动量表象的波函数就是

$$\phi(p) = \langle p | \phi\rangle \tag{1.3.28}$$

即这个态矢的动量表象中的波函数是该态矢与动量本征态的内积.

(2) 做了以上讨论后,现在来专注于讨论如何用湮灭算符的本征态矢集即相干态集来展开态矢,以及如何利用相干态的封闭关系来求出相干态表象中态矢的波函数.

$$\begin{aligned} |\psi\rangle &= \int \frac{\mathrm{d}\rho \mathrm{d}\eta}{\pi} \mathrm{e}^{-\rho^2-\eta^2} \, |\rho + \mathrm{i}\eta\rangle\langle\rho + \mathrm{i}\eta | \psi\rangle \\ &= \int \mathrm{d}\rho \mathrm{d}\eta \left(\frac{1}{\pi}\mathrm{e}^{-\rho^2-\eta^2}\langle\rho + \mathrm{i}\eta | \psi\rangle\right)|\rho + \mathrm{i}\eta\rangle \end{aligned} \tag{1.3.29}$$

由上式看出,这和求其他表象中的波函数的方法大体是一样的,只不过有一些细小的非

本质的不同：其他表象的基态矢集是一个物理量（自轭算符）的本征态集，这些本征态是用它们的本征值来表示的，这些本征值是一个实数，而这里的相干态是用一个复数来标志的，即由两个实数的组合(ρ,η)来表示，而且波函数是

$$\langle \rho + \mathrm{i}\eta \mid \psi\rangle = (\langle 0 \mid \mathrm{e}^{(\rho-\mathrm{i}\eta)a}) \mid \psi\rangle$$

其变量是 $\rho-\mathrm{i}\eta$，而不是原来的 $\rho+\mathrm{i}\eta$，故记其波函数为 $\psi(\rho-\mathrm{i}\eta)=\psi(\varphi^*)$，因此最后将(1.3.29)式表示为

$$|\psi\rangle = \int \mathrm{d}\rho \mathrm{d}\eta \left(\frac{1}{\pi}\mathrm{e}^{-\rho^2-\eta^2}\right)\psi(\varphi^*) \mid \rho + \mathrm{i}\eta\rangle \tag{1.3.30}$$

这里的态矢与波函数的积分关系多了一个因子$\frac{1}{\pi}\mathrm{e}^{-\rho^2-\eta^2}$.

(3) 从过去常用的位置表象中的计算来看，对态矢的计算等效于计算它的波函数，我们熟知的在位置表象中的计算是 $\hat{x}$ 和 $\hat{p}$ 算符对态矢的作用等效于对波函数的如下数学操作：

$$\begin{aligned} &\hat{x} \to x \quad 即 \quad \hat{x}\psi(x) = x\psi(x) \\ &\hat{p} \to \frac{\hbar}{\mathrm{i}}\frac{\partial}{\partial x} \quad 即 \quad \hat{p}\psi(x) = \frac{\hbar}{\mathrm{i}}\frac{\partial}{\partial x}\psi(x) \end{aligned} \tag{1.3.31}$$

那么 $a,a^\dagger$ 对相干态波函数的等效作用又是什么样的数学操作呢？从下面的论证中我们将得到答案.

为讨论方便，将(1.3.30)式改表为

$$|\psi\rangle = \int \frac{\mathrm{d}\varphi^*\mathrm{d}\varphi}{2\pi\mathrm{i}}\mathrm{e}^{-|\phi|^2}\psi(\phi^*) \mid \phi\rangle \tag{1.3.32}$$

将 a 作用于上式，得

$$a \mid \psi\rangle = \int \frac{\mathrm{d}\varphi^*\mathrm{d}\varphi}{2\pi\mathrm{i}}\mathrm{e}^{-|\phi|^2}\psi(\phi^*)a \mid \phi\rangle$$

将上式两边都乘以$\langle \phi_1 |$，得

$$\begin{aligned} \langle \phi_1 \mid a \mid \psi\rangle &= \int \frac{\mathrm{d}\varphi^*\mathrm{d}\varphi}{2\pi\mathrm{i}}\mathrm{e}^{-|\phi|^2}\psi(\phi^*)\langle \phi_1 \mid a \mid \phi\rangle \\ &= \int \frac{\mathrm{d}\varphi^*\mathrm{d}\varphi}{2\pi\mathrm{i}}\mathrm{e}^{-|\phi|^2}\psi(\phi^*)\langle \phi_1 \mid \phi \mid \phi\rangle \\ &= \int \frac{\mathrm{d}\varphi^*\mathrm{d}\varphi}{2\pi\mathrm{i}}\mathrm{e}^{-|\phi|^2}\phi\psi(\phi^*)\langle \phi_1 \mid \phi\rangle \end{aligned}$$

$$
\begin{aligned}
&= \int \frac{\mathrm{d}\varphi^* \mathrm{d}\varphi}{2\pi \mathrm{i}} \phi \mathrm{e}^{-\phi^*\phi} \psi(\phi^*) \mathrm{e}^{\phi_1^*\phi} \\
&= \int \frac{\mathrm{d}\varphi^* \mathrm{d}\varphi}{2\pi \mathrm{i}} \left(-\frac{\mathrm{d}}{\mathrm{d}\phi^*} \mathrm{e}^{-\phi^*\phi}\right) \psi(\phi^*) \mathrm{e}^{\phi_1^*\phi} \\
&= \int \frac{\mathrm{d}\varphi^* \mathrm{d}\varphi}{2\pi \mathrm{i}} \mathrm{e}^{-\phi^*\phi} \frac{\mathrm{d}}{\mathrm{d}\phi^*} \psi(\phi^*) \mathrm{e}^{\phi_1^*\phi} \\
&= \int \frac{\mathrm{d}\varphi^* \mathrm{d}\varphi}{2\pi \mathrm{i}} \mathrm{e}^{-|\phi|^2} \frac{\mathrm{d}}{\mathrm{d}\phi^*} \psi(\phi^*) \langle \phi_1 | \phi \rangle
\end{aligned} \tag{1.3.33}
$$

从上式知,a 对相干态波函数的相应数学操作为

$$
a \rightarrow \frac{\mathrm{d}}{\mathrm{d}\phi^*} \quad \text{即} \quad a\psi(\phi^*) = \frac{\mathrm{d}}{\mathrm{d}\phi^*} \psi(\phi^*)
$$

这个关系告诉我们,算符 a 对相干态波函数的操作是对它做微商.再看

$$
\begin{aligned}
\langle \phi_1 | a^\dagger | \phi \rangle &= \int \frac{\mathrm{d}\varphi^* \mathrm{d}\varphi}{2\pi \mathrm{i}} \mathrm{e}^{-|\phi|^2} \psi(\phi^*) \langle \phi_1 | a^\dagger | \phi \rangle \\
&= \int \frac{\mathrm{d}\varphi^* \mathrm{d}\varphi}{2\pi \mathrm{i}} \mathrm{e}^{-\phi^*\phi} \psi(\phi^*) \langle \phi_1 | \phi_1^* | \phi \rangle \\
&= \int \frac{\mathrm{d}\varphi^* \mathrm{d}\varphi}{2\pi \mathrm{i}} \mathrm{e}^{-\phi^*\phi} \psi(\phi^*) \phi_1^* \mathrm{e}^{\phi_1^*\phi} \\
&= \int \frac{\mathrm{d}\varphi^* \mathrm{d}\varphi}{2\pi \mathrm{i}} \mathrm{e}^{-\phi^*\phi} \psi(\phi^*) \frac{\mathrm{d}}{\mathrm{d}\phi} (\mathrm{e}^{\phi_1^*\phi}) \\
&= -\int \frac{\mathrm{d}\varphi^* \mathrm{d}\varphi}{2\pi \mathrm{i}} \psi(\phi^*) \left(\frac{\mathrm{d}}{\mathrm{d}\phi} \mathrm{e}^{-\phi^*\phi}\right) \mathrm{e}^{\phi_1^*\phi} \\
&= \int \frac{\mathrm{d}\varphi^* \mathrm{d}\varphi}{2\pi \mathrm{i}} \phi^* \psi(\phi^*) \mathrm{e}^{-\phi^*\phi} \mathrm{e}^{\phi_1^*\phi} \\
&= \int \frac{\mathrm{d}\varphi^* \mathrm{d}\varphi}{2\pi \mathrm{i}} \mathrm{e}^{-|\phi|^2} \phi^* \psi(\phi^*) \langle \phi_1 | \phi \rangle
\end{aligned} \tag{1.3.34}
$$

从上式看出对相干态波函数而言,$a^\dagger$ 的作用归结为如下关系:

$$
a^\dagger \rightarrow \phi^* \quad \text{即} \quad a^\dagger \psi(\phi^*) = \phi^* \psi(\phi^*)
$$

(4) 相干态表象和相干态展开法.

本书提出的相干态展开法的理论出发点就是利用相干态表象中以相干态集作为基态矢的办法.

这一方法的基本思想为:不论是系统的初始态 $|t=0\rangle$,还是演化中任意时刻 t 的态矢 $|t\rangle$,都是用相干态来展开的.

$$|t=0\rangle=\iint\psi_0(\rho,\eta)\mathrm{e}^{-\rho^2-\eta^2}\ |\rho+\mathrm{i}\eta\rangle\frac{\mathrm{d}\rho\mathrm{d}\eta}{\pi} \tag{1.3.35}$$

$$|t\rangle=\iint\psi(\rho,\eta:t)\mathrm{e}^{-\rho^2-\eta^2}\ |\rho+\mathrm{i}\eta\rangle\frac{\mathrm{d}\rho\mathrm{d}\eta}{\pi} \tag{1.3.36}$$

即如果我们能求出

$$\begin{aligned}H\,|t=0\rangle&=H\iint\psi_0(\rho,\eta)\mathrm{e}^{-\rho^2-\eta^2}\ |\rho+\mathrm{i}\eta\rangle\frac{\mathrm{d}\rho\mathrm{d}\eta}{\pi}\\&=\iint\varphi_1(\rho,\eta)\mathrm{e}^{-\rho^2-\eta^2}\ |\rho+\mathrm{i}\eta\rangle\frac{\mathrm{d}\rho\mathrm{d}\eta}{\pi}\end{aligned} \tag{1.3.37}$$

$$\begin{aligned}H^2\,|t=0\rangle&=H^2\iint\psi_0(\rho,\eta)\mathrm{e}^{-\rho^2-\eta^2}\ |\rho+\mathrm{i}\eta\rangle\frac{\mathrm{d}\rho\mathrm{d}\eta}{\pi}\\&=\iint\varphi_2(\rho,\eta)\mathrm{e}^{-\rho^2-\eta^2}\ |\rho+\mathrm{i}\eta\rangle\frac{\mathrm{d}\rho\mathrm{d}\eta}{\pi}\end{aligned} \tag{1.3.38}$$

……

$$\begin{aligned}H^n\,|t=0\rangle&=H\iint\psi_0(\rho,\eta)\mathrm{e}^{-\rho^2-\eta^2}\ |\rho+\mathrm{i}\eta\rangle\frac{\mathrm{d}\rho\mathrm{d}\eta}{\pi}\\&=\iint\varphi_n(\rho,\eta)\mathrm{e}^{-\rho^2-\eta^2}\ |\rho+\mathrm{i}\eta\rangle\frac{\mathrm{d}\rho\mathrm{d}\eta}{\pi}\end{aligned} \tag{1.3.39}$$

……

那么根据薛定谔方程的形式解表示式$|t\rangle=\sum\limits_n\frac{(-\mathrm{i}t)^n}{n!}H^n\,|t=0\rangle$，便有

$$|t\rangle=\iint\sum_n\frac{(-\mathrm{i}t)^n}{n!}\varphi_n(\rho,\eta)\mathrm{e}^{-\rho^2-\eta^2}\ |\rho+\mathrm{i}\eta\rangle\frac{\mathrm{d}\rho\mathrm{d}\eta}{\pi} \tag{1.3.40}$$

将上式和(1.3.36)式比较，便知道待求的 $\psi(\rho,\eta:t)$为

$$\psi(\rho,\eta:t)=\sum_n\frac{(-t)^n}{n!}\varphi_n(\rho,\eta) \tag{1.3.41}$$

不过，有的人可能会对此提出如下质疑：我们知道在$(a,a^\dagger)$的表述里微扰论是用粒子数本征态集$\{|n\rangle\}$展开的，而不同的 Fock 态$|n\rangle$是归一的和相互正交的. 即该方法是在一组正交、归一的基态矢上展开的，反观相干态$|\rho+\mathrm{i}\eta\rangle$固然亦可归一，却没有相互的正交性，那么这种用非正交基的展开是可行的吗？

对于这样的质疑，我们将做如下讨论. 为了更好地看清其实质的内容，不妨将连续分布的$\{|\rho+\mathrm{i}\eta\rangle\}$想象为分立的情形，即把它们看成在 Hilbert 空间中的一组线性无关但并

不相互正交的基态矢.换句话说,把它们看作一组不是正交而是斜交的基态矢.于是,要回答上述质疑就成为问类似这样的问题:将一个矢量在多维空间展开时是否一定需要在正交基上展开?是否亦可在斜交基上展开?

下面我们用图像来说明这个类似的问题.

为简化计,考虑一个二维空间的平面,如图 1.3.1 所示,在平面上标出一组正交基

$$\boldsymbol{i}_1,\quad \boldsymbol{i}_2$$

和一组斜交基

$$\boldsymbol{i}'_1,\quad \boldsymbol{i}'_2$$

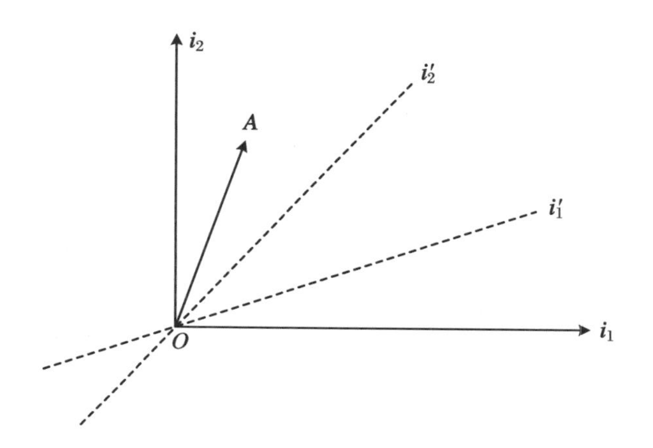

图 1.3.1 矢量在正交基和斜交基上的展开

从图中可以清楚地看出一个矢量 $\boldsymbol{A}$ 既可以在$(\boldsymbol{i}_1,\boldsymbol{i}_2)$上展开,亦可在$(\boldsymbol{i}'_1,\boldsymbol{i}'_2)$上展开.如果有另一个矢量 $\boldsymbol{B}$,它在正交基上展开时和 $\boldsymbol{A}$ 一样,那么一定有 $\boldsymbol{A}=\boldsymbol{B}$,但如果 $\boldsymbol{A}$ 与 $\boldsymbol{B}$ 在斜交基上展开亦相同时,是否一样会有 $\boldsymbol{A}=\boldsymbol{B}$ 的结论呢?

为了讲得清楚一些,再做仔细一点的论证.如果在一个 n 维的空间里有一组正交基

$$\{\boldsymbol{i}\}\quad (i=1,2,\cdots,n)$$

同时亦有一组斜交基

$$\{\boldsymbol{k}\}\quad (k=1,2,\cdots,n)$$

它们都是线性无关的,两组基间可表示为如下关系:

$$\begin{cases} \boldsymbol{i} = \sum_k \Phi_{ik}\boldsymbol{k} \\ \boldsymbol{k} = \sum_i \varphi_{ki}\boldsymbol{i} \end{cases} \tag{1.3.42}$$

若有两个矢量 $\boldsymbol{A}$ 和 $\boldsymbol{B}$，它们在斜交基上的展开为

$$\boldsymbol{A} = \sum_k f_k^{(A)}\boldsymbol{k}, \quad \boldsymbol{B} = \sum_k f_k^{(B)}\boldsymbol{k} \tag{1.3.43}$$

并有

$$f_k^{(A)} = f_k^{(B)} \tag{1.3.44}$$

则根据(1.3.42)式，有

$$\boldsymbol{A} = \sum_k f_k^{(A)}\boldsymbol{k} = \sum_k \left(\sum_i \varphi_{ki}\boldsymbol{i}\right) = \sum_i \left[\sum_k f_k^{(A)}\varphi_{ki}\right]\boldsymbol{i} \tag{1.3.45}$$

$$\boldsymbol{B} = \sum_k f_k^{(B)}\left(\sum_i \varphi_{ki}\boldsymbol{i}\right) = \sum_i \left[\sum_k f_k^{(B)}\varphi_{ki}\right]\boldsymbol{i} \tag{1.3.46}$$

于是就有如下结论：若两个矢量 $\boldsymbol{A}$ 和 $\boldsymbol{B}$ 在斜交基上的展开相同，则在正交基上的展开亦相同；反之亦然．因此作为矢量的展开基集，正交与斜交是等效的．

1.4 演化问题

物理的一个重要中心问题是讨论物理系统随时间演化的动力学规律，即当知道一个物理系统在初始时刻的状态时，预言这一系统今后的任一时刻的状态，无论是经典物理还是量子物理，都把这一问题归结为给出一个正确描述该规律的运动方程，在量子物理中就是薛定谔方程，于是要得出系统随时间演化的规律这一任务，就是在给定的初始状态或初始条件下求解薛定谔方程，后来发现除了这种途径，还有另外一个达到同一目的的途径，就是通过求定态集来间接得到演化规律．这里，将对这两种途径的等效性及不同的可行状况做一个简短的评述．

1. 定态集途径

这一途径的出发点是求物理系统的能量本征态及能量本征值，即求定态方程的解：

$$H\,|\rangle = E\,|\rangle \tag{1.4.1}$$

式中，H 是系统的哈密顿量，E 是能量本征值. 当我们求出这一系统的能量本征态集 $\{|E_n\rangle\}$，以及相应的能量本征值集 $\{E\}$ 后，除了这样的结果本身就有意义之外，还有另一个重要的意义就是可以用它来得到系统的演化规律，其根据来自能量本征态或定态有如下特性：

$$\frac{\partial}{\partial t}|E_n\rangle = \mathrm{e}^{-\mathrm{i}E_n t/\hbar}|E_n\rangle \tag{1.4.2}$$

上式的意义可以解释为这样的状态演化到任意时刻时实质上是状态保持不变，只是在态矢上乘以一个随时间改变的相因子 $\mathrm{e}^{-\mathrm{i}E_n t/\hbar}$，因此若把系统的初始状态 $|t=0\rangle$ 在定态集上展开：

$$\begin{cases} |t=0\rangle = \sum_n F_n|E_n\rangle \\ F_n = \langle E_n|t=0\rangle \end{cases} \tag{1.4.3}$$

得到(1.4.3)式后，系统任意时刻的态矢 $|t\rangle$ 便可表示为

$$|t\rangle = \sum_n F_n \mathrm{e}^{-\mathrm{i}E_n t/\hbar}|E_n\rangle \tag{1.4.4}$$

因为(1.4.1)式和(1.4.2)式成立，所以(1.4.4)式中的 $|t\rangle$ 一定满足薛定谔方程. 故得到(1.4.4)式后自然表明演化问题已得到了解决，所以它是求解系统演化的途径. 求一个系统的定态集是解方程(1.4.1)，而微分方程一般是不容易得到解析解的. 对于包含多分量、多模的系统，其哈密顿量表示为矩阵时，它的维度很大，这时解析解几乎不可能得到. 近年来，随着计算机的效能升高以及数值计算方法的改进，计算量很大的数值计算成为可以完成的任务，因而先求定态集然后给出系统的演化规律的方法得到了普遍的采用. 近年来，几乎没有工作再采取直接求解薛定谔方程来得到系统演化规律的那种途径了.

2. 直接求解动力学方程途径的回归

随着实验技术及研究范围的深入与扩展，所研究问题中的分量及模式越来越多，系统中的相互作用越来越强，而实际的数值计算在实践中本身就存在所谓的截断近似，即把无穷的求和问题看作在一定项数上截断的数值计算上的近似，条件是只要满足问题的精度要求即可. 然而，在维度过大和耦合更强时，亦会出现超出现有计算能力的情形，因而最近已有一些研究工作重新采用直接求解薛定谔方程的办法了. 下面我们来分析一下这样做的理由.

在 1.3 节中已经在这一途径中谈到相干态展开法，这里再把求解薛定谔方程的途径

做一系统的描述，目的是回答为什么近来有些工作回归到这个途径.

首先，我们知道求解薛定谔方程就是求解如下方程：

$$\mathrm{i}\hbar\frac{\partial}{\partial t}|\rangle = H|\rangle \tag{1.4.5}$$

根据上述方程，即可把系统要求的任意时刻的态矢 $|t\rangle$ 和给定的系统的初始时刻的态矢 $|t=0\rangle$ 之间的关系表示出来，即

$$|t\rangle = \left(\sum_{n}\frac{(-\mathrm{i}\hbar t)^{n}}{n!}H^{n}\right)|t=0\rangle \tag{1.4.6}$$

不过，(1.4.6)式实际上只是一个形式解，它要获得实质的意义需要做下面一些工作，就是分别计算 $H|t=0\rangle, H^2|t=0\rangle, \cdots, H^m|t=0\rangle$，……，然后把它们代入(1.4.6)式得到 $|t\rangle$. 这里可以看出，在实际计算中和定态集法一样亦有另一种计算上的截断近似，因为不可能做到 $m\rightarrow\infty$. 在实际计算中只能到有限大小的 M 阶，原因是随着 m 的增加，计算量亦会是逐渐增加的. 尽管如此，将解方程的途径和解定态集的途径比较后会发现，它有如下两个优点：

(1) 在有些问题中不必计算到高阶 M，亦即在不大的 m 值时截止即可，理由是从(1.4.6)式可以看到右侧的求和的收敛性决定于 t^n，当 t 不长时，取不大的 $n=m$ 就截止，亦会收敛好，亦会给出足够的精确结果，故对有些问题来讲，只要不是关注长时间的演化情况，总可以在较小的 m 幂处截止，因而计算常是可行的.

(2) 即使问题要求有长时间演化的结果，为了计算可行，亦可以把时间分段来进行计算. 例如，将一个长的 t 划分为若干个小的时间段 $t = N(\Delta t)$，这时先算 $|\Delta t\rangle = \sum_{n=0}^{m}\frac{(-\mathrm{i}\hbar\Delta t)^{n}}{n!}H^{n}|t=0\rangle$，然后再算 $|2\Delta t\rangle = \sum_{n=0}^{m}\frac{(-\mathrm{i}\hbar\Delta t)^{n}}{n!}H^{n}|\Delta t\rangle$……这样的做法就是把每个 Δt 时段计算得到的终态当作下一个 Δt 时段的初态，因此计算在原则上总是可行的.

3. 第二种途径中的定态问题

以上讨论了两种途径在获得物理系统的演化规律这一命题上是完全等价的，但直接求解薛定谔方程在计算量很大的情形下，具有化解困难的一些办法的优点. 不过，也许有人要问在定态集途径中不仅能获得演化规律，还能获得系统的定态态矢集及能谱，那么，用直接求解薛定谔方程的办法能得到吗？答案是由于两种方法的等价性，一定也能得到. 论证如下：

当两种途径都算出了任一时刻的态矢 $|t\rangle$ 后，系统的任一物理量的期待值就可以算

出. 记物理量算符为 $\hat{O}$，当 $|t\rangle$ 已知时，这一物理量随 t 变化的期待值为

$$\bar{O}(t) = \langle t|\hat{O}|t\rangle \tag{1.4.7}$$

另一方面，由(1.4.4)式知

$$\begin{aligned}\bar{O}(t) &= \left(\sum_{n_1} F_{n_1}^* e^{iE_{n_1}t/\hbar}\langle E_{n_1}|\right)\hat{O}\left(\sum_{n_2} F_{n_2} e^{-iE_{n_2}t/\hbar}|E_{n_2}\rangle\right)\\ &= \sum_{n_1 n_2} F_{n_1}^* F_{n_2} e^{i(E_{n_1}-E_{n_2})t/\hbar}\langle E_{n_1}|\hat{O}|E_{n_2}\rangle\\ &= \sum_{n_1 n_2} F_{n_1}^* F_{n_2} O(E_n, E_{n_2}) e^{i(E_{n_1}-E_{n_2})t/\hbar}\end{aligned} \tag{1.4.8}$$

其中，$O(E_{n_1}, E_{n_2}) = \langle E_{n_1}|\hat{O}|E_{n_2}\rangle$. 观察一下(1.4.8)式，看出式的右侧可以看作一组振幅为 $F_{n_1}^* F_{n_2} O(E_{n_1}, E_{n_2})$，振动频率为 $E_{n_1} - E_{n_2}$ 的各种振动模式的叠加，因此只要对由求解薛定谔方程得到的 $\bar{O}(t)$ 去分析它的频谱，便能得出本征谱 $\{E_n\}$ 及本征态矢集 $\{|E_n\rangle\}$.

具体的做法如下：

(1) 将(1.4.8)式两端乘以 $e^{-i\omega t}$ 并在 $0\to T$ 间求积分，则得

$$\int_0^T \bar{O}(t) e^{-i\omega t/\hbar} dt = \int_0^T \sum_{n_1 n_2} F_{n_1}^* F_{n_2} O(E_{n_1}, E_{n_2}) e^{i(E_{n_1}-E_{n_2}-\omega)t/\hbar} dt$$

(2) 将上式除以 T，得

$$\frac{1}{T}\int_0^T \bar{O}(t) e^{-i\omega t/\hbar} = \frac{1}{T}\int_0^T \sum_{n_1 n_2} F_{n_1}^* F_{n_2} O(E_{n_1}, E_{n_2}) e^{i(E_{n_1}-E_{n_2}-\omega)t/\hbar} dt$$

(3) 取 $T\to\infty$ 的极限，得

$$\begin{aligned}\lim_{T\to\infty}\frac{1}{T}\int_0^T \bar{O}(t) e^{-i\omega t/\hbar} dt &= \lim_{T\to\infty}\sum_{n_1 n_2} F_{n_1}^* F_{n_2} O(E_{n_1}, E_{n_2})\frac{1}{T}\int_0^T e^{i(En_1-E_{n_2}-\omega)t/\hbar} dt\\ &= \sum_{n_1 n_2} F_{n_1}^* F_{n_2} O(E_{n_1}, E_{n_2})\delta(E_{n_1} - E_{n_2} - \omega)\end{aligned} \tag{1.4.9}$$

其中用到积分

$$\lim_{T\to\infty}\frac{1}{T}\int_0^T e^{i\Omega t} dt = \delta(\Omega) \tag{1.4.10}$$

最后表示为

$$\lim_{T\to\infty}\frac{1}{T}\int_0^T \bar{O}(t) e^{-i\omega t/\hbar} dt = \sum_{n_1 n_2} F_{n_1}^* F_{n_2} O(E_{n_1}, E_{n_2})\delta(E_{n_1} - E_{n_2} - \omega) \tag{1.4.11}$$

如何从(1.4.11)式得到所需的$\{E_n\}$？根据(1.4.11)式，我们从直接求解薛定谔方程算出了$\bar{O}(t)$，下一步将(1.4.11)式左侧中的ω从$-\infty$到∞连续变化做计算，计算的结果以横轴表示ω，纵轴为左方算出的值，则在理想情况下结果应如图1.4.1所示.

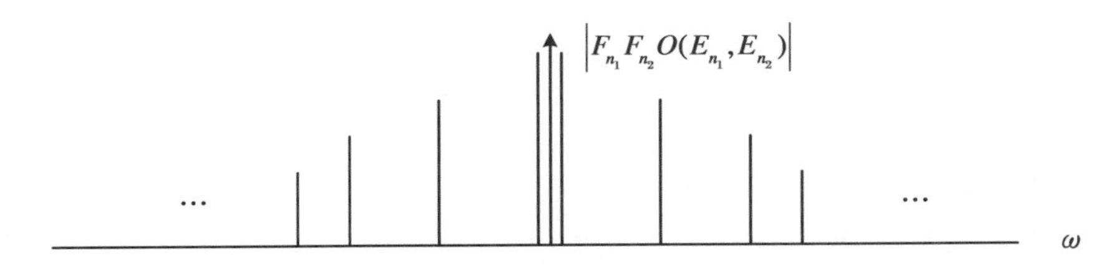

图1.4.1　理想的频谱图

图1.4.1中的ω等于某一个$E_{n_1}-E_{n_2}$时，其值才不为零，否则全为零.因此图中出现的是一根根分立的线，每一根线的高度是$|F_{n_1}^* F_{n_2} O(E_{n_1} E_{n_2})|$，它对$\omega=0$的点是对称分布的.

不过上面讲的是理想情况，因为实际计算中必然有以下几点近似：

(1) 不可能计算到$T\to\infty$，只能算到足够长的时间T.

(2) 计算的阶数亦会是有限的截断.

(3) ω不能连续变化，只能是尽可能密地取分立值.ω取值范围亦不能从$-\infty$到∞，实际上只在一个足够大的范围内进行计算.

基于以上几点，出现在图形中的亦不是尖锐的线的分布，而是图1.4.2所示的图形.

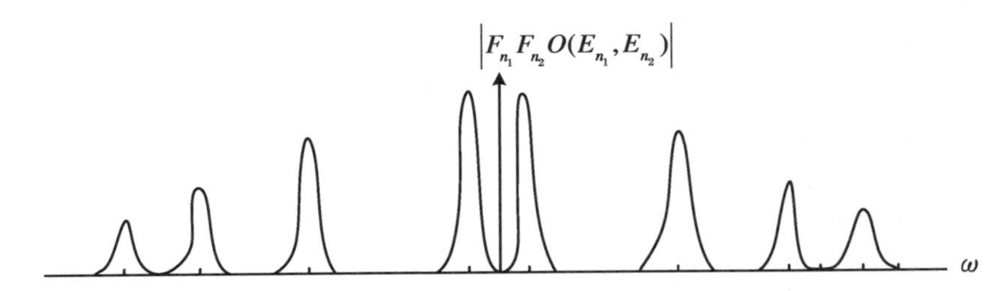

图1.4.2　实际的频谱图

图1.4.2中将出现一个个窄峰，不过正是这样的窄峰分布，才使我们在实际的ω分立取值时能够找到峰的中心位置.

得到的这些频率值自然还不是E_n的值，还需要再解一组代数方程，来定出某个峰中心的Ω_i是由哪两个E_n的差构成的，从而找出$\{E_n\}$.

1.5　相干态作基态矢集的两种不同方法

前面已经谈到将物理系统用无量纲的$(a, a^{\dagger})$表述的优点，所以自然联想到在求解时将基态矢集选择为相干态会较为有利.在前面已讨论过将相干态集选为基态矢集时，一样可以将在态矢集上展开时的展开系数称为相干态波函数，并依照过去常用的位置波函数的处理办法去求解，下面简要地讲述一下这一方法的大意.

1. 用相干态波函数求解

在前面已经谈过如同过去将系统的态矢在位置本征态矢集上展开，其展开系数$\psi(x)$称为位置波函数，并把系统态矢满足的薛定谔方程约化为位置波函数满足的薛定谔方程去求解.现在这一方法的精神实质是同样的做法，前面的(1.3.30)式给出的态矢在相干态集上展开时的展开系数$\psi(\varphi^*)$就是相干态波函数.前面亦谈到把问题化为求解波函数$\psi(\varphi^*)$时算符$a, a^{\dagger}$对它的作用转化成$a \to \dfrac{\mathrm{d}}{\mathrm{d}\varphi^*}, a^{\dagger} \to \varphi^*$.

把这一方法应用于目前大家都十分关注的Rabi模型是成功的，在第3章中将稍仔细地对之进行讨论.这里着重要指出的是，在这种求解中使用的仍是求定态集的方法，即将问题归结为求相干态波函数的本征微分方程.多年来，当二态系统与单模光场的耦合系统用Rabi模型来表述后求解的问题始终困扰大家，后来用这一方法比较圆满地解决了Rabi模型的求解问题，因而使得用相干态矢集来展开求解的做法得到了重视.

2. 直接求解薛定谔方程

正如前面已谈过的内容，利用相干态集来展开系统的态矢去求解薛定谔方程还可以使用另一做法进行，即直接求解薛定谔方程，而这正是本书的主要目的.与用相干态波函数求解的不同之处，主要有下面两点：

(1) 这一方法并不把(1.3.30)式中的$\psi(\varphi^*)$抽出来单独求解，即在求解中始终保持整个态矢的形式，在这一方法中不只是对它的波函数进行操作，求解过程是对整个态矢的操作.

(2) 另一个主要的不同点是不用求定态集的途径，而是采用直接求解态矢满足的动力学方程.

还可以换一种说法来表明与用相干态波函数求解的方法的比较：

(1) 前一方法是讨论波函数，后一方法是讨论态矢本身.

(2) 前一方法是求定态集的途径，后一方法是求态矢随时间演化的途径.

(3) 前一方法在数学处理上是微分形式，后一方法是积分形式.

(4) 前一方法在处理波函数时将算符 $a, a^\dagger$ 转换为 $a \to \dfrac{\mathrm{d}}{\mathrm{d}\varphi^*}, a^\dagger \to \varphi^*$，后一方法中 $a, a^\dagger$ 对态矢的作用保持原始算符的作用的形式.

作了比较以后，这里将后一方法亦即本书采用的方法称为相干态展开法. 其思路表述如下：

(1) 系统的态矢形式始终保持，不抽取出波函数来单独讨论，即初态 $|t=0\rangle$，任意时刻 t 的态矢 $|t\rangle$ 都取态矢本身的表示.

(2) 求解的途径是直接求解态矢满足的薛定谔方程.

(3) 由 $\mathrm{i}\hbar\dfrac{\partial}{\partial t}|\rangle = H|\rangle$ 化为解如下形式的方程：

$$|t\rangle = \sum_m \frac{(-\mathrm{i}\hbar t)^m}{m!} H^m \ |t=0\rangle \tag{1.5.1}$$

从上式可以看出，把问题再约化为分别计算各个不同幂的 H^m 对初始态的作用：

$$H^m \ |t=0\rangle$$

由于 H^m 中的算符都是由 $a, a^\dagger$ 构成的，故需将 H^m 表示为 $H^m = \sum_{n_1 n_2} f^{(m)}_{n_1 n_2}(a^\dagger)^{n_1}(a)^{n_2}$ 的正规乘积的形式，并求出 $\{f^{(m)}_{n_1 n_2}\}$ 的数组.

(4) 下一步工作是计算 $(a^\dagger)^{n_1}(a)^{n_2}$ 对 $|t=0\rangle$ 的作用. 得到结果后代入得到的 $\{f^{(m)}_{n_1 n_2}\}$ 以及 $(a^\dagger)^{n_1}(a)^{n_2}|t=0\rangle$ 的结果，便得到所要求的系统在 t 时刻的态矢 $|t\rangle$.

最后要指出的是，本书中的相干态展开法和其他求解物理系统的动力学规律的方法比较后，会发现有以下特点：

(1) 其中要计算的两部分中的第一部分是 $\{f^{(m)}_{n_1 n_2}\}$，这部分显然与讨论的系统有关，不同的系统一定具有不同的 $\{f^{(m)}_{n_1 n_2}\}$，而计算的另一部分 $(a^\dagger)^{n_1}(a)^{n_2}|t=0\rangle$ 和物理系统是无关的，只要 $|t=0\rangle$ 的初态选定，这一部分的计算对所有的物理系统都一样.

(2) 从以上分析可知，对于不同物理系统的不同哈密顿量，这一方法只需计算一次 $(a^\dagger)^{n_1}(a)^{n_2}|t=0\rangle$. 对于不同的系统，只需计算不同的 $\{f^{(m)}_{n_1 n_2}\}$ 这一部分.

(3) 可望利用这一方法应用于各种物理系统，即计算各个物理模型时会简化不少. 这是本书的一个主要目的及内容.

（4）这一方法对所有的物理系统都能得到最后 t 时刻的态矢 $|t\rangle$ 的解析表示式，因此由它可以计算系统在 t 时刻的各种物理量及物理性质.

最后亦必须指出，和所有的方法一样，这一方法仍然存在具体计算中的一些不可避免的近似性. 如(1.5.1)式中的幂 m 不可能算到 $m\to\infty$；又如 H^m 正规乘积表示中的 n_1，n_2 亦不可能做到 $n_1,n_2\to\infty$，需做一定的截断；再如(1.4.12)式中的 t 无法算到 $t\to\infty$，只能算到足够长的时段.

总的来讲，本书中的相干态展开法将给出一个适用于各个物理系统求解动力学规律的普适方法. 下面的若干章节就是围绕这一主题所做的努力.

1.6 一些基本运算

正如上面一节谈到的本书中的相干态展开法的一个特点是，在讨论不同物理系统的演化规律时，只是其中一部分需按照不同物理系统的不同需要计算，即只需计算与特定系统相关的 $\{f_{n_1n_2}^{(m)}\}$，而另一部分的计算和系统无关，因此便可以在本章的结尾把需要做的共同部分计算出来，供以后在讨论各种问题时应用. 此外，本节还列出了一些今后讨论中经常会用到的计算结果.

1. 一些高斯积分的结果

$$\int_{-\infty}^{+\infty} e^{-x^2}\,dx = \sqrt{\pi}$$
$$\int_{-\infty}^{+\infty} x^{2n} e^{-x^2}\,dx = \frac{(2n-1)!\sqrt{\pi}}{2^n} \tag{1.6.1}$$

再结合 $\int_{-\infty}^{+\infty} x^{(2n+1)} e^{-x^2}\,dx = 0$ 的情形，我们引入如下约定：

$$\Pi(l) = \int_{-\infty}^{+\infty} x^l e^{-x^2}\,dx = \begin{cases} \dfrac{(l-1)!!}{2^{\frac{l}{2}}}\sqrt{\pi}, & \dfrac{l}{2}\ \text{为整数} \\ 0, & \dfrac{l}{2}\ \text{为半整数} \end{cases} \tag{1.6.2}$$

2. 后面会经常用到的积分结果

$$S_l = \iint_{-\infty}^{+\infty} (\rho \pm \mathrm{i}\eta)^l \mathrm{e}^{-\rho^2-\eta^2} \frac{\mathrm{d}\rho\mathrm{d}\eta}{\pi} = 0 \quad (l = 1,2,3,\cdots) \tag{1.6.3}$$

证明如下：

首先，将 S_l 改写为

$$\begin{aligned} S_l &= \iint_{-\infty}^{+\infty} (\rho \pm \mathrm{i}\eta)^l \mathrm{e}^{-\rho^2-\eta^2} \frac{\mathrm{d}\rho\mathrm{d}\eta}{\pi} \\ &= \iint_{-\infty}^{+\infty} \sum_k (\pm \mathrm{i})^k C_l^k \rho^{l-k} \eta^k \mathrm{e}^{-\rho^2-\eta^2} \frac{\mathrm{d}\rho\mathrm{d}\eta}{\pi} \\ &= \sum_k (\pm \mathrm{i})^k C_l^k \iint_{-\infty}^{+\infty} \rho^{l-k} \eta^k \mathrm{e}^{-\rho^2-\eta^2} \frac{\mathrm{d}\rho\mathrm{d}\eta}{\pi} \end{aligned} \tag{1.6.4}$$

如果 l 为奇数，从(1.6.4)式的积分中被积函数看到这时的 $l-k$ 与 k 中总有一个是奇数，如果 k 是奇数，则 $\int_{-\infty}^{+\infty} \eta^k \mathrm{e}^{-\eta^2} \mathrm{d}\eta = 0, S_l = 0$；如果 $l-k$ 是奇数，则 $\int_{-\infty}^{+\infty} \rho^{l-k} \mathrm{e}^{-\rho^2} \mathrm{d}\eta = 0, S_l = 0$. 因此只要 l 为奇数，一定有 $S_l = 0$.

剩下只需对 l 为偶数时证明(1.6.3)式亦成立. 下面用归纳法来证明.

首先，考虑 $l=2m$ 中最小的 $m=1$ 的情形：

$$\begin{aligned} S_2 &= \iint_{-\infty}^{+\infty} (\rho \pm \mathrm{i}\eta)^2 \mathrm{e}^{-\rho^2-\eta^2} \frac{\mathrm{d}\rho\mathrm{d}\eta}{\pi} \\ &= \iint_{-\infty}^{+\infty} (\rho^2 - \eta^2 \pm 2\mathrm{i}\rho\eta) \mathrm{e}^{-\rho^2-\eta^2} \frac{\mathrm{d}\rho\mathrm{d}\eta}{\pi} \\ &= \iint_{-\infty}^{+\infty} \rho^2 \mathrm{e}^{-\rho^2-\eta^2} \frac{\mathrm{d}\rho\mathrm{d}\eta}{\pi} - \iint_{-\infty}^{+\infty} \eta^2 \mathrm{e}^{-\eta^2-\rho^2} \frac{\mathrm{d}\rho\mathrm{d}\eta}{\pi} \pm 2\mathrm{i} \iint_{-\infty}^{+\infty} \rho\eta \mathrm{e}^{-\rho^2-\eta^2} \frac{\mathrm{d}\rho\mathrm{d}\eta}{\pi} \\ &= \iint_{-\infty}^{+\infty} \rho^2 \mathrm{e}^{-\rho^2-\eta^2} \frac{\mathrm{d}\rho\mathrm{d}\eta}{\pi} - \iint_{-\infty}^{+\infty} \eta^2 \mathrm{e}^{-\eta^2-\rho^2} \frac{\mathrm{d}\rho\mathrm{d}\eta}{\pi} \\ &= \Pi(2)\sqrt{\pi} - \Pi(2)\sqrt{\pi} = 0 \end{aligned} \tag{1.6.5}$$

其次，假定下式成立：

$$S_{2m} = \iint_{-\infty}^{+\infty} (\rho \pm \mathrm{i}\eta)^{2m} \mathrm{e}^{-\rho^2-\eta^2} \frac{\mathrm{d}\rho\mathrm{d}\eta}{\pi} = 0 \tag{1.6.6}$$

则

$$S_{2m+2} = \iint_{-\infty}^{+\infty} (\rho \pm \mathrm{i}\eta)^{2m+2} \mathrm{e}^{-\rho^2-\eta^2} \frac{\mathrm{d}\rho\mathrm{d}\eta}{\pi}$$

$$
\begin{aligned}
&= \iint_{-\infty}^{+\infty} (\rho^2 - \eta^2 \pm 2\mathrm{i}\rho\eta)(\rho \pm \mathrm{i}\eta)^{2m} \mathrm{e}^{-\rho^2-\eta^2} \frac{\mathrm{d}\rho \mathrm{d}\eta}{\pi} \\
&= \iint_{-\infty}^{+\infty} \rho^2 (\rho \pm \mathrm{i}\eta)^{2m} \mathrm{e}^{-\rho^2} \mathrm{e}^{-\eta^2} \frac{\mathrm{d}\rho \mathrm{d}\eta}{\pi} - \iint_{-\infty}^{+\infty} \eta^2 (\rho \pm \mathrm{i}\eta)^{2m} \mathrm{e}^{-\rho^2} \mathrm{e}^{-\eta^2} \frac{\mathrm{d}\rho \mathrm{d}\eta}{\pi} \\
&\quad \pm 2\mathrm{i} \iint_{-\infty}^{+\infty} \rho\eta (\rho \pm \mathrm{i}\eta)^{2m} \mathrm{e}^{-\rho} \mathrm{e}^{-\eta^2} \frac{\mathrm{d}\rho \mathrm{d}\eta}{\pi} \\
&= \iint_{-\infty}^{+\infty} \left(-\frac{\rho}{2}\right) \mathrm{d}(\mathrm{e}^{-\rho^2})(\rho \pm \mathrm{i}\eta)^{2m} \mathrm{e}^{-\eta^2} \frac{\mathrm{d}\eta}{\pi} \\
&\quad - \iint_{-\infty}^{+\infty} \left(-\frac{\eta}{2}\right) \mathrm{d}(\mathrm{e}^{-\eta^2})(\rho \pm \mathrm{i}\eta)^{2m} \mathrm{e}^{-\rho^2} \frac{\mathrm{d}\rho \mathrm{d}\eta}{\pi} \\
&\quad \pm \mathrm{i} \iint_{-\infty}^{+\infty} \left(-\frac{\eta}{2}\right) \mathrm{d}(\mathrm{e}^{-\rho^2})(\rho \pm \mathrm{i}\eta)^{2m} \mathrm{e}^{-\eta^2} \frac{\mathrm{d}\rho}{\pi} \\
&\quad \pm \mathrm{i} \iint_{-\infty}^{+\infty} \left(-\frac{\rho}{2}\right) \mathrm{d}(\mathrm{e}^{-\eta^2})(\rho \pm \mathrm{i}\eta)^{2m} \mathrm{e}^{-\rho^2} \frac{\mathrm{d}\eta}{\pi} \\
&= \frac{1}{2} \iint_{-\infty}^{+\infty} \mathrm{e}^{-\rho^2-\eta^2} (\rho \pm \mathrm{i}\eta)^{2m} \frac{\mathrm{d}\rho \mathrm{d}\eta}{\pi} - \frac{1}{2} \iint_{-\infty}^{+\infty} \mathrm{e}^{-\rho^2-\eta^2} (\rho \pm \mathrm{i}\eta)^{2m} \frac{\mathrm{d}\rho \mathrm{d}\eta}{\pi} \\
&\quad + \frac{1}{2} \iint_{-\infty}^{+\infty} \rho \mathrm{e}^{-\rho^2-\eta^2} [2m(\rho \pm \mathrm{i}\eta)^{2m-1}] \frac{\mathrm{d}\rho \mathrm{d}\eta}{\pi} \\
&\quad - \frac{1}{2} \iint_{-\infty}^{+\infty} \eta \mathrm{e}^{-\rho^2-\eta^2} [\pm \mathrm{i}2m(\rho \pm \mathrm{i}\eta)^{2m-1}] \frac{\mathrm{d}\rho \mathrm{d}\eta}{\pi} \\
&\quad \pm \frac{\mathrm{i}}{2} \iint_{-\infty}^{+\infty} \eta \mathrm{e}^{-\rho^2-\eta^2} [2m(\rho \pm \mathrm{i}\eta)^{2m-1}] \frac{\mathrm{d}\rho \mathrm{d}\eta}{\pi} \\
&\quad \pm \frac{\mathrm{i}}{2} \iint_{-\infty}^{+\infty} \rho \mathrm{e}^{-\rho^2-\eta^2} [\pm \mathrm{i}2m(\rho \pm \mathrm{i}\eta)^{2m-1}] \frac{\mathrm{d}\rho \mathrm{d}\eta}{\pi} \\
&= 0
\end{aligned} \tag{1.6.7}
$$

结合(1.6.5)式～(1.6.7)式，便得到归纳法证明的结果：对于任意的 $l=2m$，都有

$$
S_{2m} = \iint_{-\infty}^{+\infty} (\rho \pm \mathrm{i}\eta)^{2m} \mathrm{e}^{-\rho^2-\eta^2} \frac{\mathrm{d}\rho \mathrm{d}\eta}{\pi} = 0 \tag{1.6.8}
$$

的结论. 由于 l 为奇数和偶数时均已得到证明，故得到对任意的 l，$S_l=0$ 的结论.

后面还会经常用到以下积分结果：

$$
S_{l,l_1} = \iint_{-\infty}^{+\infty} (\rho^2 + \eta^2)^{l_1} (\rho \pm \mathrm{i}\eta)^{l} \mathrm{e}^{-\rho^2-\eta^2} \frac{\mathrm{d}\rho \mathrm{d}\eta}{\pi} = 0 \tag{1.6.9}
$$

下面仍用归纳法证明(1.6.9)式.

首先，计算 $l_1=1$ 的情形. 则

$$
\begin{aligned}
S_{l,1} &= \iint_{-\infty}^{+\infty} (\rho^2 + \eta^2)(\rho \pm \mathrm{i}\eta)^l \mathrm{e}^{-\rho^2-\eta^2} \frac{\mathrm{d}\rho\mathrm{d}\eta}{\pi} \\
&= \iint_{-\infty}^{+\infty} \left(-\frac{\rho}{2}\right)\mathrm{d}(\mathrm{e}^{-\rho^2})(\rho \pm \mathrm{i}\eta)^l \mathrm{e}^{-\eta^2} \frac{\mathrm{d}\eta}{\pi} \\
&\quad - \iint_{-\infty}^{+\infty} \left(-\frac{\eta}{2}\right)\mathrm{d}(\mathrm{e}^{-\eta^2})(\rho \pm \mathrm{i}\eta)^l \mathrm{e}^{-\rho^2} \frac{\mathrm{d}\rho}{\pi} \\
&= \iint_{-\infty}^{+\infty} \frac{1}{2}(\rho \pm \mathrm{i}\eta)^l \mathrm{e}^{-\rho^2-\eta^2} \frac{\mathrm{d}\rho\mathrm{d}\eta}{\pi} \\
&\quad + \iint_{-\infty}^{+\infty} \frac{1}{2}\rho[l(\rho \pm \mathrm{i}\eta)^{l-1}]\mathrm{e}^{-\rho^2-\eta^2} \frac{\mathrm{d}\rho\mathrm{d}\eta}{\pi} \\
&\quad + \iint_{-\infty}^{+\infty} \frac{1}{2}(\rho \pm \mathrm{i}\eta)^l \mathrm{e}^{-\rho^2-\eta^2} \frac{\mathrm{d}\rho\mathrm{d}\eta}{\pi} \\
&\quad + \iint_{-\infty}^{+\infty} \frac{1}{2}\eta[\pm \mathrm{i}l(\rho \pm \mathrm{i}\eta)^{l-1}]\mathrm{e}^{-\rho^2-\eta^2} \frac{\mathrm{d}\rho\mathrm{d}\eta}{\pi} \\
&= \iint_{-\infty}^{+\infty} \frac{1}{2}(\rho \pm \mathrm{i}\eta)(\rho \pm \mathrm{i}\eta)^{l-1} \mathrm{e}^{-\rho^2-\eta^2} \frac{\mathrm{d}\rho\mathrm{d}\eta}{\pi} \\
&= \frac{1}{2}\iint_{-\infty}^{+\infty} (\rho \pm \mathrm{i}\eta)^l \mathrm{e}^{-\rho^2-\eta^2} \frac{\mathrm{d}\rho\mathrm{d}\eta}{\pi} \\
&= 0
\end{aligned}
\tag{1.6.10}
$$

其次,如果已知

$$
S_{l,l_1} = \iint_{-\infty}^{+\infty} (\rho^2 + \eta^2)^{l_1}(\rho \pm \mathrm{i}\eta)^l \mathrm{e}^{-\rho^2-\eta^2} \frac{\mathrm{d}\rho\mathrm{d}\eta}{\pi} = 0 \tag{1.6.11}
$$

则

$$
\begin{aligned}
s_{l,l_1+1} &= \iint_{-\infty}^{+\infty} (\rho^2 + \eta^2)^{l_1+1}(\rho \pm \mathrm{i}\eta)^l \mathrm{e}^{-\rho^2-\eta^2} \frac{\mathrm{d}\rho\mathrm{d}\eta}{\pi} \\
&= \iint_{-\infty}^{+\infty} (\rho^2 + \eta^2)(\rho^2 + \eta^2)^{l_1}(\rho \pm \mathrm{i}\eta)^l \mathrm{e}^{-\rho^2-\eta^2} \frac{\mathrm{d}\rho\mathrm{d}\eta}{\pi} \\
&= \iint_{-\infty}^{+\infty} \left(-\frac{1}{2}\rho\right)\mathrm{d}(\mathrm{e}^{-\rho^2})(\rho^2 + \eta^2)^{l_1}(\rho \pm \mathrm{i}\eta)^l \mathrm{e}^{-\eta^2} \frac{\mathrm{d}\eta}{\pi} \\
&\quad + \iint_{-\infty}^{+\infty} \left(-\frac{1}{2}\eta\right)\mathrm{d}(\mathrm{e}^{-\eta^2})(\rho^2 + \eta^2)^{l_1}(\rho \pm \mathrm{i}\eta)^l \mathrm{e}^{-\rho^2} \frac{\mathrm{d}\rho}{\pi} \\
&= \iint_{-\infty}^{+\infty} \frac{1}{2}(\rho^2 + \eta^2)^{l_1}(\rho \pm \mathrm{i}\eta)^l \mathrm{e}^{-\rho^2-\eta^2} \frac{\mathrm{d}\rho\mathrm{d}\eta}{\pi}
\end{aligned}
$$

$$
\begin{aligned}
&+\iint_{-\infty}^{+\infty}\frac{1}{2}\rho[l_1 2\rho(\rho^2+\eta^2)^{l_1-1}(\rho\pm\mathrm{i}\eta)^l]\mathrm{e}^{-\rho^2-\eta^2}\frac{\mathrm{d}\rho\mathrm{d}\eta}{\pi}\\
&+\iint_{-\infty}^{+\infty}\frac{1}{2}\rho[(\rho^2+\eta^2)^{l_1}(\rho\pm\mathrm{i}\eta)^{l-1}]\mathrm{e}^{-\rho^2-\eta^2}\frac{\mathrm{d}\rho\mathrm{d}\eta}{\pi}\\
&+\iint_{-\infty}^{+\infty}\frac{1}{2}(\rho^2+\eta^2)^{l_1}(\rho\pm\mathrm{i}\eta)^l\mathrm{e}^{-\rho^2-\eta^2}\frac{\mathrm{d}\rho\mathrm{d}\eta}{\pi}\\
&+\iint_{-\infty}^{+\infty}\frac{1}{2}\eta[l_1 2\eta(\rho^2+\eta^2)^{l_1-1}(\rho\pm\mathrm{i}\eta)^l]\mathrm{e}^{-\rho^2-\eta^2}\frac{\mathrm{d}\rho\mathrm{d}\eta}{\pi}\\
&+\iint_{-\infty}^{+\infty}\frac{1}{2}\eta[(\rho^2+\eta^2)^{l_1}(\pm\mathrm{i})(\rho\pm\mathrm{i}\eta)^{l-1}]\mathrm{e}^{-\rho^2-\eta^2}\frac{\mathrm{d}\rho\mathrm{d}\eta}{\pi}\\
=&\iint_{-\infty}^{+\infty}l_1\rho^2(\rho^2+\eta^2)^{l_1-1}(\rho\pm\mathrm{i}\eta)^l\mathrm{e}^{-\rho^2-\eta^2}\frac{\mathrm{d}\rho\mathrm{d}\eta}{\pi}\\
&+\iint_{-\infty}^{+\infty}\frac{1}{2}\rho(\rho^2+\eta^2)^{l_1}(\rho\pm\mathrm{i}\eta)^{l-1}\mathrm{e}^{-\rho^2-\eta^2}\frac{\mathrm{d}\rho\mathrm{d}\eta}{\pi}\\
&+\iint_{-\infty}^{+\infty}l_1\eta^2(\rho^2+\eta^2)^{l_1-1}(\rho\pm\mathrm{i}\eta)^l\mathrm{e}^{-\rho^2-\eta^2}\frac{\mathrm{d}\rho\mathrm{d}\eta}{\pi}\\
&+\iint_{-\infty}^{+\infty}\frac{1}{2}(\pm\mathrm{i})\eta(\rho^2+\eta^2)^{l_1}(\rho\pm\mathrm{i}\eta)^{l-1}\mathrm{e}^{-\rho^2-\eta^2}\frac{\mathrm{d}\rho\mathrm{d}\eta}{\pi}\\
=&\ l_1\iint_{-\infty}^{+\infty}(\rho^2+\eta^2)(\rho^2+\eta^2)^{l_1-1}(\rho\pm\mathrm{i}\eta)^l\mathrm{e}^{-\rho^2-\eta^2}\frac{\mathrm{d}\rho\mathrm{d}\eta}{\pi}\\
&+\frac{l}{2}\iint_{-\infty}^{+\infty}(\rho^2+\eta^2)(\rho\pm\mathrm{i}\eta)(\rho\pm\mathrm{i}\eta)^{l-1}\mathrm{e}^{-\rho^2-\eta^2}\frac{\mathrm{d}\rho\mathrm{d}\eta}{\pi}\\
=&\left(l_1+\frac{l}{2}\right)\iint_{-\infty}^{+\infty}(\rho^2+\eta^2)^{l_1}(\rho\pm\mathrm{i}\eta)^l\mathrm{e}^{-\rho^2-\eta^2}\frac{\mathrm{d}\rho\mathrm{d}\eta}{\pi}\\
=&\ 0
\end{aligned}
\tag{1.6.12}
$$

于是由(1.6.10)式～(1.6.12)式，就证明了(1.6.9)式成立.

下面转到前面讲过的在演化问题中那些和具体的物理系统无关，但对所有物理模型都一样的要计算的部分，就是湮灭算符和产生算符的一般正规乘积$(a^\dagger)^{m_1}(a)^{m_2}$对初始态矢$|t=0\rangle$的作用.我们在这里把这一普适的部分算出，以便在后面对各种不同的物理系统进行讨论时，只需引用这里的结果就可以了，不必在讨论各种物理问题时重复计算.

如果$|t=0\rangle$是一个 Fock 态$|n\rangle$，那么首先需将它用相干态展开来表示，即

$$
\begin{aligned}
|t=0\rangle&=|n\rangle\\
&=\iint_{-\infty}^{+\infty}\mathrm{e}^{-\rho^2-\eta^2}\,|\rho+\mathrm{i}\eta\rangle\langle\rho+\mathrm{i}\eta\,|\,n\rangle\frac{\mathrm{d}\rho\mathrm{d}\eta}{\pi}
\end{aligned}
$$

$$= \iint_{-\infty}^{+\infty} e^{-\rho^2-\eta^2} \,|\rho + i\eta\rangle\langle 0|e^{(\rho - i\eta)a}|n\rangle \frac{d\rho d\eta}{\pi}$$

$$= \iint_{-\infty}^{+\infty} e^{-\rho^2-\eta^2} \,|\rho + i\eta\rangle \left[\sum_{m=0}^{\infty} \frac{(\rho - i\eta)^m}{\sqrt{m!}} \langle m|n\rangle\right] \frac{d\rho d\eta}{\pi}$$

$$= \iint_{-\infty}^{+\infty} e^{-\rho^2-\eta^2} \frac{(\rho - i\eta)^n}{\sqrt{n!}} |\rho + i\eta\rangle \frac{d\rho d\eta}{\pi} \tag{1.6.13}$$

有了初始态$|t=0\rangle$的相干态展开的表示式(1.6.13)后，按我们在前面提到的，为了给下面讨论各种物理模型做准备，在本章里，我们应将各种物理系统中计算其演化规律时包含的与系统无关的共同部分放到这里来计算，以避免重复计算.具体地讲，就是计算H^m中的一个普遍的正规乘积项$(a^\dagger)^{m_1}(a)^{m_2}$对初始态$|t=0\rangle$的作用.现在$|t=0\rangle$的相干态展开(1.6.13)式给出了，所以要计算的就是

$$(a^\dagger)^{m_1}(a)^{m_2} \iint_{-\infty}^{+\infty} e^{-\rho^2-\eta^2} \frac{(\rho - i\eta)^n}{\sqrt{n!}} |\rho + i\eta\rangle \frac{d\rho d\eta}{\pi}$$

不过，我们在这里不讨论上面的计算，而是计算一个比上面的积分更广泛的积分：

$$(a^\dagger)^{m_1}(a)^{m_2} \iint (\rho - i\eta)^{k_1}(\rho + i\eta)^{k_2} e^{-\rho^2-\eta^2} \frac{(\rho - i\eta)^n}{\sqrt{n!}} |\rho + i\eta\rangle \frac{d\rho d\eta}{\pi}$$

即比上面计算的表示式多出了一个$(\rho - i\eta)^{k_1}(\rho + i\eta)^{k_2}$因式，理由是这样复杂一点的计算在我们得到随$t$演化的态矢$|t\rangle$后，如果再利用$|t\rangle$去计算系统的各种物理性质时会经常遇到，所以在这里将它列出.同时，我们可以看到这一计算已将$k_1 = k_2 = 0$的情形包含在内了.它的计算如下：

$$(a^\dagger)^{m_1}(a)^{m_2} \iint_{-\infty}^{+\infty} (\rho - i\eta)^{k_1}(\rho + i\eta)^{k_2} e^{-\rho^2-\eta^2} \frac{(\rho - i\eta)^n}{\sqrt{n!}} |\rho + i\eta\rangle \frac{d\rho d\eta}{\pi}$$

$$= (a^\dagger)^{m_1} \iint_{-\infty}^{+\infty} \frac{1}{\sqrt{n!}} (\rho - i\eta)^{k_1+n}(\rho + i\eta)^{k_2} e^{-\rho^2-\eta^2} a^{m_2} |\rho + i\eta\rangle \frac{d\rho d\eta}{\pi}$$

$$= (a^\dagger)^{m_1} \iint_{-\infty}^{+\infty} \frac{1}{\sqrt{n!}} (\rho - i\eta)^{k_1+n}(\rho + i\eta)^{k_2+m_2} e^{-\rho^2-\eta^2} |\rho + i\eta\rangle \frac{d\rho d\eta}{\pi}$$

$$= \frac{1}{\sqrt{n!}} \iint_{-\infty}^{+\infty} (\rho - i\eta)^{k_1+n}(\rho + i\eta)^{k_2+m_2} e^{-\rho^2-\eta^2} (a^\dagger)^{m_1} |\rho + i\eta\rangle \frac{d\rho d\eta}{\pi}$$

$$= \frac{1}{\sqrt{n!}} \iiiint_{-\infty}^{+\infty} (\rho - i\eta)^{k_1+n}(\rho + i\eta)^{k_2+m_2} e^{-\rho^2-\eta^2} e^{-\rho_1^2-\eta_1^2}$$

$$\cdot |\rho_1 + i\eta_1\rangle\langle\rho_1 + i\eta_1|(a^\dagger)^{m_1}|\rho + i\eta\rangle \frac{d\rho d\eta d\rho_1 d\eta_1}{\pi^2}$$

$$= \frac{1}{\sqrt{n!}} \iiiint_{-\infty}^{+\infty} (\rho - i\eta)^{k_1+n} (\rho + i\eta)^{k_2+m_2} e^{-\rho^2-\eta^2-\rho_1^2-\eta_1^2}$$

$$\cdot |\rho_1 + i\eta_1\rangle (\rho_1 - i\eta_1)^{m_1} \langle \rho_1 + i\eta_1 | \rho + i\eta\rangle \frac{d\rho d\eta d\rho_1 d\eta_1}{\pi^2}$$

$$= \frac{1}{\sqrt{n!}} \iiiint_{-\infty}^{+\infty} (\rho - i\eta)^{k_1+n} (\rho + i\eta)^{k_2+m_2} e^{-\rho^2-\eta^2-\rho_1^2-\eta_1^2}$$

$$\cdot (\rho_1 - i\eta_1)^{m_1} e^{(\rho_1 - i\eta_1)(\rho + i\eta)} |\rho_1 + i\eta_1\rangle \frac{d\rho d\eta d\rho_1 d\eta_1}{\pi^2}$$

$$\underset{\rho_1 \leftrightarrow \rho,\, \eta_1 \leftrightarrow \eta}{=} \frac{1}{\sqrt{n!}} \iiiint_{-\infty}^{+\infty} (\rho_1 - i\eta_1)^{k_1+n} (\rho_1 + i\eta_1)^{k_2+m_2} e^{(\rho - i\eta)(\rho_1 + i\eta_1)}$$

$$\cdot (\rho - i\eta)^{m_1} e^{-\rho_1^2-\eta_1^2-\rho^2-\eta^2} |\rho + i\eta\rangle \frac{d\rho_1 d\eta_1 d\rho d\eta}{\pi}$$

$$= \frac{1}{\sqrt{n!}} \iiiint_{-\infty}^{+\infty} (\rho_1 - i\eta_1)^{k_1+n} (\rho_1 + i\eta_1)^{k_2+m_2} e^{-\left(\rho_1 - \frac{\rho - i\eta}{2}\right)^2} e^{-\left(\eta_1 - \frac{\eta - i\rho}{2}\right)^2}$$

$$\cdot e^{-\frac{1}{4}(\rho - i\eta)^2} e^{-\frac{1}{4}(\eta - i\rho)^2} (\rho - i\eta)^{m_1} e^{-\rho^2-\eta^2} |\rho + i\eta\rangle \frac{d\rho_1 d\eta_1 d\rho d\eta}{\pi}$$

$$= \frac{1}{\sqrt{n!}} \iiiint_{-\infty}^{+\infty} (\rho_1 - i\eta_1)^{k_1+n} (\rho_1 + i\eta_1)^{k_2+m_2} e^{-\left(\rho_1 - \frac{\rho - i\eta}{2}\right)^2} e^{-\left(\eta_1 - \frac{\eta - i\rho}{2}\right)^2}$$

$$\cdot (\rho - i\eta)^{m_1} e^{-\rho^2-\eta^2} |\rho + i\eta\rangle \frac{d\rho_1 d\eta_1 d\rho d\eta}{\pi}$$

$$\underset{\left(\rho' = \rho_1 - \frac{\rho - i\eta}{2},\, \eta' = \eta_1 - \frac{\eta - i\rho}{2}\right)}{=} \frac{1}{\sqrt{n!}} \iiiint_{-\infty}^{+\infty} (\rho' - i\eta' + \rho - i\eta)^{k_1+n} (\rho' + i\eta')^{k_2+m_2}$$

$$\cdot e^{-\rho'^2-\eta'^2} \frac{d\rho' d\eta'}{\pi} (\rho - i\eta)^{m_1} e^{-\rho^2-\eta^2} |\rho + i\eta\rangle \frac{d\rho d\eta}{\pi}$$

$$= \frac{1}{\sqrt{n!}} \iiiint_{-\infty}^{+\infty} \sum_l C_{k_1+n}^l (\rho' - i\eta')^l (\rho - i\eta)^{k_1+n-l} (\rho' + i\eta')^{k_2+m_2}$$

$$\cdot e^{-\rho'^2-\eta'^2} \frac{d\rho' d\eta'}{\pi} (\rho - i\eta)^{m_1} e^{-\rho^2-\eta^2} |\rho + i\eta\rangle \frac{d\rho d\eta}{\pi}$$

$$= \frac{1}{\sqrt{n!}} \iiiint_{-\infty}^{+\infty} \left[\sum_{l=0}^{k_2+m_2-1} C_{k_1+n}^l (\rho' - i\eta')^l (\rho - i\eta)^{k_1+n-l} \right.$$

$$+ C_{k_1+n}^{k_2+m_2} (\rho' - i\eta')^{k_2+m_2} (\rho - i\eta)^{k_1+n-k_2-m_2}$$

$$\left. + \sum_{l=k_2+m_2+1}^{k_1+n} C_{k_1+n}^l (\rho' - i\eta')^l (\rho - i\eta)^{k_1+n-l} \right] (\rho' + i\eta')^{k_2+m_2}$$

$$\cdot e^{-\rho'^2-\eta'^2} \frac{d\rho' d\eta'}{\pi} (\rho - i\eta)^{m_1} e^{-\rho^2-\eta^2} |\rho + i\eta\rangle \frac{d\rho d\eta}{\pi}$$

$$= \frac{1}{\sqrt{n!}}\iiiint_{-\infty}^{+\infty}[(\rho' - \mathrm{i}\eta')^{k_2+m_2}(\rho - \mathrm{i}\eta)^{k_1+n-k_2-m_2}](\rho' + \mathrm{i}\eta')^{k_2+m_2}$$

$$\cdot \mathrm{e}^{-\rho'^2-\eta'^2}\frac{\mathrm{d}\rho'\mathrm{d}\eta'}{\pi}C_{k_1+n}^{k_2+m_2}(\rho - \mathrm{i}\eta)^{m_1}\mathrm{e}^{-\rho^2-\eta^2}\ |\rho + \mathrm{i}\eta\rangle\frac{\mathrm{d}\rho\mathrm{d}\eta}{\pi}$$

$$= \frac{1}{\sqrt{n!}}\iiiint_{-\infty}^{+\infty}(\rho'^2 + \eta'^2)^{k_2+m_2}\mathrm{e}^{-\rho'^2-\eta'^2}\frac{\mathrm{d}\rho'\mathrm{d}\eta'}{\pi}C_{k_1+n}^{k_2+m_2}(\rho - \mathrm{i}\eta)^{m_1+k_1+n-k_2m_2}$$

$$\cdot \mathrm{e}^{-\rho^2-\eta^2}\ |\rho + \mathrm{i}\eta\rangle\frac{\mathrm{d}\rho\mathrm{d}\eta}{\pi}$$

$$= \frac{1}{\sqrt{n!}}\iint_{-\infty}^{+\infty}C_{k_1+n}^{k_2+m_2}\Pi(k_2 + m_2)(\rho - \mathrm{i}\eta)^{m_1+k_1+n-k_2-m_2}\mathrm{e}^{-\rho^2-\eta^2}\ |\rho + \mathrm{i}\eta\rangle\frac{\mathrm{d}\rho\mathrm{d}\eta}{\pi} \tag{1.6.14}$$

在上式的推导中,还需要说明以下几点:

(1) 做了 $k_1+n\geqslant k_2+m_2$ 的假定,这是因为如果不满足这一条件,那么上式左侧的态矢将不存在.

(2) 应用了前面得到的 $S_{l,l_1}=0$ 的结果.

(3) 应用了得到 $\Pi(l)$的(1.6.2)式.

由(1.6.14)式的普遍结果,可以直接得出下面一些更简单情况的结果:

$$(a^{\dagger})^{m_1}a^{m_2}\ |n\rangle = C_n^{m_2}\Pi(m_2)\iint_{-\infty}^{+\infty}\frac{1}{\sqrt{n!}}(\rho - \mathrm{i}\eta)^{n+m_1-m_2}\mathrm{e}^{-\rho^2-\eta^2}\ |\rho + \mathrm{i}\eta\rangle\frac{\mathrm{d}\rho\mathrm{d}\eta}{\pi} \tag{1.6.15}$$

$$(a^{\dagger})^{m_1}\ |n\rangle = \iint_{-\infty}^{+\infty}\frac{1}{\sqrt{n!}}(\rho - \mathrm{i}\eta)^{n+m_1}\mathrm{e}^{-\rho^2-\eta^2}\ |\rho + \mathrm{i}\eta\rangle\frac{\mathrm{d}\rho\mathrm{d}\eta}{\pi} \tag{1.6.16}$$

$$a^{m_2}\ |n\rangle = C_n^{m_2}\Pi(m_2)\iint\frac{1}{\sqrt{n!}}(\rho - \mathrm{i}\eta)^{n-m_2}\mathrm{e}^{-\rho^2-\eta^2}\ |\rho + \mathrm{i}\eta\rangle\frac{\mathrm{d}\rho\mathrm{d}\eta}{\pi} \tag{1.6.17}$$

考虑初始态$|t=0\rangle$是归一的相干态的情形.

首先,找出它的相干态展开的表示式,为

$$\begin{aligned}|t = 0\rangle &= \mathrm{e}^{-\frac{1}{2}(\alpha^2+\beta^2)}\mathrm{e}^{(\alpha+\mathrm{i}\beta)a^{\dagger}}|0\rangle = \mathrm{e}^{-\frac{1}{2}(\alpha^2+\beta^2)}\ |\alpha + \mathrm{i}\beta\rangle \\ &= \mathrm{e}^{-\frac{1}{2}(\alpha^2+\beta^2)}\iint_{-\infty}^{+\infty}\mathrm{e}^{-\rho^2-\eta^2}\ |\rho + \mathrm{i}\eta\rangle\langle\rho + \mathrm{i}\eta\ |\ \alpha + \mathrm{i}\beta\rangle\frac{\mathrm{d}\rho\mathrm{d}\eta}{\pi} \\ &= \mathrm{e}^{-\frac{1}{2}(\alpha^2+\beta^2)}\iint_{-\infty}^{+\infty}\mathrm{e}^{-\rho^2-\eta^2}\mathrm{e}^{(\alpha+\mathrm{i}\beta)(\rho-\mathrm{i}\eta)}\ |\rho + \mathrm{i}\eta\rangle\frac{\mathrm{d}\rho\mathrm{d}\eta}{\pi}\end{aligned} \tag{1.6.18}$$

其次,考虑正规乘积算符作用于比上式更广泛一些的态矢,理由如前,且为了简便,

将 $e^{-\frac{1}{2}(\alpha^2+\beta^2)}$ 的固定因子略去先不写在计算中，后再加上.则

$$(a^\dagger)^{m_1}a^{m_2}\iint_{-\infty}^{+\infty}(\rho-\mathrm{i}\eta)^{k_1}(\rho+\mathrm{i}\eta)^{k_2}e^{-\rho^2-\eta^2}e^{(\alpha+\mathrm{i}\beta)(\rho-\mathrm{i}\eta)}\ |\rho+\mathrm{i}\eta\rangle\ \frac{d\rho d\eta}{\pi}$$

$$=(a^\dagger)^{m_1}\iint_{-\infty}^{+\infty}(\rho-\mathrm{i}\eta)^{k_1}(\rho+\mathrm{i}\eta)^{k_2+m_2}e^{-\rho^2-\eta^2}e^{(\alpha+\mathrm{i}\beta)(\rho-\mathrm{i}\eta)}\ |\rho+\mathrm{i}\eta\rangle\ \frac{d\rho d\eta}{\pi}$$

$$=\iint_{-\infty}^{+\infty}(\rho-\mathrm{i}\eta)^{k_1}(\rho+\mathrm{i}\eta)^{k_2+m_2}e^{-\rho^2-\eta^2}e^{(\alpha+\mathrm{i}\beta)(\rho-\mathrm{i}\eta)}(a^\dagger)^{m_1}\ |\rho+\mathrm{i}\eta\rangle\ \frac{d\rho d\eta}{\pi}$$

$$=\iiiint_{-\infty}^{+\infty}(\rho-\mathrm{i}\eta)^{k_1}(\rho+\mathrm{i}\eta)^{k_2+m_2}e^{-\rho^2-\eta^2}e^{(\alpha+\mathrm{i}\beta)(\rho-\mathrm{i}\eta)}$$

$$\cdot\ |\rho_1+\mathrm{i}\eta_1\rangle\langle\rho_1+\mathrm{i}\eta_1\ |(a^\dagger)^{m_1}\ |\rho+\mathrm{i}\eta\rangle e^{-\rho_1^2-\eta_1^2}\ \frac{d\rho d\eta d\rho_1 d\eta_1}{\pi^2}$$

$$=\iiiint_{-\infty}^{+\infty}(\rho-\mathrm{i}\eta)^{k_1}(\rho+\mathrm{i}\eta)^{k_2+m_2}e^{-\rho^2-\eta^2}e^{(\alpha+\mathrm{i}\beta)(\rho-\mathrm{i}\eta)}$$

$$\cdot\ (\rho_1-\mathrm{i}\eta_1)^{m_1}e^{(\rho_1-\mathrm{i}\eta_1)(\rho+\mathrm{i}\eta)}e^{-\rho_1^2-\eta_1}\ |\rho_1+\mathrm{i}\eta_1\rangle\ \frac{d\rho d\eta d\rho_1 d\eta_1}{\pi^2}$$

$$\underset{(\rho_1\leftrightarrow\rho,\ \eta_1\leftrightarrow\eta)}{=}\iiiint_{-\infty}^{+\infty}(\rho_1-\mathrm{i}\eta_1)^{k_1}(\rho_1+\mathrm{i}\eta_1)^{k_2+m_2}e^{-\rho_1^2-\eta_1^2}e^{(\alpha+\mathrm{i}\beta)(\rho_1-\mathrm{i}\eta_1)}e^{(\rho-\mathrm{i}\eta)(\rho_1+\mathrm{i}\eta_1)}$$

$$\cdot\ (\rho-\mathrm{i}\eta)^{m_1}e^{-\rho^2-\eta^2}\ |\rho+\mathrm{i}\eta\rangle\ \frac{d\rho_1 d\eta_1 d\rho d\eta}{\pi^2}$$

$$=\iiiint_{-\infty}^{+\infty}(\rho_1-\mathrm{i}\eta_1)^{k_1}(\rho_1+\mathrm{i}\eta_1)^{k_2+m_2}e^{-\left(\rho_1-\frac{\alpha+\mathrm{i}\beta+\rho-\mathrm{i}\eta}{2}\right)^2}e^{-\left(\eta_1-\frac{\beta-\mathrm{i}\alpha+\eta+\mathrm{i}\rho}{2}\right)^2}$$

$$\cdot\ e^{\frac{1}{4}(\alpha+\mathrm{i}\beta+\rho-\mathrm{i}\eta)^2}e^{\frac{1}{4}(\beta-\mathrm{i}\alpha+\eta+\mathrm{i}\rho)^2}(\rho-\mathrm{i}\eta)^{m_1}e^{-\rho^2-\eta^2}\ |\rho+\mathrm{i}\eta\rangle\ \frac{d\rho_1 d\eta_1 d\rho d\eta}{\pi^2}$$

$$=\iiiint_{-\infty}^{+\infty}(\rho_1-\mathrm{i}\eta_1)^{k_1}(\rho_1+\mathrm{i}\eta_1)^{k_2+m_2}e^{-\left(\rho_1-\frac{\alpha+\mathrm{i}\beta+\rho-\mathrm{i}\eta}{2}\right)^2}e^{-\left(\eta_1-\frac{\beta-\mathrm{i}\alpha+\eta+\mathrm{i}\rho}{2}\right)^2}$$

$$\cdot\ e^{(\alpha+\mathrm{i}\beta)(\rho-\mathrm{i}\eta)}(\rho-\mathrm{i}\eta)^{m_1}e^{-\rho^2-\eta^2}\ |\rho+\mathrm{i}\eta\rangle\ \frac{d\rho_1 d\eta_1 d\rho d\eta}{\pi^2}$$

$$=\iiiint_{-\infty}^{+\infty}(\rho'-\mathrm{i}\eta'+\rho-\mathrm{i}\eta)^{k_1}(\rho'+\mathrm{i}\eta'+\alpha+\mathrm{i}\beta)^{k_2+m_2}e^{-\rho'^2-\eta'^2}\ \frac{d\rho' d\eta'}{\pi}$$

$$\cdot\ e^{(\alpha+\mathrm{i}\beta)(\rho-\mathrm{i}\eta)}(\rho-\mathrm{i}\eta)^{m_1}e^{-\rho^2-\eta^2}\ |\rho+\mathrm{i}\eta\rangle\ \frac{d\rho d\eta}{\pi}$$

$$=\iiiint\left[\sum_{l_1}C_{k_1}^{l_1}(\rho-\mathrm{i}\eta)^{k_1-l_1}(\rho'-\mathrm{i}\eta')^{l_1}\right]\left[\sum_{l_2}C_{k_2+m_2}^{l_2}(\alpha+\mathrm{i}\beta)^{k_2+m_2-l_2}(\rho'+\mathrm{i}\eta')^{l_2}\right]$$

$$\cdot\ e^{-\rho'^2-\eta'^2}\ \frac{d\rho' d\eta'}{\pi}e^{(\alpha+\mathrm{i}\beta)(\rho-\mathrm{i}\eta)}(\rho-\mathrm{i}\eta)^{m_1}e^{-\rho^2-\eta^2}\ |\rho+\mathrm{i}\eta\rangle\ \frac{d\rho d\eta}{\pi}$$

$$=\iiiint\sum_{l_1 l_2}\left[C_{k_1}^{l_1}C_{k_2+m_2}^{l_2}(\rho-\mathrm{i}\eta)^{k_1-l_1}(\alpha+\mathrm{i}\beta)^{k_2+m_2-l_2}\right]\delta_{l_1 l_2}\Pi(l_1)$$

$$\cdot\, e^{(\alpha+i\beta)(\rho-i\eta)}(\rho-i\eta)^{m_1}e^{-\rho^2-\eta^2}\ |\rho+i\eta\rangle\frac{d\rho d\eta}{\pi}$$

$$=\sum_{l}^{\min(k_1,k_2+m_2)}C_{k_1}^{l}C_{k_2+m}^{l}\Pi(l)(\alpha+i\beta)^{k_2+m_2-l}$$

$$\cdot\iint_{-\infty}^{+\infty}e^{(\alpha+i\beta)(\rho-i\eta)}(\rho-i\eta)^{k_1+m_1-l}e^{-\rho^2-\eta^2}\ |\rho+i\eta\rangle\frac{d\rho d\eta}{\pi}\tag{1.6.19}$$

引入记号：

$$\Pi_1(L_1,L_2;l)=C_{L_1}^{l}C_{L_2}^{l}\Pi(l)\tag{1.6.20}$$

并把 $e^{-\frac{1}{2}(\alpha^2+\beta^2)}$ 因子恢复，则最后表示为

$$(a^{\dagger})^{m_1}(a)^{m_2}e^{-\frac{1}{2}(\alpha^2+\beta^2)}\iint_{-\infty}^{+\infty}(\rho-i\eta)^{k_1}(\rho+i\eta)^{k_2}e^{-\rho^2-\eta^2}e^{(\alpha+i\beta)(\rho-i\eta)}\ |\rho+i\eta\rangle\frac{d\rho d\eta}{\pi}$$

$$=\sum_{l}^{\min(k_1,k_2+m_2)}e^{-\frac{1}{2}(\alpha^2+\beta^2)}\Pi_1(k_1,k_2+m_2;l)(\alpha+i\beta)^{k_2+m_2-l}$$

$$\cdot\iint_{-\infty}^{+\infty}e^{(\alpha+i\beta)(\rho-i\eta)}e^{-\rho^2-\eta^2}(\rho-i\eta)^{k_1+m_1-l}\ |\rho+i\eta\rangle\frac{d\rho d\eta}{\pi}\tag{1.6.21}$$

纯相干态的情形为

$$(a^{\dagger})^{m_1}(a)^{m_2}e^{-\frac{1}{2}(\alpha^2+\beta^2)}\iint_{-\infty}^{+\infty}e^{-\rho^2-\eta^2}e^{(\alpha+i\beta)(\rho-i\eta)}\ |\rho+i\eta\rangle\frac{d\rho d\eta}{\pi}$$

$$=e^{-\frac{1}{2}(\alpha^2+\beta^2)}(\alpha+i\beta)^{m_2}\iint_{-\infty}^{+\infty}e^{(\alpha+i\beta)(\rho-i\eta)}e^{-\rho^2-\eta^2}(\rho-i\eta)^{m_1}\ |\rho+i\eta\rangle\frac{d\rho d\eta}{\pi}\tag{1.6.22}$$

$$(a^{\dagger})^{m_1}e^{-\frac{1}{2}(\alpha^2+\beta^2)}\iint_{-\infty}^{+\infty}e^{(\alpha+i\beta)(\rho-i\eta)}e^{-\rho^2-\eta^2}\ |\rho+i\eta\rangle\frac{d\rho d\eta}{\pi}$$

$$=e^{-\frac{1}{2}(\alpha^2+\beta^2)}\iint_{-\infty}^{+\infty}e^{(\alpha+i\beta)(\rho-i\eta)}e^{-\rho^2-\eta^2}(\rho-i\eta)^{m_1}\ |\rho+i\eta\rangle\frac{d\rho d\eta}{\pi}\tag{1.6.23}$$

$$(a)^{m_2}e^{-\frac{1}{2}(\alpha^2+\beta^2)}\iint_{-\infty}^{+\infty}e^{(\alpha+i\beta)(\rho-i\eta)}e^{-\rho^2-\eta^2}\ |\rho+i\eta\rangle\frac{d\rho d\eta}{\pi}$$

$$=e^{-\frac{1}{2}(\alpha^2+\beta^2)}\iint_{-\infty}^{+\infty}e^{(\alpha+i\beta)(\rho-i\eta)}e^{-\rho^2-\eta^2}(\alpha+i\beta)^{m_2}\ |\rho+i\eta\rangle\frac{d\rho d\eta}{\pi}\tag{1.6.24}$$

$$(a^{\dagger})^{m_1}(a)^{m_2}e^{-\frac{1}{2}(\alpha^2+\beta^2)}\iint_{-\infty}^{+\infty}(\rho-i\eta)^{k_1}e^{(\alpha+i\beta)(\rho-i\eta)}e^{-\rho^2-\eta^2}\ |\rho+i\eta\rangle\frac{d\rho d\eta}{\pi}$$

$$=\sum_{l_1}^{\min(k_1,m_2)}e^{-\frac{1}{2}(\alpha^2+\beta^2)}\Pi_1(k_1,m_2;l_1)(\alpha+i\beta)^{m_2-l_1}$$

$$\cdot\iint_{-\infty}^{+\infty}e^{(\alpha+i\beta)(\rho-i\eta)}e^{-\rho^2-\eta^2}(\rho-i\eta)^{k_1+m_1-l_1}\ |\rho+i\eta\rangle\frac{d\rho d\eta}{\pi}$$

第 2 章

JC 模型

2.1 JC 模型的严格解

JC 模型是二能级系统与单模光场的耦合系统的 Rabi 模型，在近共振和弱作用条件下采取旋波近似的结果，在这样的近似下，系统可以得到严格解. 因此不需要用系统的近似方法来求解它. 不过，正是因为这一系统是严格可解的，我们才可以用相干态展开法来重新讨论它，以确认相干态展开法的可靠性及有效性. 这一系统的哈密顿量为

$$H = \frac{\Delta}{2}\sigma_z + \lambda(a\sigma_+ + a^\dagger\sigma_-) + \omega a^\dagger a \tag{2.1.1}$$

其中，σ_z 为自旋的 z 分量算符，Δ 是二能态之间的能差，σ_+，σ_- 分别是上升算符及下降算符，λ 是耦合常量，a，$a^\dagger$ 分别是腔的单模场的湮灭算符及产生算符，ω 是单模场的圆频

率.为简化计,取 $\hbar=1$.

下面为了讨论方便,将 H 改写为

$$H=\frac{\Delta}{2}(|e\rangle\langle e|-|g\rangle\langle g|)+\lambda a|e\rangle\langle g|+\lambda a^{\dagger}|g\rangle\langle e|+\omega a^{\dagger}a \tag{2.1.2}$$

其中,$|e\rangle$ 为二能态系统的上态,$|g\rangle$ 为下态.注意,(2.1.2)式最后一项后面的 $|e\rangle\langle e|+|g\rangle\langle g|$ 省去未写出.这一系统的一般能量本征态即定态态矢可表示为

$$|E_n\rangle=|e\rangle C_n|n\rangle+|g\rangle D_n|n+1\rangle \tag{2.1.3}$$

其中,$|n\rangle$ 是数算符 $a^{\dagger}a$ 的本征值为 n 的本征态.

(2.1.3)式的正确性可由最后求得的 E_n,C_n 和 D_n 予以肯定.写出的 $|E_n\rangle$ 是定态的态矢,其意义是它满足

$$H|E_n\rangle=E_n|E_n\rangle \tag{2.1.4}$$

将(2.1.2)式、(2.1.3)式代入(2.1.4)式,得

$$\begin{aligned}H|E_n\rangle=&\left[\frac{\Delta}{2}(|e\rangle\langle e|-|g\rangle\langle g|)+\lambda a|e\rangle\langle g|+\lambda a^{\dagger}|g\rangle\langle e|+\omega a^{\dagger}a\right]\\&\cdot[C_n|e\rangle|n\rangle+D_n|g\rangle|n+1\rangle]\\=&\frac{\Delta}{2}C_n|e\rangle|e\rangle-\frac{\Delta}{2}D_n|g\rangle|n+1\rangle+\lambda\sqrt{n+1}D_n|e\rangle|n\rangle\\&+\lambda\sqrt{n+1}C_n|g\rangle|n+1\rangle+n\omega C_n|e\rangle|n\rangle+(n+1)\omega D_n|g\rangle|n+1\rangle\\=&E_n(C_n|e\rangle|n\rangle+D_n|g\rangle|n+1\rangle)\end{aligned} \tag{2.1.5}$$

比较上式两端的 $|e\rangle|n\rangle$ 及 $|g\rangle|n+1\rangle$,得

$$\left(n\omega+\frac{\Delta}{2}\right)C_n+\lambda\sqrt{n+1}D_n=E_nC_n \tag{2.1.6}$$

$$\left[(n+1)\omega-\frac{\Delta}{2}\right]D_n+\lambda\sqrt{n+1}C_n=E_nD_n \tag{2.1.7}$$

(2.1.6)式、(2.1.7)式是关于 C_n 和 D_n 的齐次线性方程组,因此需满足如下条件才有解:

$$\begin{vmatrix}n\omega+\frac{\Delta}{2}-E_n & \lambda\sqrt{n+1}\\ \lambda\sqrt{n+1} & (n+1)\omega-\frac{\Delta}{2}-E_n\end{vmatrix}=0 \tag{2.1.8}$$

解得

$$E_n^{(\pm)} = \frac{1}{2}\left[(2n+1)\omega \pm \sqrt{(\Delta-\omega)^2+4\lambda^2(n+1)}\right] \tag{2.1.9}$$

从(2.1.6)式及(2.1.7)式得态矢的展开系数的关系式为

$$\frac{C_n^{(+)}}{D_n^{(+)}} = \frac{\lambda\sqrt{n+1}}{E_n^{(+)}-n\omega-\frac{\Delta}{2}} \tag{2.1.10}$$

$$\frac{C_n^{(-)}}{D_n^{(-)}} = \frac{\lambda\sqrt{n+1}}{E_n^{(-)}-n\omega-\frac{\Delta}{2}} \tag{2.1.11}$$

结论：

(1) 得到的结果表示设定的定态矢(2.1.3)式是正确的，因为由它出发的确得出了合理的 E_n, C_n, D_n.

(2) 得到的解有两支，分别为

$$E_n^{(+)}, C_n^{(+)}, D_n^{(+)};\quad E_n^{(-)}, C_n^{(-)}, D_n^{(-)} \tag{2.1.12}$$

(3) 为得到归一的 $|E_n^{(+)}\rangle$ 及 $|E_n^{(-)}\rangle$，从(2.1.10)式及(2.1.11)式来计算，由(2.1.10)式出发表出归一条件的要求为

$$\begin{aligned} C_n^{(+)2}+D_n^{(+)2} &= D_n^{(+)2}\left[1+\frac{\lambda^2(n+1)}{\left(E_n^{(+)}-n\omega-\frac{\Delta}{2}\right)^2}\right] \\ &= D_n^{(+)2}\frac{\left(E_n^{(+)}-n\omega-\frac{\Delta}{2}\right)^2+\lambda^2(n+1)}{\left(E_n^{(+)}-n\omega-\frac{\Delta}{2}\right)^2} \end{aligned} \tag{2.1.13}$$

故有

$$C_n^{(+)} = \frac{\lambda\sqrt{n+1}}{\sqrt{\left(E_n^{(+)}-n\omega-\frac{\Delta}{2}\right)^2+\lambda^2(n+1)}} \tag{2.1.14}$$

$$D_n^{(+)} = \frac{E_n^{(+)}-n\omega-\frac{\Delta}{2}}{\sqrt{\left(E_n^{(+)}-n\omega-\frac{\Delta}{2}\right)^2+\lambda^2(n+1)}} \tag{2.1.15}$$

因此类似有

$$C_n^{(-)} = \frac{\lambda\sqrt{n+1}}{\sqrt{\left(E_n^{(-)} - n\omega - \frac{\Delta}{2}\right)^2 + \lambda^2(n+1)}} \tag{2.1.16}$$

$$D_n^{(-)} = \frac{E_n^{(-)} - n\omega - \frac{\Delta}{2}}{\sqrt{\left(E_n^{(-)} - n\omega - \frac{\Delta}{2}\right)^2 + \lambda^2(n+1)}} \tag{2.1.17}$$

下面用得到的结果讨论系统的演化问题,以便和用相干态展开法计算的结果进行比较.计算演化首先要确定系统的初始态,典型地讨论常取的初始态是

$$|t=0\rangle = |g\rangle|n+1\rangle \tag{2.1.18}$$

计算演化时,需将初态$|t=0\rangle$在$|E_n^{(+)}\rangle$和$|E_n^{(-)}\rangle$的两个子空间里展开,即

$$\begin{aligned}|t=0\rangle = |g\rangle|n+1\rangle &= F_1|E_n^{(+)}\rangle + F_2|E_n^{(-)}\rangle \\ &= F_1[C_n^{(+)}|e\rangle|n\rangle + D_n^{(+)}|g\rangle|n+1\rangle] \\ &\quad + F_2[C_n^{(-)}|e\rangle|n\rangle + D_n^{(-)}|g\rangle|n+1\rangle]\end{aligned} \tag{2.1.19}$$

比较两端的$|e\rangle|n\rangle$及$|g\rangle|n+1\rangle$的系数,得

$$F_1C_n^{(+)} + F_2C_n^{(-)} = 0 \tag{2.1.20}$$

$$F_1D_n^{(+)} + F_2D_n^{(-)} = 1 \tag{2.1.21}$$

由以上二式,得

$$F_1 = \frac{C_n^{(-)}}{D_n^{(+)}C_n^{(-)} - C_n^{(+)}D_n^{(-)}} \tag{2.1.22}$$

$$F_2 = \frac{C_n^{(+)}}{C_n^{(+)}D_n^{(-)} - D_n^{(+)}C_n^{(-)}} \tag{2.1.23}$$

于是,t 时刻系统的态矢$|t\rangle$为

$$\begin{aligned}|t\rangle &= F_1e^{-iE_n^{(+)}t}(C_n^{(+)}|e\rangle|n\rangle + D_n^{(+)}|g\rangle|n+1\rangle) \\ &\quad + F_2e^{-iE_n^{(-)}t}(C_n^{(-)}|e\rangle|n\rangle + D_n^{(-)}|g\rangle|n+1\rangle) \\ &= (F_1C_n^{(+)}e^{-iE_n^{(+)}t} + F_2C_n^{(-)}e^{-iE_n^{(-)}t})|e\rangle|n\rangle \\ &\quad + (F_1D_n^{(+)}e^{-iE_n^{(+)}t} + F_2D_n^{(-)}e^{-iE_n^{(-)}t})|g\rangle|n+1\rangle\end{aligned} \tag{2.1.24}$$

t 时刻系统居于下态 $|g\rangle$ 的概率 $\rho_g(t)$ 为

$$\begin{aligned}
\rho_g(t) &= \langle t|g\rangle\langle g|t\rangle \\
&= \langle n+1|[F_1 D_n^{(+)} e^{iE_n^{(+)}t} + F_2 D_n^{(-)} e^{iE_n^{(-)}t}](F_1 D_n^{(+)} e^{-iE_n^{(+)}t} + F_2 D_n^{(-)} e^{-iE_n^{(-)}t})|n+1\rangle \\
&= (F_1 D_n^{(+)})^2 + (F_2 D_n^{(-)})^2 + (F_1 F_2 D_n^{(+)} D_n^{(-)})[e^{i(E_n^{(+)}-E_n^{(-)})t} + e^{-i(E_n^{(+)}-E_n^{(-)})t}] \\
&= (F_1 D_n^{(+)})^2 + (F_2 D_n^{(-)})^2 + 2(F_1 F_2 D_n^{(+)} D_n^{(-)})\cos(E_n^{(+)} - E_n^{(-)})t
\end{aligned} \tag{2.1.25}$$

2.2 用相干态展开法计算 JC 模型

如前面所述，相干态展开法是直接计算演化的，即在给定初始时刻 $t=0$ 时系统的态矢 $|t=0\rangle$ 后，薛定谔方程可按以下表示式计算得到任意 t 时刻的态矢 $|t\rangle$：

$$|t\rangle = \sum_m \frac{(-it)^m}{m!} H^m |t=0\rangle \tag{2.2.1}$$

根据前面的讨论，我们选定的 $t=0$ 初始时刻的态矢是(2.1.19)式表示的态矢. 它可以用相干态展开法表示为

$$\begin{aligned}
|t=0\rangle &= |g\rangle|n+1\rangle \\
&= |g\rangle\left[\iint \frac{(\rho - i\eta)^{n+1}}{\sqrt{(n+1)!}} e^{-\rho^2-\eta^2} |\rho + i\eta\rangle \frac{d\rho d\eta}{\pi}\right]
\end{aligned} \tag{2.2.2}$$

上式的最后一个等式用到第 1 章里已经得到的从 Fock 态转换到相干态表示的结果.

1. 计算 H^m 正规乘积的表达式

按照第 1 章的讨论，接下来要做的是从(2.1.2)式的哈密顿量出发导出普遍的 H^m 正规乘积的表示式. 我们用归纳的方法来求，步骤如下：

第一步，写出 H^1 的正规乘积表示式，实际上 H^1 就是 H，它已是正规乘积的形式，即

$$\begin{aligned}
H^1 &= H \\
&= \left(a^\dagger a + \frac{\Delta}{2}\right)|e\rangle\langle e| + \left(a^\dagger a - \frac{\Delta}{2}\right)|g\rangle\langle g| + (\lambda a)|e\rangle\langle g| + (\lambda a^\dagger)|g\rangle\langle e|
\end{aligned}$$

第二步，假定 H^m 的正规乘积表示式已知，即

$$H^m = \Big[\sum_{n_1 n_2} A^{(m)}_{n_1 n_2}(a^\dagger)^{n_1}(a)^{n_2}\Big]|e\rangle\langle e| + \Big[\sum_{n_1 n_2} B^{(m)}_{n_1 n_2}(a^\dagger)^{n_1}(a)^{n_2}\Big]|g\rangle\langle g| + \Big[\sum_{n_1 n_2} C^{(m)}_{n_1 n_2}(a^\dagger)^{n_1}(a)^{n_2}\Big]|e\rangle\langle g| + \Big[\sum_{n_1 n_2} D^{(m)}_{n_1 n_2}(a^\dagger)^{n_1}(a)^{n_2}\Big]|g\rangle\langle e| \tag{2.2.3}$$

也就是说,假定上式中的$\{A^{(m)}_{n_1 n_2}, B^{(m)}_{n_1 n_2}, C^{(m)}_{n_1 n_2}, D^{(m)}_{n_1 n_2}\}$已知.

第三步,我们要问

$$H^{(m+1)} = \Big[\sum_{n_1 n_2} A^{(m+1)}_{n_1 n_2}(a^\dagger)^{n_1}(a)^{n_2}\Big]|e\rangle\langle e| + \Big[\sum_{n_1 n_2} B^{(m+1)}_{n_1 n_2}(a^\dagger)^{n_1}(a)^{n_2}\Big]|g\rangle\langle g| + \Big[\sum_{n_1 n_2} C^{(m+1)}_{n_1 n_2}(a^\dagger)^{n_1}(a)^{n_2}\Big]|e\rangle\langle g| + \Big[\sum_{n_1 n_2} D^{(m+1)}_{n_1 n_2}(a^\dagger)^{n_1}(a)^{n_2}\Big]|g\rangle\langle e| \tag{2.2.4}$$

中的$\{A^{(m+1)}_{n_1 n_2}, B^{(m+1)}_{n_1 n_2}, C^{(m+1)}_{n_1 n_2}, D^{(m+1)}_{n_1 n_2}\}$为何？答案由下面的计算给出：

$$\begin{aligned}
H^{(m+1)} &= H \cdot H^{(m)} \\
&= \Big\{\Big(\omega a^\dagger a + \frac{\Delta}{2}\Big)\Big[\sum_{n_1 n_2} A^{(m)}_{n_1 n_2}(a^\dagger)^{n_1}(a)^{n_2}\Big]|e\rangle\langle e| \\
&\quad + \Big(\omega a^\dagger a + \frac{\Delta}{2}\Big)\Big[\sum_{n_1 n_2} C^{(m)}_{n_1 n_2}(a^\dagger)^{n_1}(a)^{n_2}\Big]|e\rangle\langle g| \\
&\quad + \Big(\omega a^\dagger a - \frac{\Delta}{2}\Big)\Big[\sum_{n_1 n_2} B^{(m)}_{n_1 n_2}(a^\dagger)^{n_1}(a)^{n_2}\Big]|g\rangle\langle g| \\
&\quad + \Big(\omega a^\dagger a - \frac{\Delta}{2}\Big)\Big[\sum_{n_1 n_2} D^{(m)}_{n_1 n_2}(a^\dagger)^{n_1}(a)^{n_2}\Big]|g\rangle\langle e|\Big\} \\
&\quad + \Big\{\Big[\lambda a^\dagger \sum_{n_1 n_2} A^{(m)}_{n_1 n_2}(a^\dagger)^{n_1}(a)^{n_2}\Big]|g\rangle\langle e| + \Big[\lambda a \sum_{n_1 n_2} B^{(m)}_{n_1 n_2}(a^\dagger)^{n_1}(a)^{n_2}\Big]|e\rangle\langle g| \\
&\quad + \Big[\lambda a^\dagger \sum_{n_1 n_2} C^{(m)}_{n_1 n_2}(a^\dagger)^{n_1}(a)^{n_2}\Big]|g\rangle\langle g| + \Big[\lambda a \sum_{n_1 n_2} D^{(m)}_{n_1 n_2}(a^\dagger)^{n_1}(a)^{n_2}\Big]|e\rangle\langle e|\Big\} \\
&= \Big\{\sum_{n_1 n_2} A^{(m)}_{n_1 n_2}\Big[\omega(a^\dagger)^{n_1+1}(a)^{n_2+1} + n_1\omega(a^\dagger)^{n_1}(a)^{n_2} + \frac{\Delta}{2}(a^\dagger)^{n_1}(a)^{n_2}\Big] \\
&\quad + \sum_{n_1 n_2} D^{(m)}_{n_1 n_2}\big[\lambda(a^\dagger)^{n_1}(a)^{n_2+1} + n_1\lambda(a^\dagger)^{n_1-1}(a)^{n_2}\big]\Big\}|e\rangle\langle e| \\
&\quad + \Big\{\sum_{n_1 n_2} B^{(m)}_{n_1 n_2}\Big[\omega(a^\dagger)^{n_1+1}(a)^{n_2+1} + n_1\omega(a^\dagger)^{n_1}(a)^{n_2} - \frac{\Delta}{2}(a^\dagger)^{n_1}(a)^{n_2}\Big]
\end{aligned}$$

$$+\sum_{n_1n_2}A_{n_1n_2}^{(m)}[\lambda(a^\dagger)^{n_1+1}(a)^{n_2}]\Big\}|g\rangle\langle g|$$

$$+\Big\{\sum_{n_1n_2}C_{n_1n_2}^{(m)}\left[\omega(a^\dagger)^{n_1+1}(a)^{n_2+1}+n_1\omega(a^\dagger)^{n_1}(a)^{n_2}+\frac{\Delta}{2}(a^\dagger)^{n_1}(a)^{n_2}\right]$$

$$+\sum_{n_1n_2}B_{n_1n_2}^{(m)}[\lambda(a^\dagger)^{n_1}(a)^{n_2}+\lambda n_1(a^\dagger)^{n-1}(a)^{n_2}]\Big\}|e\rangle\langle g|$$

$$+\Big\{\sum_{n_1n_2}D_{n_1n_2}^{(m)}\left[\omega(a^\dagger)^{n_1+1}(a)^{n_2+1}+n_1\omega(a^\dagger)^{n_1}(a)^{n_2}-\frac{\Delta}{2}(a^\dagger)^{n_1}(a)^{n_2}\right]$$

$$+\sum_{n_1n_2}C_{n_1n_2}^{(m)}[\lambda(a^\dagger)^{n_1+1}(a)^{n_2}]\Big\}|g\rangle\langle e|$$

(2.2.5)

比较(2.2.4)式与(2.2.5)式中的$(a^\dagger)^{n_1}(a)^{n_2}|e\rangle\langle e|$,$(a^\dagger)^{n_1}(a)^{n_2}|g\rangle\langle g|$,$(a^\dagger)^{n_1}(a)^{n_2}|e\rangle\langle g|$,$(a^\dagger)^{n_1}(a)^{n_2}|g\rangle\langle e|$,得到$\{A_{n_1n_2}^{(m+1)},B_{n_1n_2}^{(m+1)},C_{n_1n_2}^{(m+1)},D_{n_1n_2}^{(m+1)}\}$的表示为

$$A_{n_1n_2}^{(m+1)}=\omega A_{n_1-1,n_2-1}^{(m)}+\left(n_1\omega+\frac{\Delta}{2}\right)A_{n_1n_2}^{(m)}+\lambda D_{n_1,n_2-1}^{(m)}+(n_1+1)\lambda D_{n_1+1,n_2}^{(m)}\tag{2.2.6}$$

$$B_{n_1n_2}^{(m+1)}=\omega B_{n_1-1,n_2-1}^{(m)}+\left(n_1\omega-\frac{\Delta}{2}\right)B_{n_1n_2}^{(m)}+\lambda A_{n_1-1,n_2}^{(m)}\tag{2.2.7}$$

$$C_{n_1n_2}^{(m+1)}=\omega C_{n_1-1,n_2-1}^{(m)}+\left(n_1\omega+\frac{\Delta}{2}\right)C_{n_1n_2}^{(m)}+\lambda B_{n_1,n_2-1}^{(m)}+\lambda(n_1+1)B_{n_1+1,n_2}^{(m)}\tag{2.2.8}$$

$$D_{n_1n_2}^{(m+1)}=\omega D_{n_1-1,n_2-1}^{(m)}+\left(n_1\omega-\frac{\Delta}{2}\right)D_{n_1n_2}^{(m)}+\lambda D_{n_1-1,n_2}^{(m)}\tag{2.2.9}$$

从(2.2.6)式～(2.2.9)式的递推关系知,由$\{A_{n_1n_2}^{(m)},B_{n_1n_2}^{(m)},C_{n_1n_2}^{(m)},D_{n_1n_2}^{(m)}\}$即可导出$\{A_{n_1n_2}^{(m+1)},B_{n_1n_2}^{(m+1)},C_{n_1n_2}^{(m+1)},D_{n_1n_2}^{(m+1)}\}$.故通过以上推导可以得出如下结论:

(1) 任意 m 阶的H^m 总可以表示为(2.2.3)式的形式,其中玻色算子表示已成为正规乘积的形式.

(2) 当 $m=1$ 时,$A_{n_1n_2}^{(1)}$,$B_{n_1n_2}^{(1)}$,$C_{n_1n_2}^{(1)}$,$D_{n_1n_2}^{(1)}$分别为

$$A_{n_1n_2}^{(1)}=\left(\omega+\frac{\Delta}{2}\right)\delta_{n_{11}}\delta_{n_{21}}\tag{2.2.10}$$

$$B_{n_1n_2}^{(1)}=\left(\omega-\frac{\Delta}{2}\right)\delta_{n_{11}}\delta_{n_{21}}\tag{2.2.11}$$

$$C_{n_1 n_2}^{(1)} = \lambda\delta_{n_{10}}\delta_{n_{21}} \tag{2.2.12}$$

$$D_{n_1 n_2}^{(1)} = \lambda\delta_{n_{11}}\delta_{n_{20}} \tag{2.2.13}$$

(3) (2.2.6)式～(2.2.9)式告诉我们，只要$\{A_{n_1 n_2}^{(m)}, B_{n_1 n_2}^{(m)}, C_{n_1 n_2}^{(m)}, D_{n_1 n_2}^{(m)}\}$已知，$\{A_{n_1 n_2}^{(m+1)}, B_{n_1 n_2}^{(m+1)}, C_{n_1 n_2}^{(m+1)}k, D_{n_1 n_2}^{(m+1)}\}$便可得出.因此从(2.2.6)式～(2.2.13)式能得出任意阶的4种系数的集合.

2. 计算 $H^m\ |t=0\rangle$

在本小节里，取 $t=0$ 时的初始态亦和前面一样的形式：

$$|t=0\rangle = |g\rangle\,|N+1\rangle \tag{2.2.14}$$

这样做的目的是，当我们求出时刻 t 的态矢$|t\rangle$后，可以和前面的先求定态集，再计算出演化的$|t\rangle$的结果来做比较，看是否能得到两种结果相符的结论.计算如下：

$$\begin{aligned}
H^m\ |t=0\rangle = &\Big\{\Big[\sum_{n_1 n_2} A_{n_1 n_2}^{(m)}(a^\dagger)^{n_1}(a)^{n_2}\Big]|e\rangle\langle e| + \Big[\sum_{n_1 n_2} B_{n_1 n_2}^{(m)}(a^\dagger)^{n_1}(a)^{n_2}\Big]|g\rangle\langle g| \\
&+ \Big[\sum_{n_1 n_2} C_{n_1 n_2}^{(m)}(a^\dagger)^{n_1}(a)^{n_2}\Big]|e\rangle\langle g| + \big[D_{n_1 n_2}^{(m)}(a^\dagger)^{n_1}(a)^{n_2}\big]\,|g\rangle\langle e|\Big\} \\
&\cdot\Big[|g\rangle\iint\frac{(\rho-\mathrm{i}\eta)^{N+1}}{\sqrt{(N+1)!}}\mathrm{e}^{-\rho^2-\eta^2}\ |\rho+\mathrm{i}\eta\rangle\frac{\mathrm{d}\rho\mathrm{d}\eta}{\pi}\Big] \\
= &\ |g\rangle\Big[\sum_{n_1 n_2} B_{n_1 n_2}^{(m)}(a^\dagger)^{n_1}(a)^{n_2}\iint\frac{(\rho-\mathrm{i}\eta)^{N+1}}{\sqrt{(N+1)!}}\mathrm{e}^{-\rho^2-\eta^2}\ |\rho+\mathrm{i}\eta\rangle\frac{\mathrm{d}\rho\mathrm{d}\eta}{\pi}\Big] \\
&+ |e\rangle\Big[\sum_{n_1 n_2} C_{n_1 n_2}^{(m)}(a^\dagger)^{n_1}(a)^{n_2}\iint\frac{(\rho-\mathrm{i}\eta)^{N+1}}{\sqrt{(N+1)!}}\mathrm{e}^{-\rho^2-\eta^2}\ |\rho+\mathrm{i}\eta\rangle\frac{\mathrm{d}\rho\mathrm{d}\eta}{\pi}\Big] \\
= &\ |g\rangle\Big[\sum_{n_1 n_2} B_{n_1 n_2}^{(m)}\theta(N+1-n_2)C_{N+1}^{n_2}\Pi(n_2) \\
&\cdot\frac{1}{\sqrt{(N+1)!}}(\rho-\mathrm{i}\eta)^{N+1+n_1-n_2}\mathrm{e}^{-\rho^2-\eta^2}\ |\rho+\mathrm{i}\eta\rangle\frac{\mathrm{d}\rho\mathrm{d}\eta}{\pi}\Big] \\
&+ |e\rangle\Big[\sum_{n_1 n_2} C_{n_1 n_2}^{(m)}\theta(N+1-n_2)C_{N+1}^{n_2}\Pi(n_2) \\
&\cdot\iint\frac{1}{\sqrt{(N+1)!}}(\rho-\mathrm{i}\eta)^{N+1+n_1-n_2}\mathrm{e}^{-\rho^2-\eta^2}\ |\rho+\mathrm{i}\eta\rangle\frac{\mathrm{d}\rho\mathrm{d}\eta}{\pi}\Big]
\end{aligned} \tag{2.2.15}$$

在上面的推导中，已用到基本运算中给出的 Fock 态的相干态展开表示，以及$(a^\dagger)^{n_1}(a)^{n_2}$ 对它作用后的结果.将得到的(2.2.15)式的结果代回$|t\rangle$的表示式，则

$$
\begin{aligned}
|t\rangle &= \sum_m \frac{(-\mathrm{i}t)^m}{m!} H^m \,|t=0\rangle \\
&= \sum_m \frac{(-\mathrm{i}t)^m}{m!}\Big\{|g\rangle\Big(\sum_{n_1 n_2} B_{n_1 n_2}^{(m)}\theta(N+1-n_2)C_{N+1}^{n_2}\Pi(n_2)\Big) \\
&\quad\cdot\left[\iint \frac{1}{\sqrt{(N+1)!}}(\rho-\mathrm{i}\eta)^{N+1+n_1-n_2}\mathrm{e}^{-\rho^2-\eta^2}\,|\rho+\mathrm{i}\eta\rangle\frac{\mathrm{d}\rho\mathrm{d}\eta}{\pi}\right] \\
&\quad+|e\rangle\Big(\sum_{n_1 n_2} C_{n_1 n_2}^{(m)}\theta(N+1-n_2)C_{N+1}^{n_2}\Pi(n_2)\Big) \\
&\quad\cdot\left[\iint \frac{1}{\sqrt{(N+1)!}}(\rho-\mathrm{i}\eta)^{N+1+n_1-n_2}\mathrm{e}^{-\rho^2-\eta^2}\,|\rho+\mathrm{i}\eta\rangle\frac{\mathrm{d}\rho\mathrm{d}\eta}{\pi}\right]\Big\}
\end{aligned}
\tag{2.2.16}
$$

至此得到了用相干态展开法计算出的系统随 t 变化的态矢.

3. 计算系统在 $|g\rangle$ 态上占有概率随 t 的变化

$$
\begin{aligned}
\rho_g(t) &= \langle t|(|g\rangle\langle g|)|t\rangle \\
&= \Big\{\sum_{m_1}\frac{(+\mathrm{i}t)^{m_1}}{m_1!}\Big[\sum_{n_1 n_2} B_{n_1 n_2}^{(m_1)*}\theta(N+1-n_2)C_{N+1}^{n_2}\Pi(n_2)\Big] \\
&\quad\cdot\left[\iint\frac{1}{\sqrt{(N+1)!}}(\rho_1+\mathrm{i}\eta_1)^{N+1+n_1-n_2}\mathrm{e}^{-\rho_1^2-\eta_1^2}\langle\rho_1+\mathrm{i}\eta_1|\frac{\mathrm{d}\rho_1\mathrm{d}\eta_1}{\pi}\right]\Big\} \\
&\quad\cdot\Big\{\sum_{m_2}\frac{(-\mathrm{i}t)^{m_2}}{m_2!}\Big[\sum_{n_3 n_4} B_{n_3 n_4}^{(m_2)}\theta(N+1-n_4)C_{N+1}^{n_4}\Pi(n_4)\Big] \\
&\quad\cdot\left[\iint\frac{1}{\sqrt{(N+1)!}}(\rho_2-\mathrm{i}\eta_2)^{N+1+n_3-n_4}\mathrm{e}^{-\rho_2^2-\eta_2^2}\langle\rho_2+\mathrm{i}\eta_2|\frac{\mathrm{d}\rho_2\mathrm{d}\eta_2}{\pi}\right]\Big\} \\
&= \sum_{m_1 m_2}\frac{(\mathrm{i}t)^{m_1}(-\mathrm{i}t)^{m_2}}{m_1!m_2!}\frac{1}{(N+1)!}\iiiint\sum_{n_1 n_2 n_3 n_4}B_{n_1 n_2}^{(m_1)*}B_{n_3 n_4}^{(m_2)} \\
&\quad\cdot\Pi(n_2)\Pi(n_4)\theta(N+1-n_2)\theta(N+1-n_4)C_{N+1}^{n_2}C_{N+1}^{n_4}\langle\rho_1+\mathrm{i}\eta_1|\rho_2+\mathrm{i}\eta_2\rangle \\
&\quad\cdot\mathrm{e}^{-\rho_1^2-\eta_1^2}\mathrm{e}^{-\rho_2^2-\eta_2^2}\frac{\mathrm{d}\rho_1\mathrm{d}\eta_1\mathrm{d}\rho_2\mathrm{d}\eta_2}{\pi^2}
\end{aligned}
\tag{2.2.17}
$$

计算(2.2.17)式中的积分,得

$$
\begin{aligned}
&\iiiint(\rho_1+\mathrm{i}\eta_1)^{N+1+n_1-n_2}(\rho_2-\mathrm{i}\eta_2)^{N+1+n_3-n_4}\mathrm{e}^{-\rho_1^2-\eta_1^2}\mathrm{e}^{-\rho_2^2-\eta_2^2} \\
&\quad\cdot\langle\rho_1+\mathrm{i}\eta_1|\rho_2+\mathrm{i}\eta_2\rangle\frac{\mathrm{d}\rho_1\mathrm{d}\eta_1\mathrm{d}\rho_2\mathrm{d}\eta_2}{\pi^2}
\end{aligned}
$$

$$
\begin{aligned}
&= \iiiint (\rho_1 + \mathrm{i}\eta_1)^{N+1+n_1-n_2} (\rho_2 - \mathrm{i}\eta_2)^{N+1+n_3-n_4} \mathrm{e}^{-\rho_1^2-\eta_1^2} \mathrm{e}^{-\rho_2^2-\eta_2^2} \mathrm{e}^{(\rho_1-\mathrm{i}\eta_1)(\rho_2+\mathrm{i}\eta_2)} \frac{\mathrm{d}\rho_1 \mathrm{d}\eta_1 \mathrm{d}\rho_2 \mathrm{d}\eta_2}{\pi^2} \\
&= \iiiint (\rho_1 + \mathrm{i}\eta_1)^{N+1+n_1-n_2} \mathrm{e}^{-\left[\rho_1-\frac{1}{2}(\rho_2+\mathrm{i}\eta_2)\right]^2} \mathrm{e}^{-\left[\eta_1-\frac{1}{2}(\eta_2-\mathrm{i}\rho_2)\right]^2} \mathrm{e}^{-\frac{1}{4}(\rho_2+\mathrm{i}\eta_2)^2} \\
&\quad \cdot \mathrm{e}^{-\frac{1}{4}(\eta_2-\mathrm{i}\rho_2)^2} \frac{\mathrm{d}\rho_1 \mathrm{d}\eta_1}{\pi} \mathrm{e}^{-\rho_2^2-\eta_2^2} (\rho_2 - \mathrm{i}\eta_2)^{N+1+n_3-n_4} \frac{\mathrm{d}\rho_2 \mathrm{d}\eta_2}{\pi} \\
&= \iiiint (\rho_1 + \mathrm{i}\eta_1)^{N+1+n_1-n_2} \mathrm{e}^{-\left(\rho_1-\frac{\rho_2+\mathrm{i}\eta_2}{2}\right)^2} \mathrm{e}^{-\left(\eta_1-\frac{\eta_2-\mathrm{i}\rho_2}{2}\right)^2} \frac{\mathrm{d}\rho_1 \mathrm{d}\eta_1}{\pi} \\
&\quad \cdot \mathrm{e}^{-\rho_2^2-\eta_2^2} (\rho_2 - \mathrm{i}\eta_2)^{N+1+n_3-n_4} \frac{\mathrm{d}\rho_2 \mathrm{d}\eta_2}{\pi} \\
&= \iiiint \left(\rho_1' + \frac{\rho_2 + \mathrm{i}\eta_2}{2} + \mathrm{i}\eta_1' + \mathrm{i}\,\frac{\eta_2 - \mathrm{i}\rho_2}{2}\right)^{N+1+n_1-n_2} \frac{\mathrm{d}\rho_1' \mathrm{d}\eta_1'}{\pi} \mathrm{e}^{-\rho_1'^2-\eta_1'^2} \\
&\quad \cdot \mathrm{e}^{-\rho_2^2-\eta_2^2} (\rho_2 - \mathrm{i}\eta_2)^{N+1+n_3-n_4} \frac{\mathrm{d}\rho_2 \mathrm{d}\eta_2}{\pi} \\
&= \iiiint \sum_l C_{N+1+n_1-n_2}^l (\rho_2 + \mathrm{i}\eta_2)^{N+1+n_1-n_2-l} (\rho_1' + \mathrm{i}\eta_1')^l \frac{\mathrm{d}\rho_1' \mathrm{d}\eta_1'}{\pi} \\
&\quad \cdot \mathrm{e}^{-\rho_1'^2-\eta_1'^2} \mathrm{e}^{-\rho_2^2-\eta_2^2} (\rho_2 - \mathrm{i}\eta_2)^{N+1+n_3-n_4} \frac{\mathrm{d}\rho_2 \mathrm{d}\eta_2}{\pi} \\
&= \iiiint (N + 1 + n_1 - n_2)(\rho_2 + \mathrm{i}\eta_2)^{N+1+n_1-n_2} \mathrm{e}^{-\rho'^2-\eta'^2} \frac{\mathrm{d}\rho_1' \mathrm{d}\eta_1'}{\pi} \\
&\quad \cdot \mathrm{e}^{-\rho_2^2-\eta_2^2} (\rho_2 - \mathrm{i}\eta_2)^{N+1+n_3-n_4} \frac{\mathrm{d}\rho_2 \mathrm{d}\eta_2}{\pi} \\
&= \iint (N + 1 + n_1 - n_2) \mathrm{e}^{-\rho_2^2-\eta_2^2} (\rho_2 + \mathrm{i}\eta_2)^{N+1+n_1-n_2} (\rho_2 - \mathrm{i}\eta_2)^{N+1+n_3-n_4} \frac{\mathrm{d}\rho_2 \mathrm{d}\eta_2}{\pi} \\
&= \iint (N + 1 + n_1 - n_2) \mathrm{e}^{-\rho_2^2-\eta_2^2} \delta_{N+1+n_1-n_2,\,N+1+n_3-n_4} (\rho_2^2 + \eta_2^2)^{N+1+n_1-n_2} \frac{\mathrm{d}\rho_2 \mathrm{d}\eta_2}{\pi} \\
&= \delta_{n_1-n_2,\,n_3-n_4} (N + 1 + n_1 - n_2) B(N + 1 + n_1 - n_2)
\end{aligned} \tag{2.2.18}
$$

注意，上式中从倒数第五行到倒数第四行，用到第 1 章中“只有 $l=0$ 的一项积分不为零”的结果. 最后得

$$
\begin{aligned}
\rho_g(t) = &\sum_{m_1 m_2 n_1} \sum_{n_2 n_3 n_4} \frac{(\mathrm{i}t)^{m_1} (-\mathrm{i}t)^{m_2}}{m_1!\, m_2!} \frac{1}{(N+1)!} \delta_{n_1-n_2,\,n_3-n_4} (N + 1 + n_1 - n_2) \\
&\cdot B(N + 1 + n_1 - n_2) \Pi(n_2) \Pi(n_4) \theta(N + 1 - n_2) \theta(N + 1 - n_4) \\
&\cdot B_{n_1 n_2}^{(m_1)*} B_{n_3 n_4}^{(m_2)} C_{N+1}^{n_2} C_{N+1}^{n_4}
\end{aligned} \tag{2.2.19}
$$

4. 计算系统玻色子数的期待值随 t 的变化

$$
\begin{aligned}
\bar{n}(t) = & \langle t \mid a^{\dagger} a \mid t \rangle \\
= & \left\{ \sum_{m_1} \frac{(+\mathrm{i}t)^{m_1}}{m_1!} \left[\sum_{n_1 n_2} B_{n_1 n_2}^{(m_1)*} \theta(N+1-n_2) C_{N+1}^{n_2} \Pi(n_2) \right] \right. \\
& \cdot \left. \left[\iint \frac{1}{\sqrt{(N+1)!}} (\rho + \mathrm{i}\eta_1)^{N+1+n_1-n_2} \mathrm{e}^{-\rho_1^2-\eta_1^2} \langle \rho_1 + \mathrm{i}\eta_1 \mid \frac{\mathrm{d}\rho_1 \mathrm{d}\eta_1}{\pi} \right] \right\} \\
& \cdot (a^{\dagger} a) \left\{ \sum_{m_2} \frac{(-\mathrm{i}t)^{m_2}}{m_2!} \left[\sum_{n_1 n_2} B_{n_3 n_4}^{(m_2)} \theta(N+1-n_4) C_{N+1}^{n_4} \Pi(n_4) \right] \right. \\
& \cdot \left. \left[\iint \frac{1}{\sqrt{(N+1)!}} (\rho_2 - \mathrm{i}\eta_2)^{N+1+n_3-n_4} \mathrm{e}^{-\rho_2^2-\eta_2^2} \mid \rho_2 + \mathrm{i}\eta_2 \rangle \frac{\mathrm{d}\rho_2 \mathrm{d}\eta_2}{\pi} \right] \right\} \\
& + \left\{ \sum_{m_1} \frac{(+\mathrm{i}t)^{m_1}}{m_1!} \left[\sum_{n_1 n_2} C_{n_1 n_2}^{(m_1)*} \theta(N+1-n_2) C_{N+1}^{n_2} \Pi(n_2) \right] \right. \\
& \cdot \left. \left[\iint \frac{1}{\sqrt{(N+1)!}} (\rho_1 + \mathrm{i}\eta_1)^{N+1+n_1-n_2} \mathrm{e}^{-\rho_1^2-\eta_1^2} \langle \rho_1 + \mathrm{i}\eta_1 \mid \frac{\mathrm{d}\rho_1 \mathrm{d}\eta_1}{\pi} \right] \right\} \\
& \cdot (a^{\dagger} a) \left\{ \sum_{m_2} \frac{(-\mathrm{i}t)^{m_2}}{m_2!} \left[\sum_{n_1 n_2} C_{n_3 n_4}^{(m_2)} \theta(N+1-n_4) C_{N+1}^{n_4} \Pi(n_4) \right] \right. \\
& \cdot \left. \left[\iint \frac{1}{\sqrt{(N+1)!}} (\rho_2 - \mathrm{i}\eta_2)^{N+1+n_3-n_4} \mathrm{e}^{-\rho_2^2-\eta_2^2} \mid \rho_2 + \mathrm{i}\eta_2 \rangle \frac{\mathrm{d}\rho_2 \mathrm{d}\eta_2}{\pi} \right] \right\}
\end{aligned}
\tag{2.2.20}
$$

(2.2.20)式中的积分计算如下：

$$
\begin{aligned}
& \iiiint (\rho_1 + \mathrm{i}\eta_1)^{N+1+n_1-n_2} \mathrm{e}^{-\rho_1^2-\eta_1^2} (\rho_2 - \mathrm{i}\eta_2)^{N+1+n_3-n_4} \mathrm{e}^{-\rho_2^2-\eta_2^2} \\
& \cdot \langle \rho_1 + \mathrm{i}\eta_1 \mid a^{\dagger} a (\rho_2 + \mathrm{i}\eta_2) \rangle \frac{\mathrm{d}\rho_1 \mathrm{d}\eta_1 \mathrm{d}\rho_2 \mathrm{d}\eta_2}{\pi^2} \\
& \quad = \iiiint (\rho_1 + \mathrm{i}\eta_1)^{N+1+n_1-n_2} \mathrm{e}^{-\rho_1^2-\eta_1^2} (\rho_2 - \mathrm{i}\eta_2)^{N+1+n_3-n_4} \mathrm{e}^{-\rho_2^2-\eta_2^2} \\
& \qquad \cdot (\rho_1 - \mathrm{i}\eta_1)(\rho_2 + \mathrm{i}\eta_2) \mathrm{e}^{(\rho_1 - \mathrm{i}\eta_1)(\rho_2 + \mathrm{i}\eta_2)} \frac{\mathrm{d}\rho_1 \mathrm{d}\eta_1 \mathrm{d}\rho_2 \mathrm{d}\eta_2}{\pi^2} \\
& \quad = \iiiint (\rho_1 + \mathrm{i}\eta_1)^{N+n_1-n_2} (\rho_1^2 + \eta_1^2)(\rho_2 - \mathrm{i}\eta_2)^{N+n_3-n_4} (\rho_2^2 + \eta_2^2) \\
& \qquad \cdot \mathrm{e}^{-\rho_1^2-\eta_1^2} \mathrm{e}^{-\rho_2^2-\eta_2^2} \mathrm{e}^{(\rho_1 - \mathrm{i}\eta_1)(\rho_2 + \mathrm{i}\eta_2)} \frac{\mathrm{d}\rho_1 \mathrm{d}\eta_1 \mathrm{d}\rho_2 \mathrm{d}\eta_2}{\pi^2}
\end{aligned}
$$

$$
\begin{aligned}
&= \iiiint (\rho_1 + \mathrm{i}\eta_1)^{N+n_1-n_2} (\rho_1^2 + \eta_1^2)(\rho_2 - \mathrm{i}\eta_2)^{N+n_3-n_4} (\rho_2^2 + \eta_2^2) \\
&\quad \cdot \mathrm{e}^{-\left(\rho_1 - \frac{\rho_2 + \mathrm{i}\eta_2}{2}\right)^2} \mathrm{e}^{-\left(\eta_1 - \frac{\eta_2 - \mathrm{i}\rho_2}{2}\right)^2} \mathrm{e}^{-\frac{1}{4}(\rho_2 + \mathrm{i}\eta_2)^2} \mathrm{e}^{-\frac{1}{4}(\eta_2 - \mathrm{i}\rho_2)^2} \mathrm{e}^{-\rho_2^2 - \eta_2^2} \frac{\mathrm{d}\rho_1 \mathrm{d}\eta_1 \mathrm{d}\rho_2 \mathrm{d}\eta_2}{\pi^2} \\
&= \iiiint (\rho_1 + \mathrm{i}\eta_1)^{N+n_1-n_2} (\rho_1^2 + \eta_1^2) \mathrm{e}^{-\left(\rho_1 - \frac{\rho_2 + \mathrm{i}\eta_2}{2}\right)^2} \mathrm{e}^{-\left(\eta_1 - \frac{\eta_2 - \mathrm{i}\rho_2}{2}\right)^2} \\
&\quad \cdot (\rho_2 - \mathrm{i}\eta_2)^{N+n_3-n_4} (\rho_2^2 + \eta_2^2) \mathrm{e}^{-\rho_2^2 - \eta_2^2} \frac{\mathrm{d}\rho_1 \mathrm{d}\eta_1 \mathrm{d}\rho_2 \mathrm{d}\eta_2}{\pi^2} \\
&= \iiiint \left(\rho_1' + \frac{\rho_2 + \mathrm{i}\eta_2}{2} + \mathrm{i}\eta_1' + \mathrm{i}\,\frac{\eta_2 - \mathrm{i}\rho_2}{2}\right)^{N+n_1+1-n_2} \\
&\quad \cdot \left(\rho_1' + \frac{\rho_2 + \mathrm{i}\eta_2}{2} - \mathrm{i}\eta_1' - \mathrm{i}\,\frac{\eta_2 - \mathrm{i}\rho_2}{2}\right) \\
&\quad \cdot \mathrm{e}^{-\rho_1^2 - \eta_1^2} \frac{\mathrm{d}\rho_1' \mathrm{d}\eta_1'}{\pi} (\rho_2 - \mathrm{i}\eta_2)^{N+n_3+1-n_4} (\rho_2 + \mathrm{i}\eta_2) \mathrm{e}^{-\rho_2^2 - \eta_2^2} \frac{\mathrm{d}\rho_2 \mathrm{d}\eta_2}{\pi} \\
&= \iiiint (\rho_1' + \mathrm{i}\eta_1' + \rho_2 + \mathrm{i}\eta_2)^{N+n_1+1-n_2} (\rho_1' - \mathrm{i}\eta_1') \mathrm{e}^{-\rho_1^2 - \eta_2^2} \frac{\mathrm{d}\rho_1' \mathrm{d}\eta_1'}{\pi} \\
&\quad \cdot (\rho_2 - \mathrm{i}\eta_2)^{N+n_3+1-n_4} (\rho_2 + \mathrm{i}\eta_2) \mathrm{e}^{-\rho_2^2 - \eta_2^2} \frac{\mathrm{d}\rho_2 \mathrm{d}\eta_2}{\pi} \\
&= \iiiint \sum_l C_{N+n_1+1-n_2}^l (\rho_2 + \mathrm{i}\eta_2)^{N+n_1+1-n_2-l} (\rho_1' + \mathrm{i}\eta_1')(\rho' - \mathrm{i}\eta_1') \\
&\quad \cdot \mathrm{e}^{-\rho_1^2 - \eta_2^2} \frac{\mathrm{d}\rho_1' \mathrm{d}\eta_1'}{\pi} (\rho_2 - \mathrm{i}\eta_2)^{N+n_3+1-n_4} (\rho_2 + \mathrm{i}\eta_2) \mathrm{e}^{-\rho_2^2 - \eta_2^2} \frac{\mathrm{d}\rho_2 \mathrm{d}\eta_2}{\pi} \\
&= \iiiint \sum_l C_{N+n_1+1-n_2}^l (\rho_2 + \mathrm{i}\eta_2)^{N+n_1+1-n_2-l} (\rho_1' + \mathrm{i}\eta_1')^{l-1} (\rho_1'^2 + \eta_1'^2) \\
&\quad \cdot \frac{\mathrm{d}\rho_1' \mathrm{d}\eta_1'}{\pi} \mathrm{e}^{-\rho_2^2 - \eta_2^2} (\rho_2 - \mathrm{i}\eta_2)^{N+n_3+1-n_4} \frac{\mathrm{d}\rho_2 \mathrm{d}\eta_2}{\pi} (\rho_2 + \mathrm{i}\eta_2) \\
&= \iiiint C_{N+n_1+1-n_2}^l (\rho_2 + \mathrm{i}\eta_2)^{N+n_1+1-n_2-l} (\rho_1'^2 + \mathrm{i}\eta_1'^2) \frac{\mathrm{d}\rho_1' \mathrm{d}\eta_1'}{\pi} \\
&\quad \cdot \mathrm{e}^{-\rho_2^2 - \eta_2^2} (\rho_2 - \mathrm{i}\eta_2)^{N+n_3+1-n_4} (\rho_2 + \mathrm{i}\eta_2) \frac{\mathrm{d}\rho_2 \mathrm{d}\eta_2}{\pi} \\
&= \iint (N + n_1 + 1 - n_2)(\rho_2 + \mathrm{i}\eta_2)^{N+n_1-n_2} \left(\frac{1}{2}\right) \\
&\quad \cdot \mathrm{e}^{-\rho_2^2 - \eta_2^2} (\rho_2 - \mathrm{i}\eta_2)^{N+n_3+1-n_4} (\rho_2 + \mathrm{i}\eta_2) \frac{\mathrm{d}\rho_2 \mathrm{d}\eta_2}{\pi} \\
&= \frac{1}{2}(N + n_1 + 1 - n_2) \iint (\rho_2 + \mathrm{i}\eta_2)^{N+n_1+1-n_2} (\rho_2 - \mathrm{i}\eta_2)^{N+n_3+1-n_4} \mathrm{e}^{-\rho_2^2 - \eta_2^2} \frac{\mathrm{d}\rho_2 \mathrm{d}\eta_2}{\pi}
\end{aligned}
$$

$$= \frac{1}{2}(N + n_1 + 1 - n_2)\iint \delta_{N_1+n_1+1-n_2, N+n_3+1-n_4}(\rho_2^2 + \eta_2^2)^{N+n_1+1-n_2} \frac{d\rho_2 d\eta_2}{\pi}$$

$$= \delta_{n_1-n_2, n_3-n_4} \frac{1}{2}(N + n_1 + 1 - n_2)B(N + n_1 + 1 - n_2) \tag{2.2.21}$$

将(2.2.21)式代入(2.2.20)式，得

$$\bar{n}(t) = \sum_{m_1 m_2} \frac{(\mathrm{i}t)^{m_1}(-\mathrm{i}t)^{m_2}}{m_1!m_2!} \sum_{n_1 n_2 n_3 n_4} (B_{n_1 n_2}^{(m_1)*} B_{n_3 n_4}^{(m_2)} + C_{n_1 n_2}^{(m_1)*} C_{n_3 n_4}^{(m_2)})$$
$$\cdot \theta(N + 1 - n_2)\theta(N + 1 - n_4)C_{N+1}^{n_2} C_{N+1}^{n_4} \frac{1}{2}\delta_{n_1-n_2, n_3-n_4}$$
$$\cdot (N + n_1 + 1 - n_2)B(N + n_1 + 1 - n_2)\Pi(n_2)\Pi(n_4) \tag{2.2.22}$$

得到(2.2.19)式和(2.2.22)式的两种物理量的表示式的结果是预料中的事，JC 模型已如我们前面谈到的，它是严格可解的，若干年来，在其定态集已知的基础上做了许多关于这一系统的研究工作，所以这里沿另一途径用相干态展开法和直接求解薛定谔方程法亦能得到同样的结果是可以预期的. 不过，这里要指出的是，这样的情形实际上是对于系统的初始态的上、下态的玻色部分分别是确定的 $|N\rangle$ 及 $|N+1\rangle$ 这样的粒子数态来讲的，当我们考虑上、下态中的玻色部分不是 Fock 态而是相干态时，情况就大不相同了. 这是因为对 JC 模型而言，它的定态恰是上、下态分别取 N 与 $N+1$ 的 Fock 态，如果玻色部分是相干态，那么任一相干态都包含了无数个 Fock 态，因此当初始态是相干态时，由定态集来讨论动力学规律就会十分繁复了，然而，实验上恰巧是相干态容易实现，Fock 态不容易实现. 对这里用相干态展开和直接求解薛定谔方程的办法来讲，初始态的玻色部分是 Fock 态还是相干态的计算和处理几乎是相同的，讲明白一点就是当初始态是相干态时，相干态展开法比定态集解法简单许多，从这点可以看出现在的方法具有的另一优势.

5. 初始态为相干态的演化

为了讨论简洁和清晰，设系统的初始态为

$$|t = 0\rangle = |g\rangle[\mathrm{e}^{-\frac{1}{2}(\alpha^2+\beta^2)} |\alpha + \mathrm{i}\beta\rangle] \tag{2.2.23}$$

其中

$$|\alpha + \mathrm{i}\beta\rangle = \mathrm{e}^{(\alpha+\mathrm{i}\beta)a^\dagger} |0\rangle \tag{2.2.24}$$

这样选定的目的是方便与(2.2.14)式选定的 Fock 态形式的初始态来做对照比较，利用已有的相干态展开表示，则(2.2.23)式可改写为

$$|t=0\rangle = |g\rangle e^{-\frac{1}{2}(\alpha^2+\beta^2)}\iint e^{-\rho^2-\eta^2} e^{(\alpha+i\beta)(\rho-i\eta)} |\rho+i\eta\rangle \frac{d\rho d\eta}{\pi} \tag{2.2.25}$$

和前面的讨论比较可知，系统的 H^m 的算符表示(2.2.6)式～(2.2.9)式是已知的，因此 $H^m|t=0\rangle$ 即可进行如下计算：

$$\begin{aligned}
H^m & |t=0\rangle \\
&= \left\{\left[\sum_{n_1n_2} A_{n_1n_2}^{(m)}(a^\dagger)^{n_1}(a)^{n_2}\right]|e\rangle\langle e| + \left[\sum_{n_1n_2} B_{n_1n_2}^{(m)}(a^\dagger)^{n_1}(a)^{n_2}\right]|g\rangle\langle g|\right. \\
&\quad \left. + \left[\sum_{n_1n_2} C_{n_1n_2}^{(m)}(a^\dagger)^{n_1}(a)^{n_2}\right]|e\rangle\langle g| + \left[D_{n_1n_2}^{(m)}(a^\dagger)^{n_1}(a)^{n_2}\right]|g\rangle\langle e|\right\} \\
&\quad \cdot \left[|g\rangle e^{-\frac{1}{2}(\alpha^2+\beta^2)}\iint e^{-\rho^2-\eta^2} e^{(\alpha+i\beta)(\rho-i\eta)} |\rho+i\eta\rangle \frac{d\rho d\eta}{\pi}\right] \\
&= e^{-\frac{1}{2}(\alpha^2+\beta^2)}\left\{|g\rangle\left[\sum_{n_1n_2} B_{n_1n_2}^{(m)}(a^\dagger)^{n_1}(a)^{n_2}\iint e^{-\rho^2-\eta^2} e^{(\alpha+i\beta)(\rho-i\eta)} |\rho+i\eta\rangle \frac{d\rho d\eta}{\pi}\right]\right. \\
&\quad \left. + |e\rangle\left[\sum_{n_1n_2} C_{n_1n_2}^{(m)}(a^\dagger)^{n_1}(a)^{n_2}\iint e^{-\rho^2-\eta^2} e^{(\alpha+i\beta)(\rho-i\eta)} |\rho+i\eta\rangle \frac{d\rho d\eta}{\pi}\right]\right\} \\
&= e^{-\frac{1}{2}(\alpha^2+\beta^2)}\left\{|g\rangle\left[\sum_{n_1n_2} B_{n_1n_2}^{(m)}(\alpha+i\beta)^{n_2}\iint e^{(\alpha+i\beta)(\rho-i\eta)} e^{-\rho^2-\eta^2} (\rho-i\eta)^{n_1} |\rho+i\eta\rangle \frac{d\rho d\eta}{\pi}\right]\right. \\
&\quad \left. \cdot |e\rangle\left[\sum_{n_1n_2} C_{n_1n_2}^{(m)}(\alpha+i\beta)^{n_2}\iint e^{(\alpha+i\beta)(\rho-i\eta)} e^{-\rho^2-\eta^2} (\rho-i\eta)^{n_3} |\rho+i\eta\rangle \frac{d\rho d\eta}{\pi}\right]\right\}
\end{aligned} \tag{2.2.26}$$

将(2.2.26)式代入 $|t\rangle$ 的表示式，得

$$\begin{aligned}
|t\rangle &= e^{-\frac{1}{2}(\alpha^2+\beta^2)}\sum_m \frac{(-it)^m}{m!} \\
&\quad \cdot \left\{|g\rangle\left[\sum_{n_1n_2} B_{n_1n_2}^{(m)}(\alpha+i\beta)^{n_2}\iint e^{(\alpha+i\beta)(\rho-i\eta)} e^{-\rho^2-\eta^2} (\rho-i\eta)^{n_1} |\rho+i\eta\rangle \frac{d\rho d\eta}{\pi}\right]\right. \\
&\quad \left. + |e\rangle\left[\sum_{n_1n_2} C_{n_1n_2}^{(m)}(\alpha+i\beta)^{n_2}\iint e^{(\alpha+i\beta)(\rho-i\eta)} e^{-\rho^2-\eta^2} (\rho-i\eta)^{n_3} |\rho+i\eta\rangle \frac{d\rho d\eta}{\pi}\right]\right\}
\end{aligned} \tag{2.2.27}$$

有了初始态从 Fock 态改为相干态后得到的系统 t 时刻的态矢 $|t\rangle$ 的(2.2.27)式的结果后，再重新计算 $\rho_g(t)$ 和 $\bar{n}(t)$，则

$$\rho_g(t) = |t\rangle(|g\rangle\langle g|)|t\rangle$$

$$= e^{-(\alpha^2+\beta^2)}\left\{\sum_{m_1}\frac{(+it)^{m_1}}{m_1!}\left[\sum_{n_1n_2}B_{n_1n_2}^{(m_1)*}(\alpha-i\beta)^{n_2}\iint e^{(\alpha-i\beta)(\rho_1+i\eta_1)}(\rho_1+i\eta_1)^{n_1}\right.\right.$$

$$\left.\left.\cdot e^{-\rho_1^2-\eta_1^2}\langle\rho_1+i\eta_1|\frac{d\rho_1d\eta_1}{\pi}\right]\right\}\left\{\sum_{m_2}\frac{(-it)^{m_2}}{m_2!}\left[\sum_{n_3n_4}(\alpha+i\beta)^{n_4}B_{n_3n_4}^{(m_2)}\right.\right.$$

$$\left.\left.\cdot\iint e^{(\alpha+i\beta)(\rho_2-i\eta_2)}e^{-\rho_2^2-\eta_2^2}(\rho_2-i\eta_2)^{n_3}|\rho_2+i\eta_2\rangle\frac{d\rho_2d\eta_2}{\pi}\right]\right\}$$

$$= e^{-(\alpha^2+\beta^2)}\sum_{m_1m_2n_1}\sum_{n_2n_3n_4}\frac{(it)^{m_1}(-it)^{m_2}}{m_1!m_2!}B_{n_1n_2}^{(m_1)*}B_{n_3n_4}^{(m_2)}(\alpha-i\beta)^{n_2}(\alpha+i\beta)^{n_4}$$

$$\cdot\iiiint e^{(\alpha-i\beta)(\rho_1+i\eta_1)}e^{(\alpha+i\beta)(\rho_2-i\eta_2)}e^{-\rho_1^2-\eta_1^2}e^{-\rho_2^2-\eta_2^2}(\rho_1+i\eta_1)^{n_1}$$

$$\cdot(\rho_2-i\eta_2)^{n_3}\langle\rho_1+i\eta_1|\rho_2+i\eta_2\rangle\frac{d\rho_1d\eta_2d\rho_2d\eta_2}{\pi^2}\tag{2.2.28}$$

上式中的积分计算如下：

$$\iiiint e^{(\alpha-i\beta)(\rho_1+i\eta_1)}e^{(\alpha+i\beta)(\rho_2-i\eta_2)}e^{-\rho_1^2-\eta_1^2}e^{-\rho_2^2-\eta_2^2}$$

$$\cdot(\rho_1+i\eta_1)^{n_1}(\rho_2-i\eta_2)^{n_3}\langle\rho_1+i\eta_1|\rho_2+i\eta_2\rangle\frac{d\rho_1d\eta_1d\rho_2d\eta_2}{\pi^2}$$

$$= \iiiint e^{(\alpha-i\beta)(\rho_1+i\eta_1)}(\rho_1+i\eta_2)^{n_1}e^{-\rho_1^2-\eta_1^2}e^{(\rho_1-i\eta_1)(\rho_2+i\eta_2)}\frac{d\rho_1d\eta_1}{\pi}$$

$$\cdot e^{-\rho_2^2-\eta_2^2}(\rho_2-i\eta_2)^{n_3}e^{(\alpha+i\beta)(\rho_2-i\eta_2)}\frac{d\rho_2d\eta_2}{\pi}$$

$$= \iiiint e^{-\left[\rho_1-\frac{1}{2}(\alpha-i\beta+\rho_2+i\eta_2)\right]^2}e^{-\left[\eta_1-\frac{1}{2}(\beta+i\alpha+\eta_2-i\rho_2)\right]^2}$$

$$\cdot e^{-\frac{1}{4}(\alpha-i\beta+\rho_2+i\eta_2)^2}e^{-\frac{1}{4}(\beta+i\alpha+\eta_2-i\rho_2)^2}(\rho_1+i\eta_1)^{n_1}\frac{d\rho_1d\eta_1}{\pi}$$

$$\cdot e^{-\rho_2^2-\eta_2^2}(\rho_2-i\eta_2)^{n_3}e^{(\alpha+i\beta)(\rho_2-i\eta_2)}\frac{d\rho_2d\eta_2}{\pi}$$

$$= \iiiint e^{-\left[\rho_1-\frac{1}{2}(\alpha-i\beta+\rho_2+i\eta_2)\right]^2}e^{-\left[\eta_1-\frac{1}{2}(\beta+i\alpha+\eta_2-i\rho_2)\right]^2}(\rho_1+i\eta_1)^{n_1}\frac{d\rho_1d\eta_1}{\pi}$$

$$\cdot e^{-(\alpha-i\beta)(\rho_2+i\eta_2)}e^{-\rho_2^2-\eta_2^2}(\rho_2-i\eta_2)^{n_3}e^{(\alpha+i\beta)(\rho_2-i\eta_2)}\frac{d\rho_2d\eta_2}{\pi}$$

$$= \iiiint e^{-\rho_1^2-\eta_1^2}\left[\rho_1'+\frac{1}{2}(\alpha-i\beta+\rho_2+i\eta_2)+i\eta'_1+\frac{i}{2}(\beta+i\alpha+\eta_2-i\rho_2)\right]^{n_1}\frac{d\rho_1d\eta_1}{\pi}$$

$$\cdot e^{-\rho_2^2-\eta_2^2}(\rho_2-i\eta_2)^{n_3}e^{-(\alpha-i\beta)(\rho_2+i\eta_2)}e^{(\alpha+i\beta)(\rho_2-i\eta_2)}\frac{d\rho_2d\eta_2}{\pi}$$

$$= \iiiint e^{-\rho_1^2-\eta_1^2}(\rho'_1 + i\eta'_1 + \rho_2 + i\eta_2)^{n_1} \frac{d\rho'_1 d\eta'_1}{\pi}$$

$$\cdot e^{-\rho_2^2-\eta_2^2}(\rho_2 - i\eta_2)^{n_3} e^{2i\beta\rho_2 - 2i\alpha\eta_2} \frac{d\rho_2 d\eta_2}{\pi}$$

$$= \iiiint e^{-\rho_1^2-\eta_2'} \sum_l C_{n_1}^l (\rho_2 + i\eta_2)^{n_1-l}(\rho'_1 + i\eta'_1)^l \frac{d\rho'_1 d\eta'_1}{\pi}$$

$$\cdot e^{2i\beta\rho_2 - 2i\alpha\eta_2} e^{-\rho_2^2-\eta_2^2}(\rho_2 - i\eta_2)^{n_3} \frac{d\rho_2 d\eta_2}{\pi}$$

$$= \iiiint e^{-\rho_1^2-\eta_1^2}(\rho_2 + i\eta_2)^{n_1} \frac{d\rho'_1 d\eta'_1}{\pi}$$

$$\cdot e^{2i\beta\rho_2 - 2i\alpha\eta_2} e^{-\rho_2^2-\eta_2^2}(\rho_2 - i\eta_2)^{n_3} \frac{d\rho_2 d\eta_2}{\pi}$$

$$= \iiiint e^{-\rho_2^2-\eta_2^2}(\rho_2 + i\eta_2)^{n_1}(\rho_2 - i\eta_2)^{n_3} e^{2i\beta\rho_2 - 2i\alpha\eta_2} \frac{d\rho_2 d\eta_2}{\pi}$$

$$= \iiiint e^{-(\rho^2 - i\beta)^2} e^{(\eta_2 + i\alpha)^2} e^{-(\alpha^2+\beta^2)}(\rho_2 + i\eta_2)^{n_1}(\rho_2 - i\eta_2)^{n_3} \frac{d\rho_2 d\eta_2}{\pi}$$

$$= e^{-(\alpha^2+\beta^2)} \iint e^{-\rho_1^2-\eta_1^2}(\rho'_2 + i\beta + i\eta'_2 + \alpha)^{n_1}(\rho'_2 + i\beta - i\eta'_2 - \alpha)^{n_3} \frac{d\rho'_2 d\eta'_2}{\pi}$$

$$= e^{-(\alpha^2+\beta^2)} \iint e^{-\rho_1^2-\eta_1^2}[(\rho'_2 + i\eta'_2)^{n_1}(\rho'_2 - i\eta'_2)^{n_3} + (\alpha + i\beta)^{n_1}(\alpha - i\beta)^{n_3}] \frac{d\rho'_2 d\eta'_2}{\pi}$$

$$= e^{-(\alpha^2+\beta^2)} \iint e^{-\rho_1^2-\eta_1^2}[\delta_{n_1 n_3}(\rho'^2_2 + i\eta'^2_2)^{n_1} + (\alpha + i\beta)^{n_1}(\alpha - i\beta)^{n_3}] \frac{d\rho'_2 d\eta'_2}{\pi}$$

$$= e^{-(\alpha^2+\beta^2)}[\delta_{n_1 n_3} B(n_1) + (\alpha + i\beta)^{n_1}(\alpha - i\beta)^{n_3}] \tag{2.2.29}$$

将(2.2.29)式代入(2.2.28)式，得

$$\rho g(t) = \sum_{m_1 m_2} \sum_{n_1 n_2 n_3 n_4} e^{-2(\alpha^2+\beta^2)} \frac{(it)^{m_1}(-it)^{m_2}}{m_1! m_2!} B_{n_1 n_2}^{(m_1)*} B_{n_3 n_4}^{(m_2)}$$
$$\cdot (\alpha - i\beta)^{n_2}(\alpha + i\beta)^{n_4}[\delta_{n_1 n_2} B(n_1) + (\alpha + i\beta)^{n_1}(\alpha - i\beta)^{n_3}] \tag{2.2.30}$$

$$\bar{n}(t) = \langle t | a^\dagger a | t \rangle$$
$$= e^{-(\alpha^2+\beta^2)}\Big[\sum_{m_1} \frac{(it)^{m_1}}{m_1!}\Big(\sum_{n_1 n_2} B_{n_1 n_2}^{(m_1)*}(\alpha - i\beta)^{n_2}$$
$$\cdot \iint e^{(\alpha - i\beta)(\rho_1 + i\eta_1)}(\rho_1 + i\eta_1)^{n_1} e^{-\rho_1^2-\eta_1^2}\langle \rho_1 + i\eta_1 | \frac{d\rho_1 d\eta_1}{\pi}\Big)\Big]$$
$$\cdot (a^\dagger a)\Big[\sum_{m_2} \frac{(-it)^{m_2}}{m_2!} \sum_{n_3 n_4}\Big((\alpha + i\beta)^{n_4} B_{n_3 n_4}^{(m_2)}$$

$$
\cdot \iint e^{(\alpha+i\beta)(\rho_2-i\eta_2)}(\rho_2-i\eta_2)^{n_3}e^{-\rho_2^2-\eta_2^2}\,|\rho_2+i\eta_2\rangle\frac{d\rho_2 d\eta_2}{\pi}\Big)\Big]
$$

$$
+e^{-(\alpha^2+\beta^2)}\Big\{\sum_{m_1}\frac{(it)^{m_1}}{m_1!}\Big[\sum_{n_1n_2}C_{n_1n_2}^{(m_1)*}(\alpha-i\beta)^{n_2}
$$

$$
\cdot \iint e^{(\alpha-i\beta)(\rho_1+i\eta_1)}(\rho_1+i\eta_1)^{n_1}e^{-\rho_1^2-\eta_1^2}\langle\rho_1+i\eta_1|\frac{d\rho_1 d\eta_1}{\pi}\Big]\Big\}
$$

$$
\cdot (a^\dagger a)\Big\{\sum_{m_2}\frac{(-it)^{m_2}}{m_2!}\Big[\sum_{n_3n_4}C_{n_3n_4}^{(m_2)}(\alpha+i\beta)^{n_4}
$$

$$
\cdot \iint e^{(\alpha+i\beta)(\rho_2-i\eta_2)}(\rho_2-i\eta_2)^{n_3}e^{-\rho_2^2-\eta_2^2}\,|\rho_2+i\eta_2\rangle\frac{d\rho_2 d\eta_2}{\pi}\Big]\Big\}
$$

$$
=e^{-(\alpha^2-\beta^2)}\sum_{m_1m_2}\sum_{n_1n_2n_3n_4}\frac{(it)^{m_1}(-it)^{m_2}}{m_1!m_2!}(B_{n_1n_2}^{(m_1)*}B_{n_3n_4}^{(m_2)}+C_{n_1n_2}^{(m_1)*}C_{n_3n_4}^{(m_2)})
$$

$$
\cdot (\alpha-i\beta)^{n_2}(\alpha+i\beta)^{n_4}\Big\{\Big[\iint e^{(\alpha-i\beta)(\rho_1+i\eta_1)}(\rho_1+i\eta_1)^{n_1}e^{-\rho_1^2-\eta_1^2}\langle\rho_1+i\eta_1|\Big]
$$

$$
\cdot a^\dagger a\Big[\iint e^{(\alpha+i\beta)(\rho_2-i\eta_2)}(\rho_2-i\eta_2)^{n_3}e^{-\rho_2^2-\eta_2^2}\,|\rho_2+i\eta_2\rangle\frac{d\rho_1 d\eta_1 d\rho_2 d\eta_2}{\pi^2}\Big]\Big\}
\tag{2.2.31}
$$

将上式中的积分提出来计算,得

$$
\iiiint e^{(\alpha-i\beta)(\rho_1+i\eta_1)}(\rho_1+i\eta_1)^{n_1}e^{-\rho_1^2-\eta_1^2}\langle\rho_1+i\eta_1|a^\dagger a
$$

$$
\cdot e^{(\alpha+i\beta)(\rho_2-i\eta_2)}(\rho_2-i\eta_2)^{n_3}e^{-\rho_2^2-\eta_2^2}\,|\rho_2+i\eta_2\rangle\frac{d\rho_1 d\eta_1 d\rho_2 d\eta_2}{\pi^2}
$$

$$
=\iiiint e^{(\alpha-i\beta)(\rho_1+i\eta_1)}(\rho_1+i\eta_1)^{n_1}(\rho_1-i\eta_1)\langle\rho_1+i\eta_1|e^{-\rho_1^2-\eta_1^2}
$$

$$
\cdot e^{(\alpha+i\beta)(\rho_2-i\eta_2)}(\rho_2-i\eta_2)^{n_3}(\rho_2+i\eta_2)e^{-\rho_2^2-\eta_2^2}\,|\rho_2+i\eta_2\rangle\frac{d\rho_1 d\eta_1 d\rho_2 d\eta_2}{\pi^2}
$$

$$
=\iiiint e^{(\alpha-i\beta)(\rho_1+i\eta_1)}(\rho_1+i\eta_1)^{n_1}(\rho_1-i\eta_1)e^{(\rho_1-i\eta_1)(\rho_2+i\eta_2)}e^{-\rho_1^2-\eta_1^2}
$$

$$
\cdot e^{(\alpha+i\beta)(\rho_2-i\eta_2)}(\rho_2-i\eta_2)^{n_3}(\rho_2+i\eta_2)e^{-\rho_2^2-\eta_2^2}\frac{d\rho_1 d\eta_1 d\rho_2 d\eta_2}{\pi^2}
$$

$$
=\iiiint e^{-\left[\rho_1-\frac{1}{2}(\alpha-i\beta+\rho_2+i\eta_2)\right]^2}e^{-\left[\eta_1-\frac{1}{2}(\beta+i\alpha+\eta_2-i\rho_2)\right]^2}
$$

$$
\cdot e^{-\frac{1}{4}(\alpha-i\beta+\rho_2+i\eta_2)^2}e^{-\frac{1}{4}(\beta+i\alpha+\eta_2-i\rho_2)^2}(\rho_1+i\eta_1)^{n_1}(\rho_1-i\eta_1)
$$

$$
\cdot e^{-\rho_2^2-\eta_2^2}e^{(\alpha+i\beta)(\rho_2-i\eta_2)}(\rho_2-i\eta_2)^{n_3}(\rho_2+i\eta_2)\frac{d\rho_1 d\eta_1 d\rho_2 d\eta_2}{\pi^2}
$$

$$
=\iiiint e^{-\left[\rho_1-\frac{1}{2}(\alpha-i\beta+\rho_2+i\eta_2)\right]^2}e^{-\left[\eta_1-\frac{1}{2}(\beta+i\alpha+\eta_2-i\rho_2)\right]^2}
$$

$$
\cdot\, e^{-(\alpha-i\beta)(\rho_2+i\eta_2)}(\rho_1+i\eta_1)^{n_1}(\rho_1-i\eta_1)
$$

$$
\cdot\, e^{-\rho_2^2-\eta_2^2}e^{(\alpha+i\beta)(\rho_2-i\eta_2)}(\rho_2-i\eta_2)^{n_3}(\rho_2+i\eta_2)\frac{d\rho_1 d\eta_1 d\rho_2 d\eta_2}{\pi^2}
$$

$$
=\iiiint e^{-(\rho_1^2+\eta_1^2)}\left[\rho_1'+\frac{1}{2}(\alpha-i\beta+\rho_2+i\eta_2)+i\eta_1'+\frac{i}{2}(\beta+i\alpha+\eta_2-i\rho_2)\right]^{n_1}
$$

$$
\cdot\left[\rho_1'+\frac{1}{2}(\alpha-i\beta+\rho_2+i\eta_2)-i\eta_1'-\frac{i}{2}(\beta+i\alpha+\eta_2-i\rho_2)\right]\frac{d\rho_1' d\eta_1'}{\pi}
$$

$$
\cdot\, e^{-(\alpha-i\beta)(\rho_2+i\eta_2)}e^{(\alpha+i\beta)(\rho_2-i\eta_2)}(\rho_2-i\eta_2)^{n_3}(\rho_2+i\eta_2)e^{-\rho_2^2-\eta_2^2}\frac{d\rho_2 d\eta_2}{\pi}
$$

$$
=\iiiint e^{-(\rho_1^2+\eta_1^2)}(\rho_1'+i\eta_1'+\rho_2+i\eta_2)^{n_1}(\rho_1'-i\eta_1'+\alpha-i\beta)\frac{d\rho_1' d\eta_1'}{\pi}
$$

$$
\cdot\, e^{2i\beta\rho_2-2i\alpha\eta_2}e^{-\rho_2^2-\eta_2^2}(\rho_2-i\eta_2)^{n_3}(\rho_2+i\eta_2)\frac{d\rho_2 d\eta_2}{\pi}
$$

$$
=\iiiint e^{-(\rho_1^2+\eta_1^2)}\sum_l C_{n_1}^l(\rho_1'+i\eta_1')^l(\rho_2-i\eta_2)^{n;l}(\rho_1'-i\eta_1'+\alpha-i\beta)\frac{d\rho_1' d\eta_1'}{\pi}
$$

$$
\cdot\, e^{2i\beta\rho_2-2i\alpha\eta_2}e^{-\rho_2^2-\eta_2^2}(\rho_2-i\eta_2)^{n_3}(\rho_2+i\eta_2)\frac{d\rho_2 d\eta_2}{\pi}
$$

$$
=\iiiint e^{-\rho_1^2-\eta_1^2}\left[C_{n_1}^l(\rho_1'^2+i\eta_1'^2)(\rho_2-i\eta_2)^{n_1-1}+(\alpha-i\beta)(\rho_2-i\eta_2)^{n_1}\right]\frac{d\rho_1' d\eta_1'}{\pi}
$$

$$
\cdot\, e^{2i\beta\rho_2-2i\alpha\eta_2}e^{-\rho_2^2-\eta_2^2}(\rho_2-i\eta_2)^{n_3}(\rho_2+i\eta_2)\frac{d\rho_2 d\eta_2}{\pi}
$$

$$
=\iint\left[n_1B(1)(\rho_2-i\eta_2)^{n_1-1}+(\alpha-i\beta)(\rho_2-i\eta_2)^{n_1}\right]
$$

$$
\cdot\, e^{2i\beta\rho_2-2i\alpha\eta_2}e^{-\rho_2^2-\eta_2^2}(\rho_2-i\eta_2)^{n_3}(\rho_2+i\eta_2)\frac{d\rho_2 d\eta_2}{\pi}
$$

$$
=\iint\left[n_1B(1)(\rho_2-i\eta_2)^{n_1+n_3-1}+(\alpha-i\beta)(\rho_2-i\eta_2)^{n_1+n_3}\right](\rho_2+i\eta_2)
$$

$$
\cdot\, e^{(\rho_2-i\beta)^2-(\eta_2+i\alpha)^2}e^{-(\alpha^2+\beta^2)}\frac{d\rho_2 d\eta_2}{\pi}
$$

$$
=\iint e^{-(\alpha^2+\beta^2)}e^{-\rho_1^2-\eta_1^2}\Big[n_1B(1)(\rho_2'+i\beta-i\eta_2'+\alpha)^{n_1+n_3-1}
$$

$$
+(\alpha-i\beta)(\rho_2'+i\beta-i\eta_2'+\alpha)^{n_1+n_3}\Big]\frac{d\rho_2' d\eta_2'}{\pi}
$$

$$
=e^{-(\alpha^2+\beta^2)}\iint e^{-\rho_2^2-\eta_2^2}\left[n_1B(1)(\alpha+i\beta)^{n_1+n_3-1}+(\alpha-i\beta)(\alpha+i\beta)^{n_1+n_3}\right]\frac{d\rho_2' d\eta_2'}{\pi}
\tag{2.2.32}
$$

3

第 3 章

Rabi 模型

Rabi 模型或称作单模自旋-玻色模型，是谐振子系统之外最简单的物理系统. 它在 20 世纪 80 年代被引入，其应用范围从量子光学、磁共振到固态物理和分子物理等领域，最近这一模型又成为腔 QED 这样重要领域关注的一个重点内容. 与之密切相关的约瑟夫森(Josephson)结、囚禁离子、库珀(Cooper)对盒和比特流在实验上相继实现，这使得它成为量子计算的可行性这一方面的理论研究的一个中心课题，所有这些都使求解 Rabi 模型成为紧迫的任务.

此外，在 Cyclooctatetraene 分子系统中存在特殊的四重轴，在双分子或二聚体(dimer)共振激发中，双重简并态和单模耦合的系统被称为 $E\otimes\beta$ 杨-特勒(Jahn-Teller)系统，而这样的系统和一个能量本征值差为 2μ 的简谐振动的耦合可用 Rabi 模型来表征. 所有这些都成了试图解析求解 Rabi 模型的动机.

在第 2 章里我们已经讨论了 JC 模型，该模型是量子物理中除谐振子和氢原子这样少数的量子系统之外可以严格解析求解的一个例子，但它的有效性受到严格的条件限制，因为它的原始物理系统是 Rabi 模型描述的二态系统与单模光场的耦合系统，当二态系统与单模光场之间的作用不强，且单模场的频率与二态间能差相近的近共振情况下，

Rabi 模型的哈密顿量中反旋波项可以略去时,系统的哈密顿量才能约化成 JC 模型. 早期与 Rabi 模型有着密切关系的物理系统常处于耦合不强及近共振的状态,所以 JC 模型的研究和它的严格可解性对各个物理领域的研究有过很大的助益,但是随着技术的发展以及实验的深入,JC 模型要求的弱耦合及近共振的情形不再被满足,于是对 Rabi 模型的求解成为十分迫切的期待,在过去的一二十年间,已经出现了不少近似求解 Rabi 模型的研究工作.

由于篇幅有限,本章不准备把所有讨论 Rabi 模型的工作一一进行介绍,只把最近时期的解析求解的一些成果在这里进行简要回顾,目的有两个方面:一方面,是评述一下经过这么多年的努力,在这个问题上获得了怎样的研究成果;另一方面,更希望表述的是这些成果都是使用求定态态矢集的方法,而没有用直接求解动力学方程的方法. 在本章最后一节,将给出本书使用的相干态展开法直接求解演化规律得到的解析解的内容,我们这样做的目的是想通过这种安排来说明两种方法的等价性,同时在对照中将两种方法的异同和各自的特点表述出来.

本章中,3.1 节将介绍用相干态波函数这一形式得到 Rabi 模型的准严格解的结果,3.2 节将叙述沿这一研究途径进一步获得严格的能谱的工作. 不过在这一工作中更多的是应用了纯数学的技巧,缺乏与 Rabi 模型的物理内涵的明显关联,因此在 3.3 节中将介绍另一种用与 Rabi 模型的内涵有紧密关联的物理概念和思路而得到的相同解析解的结果,在 3.3 节末尾,还将引用一个评述性文献对此工作做的评价. 最后在 3.4 节中,将用相干态展开法求解 Rabi 模型,并对两种方法进行比较,从而可以看出后一种方法具有明显的系统性和普适性.

3.1 Rabi 模型的准严格解

物理系统的哈密顿量为

$$H = a^{\dagger}a + \kappa\sigma_3(a + a^{\dagger}) + \mu(\sigma^{+} + \sigma^{-}) \tag{3.1.1}$$

其中,$\sigma^{\pm} = \frac{1}{2}(\sigma_1 \pm i\sigma_2)$,$\sigma_1$,$\sigma_2$,$\sigma_3$ 是 3 个泡利矩阵,κ 是耦合参量,2μ 是二态间的能量差. 此外在上式中还取了$\hbar = 1$,同时为了简化讨论,将单模场的裸能量项 $\omega a^{\dagger}a$ 中的频率取为 $\omega = 1$.

这里应用第1章讨论过的相干态表象的方法来讨论这一系统，亦即在Bargmann-Fock空间中求解这一模型.将系统在这一空间中的定态态矢表示为

$$|\rangle = |\uparrow\rangle\int\psi_1(z)\,|z\rangle\mathrm{d}z + |\downarrow\rangle\int\psi_2(z)\,|z\rangle\mathrm{d}z \tag{3.1.2}$$

其中，$|\uparrow\rangle$，$|\downarrow\rangle$分别记为二态中的上态与下态，$|z\rangle$是相干态态矢.

将系统的定态解方程

$$H\,|\rangle = E\,|\rangle \tag{3.1.3}$$

换为求波函数的定态方程，并分别写出上、下分量方程，之后将第1章中的 a，$a^{\dagger}$ 对相干态波函数的作用换为对波函数中自变量 z 的微分作用，以及乘以 z，于是(3.1.2)式中的波函数 $\psi_1(z)$和 $\psi_2(z)$满足如下方程：

$$(z+\kappa)\frac{\mathrm{d}\psi_1(z)}{\mathrm{d}z} + (\kappa z - E)\psi_1(z) + \mu\psi_2(z) = 0 \tag{3.1.4}$$

$$(z-\kappa)\frac{\mathrm{d}\psi_2(z)}{\mathrm{d}z} - (\kappa z + E)\psi_2(z) + \mu\psi_1(z) = 0 \tag{3.1.5}$$

则由(3.1.4)式得

$$\psi_2(z) = -\frac{1}{\mu}\left[(z+\kappa)\frac{\mathrm{d}\psi_1(z)}{\mathrm{d}z} + (\kappa z - E)\psi_1(z)\right] \tag{3.1.6}$$

代入(3.1.5)式，得

$$\begin{aligned}&(\kappa^2 - z^2)\frac{\mathrm{d}^2\psi_1(z)}{\mathrm{d}z^2} + (\kappa - z)(\kappa z - E)\frac{\mathrm{d}\psi_1(z)}{\mathrm{d}z} \\ &+ (z+\kappa)(\kappa z + E)\frac{\mathrm{d}\psi_1(z)}{\mathrm{d}z} + (\kappa^2 z^2 - E^2)\psi_1(z) + \mu^2\psi_1(z) = 0\end{aligned} \tag{3.1.7}$$

为解(3.1.7)式，我们做如下的变量变换及函数变换：

$$z = \kappa(2x-1),\quad \psi_1(x) = \mathrm{e}^{-2x^2}R(x) \tag{3.1.8}$$

则(3.1.7)式化为

$$\begin{aligned}&x(1-x)\frac{\mathrm{d}^2R(x)}{\mathrm{d}x^2} + [x^2(4x^2-2x+1) + E(2x-1) - x + 1]\frac{\mathrm{d}R(x)}{\mathrm{d}x} \\ &+ [x^4(-4x+z) + E^2 + 2Ex^2(-2x+1) + \mu^2]R(x) = 0\end{aligned} \tag{3.1.9}$$

下面先谈一下Rabi模型的解与 $SU(1,1)$代数的关系，(3.1.9)式是一个二阶微分的本征方程，要得到解析解自然非常困难. Koc等人把它和 $SU(1,1)$代数联系起来，在

$SU(1,1)$代数中考虑了如下 3 个算符：

$$J_- = \frac{\mathrm{d}}{\mathrm{d}x}, \quad J_0 = x\frac{\mathrm{d}}{\mathrm{d}x} - j, \quad J_+ = x^2\frac{\mathrm{d}}{\mathrm{d}x} - 2jx \tag{3.1.10}$$

它们满足以下的对易关系：

$$[J_+, J_-] = -2J_0, \quad [J_0, J_\pm] = \pm J_\pm \tag{3.1.11}$$

$$\begin{aligned}
[J_+, J_-] &= J_+ J_- - J_- J_+ \\
&= \left(x^2\frac{\mathrm{d}}{\mathrm{d}x} - 2jx\right)\frac{\mathrm{d}}{\mathrm{d}x} - \frac{\mathrm{d}}{\mathrm{d}x}\left(x^2\frac{\mathrm{d}}{\mathrm{d}x} - 2jx\right) \\
&= x^2\frac{\mathrm{d}^2}{\mathrm{d}x^2} - 2jx\frac{\mathrm{d}}{\mathrm{d}x} - x^2\frac{\mathrm{d}^2}{\mathrm{d}x^2} - 2x\frac{\mathrm{d}}{\mathrm{d}x} + 2j + 2jx\frac{\mathrm{d}}{\mathrm{d}x} \\
&= -2\left(x\frac{\mathrm{d}}{\mathrm{d}x} - j\right) = -2J_0
\end{aligned}$$

$$\begin{aligned}
[J_0, J_+] &= J_0 J_+ - J_+ J_0 \\
&= \left(x\frac{\mathrm{d}}{\mathrm{d}x} - j\right)\left(x^2\frac{\mathrm{d}}{\mathrm{d}x} - 2jx\right) - \left(x^2\frac{\mathrm{d}}{\mathrm{d}x} - 2jx\right)\left(x\frac{\mathrm{d}}{\mathrm{d}x} - j\right) \\
&= x^3\frac{\mathrm{d}^2}{\mathrm{d}x^2} + 2x^2\frac{\mathrm{d}}{\mathrm{d}x} - 2jx - 2jx^2\frac{\mathrm{d}}{\mathrm{d}x} - jx^2\frac{\mathrm{d}}{\mathrm{d}x} + 2j^2x \\
&\quad - x^3\frac{\mathrm{d}^2}{\mathrm{d}x^2} - x^2\frac{\mathrm{d}}{\mathrm{d}x} + jx^2\frac{\mathrm{d}}{\mathrm{d}x} + 2jx^2\frac{\mathrm{d}}{\mathrm{d}x} - 2j^2x \\
&= x^2\frac{\mathrm{d}}{\mathrm{d}x} - 2jx = J_+
\end{aligned}$$

(3.1.10)式告诉我们，J_+, J_0, J_- 构成 $SU(1,1)$的 3 个生成元，和一般的角动量性质一样，它们同样具有 $2j+1$ 维度的表示空间，$2j$ 是正整数，从(3.1.10)式可知 3 个 J 实际都是由微分算符构成的，因此自然可以想到 $2j$ 空间的基元就是幂常数，即表示空间为

$$R(x) = \{1, x, x^2, \cdots, x^{2j}\} \tag{3.1.12}$$

根据代数的理论，所谓表示空间的意义是由 J_+, J_0, J_- 组合成的任意一个算符的本征矢是这个表示空间中的一个矢量.

例如，由 J_+, J_0, J_- 组成的如下算符：

$$T = -J_+ J_- + J_- J_0 - jJ_- + 4x^2 J_+ - (4x^2 - 2j + 1)J_0 + \mu^2 \tag{3.1.13}$$

则算符 T 的本征矢一定可以表示为如下形式：

$$T\left[\sum_{m=0}^{2j} P_m(x)x^m\right] = \lambda\left[\sum_{m=0}^{2j} P_m(x)x^m\right] \tag{3.1.14}$$

将 T 的表示式(3.1.13)代入(3.1.14)式，则

$$x(1-x)\frac{\mathrm{d}^2}{\mathrm{d}x^2}\left[\sum_{m=0}^{2j}P_m(x)x^m\right]+[(x-1)(4x^2x-1)]\frac{\mathrm{d}}{\mathrm{d}x}\left[\sum_{m=0}^{2j}P_m(x)x^m\right]$$
$$+[\mu^2+j(1-2j)+4x^2(1-2x)-\lambda]\left[\sum_{m=0}^{2j}P_m(x)x^m\right]=0 \qquad (3.1.15)$$

至此，我们自然要问本节讨论的内容和我们要讨论的 Rabi 模型的求解有什么关系？如果我们在 Rabi 的定态方程(3.1.9)式中令

$$E=2j-x^2,\quad \lambda=j(1+2j-4x^2) \qquad (3.1.16)$$

$$R(x)=\sum_{m=0}^{2j}P_m(x)x^m \qquad (3.1.17)$$

则立即看到(3.1.9)式和(3.1.15)式完全相同. 于是得出如下结论：

(1) 若(3.1.16)式能得到满足，则(3.1.15)式的解就是(3.1.9)式的解.

(2) 这样的解取(3.1.17)式的形式，它是由有限的幂函数组成的，是解析的严格解.

(3) 从另一方面看，(3.1.9)式的定态解中会有不少本征态，它并不满足(3.1.16)式，因此这样的本征态矢不取(3.1.17)式的函数形式. 这就是说，(3.1.17)式形式的解只是 Rabi 系统的解的一部分，而不是全部的解.

(4) 最后要指出的是，上述讨论告诉我们 Rabi 系统存在如(3.1.17)式所示的解析严格解，这点启发人们继续向这个方向深入探讨下去. 这就是下节要讨论的内容.

3.2 Rabi 模型的可积性

所谓可积性，表示的是这一系统是解析可解的，即把上一节可能部分求解的情形推进到可全面求解的情形中. 下面把系统的哈密顿量表示为

$$H_{\mathrm{R}}=\omega a^{\dagger}a+g\sigma_x(a+a^{\dagger})+\Delta\sigma_z \qquad (3.2.1)$$

虽然表面看(3.2.1)式包含的机制不复杂，但要求解其严格解仍有严重的障碍，原因是除了能量，它没有第二个守恒量，这是一般认为不能积分的根由. 为避免这一困难，Jaynes 和 Cummings 在 1960 年给出一个近似的哈密顿量：

$$H_{JC} = \omega a^{\dagger}a + g(\sigma^{+}a + \sigma^{-}a^{\dagger}) + \Delta\sigma_z \tag{3.2.2}$$

这一模型称为 JC 模型，这种近似称为旋波近似，立足于近共振时 $2\Delta\approx\omega$，以及弱耦合时 $g\ll\omega$ 这样的条件，JC 模型之所以可积是因为它在做近似后得到了一个新的守恒量 $C = a^{\dagger}a + \frac{1}{2}(\sigma_z+1)$，使得它的态空间分解成无穷多个二维子空间 $C_{\pm}$，恢复了原始的裸二能态系统的特点.

守恒量 C 生成了 JC 模型的连续的 $U(1)$对称，而在 Rabi 模型中，由于还有 $a^{\dagger}\sigma^{+} + a\sigma^{-}$ 这样的项存在，$U(1)$对称破缺为 Z_2 对称（宇称及宇称守恒），这就是被人们认为系统是不可积的缘由. 实际上它是可积的，理由是在经典物理中这种从连续对称破缺到分立对称导致的不可积性的结论对量子物理并不适用.

这里得到的主要结果如下：(3.2.1)式的谱包含正常谱和例外谱两部分；几乎所有本征值都是由截断函数 $G_{\pm}(x)$给出的；$G_{\pm}(x)$定义为按 g 的幂展开（Δ 和无穷 Fock 态的叠加对应）的函数，其表示形式如下：

$$G_{\pm}(x) = \sum_{n=0}^{\infty}K_n(x)\left[1\mp\frac{\Delta}{x-n\omega}\right]\left(\frac{g}{\omega}\right)^n \tag{3.2.3}$$

式中，展开系数 $K_n(x)$的递推关系为

$$nK_n = f_{n-1}(x)K_{n-1} - K_{n-2} \tag{3.2.4}$$

其初始条件为 $K_0=1, K_1(x)=f_0(x)$，其中

$$f_n(x) = \frac{2g}{\omega} + \frac{1}{2g}\left(n\omega - x + \frac{\Delta^2}{x-n\omega}\right) \tag{3.2.5}$$

式中，$G_{\pm}(x)$不是 x 的解析函数，$x=0,\omega,2\omega,\cdots$这些简单的极点是未耦合的玻色模式的本征值，Rabi 系统的正常谱在两个称为"±"的不变子空间 $\mathscr{H}_{\pm}$ 中由 $G_{\pm}(x)$的零点给出，由 $G_{\pm}(x_m^{\pm})=0$ 定下 $x_n^{\pm}$，而宇称"±"的能量本征值为 $E_n^{\pm}=x_n^{\pm}-\frac{g^2}{\omega}$.

上面的叙述以及(3.2.8)式～(3.2.15)式的表示，是先把本节将要得到的结果罗列出来并未加以论证，它们的具体分析和推导如下：

系统的相干态波函数 $\Psi(x)\in L^2(\mathbf{R})(\rho,\eta)$，它们的内积定义为

$$\langle\psi\mid\phi\rangle = \frac{1}{\pi}\int \mathrm{d}z\mathrm{d}\bar{z}\mathrm{e}^{-z\bar{z}}\,\overline{\psi(z)}\,\phi(z) \tag{3.2.6}$$

在这个表示中如前文已谈过的那样，a，$a^{\dagger}$ 算符在相干态表象中对相干态波函数作用时应做如下转换：

$$a \to \frac{\partial}{\partial z}, \quad a^{\dagger} \to z \tag{3.2.7}$$

现在从 H_{R} 做了旋转的哈密顿量出发，则

$$H_{\mathrm{sb}} = \omega a^{\dagger} a + g\sigma_z (a + a^{\dagger}) + \Delta\sigma_x \tag{3.2.8}$$

表成矩阵形式和做了(3.2.7)式的转换后，成为

$$H_{\mathrm{sb}} = \begin{pmatrix} \omega z\partial_z + g(z + \partial_z) & \Delta \\ \Delta & \omega z\partial_z - g(z + \partial_z) \end{pmatrix} \tag{3.2.9}$$

定义反射算符 $\hat{T}$. 它有如下作用：$\hat{T}(t)(z) = f(-z)$. 为了下面求解的方便，用 U 对 H_{sb} 做变换，U 是如下表示的矩阵：

$$U = \frac{1}{\sqrt{2}}\begin{pmatrix} 1 & 1 \\ \hat{T} & -\hat{T} \end{pmatrix}, \quad U^{+} H_{\mathrm{sb}} U = \begin{pmatrix} H_{+} & 0 \\ 0 & H_{-} \end{pmatrix} \tag{3.2.10}$$

这一变换使哈密顿量矩阵(3.2.9)式对角化，有

$$H_{\pm} = \omega z\partial_z + g(z + \partial_z) \pm \Delta\hat{T}$$

H_{+} 和 H_{-} 分别作用于正、负宇称子空间. 为简化计，令 $\omega = 1$，则 H_{+} 的定态方程表为

$$z\frac{\mathrm{d}}{\mathrm{d}z}\psi(z) + g\left(\frac{\mathrm{d}}{\mathrm{d}z} + z\right)\psi(z) = E\psi(z) - \Delta\psi(-z) \tag{3.2.11}$$

记 $\psi(z) = \phi_1(z)$，$\psi(-z) = \phi_2(z)$，则上式成为 $\phi_1(z)$ 和 $\phi_2(z)$ 的耦合方程组，即

$$\begin{cases} (z + g)\dfrac{\mathrm{d}}{\mathrm{d}z}\phi_1(z) + (gz - E)\phi_1(z) + \Delta\phi_2(z) = 0 \\ (z - g)\dfrac{\mathrm{d}}{\mathrm{d}z}\phi_2(z) - (gz + E)\phi_2(z) + \Delta\phi_1(z) = 0 \end{cases} \tag{3.2.12}$$

下面再做如下的变量变换及函数变换：

$$y = z + g, \quad x = E + g^2$$

$$\phi_{1,2} = \mathrm{e}^{-gy+g^2}\overline{\psi}_{1,2}$$

则(3.2.12)式可改为

$$y\frac{\mathrm{d}}{\mathrm{d}y}\overline{\psi}_1 = x\overline{\psi}_1 - \Delta\overline{\psi}_2 \tag{3.2.13}$$

$$(y-2g)\frac{\mathrm{d}}{\mathrm{d}y}\overline{\psi}_2=(x-4g^2+2gy)\overline{\psi}_2-\Delta\overline{\psi}_1 \tag{3.2.14}$$

将 $\overline{\psi}_2(y)$ 按幂级数展开，$\overline{\psi}_2(y)=\sum_{n=-\infty}^{\infty}K_n(x)y^n$，则由(3.2.13)式可得

$$\overline{\psi}_1(y)=\sum_{n=-\infty}^{\infty}K_n(x)\frac{\Delta}{x-n}y^n \tag{3.2.15}$$

将 $\overline{\psi}_2(y)$的级数展开，以及将(3.2.15)式得到的 $\psi_1(y)$表示式代入(3.2.14)式，得

$$(y-2g)\frac{\mathrm{d}}{\mathrm{d}y}\left[\sum K_n(x)y^n\right]=(x-4g^2+2gy)\left[\sum K_n(x)y^n\right]-\Delta\sum K_n(x)\frac{\Delta}{x-n}y^n$$

上式化为

$$\sum K_n(x)(ny^n-2gy^{n-1})=\sum K_n(x)(xy^n-4g^2y^n+2gy^{n+1})-\sum_n K_n(x)\frac{\Delta^2}{x-n}y^n$$

比较上式两端 y^n 的系数，便得到 K_n 的递推关系为

$$nK_n=f_{n-1}(x)K_{n-1}-K_{n-2} \tag{3.2.16}$$

其中，$f_n(x)$为

$$f_n(x)=\frac{2g}{\omega}+\frac{1}{2g}\left(n\omega-x+\frac{\Delta^2}{x-n\omega}\right) \tag{3.2.17}$$

注意，(3.2.17)式中已把 ω 原来略去未写的恢复！如果要求 $\overline{\psi}_{1,2}(y)$在 y 空间中是解析的，那么当 $y=0$(即 $z=-g$)时对于所有的 $n<0$，由(3.2.15)式可以看出 $K_n(x)$必须为 0，其次是可令 $K_0=1$，则有 $K_1(x)=f_0(x)$.

现在从(3.2.17)式来看 $n\to\infty$时的行为，回到 $\omega=1$，这时有

$$f_n(x)\approx\frac{n}{2g}\to\frac{f(x)}{n}\to\frac{1}{2g}$$

可知它的收敛半径为 $R=2g$，如果 x 不属于 $\mathbf{R}$ 的分立子集($x=E+g^2$，亦即对应于 E_n 的x_n 能谱)，则 $\overline{\psi}_2(z+g)$在 $z=g$ 处有分支切割，这可以从 H_+ 中 $\psi(z)$的两种表示得出：

$$\psi(z)=\phi_2(-z)=\mathrm{e}^{gz}\sum_{n=0}^{\infty}K_n(x)(-z+g)^n \tag{3.2.18}$$

$$\psi(z)=\phi_1(z)=\mathrm{e}^{-gz}\sum_{n=0}^{\infty}K_n(x)\frac{(z+g)^n}{x-n} \tag{3.2.19}$$

从上式看出(3.2.18)式在 $z=g$ 时是解析的，在(3.2.19)式中 $z=-g$ 是解析的，如果它们对 $z=\pm g$ 都解析，那么对所有的 $z\in\mathbf{C}$，它们会重合且表示的是同一个 $\psi(z)$，故只有当 $x=E+g^2$ 属于 H_R 谱中一个点时，才有

$$G_+(x;z)=\phi_2(-z)-\phi_1(z)=0\quad(z\in\mathbf{C})\tag{3.2.20}$$

因为 x 是 $G_+(x,z)$ 中除 z 以外的变量，所以只需任选一个 z 值来解 $G(x,z)=0$ 就足够了. 不过，要记住 $G_+(x;z)$ 对 x 有好的定义需对 z 做幂展开时，z 的值应在(3.2.18)式和(3.2.19)式的共同收敛半径之内. 换句话说，选择的 z 的绝对值应当小于 g(尽管可以任选，但不应超出 $|z|>g$)，因此就选 $z=0$，这样从(3.2.18)式～(3.2.20)式得

$$G_+(x)=G_+(x,0)=\sum_{n=0}^{\infty}K_n(x)\left[1-\frac{\Delta}{x-n\omega}\right]\left(\frac{g}{\omega}\right)^n\tag{3.2.21}$$

注意，这里又把 ω 加上了. 以上的 Rabi 模型的能量本征谱的求解是 2011 年由 D. Braak 提出的，对 Rabi 模型的研究是一个显著的推进.

至此在本节一开始给出的 Rabi 模型的解析可解的可积性结论，在后面的分析和推演中得到了证明.

3.3 Bogoliubov 算符下的量子 Rabi 模型

上一节在分析和论证 Rabi 模型的解析可解的可积性讨论中，可以看到是偏于数学技巧的，为此本节将介绍一个由陈庆虎等人在 2012 年用熟悉的物理语言和图像重新得到上一节结果的研究工作.

推广的量子 Rabi 模型(QRM)的哈密顿量为

$$H=-\frac{1}{2}(\varepsilon\sigma_z+\Delta\sigma_x)+a^\dagger a+g(a^\dagger+a)\sigma_z\tag{3.3.1}$$

写成矩阵的形式为

$$H=\begin{pmatrix}a^\dagger a+g(a^\dagger+a)-\dfrac{\varepsilon}{2} & -\dfrac{\Delta}{2}\\ -\dfrac{\Delta}{2} & a^\dagger a-g(a^\dagger+a)+\dfrac{\varepsilon}{2}\end{pmatrix}\tag{3.3.2}$$

下面依次对 H 做如下两个算符平移：

$$A = a + g, \quad B = a - g \tag{3.3.3}$$

首先取 A 算符，则 H 改写成

$$H = \begin{pmatrix} A^+A - \alpha & -\dfrac{\Delta}{2} \\ -\dfrac{\Delta}{2} & A^+A - 2g(A^+ + A) + \beta \end{pmatrix} \tag{3.3.4}$$

其中

$$\alpha = g^2 + \frac{\varepsilon}{2}, \quad \beta = 3g^2 + \frac{\varepsilon}{2}$$

定态矢用$\{|n\rangle_A\}$展开，则

$$|\rangle = \begin{pmatrix} \sum\limits_{n=0}^{\infty} \sqrt{n!}e_n |n\rangle_A \\ \sum\limits_{n=0}^{\infty} \sqrt{n!}f_n |n\rangle_A \end{pmatrix} \tag{3.3.5}$$

其中，A 空间的 Fock 态$|n\rangle_A$ 有以下性质：

$$|n\rangle_A = \frac{(A^+)^n}{\sqrt{n!}}|0\rangle_A = \frac{(a^\dagger + g)^n}{\sqrt{n!}}|0\rangle_A \tag{3.3.6}$$

$$|0\rangle_A = \mathrm{e}^{-\frac{g^2}{2} - ga^\dagger}|0\rangle \tag{3.3.7}$$

(3.3.7)式表示态矢$|0\rangle_A$ 在$(a, a^\dagger)$空间里是一个相干态.

将(3.3.4)式和(3.3.5)式代入定态方程，并按上、下分量写出，则

$$\sum_{n=0}^{\infty}(n - \alpha)\sqrt{n!}e_n |n\rangle_A - \frac{\Delta}{2}\sum_{n=0}^{\infty}\sqrt{n!}f_n |n\rangle_A = E\sum_{n=0}^{\infty}\sqrt{n!}e_n |n\rangle_A$$

$$\begin{aligned} & -\frac{\Delta}{2}\sum_{n=0}^{\infty}\sqrt{n!}e_n |n\rangle_A + \sum_{n=0}^{\infty}(n + \beta)\sqrt{n!}f_n |n\rangle_A \\ & -2g\sum_{n=0}^{\infty}\sqrt{n!}f_n |n-1\rangle_A + \sqrt{n+1}\sqrt{n!}f_n |n+1\rangle_A \\ & = E\sum_{n=0}^{\infty}\sqrt{n!}f_n |n\rangle_A \end{aligned}$$

将上面二式左乘$_A\langle m|$，则由$\{|m\rangle_A\}$的正交归一性得

$$(m-\alpha-E)e_m=\frac{\Delta}{2}f_m \tag{3.3.8}$$

$$(m+\beta-E)f_m-2g(m+1)f_{m+1}-2gf_{m-1}=\frac{\Delta}{2}e_m \tag{3.3.9}$$

由(3.3.8)式可得$\{e_m\}$和$\{f_m\}$之间的关系为

$$e_m=\frac{\Delta}{2(m-\alpha-E)}f_m \tag{3.3.10}$$

将(3.3.10)式代入(3.3.9)式，便得到 f_m 的递推公式为

$$mf_m=\Omega(m-1)f_{m-1}-f_{m-2} \tag{3.3.11}$$

其中

$$\Omega(m)=\frac{1}{2g}\left[(m+\beta-E)-\frac{\Delta^2}{4(m-\alpha-E)}\right] \tag{3.3.12}$$

令 $f_0=1, f_1=\Omega(0)$.

接下来，再用(3.3.3)式的 $B=a-g$ 来表示H，则

$$H=\begin{pmatrix} B^\dagger B+2g(B^\dagger+B)+\beta' & -\dfrac{\Delta}{2} \\ -\dfrac{\Delta}{2} & B'B-\alpha' \end{pmatrix} \tag{3.3.13}$$

其中

$$\alpha'=g^2-\frac{\varepsilon}{2},\quad \beta'=3g^2-\frac{\varepsilon}{2}$$

将定态态矢表示为

$$|\rangle=\begin{pmatrix} \sum\limits_{n=0}^{\infty}(-1)^n\sqrt{n!}f'_n|n\rangle_B \\ \sum\limits_{n=0}^{\infty}(-1)^n\sqrt{n!}e'_n|n\rangle_B \end{pmatrix} \tag{3.3.14}$$

其中，$|0\rangle_B=\mathrm{e}^{-g^2/2+ga^\dagger}|0\rangle$.

重复前面的推导，类似可得

$$e'_m = \frac{\frac{\Delta}{2}}{m - \alpha' - E} f'_m \tag{3.3.15}$$

$$m f'_m = \Omega'(m-1) f'_{m-1} - f'_{m-2} \tag{3.3.16}$$

$$\Omega'(m) = \frac{1}{2g}\left[(m + \beta' - E) - \frac{\Delta^2}{4(m - \alpha' - E)}\right] \tag{3.3.17}$$

并有

$$f'_0 = 1, \quad f'_1 = \Omega'(0)$$

如果系统的定态是非简并的，那么(3.3.5)式的态矢和(3.3.14)式的态矢虽然表现的形式不一样，但只是做了不同算符形式的变换，实质上它们应该是系统的同一态矢，所以它们只差一个复数因子 r，故有

$$\sum_{n=0}^{\infty} \sqrt{n!}\, e_n \, |n\rangle_A = r \sum_{n=0}^{\infty} (-1)^n \sqrt{n!}\, f'_n \, |n\rangle_B \tag{3.3.18}$$

$$\sum_{n=0}^{\infty} \sqrt{n!}\, f_n \, |n\rangle_A = r \sum_{n=0}^{\infty} (-1)^n \sqrt{n!}\, e'_n \, |n\rangle_B \tag{3.3.19}$$

将上面二式左乘$(a, a^\dagger)$空间的$|0\rangle$，得

$$\sum_{n=0}^{\infty} \sqrt{n!}\, e_n \langle 0 \mid n\rangle_A = r \sum_{n=0}^{\infty} (-1)^n \sqrt{n!}\, f'_n \langle 0 \mid n\rangle_B \tag{3.3.20}$$

$$\sum_{n=0}^{\infty} \sqrt{n!}\, f_n \langle 0 \mid n\rangle_A = r \sum_{n=0}^{\infty} (-1)^n \sqrt{n!}\, e'_n \langle 0 \mid n\rangle_B \tag{3.3.21}$$

根据$|0\rangle_A$ 及$|0\rangle_B$ 是$(a, a^\dagger)$空间中的相干态，得

$$\sqrt{n!}\langle 0 \mid n\rangle_A = (-1)^n \sqrt{n!}\langle 0 \mid n\rangle_B = \mathrm{e}^{-\frac{g^2}{2}} g^n (-1)^n \tag{3.3.22}$$

上式的结果证明如下：

$$\begin{aligned}
\sqrt{n!}\langle 0 \mid n\rangle_A &= \langle 0 \mid (a^\dagger + g)^n \mathrm{e}^{-\frac{g^2}{l} - g a^\dagger} \mid 0\rangle \\
&= \langle 0 \mid \left[\sum_l C_n^1 (g)^{n-l} (a^\dagger)^l \mathrm{e}^{-\frac{g^2}{2} - g a^\dagger} \mid 0\rangle\right] \\
&= \mathrm{e}^{-\frac{g^2}{2}} \langle 0 \mid C_n^0 (g)^n \mathrm{e}^{-g a^\dagger} \mid 0\rangle \\
&= \mathrm{e}^{-\frac{g^2}{2}} g^n \langle 0 \mid \mathrm{e}^{-g a^\dagger} \mid 0\rangle \\
&= \mathrm{e}^{-\frac{g^2}{2}} g^n \langle 0 \mid 0\rangle = \mathrm{e}^{-\frac{g^2}{2} g^n}
\end{aligned}$$

类似可得

$$(-1)^n\sqrt{n!}\langle 0\mid n\rangle_B = \mathrm{e}^{-\frac{g^2}{2}}g^n$$

将(3.3.22)式分别代入(3.3.20)式和(3.3.21)式,得

$$\sum_{n=0}^{\infty}\mathrm{e}^{-\frac{g^2}{2}}g^n e_n = r\sum_{n=0}^{\infty}\mathrm{e}^{-\frac{g^2}{2}}g^n f'_n$$

$$\sum_{n=0}^{\infty}\mathrm{e}^{-\frac{g^2}{2}}g^n f_n = r\sum_{n=0}^{\infty}\mathrm{e}^{-\frac{g^2}{2}}e'_n$$

两式合并,并消去共同因子,得

$$\Big(\sum_{n=0}^{\infty}e_n g^n\Big)\Big(\sum_{n=0}^{\infty}e'_n g^n\Big) = \Big(\sum_{n=0}^{\infty}f_n g^n\Big)\Big(\sum_{n=0}^{\infty}f'_n g^n\Big)$$

利用已有的(3.3.10)式和(3.3.15)式的 e_m 和 f_m,以及 e'_m 和 f'_m 的关系,代入上式,并将上式化为只含$\{f_n, f'_n\}$的关系式,得

$$\left(\sum_{n=0}^{\infty}\frac{\Delta/2}{n-\alpha-E}f_n g^n\right)\left(\sum_{n=0}^{\infty}\frac{\Delta/2}{n-\alpha'-E}f'_n g^n\right) = \Big(\sum_{n=0}^{\infty}f_n g^n\Big)\Big(\sum_{n=0}^{\infty}f'_n g^n\Big) \tag{3.3.23}$$

令 $f_n = K_n^-$, $f'_n = K_n^+$,以及 $E = x - g^2$,则(3.3.23)式可表示为

$$G_E(x) = \left(\frac{\Delta}{2}\right)^2\bar{R}^+(x)\bar{R}^-(x) - R^+(x)R^-(x) = 0 \tag{3.3.24}$$

其中

$$R^{\pm}(x) = \sum_{n=0}^{\infty}K_n^{\pm}(x)g^n$$

$$\bar{R}^{\pm}(x) = \sum_{n=0}^{\infty}\frac{K_n^{\pm}(x)}{x-n\mp\frac{\varepsilon}{2}}g^n$$

令 $\varepsilon = 0$,上式变为

$$G_0^{\pm}(x) = \sum_{n=0}^{\infty}f_n(x)\left(1\mp\frac{\Delta/2}{x-n}\right)g^n = 0 \tag{3.3.25}$$

至此,这里得到了和上一节中(3.2.3)式一致的结果(注意这里取 $\omega = 1$).

3.4 双光子量子 Rabi 模型

现在将量子 Rabi 模型的单光子交换推广到双光子交换的情形. 则系统的哈密顿量表示为

$$H = \begin{pmatrix} a^\dagger a + g[(a^\dagger)^2 + a^2] & -\frac{\Delta}{2} \\ -\frac{\Delta}{2} & a^\dagger a - g((a^\dagger)^2 + a^2) \end{pmatrix} \tag{3.4.1}$$

该哈密顿量具有 z_4 对称性,它与算符 $P = \sigma_x \exp(\mathrm{i}\pi a^\dagger a)$对易. P 具有 4 个本征值 ± 1, $\pm \mathrm{i}$,分别记为 $P = \Pi \mathrm{i}^q$, $\Pi = \pm 1$, $q = 0,1$.

1. 博戈留波夫(Bogoliubov)变换

为了计算的考虑,先作一个从$(a, a^\dagger)$的算符变换.

$$b = S(r) a S^\dagger(r) = ua + va^\dagger, \quad b^\dagger = S(r) a^\dagger S(r) = ua^\dagger + va \tag{3.4.2}$$

其中 $u = \cosh r$, $v = \sinh r$, $S(r)$为压缩算符.

$S(r)$定义为

$$S(r) = \exp\left[\frac{r}{2}(a^2 - (a^\dagger)^2)\right]$$

如令 $\beta = \sqrt{1 - 4g^2}$, u, v 满足

$$u = \sqrt{\frac{1+\beta}{2\beta}}, \quad v = \sqrt{\frac{1-\beta}{2\beta}}$$

则 H 用 b, $b^\dagger$ 可表示为如下形式:

$$H = \begin{pmatrix} \frac{b^\dagger b - v^2}{u^2 + v^2} & -\frac{\Delta}{2} \\ -\frac{\Delta}{2} & H_{22} \end{pmatrix} \tag{3.4.3}$$

其中

$$H_{22}=(u^2+v^2+4guv)b^\dagger b-2uv[(b^\dagger)^2+b^2]+2guv+v^2$$

令定态取如下形式：

$$|\rangle=\begin{pmatrix}\sum\limits_{n=0}\sqrt{(2n+q)!}e_n\ |2n+q\rangle_b\\ \sum\limits_{n=0}\sqrt{(2n+q)!}f_n\ |2n+q\rangle_b\end{pmatrix}\tag{3.4.4}$$

其中$|m\rangle_b$为$b^\dagger b$的本征态，$m=2n+q,q=0,1$，它与$a^\dagger a$的本征态$|m\rangle$满足如下关系：

$$|m_b\rangle=\frac{(b^\dagger)^m}{\sqrt{m!}}|0\rangle_b=S(r)|m\rangle\tag{3.4.5}$$

当$q=0$时，定态中的光子数为偶数，对应P取本征值±1；当$q=1$时，定态中的光子数为奇数，对应P取本征值$\pm$i.

由定态方程$H|\rangle=E|\rangle$可得

$$e_n^{(q)}=\frac{\Delta}{4\beta(n-x)}f_n^{(g)}$$

$$\frac{\Delta}{2}e_n^{(q)}+2uvf_{n-1}^{(g)}+2uv(2n+q+2)(2n+q+1)f_{n+1}^{(q)}$$
$$=[(u^2+v^2+4guv)(2n+q)+2guv+v^2-E]f_n^{(q)}$$

上述两式结合，得$\{f_n^{(q)}\}$的递推关系为

$$f_{n+1}^{(q)}=\frac{\left[(1+4g^2)\left(2n+q+\frac{1}{2}\right)-\beta^2\left(2x+q+\frac{1}{2}\right)-\frac{\Delta^2}{8(n-x)}\right]f_n^{(q)}-2gf_{n-1}^{(q)}}{2g(2n+q+2)(2n+q+1)}$$
$$(3.4.6)$$

其中$x=\frac{E}{2\beta}+\frac{v^2}{2}-\frac{q}{2}$.

由于哈密顿量H与P对易，其定态方程(3.4.4)亦是P的本征态，即

$$P\ |\rangle=\Pi\mathrm{i}^q\ |\rangle\tag{3.4.7}$$

这里$\Pi=\pm1$.方程(3.4.7)两边同乘以$\langle\uparrow,q|=\langle\uparrow|\otimes\langle|$，这里$q=0,1$分别代表偶、奇光子数空间的最低能态.

利用方程(3.4.4)可得

$$\frac{\langle\uparrow,q\ |P\ |\rangle-\langle\uparrow,q\ |\Pi\mathrm{i}^q\ |\rangle}{\mathrm{i}^q}=\langle\downarrow,q\ |\rangle-\Pi\langle\uparrow,q\ |\rangle$$
$$=\sum_{n=0}\sqrt{(2n+q)!}(f_n^{(q)}-\Pi e_n^{(q)})\langle q\ |2n+q\rangle_b$$
$$=0$$

其中$\langle q|2n+q\rangle_b=\langle q|S(r)|2n+q\rangle\propto\frac{\sqrt{(2n+q)!}}{n}\left(\frac{v}{2u}\right)^n$.

上式最后一个等式的左边定义为一个函数，即得

$$G_{\Pi}^{(q)}(x)=\sum_{n=0}f_n^{(q)}\left(1-\Pi\frac{\Delta}{4\beta(n-x)}\right)\frac{(2n+q)!}{n!}\left(\frac{v}{2u}\right)^n=0 \tag{3.4.8}$$

$\Pi=\pm1$代表奇、偶宇称，上式的零点即可给出x的值，进而给出本征能量E.

2. 另一个 Bogoliubov 变换

如前，将$(a,a^\dagger)$通过以下的变换到$(c,c^\dagger)$：

$$C=S^\dagger(r)aS(r)=ua-va^\dagger,\quad C^\dagger=S^\dagger(r)a^\dagger S(r)=ua^\dagger-va$$

变换后，H表示为如下矩阵：

$$H=\begin{pmatrix}H'_{11} & -\frac{\Delta}{2}\\ -\frac{\Delta}{2} & \frac{C^\dagger C-v^2}{u^2+v^2}\end{pmatrix} \tag{3.4.9}$$

其中

$$H'_{11}=(u^2+v^2+4guv)C^\dagger C+2uv[(C^\dagger)^2+C^2]+2guv+v^2 \tag{3.4.10}$$

令定态取如下形式：

$$|\rangle=\begin{pmatrix}\sum_{n=0}(-1)^n\sqrt{(2n+q)!}c_n^{(q)}\ |2n+q\rangle_c\\ \sum_{n=0}(-1)^n\sqrt{(2n+q)!}d_n^{(q)}\ |2n+q\rangle_c\end{pmatrix} \tag{3.4.11}$$

其中$|m\rangle_c$为$C^\dagger C$的本征态，$m=2n+q$，$q=0,1$. 它与$a^\dagger a$的本征态$|m\rangle$满足如下关系：

$$|m\rangle_c=\frac{(C^\dagger)^m}{\sqrt{m!}}|0\rangle_c=S^\dagger(r)|m\rangle \tag{3.4.12}$$

当$q=0$时，定态中的光子数为偶数，对应P取本征值±1；当$q=1$时，定态中的光子数为奇数，对应P取本征值$\pm\mathrm{i}$.

由定态方程$H|\rangle=E|\rangle$可得

$$d_n^{(q)}=\frac{\Delta}{4\beta(n-x)}c_n^{(q)} \tag{3.4.13}$$

$$\frac{\Delta}{2}d_n^{(q)}+2uvc_{n-1}^{(q)}+2uv(2n+q+2)(2n+q+1)c_{n+1}^{(q)}$$
$$=[(u^2+v^2+4guv)(2n+q)+2guv+v^2-E]c_n^{(q)} \tag{3.4.14}$$

比较公式(3.4.6)、(3.4.7)和公式(3.4.13)、(3.4.14),可得 $e_n^{(q)}$,$f_n^{(q)}$ 与 $d_n^{(q)}$,$c_n^{(q)}$ 满足相同的等式,故可认为 $d_n^{(q)}=e_n^{(q)}$,$c_n^{(q)}=f_n^{(q)}$,因此定态(3.4.11)式可重新整理为

$$|\rangle=\begin{pmatrix}\sum\limits_{n=0}(-1)^n\sqrt{(2n+q)!}f_n^{(q)}\ |2n+q\rangle_c\\ \sum\limits_{n=0}(-1)^n\sqrt{(2n+q)!}e_n^{(q)}\ |2n+q\rangle_c\end{pmatrix} \tag{3.4.15}$$

如前所述论证,(3.4.4)式中的态矢和(3.4.15)式中的态矢是同一态矢,故它们应相差一个复数 r,因此

$$\begin{pmatrix}\sum\limits_{n=0}\sqrt{(2n+q)!}e_n^{(q)}\ |2n+q\rangle_b\\ \sum\limits_{n=0}\sqrt{(2n+q)!}f_n^{(q)}\ |2n+q\rangle_b\end{pmatrix}=r\begin{pmatrix}\sum\limits_{n=0}(-1)^n\sqrt{(2n+q)!}f_n^{(q)}\ |2n+q\rangle_c\\ \sum\limits_{n=0}(-1)^n\sqrt{(2n+q)!}e_n^{(q)}\ |2n+q\rangle_c\end{pmatrix}$$

上式两边同乘以$\langle q|$,得

$$\sum_{n=0}\sqrt{(2n+q)!}e_n^{(q)}\langle q\ |2n+q\rangle_b=r\sum_{n=0}(-1)^n\sqrt{(2n+q)!}f_n^{(q)}\langle q\ |2n+q\rangle_c \tag{3.4.16}$$

$$\sum_{n=0}\sqrt{(2n+q)!}f_n^{(q)}\langle q\ |2n+q\rangle_b=r\sum_{n=0}(-1)^n\sqrt{(2n+q)!}e_n^{(q)}\langle q\ |2n+q\rangle_c \tag{3.4.17}$$

其中

$$\langle q\mid 2n+q\rangle_b=\langle g\mid S(r)\mid 2n+q\rangle\propto\frac{\sqrt{(2n+q)!}}{n!}\left(\frac{v}{2u}\right)^n$$

$$\langle q\mid 2n+q\rangle=\langle g\mid S^\dagger(r)\mid 2n+q\rangle\propto(-1)^n\frac{\sqrt{(2n+q)!}}{n!}\left(\frac{v}{2u}\right)^n$$

故令 $L_n^{(q)}=\sqrt{(2n+q)!}\langle g\mid 2n+q\rangle_b=(-1)^n\ \sqrt{(2n+q)!}\langle g\mid 2n+q\rangle_c\propto\dfrac{(2n+q)!}{n!}\left(\dfrac{v}{2u}\right)^n$.

(3.4.16)式和(3.4.17)式简化为

$$\sum_{n=0} e_n^{(q)} L_n^{(q)} = r \sum_{n=0} f_n^{(q)} L_n^{(q)} \tag{3.4.18}$$

$$\sum_{n=0} f_n^{(q)} L_n^{(q)} = r \sum_{n=0} e_n^{(q)} L_n^{(q)} \tag{3.4.19}$$

消去以上两式中的 r，得

$$\sum_{n=0} e_n^{(q)} L_n^{(q)} \sum_{n=0} e_n^{(q)} L_n^{(q)} = \sum_{n=0} f_n^{(q)} L_n^{(q)} \sum_{n=0} f_n^{(q)} L_n^{(q)}$$

由此得到决定能谱的

$$\begin{aligned} G_{\Pi}^{(q)}(x) &= \sum_{n=0} (f_n^{(q)} - \Pi e_n^{(q)}) L_n^{(q)} \\ &= \sum_{n=0} f_n^{(q)} \left(1 - \Pi \frac{\Delta}{4\beta(n-x)}\right) \frac{(2n+q)!}{n!} \left(\frac{v}{2u}\right)^n \end{aligned}$$

$\Pi = \pm 1$ 代表偶、奇宇称，上式的零点即可给出 x 的值，进而给出本征能量 E.

比较上面两种 Rabi 模型得定态解的解析形式工作，可以清楚地看到第一种工作几乎是纯数学的论证，后一种工作是紧贴着物理的内容讨论的，通过它让我们清楚其中包含的物理机制. 这里，我们利用一篇评论文章中的一段话来说明这点：2011 年，Braak 找到 Rabi 模型在 Bargmann-Fock 空间中的解析解和能谱，之后有人用 Bogoliubov 变换和合流 Heun 函数等方法重新得到了 Braak 的结果，以及许多类似的工作.

这里，我们重复简述一下比 Braak 原始工作更接近于物理的研究结果的内容. 将 Rabi 哈密顿量表示为一个矩阵形式：

$$\hat{H} = \begin{bmatrix} \omega a^\dagger a + g(a + a^\dagger) & \Omega/2 \\ \Omega/2 & \omega a^\dagger a - g(a + a^\dagger) \end{bmatrix} \tag{3.4.20}$$

波函数表示为

$$|\psi\rangle = \begin{bmatrix} \psi_+ \\ \psi_- \end{bmatrix} \tag{3.4.21}$$

做么正变换 $\hat{D}(g/\omega)$，其中 $\hat{D}(z) := \exp(za^\dagger - z^* a)$，$z$ 是复数，哈密顿量变换为

$$\begin{aligned} \hat{H}' &= \hat{D}(g/\omega) \hat{H} \hat{D}^\dagger (g/\omega) \\ &= \begin{bmatrix} \omega a^\dagger a - g^2/\omega & \Omega/2 \\ \Omega/2 & \omega a^\dagger a - 2g(a + a^\dagger) + \dfrac{3g^2}{\omega} \end{bmatrix} \end{aligned} \tag{3.4.22}$$

将波函数用旋转后的空间的 Fock 态表示，则

$$|\psi'\rangle = \begin{bmatrix} \Sigma_n A_n \sqrt{n} \ |n\rangle \\ \Sigma_n B_n \sqrt{n} \ |n\rangle \end{bmatrix} \tag{3.4.23}$$

代入本征方程

$$\hat{H}' \ |\psi'\rangle = E \ |\psi'\rangle \tag{3.4.24}$$

导致 A_n, B_n 的递推关系为

$$A_n = -\frac{\Omega/2}{n\omega - \dfrac{g^2}{\omega} - E} B_n \tag{3.4.25a}$$

$$nB_n = F_{n-1} B_{n-1} - B_{n-2} \tag{3.4.25b}$$

其中

$$F_n = \frac{1}{2g}\left[n\omega + \frac{3g^2}{\omega^2} - \frac{(\Omega/2)^2}{n\omega - g^2/\omega - E}\right] \tag{3.4.26}$$

亦可选么正变换 $\hat{D}\left(-\dfrac{g}{\omega}\right)$，则得

$$\hat{H}'' = \begin{bmatrix} \omega a^\dagger a + 2g(a + a^\dagger) + 3g^2/\omega & \Omega/2 \\ \Omega/2 & \omega a^\dagger a - g^2/\omega \end{bmatrix} \tag{3.4.27}$$

波函数为

$$|\psi''\rangle = \begin{bmatrix} \sum_n B'_n \sqrt{n} \ |n\rangle \\ \sum_n A'_n \sqrt{n} \ |n\rangle \end{bmatrix} \tag{3.4.28}$$

导致另一递推关系为

$$A'_n = \frac{\Omega/2}{n\omega - g^2/\omega - E} B'_n \tag{3.4.29a}$$

$$nB'_n = F_{n-1} B'_{n-1} - B'_{n-2} \tag{3.4.29b}$$

如果本征值不简并，那么两种波函数应表示的是同一状态 $|\psi'\rangle = z|\psi''\rangle$，其中，$z$ 是一个复数，消去 z 并注意到 B_n 和 B'_n 满足相同的递推关系，于是得到能值 E 满足以下公式：

$$G_{\pm}(E) = \sum_{n=0}^{e_n} B_n \left(1 \mp \frac{\Omega/2}{E + g^2/\omega - n\omega}\right)\left(\frac{g}{\omega}\right)^n = 0 \quad (3.4.30)$$

所以可以看出后一种推导办法使用的是大家熟悉的物理图像和语言,因此更容易为大家理解和接受.

3.5 Rabi 模型的相干态展开法的求解

前面简要回顾了在过去若干年间人们努力去探索 Rabi 模型的情形. Rabi 模型处理起来的困难在前面的讨论中已有清楚的说明,那就是在 JC 模型中除能量守恒以外还存在另一个守恒量 $\hat{O} = a^\dagger a + \frac{1}{2}(\sigma_z + 1)$,因此如果我们找寻系统的定态时考虑 $\hat{H}$ 和 $\hat{O}$ 的共同本征态,那么它会限制在上态居于 $|N\rangle$、下态居于 $|N+1\rangle$ 的子空间内,这种封闭性极大地简化了求定态的复杂性,从而可以得到 JC 模型的解析的严格的定态解. 但一旦从 JC 模型转到 Rabi 模型,由于反旋波项 $|e\rangle\langle g|a^\dagger + |g\rangle\langle e|a$ 的存在,JC 模型中定态解在子空间中的封闭性被打破,这时如前所述,定态不再在子空间中封闭,于是这样的困难使得 Rabi 模型的求解问题在过去的年代里花费了人们许多精力去探索. 经过许多的努力后,沿求解定态集的途径终于有了突破且获得了解析解. 本章前四节介绍了这方面的工作,不过如果不从求解定态集的途径着手,而采用现在直接求解动力学方程的办法,则下面会看到对 Rabi 模型和 JC 模型的求解来讲,基本的方法并无本质上的区别,不同之处仅在于 $\hat{H}$ 中多了反旋波项,和 JC 模型一样. 下面将讨论这样的做法,并分别讨论系统的初始态为 Fock 态和相干态的两种情形.

1. 单光子 Rabi 模型

Rabi 模型的哈密顿量为

$$H = \frac{\Delta}{2}(|e\rangle\langle e| - |g\rangle\langle g|) + \lambda(a + a^\dagger)(|e\rangle\langle g| + |g\rangle\langle e|) + \omega a^\dagger a \quad (3.5.1)$$

式中各项的参量及意义前面已给出,这里不再重复. 讨论系统的演化的动力学过程,需给定系统 $t=0$ 时的初始状态,这里取

$$|t=0\rangle=|g\rangle|N\rangle \tag{3.5.2}$$

即初始时刻系统处于低能态的$|g\rangle$并吸收 N 个玻色子，使得系统能开始向上态激发. 由于下面的讨论都在相干态展开的形式下进行，需要把$|N\rangle$改表为相干态展开的形式，即

$$|t=0\rangle=|g\rangle\iint\frac{(\rho-\mathrm{i}\eta)^N}{\sqrt{N!}}\mathrm{e}^{-\rho^2-\eta^2}\ |\rho+\mathrm{i}\eta\rangle\frac{\mathrm{d}\rho\mathrm{d}\eta}{\pi} \tag{3.5.3}$$

正如前面已提到的那样，可以看到下面的讨论与计算将沿着与前文 JC 模型一样的途径进行，因此可以看出对现在的做法而言，处理 JC 模型与 Rabi 模型的差别只是哈密顿量中多了一个反旋波项，其他并无实质的改变，以及过去相当长一段时间里停留在用求解定态集的办法时由 JC 模型转到 Rabi 模型时碰到的困难也不再存在. 现在只需按照 JC 模型中已做过的那样，先讨论 H^m 的正规乘积表示.

由(3.5.1)式知

$$\begin{aligned}H^{(1)}=&\Big[\sum_{n_1n_2}A^{(1)}_{n_1n_2}(a^\dagger)^{n_1}(a)^{n_2}\Big]|e\rangle\langle e|+\Big[\sum_{n_1n_2}B^{(1)}_{n_1n_2}(a^\dagger)^{n_1}(a)^{n_2}\Big]|g\rangle\langle g|\\&+\Big[\sum_{n_1n_2}C^{(1)}_{n_1n_2}(a^\dagger)^{n_1}(a)^{n_2}\Big]|e\rangle\langle g|+\Big[\sum_{n_1n_2}D^{(1)}_{n_1n_2}(a^\dagger)^{n_1}(a)^{n_2}\Big]|g\rangle\langle e|\end{aligned} \tag{3.5.4}$$

其中

$$A^{(1)}_{00}=\frac{\Delta}{2},\quad A^{(1)}_{11}=\omega,\quad \text{其余 } A^{(1)}_{n_1n_2}\text{ 均为 }0$$

$$B^{(1)}_{00}=-\frac{\Delta}{2},\quad B^{(1)}_{11}=\omega,\quad \text{其余 } B^{(1)}_{n_1n_2}\text{ 均为 }0$$

$$C^{(1)}_{10}=\lambda,\quad C^{(1)}_{01}=\lambda,\quad \text{其余 } C^{(1)}_{n_1n_2}\text{ 均为 }0$$

$$D^{(1)}_{10}=\lambda,\quad D^{(1)}_{01}=\lambda,\quad \text{其余 } D^{(1)}_{n_1n_2}\text{ 均为 }0$$

如果

$$\begin{aligned}H^{m}=&\Big[\sum_{n_1n_2}A^{(m)}_{n_1n_2}(a^\dagger)^{n_1}(a)^{n_2}\Big]|e\rangle\langle e|+\Big[\sum_{n_1n_2}B^{(m)}_{n_1n_2}(a^\dagger)^{n_1}(a)^{n_2}\Big]|g\rangle\langle g|\\&+\Big[\sum_{n_1n_2}C^{(m)}_{n_1n_2}(a^\dagger)^{n_1}(a)^{n_2}\Big]|e\rangle\langle g|+\Big[\sum_{n_1n_2}D^{(m)}_{n_1n_2}(a^\dagger)^{n_1}(a)^{n_2}\Big]|g\rangle\langle e|\end{aligned} \tag{3.5.5}$$

中的$\{A_{n_1n_2}^{(m)},B_{n_1n_2}^{(m)},C_{n_1n_2}^{(m)},D_{n_1n_2}^{(m)}\}$已知，那么如何知道$\{A_{n_1n_2}^{(m+1)},B_{n_1n_2}^{(m+1)},C_{n_1n_2}^{(m+1)},D_{n_1n_2}^{(m+1)}\}$？

求解的办法如前，计算如下：

$$
\begin{aligned}
H^{(m+1)} = & \Big[\sum_{n_1n_2} A_{n_1n_2}^{(m+1)}(a^\dagger)^{n_1}(a)^{n_2}\Big]|e\rangle\langle e| + \Big[\sum_{n_1n_2} B_{n_1n_2}^{(m+1)}(a^\dagger)^{n_1}(a)^{n_2}\Big]|g\rangle\langle g| \\
& + \Big[\sum_{n_1n_2} C_{n_1n_2}^{(m+1)}(a^\dagger)^{n_1}(a)^{n_2}\Big]|e\rangle\langle g| + \Big[\sum_{n_1n_2} D_{n_1n_2}^{(m+1)}(a^\dagger)^{n_1}(a)^{n_2}\Big]|g\rangle\langle e| \\
= & H\cdot H^{(m)} \\
= & \Big[\frac{\Delta}{2}|e\rangle\langle e| - \frac{\Delta}{2}|g\rangle\langle g| + \lambda a|e\rangle\langle g| + \lambda a^\dagger|e\rangle\langle g| \\
& + \lambda a|g\rangle\langle e| + \lambda a^\dagger|g\rangle\langle e| + \omega a^\dagger a|e\rangle\langle e| + \omega a^\dagger a|g\rangle\langle g|\Big] \\
& \cdot\Big\{\Big[\sum_{n_1n_2} A_{n_1n_2}^{(m)}(a^\dagger)^{n_1}(a)^{n_2}\Big]|e\rangle\langle e| + \Big[\sum_{n_1n_2} B_{n_1n_2}^{(m)}(a^\dagger)^{n_1}(a)^{n_2}\Big]|g\rangle\langle g|\Big\} \\
& + \Big\{\Big[\sum_{n_1n_2} C_{n_1n_2}^{(m)}(a^\dagger)^{n_1}(a)^{n_2}\Big]|e\rangle\langle g| + \Big[\sum_{n_1n_2} D_{n_1n_2}^{(m)}(a^\dagger)^{n_1}(a)^{n_2}\Big]|g\rangle\langle e|\Big\} \\
= & \frac{\Delta}{2}\Big[\sum_{n_1n_2} A_{n_1n_2}^{(m)}(a^\dagger)^{n_1}(a)^{n_2}\Big]|e\rangle\langle e| + \frac{\Delta}{2}\Big[\sum_{n_1n_2} C_{n_1n_2}^{(m)}(a^\dagger)^{n_1}(a)^{n_2}\Big]|e\rangle\langle g| \\
& - \frac{\Delta}{2}\Big[\sum_{n_1n_2} B_{n_1n_2}^{(m)}(a^\dagger)^{n_1}(a)^{n_2}\Big]|g\rangle\langle g| - \frac{\Delta}{2}\Big[\sum_{n_1n_2} D_{n_1n_2}^{(m)}(a^\dagger)^{n_1}(a)^{n_2}\Big]|g\rangle\langle e| \\
& + \lambda\Big[\sum_{n_1n_2} B_{n_1n_2}^{(m)}(a^\dagger)^{n_1}(a)^{n_2+1}\Big]|e\rangle\langle g| + \lambda\Big[\sum_{n_1n_2} n_1B_{n_1n_2}^{(m)}(a^\dagger)^{n_1-1}(a)^{n_2}\Big]|e\rangle\langle g| \\
& + \lambda\Big[\sum_{n_1n_2} D_{n_1n_2}^{(m)}(a^\dagger)^{n_1}(a)^{n_2+1}\Big]|e\rangle\langle e| + \lambda\Big[\sum_{n_1n_2} n_1D_{n_1n_2}^{(m)}(a^\dagger)^{n_1-1}(a)^{n_2}\Big]|e\rangle\langle e| \\
& + \lambda\Big[\sum_{n_1n_2} B_{n_1n_2}^{(m)}(a^\dagger)^{n_1+1}(a)^{n_2}\Big]|e\rangle\langle g| + \lambda\Big[\sum_{n_1n_2} D_{n_1n_2}^{(m)}(a^\dagger)^{n_1+1}(a)^{n_2}\Big]|e\rangle\langle e| \\
& + \lambda\Big[\sum_{n_1n_2} A_{n_1n_2}^{(m)}(a^\dagger)^{n_1}(a)^{n_2+1}\Big]|g\rangle\langle e| + \lambda\Big[\sum_{n_1n_2} n_1A_{n_1n_2}^{(m)}(a^\dagger)^{n_1-1}(a)^{n_2}\Big]|g\rangle\langle e| \\
& + \lambda\Big[\sum_{n_1n_2} C_{n_1n_2}^{(m)}(a^\dagger)^{n_1}(a)^{n_2+1}\Big]|g\rangle\langle g| + \lambda\Big[\sum_{n_1n_2} n_1C_{n_1n_2}^{(m)}(a^\dagger)^{n_1-1}(a)^{n_2}\Big]|g\rangle\langle g| \\
& + \lambda\Big[\sum_{n_1n_2} A_{n_1n_2}^{(m)}(a^\dagger)^{n_1+1}(a)^{n_2}\Big]|g\rangle\langle e| + \lambda\Big[\sum_{n_1n_2} C_{n_1n_2}^{(m)}(a^\dagger)^{n_1+1}(a)^{n_2}\Big]|g\rangle\langle g| \\
& + \omega\Big[\sum_{n_1n_2} A_{n_1n_2}^{(m)}(a^\dagger)^{n_1+1}(a)^{n_2+1}\Big)|e\rangle\langle e| + \omega\Big[\sum_{n_1n_2} n_1A_{n_1n_2}^{(m)}(a^\dagger)^{n_1}(a)^{n_2}\Big)|e\rangle\langle e| \\
& + \omega\Big[\sum_{n_1n_2} C_{n_1n_2}^{(m)}(a^\dagger)^{n_1+1}(a)^{n_2+1}\Big]|e\rangle\langle g| + \omega\Big[\sum_{n_1n_2} n_1C_{n_1n_2}^{(m)}(a^\dagger)^{n_1}(a)^{n_2}\Big]|e\rangle\langle g|
\end{aligned}
$$

$$+\omega\Big[\sum_{n_1n_2}B_{n_1n_2}^{(m)}(a^\dagger)^{n_1+1}(a)^{n_2+1}\Big]|g\rangle\langle g| + \omega\Big[\sum_{n_1n_2}n_1B_{n_1n_2}^{(m)}(a^\dagger)^{n_1}(a)^{n_2}\Big]|g\rangle\langle g|$$

$$+\omega\Big[\sum_{n_1n_2}D_{n_1n_2}^{(m)}(a^\dagger)^{n_1+1}(a)^{n_2+1}\Big]|g\rangle\langle e| + \omega\Big[\sum_{n_1n_2}n_1D_{n_1n_2}^{(m)}(a^\dagger)^{n_1}(a)^{n_2}\Big]|g\rangle\langle e| \quad (3.5.6)$$

比较上式两端的$|e\rangle\langle e|((a^\dagger)^{n_1}(a)^{n_2})$,$|g\rangle\langle g|((a^\dagger)^{n_1}(a)^{n_2})$,$|e\rangle\langle g|((a^\dagger)^{n_1}(a)^{n_2})$,$|g\rangle\langle e|((a^\dagger)^{n_1}(a)^{n_2})$,得

$$A_{n_1n_2}^{(m+1)}=\frac{\Delta}{2}A_{n_1n_2}^{(m)}+\lambda D_{n_1n_2-1}^{(m)}+\lambda n_1D_{n_1+1n_2}^{(m)}+\lambda D_{n_1-1n_2}^{(m)}+\omega A_{n_1-1n_2-1}^{(m)}+n_1\omega A_{n_1n_2}^{(m)} \quad (3.5.7)$$

$$B_{n_1n_2}^{(m+1)}=-\frac{\Delta}{2}B_{n_1n_2}^{(m)}+\lambda C_{n_1n_2-1}^{(m)}+\lambda n_1C_{n_1+1n_2}^{(m)}+\lambda C_{n_1-1,n_2}^{(m)}+\omega B_{n_1-1,n_2-1}^{(m)}+n_1\omega B_{n_1,n_2}^{(m)} \quad (3.5.8)$$

$$C_{n_1n_2}^{(m+1)}=\frac{\Delta}{2}C_{n_1n_2}^{(m)}+\lambda B_{n_1n_2-1}^{(m)}+\lambda n_1B_{n_1+1n_2}^{(m)}+\lambda B_{n_1-1,n_2}^{(m)}+\omega C_{n_1-1,n_2-1}^{(m)}+n_1\omega C_{n_1,n_2}^{(m)} \quad (3.5.9)$$

$$D_{n_1n_2}^{(m+1)}=-\frac{\Delta}{2}D_{n_1n_2}^{(m)}+\lambda A_{n_1n_2-1}^{(m)}+\lambda n_1A_{n_1+1,n_2}^{(m)}+\lambda A_{n_1-1,n_2}^{(m)}+\omega D_{n_1-1,n_2-1}^{(m)}+n_1\omega D_{n_1,n_2}^{(m)} \quad (3.5.10)$$

有了(3.5.4)式给出的$\{A_{n_1n_2}^{(1)},B_{n_1n_2}^{(1)},C_{n_1n_2}^{(1)},D_{n_1n_2}^{(1)}\}$,以及(3.5.7)式~(3.5.10)式,便可求出任意阶的$\{A_{n_1n_2}^{(m)},B_{n_1n_2}^{(m)},C_{n_1n_2}^{(m)},D_{n_1n_2}^{(m)}\}$.

当$\{A_{n_1n_2}^{(m)},B_{n_1n_2}^{(m)},C_{n_1n_2}^{(m)},D_{n_1n_2}^{(m)}\}$都已求得后,便可计算$H^m|t=0\rangle$.在这里,我们可以清楚地看到从JC模型转到Rabi模型时,有所不同的是哈密顿量,故两模型的$\{A_{n_1n_2}^{(m)},\cdots\}$取值会有所差异,但如只看符号的形式,则是完全相同的而无区别.因此第2章中的$H^m|t=0\rangle$形式可以直接移植过来,则立刻表示为

$$\begin{aligned}H^m|t=0\rangle=&|g\rangle\Big[\sum_{n_1n_2}B_{n_1n_2}^{(m)}\theta(N-n_2)C_N^{n_2}B(n_2)\\&\cdot\iint\frac{1}{\sqrt{N!}}(\rho-\mathrm{i}\eta)^{N+n_1-n_2}\mathrm{e}^{-\rho^2-\eta^2}|\rho+\mathrm{i}\eta\rangle\frac{\mathrm{d}\rho\mathrm{d}\eta}{\pi}\Big]\\&+|e\rangle\Big[\sum_{n_1n_2}C_{n_1n_2}^{(m)}\theta(N-n_2)C_N^{n_2}B(n_2)\\&\cdot\iint\frac{1}{\sqrt{N!}}(\rho-\mathrm{i}\eta)^{N+n_1-n_2}\mathrm{e}^{-\rho^2-\eta^2}|\rho+\mathrm{i}\eta\rangle\frac{\mathrm{d}\rho\mathrm{d}\eta}{\pi}\Big]\end{aligned} \quad (3.5.11)$$

t时刻系统的态矢亦可从JC模型的相应公式移植过来,即

$$
\begin{aligned}
|t\rangle &= \sum_m \frac{(-\mathrm{i}t)}{m!} H^m \, |t=0\rangle \\
&= \sum_m \frac{(-\mathrm{i}t)^m}{m!} \Big\{ |g\rangle \Big[\sum_{n_1 n_2} B_{n_1 n_2}^{(m)} \theta(N-n_2) C_N^{n_2} \Pi(n_2) \Big] \\
&\quad \cdot \Big[\iint \frac{1}{\sqrt{N!}} (\rho - \mathrm{i}\eta)^{N+n_1-n_2} \mathrm{e}^{-\rho^2-\eta^2} \, |\rho + \mathrm{i}\eta\rangle \frac{\mathrm{d}\rho \mathrm{d}\eta}{\pi} \Big] \\
&\quad + |e\rangle \Big[\sum_{n_1 n_2} C_{n_1 n_2}^{(m)} \theta(N-n_2) C_N^{n_2} \Pi(n_2) \Big] \\
&\quad \cdot \Big[\iint \frac{1}{\sqrt{N!}} (\rho - \mathrm{i}\eta)^{N+n_1-n_2} \mathrm{e}^{-\rho^2-\eta^2} \, |\rho + \mathrm{i}\eta\rangle \frac{\mathrm{d}\rho \mathrm{d}\eta}{\pi} \Big] \Big\}
\end{aligned}
\tag{3.5.12}
$$

在选择初态时，JC 模型选定的是$|g\rangle|N+1\rangle$，这里选定的是$|g\rangle|N\rangle$，故公式内唯一的改变是 $N+1 \to N$.

现在考虑系统的初始态的玻色部分是相干态，即

$$
|t=0\rangle = |g\rangle\big[\mathrm{e}^{-\frac{1}{2}(\alpha^2+\beta^2)} \, |\alpha + \mathrm{i}\beta\rangle\big]
\tag{3.5.13}
$$

把它换成相干态展开，表示为

$$
|t=0\rangle = |g\rangle\Big[\mathrm{e}^{-\frac{1}{2}(\alpha^2+\beta^2)} \iint \mathrm{e}^{-\rho^2-\eta^2} \mathrm{e}^{(\alpha+\mathrm{i}\beta)(\rho-\mathrm{i}\eta)} \, |\rho + \mathrm{i}\eta\rangle \frac{\mathrm{d}\rho \mathrm{d}\eta}{\pi}\Big]
\tag{3.5.14}
$$

在前面已讨论过如何获得$\{A_{n_1 n_2}^{(m)}, B_{n_1 n_2}^{(m)}, C_{n_1 n_2}^{(m)}, D_{n_1 n_2}^{(m)}\}$，故 H^m 的正规乘积表示是已知的. 因此当初始态换成(3.5.14)式时，只需重新计算 $H^m|t=0\rangle$，由于初态是相同的，仅仅是 JC 模型的$\{A_{n_1 n_2}^{(m)}, B_{n_1 n_2}^{(m)}, C_{n_1 n_2}^{(m)}, D_{n_1 n_2}^{(m)}\}$和 Rabi 模型不同而已，$H^m$ 的正规乘积形式亦完全一样，故同样可以将从 JC 模型那里得到的 $H^m|t=0\rangle$公式移植过来，即

$$
\begin{aligned}
H^m \, |t=0\rangle &= \mathrm{e}^{-\frac{1}{2}(\alpha^2+\beta^2)} \Big\{ |g\rangle \Big[\sum_{n_1 n_2} B_{n_1 n_2}^{(m)} (\alpha + \mathrm{i}\beta)^{n_2} \iint \mathrm{e}^{(\alpha+\mathrm{i}\beta)(\rho-\mathrm{i}\eta)} \mathrm{e}^{-\rho^2-\eta^2} \, |\rho + \mathrm{i}\eta\rangle \frac{\mathrm{d}\rho \mathrm{d}\eta}{\pi} \Big] \\
&\quad + |e\rangle \Big[\sum_{n_1 n_2} C_{n_1 n_2}^{(m)} (\alpha + \mathrm{i}\beta)^{n_2} \iint \mathrm{e}^{(\alpha+\mathrm{i}\beta)(\rho-\mathrm{i}\eta)} \mathrm{e}^{-\rho^2-\eta^2} \, |\rho + \mathrm{i}\eta\rangle \frac{\mathrm{d}\rho \mathrm{d}\eta}{\pi} \Big] \Big\}
\end{aligned}
\tag{3.5.15}
$$

同理，t 时刻系统的态矢$|t\rangle$一样可以从 JC 模型那里移植过来，即

$$
\begin{aligned}
|t\rangle &= \mathrm{e}^{-\frac{1}{2}(\alpha^2+\beta^2)} \sum_m \frac{(-\mathrm{i}t)^m}{m!} \\
&\quad \cdot \Big\{ |g\rangle \Big[\sum_{n_1 n_2} B_{n_1 n_2}^{(m)} (\alpha + \mathrm{i}\beta)^{n_2} \iint \mathrm{e}^{(\alpha+\mathrm{i}\beta)(\rho-\mathrm{i}\eta)} \mathrm{e}^{-\rho^2-\eta^2} (\rho - \mathrm{i}\eta)^{n_1} \, |\rho + \mathrm{i}\eta\rangle \frac{\mathrm{d}\rho \mathrm{d}\eta}{\pi} \Big]
\end{aligned}
$$

$$+ |e\rangle\left[\sum_{n_1 n_2} C_{n_1 n_2}^{(m)} (\alpha + \mathrm{i}\beta)^{n_2} \iint \mathrm{e}^{(\alpha+\mathrm{i}\beta)(\rho-\mathrm{i}\eta)} \mathrm{e}^{-\rho^2-\eta^2} (\rho - \mathrm{i}\eta)^{n_3} \ |\rho + \mathrm{i}\eta\rangle \frac{\mathrm{d}\rho \mathrm{d}\eta}{\pi}\right]\Bigg\} \tag{3.5.16}$$

本章讨论的是过去一段相对长的时间里，以及目前仍十分关注的 Rabi 模型问题，因为这一模型涉及的物理领域很多并在其中起到重要作用. 从前一阶段来看，大家都集中在寻求定态态矢集的方法上，没有人注意另外一个与定态集法平行和等价的求解动力学方程的方法. 本章对定态集法的研究状况做了一个简要回顾，并同时列出现在用相干态展开直接求解薛定谔方程的方法，因此在本章末进行两种方法的比较：

(1) 两种方法在现在都能做到解析求解. 从原则上讲，可以说是严格求解，换句话说，从物理上看不含任何近似，在实际计算时近似性来自计算能力的限制.

(2) 定态集法直接得到的是能谱，相干态展开法得到的是任意时刻的态矢，不过前面已谈过，两种方法都能得到需要的结果，在这点上它们是完全等效的.

(3) 两种方法的不同之处可以这样来看，定态集法可以称为相应数学上的微分形式，而相干态展开法是积分形式. 以二态系统和玻色子的耦合系统而论，当模型不同时，前一种方法在求解时就会随模型的不同而需要采用不同的特定方案，而后者在形式的处理上和模型无关，仅仅是在表示 H^m 的正规算符形式上会因模型不同而有不同的$\{A_{n_1 n_2}^{(m)}, B_{n_1 n_2}^{(m)}, C_{n_1 n_2}^{(m)}, D_{n_1 n_2}^{(m)}\}$而已. 除此之外，对任何物理系统而言，其余的环节都不会改变.

(4) 对于所有的二态与单模的系统，以及初始态是相干态的任意时刻 t 的系统，居于下态的概率 $\rho_g(t)$，以及玻色子数的期待值 $\bar{n}(t)$都是如下形式：

$$\rho_g(t) = \sum_{m_1 m_2} \sum_{n_1 n_2 n_3 n_4} \mathrm{e}^{-2(\alpha^2+\beta^2)} \frac{(\mathrm{i}t)^{m_1}(-\mathrm{i}t)^{m_2}}{m_1! m_2!} B_{n_1 n_2}^{(m_1)*} B_{n_3 n_4}^{(m_2)} (\alpha - \mathrm{i}\beta)^{n_2} (\alpha + \mathrm{i}\beta)^{n_4}$$
$$\cdot [\delta_{n_1 n_3} B(n_1) + (\alpha + \mathrm{i}\beta)^{n_1} (\alpha - \mathrm{i}\beta)^{n_3}] \tag{3.5.17}$$

$$\begin{aligned}\bar{n}(t) &= \langle t | a^\dagger a | t \rangle \\ &= \mathrm{e}^{-2(\alpha^2+\beta^2)} \sum_{m_1 m_2} \sum_{n_1 n_2 n_3 n_4} \frac{(\mathrm{i}t)^{m_1}(-\mathrm{i}t)^{m_2}}{m_1! m_2!} (B_{n_1 n_2}^{(m_1)*} B_{n_3 n_4}^{(m_2)} + C_{n_1 n_2}^{(m_1)*} C_{n_3 n_4}^{(m_2)}) \\ &\quad \cdot (\alpha - \mathrm{i}\beta)^{n_2} (\alpha + \mathrm{i}\beta)^{n_1+n_3+n_4-1} [n_1 B(1) + \alpha^2 + \beta^2]\end{aligned} \tag{3.5.18}$$

2. 双光子 Rabi 模型

将前面讨论的单光子 Rabi 模型转换到双光子 Rabi 模型. 则模型的哈密顿量从

$$H_1 = \omega a^\dagger a + g(a + a^\dagger)\sigma_z - \frac{1}{2}(\varepsilon\sigma_z + \Delta\sigma_x)$$

转换到

$$H = \omega a^\dagger a + g(a^2 + (a^\dagger)^2) - \frac{\Delta}{2}\sigma_x \tag{3.5.19}$$

时,相干态展开法中只需重新求解$\{A_{n_1n_2}^{(m)}, B_{n_1n_2}^{(m)}, C_{n_1n_2}^{(m)}, D_{n_1n_2}^{(m)}\}$即可.

由(3.5.19)式知

$$\begin{aligned} H^1 = &\left[\sum_{n_1n_2} A_{n_1n_2}^{(1)}(a^\dagger)^{n_1}(a)^{n_2}\right]|e\rangle\langle e| + \left[\sum_{n_1n_2} B_{n_1n_2}^{(1)}(a^\dagger)^{n_1}(a)^{n_2}\right]|g\rangle\langle g| \\ &+ \left[\sum_{n_1n_2} C_{n_1n_2}^{(1)}(a^\dagger)^{n_1}(a)^{n_2}\right]|e\rangle\langle g| + \left[\sum_{n_1n_2} D_{n_1n_2}^{(1)}(a^\dagger)^{n_1}(a)^{n_2}\right]|g\rangle\langle e| \end{aligned} \tag{3.5.20}$$

中的

$$\begin{aligned} &A_{11}^{(1)} = \omega, \quad A_{20}^{(1)} = g, \quad A_{02}^{(1)} = g, \quad \text{其余 } A_{n_1n_2}^{(1)} \text{ 均为 } 0 \\ &B_{00}^{(1)} = \omega, \quad B_{20}^{(1)} = -g, \quad B_{02}^{(1)} = -g, \quad \text{其余 } B_{n_1n_2}^{(1)} \text{ 均为 } 0 \\ &C_{00}^{(1)} = -\frac{\Delta}{2}, \quad \text{其余 } C_{n_1n_2}^{(1)} \text{ 均为 } 0 \\ &D_{00}^{(1)} = -\frac{\Delta}{2}, \quad \text{其余 } D_{n_1n_2}^{(1)} \text{ 均为 } 0 \end{aligned} \tag{3.5.21}$$

如$\{A_{n_1n_2}^{(m)}, B_{n_1n_2}^{(m)}, C_{n_1n_2}^{(m)}, D_{n_1n_2}^{(m)}\}$已知,则

$$\begin{aligned} H^{(m+1)} = &\Big[\omega a^\dagger a\,|e\rangle\langle e| + g(a^\dagger)^2\,|e\rangle\langle e| + ga^2\,|e\rangle\langle e| \\ &- \frac{\Delta}{2}|e\rangle\langle g| - \frac{\Delta}{2}|g\rangle\langle e| + \omega a^\dagger a\,|g\rangle\langle g| - g(a^\dagger)^2\,|g\rangle\langle g| - ga^2\,|g\rangle\langle g|\Big] \\ &\cdot\left\{\left[\sum_{n_1n_2} A_{n_1n_2}^{(m)}(a^\dagger)^{n_1}a^{n_2}\right]|e\rangle\langle e| + \left[\sum_{n_1n_2} B_{n_1n_2}^{(m)}(a^\dagger)^{n_1}a^{n_2}\right]|g\rangle\langle g|\right. \\ &\left.+ \left[\sum_{n_1n_2} C_{n_1n_2}^{(m)}(a^\dagger)^{n_1}a^{n_2}\right]|e\rangle\langle g| + \left[\sum_{n_1n_2} D_{n_1n_2}^{(m)}(a^\dagger)^{n_1}a^{n_2}\right]|g\rangle\langle e|\right\} \\ = &\left[\sum_{n_1n_2} A_{n_1n_2}^{(m)}\omega(a^\dagger)^{n_1+1}a^{n_2+1}\right]|e\rangle\langle e| + \left[\sum_{n_1n_2} A_{n_1n_2}^{(m)}n_1\omega(a^\dagger)^{n_1}a^{n_2}\right]|e\rangle\langle e| \\ &+ \left[\sum_{n_1n_2} C_{n_1n_2}^{(m)}\omega(a^\dagger)^{n_1+1}a^{n_2+1}\right]|e\rangle\langle g| + \left[\sum_{n_1n_2} C_{n_1n_2}^{(m)}n_1\omega(a^\dagger)^{n_1}a^{n_2}\right]|e\rangle\langle g| \\ &+ \left[\sum_{n_1n_2} A_{n_1n_2}^{(m)}g(a^\dagger)^{n_1+2}a^{n_2}\right)|e\rangle\langle e| + \left[\sum_{n_1n_2} C_{n_1n_2}^{(m)}g(a^\dagger)^{n_1+2}a^{n_2}\right]|e\rangle\langle g| \\ &+ \left[\sum_{n_1n_2} A_{n_1n_2}^{(m)}g(a^\dagger)^{n_1}a^{n_2+2}\right]|e\rangle\langle e| + \left[\sum_{n_1n_2} A_{n_1n_2}^{(m)}2n_1g(a^\dagger)^{n_1-1}a^{n_2+1}\right]|e\rangle\langle e| \end{aligned}$$

$$
\begin{aligned}
&+\Big[\sum_{n_1n_2}A^{(m)}_{n_1n_2}n_1(n_1-1)g(a^\dagger)^{n_1-2}a^{n_2}\Big]|e\rangle\langle e|\\
&+\Big[\sum_{n_1n_2}C^{(m)}_{n_1n_2}2g(a^\dagger)^{n_1}a^{n_2+2}\Big]|e\rangle\langle g|\\
&+\Big[\sum_{n_1n_2}C^{(m)}_{n_1n_2}2n_1g(a^\dagger)^{n_1-1}a^{n_2+1}\Big]|e\rangle\langle g|\\
&+\Big[\sum_{n_1n_2}C^{(m)}_{n_1n_2}n_1(n_1-1)g(a^\dagger)^{n_1-2}a^{n_2}\Big]|e\rangle\langle g|\\
&-\frac{\Delta}{2}\Big[\sum_{n_1n_2}B^{(m)}_{n_1n_2}(a^\dagger)^{n_1}a^{n_2}\Big]|e\rangle\langle g|-\frac{\Delta}{2}\Big[\sum_{n_1n_2}D^{(m)}_{n_1n_2}(a^\dagger)^{n_1}a^{n_2}\Big]|e\rangle\langle e|\\
&-\frac{\Delta}{2}\Big[\sum_{n_1n_2}A^{(m)}_{n_1n_2}(a^\dagger)^{n_1}a^{n_2}\Big]|g\rangle\langle e|-\frac{\Delta}{2}\Big[\sum_{n_1n_2}C^{(m)}_{n_1n_2}(a^\dagger)^{n_1}a^{n_2}\Big]|g\rangle\langle g|\\
&+\Big[\sum_{n_1n_2}B^{(m)}_{n_1n_2}\omega(a^\dagger)^{n_1+1}a^{n_2+1}\Big]|g\rangle\langle g|+\Big[\sum_{n_1n_2}B^{(m)}_{n_1n_2}n_1\omega(a^\dagger)^{n_1}a^{n_2}\Big]|g\rangle\langle g|\\
&-\Big[\sum_{n_1n_2}B^{(m)}_{n_1n_2}g(a^\dagger)^{n_1+2}a^{n_2}\Big]|g\rangle\langle g|-\Big[\sum_{n_1n_2}D^{(m)}_{n_1n_2}g(a^\dagger)^{n_1+2}a^{n_2}\Big]|g\rangle\langle e|\\
&-\Big[\sum_{n_1n_2}B^{(m)}_{n_1n_2}g(a^\dagger)^{n_1}a^{n_2+2}\Big]|g\rangle\langle g|-\Big[\sum_{n_1n_2}B^{(m)}_{n_1n_2}2n_1g(a^\dagger)^{n_1-1}a^{n_2+1}\Big]|g\rangle\langle g|\\
&-\Big[\sum_{n_1n_2}B^{(m)}_{n_1n_2}n_1(n_1-1)g(a^\dagger)^{n_1-2}a^{n_2}\Big]|g\rangle\langle g|-\Big[\sum_{n_1n_2}D^{(m)}_{n_1n_2}g(a^\dagger)^{n_1}a^{n_2+2}\Big]|g\rangle\langle e|\\
&-\Big[\sum_{n_1n_2}D^{(m)}_{n_1n_2}2n_1g(a^\dagger)^{n_1-1}a^{n_2+1}\Big]|g\rangle\langle e|\\
&-\Big[\sum_{n_1n_2}D^{(m)}_{n_1n_2}n_1(n_1-1)g(a^\dagger)^{n_1-2}a^{n_2}\Big]|g\rangle\langle e|\\
&+\Big[\sum_{n_1n_2}D^{(m)}_{n_1n_2}\omega(a^\dagger)^{n_1+1}a^{n_2+1}\Big]|g\rangle\langle e|+\Big[\sum_{n_1n_2}D^{(m)}_{n_1n_2}n_1\omega(a^\dagger)^{n_1}(a)^{n_2}\Big]|g\rangle\langle e|\\
=&\Big[\sum_{n_1n_2}A^{(m+1)}_{n_1n_2}(a^\dagger)^{n_1}a^{n_2}\Big]|e\rangle\langle e|+\Big[\sum_{n_1n_2}B^{(m+1)}_{n_1n_2}(a^\dagger)^{n_1}a^{n_2}\Big]|g\rangle\langle g|\\
&+\Big[\sum_{n_1n_2}C^{(m+1)}_{n_1n_2}(a^\dagger)^{n_1}a^{n_2}\Big]|e\rangle\langle g|+\Big[\sum_{n_1n_2}D^{(m+1)}_{n_1n_2}(a^\dagger)^{n_1}a^{n_2}\Big]|g\rangle\langle e|
\end{aligned}\tag{3.5.22}
$$

比较(3.5.22)式两端的$(a^\dagger)^{n_1}a^{n_2}|e\rangle\langle e|$,$(a^\dagger)^{n_1}a^{n_2}|g\rangle\langle g|$,$(a^\dagger)^{n_1}a^{n_2}|e\rangle\langle g|$,$(a^\dagger)^{n_1}a^{n_2}|g\rangle\langle e|$,得

$$
\begin{aligned}
A^{(m+1)}_{n_1n_2}=&\ \omega A^{(m)}_{n_1-1,n_2-1}+n_1\omega A^{(m)}_{n_1n_2}+gA^{(m)}_{n_1-2,n_2}+gA^{(m)}_{n_1,n_2-2}\\
&+2(n_1+1)gA^{(m)}_{n_1+1,n_2-1}+(n_1+2)(n_1+1)gA^{(m)}_{n_1+2,n_2}-\frac{\Delta}{2}D^{(m)}_{n_1,n_2}
\end{aligned}\tag{3.5.23}
$$

$$B_{n_1n_2}^{(m+1)} = -\frac{\Delta}{2}C_{n_1,n_2}^{(m)} + \omega B_{n_1-1,n_2-1}^{(m)} + n_1\omega B_{n_1n_2}^{(m)} - gB_{n_1-2,n_2}^{(m)}$$

$$- gB_{n_1,n_2-2}^{(m)} - 2(n_1+1)gB_{n_1+1,n_2-1}^{(m)} - (n_1+2)(n_1+1)gB_{n_1+2,n_2}^{(m)} \quad (3.5.24)$$

$$C_{n_1n_2}^{(m+1)} = \omega C_{n_1-1,n_2-1}^{(m)} + n_1\omega C_{n_1n_2}^{(m)} + gC_{n_1-2,n_2}^{(m)} + gC_{n_1,n_2-2}^{(m)}$$

$$+ 2(n_1+1)gC_{n_1+1,n_2-1}^{(m)} + (n_1+2)(n_1+1)gC_{n_1+2,n_2}^{(m)} - \frac{\Delta}{2}B_{n_1n_2}^{(m)} \quad (3.5.25)$$

$$D_{n_1n_2}^{(m+1)} = -\frac{\Delta}{2}A_{n_1n_2}^{(m)} - gD_{n_1-2,n_2}^{(m)} - gD_{n_1,n_2-2}^{(m)} - 2(n_1+1)gD_{n_1+1,n_2-1}^{(m)}$$

$$- (n_1+2)(n_1+1)D_{n_1+2,n_2}^{(m)} + \omega D_{n_1-1,n_2-1}^{(m)} + n_1\omega D_{n_1n_2}^{(m)} \quad (3.5.26)$$

由(3.5.21)式及(3.5.23)式~(3.5.26)式,便可求出所有阶的$\{A_{n_1n_2}^{(m)}, B_{n_1n_2}^{(m)}, C_{n_1n_2}^{(m)}, D_{n_1n_2}^{(m)}\}$,其他形式和二态系与单模玻色场的耦合系统完全相同,从这里可以看出相干态展开法的特点.

通过JC模型和Rabi模型两个系统的讨论,我们看到用相干态展开法直接求解,使所有的二态系及单模耦合系统的动力学问题已能统一地在一个理论形式下系统地、解析地求解,而且不论计算任何物理量随时间变化的表示式都会取同一形式,仅是其中的$\{A_{n_1n_2}^{(m)}, B_{n_1n_2}^{(m)}, C_{n_1n_2}^{(m)}, D_{n_1n_2}^{(m)}\}$依模型不同取不同值而已.

3.6 有偏置(隧穿)项的Rabi模型

许多讨论Rabi模型的工作针对的是(3.5.1)式的系统的哈密顿量,但原始的哈密顿量还有一个偏置(隧穿)项,所以更广泛的哈密顿量应该是以下表示:

$$H = \frac{\Delta}{2}(|e\rangle\langle e| - |g\rangle\langle g|) + \lambda(a + a^{\dagger})(|e\rangle\langle g| + |g\rangle\langle e|)$$

$$+ \omega a^{\dagger}a + \varepsilon(|e\rangle\langle g| + |g\rangle\langle e|) \quad (3.6.1)$$

为什么许多工作都没有从上式出发,而只讨论(3.5.1)式的系统的哈密顿量?这里有两个原因:一是,在实际中虽然存在这样的偏置项,但一般比较弱,起不了显著的作用;二是,如果系统的哈密顿量由(3.5.1)式表示,则系统具有宇称守恒的对称性,因此求解系统的定态时,用求系统的能量和宇称的共同本征态会使求解的难度降低.事实上到现在为止,所有的工作都是这样做的,因为宇称有正、负宇称本征态,所以将定态分为正、负宇称两支.简单地讲,分为两支会将求解时的自由度减少一半,这自然会降低求解的难度.现在把忽略的有关 ε 的项加上,则由于宇称不再守恒,原来的两支定态集不再存在,那么由此导致的物理结果会有哪些新的规律出现是值得研究的.可以讲由于有了现在的相干态展开法,考虑了偏置项时对系统的求解已不是困难所在,自然可以在此把这一个 Rabi 模型中留下的问题进行比较仔细的讨论.

1. 宇称守恒

为了说明(3.6.1)式中最后一项的作用,先谈一下(3.5.1)式具有的宇称守恒的对称性.

前面已提到(3.5.1)式表示的系统的哈密顿量和宇称算符 $\hat{M}$ 对易,宇称算符 $\hat{M}$ 定义为

$$\hat{M} = e^{i\pi\hat{N}} \tag{3.6.2}$$

其中

$$\hat{N} = a^{\dagger}a + \frac{\sigma_z}{2} + \frac{1}{2} \tag{3.6.3}$$

可证

$$[\hat{H}, \hat{M}] = 0 \tag{3.6.4}$$

证明如下:

首先,将(3.5.1)式重新用泡利矩阵表示,为

$$H = \frac{\Delta}{2}\sigma_z + \lambda(a + a^{\dagger})\sigma_x + \omega a^{\dagger}a$$

由 $\hat{M}$ 或 $\hat{N}$ 的表示可知,$\hat{M}$ 和 H 中的 $\frac{\Delta}{2}\sigma_z$ 及 $\omega a^{\dagger}a$ 是对易的,因此只需证明 $\hat{M}$ 和 $\lambda(a + a^{\dagger})\sigma_x$ 对易即可.

作如下计算:

$$\begin{aligned}
& e^{i\pi\hat{N}}(a + a^{\dagger})\sigma_x e^{-i\pi\hat{N}} \\
&\quad = e^{i\pi\hat{N}}(a + a^{\dagger})e^{-i\pi\hat{N}} e^{i\pi\hat{N}}\sigma_x e^{-i\pi\hat{N}} \\
&\quad = e^{i\pi\hat{N}}(a + a^{\dagger})e^{-i\pi\hat{N}} e^{i\pi\hat{N}}(\sigma_+ + \sigma_-)e^{-i\pi\hat{N}} \\
&\quad = \left\{(a + a^{\dagger}) + \left[i\pi\hat{N}, (a + a^{\dagger}) + \frac{1}{2!}[i\pi\hat{N}, [i\pi\hat{N}, (a + a^{\dagger})]\right] + \cdots\right\}
\end{aligned}$$

$$\cdot \left\{(\sigma_+ + \sigma_-) + \left[\mathrm{i}\pi\hat{N},(\sigma_+ + \sigma_-) + \frac{1}{2!}[\mathrm{i}\pi\hat{N},[\mathrm{i}\pi\hat{N},(\sigma_+ + \sigma_-)]\right] + \cdots\right\}$$

$$= \left\{(a + a^\dagger) + \left[\mathrm{i}\pi a^\dagger a,(a + a^\dagger) + \frac{1}{2!}[\mathrm{i}\pi a^\dagger a,[\mathrm{i}\pi a^\dagger a,(a + a^\dagger)]\right] + \cdots\right\}$$

$$\cdot \left\{(\sigma_+ + \sigma_-) + \left[\mathrm{i}\pi\frac{\sigma_z}{2},(\sigma_+ + \sigma_-) + \frac{1}{2!}[\mathrm{i}\pi\frac{\sigma_z}{2},[\mathrm{i}\pi\frac{\sigma_z}{2},(\sigma_+ + \sigma_-)]\right] + \cdots\right\}$$

$$= \left\{(a^\dagger + a) + \mathrm{i}\pi(a^\dagger - a) + \frac{1}{2!}[(\mathrm{i}\pi)^2 a^\dagger + (-\mathrm{i}\pi)^2 a] + \cdots\right\}$$

$$\cdot \left\{(\sigma_+ + \sigma_-) + \mathrm{i}\pi(\sigma_+ + \sigma_-) + \frac{1}{2!}[(\mathrm{i}\pi)^2\sigma_+ + (-\mathrm{i}\pi)^2\sigma_-] + \cdots\right\}$$

$$= (\mathrm{e}^{\mathrm{i}\pi}a^\dagger + \mathrm{e}^{-\mathrm{i}\pi}a)(\mathrm{e}^{\mathrm{i}\pi}\sigma_+ + \mathrm{e}^{-\mathrm{i}\pi}\sigma_-)$$

$$= (a^\dagger + a)(\sigma_+ - \sigma_-) = (a + a^\dagger)\sigma_x$$

上式可改写为

$$\mathrm{e}^{\mathrm{i}\pi\hat{N}}(a + a^\dagger)\sigma_x - (a + a^\dagger)\sigma_x\mathrm{e}^{\mathrm{i}\pi\hat{N}} = 0$$

即

$$[\mathrm{e}^{\mathrm{i}\pi\hat{N}},(a + a^\dagger)\sigma_x] = 0 \tag{3.6.5}$$

结合上述内容可知

$$[\mathrm{e}^{\mathrm{i}\pi\hat{N}},H] = 0$$

于是(3.6.4)式得证.

当考虑隧穿项系统的哈密顿量成为(3.6.1)式时,宇称算符 $\hat{M}$ 是否还和 H 对易?则除以上论证外,还需考虑 $\hat{M}$ 与 $\varepsilon\sigma_x$ 是否对易.

现在来计算

$$\mathrm{e}^{\mathrm{i}\pi\hat{N}}(\varepsilon\sigma_x)\mathrm{e}^{-\mathrm{i}\pi\hat{N}}$$

$$= \varepsilon(\mathrm{e}^{\mathrm{i}\pi\hat{N}}\sigma_x\mathrm{e}^{-\mathrm{i}\pi\hat{N}})$$

$$= \varepsilon\left\{\sigma_x + [\mathrm{i}\pi\hat{N},\sigma_x] + \frac{1}{2!}[\mathrm{i}\pi\hat{N},[\mathrm{i}\pi\hat{N},\sigma_x]] + \cdots\right\}$$

$$= \varepsilon\left\{\sigma_x + \left[\mathrm{i}\pi\left(a^\dagger a + \frac{\sigma_z}{2} + \frac{1}{2},\sigma_x\right)\right]\right.$$

$$\left. + \frac{1}{2!}\left[\mathrm{i}\pi\left(a^\dagger a + \frac{\sigma_z}{2} + \frac{1}{2}\right),\left[\mathrm{i}\pi\left(a^\dagger a + \frac{\sigma_z}{2} + \frac{1}{2}\right)\sigma_x\right]\right] + \cdots\right\}$$

$$= \varepsilon\left\{\sigma_x + \left[\frac{\mathrm{i}\pi}{2}\sigma_z, \sigma_x\right] + \frac{1}{2!}\left[\frac{\mathrm{i}\pi\sigma_z}{2}, \left[\frac{\mathrm{i}\pi\sigma_z}{2}, \sigma_x\right]\right] + \cdots\right\}$$

$$= \varepsilon\left\{\sigma_x + \frac{\mathrm{i}\pi}{2}(\mathrm{i}\sigma_y) + \frac{1}{2!}\left(\frac{\mathrm{i}\pi}{2}\right)^2[\sigma_z, \mathrm{i}\sigma_y] + \cdots\right\}$$

$$= \varepsilon\left\{\sigma_x - \frac{\pi}{2}\sigma_y + \frac{1}{2!}\left(\frac{\mathrm{i}\pi}{2}\right)^2\mathrm{i}(-\mathrm{i}\sigma_x) + \cdots\right\}$$

$$= \varepsilon\left\{\sigma_x - \frac{\pi}{2}\sigma_y - \frac{1}{2!}\left(\frac{\pi}{2}\right)^2\sigma_x + \cdots\right\}$$

$$= \varepsilon\left\{\left[1 - \frac{1}{2!}\left(\frac{\pi}{2}\right)^2 + \cdots\right]\sigma_x - \frac{\pi}{2}(1 + \cdots)\sigma_y\right\}$$

可见

$$\mathrm{e}^{\mathrm{i}\pi\hat{N}}(\varepsilon\sigma_x) \neq (\varepsilon\sigma_x)\mathrm{e}^{-\mathrm{i}\pi\hat{N}}$$

即

$$[\mathrm{e}^{\mathrm{i}\pi\hat{N}}, \varepsilon\sigma_x] = [\hat{M}, \varepsilon\sigma_x] \neq 0 \tag{3.6.6}$$

因此得出结论：在考虑隧穿项后，系统的哈密顿量(3.6.1)式不再与宇称算符 $\hat{M}$ 对易，系统不再具有宇称守恒的对称性.

2. 考虑隧穿项后，用相干态展开法求解不会增加困难

当宇称守恒不再成立后，用原来的定态集法求解的自由度会增加一倍，计算量会增加许多，但用相干态展开法求解，困难程度丝毫不变，唯一不同的只是将(3.5.4)式下面的

$$A_{00}^{(1)} = \frac{\Delta}{2},\quad A_{11}^{(1)} = \omega,\quad \text{其余 } A_{n_1n_2}^{(1)} \text{ 均为 } 0$$

$$B_{00}^{(1)} = \frac{\Delta}{2},\quad B_{11}^{(1)} = \omega,\quad \text{其余 } B_{n_1n_2}^{(1)} \text{ 均为 } 0$$

$$C_{10}^{(1)} = \lambda,\quad C_{01}^{(1)} = \lambda,\quad \text{其余 } C_{n_1n_2}^{(1)} \text{ 均为 } 0$$

$$D_{10}^{(1)} = \lambda,\quad D_{01}^{(1)} = \lambda,\quad \text{其余 } D_{n_1n_2}^{(1)} \text{ 均为 } 0$$

改为

$$A_{00}^{(1)} = \frac{\Delta}{2}, \quad A_{11}^{(1)} = \omega, \qquad \text{其余 } A_{n_1 n_2}^{(1)} \text{ 均为 } 0$$

$$B_{00}^{(1)} = \frac{\Delta}{2}, \quad B_{11}^{(1)} = \omega, \qquad \text{其余 } B_{n_1 n_2}^{(1)} \text{ 均为 } 0$$

$$C_{00}^{(1)} = \varepsilon, \quad C_{10}^{(1)} = \lambda, \quad C_{01}^{(1)} = \lambda, \quad \text{其余 } C_{n_1 n_2}^{(1)} \text{ 均为 } 0$$

$$D_{00}^{(1)} = \varepsilon, \quad D_{10}^{(1)} = \lambda, \quad D_{01}^{(1)} = \lambda, \quad \text{其余 } D_{n_1 n_2}^{(1)} \text{ 均为 } 0$$

其余所有的做法和前面完全相同.

因此在包括隧穿项后,用相干态展开法求解的优点是十分突出的.

第 4 章

Dicke 模型

前面三章已把相干态展开法的主要脉络讲清楚了,并以大家都熟悉的 JC 模型与 Rabi 模型为例,可以看到,如果按近年来常用的定态解法,则从易解的 JC 模型转换到 Rabi 模型时会遇到较大的阻碍,然而用了本书的做法后,对两个模型的处理大体上就变成一样的了,差别仅在于正规算符乘积的不同.本章将把这一方法应用到更多的物理系统和物理问题中去,前面讨论的两个物理系统都是二分量单模耦合的系统,而本章将把这一方法推广到多分量单模耦合系统的 Dicke 模型中.

4.1 多个二态粒子和单模耦合系统

1. 单膜腔系统

考虑单膜腔中有 N 个二态粒子的系统,它们之间没有相互作用,都只和腔的单模场

作用,这一系统的哈密顿量为($\hbar=1$)

$$H = \Delta\sum_{i=1}^{N} S_z^i + \omega a^\dagger a + \sum_{i=1}^{N} g(a + a^\dagger) S_x^i \tag{4.1.1}$$

其中,2Δ 是二态粒子的二态间的能隙,ω 是单模光场的频率,a,$a^\dagger$ 分别是单模光场的湮灭算符和产生算符,g 是耦合强度.

为了书写及讨论方便,引入总角动量算符

$$\boldsymbol{J} = \sum_{i=1}^{N} \boldsymbol{S}^i \tag{4.1.2}$$

和总角动量分量算符

$$J_z = \sum_{i=1}^{N} S_z^i, \quad J_\pm = \sum_{i=1}^{N} S_\pm^i \tag{4.1.3}$$

这些总角动量算符自然亦满足角动量算符的基本对易关系:

$$[J_z, J_\pm] = \pm J_\pm, \quad [J_+, J_-] = 2J_z \tag{4.1.4}$$

将系统的哈密顿量改用总角动量算符来表示,即为

$$H = \omega a^\dagger a + \Delta J_z + g(a + a^\dagger) J_x \tag{4.1.5}$$

2. Dicke 模型具有的守恒的宇称算符

下面将先回顾一下过去用定态集法求解的比较成功的例子,然后再用本书中的相干态方法求解,以兹比较,即先描述过去讨论的 Dicke 模型的工作.

前面已谈过求定态时,如果能够知道系统的对称性,即找出系统除哈密顿量以外的守恒量,则寻求这一系统的能量及该守恒量的共同本征态会有利于求解,因此在这里先谈一下 Dicke 模型具有的守恒的宇称算符.在 Dicke 模型里,宇称算符 $\hat{\Pi}$ 的表达式为

$$\hat{\Pi} = \exp[\mathrm{i}\pi(j + jz + a^\dagger a)] \tag{4.1.6}$$

可证 $\hat{\Pi}$ 和 H 对易,即

$$[H, \hat{\Pi}] = 0 \tag{4.1.7}$$

且 $\hat{\Pi}$ 满足

$$\hat{\Pi}^2 = \exp[2\mathrm{i}\pi(j + jz + a^\dagger a)] = \mathbb{I} \tag{4.1.8}$$

因此它有 ± 1 两个本征值,这就告诉我们 H 和 $\hat{\Pi}$ 的共同本征态有两支:一支对应于正宇称,另一支对应于负宇称.由此启发我们在分别求正宇称定态及负宇称定态时,可将求解

时的自由度数减少一半，这种做法对多分量的 Dicke 模型来讲有不小的帮助.

3. 有限粒子数 Dicke 模型的求解

Dicke 模型中含有很多粒子数的热力学极限情形是严格可解的，麻烦的是粒子数是有限的情形，因为这时分量数较多，如果用熟知的 Fock 态展开，那么在耦合较强时由于自由度数很多，计算量将变得很大.这里介绍另外一种行之有效又能得到较好结果且易于用 Fock 态展开的方法.

为较好地应用该方法，先对(4.1.5)式中的哈密顿量做一个在角动量空间中的旋转，也就是做一个 $U=e^{-i\pi J_y/4}$ 的幺正变换，即

$$H' = UHU^{-1} = \omega a^{\dagger}a - \Delta J_x + \frac{2\lambda}{\sqrt{N}}(a + a^{\dagger})J_z \tag{4.1.9}$$

上式中把原来的 g 换成了 $\frac{2\lambda}{\sqrt{N}}$.做了这样的变换以后，为了计算方便，将待求系统的态矢表示为

$$|\rangle = \sum_{k=1}^{N} |j,k\rangle |\varphi_k\rangle \tag{4.1.10}$$

其中，$j=\frac{N}{2}$为总角动量的量子数，其 z 分量取值为 $j_z=-j,-j+1,\cdots,j$ 的标示，改为 $k=0,1,2,\cdots,N$ 对应的标示，即$|\varphi_k\rangle$表示对应于粒子态矢$|j,k\rangle$相应的玻色场的态矢部分，将 $j=\frac{N}{2}$的算符矩阵的表示和态矢的表示(4.1.10)式代入定态方程 $H'|\rangle=E|\rangle$中，并按各分量写出，则有

$$\begin{aligned}&\omega a^{\dagger}a\ |\varphi_k\rangle\ |j,k\rangle - \Delta q_+\ |\varphi_k\rangle\ |j,k+1\rangle - \Delta q_-\ |\varphi_k\rangle\ |j,k-1\rangle\\&+\frac{2\lambda}{\sqrt{N}}(a + a^{\dagger})\rho_0\ |\varphi_k\rangle\ |j,k\rangle = E\ |\varphi_k\rangle\ |j,k\rangle\end{aligned} \tag{4.1.11}$$

上式实际上表示的是一个 k 取不同值的耦合方程组，其中 ρ_+,ρ_-,ρ_0 为3个与 k 有关的数，分别为

$$\begin{cases}\rho_+ = \dfrac{1}{2}\sqrt{(N-k)(k+1)}\\[2ex]\rho_- = \dfrac{1}{2}\sqrt{(N-k+1)k}\\[2ex]\rho_0 = \dfrac{N}{2} - k\end{cases} \tag{4.1.12}$$

这里要介绍解 Dicke 模型的一种新方法，即不用直接解(4.1.11)式，而是在求解前先做一个算符的平移，即按以下的表示引入新的湮灭算符和产生算符 A_k 和 $A_k^\dagger$：

$$A_k = a + g_k, \quad A_k^\dagger = a^\dagger + g_k \tag{4.1.13}$$

其中 $g_k = 2\lambda\rho_0/(\omega\sqrt{N})$，将(4.1.12)式代入(4.1.10)式，则其改写为

$$\omega(A_l^\dagger A_l - g_l^2)\,|\varphi_l\rangle - \Delta\rho_+\,|\varphi_l\rangle\,|j,l+1\rangle - \Delta\rho_-\,|\varphi_l\rangle\,|j,l-1\rangle = E\,|\varphi_l\rangle\,|j,l\rangle \tag{4.1.14}$$

将上式左乘$\langle j,k|$，得

$$\omega(A_k^\dagger A_k - g_k^2)\,|\varphi_k\rangle - \Delta\rho_+\,|\varphi_{k-1}\rangle - \Delta\rho_-\,|\varphi_{k+1}\rangle = E\,|\varphi_k\rangle \tag{4.1.15}$$

这时再将$|\varphi_l\rangle$在平移算符空间中的 Fock 态上展开，即

$$|\varphi_l\rangle = \sum_{m=0}^{N_{\mathrm{tr}}} C_{lm}\,|m\rangle_{Al} \tag{4.1.16}$$

注意(4.1.16)式中对 m 的求和原则上应到$m\to\infty$，但实际计算中在一定的精度要求下求和到一定的大数 N_{tr}. 其中

$$\begin{aligned}|m\rangle_{Al} &= \frac{(A_l^\dagger)^m}{\sqrt{m!}}\,|0\rangle_{Al} \\ &= \frac{(A_l^\dagger)^m}{\sqrt{m!}}\mathrm{e}^{-g_l a^\dagger - g_l^2/2}\,|0\rangle\end{aligned} \tag{4.1.17}$$

将(4.1.16)式代入(4.1.15)式再左乘${}_{A_k}\langle n|$，得

$$\begin{aligned}&-\frac{\Delta}{2}\sqrt{(N-k+1)k}\sum_{m=0}^{N_{\mathrm{tr}}} C_{k-1m}({}_{A_k}\langle n\mid m\rangle_{A_{k+1}}) \\ &-\frac{\Delta}{2}\sqrt{(N-k)(k+1)}\sum_{m=0}^{N_{\mathrm{tr}}} C_{k+1,m}({}_{A_k}\langle n\mid m\rangle_{A_{k+1}}) \\ &+\omega(n-g_k^2)C_{k,n} = EC_{k,n}\end{aligned} \tag{4.1.18}$$

在上式中已将 ρ_+,ρ_- 的表示式(4.1.12)代入，若引入

$$D_{n,m} = \mathrm{e}^{-G^2/2}\sum_{r=0}^{\min[n,m]}\frac{(-1)^r\sqrt{n!m!}\,G^{n+m-2r}}{(n-r)!(m-r)!r!} \tag{4.1.19}$$

其中 $G = 2\lambda/(\omega\sqrt{N})$，则可以将(4.1.18)式中的${}_{A_k}\langle n|m\rangle_{A_{k-1}}$及${}_{A_k}\langle n|m\rangle_{A_{k+1}}$两个矩阵元用 $D_{n,m}$符号表示为

$$\begin{aligned}{}_{A_k}\langle n\mid m\rangle_{A_{k-1}} &= (-1)^n D_{n,m} \\ {}_{A_k}\langle n\mid m\rangle_{A_{k+1}} &= (-1)^m D_{n,m}\end{aligned} \tag{4.1.20}$$

最后,得到待解的方程组为

$$-\frac{\Delta}{2}\sqrt{(N-k+1)k}\sum_{m=0}^{N_{\mathrm{tr}}}(-1)^{n}C_{k-1,m}D_{n,m}-\frac{\Delta}{2}\sqrt{(N-k)(k+1)}\sum_{m=0}^{N_{\mathrm{tr}}}(-1)^{n}C_{k+1,m}D_{n,m}$$
$$+\omega(n-g_{k}^{2})C_{k,n}=EC_{k,n}\quad(k=0,1,\cdots,N,n=0,1,\cdots,N_{\mathrm{P}})\tag{4.1.21}$$

至此已把问题化为(4.1.21)式求解系数集$\{C_{k,n}\}$的本征值线性方程组.下面用一个具体的计算结果来显示这里介绍的新方法算出的结果,与应用传统 Fock 态展开计算的结果相比较.其中,用 DFS 标志传统的 Fock 态方法,用 DCS 标志新的方法,DFS(N_{tr})与 DCS(N_{tr})括号中的 N_{tr}数值,表示在计算中展开时的最高阶幂的数目,即展开的总态数随 N_{tr}的增大将增大.

由图 4.1.1 可以清楚地看出,新方法在只展开到 $N_{\mathrm{tr}}=6$ 项时,计算的基态能量如图中的实线所示,用传统的 Fock 态展开时,N_{tr}分别取 $N_{\mathrm{tr}}=6$,$N_{\mathrm{tr}}=24$ 时的 DFS($N_{\mathrm{tr}}=6$),DFS($N_{\mathrm{tr}}=24$)算出的结果与 DCS($N_{\mathrm{tr}}=6$)的结果比较起来亦相差甚远,算出的基态能量远高于 DCS($N_{\mathrm{tr}}=6$)算出的基态能量,只有在 DFS($N_{\mathrm{tr}}=100$)且 $\lambda<2$ 的情形下和 DCS($N_{\mathrm{tr}}=6$)相合.这说明传统的方法要用 $N_{\mathrm{tr}}=100$ 那样的大计算量才能与新方法取 $N_{\mathrm{tr}}=6$ 的结果相近,而且当 $\lambda>2$ 时结果又会变差,因此在更强的耦合情形下新方法的优越性会变得更明显.

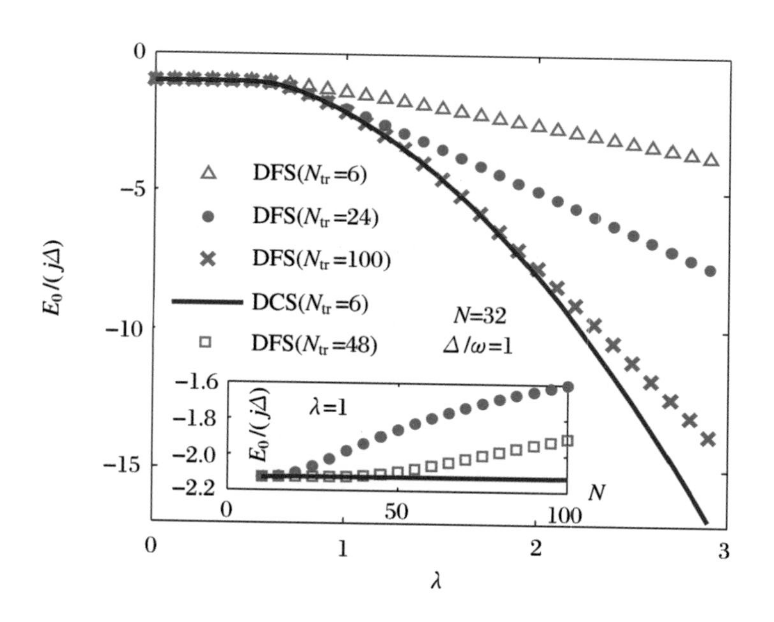

图 4.1.1　Dicke 模型的基态图

4.2 粒子间有相互作用的 Dicke 模型

上一节中考虑的 Dicke 模型不含粒子间有相互作用的因素，但实际上量子点及玻色-爱因斯坦凝聚这些重要的物理系统，与具有粒子的相互作用的 Dicke 模型更接近. 本节将讨论这样的 Dicke 模型，并会看到在这样的系统中存在第二种量子相变，这种相变有其独特的性质，它标志的对称性破缺与已知的铁磁性到磁性消失的相变有些类似，但又不完全一样，即这种粒子自旋的取向一致性的破缺并不是完全的，而是依系统参量的不同，在某些参量范围内只有对称性的部分破缺而保留了一定程度的对称性.

1. 推广的 Dicke 模型

在 N 个二态粒子与单模光场的耦合系统中，考虑粒子与粒子间的直接耦合后，其哈密顿量可表示为

$$H = \omega a^\dagger a + \frac{\Delta}{2}\sum_{i=1}^{N}\sigma_z^i + \frac{\lambda}{\sqrt{N}}(a + a^\dagger)\sum_{i=1}^{N}\sigma_x^i + \frac{\Omega}{2N}\sum_{i\neq j}^{N}(\sigma_x^i\sigma_x^j + \sigma_y^i\sigma_y^j) \tag{4.2.1}$$

上式中其他项的意义和(4.1.1)式相同，只是添加了表明粒子与粒子间存在自旋相互作用的最后一项，其中$\frac{\Omega}{2N}$是作用的强度.

同样按前面引入集体算符的方法，引入 $S_k = \sum_{i=1}^{N}\frac{\sigma_k^i}{2}$，下标 $k = x, y, z$，$S_\pm = S_x \pm iS_y$. 将(4.2.1) 式改写为

$$H = \omega a^\dagger a + \Delta S_z + \frac{2\lambda}{\sqrt{N}}(a + a^\dagger)S_x + \frac{2\Omega}{N}(\bar{S}^2 - S_z^2) \tag{4.2.2}$$

和前面一样，做一个在自旋算符空间中绕 y 轴的旋转，使得 $S_x \to S_z, S_z \to -S_x$，变换后哈密顿量成为

$$H' = \omega a^\dagger a - \frac{\Delta}{2}(S_+ + S_-) + \frac{2\lambda}{\sqrt{N}}(a + a^\dagger)S_z + \frac{2\Omega}{N}(S^2 - S_x^2) \tag{4.2.3}$$

现在先讨论一下系统的自旋，首先可以看到哈密顿量和总自旋 S^2 是对易的，即

$[H,S^2]=0$,故 S^2 是守恒量,其值是 $j(j+1)$.这和前面讨论的无粒子与粒子之间的相互作用的情形一样,对称性是保持的.尽管如此,现在我们要问:有了粒子与粒子之间的相互作用后,这样的对称性会不会破缺?换句话说,就是在推广的 Dicke 模型中是否有量子相变存在?

和前面一样,做算符平移,引入

$$A_m = a + g_m, \quad g_m = \frac{2\lambda m}{\sqrt{N}\omega} \tag{4.2.4}$$

以及在新空间中的 Fock 态

$$|l\rangle_{A_m} = \frac{(A_m^\dagger)^l}{\sqrt{l!}} \mathrm{e}^{-g_m a^\dagger - \frac{g_m^2}{2}} |0\rangle \tag{4.2.5}$$

同样令定态解取如下形式:

$$|\rangle = \sum_{m=0}^{N_{\mathrm{tr}}} |j,m\rangle |\varphi_m\rangle \tag{4.2.6}$$

将(4.2.6)式和(4.2.3)式代入定态方程,得

$$\begin{aligned}
& -\Delta j_m^- |\varphi_m\rangle |j,m-1\rangle - \Delta j_m^+ |\varphi_m\rangle |j,m+1\rangle \\
& -\frac{2\Omega}{N} j_m^- j_{m-1}^- |\varphi_m\rangle |j,m-2\rangle - \frac{2\Omega}{N} j_m^+ j_{m+1}^+ |\varphi_m\rangle |j,m+2\rangle \\
& +\omega(A_m^\dagger A_m - g_m^2) |\varphi_m\rangle |j,m\rangle \\
& +\frac{2}{\Omega} N[j(j+1) - (j_{m-1}^+ j_m^- + j_{m+1}^- j_m^+)] |\varphi_m\rangle |j,m\rangle \\
& \quad = E |\varphi_m\rangle |j,m\rangle
\end{aligned} \tag{4.2.7}$$

其中

$$j_m^\pm = \pm \frac{1}{2} \sqrt{j(j+1) - m(m+1)}$$

将上式两边同乘以 $|j,n\rangle$,得

$$\begin{aligned}
& -\Delta j_n^- |\varphi_{n-1}\rangle - \Delta j_n^+ |\varphi_{n+1}\rangle - \frac{2\Omega}{N} j_n^- j_{n-1}^- |\varphi_{n-2}\rangle \\
& -\frac{2\Omega}{N} j_n^+ j_{n-1}^+ |\varphi_{n+2}\rangle + \omega(A_n^\dagger A_n - g_n^2) \\
& +\frac{2}{\Omega} N[j(j+1) - (j_{n-1}^+ j_n^- + j_{n+1}^- j_n^+)] |\varphi_n\rangle
\end{aligned}$$

$$= E\,|\varphi_n\rangle \quad (n = -j, -j+1, \cdots j) \tag{4.2.8}$$

和前面一样,令$|\varphi_n\rangle$取如下形式:

$$\begin{aligned}|\varphi_n\rangle &= \sum_{k=0}^{N_{tr}} C_{nk}(A_n^\dagger)^k\ |0\rangle_{A_n} \\ &= \sum_{k=0}^{N_{tr}} C_{nk}\frac{1}{\sqrt{k!}}(a^\dagger + g_n)^k \mathrm{e}^{-g_n a^\dagger - g_n^2/2}\ |0\rangle\end{aligned} \tag{4.2.9}$$

如前N_{tr}记为$A_n(A_n^\dagger)$ Fock空间的截断阶数,则将(4.2.8)式左侧乘以${}_{A_n}\langle l|$,得

$$\begin{aligned}&\left\{\omega(l - g_n^2) + \frac{2}{\Omega}N[j(j+1) - (j_{n-1}^+ j_n^- + j_{n+1}^- j_n^+)]\right\}C_{nl} \\ &- \Delta\sum_{k=0}^{N_{tr}}(j_n^-\ {}_{A_n}\langle l\mid k\rangle_{A_{n-1}} C_{n-1,k} + j_n^+\ {}_{A_n}\langle l\mid k\rangle_{A_{n+1}} C_{n+1,k}) \\ &- \frac{2\Omega}{N}\sum_{k=0}^{N_{tr}}(j_n^- j_{n-1}^-\ {}_{A_n}\langle l\mid k\rangle_{A_{n-2}} C_{n-2,k} + j_n^+ j_{n+1}^+\ {}_{A_n}\langle l\mid k\rangle_{A_{n+2}} C_{n+2,k}) \\ &= EC_{n,l}\end{aligned} \tag{4.2.10}$$

其中

$$\begin{aligned}{}_{A_n}\langle l\mid k\rangle_{A_{n-1}} &= (-1)^l D_{l,k}(G) \\ {}_{A_n}\langle l\mid k\rangle_{A_{n-2}} &= (-1)^l D_{l,k}(2G) \\ {}_{A_n}\langle l\mid k\rangle_{A_{n+1}} &= (-1)^k D_{l,k}(G) \\ {}_{A_n}\langle l\mid k\rangle_{A_{n+2}} &= (-1)^k D_{l,k}(2G)\end{aligned} \tag{4.2.11}$$

上式中的$D_{l,k}$如前,为

$$D_{l,k} = \mathrm{e}^{-G^2/2}\sum_{r=0}^{\min(1,k)}\frac{(-1)^r\sqrt{l!k!}G^{l+k-2r}}{(l-r)!(k-r)!r!} \tag{4.2.12}$$

其中$G = 2\lambda/(\sqrt{N}\omega)$.

2. 量子相变

在上一小节中,我们给出了用平移算符求解有粒子与粒子自旋作用的Dicke模型的定态集的方法和形式,其中一个主要目的是探讨在这样的模型中是否存在自旋排列对称性的破缺问题,即是否存在这样的量子相变,因此必须选取一定物理参量的系统做具体的计算才能明显看到结果,为此做了如下一些步骤:

(1) 取定物理参量为 $\omega=\Delta=1$.

(2) 粒子数 N 取 4. N 不能取得太大,这是因为分量数随 N 的增大而增大,计算量会变得很大,但另一方面又要能显示标志自旋排列变化的显著特征,N 太小显示不出来. 故选 $N=4$,使得系统的总角动量可取 $j=0,1,2$ 这 3 种可能性,它们足以明显地表示出对称性的变化.

(3) 计算中,(4.2.10)式的求和自然不能到无穷项,而是取到一定的 N_{tr}.

计算的结果如图 4.2.1 所示,显示的是耦合强度 $2\Omega/N$ 及粒子与粒子间的作用 λ^2/N 变化时,系统的总角动量在基态时所取的值. 该图显示出在两个耦合强度参量的取值范围内,系统的基态的总角动量分别取 $j=2,1,0$ 的 3 个区域的相图. 结果表明,推广的 Dicke 模型的确存在量子相变和不同程度的对称性破缺.

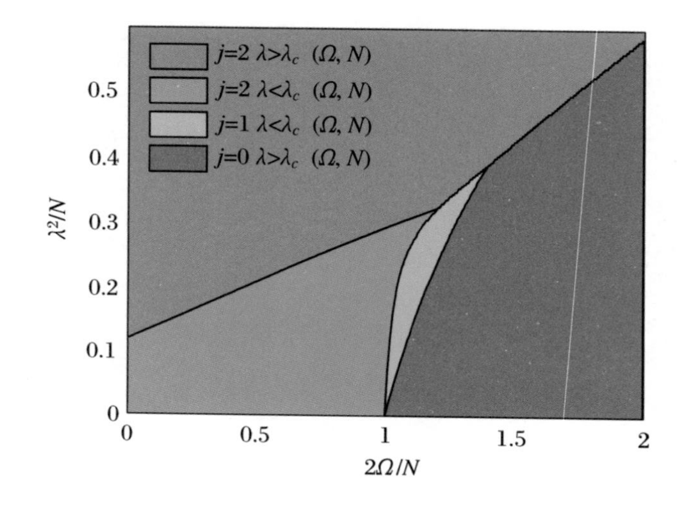

图 4.2.1 有相互作用的 Dicke 模型的相图

4.3 相干态展开法讨论 Dicke 模型

将 Dicke 模型与 JC 模型及 Rabi 模型进行对比,从物理机制看,它们都是二态粒子与单模光场的耦合,但就计算的繁杂程度而论就很不相同了. 在 JC 模型和 Rabi 模型中,计算量加大的原因是求定态时按 Fock 态的基态集展开时截断阶数 N_{tr} 的逐步增大,而对于 Dicke 模型，计算量的增加除来自 N_{tr} 的增大外，还来自系统中，粒子数 N 的增大. 在前两节中介绍了将平移算符法应用于计算定态集的传统 Fock 态展开时，在 N_{tr} 取值上有明显的改善. 此外，粒子数的增加使计算量增大是硬性要求，也是无法避免的.

下面回到本书用相干态展开法直接求解动力学方程的途径来讨论 Dicke 模型，从下面的结论中可以看出，这一方法的有利之处不仅是计算量的减少，而且还在于解析形式上的改变. 本方法得到的终态解析形式的表示式，以及物理结果的解析表示式，使得在改变参量时不必再从头算起. 除此之外，本章的一个焦点是讨论推广的 Dicke 模型的量子相变. 下面会看到用相干态展开法讨论量子相变时的判据是什么，有什么新颖之处.

1. Dicke 模型的演化

不再重复本章 4.1 节介绍的相关内容，这里直接从引入总角动量和在角动量空间中做了旋转的哈密顿量出发，即

$$H = \omega a^{\dagger}a - \Delta J_x + g(a + a^{\dagger})J_z \tag{4.3.1}$$

在上式中为了简便计，用 $g = \frac{2\lambda}{\sqrt{N}}$ 表示第三项. 为此，只需记住 g 与总粒子数的关系即可. 此外态矢的形式亦如(4.1.10)式那样，分别用粒子的总角动量和角动量分量的量子数表示粒子部分的态矢和相应光场部分的态矢. 不过在这里关心的不是系统的定态，而是系统的演化，即系统的状态态矢随时间的演化，这就要求我们首先要选定初始态. 因此这里首先给定如下形式的系统的初态表示：

$$|t = 0\rangle = \sum_{k=0}^{N} |j, j_z\rangle |\varphi_k^{(0)}\rangle \tag{4.3.2}$$

如前所述，这里的 k 实质对应的是总角动量分量的取值为 $j_z = j, j-1, \cdots, -j$，并记住 $j = \frac{N}{2}$.

从前面三章知道下一步要做的是找出各个 H^m 算符的正规乘积展开的系数集合.

首先看 $H^1 = H$ 的矩阵形式. 为了清楚地展示这一过程，我们选定一个 $N = 4$ 的粒子系，这时 $j = 2$，它的总角动量分量 J_x, J_z 的矩阵表示如下：

$$J_z = \begin{bmatrix} 2 & & & & \\ & 1 & & & \\ & & 0 & & \\ & & & -1 & \\ & & & & -2 \end{bmatrix} \tag{4.3.3}$$

$$J_x = \begin{bmatrix} 0 & 2 & & & \\ 2 & 0 & \sqrt{\frac{3}{2}} & & \\ & \sqrt{\frac{3}{2}} & 0 & \sqrt{\frac{3}{2}} & \\ & & \sqrt{\frac{3}{2}} & 0 & 2 \\ & & & 2 & 0 \end{bmatrix} \tag{4.3.4}$$

将(4.3.3)式及(4.3.4)式代入(4.3.1)式,得

$$H = \begin{bmatrix} [\omega a^\dagger a + 2g(a+a^\dagger)] & -\Delta & & & \\ -\Delta & [\omega a^\dagger a + g(a+a^\dagger)] & -\sqrt{\frac{3}{2}}\Delta & & \\ & -\sqrt{\frac{3}{2}}\Delta & [\omega a^\dagger a] & -\sqrt{\frac{3}{2}}\Delta & \\ & & -\sqrt{\frac{3}{2}}\Delta & [\omega a^\dagger a - g(a+a^\dagger)] & -\Delta \\ & & & -\Delta & [\omega a^\dagger a - 2g(a+a^\dagger)] \end{bmatrix} \tag{4.3.5a}$$

如果将算符写成矩阵的形式,那么每个矩阵元上的算符表示为场的湮灭算符及产生算符的正规乘积到 m 阶幂的 H^m 算符可写为如下形式,有了以下形式就可以方便地进行计算了:

$$H^m = \sum_{j_{n_1}, j_{n_2}} A_{n_1 n_2}^{(m; j_1, j_2)} (a^\dagger)^{n_1} (a)^{n_2} \, |j_1\rangle\langle j_2| \tag{4.3.5b}$$

注意,因为我们已选定总角动量为 $J=2$,所以粒子的态矢 $|j, j_z\rangle$ 可以简化为只用 $|j_z\rangle$ 来表示,因此上式中 j_1, j_2 表示的是角动量分量的量子数.

从(4.3.5a)式及(4.3.5b)式知,其中 $\{A_{n_1 n_2}^{(m, j_1, j_2)}\}$ 的取值为

$$A_{01}^{(1;2,2)} = A_{10}^{(1;2,2)} = 2g, \quad A_{11}^{(1,2,2)} = \omega$$

$$A_{00}^{(1;1,2)} = -\Delta, \quad A_{00}^{(1;2,1)} = -\Delta, \quad A_{01}^{(1;2,2)} = A_{10}^{(1;2,2)} = g$$

$$A_{11}^{(1;1,1)} = \omega, \quad A_{00}^{(1;1,0)} = -\sqrt{\frac{3}{2}}\Delta, \quad A_{00}^{(1;0,1)} = -\sqrt{\frac{3}{2}}\Delta$$

$$A_{11}^{(1;0,0)} = \omega, \quad A_{00}^{(1;0,-1)} = -\sqrt{\frac{3}{2}}\Delta, \quad A_{00}^{(1;-1,0)} = -\sqrt{\frac{3}{2}}\Delta$$

$$
\begin{aligned}
&A_{01}^{(1;-1,-1)} = A_{10}^{(1;-1,-1)} = -g, \quad A_{00}^{(1,-1,-2)} = -\Delta \\
&A_{00}^{(1;-2,-1)} = -\Delta, \quad A_{01}^{(1;-2,-2)} = A_{10}^{(1;-2,2)} = -2g \\
&A_{11}^{(1;-2,-2)} = \omega
\end{aligned}
\tag{4.3.6}
$$

其余的 $A_{n_1 n_2}^{(1;j_1,j_2)}=0$.

如前文所做的一样,如果已知$\{A_{n_1 n_2}^{(m;j_1,j_2)}\}$,要问$\{A_{n_1 n_2}^{(m+1;j_1,j_2)}\}$为何?求法和前文一样,即

$$
\begin{aligned}
H^{(m+1)} &= \Big[\sum_{\substack{j_1 j_2 \\ n_1 n_2}} A_{n_1 n_2}^{(m+1,j_1,j_2)}(a^\dagger)^{n_1}(a)^{n_2}\Big]|j_1\rangle\langle j_2| \\
&= H(H^m) \\
&= \Big\{|2\rangle\langle 2|[\omega a^\dagger a + 2g(a+a^\dagger) + |2\rangle\langle 1|(-\Delta)] \\
&\quad + |1\rangle\langle 2|(-\Delta) + |1\rangle\langle 1|[\omega a^\dagger a + g(a+a^\dagger)] + |1\rangle\langle 0|\Big(-\sqrt{\frac{3}{2}}\Delta\Big) \\
&\quad + |0\rangle\langle 1|\Big(-\sqrt{\frac{3}{2}}\Delta\Big) + |0\rangle\langle 0|(\omega a^\dagger a) + |0\rangle\langle -1|\Big(-\sqrt{\frac{3}{2}}\Delta\Big) \\
&\quad + |-1\rangle\langle 0|\Big(-\sqrt{\frac{3}{2}}\Delta\Big) + |-1\rangle\langle -1|[\omega a^\dagger a - g(a+a^\dagger)] \\
&\quad + |-1\rangle\langle -2|(-\Delta) + |-2\rangle\langle -1|(-\Delta) \\
&\quad + |-2\rangle\langle -2|[\omega a^\dagger a - 2g(a+a^\dagger)]\Big\} \\
&\quad \cdot \Big[\sum_{\substack{j_1 j_2 \\ n_1 n_2}} A_{n_1 n_2}^{(m,j_1,j_2)}(a^\dagger)^{n_1}(a)^{n_2}\,|j_1\rangle\langle j_2|\Big] \\
&= \Big\{\sum_{\substack{j_2 \\ n_1 n_2}} A_{n_1 n_2}^{(m;2j_2)}[\omega(a^\dagger)^{n_1+1}(a)^{n_2+1} + n_1\omega(a^\dagger)^{n_1}(a)^{n_2} + 2g(a^\dagger)^{n_1+1}(a)^{n_2} \\
&\quad + 2g(a^\dagger)^{n_1}(a)^{n_2+1} + 2gn_1(a^\dagger)^{n_1-1}(a)^{n_2}]\Big\}\,|2\rangle\langle j_2| \\
&\quad + (-\Delta)\Big[\sum_{\substack{j_2 \\ n_1 n_2}} A_{n_1 n_2}^{(m,1,j_2)}(a^\dagger)^{n_1}(a)^{n_2}\Big]\,|2\rangle\langle j_2| \\
&\quad + (-\Delta)\Big[\sum_{\substack{j_2 \\ n_1 n_2}} A^{(m,2,j_2)}(a^\dagger)^{n_1}(a)^{n_2}\Big]\,|1\rangle\langle j_2|
\end{aligned}
$$

$$+\left\{\sum_{\substack{j_2\\n_1n_2}} A_{n_1n_2}^{(m;1,j_2)}\left[\omega(a^\dagger)^{n_1+1}(a)^{n_2+1}+n_1\omega(a^\dagger)^{n_1}(a)^{n_2}+g(a^\dagger)^{n_1+1}(a)^{n_2}\right.\right.$$

$$\left.\left.+g(a^\dagger)^{n_1}(a)^{n_2+1}+gn_1(a^\dagger)^{n_1-1}(a)^{n_2}\right]\right\}|1\rangle\langle j_2|$$

$$+\left(-\sqrt{\frac{3}{2}}\Delta\right)\left[\sum_{\substack{j_2\\n_1n_2}} A_{n_1n_2}^{m;0,j_2}(a^\dagger)^{n_1}(a)^{n_2}\right]|1\rangle\langle j_2|$$

$$+\left(-\sqrt{\frac{3}{2}}\Delta\right)\left[\sum_{\substack{j_2\\n_1n_2}} A_{n_1n_2}^{m;1,j_2}(a^\dagger)^{n_1}(a)^{n_2}\right]|0\rangle\langle j_2|$$

$$+\left\{\sum_{\substack{j_2\\n_1n_2}} A_{n_1n_2}^{m;0,j_2}\left[\omega(a^\dagger)^{n_1+1}(a)^{n_2+1}+n_1\omega(a^\dagger)^{n_1}(a)^{n_2}\right]\right\}|0\rangle\langle j_2|$$

$$+\left(-\sqrt{\frac{3}{2}}\Delta\right)\left[\sum_{\substack{j_2\\n_1n_2}} A_{n_1n_2}^{m;-1,j_2}(a^\dagger)^{n_1}(a)^{n_2}\right]|0\rangle\langle j_2|$$

$$+\left(-\sqrt{\frac{3}{2}}\Delta\right)\left[\sum_{\substack{j_2\\n_1n_2}} A_{n_1n_2}^{m;0,j_2}(a^\dagger)^{n_1}(a)^{n_2}\right]|-1\rangle\langle j_2|$$

$$+\left\{\sum_{\substack{j_2\\n_1n_2}} A_{n_1n_2}^{(m;-1,j_2)}\left[\omega(a^\dagger)^{n_1+1}(a)^{n_2+1}+n_1\omega(a^\dagger)^{n_1}(a)^{n_2}-g(a^\dagger)^{n_1+1}(a)^{n_2}\right.\right.$$

$$\left.\left.-g(a^\dagger)^{n_1}(a)^{n_2+1}-gn_1(a^\dagger)^{n_1-1}(a)^{n_2}\right]\right\}|-1\rangle\langle j_2|$$

$$+(-\Delta)\left[\sum_{\substack{j_2\\n_1n_2}} A_{n_1n_2}^{(m,-1,j_2)}(a^\dagger)^{n_1}(a)^{n_2}\right]|-2\rangle\langle j_2|$$

$$+(-\Delta)\left[\sum_{\substack{j_2\\n_1n_2}} A_{n_1n_2}^{(m,-2,j_2)}(a^\dagger)^{n_1}(a)^{n_2}\right]|-1\rangle\langle j_2|$$

$$+\left\{\sum_{\substack{j_2\\n_1n_2}} A_{n_1n_2}^{(m;-2,j_2)}\left[\omega(a^\dagger)^{n_1+1}(a)^{n_2+1}+n_1\omega(a^\dagger)^{n_1}(a)^{n_2}-2g(a^\dagger)^{n_1+1}(a)^{n_2}\right.\right.$$

$$\left.\left.-2g(a^\dagger)^{n_1}(a)^{n_2+1}-2gn_1(a^\dagger)^{n_1-1}(a)^{n_2}\right]\right\}|-2\rangle\langle j_2| \tag{4.3.7}$$

比较上式两端的$|j_1\rangle\langle j_2|(a^\dagger)^{n_1}(a)^{n_2}$,得

$$A_{n_1n_2}^{(m+1);2,j_2} = \omega A_{n_1-1,n_2-1}^{(m;2,j_2)} + n_1\omega A_{n_1n_2}^{(m;2,j_2)} + 2gA_{n_1-1,n_2}^{(m;2,j_2)} + 2gA_{n_1,n_2-1}^{(m;2,j_2)}$$

$$+ 2gn_1A_{n_1+1,n_2}^{(m;2,j_2)} - 2\Delta A_{n_1,n_2}^{(m;1,j_2)} \tag{4.3.8}$$

$$A_{n_1n_2}^{(m+1);1,j_2} = -\Delta A_{n_1,n_2}^{(m;2,j_2)} + \omega A_{n_1-1,n_2-1}^{(m;1,j_2)} + n_1\omega A_{n_1,n_2}^{(m;1,j_2)} + gA_{n_1-1,n_2}^{(m;1,j_2)}$$

$$+ gA_{n_1,n_2-1}^{(m;1,j_2)} + gn_1A_{n_1+1,n_2}^{(m;1,j_2)} - \sqrt{\frac{3}{2}}\Delta A_{n_1,n_2}^{(m;0,j_2)} \tag{4.3.9}$$

$$A_{n_1n_2}^{(m+1;0,j_2)} = -\sqrt{\frac{3}{2}}\Delta A_{n_1,n_2}^{(m;1,j_2)} + \omega A_{n_1-1,n_2-1}^{(m;0,j_2)} + n_1\omega A_{n_1,n_2}^{(m;0,j_2)} - \sqrt{\frac{3}{2}}\Delta A_{n_1,n_2}^{(m;-1,j_2)} \tag{4.3.10}$$

$$A_{n_1n_2}^{(m+1;-1,j_2)} = -\sqrt{\frac{3}{2}}\Delta A_{n_1,n_2}^{(m;0,j_2)} + \omega A_{n_1-1,n_2-1}^{(m;-1,j_2)} + n_1\omega A_{n_1,n_2}^{(m;-1,j_2)} - gA_{n_1-1,n_2}^{(m;-1,j_2)}$$

$$- gA_{n_1,n_2-1}^{(m;-1,j_2)} - gn_1A_{n_1+1,n_2}^{(m;-1,j_2)} - \Delta A_{n_1,n_2}^{(m;-2,j_2)} \tag{4.3.11}$$

$$A_{n_1n_2}^{(m+1;-2,j_2)} = -\Delta A_{n_1,n_2}^{(m;-1,j_2)} + \omega A_{n_1,n_2}^{(m;-2,j_2)} + n_1\omega A_{n_1,n_2}^{(m;-2,j_2)} - 2gA_{n_1-1,n_2}^{(m;-2,j_2)}$$

$$- 2gA_{n_1,n_2-1}^{(m;-2,j_2)} - 2gn_1A_{n_1+1,n_2}^{(m;-2,j_2)} \tag{4.3.12}$$

由(4.3.6)式给出的 $A_{n_1n_2}^{(1;j_1,j_2)}$ 和(4.3.8)式～(4.3.12)式的递推关系,便可得出各阶的$\{A_{n_1n_2}^{(m;j_1,j_2)}\}$.

接下来是选定初始态.为确定起见,考虑大家最常选取的亦是最接近实际的情况,即在开始时刻所有的二态粒子都处于稳定的下态,加上使之激发的光场并开始演化,即初始态取如下形式:

$$|t=0\rangle = |-2\rangle|\varphi^{(0)}\rangle \tag{4.3.13}$$

上式中已考虑到现在讨论的是确定的4个粒子的情形,故4个粒子在初始时刻都居于下态对应于 $j_z=-2$,$|\varphi^{(0)}\rangle$是初始时刻加上光场时的初始态矢.和前面一样,考虑开始加的光场是 Fock 态,则

$$|t=0\rangle = |-2\rangle\left[\iint\frac{(\rho-\mathrm{i}\eta)^{N_1}}{\sqrt{N_1!}}\mathrm{e}^{-\rho^2-\eta^2}|\rho+\mathrm{i}\eta\rangle\frac{\mathrm{d}\rho\mathrm{d}\eta}{\pi}\right] \tag{4.3.14}$$

其中,N_1 表示 Fock 态为$|N_1\rangle$,如前一样,上式已将初态表示为相干态展开形式了.如果光场是相干态 $\mathrm{e}^{-\frac{1}{2}(\alpha^2+\beta^2)}|\alpha+\mathrm{i}\beta\rangle$,则有

$$|t=0\rangle = |-2\rangle\left[\iint\mathrm{e}^{-\frac{1}{2}(\alpha^2+\beta^2)}\mathrm{e}^{-\rho^2-\eta^2}\mathrm{e}^{(\alpha+\mathrm{i}\beta)(\rho-\mathrm{i}\eta)}|\rho+\mathrm{i}\eta\rangle\frac{\mathrm{d}\rho\mathrm{d}\eta}{\pi}\right] \tag{4.3.15}$$

根据已给出的(4.3.14)式,初始态为 Fock 态时,有

$$H^m\ |t=0\rangle=\Big[\sum_{\substack{j_1j_2\\n_1n_2}}A_{n_1n_2}^{(m;j_1,j_2)}(a^\dagger)^{n_1}(a)^{n_2}\ |j_1\rangle\langle j_2|\Big]|t=0\rangle$$

$$=\Big[\sum_{\substack{j_1j_2\\n_1n_2}}A_{n_1n_2}^{(m;j_1,j_2)}(a^\dagger)^{n_1}(a)^{n_2}\ |j_1\rangle\langle j_2|\Big]$$

$$\cdot\Big[|-2\rangle\iint\frac{(\rho-\mathrm{i}\eta)^{N_1}}{\sqrt{N!}}\mathrm{e}^{-\rho^2-\eta^2}\ |\rho+\mathrm{i}\eta\rangle\frac{\mathrm{d}\rho\mathrm{d}\eta}{\pi}\Big]$$

$$=\Big[\sum_{\substack{j_1\\n_1n_2}}A_{n_1n_2}^{(m;j_1,-2)}\ |j_1\rangle\Big]\Big[(a^\dagger)^{n_1}(a)^{n_2}\iint\frac{(\rho-\mathrm{i}\eta)^{N_1}}{\sqrt{N_1!}}\mathrm{e}^{-\rho^2-\eta^2}\ |\rho+\mathrm{i}\eta\rangle\frac{\mathrm{d}\rho\mathrm{d}\eta}{\pi}\Big]$$

$$=\sum_{\substack{j\\n_1n_2}}A_{n_1n_2}^{(m;j,-2)}\theta(N_1-n_2)C_{N_1}^{n_2}\Pi(n_2)\ |j\rangle$$

$$\cdot\Big[\iint\frac{1}{\sqrt{N!}}(\rho-\mathrm{i}\eta)^{N_1+n_1-n_2}\mathrm{e}^{-\rho^2-\eta^2}\ |\rho+\mathrm{i}\eta\rangle\frac{\mathrm{d}\rho\mathrm{d}\eta}{\pi}\Big]\qquad(4.3.16)$$

于是得 t 时刻的态矢为

$$|t\rangle=\sum_m\frac{(-\mathrm{i}t)^m}{m!}\sum_{\substack{j\\n_1n_2}}A_{n_1n_2}^{(m;j,-2)}\theta(N_1-n_2)C_{N_1}^{n_2}\Pi(n_2)\ |j\rangle$$

$$\cdot\Big[\iint\frac{1}{\sqrt{N!}}(\rho-\mathrm{i}\eta)^{N_1+n_1-n_2}\mathrm{e}^{-\rho^2-\eta^2}\ |\rho+\mathrm{i}\eta\rangle\frac{\mathrm{d}\rho\mathrm{d}\eta}{\pi}\Big]\qquad(4.3.17)$$

如果初始态粒子的态矢仍是$|-2\rangle$，场的态矢部分是(4.3.15)式的相干态，则应用(1.6.21)式的$(a^\dagger)^{n_1}(a)^{n_2}$对相干态作用后的结果，可以得时刻 t 的态矢$|t\rangle$为

$$|t\rangle=\sum_m\frac{(-\mathrm{i}t)^m}{m!}\sum_{\substack{j\\n_1n_2}}A_{n_1n_2}^{(m;j,-2)}\ |j\rangle\mathrm{e}^{-\frac{1}{2}(\alpha^2+\beta^2)}(\alpha+\mathrm{i}\beta)^{m_2}$$

$$\cdot\iint\mathrm{e}^{(\alpha+\mathrm{i}\beta)(\rho-\mathrm{i}\eta)}\mathrm{e}^{-\rho^2-\eta^2}(\rho-\mathrm{i}\eta)^{m_1}\ |\rho+\mathrm{i}\eta\rangle\frac{\mathrm{d}\rho\mathrm{d}\eta}{\pi}\qquad(4.3.18)$$

至此可以做一个小结：对于 Dicke 模型，仍然可以看到用相干态展开法来处理所有的过程都是一样的，只需要计算属于 Dicke 模型的$\{A_{n_1n_2}^{(m;j_1,j_2)}\}$，当然由于 Dicke 模型的多分量，其维度会多很多；由于与有了$|t\rangle$的表示式后再计算系统的物理性质的讨论形式相同，这里不再重复.

下面将介绍推广的 Dicke 模型，并将注意集中在讨论它具有的相变问题上，因为这是一个新的内容.

2. 推广 Dicke 模型的演化

对于推广的 Dicke 模型，这里仍然从转动后的哈密顿量出发，其哈密顿量表示为

$$H = \omega a^\dagger a - \Delta J_x + g(a + a^\dagger)J_z + \Omega(J_y^2 + J_z^2) \tag{4.3.19}$$

为了简便计，已把$\frac{2\Omega}{N}$简表为Ω，$\frac{2\lambda}{\sqrt{N}}$简表为$g$，(4.2.3)式中的$S$改用常见的$J$.

为了进行确定和具体的讨论，以及和原有的关于推广的 Dicke 模型的量子相变的结果做比较，我们仍选定$N=4$(4 个粒子)的情形，即$J=\frac{N}{2}=2$，它的J_z，J_x和J_y分别为

$$J_z = \begin{bmatrix} 2 & 0 & 0 & 0 & 0 \\ 0 & 1 & 0 & 0 & 0 \\ 0 & 0 & 0 & 0 & 0 \\ 0 & 0 & 0 & -1 & 0 \\ 0 & 0 & 0 & 0 & -2 \end{bmatrix}, \quad J_x = \begin{bmatrix} 0 & 1 & 0 & 0 & 0 \\ 1 & 0 & \sqrt{\frac{3}{2}} & 0 & 0 \\ 0 & \sqrt{\frac{3}{2}} & 0 & \sqrt{\frac{3}{2}} & 0 \\ 0 & 0 & \sqrt{\frac{3}{2}} & 0 & 1 \\ 0 & 0 & 0 & 1 & 0 \end{bmatrix}$$

$$J_y = \begin{bmatrix} 0 & -\mathrm{i} & 0 & 0 & 0 \\ \mathrm{i} & 0 & -\sqrt{\frac{3}{2}}\mathrm{i} & 0 & 0 \\ 0 & \sqrt{\frac{3}{2}}\mathrm{i} & 0 & -\sqrt{\frac{3}{2}}\mathrm{i} & 0 \\ 0 & 0 & \sqrt{\frac{3}{2}}\mathrm{i} & 0 & -\mathrm{i} \\ 0 & 0 & 0 & \mathrm{i} & 0 \end{bmatrix} \tag{4.3.20}$$

以及

$$J_z^2 = \begin{bmatrix} 4 & 0 & 0 & 0 & 0 \\ 0 & 1 & 0 & 0 & 0 \\ 0 & 0 & 0 & 0 & 0 \\ 0 & 0 & 0 & 1 & 0 \\ 0 & 0 & 0 & 0 & 4 \end{bmatrix}, \quad J_x^2 = \begin{bmatrix} 1 & 0 & \sqrt{\frac{3}{2}} & 0 & 0 \\ 0 & \frac{5}{2} & 0 & -\frac{3}{2} & 0 \\ \sqrt{\frac{3}{2}} & 0 & 3 & 0 & \sqrt{\frac{3}{2}} \\ 0 & -\frac{3}{2} & 0 & \frac{5}{2} & 0 \\ 0 & 0 & \sqrt{\frac{2}{3}} & 0 & 1 \end{bmatrix}$$

$$J_y^2 = \begin{bmatrix} 1 & 0 & -\sqrt{\frac{2}{3}} & 0 & 0 \\ 0 & \frac{5}{2} & 0 & -\frac{3}{2} & 0 \\ -\sqrt{\frac{2}{3}} & 0 & 3 & 0 & -\sqrt{\frac{2}{3}} \\ 0 & -\frac{3}{2} & 0 & \frac{5}{2} & 0 \\ 0 & 0 & -\sqrt{\frac{2}{3}} & 0 & 1 \end{bmatrix} \tag{4.3.21}$$

和前面的做法一样，将系统的态矢表示为

$$|\rangle = \sum_{j=-2}^{2} |j\rangle\, |\varphi^{(j)}\rangle \tag{4.3.22}$$

其中 $j=2,1,0,-1,-2$，以及 $|j\rangle$ 是 J_z 分量算符的本征态矢，$|\varphi^{(j)}\rangle$ 是相应光场部分的态矢，哈密顿量算符的 m 次幂 H^m 的矩阵形式表示为

$$H^m = \sum_{\substack{j_1 j_2 \\ n_1 n_2}} |j_1\rangle\langle j_2|\left[A_{n_1 n_2}^{(m;j_1,j_2)} (a^\dagger)^{n_1} (a)^{n_2}\right] \tag{4.3.23}$$

和 Dicke 模型情形一样.

尽管(4.3.22)式与(4.3.23)式中的态矢和算符的表示式，对于推广的 Dicke 模型和原来的 Dicke 模型在形式上没有不同，但系数集 $\{A_{n_1 n_2}^{(m;j_1,j_2)}\}$ 不会相同，需要重新计算.

为讨论确定和具体起见，仍选定(4.3.14)式和(4.3.15)式表示的两种情况的初始态.

4 个粒子居于稳定的下态，而场激发取 Fock 态的情形时，初始态为

$$|t=0\rangle = |-2\rangle\left[\iint \frac{(\rho - \mathrm{i}\eta)^{N_1}}{\sqrt{N_1!}}\mathrm{e}^{-\rho^2-\eta^2}\ |\rho + \mathrm{i}\eta\rangle \frac{\mathrm{d}\rho\mathrm{d}\eta}{\pi}\right]$$

4 个粒子居于稳定的下态而场激发取相干态时，初始态为

$$|t=0\rangle = |-2\rangle\left[\iint \mathrm{e}^{-\frac{1}{2}(\alpha^2+\beta^2)}\mathrm{e}^{-\rho^2-\eta^2}\mathrm{e}^{(\alpha+\mathrm{i}\beta)(\rho-\mathrm{i}\eta)}\ |\rho + \mathrm{i}\eta\rangle \frac{\mathrm{d}\rho\mathrm{d}\eta}{\pi}\right]$$

于是下面需要做的是求推广的 Dicke 模型的$\{A_{n_1n_2}^{(m;j_1,j_2)}\}$.

根据(4.3.20)式和(4.3.21)式，可把(4.3.19)式中的哈密顿量表示成如下矩阵形式，即

$$H = \begin{bmatrix} \omega a^\dagger a + 2g(a+a^\dagger) + 5\Omega & -\Delta & -\sqrt{\frac{3}{2}}\Omega & & \\ -\Delta & \omega a^\dagger a + g(a+a^\dagger) + \frac{7\Omega}{2} & -\sqrt{\frac{3}{2}}\Delta & -\frac{3}{2}\Omega & 0 \\ -\sqrt{\frac{3}{2}}\Omega & -\sqrt{\frac{3}{2}}\Delta & \omega a^\dagger a + 3\Omega & -\sqrt{\frac{3}{2}}\Delta & -\sqrt{\frac{3}{2}}\Omega \\ 0 & -\frac{3}{2}\Omega & -\sqrt{\frac{3}{2}}\Delta & \omega a^\dagger a - g(a+a^\dagger) + \frac{7\Omega}{2} & -\Delta \\ 0 & 0 & -\sqrt{\frac{3}{2}}\Omega & -\Delta & \omega a^\dagger a - 2g(a+a^\dagger) + 5\Omega \end{bmatrix} \tag{4.3.24}$$

由上面的矩阵知，$A_{n_1n_2}^{(m;j_1,j_2)}$的值为

$$A_{01}^{(1;2,2)} = A_{10}^{(1;2,2)} = 2g,\quad A_{11}^{(1;2,2)} = \omega,\quad A_{00}^{(1;2,1)} = -\Delta,\quad A_{00}^{(1;2,0)} = -\sqrt{\frac{3}{2}}\Omega$$

$$A_{00}^{(1;1,2)} = -\Delta,\quad A_{00}^{(1;1,1)} = \frac{7\Omega}{2},\quad A_{01}^{(1;1,1)} = A_{10}^{(1;1,1)} = g$$

$$A_{00}^{(1;1,0)} = -\sqrt{\frac{3}{2}}\Delta,\quad A_{00}^{(1;1,-1)} = -\frac{3}{2}\Omega$$

$$A_{00}^{(1;0,2)} = -\sqrt{\frac{3}{2}}\Omega,\quad A_{00}^{(1;0,1)} = -\sqrt{\frac{3}{2}}\Delta,\quad A_{00}^{(1;0,0)} = 3\Omega,\quad A_{11}^{(1;0,0)} = \omega$$

$$A_{00}^{(1;0,-1)} = -\sqrt{\frac{3}{2}}\Delta,\quad A_{00}^{(1;0,-2)} = -\sqrt{\frac{3}{2}}\Omega$$

$$A_{00}^{(1;-1,1)} = -\frac{3}{2}\Omega,\quad A_{00}^{(1;-1,0)} = -\sqrt{\frac{3}{2}}\Delta,\quad A_{00}^{(1;-1,-1)} = \frac{7\Omega}{2}$$

$$A_{01}^{(1;-1,-1)} = A_{10}^{(1;-1,-1)} = -g,\quad A_{11}^{(1;-1,-1)} = \omega,\quad A_{00}^{(1;-1,-2)} = -\Delta$$

$$A_{00}^{(1;-2,0)} = -\sqrt{\frac{3}{2}}\Omega, \quad A_{00}^{(1;-2,-1)} = -\Delta, \quad A_{00}^{(1;-2,-2)} = 5\Omega$$

$$A_{01}^{(1;-2,-2)} = A_{10}^{(1;-2,-2)} = -2g, \quad A_{11}^{(1;-2,-2)} = \omega \tag{4.3.25}$$

其余的 $A_{n_1 n_2}^{(1,j_1,j_2)}$ 均为零.

如$\{A_{n_1 n_2}^{(m;j_1,j_2)}\}$已知,求$\{A_{n_1 n_2}^{(m+1;j_1,j_2)}\}$.如下:

$$\begin{aligned}
H^{(m+1)} &= \sum_{\substack{j_1 j_2 \\ n_1 n_2}} [A_{n_1 n_2}^{(m+1;j_1,j_2)} (a^\dagger)^{n_1} (a)^{n_2}] \,|j_1\rangle\langle j_2| \\
&= \Big\{ [\omega a^\dagger a + 2g(a + a^\dagger) + 5\Omega] \,|2\rangle\langle 2| - \Delta\,|2\rangle\langle 1| \\
&\quad - \sqrt{\frac{3}{2}}\Delta\,|2\rangle\langle 0| - \Delta\,|1\rangle\langle 2| + \left[\omega a^\dagger a + g(a + a^\dagger) + \frac{7\Omega}{2}\right]|1\rangle\langle 1| \\
&\quad - \sqrt{\frac{3}{2}}\Delta\,|1\rangle\langle 0| - \frac{3}{2}\Omega\,|1\rangle\langle -1| - \sqrt{\frac{3}{2}}\Omega\,|0\rangle\langle 2| - \sqrt{\frac{3}{2}}\Delta\,|0\rangle\langle 1| \\
&\quad + (\omega a^\dagger a + 3\Omega)\,|0\rangle\langle 0| - \sqrt{\frac{3}{2}}\Delta\,|0\rangle\langle -1| - \sqrt{\frac{3}{2}}\Omega\,|0\rangle\langle -2| \\
&\quad - \frac{3}{2}\Omega\,|-1\rangle\langle 1| - \sqrt{\frac{3}{2}}\Delta\,|-1\rangle\langle 0| \\
&\quad + \left[\omega a^\dagger a - g(a + a^\dagger) + \frac{7\Omega}{2}\right]|-1\rangle\langle -1| \\
&\quad - \Delta\,|-1\rangle\langle -2| - \sqrt{\frac{3}{2}}\Omega\,|-2\rangle\langle 0| - \Delta\,|-2\rangle\langle -1| \\
&\quad + [\omega a^\dagger a - 2g(a + a^\dagger) + 5\Omega]\,|-2\rangle\langle -2| \Big\} \\
&\quad \cdot \left[\sum_{\substack{j_1 j_2 \\ n_1 n_2}} [A_{n_1 n_2}^{(m;j_1,j_2)} (a^\dagger)^{n_1} (a)^{n_2}] \,|j_1\rangle\langle j_2| \right] \\
&= \sum_{\substack{j_2 \\ n_1 n_2}} A_{n_1 n_2}^{(m;j_1,j_2)} [\omega (a^\dagger)^{n_1+1} (a)^{n_2+1} + n_1 \omega (a^\dagger)^{n_1} (a)^{n_2} + 2g (a^\dagger)^{n+1} (a)^{n_2} \\
&\quad + 2g (a^\dagger)^{n_1} (a)^{n_2+1} + 2g n_1 (a^\dagger)^{n_1-1} (a)^{n_2} + 5\Omega (a^\dagger)^{n_1} (a)^{n_2}] \,|2\rangle\langle j_2| \\
&\quad - \Delta \sum_{\substack{j_2 \\ n_1 n_2}} A_{n_1 n_2}^{(m;1,j_2)} (a^\dagger)^{n_1} (a)^{n_2} \,|2\rangle\langle j_2|
\end{aligned}$$

$$
-\sqrt{\frac{3}{2}}\Delta\sum_{\substack{j_2\\n_1n_2}}A_{n_1n_2}^{(m;0,j_2)}\ |2\rangle\langle j_2\ |(a^\dagger)^{n_1}(a)^{n_2}
$$

$$
-\Delta\sum_{\substack{j_2\\n_1n_2}}A_{n_1n_2}^{(m;2,j_2)}(a^\dagger)^{n_1}(a)^{n_2}\ |1\rangle\langle j_2\ |
$$

$$
+\sum_{\substack{j_2\\n_1n_2}}A_{n_1n_2}^{(m;1,j_2)}\Big[\omega(a^\dagger)^{n_1+1}(a)^{n_2+1}+n_1\omega(a^\dagger)^{n_1}(a)^{n_2}+g(a^\dagger)^{n_1+1}(a)^{n_2}
$$

$$
+g(a^\dagger)^{n_1}(a)^{n_2+1}+gn_1(a^\dagger)^{n_1-1}(a)^{n_2}+\frac{7\Omega}{2}(a^\dagger)^{n_1}(a)^{n_2}\Big]\ |1\rangle\langle j_2\ |
$$

$$
-\sqrt{\frac{3}{2}}\Delta\sum_{\substack{j_2\\n_1n_2}}A_{n_1n_2}^{(m;0,j_2)}(a^\dagger)^{n_1}(a)^{n_2}\ |1\rangle\langle j_2\ |
$$

$$
-\frac{3}{2}\Omega\sum_{\substack{j_2\\n_1n_2}}A_{n_1n_2}^{(m;-1,j_2)}(a^\dagger)^{n_1}(a)^{n_2}\ |1\rangle\langle j_2\ |
$$

$$
-\sqrt{\frac{3}{2}}\Omega\sum_{\substack{j_2\\n_1n_2}}A_{n_1n_2}^{(m;2,j_2)}(a^\dagger)^{n_1}(a)^{n_2}\ |0\rangle\langle j_2\ |
$$

$$
-\sqrt{\frac{3}{2}}\Delta\sum_{\substack{j_2\\n_1n_2}}A_{n_1n_2}^{(m;1,j_2)}(a^\dagger)^{n_1}(a)^{n_2}\ |0\rangle\langle j_2\ |
$$

$$
+\sum_{\substack{j_2\\n_1n_2}}A_{n_1n_2}^{(m;0,j_2)}[\omega(a^\dagger)^{n_1+1}(a)^{n_2+1}+n_1\omega(a^\dagger)^{n_1}(a)^{n_2}+3\Omega(a^\dagger)^{n_1}(a)^{n_2}]\ |0\rangle\langle j_2\ |
$$

$$
-\sum_{\substack{j_2\\n_1n_2}}\sqrt{\frac{3}{2}}\Delta A_{n_1n_2}^{(m;-1_1,j_2)}(a^\dagger)^{n_1}(a)^{n_2}\ |0\rangle\langle j_2\ |
$$

$$
-\sqrt{\frac{3}{2}}\Omega\sum_{\substack{j_2\\n_1n_2}}A_{n_1n_2}^{(m;-2,j_2)}(a^\dagger)^{n_1}(a)^{n_2}\ |0\rangle\langle j_2\ |
$$

$$
-\frac{3}{2}\Omega\sum_{\substack{j_2\\n_1n_2}}A_{n_1n_2}^{(m;1,j_2)}(a^\dagger)^{n_1}(a)^{n_2}\ |-1\rangle\langle j_2\ |
$$

$$+\sum_{\substack{j_2\\n_1n_2}} A_{n_1n_2}^{(m;-1,j_2)}\Big[\omega(a^\dagger)^{n_1+1}(a)^{n_2+1}+n_1\omega(a^\dagger)^{n_1}(a)^{n_2}-g(a^\dagger)^{n_1+1}(a)^{n_2}$$

$$-g(a^\dagger)^{n_1}(a)^{n_2+1}-gn_1(a^\dagger)^{n_1-1}(a)^{n_2}+\frac{7\Omega}{2}(a^\dagger)^{n_1}(a)^{n_2}\Big]|-1\rangle\langle j_2|$$

$$-\Delta\sum_{\substack{j_2\\n_1n_2}} A_{n_1n_2}^{(m;-2,j_2)}(a^\dagger)^{n_1}(a)^{n_2}|-1\rangle\langle j_2|$$

$$-\sqrt{\frac{3}{2}}\Omega\sum_{\substack{j_2\\n_1n_2}} A_{n_1n_2}^{(m;0,j_2)}(a^\dagger)^{n_1}(a)^{n_2}|-2\rangle\langle j_2|$$

$$-\Delta\sum_{\substack{j_2\\n_1n_2}} A_{n_1n_2}^{(m;-1,j_2)}(a^\dagger)^{n_1}(a)^{n_2}|-2\rangle\langle j_2|$$

$$+\sum_{\substack{j_2\\n_1n_2}} A_{n_1n_2}^{(m;-2,j_2)}\Big[\omega(a^\dagger)^{n_1+1}(a)^{n_2+1}+n_1\omega(a^\dagger)^{n_1}(a)^{n_2}-2g(a^\dagger)^{n_1+1}(a)^{n_2}$$

$$-2g(a^\dagger)^{n_1}(a)^{n_2+1}-2gn_1(a^\dagger)^{n_1-1}(a)^{n_2}+5\Omega(a^\dagger)^{n_1}(a)^{n_2}\Big]|-2\rangle\langle j_2| \tag{4.3.26}$$

比较上式两端的$|j_1\rangle\langle j_2|(a^\dagger)^{n_1}(a)^{n_2}$,得

$$A_{n_1n_2}^{(m+1;2,j_2)}=\omega A_{n_1-1,n_2-1}^{(m;2,j_2)}+n_1\omega A_{n_1n_2}^{(m;2,j_2)}+2gA_{n_1-1,n_2}^{(m;2,j_2)}+2gA_{n_1,n_2-1}^{(m;2,j_2)}$$
$$+2g(n_1+1)A_{n_1+1,n_2}^{(m;2,j_2)}+5\Omega A_{n_1n_2}^{(m;2,j_2)}-\Delta A_{n_1n_2}^{(m;1,j_2)}-\sqrt{\frac{3}{2}}\Delta A_{n_1,n_2}^{(m;0,j_2)} \tag{4.3.27}$$

$$A_{n_1n_2}^{(m+1;1,j_2)}=-\Delta A_{n_1n_2}^{(m;2,j_2)}+\omega A_{n_1n_2}^{(m;1,j_2)}+n_1\omega A_{n_1,n_2}^{(m;1,j_2)}+gA_{n_1-1,n_2}^{(m;1,j_2)}+gA_{n_1,n_2-1}^{(m;1,j_2)}$$
$$+g(n_1+1)A_{n_1+1,n_2}^{(m;1,j_2)}+\frac{7\Omega}{2}A_{n_1n_2}^{(m;1,j_2)}-\sqrt{\frac{3}{2}}\Delta A_{n_1n_2}^{(m;0,j_2)}-\frac{3}{2}\Omega A_{n_1,n_2}^{(m;-1,j_2)} \tag{4.3.28}$$

$$A_{n_1n_2}^{(m+1;0,j_2)}=-\sqrt{\frac{3}{2}}\Omega A_{n_1n_2}^{(m;2,j_2)}-\sqrt{\frac{3}{2}}\Delta A_{n_1n_2}^{(m;1,j_2)}+\omega A_{n_1-1,n_2-1}^{(m;0,j_2)}+n_1\omega A_{n_1n_2}^{(m;0,j_2)}$$
$$+3\Omega A_{n_1n_2}^{(m;0,j_2)}-\sqrt{\frac{3}{2}}\Delta A_{n_1n_2}^{(m;-1,j_2)}-\sqrt{\frac{3}{2}}\Omega A_{n_1,n_2}^{(m;-2,j_2)} \tag{4.3.29}$$

$$A_{n_1n_2}^{(m+1;-1,j_2)}=-\frac{3}{2}\Omega A_{n_1n_2}^{(m;1,j_2)}+\omega A_{n_1-1,n_2-1}^{(m;-1,j_2)}+n_1\omega A_{n_1,n_2}^{(m;-1,j_2)}-gA_{n_1-1,n_2}^{(m;-1,j_2)}-gA_{n_1,n_2-1}^{(m;-1,j_2)}$$

$$-g(n_1+1)A_{n_1+1,n_2}^{(m;-1,j_2)}+\frac{7\Omega}{2}A_{n_1n_2}^{(m;-1,j_2)}-\Delta A_{n_1n_2}^{(m;-2,j_2)} \tag{4.3.30}$$

$$A_{n_1n_2}^{(m+1;-2,j_2)}=-\sqrt{\frac{3}{2}}\Omega A_{n_1n_2}^{(m;0,j_2)}-\Delta A_{n_1n_2}^{(m;-1,j_2)}+\omega A_{n_1-1,n_2-1}^{(m;-2,j_2)}+n_1\omega A_{n_1,n_2}^{(m;-2,j_2)}-2gA_{n_1-1,n_2}^{(m;-2,j_2)}$$
$$-2gA_{n_1,n_2-1}^{(m;-2,j_2)}-2g(n_1+1)A_{n_1+1,n_2}^{(m;-2,j_2)}+5\Omega A_{n_1n_2}^{(m;-2,j_2)} \tag{4.3.31}$$

由(4.3.15)式给定的$\{A_{n_1n_2}^{(1;j_1,j_2)}\}$,以及(4.3.27)式~(4.3.31)式的递推关系,就能给出所有需要的$\{A_{n_1n_2}^{(m;j_1,j_2)}\}$,再代入(4.3.17)式,便得$|t\rangle$.

计算系统仍然居于最低的 $j_z=-2$ 的概率,如初始态中场激发取 Fock 态的情形,则有了以上计算,系统在任一时刻 t 的态矢便可得出:

$$|t\rangle=\sum_m\frac{(-\mathrm{i}t)^m}{m!}\sum_{\substack{j\\n_1n_2}}A_{n_1n_2}^{(m;j,-2)}\theta(N_1-n_2)C_{N_1}^{n_2}\Pi(n_1)|j\rangle$$
$$\cdot\left[\iint\frac{1}{\sqrt{N_1!}}(\rho-\mathrm{i}\eta)^{N_1+n_1-n_2}\mathrm{e}^{-\rho^2-\eta^2}|\rho+\mathrm{i}\eta\rangle\frac{\mathrm{d}\rho\mathrm{d}\eta}{\pi}\right]$$

由$|t\rangle$可算出 t 时刻系统居于$|-2\rangle$态的概率 $\rho_{-2}(t)$为

$$\rho_{-2}(t)=\langle t|(|-2\rangle\langle-2|)|t\rangle$$
$$=\left[\sum_{m_1}\frac{(-\mathrm{i}t)^{m_1}}{m_1!}\sum_{\substack{j_1\\n_1n_2}}A_{n_1n_2}^{(m_1;j_1,-2)}\theta(N_1-n_2)C_{N_1}^{n_2}\Pi(n_2)|j_1\rangle\right]$$
$$\cdot\left[\iint\frac{1}{\sqrt{N_1!}}(\rho_1+\mathrm{i}\eta_1)^{N_1+n_1-n_2}\mathrm{e}^{-\rho_1^2-\eta_1^2}|\rho_1+\mathrm{i}\eta_1\rangle\frac{\mathrm{d}\rho_1\mathrm{d}\eta_1}{\pi}\right]$$
$$\cdot(|-2\rangle\langle-2|)\left[\sum_{m_2}\frac{(-\mathrm{i}t)^{m_2}}{m_2!}\sum_{\substack{j_2\\n_3n_4}}\theta(N_1-n_4)C_{N_1}^{n_4}\Pi(n_4)|j_2\rangle A_{n_3n_4}^{(m_2;j_2,-2)}\right]$$
$$\cdot\left[\iint\frac{1}{\sqrt{N_1!}}(\rho_2-\mathrm{i}\eta_2)^{N_1+n_3-n_4}\mathrm{e}^{-\rho_2^2-\eta_2^2}|\rho_2+\mathrm{i}\eta_2\rangle\frac{\mathrm{d}\rho_2\mathrm{d}\eta_2}{\pi}\right]$$
$$=\sum_{m_1m_2}\sum_{\substack{n_1n_2\\n3n_4}}A_{n_1n_2}^{(m_1;-2,-2)}A_{n_3n_4}^{(m_2;-2,-2)}\theta(N_1-n_2)C_{N_1}^{n_2}\Pi(n_2)\frac{(-\mathrm{i}t)^{m_1}}{m_1!}\frac{(-\mathrm{i}t)^{m_2}}{m_2!}$$
$$\cdot\theta(N_1-n_4)C_{N_1}^{n_4}\Pi(n_4)\iiiint\frac{1}{N_1!}(\rho_1+\mathrm{i}\eta_1)^{N_1+n_1-n_2}(\rho_2-\mathrm{i}\eta_2)^{N_1+n_3-n_4}$$
$$\cdot\mathrm{e}^{(\rho_1-\mathrm{i}\eta_1)(\rho_2+\mathrm{i}\eta_2)}\mathrm{e}^{-\rho_1^2-\eta_1^2-\rho_2^2-\eta_2^2}\frac{\mathrm{d}\rho_1\mathrm{d}\eta_1\mathrm{d}\rho_2\mathrm{d}\eta_2}{\pi^2} \tag{4.3.32}$$

现在将上式中如下积分抽出来计算,则

$$\iiiint(\rho_1+\mathrm{i}\eta_1)^{N_1+n_1-n_2}(\rho_2-\mathrm{i}\eta_2)^{N_1+n_3-n_4}\mathrm{e}^{(\rho_1-\mathrm{i}\eta_1)(\rho_2+\mathrm{i}\eta_2)}\mathrm{e}^{-\rho_1^2-\eta_1^2-\rho_2^2-\eta_2^2}\frac{\mathrm{d}\rho_1\mathrm{d}\eta_1\mathrm{d}\rho_2\mathrm{d}\eta_2}{\pi^2}$$

$$=\iiiint(\rho_1+\mathrm{i}\eta_1)^{N_1+n_1-n_2}(\rho_2-\mathrm{i}\eta_2)^{N_1+n_3-n_4}\mathrm{e}^{-\left(\rho_2-\frac{\rho_1-\mathrm{i}\eta_1}{2}\right)^2}\mathrm{e}^{-\left(\eta_2-\frac{\eta_1+\mathrm{i}\rho_1}{2}\right)^2}$$

$$\cdot\,\mathrm{e}^{(\rho_1-\mathrm{i}\eta_1)^2/4}\mathrm{e}^{(\eta_1+\mathrm{i}\rho_1)^2/4}\mathrm{e}^{-\rho_1^2-\eta_1^2}\frac{\mathrm{d}\rho_1\mathrm{d}\eta_1\mathrm{d}\rho_2\mathrm{d}\eta_2}{\pi^2}$$

$$=\iiiint(\rho_1+\mathrm{i}\eta_1)^{N_1+n_1-n_2}(\rho_2-\mathrm{i}\eta_2)^{N_1+n_3-n_4}\mathrm{e}^{-\left(\rho_2-\frac{\rho_1-\mathrm{i}\eta_1}{2}\right)^2}$$

$$\cdot\,\mathrm{e}^{-\left(\eta_2-\frac{\eta_1+\mathrm{i}\rho_1}{2}\right)^2}\mathrm{e}^{-\rho_1^2-\eta_1^2}\frac{\mathrm{d}\rho_1\mathrm{d}\eta_1\mathrm{d}\rho_2\mathrm{d}\eta_2}{\pi^2}$$

$$=\iiiint(\rho_1+\mathrm{i}\eta_1)^{N_1+n_1-n_2}\left(\rho'+\frac{\rho_1-\mathrm{i}\eta_1}{2}-\mathrm{i}\eta'-\mathrm{i}\frac{\eta_1+\mathrm{i}\rho_1}{2}\right)^{N_1+n_3-n_4}$$

$$\cdot\,\mathrm{e}^{-\rho'^2-\eta'^2}\mathrm{e}^{-\rho_1^2-\eta_1^2}\frac{\mathrm{d}\rho_1\mathrm{d}\eta_1\mathrm{d}\rho_2\mathrm{d}\eta_2}{\pi^2}$$

$$=\iiiint(\rho_1+\mathrm{i}\eta_1)^{N_1+n_1-n_2}(\rho'-\mathrm{i}\eta'+\rho_1-\mathrm{i}\eta_1)^{N_1+n_3-n_4}$$

$$\cdot\,\mathrm{e}^{-\rho'^2-\eta'^2}\mathrm{e}^{-\rho_1^2-\eta_1^2}\frac{\mathrm{d}\rho_1\mathrm{d}\eta_1\mathrm{d}\rho_2\mathrm{d}\eta_2}{\pi^2}$$

$$=\iiiint(\rho_1+\mathrm{i}\eta_1)^{N_1+n_1-n_2}\mathrm{e}^{-\rho_1^2-\eta_1^2}\sum_l C_{N_1+n_3-n_4}^l(\rho_1-\mathrm{i}\eta_1)^{N_1+n_3-n_4-l}$$

$$\cdot\,(\rho'-\mathrm{i}\eta')^l\mathrm{e}^{-\rho'^2-\eta'^2}\frac{\mathrm{d}\rho_1\mathrm{d}\eta_1\mathrm{d}\rho_2\mathrm{d}\eta_2}{\pi^2}$$

$$=\iiiint(\rho_1+\mathrm{i}\eta_1)^{N_1+n_1-n_2}C_{N_1+n_3-n_4}^0(\rho_1-\mathrm{i}\eta_1)^{N_1+n_3-n_4}\mathrm{e}^{-\rho_1^2-\eta_1^2}\frac{\mathrm{d}\rho_1\mathrm{d}\eta_1}{\pi}$$

$$=\iiiint(\rho_1+\mathrm{i}\eta_1)^{N_1+n_1-n_2}(\rho_1-\mathrm{i}\eta_1)^{N_1+n_3-n_4}\mathrm{e}^{-\rho_1^2-\eta_1^2}\frac{\mathrm{d}\rho_1\mathrm{d}\eta_1}{\pi}$$

$$=\delta_{n_1-n_2,n_3-n_4}\Pi(N_1+n_1-n_2) \tag{4.3.33}$$

得到上式的最后结果分别用到第1章中 $S_l=0$ 和 $S_{l,l_1}=0(l\neq 0,l,l_1\neq 0)$ 的结论.

将(4.3.32)式代入(4.3.31)式,得

$$\rho_{-2}(t)=\sum_{m_1m_2}\sum_{\substack{n_1n_2\\n_3n_4}}A_{n_1n_2}^{(m_1;-2,-2)}A_{n_3n_4}^{(m_2;-2,-2)}\frac{(-\mathrm{i}t)^{m_1}}{m_1!}\frac{(-\mathrm{i}t)^{m_2}}{m_2!}$$

$$\cdot\,\theta(N_1-n_2)C_{N_1}^{n_2}\Pi(n_2)\theta(N_1-n_4)C_{N_1}^{n_4}\Pi(n_4)$$

$$\cdot\,\delta_{n_1-n_2,n_3-n_4}\Pi(N_1+n_1-n_2) \tag{4.3.34}$$

考虑初始态取(4.3.18)式的场为相干态的情形,则类似可得

$$|t\rangle = \sum_{m} \frac{(-\mathrm{i}t)^m}{m!} \sum_{\substack{j \\ n_1 n_2}} A_{n_1 n_2}^{(m;j,-2)} \ |j\rangle \mathrm{e}^{-\frac{1}{2}(\alpha^2+\beta^2)} (\alpha + \mathrm{i}\beta)^{n_2}$$

$$\cdot \iint \mathrm{e}^{(\alpha+\mathrm{i}\beta)(\rho-\mathrm{i}\eta)} \mathrm{e}^{-\rho^2-\eta^2} (\rho - \mathrm{i}\eta)^{n_1} \ |\rho + \mathrm{i}\eta\rangle \frac{\mathrm{d}\rho \mathrm{d}\eta}{\pi}$$

现在计算 t 时刻系统的玻色子的期待值.则

$$\begin{aligned}
\bar{n}(t) &= \langle t \mid a^\dagger a \mid t\rangle \\
&= \Big[\iint \sum_{m_1} \frac{(\mathrm{i}t)^{m_1}}{m_1!} \sum_{\substack{j_1 \\ n_1 n_2}} A_{n_1 n_2}^{(m_1;j_1,-2)} \langle j_1 | \mathrm{e}^{-\frac{1}{2}(\alpha^2+\beta^2)} (\alpha - \mathrm{i}\beta)^{n_2} \\
&\quad \cdot \iint \mathrm{e}^{(\alpha-\mathrm{i}\beta)(\rho_1+\mathrm{i}\eta_1)} \mathrm{e}^{-\rho_1^2-\eta_1^2} (\rho_1 + \mathrm{i}\eta_1)^{n_1} \langle \rho_1 + \mathrm{i}\eta_1 | \frac{\mathrm{d}\rho_1 \mathrm{d}\eta_1}{\pi}\Big] a^\dagger a \\
&\quad \cdot \Big[\sum_{m_2} \sum_{\substack{j_2 \\ n_3 n_4}} \frac{(-\mathrm{i}t)^{m_2}}{m_2!} A_{n_3 n_4}^{(m_2;j_2,-2)} \ |j_2\rangle \mathrm{e}^{-\frac{1}{2}(\alpha^2+\beta^2)} (\alpha + \mathrm{i}\beta)^{n_4} \\
&\quad \cdot \iint \mathrm{e}^{(\alpha+\mathrm{i}\beta)(\rho_2-\mathrm{i}\eta_2)} \mathrm{e}^{-\rho_2^2-\eta_2^2} (\rho_2 - \mathrm{i}\eta_2)^{n_3} \ |\rho_2 + \mathrm{i}\eta_2\rangle \frac{\mathrm{d}\rho_2 \mathrm{d}\eta_2}{\pi}\Big] \\
&= \sum_{m_1 m_2} \sum_{\substack{j \\ n_1 n_2 n_3 n_4}} \frac{(\mathrm{i}t)^{m_1}}{m_1!} \frac{(-\mathrm{i}t)^{m_2}}{m_2!} A_{n_1 n_2}^{(m_1;j,-2)} A_{n_3 n_4}^{(m_2;j,-2)} \mathrm{e}^{-(\alpha^2+\beta^2)} \\
&\quad \cdot (\alpha + \mathrm{i}\beta)^{n_2+n_4} \iiiint \mathrm{e}^{(\alpha-\mathrm{i}\beta)(\rho_1+\mathrm{i}\eta_1)} \mathrm{e}^{(\alpha+\mathrm{i}\beta)(\rho_2-\mathrm{i}\eta_2)} (\rho_1 + \mathrm{i}\eta_1)^{n_1} \\
&\quad \cdot (\rho_2 - \mathrm{i}\eta_2)^{n_3} \mathrm{e}^{-\rho_1^2-\eta_1^2} \mathrm{e}^{-\rho_2^2-\eta_2^2} \langle \rho_1 - \mathrm{i}\eta_1 \mid (a^\dagger a) \mid \rho_2 + \mathrm{i}\eta_2\rangle \frac{\mathrm{d}\rho_1 \mathrm{d}\eta_1 \mathrm{d}\rho_2 \mathrm{d}\eta_2}{\pi^2}
\end{aligned} \tag{4.3.35}$$

$$\begin{aligned}
&= \sum_{m_1 m_2} \sum_{\substack{j \\ n_1 n_2 n_3 n_4}} \frac{(+\mathrm{i}t)^{m_1}}{m_1!} \frac{(-\mathrm{i}t)^{m_2}}{m_2!} A_{n_1 n_2}^{(m_1;j,-2)} A_{n_3 n_4}^{(m_2;j,-2)} \mathrm{e}^{-(\alpha^2+\beta^2)} \\
&\quad \cdot (\alpha + \mathrm{i}\beta)^{n_2+n_4} \iiiint \mathrm{e}^{(\alpha-\mathrm{i}\beta)(\rho_1+\mathrm{i}\eta_1)} \mathrm{e}^{(\alpha+\mathrm{i}\beta)(\rho_2-\mathrm{i}\eta_2)} (\rho_1 + \mathrm{i}\eta_1)^{n_1} \\
&\quad \cdot (\rho_2 - \mathrm{i}\eta_2)^{n_3} \mathrm{e}^{-\rho_1^2-\eta_1^2} \mathrm{e}^{-\rho_2^2-\eta_2^2} (\rho_1 - \mathrm{i}\eta_1)(\rho_2 + \mathrm{i}\eta_2) \mathrm{e}^{(\rho_1-\mathrm{i}\eta_1)(\rho_2+\mathrm{i}\eta_2)} \frac{\mathrm{d}\rho_1 \mathrm{d}\eta_1 \mathrm{d}\rho_2 \mathrm{d}\eta_2}{\pi^2}
\end{aligned} \tag{4.3.36}$$

将上式中的积分算出,得

$$\iiiint e^{(\alpha-i\beta)(\rho_1+i\eta_1)}(\rho_1+i\eta_1)^{n_1}(\rho_1-i\eta_1)e^{-\rho_1^2-\eta_1^2}\frac{d\rho_1 d\eta_1}{\pi}$$

$$\cdot e^{(\alpha+i\beta)(\rho_2-i\eta_2)}(\rho_2+i\eta_2)(\rho_2-i\eta_2)^{n_3}e^{(\rho_1-i\eta_1)(\rho_2+i\eta_2)}e^{-\rho_2^2-\eta_2^2}\frac{d\rho_2 d\eta_2}{\pi}$$

$$=\iiiint e^{(\alpha-i\beta)(\rho_1+i\eta_1)}(\rho_1+i\eta_1)^{n_1}(\rho_1-i\eta_1)e^{-\rho_1^2-\eta_1^2}\frac{d\rho_1 d\eta_1}{\pi}$$

$$\cdot(\rho_2+i\eta_2)(\rho_2-i\eta_2)^{n_3}e^{-\left(\rho_2-\frac{\alpha+i\beta+\rho_1-i\eta_1}{2}\right)^2}e^{-\left(\eta_2-\frac{\beta-i\alpha+\eta_1+i\rho_1}{2}\right)^2}$$

$$\cdot e^{\frac{1}{4}(\alpha+i\beta+\rho_1-i\eta_1)}e^{\frac{1}{4}(\beta-i\alpha+\eta_1+i\rho_1)}\frac{d\rho_2 d\eta_2}{\pi}$$

$$=\iiiint e^{(\alpha-i\beta)(\rho_1+i\eta_1)}(\rho_1+i\eta_1)^{n_1}(\rho_1-i\eta_1)e^{-\rho_1^2-\eta_1^2}\frac{d\rho_1 d\eta_1}{\pi}$$

$$\cdot(\rho_2+i\eta_2)(\rho_2-i\eta_2)^{n_3}e^{-\left(\rho_2-\frac{\alpha+i\beta+\rho_1-i\eta_1}{2}\right)^2}e^{-\left(\eta_2-\frac{\beta-i\alpha+\eta_1+i\rho_1}{2}\right)^2}$$

$$\cdot e^{(\alpha+i\beta)(\rho_1-i\eta_1)}\frac{d\rho_2 d\eta_2}{\pi}$$

$$=\iiiint e^{(\alpha-i\beta)(\rho_1+i\eta_1)}(\rho_1+i\eta_1)^{n_1}(\rho_1-i\eta_1)e^{-\rho_1^2-\eta_1^2}\frac{d\rho_1 d\eta_1}{\pi}$$

$$\cdot e^{(\alpha+i\beta)(\rho_1-i\eta_1)}\left(\rho'+\frac{\alpha+i\beta+\rho_1-i\eta_1}{2}+i\eta'+i\frac{\beta-i\alpha+\eta_1+i\rho_1}{2}\right)$$

$$\cdot\left(\rho'+\frac{\alpha+i\beta+\rho_1-i\eta_1}{2}-i\eta'-i\frac{\beta-i\alpha+\eta_1+i\rho_1}{2}\right)^{n_3}e^{-\rho'^2-\eta'^2}\frac{d\rho' d\eta'}{\pi}$$

$$=\iiiint e^{(\alpha-i\beta)(\rho_1+i\eta_1)}(\rho_1+i\eta_1)^{n_1}(\rho_1-i\eta_1)e^{(\alpha+i\beta)(\rho_1-i\eta_2)}e^{-\rho_1^2-\eta_1^2}\frac{d\rho_1 d\eta_1}{\pi}$$

$$\cdot(\rho'+i\eta'+\alpha+i\beta)(\rho'-i\eta'+\rho_1-i\eta_1)^{n_3}e^{-\rho'^2-\eta'^2}\frac{d\rho' d\eta'}{\pi}$$

$$=\iiiint e^{(\alpha-i\beta)(\rho_1+i\eta_1)}(\rho_1+i\eta_1)^{n_1}(\rho_1-i\eta_1)e^{(\alpha+i\beta)(\rho_1-i\eta_1)}e^{-\rho_1^2-\eta_1^2}\frac{d\rho_1 d\eta_1}{\pi}$$

$$\cdot(\rho'+i\eta'+\alpha+i\beta)\left[\sum_l C_{n_3}^l(\rho_1-i\eta_1)^{n_3-l}(\rho'-i\eta')^l\right]e^{-\rho'^2-\eta'^2}\frac{d\rho' d\eta'}{\pi}$$

$$=\iiiint e^{(\alpha-i\beta)(\rho_1+i\eta_1)}e^{(\alpha+i\beta)(\rho_1-i\eta_1)}(\rho_1+i\eta_1)^{n_1}(\rho_1-i\eta_1)e^{-\rho_1^2-\eta_1^2}\frac{d\rho_1 d\eta_1}{\pi}$$

$$\cdot\left[C_{n_3}^1(\rho'^2+\eta'^2)(\rho_1-i\eta_1)^{n_3-1}+C_{n_3}^0(\alpha+i\beta)(\rho_1-i\eta_1)^{n_3}\right]e^{-\rho'^2-\eta'^2}\frac{d\rho' d\eta'}{\pi}$$

$$=\iint e^{2\alpha\rho_1+2\beta\eta}(\rho_1+i\eta_1)^{n_1}(\rho_1-i\eta_1)e^{-\rho_1^2-\eta_1^2}$$

$$\cdot\left[n_3(\rho_1-\mathrm{i}\eta_1)^{n_3-1}\Pi(1)+(\alpha+\mathrm{i}\beta)(\rho-\mathrm{i}\eta)^{n_3}\right]\frac{\mathrm{d}\rho_1\mathrm{d}\eta_1}{\pi}$$

$$=\iint(\rho_1+\mathrm{i}\eta_1)^{n_1}(\rho_1-\mathrm{i}\eta_1)\mathrm{e}^{-(\rho_1-\alpha)^2}\mathrm{e}^{-(\eta_1-\beta)^2}\mathrm{e}^{\alpha^2+\beta^2}$$

$$\cdot\left[n_3(\rho_1-\mathrm{i}\eta_1)^{n_3-1}+(\alpha+\mathrm{i}\beta)(\rho-\mathrm{i}\eta)^{n_3}\right]\frac{\mathrm{d}\rho_1\mathrm{d}\eta_1}{\pi}$$

$$=\iint\left[n_3(\rho+\mathrm{i}\eta_1)^{n_1}(\rho-\mathrm{i}\eta)^{n_3}+(\alpha+\mathrm{i}\beta)(\rho_1+\mathrm{i}\eta_1)^{n_1}(\rho_1-\mathrm{i}\eta_1)^{n_3+1}\right]$$

$$\cdot\mathrm{e}^{\alpha^2+\beta^2}\mathrm{e}^{-(\rho_1-\alpha)^2}\mathrm{e}^{-(\eta_1-\beta)^2}\frac{\mathrm{d}\rho_1\mathrm{d}\eta_1}{\pi}$$

$$=\iint\left[n_3(\rho'+\mathrm{i}\eta'+\alpha+\mathrm{i}\beta)^{n_1}(\rho'-\mathrm{i}\eta'+\alpha-\mathrm{i}\beta)^{n_3}\right.$$

$$\left.+(\alpha+\mathrm{i}\beta)(\rho'+\mathrm{i}\eta'+\alpha+\mathrm{i}\beta)^{n_1}(\rho'-\mathrm{i}\eta'+\alpha-\mathrm{i}\beta)^{n_3+1}\right]$$

$$\cdot\mathrm{e}^{\alpha^2+\beta^2}\mathrm{e}^{-\rho'^2-\eta'^2}\frac{\mathrm{d}\rho'\mathrm{d}\eta'}{\pi}$$

$$=\iint\left\{n_3\left[\sum_{l_1}C_{n_1}^{l_1}(\alpha+\mathrm{i}\beta)^{n_1-l_1}(\rho'+\mathrm{i}\eta')^{l_1}\right]\left[\sum_{l_2}C_{n_3}^{l_2}(\alpha-\mathrm{i}\beta)^{n_3-l_2}(\rho'-\mathrm{i}\eta')^{l_2}\right]\right.$$

$$\left.+(\alpha+\mathrm{i}\beta)\left[\sum_{l_1}C_{n_1}^{l_1}(\alpha+\mathrm{i}\beta)^{n_1-l_1}(\rho'+\mathrm{i}\eta')^{l_1}\sum_{l_2}C_{n_3+1}^{l_2}(\alpha-\mathrm{i}\beta)^{n_3+1-l_2}(\rho'+\mathrm{i}\eta')^{l_2}\right]\right\}$$

$$\cdot\mathrm{e}^{\alpha^2+\beta^2}\mathrm{e}^{-\rho'^2-\eta'^2}\frac{\mathrm{d}\rho'\mathrm{d}\eta'}{\pi}$$

$$=\mathrm{e}^{\alpha^2+\beta^2}\left[n_3\sum_{l}^{\min(n_1,n_3)}C_{n_1}^{l}C_{n_3}^{l}(\alpha+\mathrm{i}\beta)^{n_1-l}(\alpha-\mathrm{i}\beta)^{n_3-l}\Pi(l)\right.$$

$$\left.+\sum_{l}^{\min(n_1,n_3+1)}C_{n_1}^{l}C_{n_3+1}^{l}(\alpha+\mathrm{i}\beta)^{n_1+1-l}(\alpha-\mathrm{i}\beta)^{n_3+1-l}\Pi(l)\right]\tag{4.3.37}$$

将(4.3.35)式代入(4.3.34)式,最后得

$$\bar{n}(t)=\sum_{m_1m_2}\sum_{\substack{j\\n_1n_2n_3n_4}}\frac{(\mathrm{i}t)^{m_1}}{m_1!}\frac{(-\mathrm{i}t)^{m_2}}{m_2!}A_{n_1n_2}^{(m_1;j,-2)}A_{n_3n_4}^{(m_2;j,-2)}(\alpha+\mathrm{i}\beta)^{n_2+n_4}$$

$$\cdot\left[n_3\sum_{l}^{\min(n_1,n_3)}C_{n_1}^{l}C_{n_3}^{l}(\alpha+\mathrm{i}\beta)^{n_1-l}(\alpha-\mathrm{i}\beta)^{n_3-l}\Pi(l)\right.$$

$$\left.+\sum_{l}^{\min(n_1,n_3+1)}C_{n_1}^{l}C_{n_3+1}^{l}(\alpha+\mathrm{i}\beta)^{n_1+1-l}(\alpha-\mathrm{i}\beta)^{n_3+1-l}\Pi(l)\right]\tag{4.3.38}$$

3. 能谱、定态和相变

本小节将讨论直接解出演化规律后如何求系统的能谱和定态集，以及如果有量子相变存在，如何找出其临界点.

这里以(4.3.38)式用相干态展开法算出 $\bar{n}(t)$ 为例，现在来看如果是先算出能谱 $\{E_l\}$ 及定态集 $\{|E_l\rangle\}$，将如何得到 $\bar{n}(t)$. 前面已给出 $|t\rangle$ 用定态集展开的关系，即

$$|t\rangle = \sum_l F_l \mathrm{e}^{-\mathrm{i}E_l t} |E_l\rangle \tag{4.3.39}$$

其中

$$F_l = \langle t = 0 | E_l\rangle \tag{4.3.40}$$

于是有

$$\begin{aligned}\bar{n}(t) &= \langle t | a^\dagger a | t\rangle \\ &= \Big(\sum_{l_1} \langle E_{l_1} | \mathrm{e}^{\mathrm{i}E_{l_1} t} F_{l_1}^*\Big) a^\dagger a \Big(\sum_{l_2} F_{l_2} \mathrm{e}^{-\mathrm{i}E_{l_2} t} |E_{l_2}\rangle\Big) \\ &= \sum_{l_1 l_2} \langle E_{l_1} | a^\dagger a | E_{l_2}\rangle F_{l_1}^* F_{l_2} \mathrm{e}^{\mathrm{i}(E_{l_1} - E_{l_2})t} \\ &= \sum_{l_1 l_2} \phi_{l_1 l_2} \mathrm{e}^{\mathrm{i}(E_{l_1} - E_{l_2})t}\end{aligned} \tag{4.3.41}$$

其中，$\phi_{l_1 l_2}$ 记为 $\langle E_{l_1} | a^\dagger a | E_{l_2}\rangle F_{l_1}^* F_{l_2}$.

有了上式以后，就可以用相干态展开法得到的 $\bar{n}(t)$，与(4.3.41)式的比较来定 $\{E_l\}$ 了. 将上式左侧乘以 $\mathrm{e}^{-\mathrm{i}\omega t}$ 后，对 t 从 0 到 T 积分并对 T 求平均，则有

$$\begin{aligned}&\lim_{T\to\infty} \frac{1}{T}\int_0^T \bar{n}(t) \mathrm{e}^{-\mathrm{i}\omega t} \mathrm{d}t \\ &= \lim_{T\to\infty}\int_0^T \Big[\sum_{l_1 l_2} \phi_{l_1, l_2} \mathrm{e}^{\mathrm{i}(E_{l_1} - E_{l_2} - \omega)t}\Big] \mathrm{d}t \\ &= \lim_{T\to\infty} \sum_{l_1 l_2} \phi_{l_1, l_2} \frac{1}{T}\int_0^T \mathrm{e}^{\mathrm{i}(E_{l_1} - E_{l_2} - \omega)t} \mathrm{d}t \\ &= \sum_{l_1 l_2} \phi_{l_1, l_2} \delta(E_{l_1} - E_{l_2} - \omega)\end{aligned} \tag{4.3.42}$$

上式告诉我们如记

$$\bar{n}(\omega) = \lim_{T\to\infty} \frac{1}{T}\int_0^T \bar{n}(t) \mathrm{e}^{-\mathrm{i}\omega t} \mathrm{d}t \tag{4.3.43}$$

则 $\bar{n}(\omega)$值的分布将如图 4.3.1(a)所示.

由于 $\bar{n}(t)$在实际的计算中不可能算到 $t\to\infty$,只能算到一个确定的有限值 T,实际的 $\bar{n}(\omega)$将如图 4.3.1(b)所示,峰中心的 ω 值即$E_{l_1}-E_{l_2}$的值.

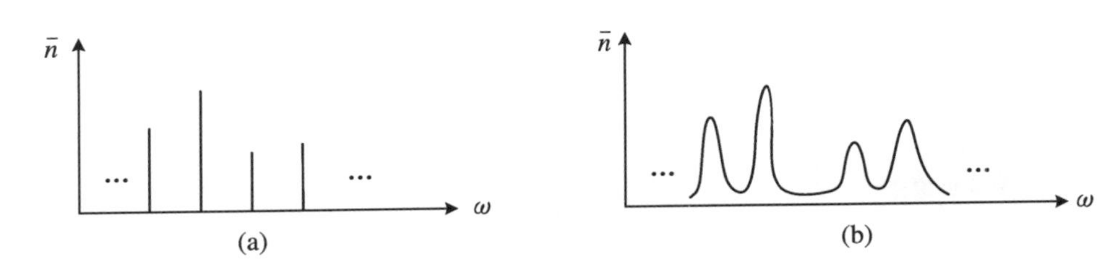

图 4.3.1 理想的玻色子期待值谱图(a)和实际的玻色子期待值谱图(b)

如上所述,由相干态展开法算出的 $\bar{n}(t)$或其他物理量的期待值随 t 的变化,可以算出

$$\omega_m = E_{l_1} - E_{l_2} \tag{4.3.44}$$

的一系列峰中心处的值$\{\omega_m\}$.那么,如何再从得到的$\{\omega_m\}$得出$\{E_l\}$? 虽然理论上$\{\omega_m\}$中 ω_m 的数目以及$\{E_l\}$中 E_l 的数目都是无限的,但是我们经常感兴趣的是最低的、有限的、少数个的低激发态,而且实际的计算亦只能给出有限个 ω_m.

例如,具体的做法是假定只考虑求最低的 6 个能级 E_0,E_1,E_2,E_3,E_4,E_5,则由它们生成的 $E_{l_1}-E_{l_2}$的数目,即 ω_m 的个数将为(亦即对的数)$(6-1)(5-1)\cdots=(5!)=120$.这就告诉我们,即使只考虑 6 个最低能级,也需要从 120 个 ω_m 中解出这 6 个 E_l.

如果只考虑 6 个这样不多的能级,则可用以下分析来找出.

首先因为能量的零点可以任意取定,故可选定

$$E_0 = 0 \tag{4.3.45}$$

其次是

$$E_6 = \omega_{120} \tag{4.3.46}$$

所以只剩下 E_1,E_2,E_3,E_4.如图 4.3.2 所示,在数轴上 $E_0=0,E_6=\omega_{120}$已知.接下来的做法如下:在 $0\to\omega_{120}$之间任意随机赋值 $E_1^{(1)},E_2^{(1)},E_3^{(1)},E_4^{(1)}$($E_4^{(1)}>E_3^{(1)}>E_2^{(1)}>E_1^{(1)}$),然后生成 $120-2=118$ 个 $\Omega_i^{(1)}$,它们是由 $E_k^{(1)}-E_{k'}^{(1)}(k>k')$得到的值,之后计算

$$\sum_{i=2}^{119}(\omega_i - \Omega_i^{(1)})^2 = \Delta_1 \tag{4.3.47}$$

再随机赋值 $E_1^{(2)}, E_2^{(2)}, E_3^{(2)}, E_4^{(2)}$ 和计算

$$\sum_{i=2}^{119}(\omega_i - \Omega_i^{(2)})^2 = \Delta_2$$

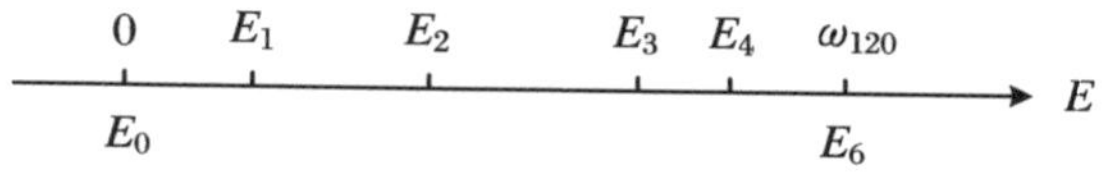

图 4.3.2　能量本征值图

经过上述两次计算后，若 $\Delta_2 > \Delta_1$，则保留 Δ_1；若 $\Delta_2 < \Delta_1$，则换为 Δ_2. 如此不断地重复计算，一直到得到一个趋于 0 的 Δ_n，这时对应的 $E_1^{(n)}, E_2^{(n)}, E_3^{(n)}, E_4^{(n)}$ 即为所求.

结论：以上简要的讨论表明，直接求系统的动力学规律一样可以求出系统的能谱.

在计算定态集的方法中，判别系统有无量子相变和确定相变临界点的做法是这样的：当改变系统的物理参量到一定值时，系统的最低能态和第一激发态的能量值产生交叉，这时就认为系统发生相变，此时的参量便是临界点的值.

当我们直接求系统的动力学规律时，同样亦能判断系统是否存在相变以及相变的临界点，理由在前面已经叙述过，在求得系统随 t 改变的态矢 $|t\rangle$ 后，可以计算系统的任意物理量 $\hat{O}$ 随 t 改变的期待值 $\bar{O}(t)$，由它可以定出 $\bar{O}(t)$ 的频谱，但是频谱还不是能谱，频谱是能谱中两能级的差值谱. 不过，我们亦已讨论过如何由频谱求出能谱的办法. 对于讨论系统的相变，实际上并不需要先从频谱去求能谱，只需得到频谱即可进行讨论，这是因为判断相变是否会发生的依据是系统的基态与第一激发态交叉，如果发生交叉，表示这时 $E_1 = E_0$，即频谱中的 $\omega_1 = 0$. 因此，只要改变系统的参量发现算出的频谱的最低频率在到达某一参量时下降为 $\omega_1 = 0$，那么在这一参数值处系统就发生了相变，因为这表示在此参量下 $E_1 - E_0 = \omega_1 = 0$.

最后的结论是，直接求解系统的动力学的途径，同样可用以考察系统是否存在相变以及找到发生相变的临界点，并且还有可能更适于讨论这个问题，其原因是过去在定态集的计算中经常会看到，逼近临界点时定态计算的收敛性变差，越近越不好计算，而用相干态展开法求解系统的动力学也许不会产生这样的困难.

第 5 章

Rabi Dimer 模型

5.1 有限分量和双模耦合系统的 Rabi Dimer 模型

上一章的 Dicke 模型，是从 JC 模型和 Rabi 模型的二分量单模场的耦合系统推广到单模多分量的耦合系统，本章将讨论有限分量(四分量)和双模耦合系统的 Rabi Dimer 模型.

Rabi Dimer 模型的哈密顿量表示为

$$
\begin{aligned}
H = & \omega a_1^\dagger a_1 + \omega a_2^\dagger a_2 + \frac{\Delta}{2}(|e_1\rangle\langle e_1| + |e_2\rangle\langle e_2|) \\
& - \frac{\Delta}{2}(|g_1\rangle\langle g_1| + |g_2\rangle\langle g_2|) + \lambda(a_1^\dagger + a_1)(|e_1\rangle\langle g_1| + |g_1\rangle\langle e_1|) \\
& + \lambda(a_2 + a_2^\dagger)(|e_2\rangle\langle g_2| + |g_2\rangle\langle e_2|) + D(a_1 + a_1^\dagger)^2
\end{aligned}
$$

$$+D(a_2+a_2^\dagger)^2-J(a_1+a_1^\dagger)(a_2+a_2^\dagger) \tag{5.1.1}$$

一般的态矢取如下形式：

$$|\rangle=|e_1\rangle|e_2\rangle|\varphi_1\rangle+|e_1\rangle|g_2\rangle|\varphi_2\rangle+|g_1\rangle|e_2\rangle|\varphi_3\rangle+|g_1\rangle|g_2\rangle|\varphi_4\rangle \tag{5.1.2}$$

在以上二式中，$|e_1\rangle$表示粒子在左腔中居于上态，$|g_1\rangle$表示粒子在左腔中居于下态，$|e_2\rangle$表示粒子在右腔中居于上态，$|g_2\rangle$表示粒子在右腔中居于下态，$a_1,a_1^\dagger$ 分别是左腔中场的湮灭算符和产生算符，$a_2,a_2^\dagger$ 分别是右腔中场的湮灭算符和产生算符，Δ 是两腔中粒子上态与下态间的能差，λ 是左、右腔中场与粒子间的耦合强度，D 是腔中场的自作用，J 表示左、右腔的场的隧穿强度. $|\varphi_1\rangle,|\varphi_2\rangle,|\varphi_3\rangle,|\varphi_4\rangle$是粒子居于$|e_1\rangle|e_2\rangle,|e_1\rangle|g_2\rangle,|g_1\rangle|e_2\rangle,|g_1\rangle|g_2\rangle$状态时两腔内场的状态，用相干态展开表示为

$$|\varphi_1\rangle=\iiiint\psi_1(\rho_1,\eta_1;\rho_2,\eta_2)\mathrm{e}^{-\rho_1^2-\eta_1^2}\mathrm{e}^{-\rho_2^2-\eta_2^2}|\rho_1+\mathrm{i}\eta_1\rangle|\rho_2+\mathrm{i}\eta_2\rangle\frac{\mathrm{d}\rho_1\mathrm{d}\eta_1\mathrm{d}\rho_2\mathrm{d}\eta_2}{\pi^2} \tag{5.1.3}$$

$$|\varphi_2\rangle=\iiiint\psi_2(\rho_1,\eta_1;\rho_2,\eta_2)\mathrm{e}^{-\rho_1^2-\eta_1^2}\mathrm{e}^{-\rho_2^2-\eta_2^2}|\rho_1+\mathrm{i}\eta_1\rangle|\rho_2+\mathrm{i}\eta_2\rangle\frac{\mathrm{d}\rho_1\mathrm{d}\eta_1\mathrm{d}\rho_2\mathrm{d}\eta_2}{\pi^2} \tag{5.1.4}$$

$$|\varphi_3\rangle=\iiiint\psi_3(\rho_1,\eta_1;\rho_2,\eta_2)\mathrm{e}^{-\rho_1^2-\eta_1^2}\mathrm{e}^{-\rho_2^2-\eta_2^2}|\rho_1+\mathrm{i}\eta_1\rangle|\rho_2+\mathrm{i}\eta_2\rangle\frac{\mathrm{d}\rho_1\mathrm{d}\eta_1\mathrm{d}\rho_2\mathrm{d}\eta_2}{\pi^2} \tag{5.1.5}$$

$$|\varphi_4\rangle=\iiiint\psi_4(\rho_1,\eta_1;\rho_2,\eta_2)\mathrm{e}^{-\rho_1^2-\eta_1^2}\mathrm{e}^{-\rho_2^2-\eta_2^2}|\rho_1+\mathrm{i}\eta_1\rangle|\rho_2+\mathrm{i}\eta_2\rangle\frac{\mathrm{d}\rho_1\mathrm{d}\eta_1\mathrm{d}\rho_2\mathrm{d}\eta_2}{\pi^2} \tag{5.1.6}$$

对于这样的物理系统，仍然如前所做的一样，在给定系统的初始态后，直接求 t 时刻的态矢$|t\rangle$，即

$$|t\rangle=\left(\sum_m\frac{(-\mathrm{i}t)^m}{m!}H^m\right)|t=0\rangle \tag{5.1.7}$$

因为$(a_1,a_1^\dagger)$与$(a_2,a_2^\dagger)$是相互独立的，所以它们间的顺序与正规乘积无关. 下面先讨论求$\{A_{n_1n_2;n_3n_4}^{(m)}\}$的问题，这里选定场的初始状态为相干态，因为它更贴近实验的情形，于是初始态表示为

$$|t=0\rangle=|e_1\rangle|e_2\rangle\Big[\iiiint\mathrm{e}^{-\frac{1}{2}(\alpha_1^2+\beta_1^2)}\mathrm{e}^{-\frac{1}{2}(\gamma_1^2+\delta_1^2)}\mathrm{e}^{(\alpha_1+\mathrm{i}\beta_1)(\rho_1-\mathrm{i}\eta_1)}\mathrm{e}^{(\gamma_1+\mathrm{i}\delta_1)(\rho_2-\mathrm{i}\eta_2)}$$

$$\cdot e^{-\rho_1^2-\eta_1^2} e^{-\rho_2^2-\eta_2^2} \, |\rho_1 + i\eta_1\rangle \, |\rho_2 + i\eta_2\rangle \frac{d\rho_1 d\eta_1 d\rho_2 d\eta_2}{\pi^2}\Big]$$

$$\cdot \, |e_1\rangle \, |g_2\rangle \Big[\iiiint e^{-\frac{1}{2}(\alpha_2^2+\beta_2^2)} e^{-\frac{1}{2}(\gamma_2^2+\delta_2^2)} e^{(\alpha_2+i\beta_2)(\rho_1-i\eta_1)} e^{(\gamma_2+i\delta_2)(\rho_2-i\eta_2)}$$

$$\cdot e^{-\rho_1^2-\eta_1^2} e^{-\rho_2^2-\eta_2^2} \, |\rho_1 + i\eta_1\rangle \, |\rho_2 + i\eta_2\rangle \frac{d\rho_1 d\eta_1 d\rho_2 d\eta_2}{\pi^2}\Big]$$

$$\cdot \, |g_1\rangle \, |e_2\rangle \Big[\iiiint e^{-\frac{1}{2}(\alpha_3^2+\beta_3^2)} e^{-\frac{1}{2}(\gamma_3^2+\delta_3^2)} e^{(\alpha_3+i\beta_3)(\rho_1-i\eta_1)} e^{(\gamma_3+i\delta_3)(\rho_2-i\eta_2)}$$

$$\cdot e^{-\rho_1^2-\eta_1^2} e^{-\rho_2^2-\eta_2^2} \, |\rho_1 + i\eta_1\rangle \, |\rho_2 + i\eta_2\rangle \frac{d\rho_1 d\eta_1 d\rho_2 d\eta_2}{\pi^2}\Big]$$

$$\cdot \, |g_1\rangle \, |g_2\rangle \Big[\iiiint e^{-\frac{1}{2}(\alpha_4^2+\beta_4^2)} e^{-\frac{1}{2}(\gamma_4^2+\delta_4^2)} e^{(\alpha_4+i\beta_4)(\rho_1-i\eta_1)} e^{(\gamma_4+i\delta_4)(\rho_2-i\eta_2)}$$

$$\cdot e^{-\rho_1^2-\eta_1^2} e^{-\rho_2^2-\eta_2^2} \, |\rho_1 + i\eta_1\rangle \, |\rho_2 + i\eta_2\rangle \frac{d\rho_1 d\eta_1 d\rho_2 d\eta_2}{\pi^2}\Big] \tag{5.1.8}$$

这里把初始态的形式表示得普遍一点，左、右腔里 4 种粒子态的情况中场在初始时刻都不为零，这种形式符合实际的一般情形，不过如果我们要考虑另外一种有意义的初始，即处于左、右不对称的情形，如只有左腔的场在下态的概率大，其余情况的场都小的话，只需令

$$\alpha_4^2 + \beta_4^2 \gg \alpha_1^2 + \beta_1^2, \alpha_2^2 + \beta_2^2, \alpha_3^2 + \beta_3^2, \gamma_1^2 + \sigma_1^2, \gamma_2^2 + \sigma_2^2, \gamma_3^2 + \sigma_3^2, \gamma_4^2 + \sigma_4^2$$

即在(5.1.9)式中选择不同的初始$\{\alpha_i, \beta_i, \gamma_i, \delta_i\}$对应着各种不同的初始态.

首先看 $H^1 = H$. 为了看清楚一些，需把(5.1.1)式的哈密顿量写得详细一点：

$$\begin{aligned} H = & \Delta(|e_1\rangle\langle e_1|)(|e_2\rangle\langle e_2|) - \Delta(|g_1\rangle\langle g_1|)(|g_2\rangle\langle g_2|) \\ & + \lambda(a_1 + a_1^\dagger)(|e_1\rangle\langle g_1| + |g_1\rangle\langle e_1|)(|e_2\rangle\langle e_2| + |g_2\rangle\langle g_2|) \\ & + \lambda(a_2 + a_2^\dagger)(|e_1\rangle\langle e_1| + |g_1\rangle\langle g_1|)(|e_2\rangle\langle g_2| + |g_2\rangle\langle e_2|) \\ & + [\omega a_1^\dagger a_1 + \omega a_2^\dagger a_2 + D(a_1 + a_1^\dagger)^2 + D(a_2 + a_2^\dagger)^2 - J(a_1 + a_1^\dagger)(a_2 + a_2^\dagger)] \\ & \cdot (|e_1\rangle\langle e_1| + |g_1\rangle\langle g_1|)(|e_2\rangle\langle e_2| + |g_2\rangle\langle g_2|) \end{aligned} \tag{5.1.9}$$

将上式用 16 个粒子的态矢来表示，得

$$\begin{aligned} H = & (|e_1\rangle\langle e_1|) \, |e_2\rangle\langle e_2| [\omega a_1^\dagger a_1 + \omega a_2^\dagger a_2 + D(a_1 + a_1^\dagger)^2 \\ & + D(a_2 + a_2^\dagger)^2 - J(a_1 + a_1^\dagger)(a_2 + a_2^\dagger) + \Delta] \\ & + (|e_1\rangle\langle e_1|)(|e_2\rangle\langle g_2|)[\lambda(a_2 + a_2^\dagger)] \\ & + (|e_1\rangle\langle e_1|)(|g_2\rangle\langle e_2|)[\lambda(a_2 + a_2^\dagger)] \\ & + (|e_1\rangle\langle e_1|)(|g_2\rangle\langle g_2|)[\omega a_1^\dagger a_1 + \omega a_2^\dagger a_2 + D(a_1 + a_1^\dagger)^2 \end{aligned}$$

$$
\begin{aligned}
&+ D(a_2 + a_2^\dagger)^2 - J(a_1 + a_1^\dagger)(a_2 + a_2^\dagger)] \\
&+ (|e_1\rangle\langle g_1|)(|e_2\rangle\langle e_2|)[\lambda(a_1 + a_1^\dagger)] \\
&+ (|e_1\rangle\langle e_1|)(|e_2\rangle\langle g_2|)[O] + (|e_1\rangle\langle g_1|)(|g_2\rangle\langle e_2|)[O] \\
&+ (|e_1\rangle\langle e_1|)(|g_2\rangle\langle g_2|)[\lambda(a_1 + a_1^\dagger)] \\
&+ (|g_1\rangle\langle e_1|)(|e_2\rangle\langle g_2|)[\lambda(a_1 + a_1^\dagger)] \\
&+ (|g_1\rangle\langle e_1|)(|e_2\rangle\langle g_2|)[O] + (|g_1\rangle\langle e_1|)(|g_2\rangle\langle e_2|)[O] \\
&+ (|g_1\rangle\langle e_1|)(|g_2\rangle\langle g_2|)[\lambda(a_1 + a_1^\dagger)] \\
&+ (|g_1\rangle\langle g_1|)(|e_2\rangle\langle e_2|)[\omega a_1^\dagger a_1 + \omega a_2^\dagger a_2 + D(a_1 + a_1^\dagger)^2 \\
&+ D(a_2 + a_2^\dagger)^2 - J(a_1 + a_1^\dagger)(a_2 + a_2^\dagger)] \\
&+ (|g_1\rangle\langle g_1|)(|e_2\rangle\langle g_2|)[\lambda(a_2 + a_2^\dagger)] \\
&+ (|g_1\rangle\langle g_1|)(|g_2\rangle\langle e_2|)[\lambda(a_2 + a_2^\dagger)] \\
&+ (|g_1\rangle\langle g_1|)(|g_2\rangle\langle g_2|)[\omega a_1^\dagger a_1 + \omega a_2^\dagger a_2 + D(a_1 + a_1^\dagger)^2 \\
&+ D(a_2 + a_2^\dagger)^2 - J(a_1 + a_1^\dagger)(a_2 + a_2^\dagger) - \Delta]
\end{aligned}
\tag{5.1.10}
$$

和前面的做法相同,需把 H^m 表示成矩阵及正规乘积的形式,即

$$
\begin{aligned}
H^m = \sum_{n_1 n_2 n_3 n_4} &[(|e_1\rangle\langle e_1|)(|e_2\rangle\langle e_2|)A_{n_1 n_2 n_3 n_4}^{\uparrow\uparrow,\uparrow\uparrow,m}(a_1^\dagger)^{n_1}(a_1)^{n_2}(a_2^\dagger)^{n_3}(a_2)^{n_4} \\
&+ (|e_1\rangle\langle e_1|)(|e_2\rangle\langle g_2|)A_{n_1 n_2 n_3 n_4}^{\uparrow\uparrow,\uparrow\downarrow,m}(a_1^\dagger)^{n_1}(a_1)^{n_2}(a_2^\dagger)^{n_3}(a_2)^{n_4} \\
&+ (|e_1\rangle\langle e_1|)(|g_2\rangle\langle e_2|)A_{n_1 n_2 n_3 n_4}^{\uparrow\uparrow,\downarrow\uparrow,m}(a_1^\dagger)^{n_1}(a_1)^{n_2}(a_2^\dagger)^{n_3}(a_2)^{n_4} \\
&+ (|e_1\rangle\langle e_1|)(|g_2\rangle\langle g_2|)A_{n_1 n_2 n_3 n_4}^{\uparrow\uparrow,\downarrow\downarrow,m}(a_1^\dagger)^{n_1}(a_1)^{n_2}(a_2^\dagger)^{n_3}(a_2)^{n_4} \\
&+ (|e_1\rangle\langle g_1|)(|e_2\rangle\langle e_2|)A_{n_1 n_2 n_3 n_4}^{\uparrow\downarrow,\uparrow\uparrow,m}(a_1^\dagger)^{n_1}(a_1)^{n_2}(a_2^\dagger)^{n_3}(a_2)^{n_4} \\
&+ (|e_1\rangle\langle g_1|)(|e_2\rangle\langle g_2|)A_{n_1 n_2 n_3 n_4}^{\uparrow\downarrow,\uparrow\downarrow,m}(a_1^\dagger)^{n_1}(a_1)^{n_2}(a_2^\dagger)^{n_3}(a_2)^{n_4} \\
&+ (|e_1\rangle\langle g_1|)(|g_2\rangle\langle e_2|)A_{n_1 n_2 n_3 n_4}^{\uparrow\downarrow,\downarrow\downarrow,m}(a_1^\dagger)^{n_1}(a_1)^{n_2}(a_2^\dagger)^{n_3}(a_2)^{n_4} \\
&+ (|e_1\rangle\langle g_1|)(|g_2\rangle\langle g_2|)A_{n_1 n_2 n_3 n_4}^{\uparrow\downarrow,\downarrow\downarrow,m}(a_1^\dagger)^{n_1}(a_1)^{n_2}(a_2^\dagger)^{n_3}(a_2)^{n_4} \\
&+ (|g_1\rangle\langle e_1|)(|e_2\rangle\langle e_2|)A_{n_1 n_2 n_3 n_4}^{\downarrow\uparrow,\uparrow\uparrow,m}(a_1^\dagger)^{n_1}(a_1)^{n_2}(a_2^\dagger)^{n_3}(a_2)^{n_4} \\
&+ (|g_1\rangle\langle e_1|)(|e_2\rangle\langle g_2|)A_{n_1 n_2 n_3 n_4}^{\downarrow\uparrow,\uparrow\downarrow,m}(a_1^\dagger)^{n_1}(a_1)^{n_2}(a_2^\dagger)^{n_3}(a_2)^{n_4} \\
&+ (|g_1\rangle\langle e_1|)(|g_2\rangle\langle e_2|)A_{n_1 n_2 n_3 n_4}^{\downarrow\uparrow,\downarrow\uparrow,m}(a_1^\dagger)^{n_1}(a_1)^{n_2}(a_2^\dagger)^{n_3}(a_2)^{n_4} \\
&+ (|g_1\rangle\langle e_1|)(|g_2\rangle\langle g_2|)A_{n_1 n_2 n_3 n_4}^{\downarrow\uparrow,\downarrow\downarrow,m}(a_1^\dagger)^{n_1}(a_1)^{n_2}(a_2^\dagger)^{n_3}(a_2)^{n_4} \\
&+ (|g_1\rangle\langle g_1|)(|e_2\rangle\langle e_2|)A_{n_1 n_2 n_3 n_4}^{\downarrow\downarrow,\uparrow\uparrow,m}(a_1^\dagger)^{n_1}(a_1)^{n_2}(a_2^\dagger)^{n_3}(a_2)^{n_4}
\end{aligned}
$$

$$+(|g_1\rangle\langle g_1|)(|e_2\rangle\langle g_2|)A_{n_1n_2n_3n_4}^{\downarrow\downarrow,\uparrow\downarrow,m}(a_1^\dagger)^{n_1}(a_1)^{n_2}(a_2^\dagger)^{n_3}(a_2)^{n_4}$$

$$+(|g_1\rangle\langle g_1|)(|g_2\rangle\langle e_2|)A_{n_1n_2n_3n_4}^{\downarrow\downarrow,\downarrow\uparrow,m}(a_1^\dagger)^{n_1}(a_1)^{n_2}(a_2^\dagger)^{n_3}(a_2)^{n_4}$$

$$+(|g_1\rangle\langle g_1|)(|g_2\rangle\langle g_2|)A_{n_1n_2n_3n_4}^{\downarrow\downarrow,\downarrow\downarrow,m}(a_1^\dagger)^{n_1}(a_1)^{n_2}(a_2^\dagger)^{n_3}(a_2)^{n_4}\Big] \tag{5.1.11}$$

按照(5.1.10)式 $H^1=H$ 的表示式,可知 H^1 的$\{A_{n_1n_2n_3n_4}^{(i,m)}\}$为

$$A_{0,0,0,0}^{(\uparrow\uparrow,\uparrow\uparrow,1)}=\Delta+D,\quad A_{1,1,0,0}^{(\uparrow\uparrow,\uparrow\uparrow,1)}=\omega+2D,\quad A_{0,0,1,1}^{(\uparrow\uparrow,\uparrow\uparrow,1)}=\omega+2D$$

$$A_{2,0,0,0}^{(\uparrow\uparrow,\uparrow\uparrow,1)}=D,\quad A_{0,2,0,0}^{(\uparrow\uparrow,\uparrow\uparrow,1)}=D,\quad A_{0,0,2,0}^{(\uparrow\uparrow,\uparrow\uparrow,1)}=D,\quad A_{0,0,0,2}^{(\uparrow\uparrow,\uparrow\uparrow,1)}=D$$

$$A_{1,0,1,0}^{(\uparrow\uparrow,\uparrow\uparrow,1)}=-J,\quad A_{1,0,0,1}^{(\uparrow\uparrow,\uparrow\uparrow,1)}=-J,\quad A_{0,1,1,0}^{(\uparrow\uparrow,\uparrow\uparrow,1)}=-J,\quad A_{0,1,0,1}^{(\uparrow\uparrow,\uparrow\uparrow,1)}=-J$$

$$A_{0,0,1,0}^{(\uparrow\uparrow,\uparrow\downarrow,1)}=\lambda,\quad A_{0,0,0,1}^{(\uparrow\uparrow,\uparrow\downarrow,1)}=\lambda,\quad A_{0,0,1,0}^{(\uparrow\uparrow,\downarrow\uparrow,1)}=\lambda,\quad A_{0,0,0,1}^{(\uparrow\uparrow,\downarrow\uparrow,1)}=\lambda$$

$$A_{0,0,0,0}^{(\uparrow\uparrow,\downarrow\downarrow,1)}=2D,\quad A_{1,1,0,0}^{(\uparrow\uparrow,\downarrow\downarrow,1)}=\omega+2D,\quad A_{0,0,1,1}^{(\uparrow\uparrow,\downarrow\downarrow,1)}=\omega+2D,\quad A_{2,0,0,0}^{(\uparrow\uparrow,\downarrow\downarrow,1)}=D$$

$$A_{0,2,0,0}^{(\uparrow\uparrow,\downarrow\downarrow,1)}=D,\quad A_{0,0,2,0}^{(\uparrow\uparrow,\downarrow\downarrow,1)}=D,\quad A_{0,0,0,2}^{(\uparrow\uparrow,\downarrow\downarrow,1)}=D,\quad A_{1,0,1,0}^{(\uparrow\uparrow,\downarrow\downarrow,1)}=-J$$

$$A_{1,0,0,1}^{(\uparrow\uparrow,\downarrow\downarrow,1)}=-J,\quad A_{0,1,1,0}^{(\uparrow\uparrow,\downarrow\downarrow,1)}=-J,\quad A_{0,1,0,1}^{(\uparrow\uparrow,\downarrow\downarrow,1)}=-J,\quad A_{1,0,0,0}^{(\uparrow\downarrow,\uparrow\uparrow,1)}=\lambda$$

$$A_{0,1,0,0}^{(\uparrow\downarrow,\uparrow\uparrow,1)}=\lambda,\quad A_{1,0,0,0}^{(\uparrow\downarrow,\downarrow\downarrow,1)}=\lambda,\quad A_{0,1,0,0}^{(\uparrow\downarrow,\downarrow\downarrow,1)}=\lambda,\quad A_{1,0,0,0}^{(\downarrow\uparrow,\uparrow\uparrow,1)}=\lambda$$

$$A_{0,1,0,0}^{(\downarrow\uparrow,\uparrow\uparrow,1)}=\lambda,\quad A_{0,0,0,0}^{(\downarrow\downarrow,\uparrow\uparrow,1)}=D,\quad A_{1,1,0,0}^{(\downarrow\downarrow,\uparrow\uparrow,1)}=\omega+2D,\quad A_{0,0,1,1}^{(\downarrow\downarrow,\uparrow\uparrow,1)}=\omega+2D$$

$$A_{2,0,0,0}^{(\downarrow\downarrow,\uparrow\uparrow,1)}=D,\quad A_{0,2,0,0}^{(\downarrow\downarrow,\uparrow\uparrow,1)}=D,\quad A_{0,0,2,0}^{(\downarrow\downarrow,\uparrow\uparrow,1)}=D,\quad A_{0,0,0,2}^{(\downarrow\downarrow,\uparrow\uparrow,1)}=D$$

$$A_{1,0,1,0}^{(\downarrow\downarrow,\uparrow\uparrow,1)}=-J,\quad A_{1,0,0,1}^{(\downarrow\downarrow,\uparrow\uparrow,1)}=-J,\quad A_{0,1,0,1}^{(\downarrow\downarrow,\uparrow\uparrow,1)}=-J,\quad A_{0,1,1,0}^{(\downarrow\downarrow,\uparrow\uparrow,1)}=-J$$

$$A_{0,1,0,1}^{(\downarrow\downarrow,\uparrow\uparrow,1)}=-J,\quad A_{0,0,1,0}^{(\downarrow\downarrow,\uparrow\downarrow,1)}=\lambda,\quad A_{0,0,0,1}^{(\downarrow\downarrow,\uparrow\downarrow,1)}=\lambda,\quad A_{0,0,1,0}^{(\downarrow\downarrow,\downarrow\uparrow,1)}=\lambda$$

$$A_{0,0,0,1}^{(\downarrow\downarrow,\downarrow\uparrow,1)}=\lambda,\quad A_{0,0,0,0}^{(\downarrow\downarrow,\downarrow\downarrow,1)}=D-\Delta,\quad A_{1,1,0,0}^{(\downarrow\downarrow,\downarrow\downarrow,1)}=\omega+2D$$

$$A_{0,0,1,1}^{(\downarrow\downarrow,\downarrow\downarrow,1)}=\omega+2D,\quad A_{2,0,0,0}^{(\downarrow\downarrow,\downarrow\downarrow,1)}=D,\quad A_{0,2,0,0}^{(\downarrow\downarrow,\downarrow\downarrow,1)}=D,\quad A_{0,0,2,0}^{(\downarrow\downarrow,\downarrow\downarrow,1)}=D$$

$$A_{0,0,0,2}^{(\downarrow\downarrow,\downarrow\downarrow,1)}=D,\quad A_{1,0,1,0}^{(\downarrow\downarrow,\downarrow\downarrow,1)}=-J,\quad A_{1,0,0,1}^{(\downarrow\downarrow,\downarrow\downarrow,1)}=-J,\quad A_{1,0,0,1}^{(\downarrow\downarrow,\downarrow\downarrow,1)}=-J$$

$$A_{0,1,1,0}^{(\downarrow\downarrow,\downarrow\downarrow,1)}=-J,\quad A_{0,1,0,1}^{(\downarrow\downarrow,\downarrow\downarrow,1)}=-J \tag{5.1.12}$$

和前面类似,如已知$\{A_{n_1n_2n_3n_4}^{l_1l_2l_3l_4,m}\}$,求$\{A_{n_1n_2n_3n_4}^{l_1l_2l_3l_4,m+1}\}$,则需要做如下计算:

$$\sum_{n_1n_2n_3n_4}\Big[A_{n_1n_2n_3n_4}^{(\uparrow\uparrow,\uparrow\uparrow,m+1)}(a_1^\dagger)^{n_1}(a_1)^{n_2}(a_2^\dagger)^{n_3}(a_2)^{n_4}(|e_1\rangle\langle e_1|)(|e_2\rangle\langle e_2|)$$

$$+A_{n_1n_2n_3n_4}^{(\uparrow\uparrow,\uparrow\downarrow,m+1)}(a_1^\dagger)^{n_1}(a_1)^{n_2}(a_2^\dagger)^{n_3}(a_2)^{n_4}(|e_1\rangle\langle e_1|)(|e_2\rangle\langle g_2|)$$

$$+A_{n_1n_2n_3n_4}^{(\uparrow\uparrow,\downarrow\uparrow,m+1)}(a_1^\dagger)^{n_1}(a_1)^{n_2}(a_2^\dagger)^{n_3}(a_2)^{n_4}(|e_1\rangle\langle e_1|)(|g_2\rangle\langle e_2|)$$

$$+A_{n_1n_2n_3n_4}^{(\uparrow\uparrow,\downarrow\downarrow,m+1)}(a_1^\dagger)^{n_1}(a_1)^{n_2}(a_2^\dagger)^{n_3}(a_2)^{n_4}(|e_1\rangle\langle e_1|)(|g_2\rangle\langle g_2|)$$

$$+A_{n_1n_2n_3n_4}^{(\uparrow\downarrow,\uparrow\uparrow,m+1)}(a_1^\dagger)^{n_1}(a_1)^{n_2}(a_2^\dagger)^{n_3}(a_2)^{n_4}(|e_1\rangle\langle g_1|)(|e_2\rangle\langle e_2|)$$

$$+ A_{n_1 n_2 n_3 n_4}^{(\uparrow\downarrow,\uparrow\downarrow,m+1)}(a_1^\dagger)^{n_1}(a_1)^{n_2}(a_2^\dagger)^{n_3}(a_2)^{n_4}(|e_1\rangle\langle g_1|)(|e_2\rangle\langle g_2|)$$

$$+ A_{n_1 n_2 n_3 n_4}^{(\uparrow\downarrow,\downarrow\uparrow,m+1)}(a_1^\dagger)^{n_1}(a_1)^{n_2}(a_2^\dagger)^{n_3}(a_2)^{n_4}(|e_1\rangle\langle g_1|)(|g_2\rangle\langle e_2|)$$

$$+ A_{n_1 n_2 n_3 n_4}^{(\uparrow\downarrow,\downarrow\downarrow,m+1)}(a_1^\dagger)^{n_1}(a_1)^{n_2}(a_2^\dagger)^{n_3}(a_2)^{n_4}(|e_1\rangle\langle g_1|)(|g_2\rangle\langle g_2|)$$

$$+ A_{n_1 n_2 n_3 n_4}^{(\downarrow\uparrow,\uparrow\uparrow,m+1)}(a_1^\dagger)^{n_1}(a_1)^{n_2}(a_2^\dagger)^{n_3}(a_2)^{n_4}(|g_1\rangle\langle e_1|)(|e_2\rangle\langle e_2|)$$

$$+ A_{n_1 n_2 n_3 n_4}^{(\downarrow\uparrow,\uparrow\downarrow,m+1)}(a_1^\dagger)^{n_1}(a_1)^{n_2}(a_2^\dagger)^{n_3}(a_2)^{n_4}(|g_1\rangle\langle e_1|)(|e_2\rangle\langle g_2|)$$

$$+ A_{n_1 n_2 n_3 n_4}^{(\downarrow\uparrow,\downarrow\uparrow,m+1)}(a_1^\dagger)^{n_1}(a_1)^{n_2}(a_2^\dagger)^{n_3}(a_2)^{n_4}(|g_1\rangle\langle e_1|)(|g_2\rangle\langle e_2|)$$

$$+ A_{n_1 n_2 n_3 n_4}^{(\downarrow\uparrow,\downarrow\downarrow,m+1)}(a_1^\dagger)^{n_1}(a_1)^{n_2}(a_2^\dagger)^{n_3}(a_2)^{n_4}(|g_1\rangle\langle e_1|)(|g_2\rangle\langle g_2|)$$

$$+ A_{n_1 n_2 n_3 n_4}^{(\downarrow\downarrow,\uparrow\uparrow,m+1)}(a_1^\dagger)^{n_1}(a_1)^{n_2}(a_2^\dagger)^{n_3}(a_2)^{n_4}(|g_1\rangle\langle g_1|)(|e_2\rangle\langle e_2|)$$

$$+ A_{n_1 n_2 n_3 n_4}^{(\downarrow\downarrow,\uparrow\downarrow,m+1)}(a_1^\dagger)^{n_1}(a_1)^{n_2}(a_2^\dagger)^{n_3}(a_2)^{n_4}(|g_1\rangle\langle g_1|)(|e_2\rangle\langle g_2|)$$

$$+ A_{n_1 n_2 n_3 n_4}^{(\downarrow\downarrow,\downarrow\uparrow,m+1)}(a_1^\dagger)^{n_1}(a_1)^{n_2}(a_2^\dagger)^{n_3}(a_2)^{n_4}(|g_1\rangle\langle g_1|)(|g_2\rangle\langle e_2|)$$

$$+ A_{n_1 n_2 n_3 n_4}^{(\downarrow\downarrow,\downarrow\downarrow,m+1)}(a_1^\dagger)^{n_1}(a_1)^{n_2}(a_2^\dagger)^{n_3}(a_2)^{n_4}(|g_1\rangle\langle g_1|)(|g_2\rangle\langle g_2|)]$$

$$= \{[\omega a_1^\dagger a_1 + \omega a_2^\dagger a_2 + D(a_1^2 + a_1^{\dagger 2} + 2a_1^\dagger a_1 + 1) + D(a_2^2 + a_2^{\dagger 2} + 2a_2^\dagger a_2 + 1)$$

$$- J(a_1 a_2 + a_1^\dagger a_2^\dagger + a_1^\dagger a_2 + a_1 a_2^\dagger) + \Delta](|e_1\rangle\langle e_1|)(|e_2\rangle\langle e_2|)$$

$$+ [\lambda a_2 + \lambda a_2^\dagger](|e_1\rangle\langle e_1|)(|e_2\rangle\langle g_2|)$$

$$+ [\lambda a_2 + \lambda a_2^\dagger](|e_1\rangle\langle e_1|)(|g_2\rangle\langle e_2|)$$

$$+ [\omega a_1^\dagger a_1 + \omega a_2^\dagger a_2 + D(a_1^2 + a_1^{\dagger 2} + 2a_1^\dagger a_1 + 1) + D(a_2^2 + a_2^{\dagger 2} + 2a_2^\dagger a_2 + 1)$$

$$- J(a_1 a_2 + a_1^\dagger a_2^\dagger + a_1^\dagger a_2 + a_1 a_2^\dagger)](|e_1\rangle\langle e_1|)(|g_2\rangle\langle g_2|)$$

$$+ [\lambda a_1 + \lambda a_1^\dagger](|e_1\rangle\langle g_1|)(|e_2\rangle\langle e_2|)$$

$$+ [\lambda a_1 + \lambda a_1^\dagger](|e_1\rangle\langle g_1|)(|g_2\rangle\langle g_2|)$$

$$+ [\lambda a_1 + \lambda a_1^\dagger](|g_1\rangle\langle e_1|)(|e_2\rangle\langle e_2|)$$

$$+ [\lambda a_1 + \lambda a_1^\dagger](|g_1\rangle\langle e_1|)(|g_2\rangle\langle g_2|)$$

$$+ [\omega a_1^\dagger a_1 + \omega a_2^\dagger a_2 + D(a_1^2 + a_1^{\dagger 2} + 2a_1^\dagger a_1 + 1) + D(a_2^2 + a_2^{\dagger 2} + 2a_2^\dagger a_2 + 1)$$

$$- J(a_1 a_2 + a_1^\dagger a_2^\dagger + a_1^\dagger a_2 + a_1 a_2^\dagger)](|g_1\rangle\langle g_1|)(|e_2\rangle\langle e_2|)$$

$$+ [\lambda a_2 + \lambda a_2^\dagger](|g_1\rangle\langle g_1|)(|e_2\rangle\langle g_2|)$$

$$+ [\lambda a_2 + \lambda a_2^\dagger](|g_1\rangle\langle g_1|)(|g_2\rangle\langle e_2|)$$

$$+ [\omega a_1^\dagger a_1 + \omega a_2^\dagger a_2 + D(a_1^2 + a_1^{\dagger 2} + 2a_1^\dagger a_1 + 1) + D(a_2^2 + a_2^{\dagger 2} + 2a_2^\dagger a_2 + 1)$$

$$- J(a_1 a_2 + a_1^\dagger a_2^\dagger + a_1^\dagger a_2 + a_1 a_2^\dagger) - \Delta](|g_1\rangle\langle g_1|)(|g_2\rangle\langle g_2|)\}$$

$$\cdot \Big\{ \sum_{n_1 n_2 n_3 n_4} \Big[A_{n_1 n_2 n_3 n_4}^{(\uparrow\uparrow,\uparrow\uparrow,m)}(a_1^\dagger)^{n_1}(a_1)^{n_2}(a_2^\dagger)^{n_3}(a_2)^{n_4}(|e_1\rangle\langle e_1|)(|e_2\rangle\langle e_2|)$$

$$+ A_{n_1 n_2 n_3 n_4}^{(\uparrow\uparrow,\uparrow\downarrow,m)}(a_1^\dagger)^{n_1}(a_1)^{n_2}(a_2^\dagger)^{n_3}(a_2)^{n_4}(|e_1\rangle\langle e_1|)(|e_2\rangle\langle g_2|)$$

$$+ A_{n_1 n_2 n_3 n_4}^{(\uparrow\uparrow,\downarrow\uparrow,m)}(a_1^\dagger)^{n_1}(a_1)^{n_2}(a_2^\dagger)^{n_3}(a_2)^{n_4}(|e_1\rangle\langle e_1|)(|g_2\rangle\langle e_2|)$$

$$+ A_{n_1 n_2 n_3 n_4}^{(\uparrow\uparrow,\downarrow\downarrow,m)}(a_1^\dagger)^{n_1}(a_1)^{n_2}(a_2^\dagger)^{n_3}(a_2)^{n_4}(|e_1\rangle\langle e_1|)(|g_2\rangle\langle g_2|)$$

$$+ A_{n_1 n_2 n_3 n_4}^{(\uparrow\downarrow,\uparrow\uparrow,m)}(a_1^\dagger)^{n_1}(a_1)^{n_2}(a_2^\dagger)^{n_3}(a_2)^{n_4}(|e_1\rangle\langle g_1|)(|e_2\rangle\langle e_2|)$$

$$+ A_{n_1 n_2 n_3 n_4}^{(\uparrow\downarrow,\uparrow\downarrow,m)}(a_1^\dagger)^{n_1}(a_1)^{n_2}(a_2^\dagger)^{n_3}(a_2)^{n_4}(|e_1\rangle\langle g_1|)(|e_2\rangle\langle g_2|)$$

$$+ A_{n_1 n_2 n_3 n_4}^{(\uparrow\downarrow,\downarrow\uparrow,m)}(a_1^\dagger)^{n_1}(a_1)^{n_2}(a_2^\dagger)^{n_3}(a_2)^{n_4}(|e_1\rangle\langle g_1|)(|g_2\rangle\langle e_2|)$$

$$+ A_{n_1 n_2 n_3 n_4}^{(\uparrow\downarrow,\downarrow\downarrow,m)}(a_1^\dagger)^{n_1}(a_1)^{n_2}(a_2^\dagger)^{n_3}(a_2)^{n_4}(|e_1\rangle\langle g_1|)(|g_2\rangle\langle g_2|)$$

$$+ A_{n_1 n_2 n_3 n_4}^{(\downarrow\uparrow,\uparrow\uparrow,m)}(a_1^\dagger)^{n_1}(a_1)^{n_2}(a_2^\dagger)^{n_3}(a_2)^{n_4}(|g_1\rangle\langle e_1|)(|e_2\rangle\langle e_2|)$$

$$+ A_{n_1 n_2 n_3 n_4}^{(\downarrow\uparrow,\uparrow\downarrow,m)}(a_1^\dagger)^{n_1}(a_1)^{n_2}(a_2^\dagger)^{n_3}(a_2)^{n_4}(|g_1\rangle\langle e_1|)(|e_2\rangle\langle g_2|)$$

$$+ A_{n_1 n_2 n_3 n_4}^{(\downarrow\uparrow,\downarrow\uparrow,m)}(a_1^\dagger)^{n_1}(a_1)^{n_2}(a_2^\dagger)^{n_3}(a_2)^{n_4}(|g_1\rangle\langle e_1|)(|g_2\rangle\langle e_2|)$$

$$+ A_{n_1 n_2 n_3 n_4}^{(\downarrow\uparrow,\downarrow\downarrow,m)}(a_1^\dagger)^{n_1}(a_1)^{n_2}(a_2^\dagger)^{n_3}(a_2)^{n_4}(|g_1\rangle\langle e_1|)(|g_2\rangle\langle g_2|)$$

$$+ A_{n_1 n_2 n_3 n_4}^{(\downarrow\downarrow,\uparrow\uparrow,m)}(a_1^\dagger)^{n_1}(a_1)^{n_2}(a_2^\dagger)^{n_3}(a_2)^{n_4}(|g_1\rangle\langle g_1|)(|e_2\rangle\langle e_2|)$$

$$+ A_{n_1 n_2 n_3 n_4}^{(\downarrow\downarrow,\uparrow\downarrow,m)}(a_1^\dagger)^{n_1}(a_1)^{n_2}(a_2^\dagger)^{n_3}(a_2)^{n_4}(|g_1\rangle\langle g_1|)(|e_2\rangle\langle g_2|)$$

$$+ A_{n_1 n_2 n_3 n_4}^{(\downarrow\downarrow,\downarrow\uparrow,m)}(a_1^\dagger)^{n_1}(a_1)^{n_2}(a_2^\dagger)^{n_3}(a_2)^{n_4}(|g_1\rangle\langle g_1|)(|g_2\rangle\langle e_2|)$$

$$+ A_{n_1 n_2 n_3 n_4}^{(\downarrow\downarrow,\downarrow\downarrow,m)}(a_1^\dagger)^{n_1}(a_1)^{n_2}(a_2^\dagger)^{n_3}(a_2)^{n_4}(|g_1\rangle\langle g_1|)(|g_2\rangle\langle g_2|)\Big]\Big\}$$

$$= \sum_{n_1 n_2 n_3 n_4}\Big\{\Big[\omega(a_1^\dagger)^{n+1}(a_1)^{n_2+1}(a_2^\dagger)^{n_3}(a_2)^{n_4}$$

$$+ n_1\omega(a_1^\dagger)^{n_1}(a_1)^{n_2}(a_2^\dagger)^{n_3}(a_2)^{n_4} + \omega(a_1^\dagger)^{n_1}(a_1)^{n_2}(a_2^\dagger)^{n_3+1}(a_2)^{n_4+1}$$

$$+ n_3\omega(a_1^\dagger)^{n_1}(a_1)^{n_2}(a_2^\dagger)^{n_3}(a_2)^{n_4} + D(a_1^\dagger)^{n}(a_1)^{n_2+2}(a_2^\dagger)^{n_3}(a_2)^{n_4}$$

$$+ 2Dn_1\omega(a_1^\dagger)^{n_1-1}(a_1)^{n_2+1}(a_2^\dagger)^{n_3}(a_2)^{n_4} + Dn_1(n_1-1)(a_1^\dagger)^{n_1-2}(a_1)^{n_2}(a_2^\dagger)^{n_3}(a_2)^{n_4}$$

$$+ D(a_1^\dagger)^{n_1+2}(a_1)^{n_2}(a_2^\dagger)^{n_3}(a_2)^{n_4} + 2D(a_1^\dagger)^{n_1+2}(a_1)^{n_2+1}(a_2^\dagger)^{n_3}(a_2)^{n_4}$$

$$+ 2Dn_1(a_1^\dagger)^{n_1}(a_1)^{n_2}(a_2^\dagger)^{n_3}(a_2)^{n_4} + D(a_1^\dagger)^{n_1}(a_1)^{n_2}(a_2^\dagger)^{n_3}(a_2)^{n_4}$$

$$+ D(a_1^\dagger)^{n_1}(a_1)^{n_2}(a_2^\dagger)^{n_3}(a_2)^{n_4+2} + 2Dn_3(a_1^\dagger)^{n_1}(a_1)^{n_2}(a_2^\dagger)^{n_3-1}(a_2)^{n_4+1}$$

$$+ Dn_3(n_3-1)(a_1^\dagger)^{n_1}(a_1)^{n_2}(a_2^\dagger)^{n_3-2}(a_2)^{n_4} + D(a_1^\dagger)^{n_1}(a_1)^{n_2}(a_2^\dagger)^{n_3+2}(a_2)^{n_4}$$

$$+ 2D(a_1^\dagger)^{n_1}(a_1)^{n_2}(a_2^\dagger)^{n_3+1}(a_2)^{n_4+1} + 2Dn_3(a_1^\dagger)^{n_1}(a_1)^{n_2}(a_2^\dagger)^{n_3}(a_2)^{n_4}$$

$$+ D(a_1^\dagger)^{n_1}(a_1)^{n_2}(a_2^\dagger)^{n_3}(a_2)^{n_4} - J(a_1^\dagger)^{n_1}(a_1)^{n_2+1}(a_2^\dagger)^{n_3}(a_2)^{n_4+1}$$

$$- Jn_1(a_1^\dagger)^{n_1-1}(a_1)^{n_2}(a_2^\dagger)^{n_3}(a_2)^{n_4+1} - Jn_3(a_1^\dagger)^{n_1}(a_1)^{n_2+1}(a_2^\dagger)^{n_3-1}(a_2)^{n_4}$$

$$- Jn_1n_3(a_1^\dagger)^{n_1-1}(a_1)^{n_2}(a_2^\dagger)^{n_3-1}(a_2)^{n_4} - J(a_1^\dagger)^{n_1+1}(a_1)^{n_2}(a_2^\dagger)^{n_3+1}(a_2)^{n_4}$$

$$- J(a_1^\dagger)^{n_1+1}(a_1)^{n_2}(a_2^\dagger)^{n_3}(a_2)^{n_4+1} - Jn_3(a_1^\dagger)^{n_1+1}(a_1)^{n_2}(a_2^\dagger)^{n_3-1}(a_2)^{n_4}$$

$$- J(a_1^\dagger)^{n_1}(a_1)^{n_2+1}(a_2^\dagger)^{n_3+1}(a_2)^{n_4} - Jn_1(a_1^\dagger)^{n_1-1}(a_1)^{n_2}(a_2^\dagger)^{n_3+1}(a_2)^{n_4}\Big]$$

$$\cdot\Big[A_{n_1 n_2 n_3 n_4}^{(\uparrow\uparrow,\uparrow\uparrow,m)}(|e_1\rangle\langle e_1|)(|e_2\rangle\langle e_2|) + A_{n_1 n_2 n_3 n_4}^{(\uparrow\uparrow,\uparrow\downarrow,m)}(|e_1\rangle\langle e_1|)(|e_2\rangle\langle g_2|)$$

$$+ A_{n_1 n_2 n_3 n_4}^{(\uparrow\uparrow,\downarrow\uparrow,m)}(|e_1\rangle\langle e_1|)(|g_2\rangle\langle e_2|) + A_{n_1 n_2 n_3 n_4}^{(\uparrow\uparrow,\downarrow\downarrow,m)}(|e_1\rangle\langle e_1|)(|g_2\rangle\langle g_2|)$$

$$+A_{n_1n_2n_3n_4}^{(\uparrow\downarrow,\uparrow\uparrow,m)}(|e_1\rangle\langle g_1|)(|e_2\rangle\langle e_2|)+A_{n_1n_2n_3n_4}^{(\uparrow\downarrow,\uparrow\downarrow,m)}(|e_1\rangle\langle g_1|)(|e_2\rangle\langle g_2|)$$

$$+A_{n_1n_2n_3n_4}^{(\uparrow\downarrow,\downarrow\uparrow,m)}(|e_1\rangle\langle g_1|)(|g_2\rangle\langle e_2|)+A_{n_1n_2n_3n_4}^{(\uparrow\downarrow,\downarrow\downarrow,m)}(|e_1\rangle\langle g_1|)(|g_2\rangle\langle g_2|)$$

$$+A_{n_1n_2n_3n_4}^{(\downarrow\uparrow,\uparrow\uparrow,m)}(|g_1\rangle\langle e_1|)(|e_2\rangle\langle e_2|)+A_{n_1n_2n_3n_4}^{(\downarrow\uparrow,\uparrow\downarrow,m)}(|g_1\rangle\langle e_1|)(|e_2\rangle\langle g_2|)$$

$$+A_{n_1n_2n_3n_4}^{(\downarrow\uparrow,\downarrow\uparrow,m)}(|g_1\rangle\langle e_1|)(|g_2\rangle\langle e_2|)+A_{n_1n_2n_3n_4}^{(\downarrow\uparrow,\downarrow\downarrow,m)}(|g_1\rangle\langle e_1|)(|g_2\rangle\langle g_2|)$$

$$+A_{n_1n_2n_3n_4}^{(\downarrow\downarrow,\uparrow\uparrow,m)}(|g_1\rangle\langle g_1|)(|e_2\rangle\langle e_2|)+A_{n_1n_2n_3n_4}^{(\downarrow\downarrow,\uparrow\downarrow,m)}(|g_1\rangle\langle g_1|)(|e_2\rangle\langle g_2|)$$

$$+A_{n_1n_2n_3n_4}^{(\downarrow\downarrow,\downarrow\uparrow,m)}(|g_1\rangle\langle g_1|)(|g_2\rangle\langle e_2|)+A_{n_1n_2n_3n_4}^{(\downarrow\downarrow,\downarrow\downarrow,m)}(|g_1\rangle\langle g_1|)(|g_2\rangle\langle g_2|)\Big]$$

$$+\Delta\Big[A_{n_1n_2n_3n_4}^{(\uparrow\uparrow,\uparrow\uparrow,m)}(|e_1\rangle\langle e_1|)(|e_2\rangle\langle e_2|)+A_{n_1n_2n_3n_4}^{(\uparrow\uparrow,\uparrow\downarrow,m)}(|e_1\rangle\langle e_1|)(|e_2\rangle\langle g_2|)$$

$$+A_{n_1n_2n_3n_4}^{(\uparrow\downarrow,\uparrow\downarrow,m)}(|e_1\rangle\langle g_1|)(|e_2\rangle\langle g_2|)+A_{n_1n_2n_3n_4}^{(\uparrow\downarrow,\uparrow\downarrow,m)}(|e_1\rangle\langle g_1|)(|e_2\rangle\langle g_2|)\Big]$$

$$-\Delta\Big[A_{n_1n_2n_3n_4}^{(\downarrow\uparrow,\downarrow\uparrow,m)}(|g_1\rangle\langle e_1|)(|g_2\rangle\langle e_2|)+A_{n_1n_2n_3n_4}^{(\downarrow\uparrow,\downarrow\downarrow,m)}(|g_1\rangle\langle e_1|)(|g_2\rangle\langle g_2|)$$

$$+A_{n_1n_2n_3n_4}^{(\downarrow\downarrow,\downarrow\uparrow,m)}(|g_1\rangle\langle g_1|)(|g_2\rangle\langle e_2|)+A_{n_1n_2n_3n_4}^{(\downarrow\downarrow,\downarrow\downarrow,m)}(|g_1\rangle\langle g_1|)(|g_2\rangle\langle g_2|)\Big]$$

$$+\lambda\Big[(a_1^\dagger)^{n_1}(a_1)^{n_2}(a_2^\dagger)^{n_3+1}(a_2)^{n_4}+(a_1^\dagger)^{n_1}(a_1)^{n_2}(a_2^\dagger)^{n_3}(a_2)^{n_4+1}$$

$$+n_3(a_1^\dagger)^{n_1}(a_1)^{n_2}(a_2^\dagger)^{n_3-1}(a_2)^{n_4}\Big]$$

$$\cdot\Big[A_{n_1n_2n_3n_4}^{(\uparrow\uparrow,\downarrow\uparrow,m)}(|e_1\rangle\langle e_1|)(|e_2\rangle\langle e_2|)+A_{n_1n_2n_3n_4}^{(\uparrow\uparrow,\downarrow\downarrow,m)}(|e_1\rangle\langle e_1|)(|e_2\rangle\langle g_2|)$$

$$+A_{n_1n_2n_3n_4}^{(\uparrow\downarrow,\downarrow\uparrow,m)}(|e_1\rangle\langle g_1|)(|e_2\rangle\langle e_2|)+A_{n_1n_2n_3n_4}^{(\uparrow\downarrow,\downarrow\downarrow,m)}(|e_1\rangle\langle g_1|)(|e_2\rangle\langle g_2|)$$

$$+A_{n_1n_2n_3n_4}^{(\uparrow\uparrow,\uparrow\uparrow,m)}(|e_1\rangle\langle e_1|)(|g_2\rangle\langle e_2|)+A_{n_1n_2n_3n_4}^{(\uparrow\uparrow,\uparrow\downarrow,m)}(|e_1\rangle\langle e_1|)(|g_2\rangle\langle g_2|)$$

$$+A_{n_1n_2n_3n_4}^{(\uparrow\downarrow,\uparrow\uparrow,m)}(|e_1\rangle\langle g_1|)(|g_2\rangle\langle e_2|)+A_{n_1n_2n_3n_4}^{(\uparrow\downarrow,\uparrow\downarrow,m)}(|e_1\rangle\langle g_1|)(|g_2\rangle\langle g_2|)$$

$$+A_{n_1n_2n_3n_4}^{(\downarrow\uparrow,\downarrow\uparrow,m)}(|g_1\rangle\langle e_1|)(|e_2\rangle\langle e_2|)+A_{n_1n_2n_3n_4}^{(\downarrow\uparrow,\downarrow\downarrow,m)}(|g_1\rangle\langle e_1|)(|e_2\rangle\langle g_2|)$$

$$+A_{n_1n_2n_3n_4}^{(\downarrow\downarrow,\downarrow\uparrow,m)}(|g_1\rangle\langle g_1|)(|e_2\rangle\langle e_2|)+A_{n_1n_2n_3n_4}^{(\downarrow\downarrow,\downarrow\downarrow,m)}(|g_1\rangle\langle g_1|)(|e_2\rangle\langle g_2|)$$

$$+A_{n_1n_2n_3n_4}^{(\downarrow\uparrow,\uparrow\uparrow,m)}(|g_1\rangle\langle e_1|)(|g_2\rangle\langle e_2|)+A_{n_1n_2n_3n_4}^{(\downarrow\uparrow,\uparrow\downarrow,m)}(|g_1\rangle\langle e_1|)(|g_2\rangle\langle g_2|)$$

$$+A_{n_1n_2n_3n_4}^{(\downarrow\downarrow,\uparrow\uparrow,m)}(|g_1\rangle\langle g_1|)(|g_2\rangle\langle e_2|)+A_{n_1n_2n_3n_4}^{(\downarrow\downarrow,\uparrow\downarrow,m)}(|g_1\rangle\langle g_1|)(|g_2\rangle\langle g_2|)\Big]$$

$$+\lambda\Big[(a_1^\dagger)^{n_1+1}(a_1)^{n_2}(a_2^\dagger)^{n_3}(a_2)^{n_4}+(a_1^\dagger)^{n_1}(a_1)^{n_2+1}(a_2^\dagger)^{n_3}(a_2)^{n_4}$$

$$+n_1(a_1^\dagger)^{n_1-1}(a_1)^{n_2}(a_2^\dagger)^{n_3}(a_2)^{n_4}\Big]$$

$$\cdot\Big[A_{n_1n_2n_3n_4}^{(\downarrow\uparrow,\uparrow\uparrow,m)}(|e_1\rangle\langle e_2|)(|e_2\rangle\langle e_2|)+A_{n_1n_2n_3n_4}^{(\downarrow\uparrow,\uparrow\downarrow,m)}(|e_1\rangle\langle e_1|)(|e_2\rangle\langle g_2|)$$

$$+A_{n_1n_2n_3n_4}^{(\downarrow\downarrow,\uparrow\uparrow,m)}(|e_1\rangle\langle g_1|)(|e_2\rangle\langle e_2|)+A_{n_1n_2n_3n_4}^{(\downarrow\downarrow,\uparrow\downarrow,m)}(|e_1\rangle\langle g_1|)(|e_2\rangle\langle g_2|)$$

$$+A_{n_1n_2n_3n_4}^{(\uparrow\uparrow,\uparrow\uparrow,m)}(|g_1\rangle\langle e_1|)(|e_2\rangle\langle e_2|)+A_{n_1n_2n_3n_4}^{(\uparrow\uparrow,\uparrow\downarrow,m)}(|g_1\rangle\langle e_1|)(|e_2\rangle\langle g_2|)$$

$$+A_{n_1n_2n_3n_4}^{(\uparrow\downarrow,\uparrow\uparrow,m)}(|g_1\rangle\langle g_1|)(|e_2\rangle\langle e_2|)+A_{n_1n_2n_3n_4}^{(\uparrow\downarrow,\uparrow\downarrow,m)}(|g_1\rangle\langle g_1|)(|e_2\rangle\langle g_2|)$$

$$+A_{n_1n_2n_3n_4}^{(\downarrow\uparrow,\downarrow\uparrow,m)}(|e_1\rangle\langle e_1|)(|g_2\rangle\langle e_2|)+A_{n_1n_2n_3n_4}^{(\downarrow\uparrow,\downarrow\downarrow,m)}(|e_1\rangle\langle e_1|)(|g_2\rangle\langle g_2|)$$

$$+A_{n_1n_2n_3n_4}^{(\downarrow\downarrow,\downarrow\uparrow,m)}(|e_1\rangle\langle g_1|)(|g_2\rangle\langle e_2|)+A_{n_1n_2n_3n_4}^{(\downarrow\downarrow,\downarrow\downarrow,m)}(|e_1\rangle\langle g_1|)(|g_2\rangle\langle g_2|)$$

$$+ A_{n_1 n_2 n_3 n_4}^{(\uparrow\uparrow,\downarrow\uparrow,m)}(|g_1\rangle\langle e_1|)(|g_2\rangle\langle e_2|) + A_{n_1 n_2 n_3 n_4}^{(\uparrow\uparrow,\downarrow\downarrow,m)}(|g_1\rangle\langle e_1|)(|g_2\rangle\langle g_2|)$$
$$+ A_{n_1 n_2 n_3 n_4}^{(\uparrow\downarrow,\downarrow\uparrow,m)}(|g_1\rangle\langle g_1|)(|g_2\rangle\langle e_2|) + A_{n_1 n_2 n_3 n_4}^{(\uparrow\downarrow,\downarrow\downarrow,m)}(|g_1\rangle\langle g_1|)(|g_2\rangle\langle g_2|)\Big] \tag{5.1.13}$$

比较(5.1.13)式两端中的粒子态矢$(|e_1\rangle\langle e_1|)(|e_2\rangle\langle e_2|),\cdots,(|g_1\rangle\langle g_1|)(|g_2\rangle\langle g_2|)$，以及场态$|n_1,n_2,n_3,n_4\rangle$的系数，得

$$\begin{aligned}
&A_{n_1 n_2 n_3 n_4}^{(\uparrow\uparrow,\uparrow\uparrow,m+1)}\\
&= \Big\{[(n_1+n_3)\omega + 2(1+n_1+n_3)D]A_{n_1 n_2 n_3 n_4}^{(\uparrow\uparrow,\uparrow\uparrow,m)} + DA_{n_1 n_2-2 n_3 n_4}^{(\uparrow\uparrow,\uparrow\uparrow,m)}\\
&\quad + 2Dn_1 A_{n_1 n_2-1 n_3 n_4}^{(\uparrow\uparrow,\uparrow\uparrow,m)} + Dn_1(n_1-1)A_{n_1+2 n_2 n_3 n_4}^{(\uparrow\uparrow,\uparrow\uparrow,m)} + DA_{n_1-2 n_2 n_3 n_4}^{(\uparrow\uparrow,\uparrow\uparrow,m)} + DA_{n_1 n_2 n_3 n_4-2}^{(\uparrow\uparrow,\uparrow\uparrow,m)}\\
&\quad + 2Dn_3 A_{n_1 n_2 n_3 n_4-1}^{(\uparrow\uparrow,\uparrow\uparrow,m)} + Dn_3(n_3-1)A_{n_1 n_2 n_3+2 n_4}^{(\uparrow\uparrow,\uparrow\uparrow,m)} + DA_{n_1 n_2 n_3-2 n_4}^{(\uparrow\uparrow,\uparrow\uparrow,m)}\\
&\quad + (\omega+2D)A_{n_1-1 n_2-1 n_3 n_4}^{(\uparrow\uparrow,\uparrow\uparrow,m)} + (\omega+2D)A_{n_1 n_2 n_3-1 n_4-1}^{(\uparrow\uparrow,\uparrow\uparrow,m)} - Jn_1 A_{n_1+1 n_2 n_3 n_4}^{(\uparrow\uparrow,\uparrow\uparrow,m)}\\
&\quad - Jn_3 A_{n_1 n_2-1 n_3+1 n_4}^{(\uparrow\uparrow,\uparrow\uparrow,m)} - Jn_1 n_3 A_{n_1+1 n_2 n_3+1 n_4}^{(\uparrow\uparrow,\uparrow\uparrow,m)} - JA_{n_1-1 n_2 n_3-1 n_4}^{(\uparrow\uparrow,\uparrow\uparrow,m)} - JA_{n_1-1 n_2 n_3 n_4-1}^{(\uparrow\uparrow,\uparrow\uparrow,m)}\\
&\quad - Jn_3 A_{n_1-1 n_2 n_3+1 n_4}^{(\uparrow\uparrow,\uparrow\uparrow,m)} - JA_{n_1 n_2-1 n_3-1 n_4}^{(\uparrow\uparrow,\uparrow\uparrow,m)} - Jn_1 A_{n_1+1 n_2 n_3-1 n_4}^{(\uparrow\uparrow,\uparrow\uparrow,m)}\Big\}\\
&\quad + \lambda\Big[A_{n_1 n_2 n_3-1 n_4}^{(\uparrow\uparrow,\downarrow\uparrow,m)} + A_{n_1 n_2 n_3 n_4-1}^{(\uparrow\uparrow,\downarrow\uparrow,m)} + n_3 A_{n_1 n_2 n_3+1 n_4}^{(\uparrow\uparrow,\downarrow\uparrow,m)}\Big]\\
&\quad + \lambda\Big[A_{n_1-1 n_2 n_3 n_4}^{(\downarrow\uparrow,\uparrow\uparrow,m)} + A_{n_1 n_2-1 n_3 n_4}^{(\downarrow\uparrow,\uparrow\uparrow,m)} + n_1 A_{n_1+1 n_2 n_3 n_4}^{(\downarrow\uparrow,\uparrow\uparrow,m)}\Big] + \Delta A_{n_1 n_2 n_3 n_4}^{(\uparrow\uparrow,\uparrow\uparrow,m)}\\
&= \Big\{\Lambda(A^{(\uparrow\uparrow,\uparrow\uparrow,m)})\Big\} + \lambda\Big[A_{n_1 n_2 n_3-1 n_4}^{(\uparrow\uparrow,\downarrow\uparrow,m)} + A_{n_1 n_2 n_3 n_4-1}^{(\uparrow\uparrow,\downarrow\uparrow,m)} + n_3 A_{n_1 n_2 n_3+1 n_4}^{(\uparrow\uparrow,\downarrow\uparrow,m)}\Big]\\
&\quad + \lambda\Big[A_{n_1-1 n_2 n_3 n_4}^{(\downarrow\uparrow,\uparrow\uparrow,m)} + A_{n_1 n_2-1 n_3 n_4}^{(\downarrow\uparrow,\uparrow\uparrow,m)} + n_1 A_{n_1+1 n_2 n_3 n_4}^{(\downarrow\uparrow,\uparrow\uparrow,m)}\Big] + \Delta A_{n_1 n_2 n_3 n_4}^{(\uparrow\uparrow,\uparrow\uparrow,m)}
\end{aligned} \tag{5.1.14}$$

在(5.1.14)式中将第一部分用$\{\Lambda(A^{(\uparrow\uparrow,\uparrow\uparrow,m)})\}$表示，是为了让下面的书写简便一些，因为这一部分含有19项，在后面15个同类公式中除了A的上标不同外，每项的系数A的下标都一样，因此只需改变一下上标即可.

$$\begin{aligned}
A_{n_1 n_2 n_3 n_4}^{(\uparrow\uparrow,\uparrow\downarrow,m+1)} &= \Big\{\Lambda(A^{(\uparrow\uparrow,\uparrow\downarrow,m)})\Big\} + \lambda\Big[A_{n_1 n_2 n_3-1 n_4}^{(\uparrow\uparrow,\downarrow\downarrow,m)} + A_{n_1 n_2 n_3 n_4-1}^{(\uparrow\uparrow,\downarrow\downarrow,m)} + n_3 A_{n_1 n_2 n_3+1 n_4}^{(\uparrow\uparrow,\downarrow\downarrow,m)}\Big]\\
&\quad + \lambda\Big[A_{n_1-1 n_2 n_3-1 n_4}^{(\downarrow\uparrow,\uparrow\downarrow,m)} + A_{n_1 n_2-1 n_3 n_4}^{(\downarrow\uparrow,\uparrow\downarrow,m)} + n_1 A_{n_1+1 n_2 n_3 n_4}^{(\downarrow\uparrow,\uparrow\downarrow,m)}\Big] + \Delta A_{n_1 n_2 n_3 n_4}^{(\uparrow\uparrow,\uparrow\downarrow,m)}
\end{aligned} \tag{5.1.15}$$

$$\begin{aligned}
A_{n_1 n_2 n_3 n_4}^{(\uparrow\uparrow,\downarrow\uparrow,m+1)} &= \Big\{\Lambda(A^{(\uparrow\uparrow,\downarrow\uparrow,m)})\Big\} + \lambda\Big[A_{n_1 n_2 n_3-1 n_4}^{(\uparrow\uparrow,\uparrow\uparrow,m)} + A_{n_1 n_2 n_3 n_4-1}^{(\uparrow\uparrow,\uparrow\uparrow,m)} + n_3 A_{n_1 n_2 n_3+1 n_4}^{(\uparrow\uparrow,\uparrow\uparrow,m)}\Big]\\
&\quad + \lambda\Big[A_{n_1-1 n_2 n_3 n_4}^{(\downarrow\uparrow,\downarrow\downarrow,m)} + A_{n_1 n_2-1 n_3 n_4}^{(\downarrow\uparrow,\downarrow\uparrow,m)} + n_1 A_{n_1+1 n_2 n_3 n_4}^{(\downarrow\uparrow,\downarrow\uparrow,m)}\Big]
\end{aligned} \tag{5.1.16}$$

$$\begin{aligned}
A_{n_1 n_2 n_3 n_4}^{(\uparrow\uparrow,\downarrow\downarrow,m+1)} &= \Big\{\Lambda(A^{(\uparrow\uparrow,\downarrow\downarrow,m)})\Big\} + \lambda\Big[A_{n_1 n_2 n_3-1 n_4}^{(\uparrow\uparrow,\uparrow\downarrow,m)} + A_{n_1 n_2 n_3 n_4-1}^{(\uparrow\uparrow,\uparrow\downarrow,m)} + n_3 A_{n_1 n_2 n_3+1 n_4}^{(\uparrow\uparrow,\uparrow\downarrow,m)}\Big]\\
&\quad + \lambda\Big[A_{n_1-1 n_2 n_3 n_4}^{(\downarrow\uparrow,\downarrow\downarrow,m)} + A_{n_1 n_2-1 n_3 n_4}^{(\downarrow\uparrow,\downarrow\downarrow,m)} + n_1 A_{n_1+1 n_2 n_3 n_4}^{(\downarrow\uparrow,\downarrow\downarrow,m)}\Big]
\end{aligned} \tag{5.1.17}$$

$$A_{n_1n_2n_3n_4}^{(\uparrow\downarrow,\uparrow\uparrow,m+1)} = \left\{\Lambda(A^{(\uparrow\downarrow,\uparrow\uparrow,m)})\right\} + \lambda\left[A_{n_1n_2n_3-1n_4}^{(\uparrow\downarrow,\downarrow\uparrow,m)} + A_{n_1n_2n_3n_4-1}^{(\uparrow\downarrow,\downarrow\uparrow,m)} + n_3A_{n_1n_2n_3+1n_4}^{(\uparrow\downarrow,\downarrow\uparrow,m)}\right]$$
$$+ \lambda\left[A_{n_1-1n_2n_3n_4}^{(\downarrow\downarrow,\uparrow\uparrow,m)} + A_{n_1n_2-1n_3n_4}^{(\downarrow\downarrow,\downarrow\uparrow,m)} + n_1A_{n_1+1n_2n_3n_4}^{(\downarrow\downarrow,\uparrow\uparrow,m)}\right] + \Delta A_{n_1n_2n_3n_4}^{(\uparrow\downarrow,\uparrow\uparrow,m)} \tag{5.1.18}$$

$$A_{n_1n_2n_3n_4}^{(\uparrow\downarrow,\uparrow\downarrow,m+1)} = \left\{\Lambda(A^{(\uparrow\downarrow,\uparrow\downarrow,m)})\right\} + \lambda\left[A_{n_1n_2n_3-1n_4}^{(\uparrow\downarrow,\downarrow\downarrow,m)} + A_{n_1n_2n_3n_4-1}^{(\uparrow\downarrow,\downarrow\downarrow,m)} + n_3A_{n_1n_2n_3+1n_4}^{(\uparrow\downarrow,\downarrow\downarrow,m)}\right]$$
$$+ \lambda\left[A_{n_1-1n_2n_3n_4}^{(\downarrow\downarrow,\uparrow\downarrow,m)} + A_{n_1n_2-1n_3n_4}^{(\downarrow\downarrow,\uparrow\downarrow,m)} + n_1A_{n_1+1n_2n_3n_4}^{(\downarrow\downarrow,\uparrow\downarrow,m)}\right] + \Delta A_{n_1n_2n_3n_4}^{(\uparrow\downarrow,\uparrow\downarrow,m)} \tag{5.1.19}$$

$$A_{n_1n_2n_3n_4}^{(\uparrow\downarrow,\downarrow\uparrow,m+1)} = \left\{\Lambda(A^{(\uparrow\downarrow,\downarrow\uparrow,m)})\right\} + \lambda\left[A_{n_1n_2n_3-1n_4}^{(\uparrow\downarrow,\uparrow\uparrow,m)} + A_{n_1n_2n_3n_4-1}^{(\uparrow\downarrow,\uparrow\uparrow,m)} + n_3A_{n_1n_2n_3+1n_4}^{(\uparrow\downarrow,\uparrow\uparrow,m)}\right]$$
$$+ \lambda\left[A_{n_1-1n_2n_3n_4}^{(\downarrow\downarrow,\downarrow\uparrow,m)} + A_{n_1n_2-1n_3n_4}^{(\downarrow\downarrow,\downarrow\uparrow,m)} + n_1A_{n_1+1n_2n_3n_4}^{(\downarrow\downarrow,\downarrow\uparrow,m)}\right] \tag{5.1.20}$$

$$A_{n_1n_2n_3n_4}^{(\uparrow\downarrow,\downarrow\downarrow,m+1)} = \left\{\Lambda(A^{(\uparrow\downarrow,\downarrow\downarrow,m)})\right\} + \lambda\left[A_{n_1n_2n_3-1n_4}^{(\uparrow\downarrow,\uparrow\downarrow,m)} + A_{n_1n_2n_3n_4-1}^{(\uparrow\downarrow,\uparrow\downarrow,m)} + n_3A_{n_1n_2n_3+1n_4}^{(\uparrow\downarrow,\uparrow\downarrow,m)}\right]$$
$$+ \lambda\left[A_{n_1-1n_2n_3n_4}^{(\downarrow\downarrow,\downarrow\downarrow,m)} + A_{n_1n_2-1n_3n_4}^{(\downarrow\downarrow,\downarrow\downarrow,m)} + n_1A_{n_1+1n_2n_3n_4}^{(\downarrow\downarrow,\downarrow\downarrow,m)}\right] \tag{5.1.21}$$

$$A_{n_1n_2n_3n_4}^{(\downarrow\uparrow,\uparrow\uparrow,m+1)} = \left\{\Lambda(A^{(\downarrow\uparrow,\uparrow\uparrow,m)})\right\} + \lambda\left[A_{n_1n_2n_3-1n_4}^{(\downarrow\uparrow,\downarrow\uparrow,m)} + A_{n_1n_2n_3n_4-1}^{(\downarrow\uparrow,\downarrow\uparrow,m)} + n_3A_{n_1n_2n_3+1n_4}^{(\downarrow\uparrow,\downarrow\uparrow,m)}\right]$$
$$+ \lambda\left[A_{n_1-1n_2n_3n_4}^{(\uparrow\uparrow,\uparrow\uparrow,m)} + A_{n_1n_2-1n_3n_4}^{(\uparrow\uparrow,\uparrow\uparrow,m)} + n_1A_{n_1+1n_2n_3n_4}^{(\uparrow\uparrow,\uparrow\uparrow,m)}\right] \tag{5.1.22}$$

$$A_{n_1n_2n_3n_4}^{(\downarrow\uparrow,\uparrow\downarrow,m+1)} = \left\{\Lambda(A^{(\downarrow\uparrow,\uparrow\downarrow,m)})\right\} + \lambda\left[A_{n_1n_2n_3-1n_4}^{(\downarrow\uparrow,\downarrow\downarrow,m)} + A_{n_1n_2n_3n_4-1}^{(\downarrow\uparrow,\downarrow\downarrow,m)} + n_3A_{n_1n_2n_3+1n_4}^{(\downarrow\uparrow,\downarrow\downarrow,m)}\right]$$
$$+ \lambda\left[A_{n_1-1n_2n_3n_4}^{(\uparrow\uparrow,\uparrow\downarrow,m)} + A_{n_1n_2-1n_3n_4}^{(\uparrow\uparrow,\uparrow\downarrow,m)} + n_1A_{n_1+1n_2n_3n_4}^{(\uparrow\uparrow,\uparrow\downarrow,m)}\right] \tag{5.1.23}$$

$$A_{n_1n_2n_3n_4}^{(\downarrow\uparrow,\downarrow\uparrow,m+1)} = \left\{\Lambda(A^{(\downarrow\uparrow,\downarrow\uparrow,m)})\right\} + \lambda\left[A_{n_1n_2n_3-1n_4}^{(\downarrow\uparrow,\uparrow\uparrow,m)} + A_{n_1n_2n_3n_4-1}^{(\downarrow\uparrow,\downarrow\downarrow,m)} + n_3A_{n_1n_2n_3+1n_4}^{(\downarrow\uparrow,\downarrow\downarrow,m)}\right]$$
$$+ \lambda\left[A_{n_1-1n_2n_3n_4}^{(\uparrow\uparrow,\downarrow\uparrow,m)} + A_{n_1n_2-1n_3n_4}^{(\uparrow\uparrow,\downarrow\uparrow,m)} + n_1A_{n_1+1n_2n_3n_4}^{(\uparrow\uparrow,\downarrow\uparrow,m)}\right] - \Delta A_{n_1n_2n_3n_4}^{(\downarrow\uparrow,\downarrow\uparrow,m)} \tag{5.1.24}$$

$$A_{n_1n_2n_3n_4}^{(\downarrow\uparrow,\downarrow\downarrow,m+1)} = \left\{\Lambda(A^{(\downarrow\uparrow,\downarrow\downarrow,m)})\right\} + \lambda\left[A_{n_1n_2n_3-1n_4}^{(\downarrow\uparrow,\uparrow\downarrow,m)} + A_{n_1n_2n_3n_4-1}^{(\downarrow\uparrow,\uparrow\downarrow,m)} + n_3A_{n_1n_2n_3+1n_4}^{(\downarrow\uparrow,\uparrow\downarrow,m)}\right]$$
$$+ \lambda\left[A_{n_1-1n_2n_3n_4}^{(\uparrow\uparrow,\downarrow\downarrow,m)} + A_{n_1n_2-1n_3n_4}^{(\uparrow\uparrow,\downarrow\downarrow,m)} + n_1A_{n_1+1n_2n_3n_4}^{(\uparrow\uparrow,\downarrow\downarrow,m)}\right] - \Delta A_{n_1n_2n_3n_4}^{(\downarrow\uparrow,\downarrow\downarrow,m)} \tag{5.1.25}$$

$$A_{n_1n_2n_3n_4}^{(\downarrow\downarrow,\uparrow\uparrow,m+1)} = \left\{\Lambda(A^{(\downarrow\downarrow,\uparrow\uparrow,m)})\right\} + \lambda\left[A_{n_1n_2n_3-1n_4}^{(\downarrow\downarrow,\downarrow\uparrow,m)} + A_{n_1n_2n_3n_4-1}^{(\downarrow\downarrow,\downarrow\uparrow,m)} + n_3A_{n_1n_2n_3+1n_4}^{(\downarrow\downarrow,\downarrow\uparrow,m)}\right]$$
$$+ \lambda\left[A_{n_1-1n_2n_3n_4}^{(\uparrow\downarrow,\uparrow\uparrow,m)} + A_{n_1n_2-1n_3n_4}^{(\uparrow\downarrow,\uparrow\uparrow,m)} + n_1A_{n_1+1n_2n_3n_4}^{(\uparrow\downarrow,\uparrow\uparrow,m)}\right] \tag{5.1.26}$$

$$A_{n_1n_2n_3n_4}^{(\downarrow\downarrow,\uparrow\downarrow,m+1)} = \left\{\Lambda(A^{(\downarrow\downarrow,\uparrow\downarrow,m)})\right\} + \lambda\left[A_{n_1n_2n_3-1n_4}^{(\downarrow\downarrow,\downarrow\downarrow,m)} + A_{n_1n_2n_3n_4-1}^{(\downarrow\downarrow,\downarrow\downarrow,m)} + n_3A_{n_1n_2n_3+1n_4}^{(\downarrow\downarrow,\downarrow\downarrow,m)}\right]$$
$$+ \lambda\left[A_{n_1-1n_2n_3n_4}^{(\uparrow\downarrow,\uparrow\downarrow,m)} + A_{n_1n_2-1n_3n_4}^{(\uparrow\downarrow,\uparrow\downarrow,m)} + n_1A_{n_1+1n_2n_3n_4}^{(\uparrow\downarrow,\uparrow\downarrow,m)}\right] \tag{5.1.27}$$

$$A_{n_1n_2n_3n_4}^{(\downarrow\downarrow,\downarrow\uparrow,m+1)} = \left\{\Lambda(A^{(\downarrow\downarrow,\downarrow\uparrow,m)})\right\} + \lambda\left[A_{n_1n_2n_3-1n_4}^{(\downarrow\downarrow,\uparrow\uparrow,m)} + A_{n_1n_2n_3n_4-1}^{(\downarrow\downarrow,\uparrow\uparrow,m)} + n_3A_{n_1n_2n_3+1n_4}^{(\downarrow\downarrow,\uparrow\uparrow,m)}\right]$$

$$+\lambda\left[A_{n_1-1n_2n_3n_4}^{(\uparrow\downarrow,\downarrow\uparrow,m)}+A_{n_1n_2-1n_3n_4}^{(\uparrow\downarrow,\downarrow\uparrow,m)}+n_1A_{n_1+1n_2n_3n_4}^{(\uparrow\downarrow,\downarrow\uparrow,m)}\right]-\Delta A_{n_1n_2n_3n_4}^{(\downarrow\downarrow,\downarrow\uparrow,m)} \tag{5.1.28}$$

$$\begin{aligned}A_{n_1n_2n_3n_4}^{(\downarrow\downarrow,\downarrow\downarrow,m+1)}=&\left\{\Lambda(A^{(\downarrow\downarrow,\downarrow\downarrow,m)})\right\}+\lambda\left[A_{n_1n_2n_3-1n_4}^{(\downarrow\downarrow,\uparrow\downarrow,m)}+A_{n_1n_2n_3n_4-1}^{(\downarrow\downarrow,\uparrow\downarrow,m)}+n_3A_{n_1n_2n_3+1n_4}^{(\downarrow\downarrow,\uparrow\downarrow,m)}\right]\\&+\lambda\left[A_{n_1-1n_2n_3n_4}^{(\uparrow\downarrow,\downarrow\downarrow,m)}+A_{n_1n_2-1n_3n_4}^{(\uparrow\downarrow,\downarrow\downarrow,m)}+n_1A_{n_1+1n_2n_3n_4}^{(\uparrow\downarrow,\downarrow\downarrow,m)}\right]-\Delta A_{n_1n_2n_3n_4}^{(\downarrow\downarrow,\downarrow\downarrow,m)}\end{aligned} \tag{5.1.29}$$

从上面表示出的 $A_{n_1n_2n_3n_4}^{(\uparrow\uparrow,\uparrow\uparrow,1)},\cdots,A_{n_1n_2n_3n_4}^{(\downarrow\downarrow,\downarrow\downarrow,1)}$,以及(5.1.13)式～(5.1.28)式的递推公式,即可将所有的$\{A^{(\cdots,m)}\}$求出.以下和之前的做法类似,求出时刻 t 的态矢$|t\rangle$和由它计算系统的各种物理性质.

5.2 物理性质的计算

1. 态矢$|t\rangle$

如前,将得到的 H^m 作用于初始态$|t=0\rangle$上,则

$$\begin{aligned}&H^m|t=0\rangle\\&=\sum_{n_1n_2n_3n_4}\left[A_{n_1n_2n_3n_4}^{(\uparrow\uparrow,\uparrow\uparrow,m)}(|e_1\rangle\langle e_1|)(|e_2\rangle\langle e_2|)+\cdots\right.\\&\quad+A_{n_1n_2n_3n_4}^{(\downarrow\downarrow,\downarrow\downarrow,m)}(|g_1\rangle\langle g_1|)(|g_2\rangle\langle g_2|)(a_1^\dagger)^{n_1}(a_1)^{n_2}(a_2^\dagger)^{n_3}(a_2)^{n_4}\\&\quad\cdot\left\{|e_1\rangle\langle e_2|\left[\iiiint e^{-\frac{1}{2}(\alpha_1^2+\beta_1^2)}e^{-\frac{1}{2}(\gamma_1^2+\delta_1^2)}e^{(\alpha_1+i\beta_1)(\rho_1-i\eta_1)}\right.\right.\\&\quad\left.\cdot e^{(\gamma_1+i\delta_1)(\rho_2-i\eta_2)}e^{-\rho_1^2-\eta_1^2}|\rho_1+i\eta_1\rangle|\rho_2+i\eta_2\rangle\frac{d\rho_1d\eta_1d\rho_2d\eta_2}{\pi^2}\right]\\&\quad+|e_1\rangle\langle g_2|\left[\iiiint e^{-\frac{1}{2}(\alpha_2^2+\beta_2^2)}e^{-\frac{1}{2}(\gamma_2^2+\delta_2^2)}e^{(\alpha_2+i\beta_2)(\rho_1-i\eta_1)}\right.\\&\quad\left.\cdot e^{(\gamma_2+i\delta_2)(\rho_2-i\eta_2)}e^{-\rho_1^2-\eta_1^2}|\rho_1+i\eta_1\rangle|\rho_2+i\eta_2\rangle\frac{d\rho_1d\eta_1d\rho_2d\eta_2}{\pi^2}\right]\\&\quad+|g_1\rangle\langle e_2|\left[\iiiint e^{-\frac{1}{2}(\alpha_3^2+\beta_3^2)}e^{-\frac{1}{2}(\gamma_3^2+\delta_3^2)}e^{(\alpha_3+i\beta_3)(\rho_1-i\eta_1)}\right.\\&\quad\left.\cdot e^{(\gamma_3+i\delta_3)(\rho_2-i\eta_2)}e^{-\rho_1^2-\eta_1^2}|\rho_1+i\eta_1\rangle|\rho_2+i\eta_2\rangle\frac{d\rho_1d\eta_1d\rho_2d\eta_2}{\pi^2}\right]\end{aligned}$$

$$+|g_1\rangle\langle g_2|\Big[\iiiint e^{-\frac{1}{2}(\alpha_4^2+\beta_4^2)}e^{-\frac{1}{2}(\gamma_4^2+\delta_4^2)}e^{(\alpha_4+i\beta_4)(\rho_1-i\eta_1)}$$

$$\cdot e^{(\gamma_4+i\delta_4)(\rho_2-i\eta_2)}e^{-\rho_1^2-\eta_1^2}|\rho_1+i\eta_1\rangle|\rho_2+i\eta_2\rangle\frac{d\rho_1 d\eta_1 d\rho_2 d\eta_2}{\pi^2}\Big]\Big\}$$

$$=\sum_{n_1n_2n_3n_4}\Big[A_{n_1n_2n_3n_4}^{(\uparrow\uparrow,\uparrow\uparrow,m)}(|e_1\rangle\langle e_1|)(|e_2\rangle\langle e_2|)+A_{n_1n_2n_3n_4}^{(\uparrow\uparrow,\uparrow\downarrow,m)}(|e_1\rangle\langle e_1|)(|e_2\rangle\langle g_2|)$$

$$+A_{n_1n_2n_3n_4}^{(\uparrow\uparrow,\downarrow\uparrow,m)}(|e_1\rangle\langle e_1|)(|g_2\rangle\langle e_2|)+A_{n_1n_2n_3n_4}^{(\uparrow\uparrow,\downarrow\downarrow,m)}(|e_1\rangle\langle e_1|)(|g_2\rangle\langle g_2|)$$

$$+A_{n_1n_2n_3n_4}^{(\uparrow\downarrow,\uparrow\uparrow,m)}(|e_1\rangle\langle g_1|)(|e_2\rangle\langle e_2|)+A_{n_1n_2n_3n_4}^{(\uparrow\downarrow,\uparrow\downarrow,m)}(|e_1\rangle\langle g_1|)(|e_2\rangle\langle g_2|)$$

$$+A_{n_1n_2n_3n_4}^{(\uparrow\downarrow,\downarrow\uparrow,m)}(|e_1\rangle\langle g_1|)(|g_2\rangle\langle e_2|)+A_{n_1n_2n_3n_4}^{(\uparrow\downarrow,\downarrow\downarrow,m)}(|e_1\rangle\langle g_1|)(|g_2\rangle\langle g_2|)$$

$$+A_{n_1n_2n_3n_4}^{(\downarrow\uparrow,\uparrow\uparrow,m)}(|g_1\rangle\langle e_1|)(|e_2\rangle\langle e_2|)+A_{n_1n_2n_3n_4}^{(\downarrow\uparrow,\uparrow\downarrow,m)}(|g_1\rangle\langle e_1|)(|e_2\rangle\langle g_2|)$$

$$+A_{n_1n_2n_3n_4}^{(\downarrow\uparrow,\downarrow\uparrow,m)}(|g_1\rangle\langle e_1|)(|g_2\rangle\langle e_2|)+A_{n_1n_2n_3n_4}^{(\downarrow\uparrow,\downarrow\downarrow,m)}(|e_1\rangle\langle e_1|)(|g_2\rangle\langle g_2|)$$

$$+A_{n_1n_2n_3n_4}^{(\downarrow\downarrow,\uparrow\uparrow,m)}(|g_1\rangle\langle g_1|)(|e_2\rangle\langle e_2|)+A_{n_1n_2n_3n_4}^{(\downarrow\downarrow,\uparrow\downarrow,m)}(|g_1\rangle\langle g_1|)(|e_2\rangle\langle g_2|)$$

$$+A_{n_1n_2n_3n_4}^{(\downarrow\downarrow,\downarrow\uparrow,m)}(|g_1\rangle\langle g_1|)(|g_2\rangle\langle e_2|)+A_{n_1n_2n_3n_4}^{(\downarrow\downarrow,\downarrow\downarrow,m)}(|g_1\rangle\langle g_1|)(|g_2\rangle\langle g_2|)\Big]$$

$$\cdot\Big\{|e_1\rangle|e_2\rangle\Big[e^{-\frac{1}{2}(\alpha_1^2+\beta_1^2)}(\alpha_1+i\beta_1)^{n_2}\iint e^{(\alpha_1+i\beta_1)(\rho_1-i\eta_1)}e^{-\rho_1^2-\eta_1^2}(\rho_1-i\eta_1)^{n_1}|\rho_1+i\eta_1\rangle\frac{d\rho_1 d\eta_1}{\pi}\Big]$$

$$\cdot\Big[e^{-\frac{1}{2}(\gamma_1^2+\delta_1^2)}(\gamma_1+i\delta_1)^{n_4}\iint e^{(\gamma_1+i\delta_1)(\rho_2-i\eta_2)}e^{-\rho_2^2-\eta_2^2}(\rho_2-i\eta_2)^{n_3}|\rho_2+i\eta_2\rangle\frac{d\rho_2 d\eta_2}{\pi}\Big]$$

$$+|e_1\rangle|g_2\rangle\Big[e^{-\frac{1}{2}(\alpha_2^2+\beta_2^2)}(\alpha_2+i\beta_2)^{n_2}\iint e^{(\alpha_2+i\beta_2)(\rho_1-i\eta_1)}e^{-\rho_1^2-\eta_1^2}(\rho_1-i\eta_1)^{n_1}|\rho_1+i\eta_1\rangle\frac{d\rho_1 d\eta_1}{\pi}\Big]$$

$$\cdot\Big[e^{-\frac{1}{2}(\gamma_2^2+\delta_2^2)}(\gamma_2+i\delta_2)^{n_4}\iint e^{(\gamma_2+i\delta_2)(\rho_2-i\eta_2)}e^{-\rho_2^2-\eta_2^2}(\rho_2-i\eta_2)^{n_3}|\rho_2+i\eta_2\rangle\frac{d\rho_2 d\eta_2}{\pi}\Big]$$

$$+|g_1\rangle|e_2\rangle\Big[e^{-\frac{1}{2}(\alpha_3^2+\beta_3^2)}(\alpha_3+i\beta_3)^{n_2}\iint e^{(\alpha_3+i\beta_3)(\rho_1-i\eta_1)}e^{-\rho_1^2-\eta_1^2}(\rho_1-i\eta_1)^{n_1}|\rho_1+i\eta_1\rangle\frac{d\rho_1 d\eta_1}{\pi}\Big]$$

$$\cdot\Big[e^{-\frac{1}{2}(\gamma_3^2+\delta_3^2)}(\gamma_3+i\delta_3)^{n_4}\iint e^{(\gamma_3+i\delta_3)(\rho_2-i\eta_2)}e^{-\rho_2^2-\eta_2^2}(\rho_2-i\eta_2)^{n_3}|\rho_2+i\eta_2\rangle\frac{d\rho_2 d\eta_2}{\pi}\Big]$$

$$+|g_1\rangle|g_2\rangle\Big[e^{-\frac{1}{2}(\alpha_4^2+\beta_4^2)}(\alpha_4+i\beta_4)^{n_2}\iint e^{(\alpha_4+i\beta_4)(\rho_1-i\eta_1)}e^{-\rho_1^2-\eta_1^2}(\rho_1-i\eta_1)^{n_1}|\rho_1+i\eta_1\rangle\frac{d\rho_1 d\eta_1}{\pi}\Big]$$

$$\cdot\Big[e^{-\frac{1}{2}(\gamma_4^2+\delta_4^2)}(\gamma_4+i\delta_4)^{n_4}\iint e^{(\gamma_4+i\delta_4)(\rho_2-i\eta_2)}e^{-\rho_2^2-\eta_2^2}(\rho_2-i\eta_2)^{n_3}|\rho_2+i\eta_2\rangle\frac{d\rho_2 d\eta_2}{\pi}\Big]\Big\}$$

$$=\sum_{n_1n_2n_3n_4}\Big[A_{n_1n_2n_3n_4}^{(\uparrow\uparrow,\uparrow\uparrow,m)}+A_{n_1n_2n_3n_4}^{(\uparrow\uparrow,\downarrow\uparrow,m)}+A_{n_1n_2n_3n_4}^{(\downarrow\uparrow,\uparrow\uparrow,m)}+A_{n_1n_2n_3n_4}^{(\downarrow\uparrow,\downarrow\uparrow,m)}\Big]$$

$$\cdot\Big[e^{-\frac{1}{2}(\alpha_1^2+\beta_1^2)}(\alpha_1+i\beta_1)^{n_2}\iint e^{(\alpha_1+i\beta_1)(\rho_1-i\eta_1)}e^{-\rho_1^2-\eta_1^2}(\rho_1-i\eta_1)^{n_1}|\rho_1+i\eta_1\rangle\frac{d\rho_1 d\eta_1}{\pi}\Big]$$

$$
\begin{aligned}
&\cdot \left[\mathrm{e}^{-\frac{1}{2}(\gamma_1^2+\delta_1^2)}(\gamma_1+\mathrm{i}\delta_1)^{n_4}\iint \mathrm{e}^{(\gamma_1+\mathrm{i}\delta_1)(\rho_2-\mathrm{i}\eta_2)}\mathrm{e}^{-\rho_2^2-\eta_2^2}(\rho_2-\mathrm{i}\eta_2)^{n_3}\ |\rho_2+\mathrm{i}\eta_2\rangle \frac{\mathrm{d}\rho_2\mathrm{d}\eta_2}{\pi}\right] \\
&+\sum_{n_1n_2n_3n_4}\left[A_{n_1n_2n_3n_4}^{(\uparrow\uparrow,\uparrow\downarrow,m)}+A_{n_1n_2n_3n_4}^{(\uparrow\uparrow,\downarrow\downarrow,m)}+A_{n_1n_2n_3n_4}^{(\downarrow\uparrow,\uparrow\downarrow,m)}+A_{n_1n_2n_3n_4}^{(\downarrow\uparrow,\downarrow\downarrow,m)}\right] \\
&\cdot \left[\mathrm{e}^{-\frac{1}{2}(\alpha_2^2+\beta_2^2)}(\alpha_2+\mathrm{i}\beta_2)^{n_2}\iint \mathrm{e}^{(\alpha_2+\mathrm{i}\beta_2)(\rho_1-\mathrm{i}\eta_1)}\mathrm{e}^{-\rho_1^2-\eta_1^2}(\rho_1-\mathrm{i}\eta_1)^{n_1}\ |\rho_1+\mathrm{i}\eta_1\rangle \frac{\mathrm{d}\rho_1\mathrm{d}\eta_1}{\pi}\right] \\
&\cdot \left[\mathrm{e}^{-\frac{1}{2}(\gamma_2^2+\delta_2^2)}(\gamma_2+\mathrm{i}\delta_2)^{n_4}\iint \mathrm{e}^{(\gamma_2+\mathrm{i}\delta_2)(\rho_2-\mathrm{i}\eta_2)}\mathrm{e}^{-\rho_2^2-\eta_2^2}(\rho_2-\mathrm{i}\eta_2)^{n_3}\ |\rho_2+\mathrm{i}\eta_2\rangle \frac{\mathrm{d}\rho_2\mathrm{d}\eta_2}{\pi}\right] \\
&+\sum_{n_1n_2n_3n_4}\left[A_{n_1n_2n_3n_4}^{(\uparrow\downarrow,\uparrow\uparrow,m)}+A_{n_1n_2n_3n_4}^{(\uparrow\downarrow,\downarrow\uparrow,m)}+A_{n_1n_2n_3n_4}^{(\downarrow\downarrow,\uparrow\uparrow,m)}+A_{n_1n_2n_3n_4}^{(\downarrow\downarrow,\downarrow\uparrow,m)}\right] \\
&\cdot \left[\mathrm{e}^{-\frac{1}{2}(\alpha_3^2+\beta_3^2)}(\alpha_3+\mathrm{i}\beta_3)^{n_2}\iint \mathrm{e}^{(\alpha_3+\mathrm{i}\beta_3)(\rho_1-\mathrm{i}\eta_1)}\mathrm{e}^{-\rho_1^2-\eta_1^2}(\rho_1-\mathrm{i}\eta_1)^{n_1}\ |\rho_1+\mathrm{i}\eta_1\rangle \frac{\mathrm{d}\rho_1\mathrm{d}\eta_1}{\pi}\right] \\
&\cdot \left[\mathrm{e}^{-\frac{1}{2}(\gamma_3^2+\delta_3^2)}(\gamma_3+\mathrm{i}\delta_3)^{n_4}\iint \mathrm{e}^{(\gamma_3+\mathrm{i}\delta_3)(\rho_2-\mathrm{i}\eta_2)}\mathrm{e}^{-\rho_2^2-\eta_2^2}(\rho_2-\mathrm{i}\eta_2)^{n_3}\ |\rho_2+\mathrm{i}\eta_2\rangle \frac{\mathrm{d}\rho_2\mathrm{d}\eta_2}{\pi}\right] \\
=&\sum_{n_1n_2n_3n_4}\left[A_{n_1n_2n_3n_4}^{(\uparrow\downarrow,\uparrow\downarrow,m)}+A_{n_1n_2n_3n_4}^{(\uparrow\downarrow,\downarrow\downarrow,m)}+A_{n_1n_2n_3n_4}^{(\downarrow\downarrow,\uparrow\downarrow,m)}+A_{n_1n_2n_3n_4}^{(\downarrow\downarrow,\downarrow\downarrow,m)}\right] \\
&\cdot \left[\mathrm{e}^{-\frac{1}{2}(\alpha_4^2+\beta_4^2)}(\alpha_4+\mathrm{i}\beta_4)^{n_2}\iint \mathrm{e}^{(\alpha_4+\mathrm{i}\beta_4)(\rho_1-\mathrm{i}\eta_1)}\mathrm{e}^{-\rho_1^2-\eta_1^2}(\rho_1-\mathrm{i}\eta_1)^{n_1}\ |\rho_1+\mathrm{i}\eta_1\rangle \frac{\mathrm{d}\rho_1\mathrm{d}\eta_1}{\pi}\right] \\
&\cdot \left[\mathrm{e}^{-\frac{1}{2}(\gamma_4^2+\delta_4^2)}(\gamma_4+\mathrm{i}\delta_4)^{n_4}\iint \mathrm{e}^{(\gamma_4+\mathrm{i}\delta_4)(\rho_2-\mathrm{i}\eta_2)}\mathrm{e}^{-\rho_2^2-\eta_2^2}(\rho_2-\mathrm{i}\eta_2)^{n_3}\ |\rho_2+\mathrm{i}\eta_2\rangle \frac{\mathrm{d}\rho_2\mathrm{d}\eta_2}{\pi}\right]
\end{aligned} \tag{5.2.1}
$$

将(5.2.1)式代入(5.1.7)式，最后得

$$|t\rangle=\sum_m\frac{(-\mathrm{i}t)^m}{m!}\sum_{n_1n_2n_3n_4}\ \text{((5.2.1) 的表示式)} \tag{5.2.2}$$

至此，由初始态$|t=0\rangle$取(5.1.8)式的形式出发，演化到 t 时刻，系统的态矢$|t\rangle$就求出来了.

2. 求 z_{av}

z_{av}定义为

$$z_{\mathrm{av}}=\lim_{T\to\infty}\frac{1}{T}\int_0^T[N_1(t)-N_2(t)]\mathrm{d}t \tag{5.2.3}$$

其中

$$N_1(t)=\langle t\ |a_1^\dagger a_1\ |t\rangle \tag{5.2.4}$$

是 t 时刻系统左腔中场粒子数的期待值.

$$N_2(t)=\langle t\mid a_2^{\dagger}a_2\mid t\rangle \tag{5.2.5}$$

是 t 时刻系统右腔中场粒子数的期待值.

因此,可知定义的 z_{av}的物理意义是,左、右腔中粒子数的期待值之差对时间的平均.实际上,计算做不到 $T\to\infty$,只能计算到有限足够长的时段 T.下面将分别计算 $N_1(t)$和 $N_2(t)$.作为准备,先进行如下运算:

$$\left[\iint \mathrm{e}^{(\alpha-\mathrm{i}\beta)(\rho+\mathrm{i}\eta)}\mathrm{e}^{-\rho^2-\eta^2}(\rho+\mathrm{i}\eta)^n\langle\rho+\mathrm{i}\eta\mid\frac{\mathrm{d}\rho\mathrm{d}\eta}{\pi}\right]$$

$$\cdot a^{\dagger}a\left[\iint \mathrm{e}^{(\alpha'+\mathrm{i}\beta')(\rho'-\mathrm{i}\eta')}\mathrm{e}^{-\rho'^2-\eta'^2}(\rho'-\mathrm{i}\eta')^{n'}\mid\rho'+\mathrm{i}\eta'\rangle\frac{\mathrm{d}\rho'\mathrm{d}\eta'}{\pi}\right]$$

$$=\left[\iint \mathrm{e}^{(\alpha-\mathrm{i}\beta)(\rho+\mathrm{i}\eta)}\mathrm{e}^{-\rho^2-\eta^2}(\rho+\mathrm{i}\eta)^n\langle\rho+\mathrm{i}\eta\mid(\rho-\mathrm{i}\eta)\frac{\mathrm{d}\rho\mathrm{d}\eta}{\pi}\right]$$

$$\cdot\left[\iint \mathrm{e}^{(\alpha'+\mathrm{i}\beta')(\rho'-\mathrm{i}\eta')}\mathrm{e}^{-\rho'^2-\eta'^2}(\rho'-\mathrm{i}\eta')^{n'}(\rho'+\mathrm{i}\eta')\mid\rho'+\mathrm{i}\eta'\rangle\frac{\mathrm{d}\rho'\mathrm{d}\eta'}{\pi}\right]$$

$$=\iiiint \mathrm{e}^{(\alpha-\mathrm{i}\beta)(\rho+\mathrm{i}\eta)}(\rho+\mathrm{i}\eta)^n(\rho-\mathrm{i}\eta)\mathrm{e}^{-\rho^2-\eta^2}\frac{\mathrm{d}\rho\mathrm{d}\eta}{\pi}$$

$$\cdot\mathrm{e}^{(\alpha'+\mathrm{i}\beta')(\rho'-\mathrm{i}\eta')}(\rho'-\mathrm{i}\eta')^{n'}(\rho'+\mathrm{i}\eta')\mathrm{e}^{-\rho'^2-\eta'^2}\mathrm{e}^{(\rho-\mathrm{i}\eta)(\rho'+\mathrm{i}\eta')}\frac{\mathrm{d}\rho'\mathrm{d}\eta'}{\pi}$$

$$=\iiiint \mathrm{e}^{(\alpha-\mathrm{i}\beta)(\rho+\mathrm{i}\eta)}(\rho+\mathrm{i}\eta)^n(\rho-\mathrm{i}\eta)\mathrm{e}^{-\rho^2-\eta^2}\frac{\mathrm{d}\rho\mathrm{d}\eta}{\pi}\frac{\mathrm{d}\rho'\mathrm{d}\eta'}{\pi}$$

$$\cdot(\rho'+\mathrm{i}\eta')(\rho'-\mathrm{i}\eta')^{n'}\mathrm{e}^{-\left(\rho'-\frac{\alpha'+\mathrm{i}\beta'+\rho-\mathrm{i}\eta}{2}\right)^2}\mathrm{e}^{-\left(\eta'-\frac{\beta'-\mathrm{i}\alpha'+\eta+\mathrm{i}\rho}{2}\right)^2}\mathrm{e}^{(\alpha'+\mathrm{i}\beta')(\rho-\mathrm{i}\eta)}$$

$$=\iiiint \mathrm{e}^{(\alpha-\mathrm{i}\beta)(\rho+\mathrm{i}\eta)}(\rho+\mathrm{i}\eta)^n(\rho-\mathrm{i}\eta)\mathrm{e}^{-\rho^2-\eta^2}\mathrm{e}^{(\alpha'+\mathrm{i}\beta')(\rho-\mathrm{i}\eta)}\frac{\mathrm{d}\rho\mathrm{d}\eta}{\pi}$$

$$\cdot(\rho''+\mathrm{i}\eta''+\alpha'+\mathrm{i}\beta')(\rho''-\mathrm{i}\eta''+\rho-\mathrm{i}\eta)^{n'}\mathrm{e}^{-\rho''^2-\eta''^2}\frac{\mathrm{d}\rho''\mathrm{d}\eta''}{\pi}$$

$$=\iiiint \mathrm{e}^{(\alpha-\mathrm{i}\beta)(\rho+\mathrm{i}\eta)}(\rho+\mathrm{i}\eta)^n(\rho-\mathrm{i}\eta)\mathrm{e}^{-\rho^2-\eta^2}\mathrm{e}^{(\alpha'+\mathrm{i}\beta')(\rho-\mathrm{i}\eta)}\frac{\mathrm{d}\rho\mathrm{d}\eta}{\pi}$$

$$\cdot(\rho''+\mathrm{i}\eta''+\alpha'+\mathrm{i}\beta')\left[\sum_l C_{n'}^l(\rho-\mathrm{i}\eta)^{n'-l}(\rho''-\mathrm{i}\eta'')^l\right]\mathrm{e}^{-\rho''^2-\eta''^2}\frac{\mathrm{d}\rho''\mathrm{d}\eta''}{\pi}$$

$$=\iiiint \mathrm{e}^{(\alpha-\mathrm{i}\beta)(\rho+\mathrm{i}\eta)}(\rho+\mathrm{i}\eta)^n(\rho-\mathrm{i}\eta)\mathrm{e}^{-\rho^2-\eta^2}\mathrm{e}^{(\alpha'+\mathrm{i}\beta')(\rho-\mathrm{i}\eta)}\frac{\mathrm{d}\rho\mathrm{d}\eta}{\pi}$$

$$\cdot C_{n'}^1(\rho''^2+\mathrm{i}\eta''^2)(\rho-\mathrm{i}\eta)^{n'-1}+C_{n'}^0(\alpha'+\mathrm{i}\beta')(\rho-\mathrm{i}\eta)^{n'}\mathrm{e}^{-\rho''^2-\eta''^2}\frac{\mathrm{d}\rho''\mathrm{d}\eta''}{\pi}$$

$$=\iint \mathrm{e}^{(\alpha-\mathrm{i}\beta)(\rho+\mathrm{i}\eta)}\mathrm{e}^{(\alpha'+\mathrm{i}\beta')(\rho-\mathrm{i}\eta)}(\rho+\mathrm{i}\eta)^n(\rho-\mathrm{i}\eta)\mathrm{e}^{-\rho^2-\eta^2}\frac{\mathrm{d}\rho\mathrm{d}\eta}{\pi}$$

$$
\cdot [n'(\rho - \mathrm{i}\eta)^{n'-1}\Pi(1) + (\alpha' + \mathrm{i}\beta')(\rho - \mathrm{i}\eta)^{n'}]
$$

$$
= \iint \mathrm{e}^{(\alpha-\mathrm{i}\beta)(\rho+\mathrm{i}\eta)} \mathrm{e}^{(\alpha'+\mathrm{i}\beta')(\rho-\mathrm{i}\eta)} [n'\Pi(1)(\rho + \mathrm{i}\eta)^n (\rho - \mathrm{i}\eta)^{n'}
$$

$$
+ (\alpha' + \mathrm{i}\beta')(\rho + \mathrm{i}\eta)^n (\rho - \mathrm{i}\eta)^{n'+1}] \mathrm{e}^{-\rho^2-\eta^2} \frac{\mathrm{d}\rho \mathrm{d}\eta}{\pi}
$$

$$
= \iint [n'\Pi(1)(\rho + \mathrm{i}\eta)^n (\rho - \mathrm{i}\eta)^{n'} + (\alpha' + \mathrm{i}\beta')(\rho + \mathrm{i}\eta)^n (\rho - \mathrm{i}\eta)^{n'+1}]
$$

$$
\cdot \mathrm{e}^{-\left(\rho - \frac{\alpha'+\mathrm{i}\beta'+\alpha-\mathrm{i}\beta}{2}\right)^2} \mathrm{e}^{-\left(\eta - \frac{\beta'+\mathrm{i}\alpha+\beta'-\mathrm{i}\alpha'}{2}\right)^2} \mathrm{e}^{(\alpha'+\mathrm{i}\beta')(\alpha-\mathrm{i}\beta)} \frac{\mathrm{d}\rho \mathrm{d}\eta}{\pi}
$$

$$
= \iint [n'\Pi(1)(\rho_2 + \mathrm{i}\eta_2 + \alpha' + \mathrm{i}\beta')^n (\rho_2 - \mathrm{i}\eta_2 + \alpha - \mathrm{i}\beta)^{n'}
$$

$$
+ (\alpha' + \mathrm{i}\beta')(\rho_2 + \mathrm{i}\eta_2 + \alpha' + \mathrm{i}\beta')^n (\rho_2 - \mathrm{i}\eta_2 + \alpha - \mathrm{i}\beta)^{n'+1}] \mathrm{e}^{(\alpha'+\mathrm{i}\beta')(\alpha-\mathrm{i}\beta)} \mathrm{e}^{-\rho_2^2-\eta_2^2} \frac{\mathrm{d}\rho_2 \mathrm{d}\eta_2}{\pi}
$$

$$
= \iint \mathrm{e}^{(\alpha'+\mathrm{i}\beta')(\alpha-\mathrm{i}\beta)} \left\{ n'\Pi(1) \left[\sum_{l_1} C_n^{l_1} (\alpha' + \mathrm{i}\beta')^{n-l_1} (\rho_2 + \mathrm{i}\eta_2)^{l_1} \right] \right.
$$

$$
\cdot \left[\sum_{l_2} C_{n'}^{l_2} (\alpha - \mathrm{i}\beta)^{n'-l_2} (\rho_2 - \mathrm{i}\eta_2)^{l_2} \right] + (\alpha' + \mathrm{i}\beta') \left[\sum_{l_1} C_n^{l_1} (\alpha' + \mathrm{i}\beta')^{n-l_1} (\rho_2 + \mathrm{i}\eta_2)^{l_1} \right]
$$

$$
\left. \cdot \left[\sum_{l_2} C_{n'+1}^{l_2} (\alpha - \mathrm{i}\beta)^{n'+1-l_2} (\rho_2 - \mathrm{i}\eta_2)^{l_2} \right] \right\} \mathrm{e}^{-\rho_2^2-\eta_2^2} \frac{\mathrm{d}\rho_2 \mathrm{d}\eta_2}{\pi}
$$

$$
= \mathrm{e}^{(\alpha'+\mathrm{i}\beta')(\alpha-\mathrm{i}\beta)} \left[n'\Pi(1) \sum_{l}^{\min[n,n']} C_n^l C_{n'}^l (\alpha' + \mathrm{i}\beta')^{n-l} (\alpha - \mathrm{i}\beta)^{n'-l} \Pi(l) \right.
$$

$$
\left. + \sum_{l}^{\min[n,n'+1]} C_n^l C_{n'+1}^l (\alpha' + \mathrm{i}\beta')^{n+1-l} (\alpha - \mathrm{i}\beta)^{n'+1-l} \Pi(l) \right] \tag{5.2.6}
$$

由上式可直接得

$$
\left[\iint \mathrm{e}^{(\alpha-\mathrm{i}\beta)(\rho+\mathrm{i}\eta)} \mathrm{e}^{-\rho^2-\eta^2} (\rho + \mathrm{i}\eta)^n \langle \rho + \mathrm{i}\eta | \frac{\mathrm{d}\rho \mathrm{d}\eta}{\pi} \right]
$$

$$
\cdot a^\dagger a \left[\iint \mathrm{e}^{(\alpha+\mathrm{i}\beta)(\rho'-\mathrm{i}\eta')} \mathrm{e}^{-\rho'^2-\eta'^2} (\rho' - \mathrm{i}\eta')^n | \rho' + \mathrm{i}\eta' \rangle \frac{\mathrm{d}\rho' \mathrm{d}\eta'}{\pi} \right]
$$

$$
= \mathrm{e}^{(\alpha^2+\beta^2)} \left[n'\Pi(1) \sum_{l}^{\min[n,n']} C_n^l C_{n'}^l (\alpha' + \mathrm{i}\beta')^{n-l} (\alpha - \mathrm{i}\beta)^{n'-l} \Pi(l) \right.
$$

$$
\left. + \sum_{l}^{\min[n,n'+1]} C_n^l C_{n'+1}^l (\alpha' + \mathrm{i}\beta')^{n+1-l} (\alpha - \mathrm{i}\beta)^{n'+1-l} \Pi(l) \right] \tag{5.2.7}
$$

计算可得

$$
\iiiint \mathrm{e}^{(\alpha-\mathrm{i}\beta)(\rho+\mathrm{i}\eta)} (\rho + \mathrm{i}\eta)^n \mathrm{e}^{-\rho^2-\eta^2} \frac{\mathrm{d}\rho \mathrm{d}\eta}{\pi}
$$

$$\cdot\, \mathrm{e}^{(\alpha'+\mathrm{i}\beta')(\rho'-\mathrm{i}\eta')}(\rho'-\mathrm{i}\eta')^{n'}\mathrm{e}^{-\rho'^2-\eta'^2}\mathrm{e}^{(\rho-\mathrm{i}\eta)(\rho'+\mathrm{i}\eta')}\frac{\mathrm{d}\rho'\mathrm{d}\eta'}{\pi}$$

$$= \iiiint \mathrm{e}^{(\alpha-\mathrm{i}\beta)(\rho+\mathrm{i}\eta)}(\rho+\mathrm{i}\eta)^{n}\mathrm{e}^{-\rho^2-\eta^2}\frac{\mathrm{d}\rho\mathrm{d}\eta}{\pi}$$

$$\cdot\,(\rho'-\mathrm{i}\eta')\mathrm{e}^{-\left(\rho'-\frac{\alpha'-\mathrm{i}\beta'+\rho-\mathrm{i}\eta}{2}\right)^2}\mathrm{e}^{-\left(\eta'-\frac{\beta'-\mathrm{i}\alpha'+\eta+\mathrm{i}\rho}{2}\right)^2}\mathrm{e}^{(\alpha'+\mathrm{i}\beta')(\rho-\mathrm{i}\eta)}\frac{\mathrm{d}\rho'\mathrm{d}\eta'}{\pi}$$

$$= \iiiint \mathrm{e}^{(\alpha-\mathrm{i}\beta)(\rho+\mathrm{i}\eta)}(\rho+\mathrm{i}\eta)^{n}\mathrm{e}^{-\rho^2-\eta^2}\mathrm{e}^{(\alpha'+\mathrm{i}\beta')(\rho-\mathrm{i}\eta)}$$

$$\cdot\,(\rho''-\mathrm{i}\eta''+\rho-\eta)^{n'}\mathrm{e}^{-\rho''^2-\eta''^2}\frac{\mathrm{d}\rho''\mathrm{d}\eta''}{\pi}$$

$$= \iiiint \mathrm{e}^{(\alpha-\mathrm{i}\beta)(\rho+\mathrm{i}\eta)}\mathrm{e}^{(\alpha'+\mathrm{i}\beta')(\rho-\mathrm{i}\eta)}(\rho+\mathrm{i}\eta)^{n}\mathrm{e}^{-\rho^2-\eta^2}\frac{\mathrm{d}\rho\mathrm{d}\eta}{\pi}$$

$$\cdot\left[\sum_l C_{n'}^{l}(\rho-\mathrm{i}\eta)^{n'-l}(\rho''-\mathrm{i}\eta'')^{l}\right]\mathrm{e}^{-\rho''^2-\eta''^2}\frac{\mathrm{d}\rho''\mathrm{d}\eta''}{\pi}$$

$$= \iint \mathrm{e}^{(\alpha-\mathrm{i}\beta)(\rho+\mathrm{i}\eta)}\mathrm{e}^{(\alpha'+\mathrm{i}\beta')(\rho-\mathrm{i}\eta)}(\rho+\mathrm{i}\eta)^{n}(\rho-\mathrm{i}\eta)^{n'}\mathrm{e}^{-\rho^2-\eta^2}\frac{\mathrm{d}\rho\mathrm{d}\eta}{\pi}$$

$$= \iint (\rho+\mathrm{i}\eta)^{n}(\rho-\mathrm{i}\eta)^{n'}\mathrm{e}^{-\left(\rho-\frac{\alpha'+\mathrm{i}\beta'+\alpha-\mathrm{i}\beta}{2}\right)^2}\mathrm{e}^{-\left(\eta-\frac{\beta+\mathrm{i}\alpha+\beta'-\mathrm{i}\alpha'}{2}\right)^2}\mathrm{e}^{(\alpha'+\mathrm{i}\beta')(\alpha-\mathrm{i}\beta)}\frac{\mathrm{d}\rho\mathrm{d}\eta}{\pi}$$

$$= \mathrm{e}^{(\alpha'+\mathrm{i}\beta')(\alpha-\mathrm{i}\beta)}\iint(\rho_1+\mathrm{i}\eta_1+\alpha'+\mathrm{i}\beta')^{n}(\rho_1-\mathrm{i}\eta_1+\alpha-\mathrm{i}\beta)^{n'}\mathrm{e}^{-\rho_1^2-\eta_1^2}\frac{\mathrm{d}\rho_1\mathrm{d}\eta_1}{\pi}$$

$$= \mathrm{e}^{(\alpha'+\mathrm{i}\beta')(\alpha-\mathrm{i}\beta)}\iint\left[\sum_{l_1}C_n^{l_1}(\alpha'+\mathrm{i}\beta')^{n-l_1}(\rho_1+\mathrm{i}\eta_1)^{l_1}\right]$$

$$\cdot\left[\sum_{l_2}C_{n'}^{l_2}(\alpha'-\mathrm{i}\beta')^{n'-l_2}(\rho_1-\mathrm{i}\eta_1)^{l_2}\right]\mathrm{e}^{-\rho_1^2-\eta_1^2}\frac{\mathrm{d}\rho_1\mathrm{d}\eta_1}{\pi}$$

$$= \mathrm{e}^{(\alpha'+\mathrm{i}\beta')(\alpha-\mathrm{i}\beta)}\sum_{l}^{\min[n,n']}C_n^lC_{n'}^l(\alpha'+\mathrm{i}\beta')^{n}(\alpha-\mathrm{i}\beta)^{n'}\Pi(l) \tag{5.2.8}$$

最后计算 $N_1(t)$,得

$$N_1(t)=\langle t\,|a_1^\dagger a_1\,|t\rangle$$

$$=\sum_{m_1m_2}\frac{(+\mathrm{i}t)^{m_1}(-\mathrm{i}t)^{m_2}}{m_1!m_2!}\,\cdot$$

$$\cdot\sum_{\substack{n_1n_2n_3n_4\\ n_1'n_2'n_3'n_4'}}\left\{\left[\left(A_{n_1n_2n_3n_4}^{(\uparrow\uparrow,\uparrow\uparrow,m)}+A_{n_1n_2n_3n_4}^{(\uparrow\uparrow,\downarrow\uparrow,m)}+A_{n_1n_2n_3n_4}^{(\downarrow\uparrow,\uparrow\uparrow,m)}+A_{n_1n_2n_3n_4}^{(\downarrow\uparrow,\downarrow\uparrow,m)}\right)\right.\right.$$

$$\left.\cdot\left(A_{n_1'n_2'n_3'n_4'}^{(\uparrow\uparrow,\uparrow\uparrow,m)}+A_{n_1'n_2'n_3'n_4'}^{(\uparrow\uparrow,\downarrow\uparrow,m)}+A_{n_1'n_2'n_3'n_4'}^{(\downarrow\uparrow,\uparrow\uparrow,m)}+A_{n_1'n_2'n_3'n_4'}^{(\downarrow\uparrow,\downarrow\uparrow,m)}\right)\right]$$

$$\cdot \left\{ \left[\mathrm{e}^{-\frac{1}{2}(\alpha_1^2+\beta_1^2)} (\alpha_1 - \mathrm{i}\beta_1)^{n_2} \iint \mathrm{e}^{(\alpha_1-\mathrm{i}\beta_1)(\rho_1+\mathrm{i}\eta_1)} \mathrm{e}^{-\rho_1^2-\eta_1^2} (\rho_1 + \mathrm{i}\eta_1)^{n_3} \langle \rho_1 + \mathrm{i}\eta_1 \mid \frac{\mathrm{d}\rho_1 \mathrm{d}\eta_1}{\pi} \right] \right.$$

$$\cdot a_1^\dagger a_1 \left[\mathrm{e}^{-\frac{1}{2}(\alpha_1^2+\beta_1^2)} (\alpha_1 + \mathrm{i}\beta_1)^{n_2'} \iint \mathrm{e}^{(\alpha_1+\mathrm{i}\beta_1)(\rho_2-\mathrm{i}\eta_2)} \mathrm{e}^{-\rho_2^2-\eta_2^2} \right.$$

$$\left. \left. \cdot (\rho_2 - \mathrm{i}\eta_2)^{n_3} \mid \rho_2 + \mathrm{i}\eta_2 \rangle \frac{\mathrm{d}\rho_2 \mathrm{d}\eta_2}{\pi} \right] \right\}$$

$$\cdot \left\{ \left[\mathrm{e}^{-\frac{1}{2}(\gamma_1^2+\delta_1^2)} (\gamma_1 - \mathrm{i}\delta_1)^{n_4} \iint \mathrm{e}^{(\gamma_1-\mathrm{i}\delta_1)(\rho_1+\mathrm{i}\eta_1)} \mathrm{e}^{-\rho_1^2-\eta_1^2} (\rho_1 + \mathrm{i}\eta_1)^{n_3} \langle \rho_1 + \mathrm{i}\eta_1 \mid \frac{\mathrm{d}\rho_1 \mathrm{d}\eta_1}{\pi} \right] \right.$$

$$\left. \cdot \left[\mathrm{e}^{-\frac{1}{2}(\gamma_1^2+\delta_1^2)} (\gamma_1 + \mathrm{i}\delta_1)^{n_4'} \iint \mathrm{e}^{(\gamma_1+\mathrm{i}\delta_1)(\rho_2-\mathrm{i}\eta_2)} \mathrm{e}^{-\rho_2^2-\eta_2^2} (\rho_2 - \mathrm{i}\eta_2)^{n_3'} \mid \rho_2 + \mathrm{i}\eta_2 \rangle \frac{\mathrm{d}\rho_2 \mathrm{d}\eta_2}{\pi} \right] \right\}$$

$$\cdot \left[\left(A_{n_1 n_2 n_3 n_4}^{(\uparrow\uparrow,\uparrow\uparrow,m)} + A_{n_1 n_2 n_3 n_4}^{(\uparrow\uparrow,\downarrow\uparrow,m)} + A_{n_1 n_2 n_3 n_4}^{(\downarrow\uparrow,\uparrow\uparrow,m)} + A_{n_1 n_2 n_3 n_4}^{(\downarrow\uparrow,\downarrow\uparrow,m)} \right) \right]$$
$$+ \left[\left(A_{n_1' n_2' n_3' n_4'}^{(\uparrow\uparrow,\uparrow\downarrow,m)} + A_{n_1' n_2' n_3' n_4'}^{(\uparrow\uparrow,\downarrow\downarrow,m)} + A_{n_1' n_2' n_3' n_4'}^{(\downarrow\uparrow,\uparrow\downarrow,m)} + A_{n_1' n_2' n_3' n_4'}^{(\downarrow\uparrow,\downarrow\downarrow,m)} \right) \right]$$

$$\cdot \left\{ \left[\mathrm{e}^{-\frac{1}{2}(\alpha_1^2+\beta_1^2)} (\alpha_1 - \mathrm{i}\beta_1)^{n_2} \iint \mathrm{e}^{(\alpha_1-\mathrm{i}\beta_1)(\rho_1+\mathrm{i}\eta_1)} \mathrm{e}^{-\rho_1^2-\eta_1^2} (\rho_1 + \mathrm{i}\eta_1)^{n_3} \langle \rho_1 + \mathrm{i}\eta_1 \mid \frac{\mathrm{d}\rho_1 \mathrm{d}\eta_1}{\pi} \right] \right.$$

$$\cdot a_1^\dagger a_1 \left[\mathrm{e}^{-\frac{1}{2}(\alpha_2^2+\beta_2^2)} (\alpha_2 + \mathrm{i}\beta_2)^{n_2'} \iint \mathrm{e}^{(\alpha_2+\mathrm{i}\beta_2)(\rho_2-\mathrm{i}\eta_2)} \mathrm{e}^{-\rho_2^2-\eta_2^2} \right.$$

$$\left. \left. \cdot (\rho_2 - \mathrm{i}\eta_2)^{n_1'} \mid \rho_2 + \mathrm{i}\eta_2 \rangle \frac{\mathrm{d}\rho_2 \mathrm{d}\eta_2}{\pi} \right] \right\}$$

$$\cdot \left\{ \left[\mathrm{e}^{-\frac{1}{2}(\gamma_1^2+\delta_1^2)} (\gamma_1 - \mathrm{i}\delta_1)^{n_4} \iint \mathrm{e}^{(\gamma_1-\mathrm{i}\delta_1)(\rho_1+\mathrm{i}\eta_1)} \mathrm{e}^{-\rho_1^2-\eta_1^2} (\rho_1 + \mathrm{i}\eta_1)^{n_3} \langle \rho_1 + \mathrm{i}\eta_1 \mid \frac{\mathrm{d}\rho_1 \mathrm{d}\eta_1}{\pi} \right] \right.$$

$$\left. \cdot \left[\mathrm{e}^{-\frac{1}{2}(\gamma_2^2+\delta_2^2)} (\gamma_2 + \mathrm{i}\delta_2)^{n_4'} \iint \mathrm{e}^{(\gamma_2+\mathrm{i}\delta_2)(\rho_2-\mathrm{i}\eta_2)} \mathrm{e}^{-\rho_2^2-\eta_2^2} (\rho_2 - \mathrm{i}\eta_2)^{n_3'} \mid \rho_2 + \mathrm{i}\eta_2 \rangle \frac{\mathrm{d}\rho_2 \mathrm{d}\eta_2}{\pi} \right] \right\}$$

$$\cdot \left[\left(A_{n_1 n_2 n_3 n_4}^{(\uparrow\uparrow,\uparrow\uparrow,m)} + A_{n_1 n_2 n_3 n_4}^{(\uparrow\uparrow,\downarrow\uparrow,m)} + A_{n_1 n_2 n_3 n_4}^{(\downarrow\uparrow,\uparrow\uparrow,m)} + A_{n_1 n_2 n_3 n_4}^{(\downarrow\uparrow,\downarrow\uparrow,m)} \right) \right]$$
$$+ \left[\left(A_{n_1' n_2' n_3' n_4'}^{(\uparrow\downarrow,\uparrow\uparrow,m)} + A_{n_1' n_2' n_3' n_4'}^{(\uparrow\downarrow,\downarrow\uparrow,m)} + A_{n_1' n_2' n_3' n_4'}^{(\downarrow\downarrow,\uparrow\uparrow,m)} + A_{n_1' n_2' n_3' n_4'}^{(\downarrow\downarrow,\downarrow\uparrow,m)} \right) \right]$$

$$\cdot \left\{ \left[\mathrm{e}^{-\frac{1}{2}(\alpha_1^2+\beta_1^2)} (\alpha_1 - \mathrm{i}\beta_1)^{n_2} \iint \mathrm{e}^{(\alpha_1-\mathrm{i}\beta_1)(\rho_1+\mathrm{i}\eta_1)} \mathrm{e}^{-\rho_1^2-\eta_1^2} (\rho_1 + \mathrm{i}\eta_1)^{n_1} \langle \rho_1 + \mathrm{i}\eta_1 \mid \frac{\mathrm{d}\rho_1 \mathrm{d}\eta_1}{\pi} \right] \right.$$

$$\cdot a_1^\dagger a_1 \left[\mathrm{e}^{-\frac{1}{2}(\alpha_3^2+\beta_3^2)} (\alpha_3 + \mathrm{i}\beta_3)^{n_2'} \iint \mathrm{e}^{(\alpha_3+\mathrm{i}\beta_3)(\rho_2-\mathrm{i}\eta_2)} \mathrm{e}^{-\rho_2^2-\eta_2^2} \right.$$

$$\left. \left. \cdot (\rho_2 - \mathrm{i}\eta_2)^{n_1'} \mid \rho_2 + \mathrm{i}\eta_2 \rangle \frac{\mathrm{d}\rho_2 \mathrm{d}\eta_2}{\pi} \right] \right\}$$

$$\cdot \left\{ \left[\mathrm{e}^{-\frac{1}{2}(\gamma_1^2+\delta_1^2)} (\gamma_1 - \mathrm{i}\delta_1)^{n_4} \iint \mathrm{e}^{(\gamma_1-\mathrm{i}\delta_1)(\rho_1+\mathrm{i}\eta_1)} \mathrm{e}^{-\rho_1^2-\eta_1^2} (\rho_1 + \mathrm{i}\eta_1)^{n_3} \langle \rho_1 + \mathrm{i}\eta_1 \mid \frac{\mathrm{d}\rho_1 \mathrm{d}\eta_1}{\pi} \right] \right.$$

$$\left. \cdot \left[\mathrm{e}^{-\frac{1}{2}(\gamma_3^2+\delta_3^2)} (\gamma_3 + \mathrm{i}\delta_3)^{n_4'} \iint \mathrm{e}^{(\gamma_3+\mathrm{i}\delta_3)(\rho_2-\mathrm{i}\eta_2)} \mathrm{e}^{-\rho_2^2-\eta_2^2} (\rho_2 - \mathrm{i}\eta_2)^{n_3'} \mid \rho_2 + \mathrm{i}\eta_2 \rangle \frac{\mathrm{d}\rho_2 \mathrm{d}\eta_2}{\pi} \right] \right\}$$

$$\cdot\left[\left(A_{n_1n_2n_3n_4}^{(\uparrow\uparrow,\uparrow\uparrow,m)}+A_{n_1n_2n_3n_4}^{(\uparrow\uparrow,\downarrow\uparrow,m)}+A_{n_1n_2n_3n_4}^{(\downarrow\uparrow,\uparrow\uparrow,m)}+A_{n_1n_2n_3n_4}^{(\downarrow\uparrow,\downarrow\uparrow,m)}\right)\right]$$

$$+\left[\left(A_{n_1'n_2'n_3'n_4'}^{(\uparrow\downarrow,\uparrow\downarrow,m)}+A_{n_1'n_2'n_3'n_4'}^{(\uparrow\downarrow,\downarrow\downarrow,m)}+A_{n_1'n_2'n_3'n_4'}^{(\downarrow\downarrow,\uparrow\downarrow,m)}+A_{n_1'n_2'n_3'n_4'}^{(\downarrow\downarrow,\downarrow\downarrow,m)}\right)\right]$$

$$\cdot\left\{\left[\mathrm{e}^{-\frac{1}{2}(\alpha_1^2+\beta_1^2)}(\alpha_1-\mathrm{i}\beta_1)^{n_2}\iint\mathrm{e}^{(\alpha_1-\mathrm{i}\beta_1)(\rho_1+\mathrm{i}\eta_1)}\mathrm{e}^{-\rho_1^2-\eta_1^2}(\rho_1+\mathrm{i}\eta_1)^{n_1}\langle\rho_1+\mathrm{i}\eta_1|\frac{\mathrm{d}\rho_1\mathrm{d}\eta_1}{\pi}\right]\right.$$

$$\cdot a_1^{\dagger}a_1\left[\mathrm{e}^{-\frac{1}{2}(\alpha_4^2+\beta_4^2)}(\alpha_4+\mathrm{i}\beta_4)^{n_2'}\iint\mathrm{e}^{(\gamma_4+\mathrm{i}\delta_4)(\rho_2-\mathrm{i}\eta_2)}\mathrm{e}^{-\rho_2^2-\eta_2^2}\right.$$

$$\left.\left.\cdot(\rho_2-\mathrm{i}\eta_2)^{n_1'}|\rho_2+\mathrm{i}\eta_2\rangle\frac{\mathrm{d}\rho_2\mathrm{d}\eta_2}{\pi}\right]\right\}$$

$$\cdot\left\{\left[\mathrm{e}^{-\frac{1}{2}(\gamma_1^2+\delta_1^2)}(\gamma_1-\mathrm{i}\delta_1)^{n_4}\iint\mathrm{e}^{(\gamma_1-\mathrm{i}\delta_1)(\rho_1+\mathrm{i}\eta_1)}\mathrm{e}^{-\rho_1^2-\eta_1^2}(\rho_1+\mathrm{i}\eta_1)^{n_3}\langle\rho_1+\mathrm{i}\eta_1|\frac{\mathrm{d}\rho_1\mathrm{d}\eta_1}{\pi}\right]\right.$$

$$\left.\cdot\left[\mathrm{e}^{-\frac{1}{2}(\gamma_4^2+\delta_4^2)}(\gamma_4+\mathrm{i}\delta_4)^{n_4'}\iint\mathrm{e}^{(\gamma_4+\mathrm{i}\delta_4)(\rho_2-\mathrm{i}\eta_2)}\mathrm{e}^{-\rho_2^2-\eta_2^2}(\rho_2-\mathrm{i}\eta_2)^{n_3'}|\rho_2+\mathrm{i}\eta_2\rangle\frac{\mathrm{d}\rho_2\mathrm{d}\eta_2}{\pi}\right]\right\}$$

$$\cdot\left[\left(A_{n_1n_2n_3n_4}^{(\uparrow\uparrow,\uparrow\downarrow,m)}+A_{n_1n_2n_3n_4}^{(\uparrow\uparrow,\downarrow\downarrow,m)}+A_{n_1n_2n_3n_4}^{(\downarrow\uparrow,\uparrow\downarrow,m)}+A_{n_1n_2n_3n_4}^{(\downarrow\uparrow,\downarrow\downarrow,m)}\right)\right]$$

$$+\left[\left(A_{n_1'n_2'n_3'n_4'}^{(\uparrow\uparrow,\uparrow\uparrow,m)}+A_{n_1'n_2'n_3'n_4'}^{(\uparrow\uparrow,\downarrow\uparrow,m)}+A_{n_1'n_2'n_3'n_4'}^{(\downarrow\uparrow,\uparrow\uparrow,m)}+A_{n_1'n_2'n_3'n_4'}^{(\downarrow\uparrow,\downarrow\uparrow,m)}\right)\right]$$

$$\cdot\left\{\left[\mathrm{e}^{-\frac{1}{2}(\alpha_2^2+\beta_2^2)}(\alpha_2-\mathrm{i}\beta_2)^{n_2}\iint\mathrm{e}^{(\alpha_2-\mathrm{i}\beta_2)(\rho_1+\mathrm{i}\eta_1)}\mathrm{e}^{-\rho_1^2-\eta_1^2}(\rho_1+\mathrm{i}\eta_1)^{n_1}\langle\rho_1+\mathrm{i}\eta_1|\frac{\mathrm{d}\rho_1\mathrm{d}\eta_1}{\pi}\right]\right.$$

$$\cdot a_1^{\dagger}a_1\left[\mathrm{e}^{-\frac{1}{2}(\alpha_1^2+\beta_1^2)}(\alpha_1+\mathrm{i}\beta_1)^{n_2'}\iint\mathrm{e}^{(\alpha_1+\mathrm{i}\beta_1)(\rho_2-\mathrm{i}\eta_2)}\mathrm{e}^{-\rho_2^2-\eta_2^2}\right.$$

$$\left.\left.\cdot(\rho_2-\mathrm{i}\eta_2)^{n_1'}|\rho_2+\mathrm{i}\eta_2\rangle\frac{\mathrm{d}\rho_2\mathrm{d}\eta_2}{\pi}\right]\right\}$$

$$\cdot\left\{\left[\mathrm{e}^{-\frac{1}{2}(\gamma_2^2+\delta_2^2)}(\gamma_2-\mathrm{i}\delta_2)^{n_4}\iint\mathrm{e}^{(\gamma_2-\mathrm{i}\delta_2)(\rho_1+\mathrm{i}\eta_1)}\mathrm{e}^{-\rho_1^2-\eta_1^2}(\rho_1+\mathrm{i}\eta_1)^{n_3}\langle\rho_1+\mathrm{i}\eta_1|\frac{\mathrm{d}\rho_1\mathrm{d}\eta_1}{\pi}\right]\right.$$

$$\left.\cdot\left[\mathrm{e}^{-\frac{1}{2}(\gamma_1^2+\delta_1^2)}(\gamma_1+\mathrm{i}\delta_1)^{n_4'}\iint\mathrm{e}^{(\gamma_1+\mathrm{i}\delta_1)(\rho_2-\mathrm{i}\eta_2)}\mathrm{e}^{-\rho_2^2-\eta_2^2}(\rho_2-\mathrm{i}\eta_2)^{n_3'}|\rho_2+\mathrm{i}\eta_2\rangle\frac{\mathrm{d}\rho_2\mathrm{d}\eta_2}{\pi}\right]\right\}$$

$$\cdot\left[\left(A_{n_1n_2n_3n_4}^{(\uparrow\uparrow,\uparrow\downarrow,m)}+A_{n_1n_2n_3n_4}^{(\uparrow\uparrow,\downarrow\downarrow,m)}+A_{n_1n_2n_3n_4}^{(\downarrow\uparrow,\uparrow\downarrow,m)}+A_{n_1n_2n_3n_4}^{(\downarrow\uparrow,\downarrow\downarrow,m)}\right)\right]$$

$$+\left[\left(A_{n_1'n_2'n_3'n_4'}^{(\uparrow\uparrow,\uparrow\downarrow,m)}+A_{n_1'n_2'n_3'n_4'}^{(\uparrow\uparrow,\downarrow\downarrow,m)}+A_{n_1'n_2'n_3'n_4'}^{(\downarrow\uparrow,\uparrow\downarrow,m)}+A_{n_1'n_2'n_3'n_4'}^{(\downarrow\uparrow,\downarrow\downarrow,m)}\right)\right]$$

$$\cdot\left\{\left[\mathrm{e}^{-\frac{1}{2}(\alpha_2^2+\beta_2^2)}(\alpha_2-\mathrm{i}\beta_2)^{n_2}\iint\mathrm{e}^{(\alpha_2-\mathrm{i}\beta_2)(\rho_1+\mathrm{i}\eta_1)}\mathrm{e}^{-\rho_1^2-\eta_1^2}(\rho_1+\mathrm{i}\eta_1)^{n_1}\langle\rho_1+\mathrm{i}\eta_1|\frac{\mathrm{d}\rho_1\mathrm{d}\eta_1}{\pi}\right]\right.$$

$$\cdot a_1^{\dagger}a_1\left[\mathrm{e}^{-\frac{1}{2}(\alpha_2^2+\beta_2^2)}(\alpha_2+\mathrm{i}\beta_2)^{n_2'}\iint\mathrm{e}^{(\alpha_2+\mathrm{i}\beta_2)(\rho_2-\mathrm{i}\eta_2)}\mathrm{e}^{-\rho_2^2-\eta_2^2}\right.$$

$$\left.\left.\cdot(\rho_2-\mathrm{i}\eta_2)^{n_1'}|\rho_2+\mathrm{i}\eta_2\rangle\frac{\mathrm{d}\rho_2\mathrm{d}\eta_2}{\pi}\right]\right\}$$

$$\cdot\left\{\left[\mathrm{e}^{-\frac{1}{2}(\gamma_2^2+\delta_2^2)}(\gamma_2-\mathrm{i}\delta_2)^{n_4}\iint\mathrm{e}^{(\gamma_2-\mathrm{i}\delta_2)(\rho_1+\mathrm{i}\eta_1)}\mathrm{e}^{-\rho_1^2-\eta_1^2}(\rho_1+\mathrm{i}\eta_1)^{n_3}\langle\rho_1+\mathrm{i}\eta_1|\frac{\mathrm{d}\rho_1\mathrm{d}\eta_1}{\pi}\right]\right.$$

$$\cdot \left[\mathrm{e}^{-\frac{1}{2}(\gamma_2^2+\delta_2^2)} (\gamma_2 + \mathrm{i}\delta_2)^{n_4'} \iint \mathrm{e}^{(\gamma_2+\mathrm{i}\delta_2)(\rho_2-\mathrm{i}\eta_2)} \mathrm{e}^{-\rho_2^2-\eta_2^2} (\rho_2 - \mathrm{i}\eta_2)^{n_3'} \mid \rho_2 + \mathrm{i}\eta_2 \rangle \frac{\mathrm{d}\rho_2 \mathrm{d}\eta_2}{\pi} \right] \}$$

$$\cdot \left[\left(A_{n_1 n_2 n_3 n_4}^{(\uparrow\uparrow,\uparrow\downarrow,m)} + A_{n_1 n_2 n_3 n_4}^{(\uparrow\uparrow,\downarrow\downarrow,m)} + A_{n_1 n_2 n_3 n_4}^{(\downarrow\uparrow,\uparrow\downarrow,m)} + A_{n_1 n_2 n_3 n_4}^{(\downarrow\uparrow,\downarrow\downarrow,m)} \right) \right]$$

$$+ \left[\left(A_{n_1' n_2' n_3' n_4'}^{(\uparrow\downarrow,\uparrow\uparrow,m)} + A_{n_1' n_2' n_3' n_4'}^{(\uparrow\downarrow,\downarrow\uparrow,m)} + A_{n_1' n_2' n_3' n_4'}^{(\downarrow\downarrow,\uparrow\uparrow,m)} + A_{n_1' n_2' n_3' n_4'}^{(\downarrow\downarrow,\downarrow\uparrow,m)} \right) \right]$$

$$\cdot \left\{ \left[\mathrm{e}^{-\frac{1}{2}(\alpha_2^2+\beta_2^2)} (\alpha_2 - \mathrm{i}\beta_2)^{n_2} \iint \mathrm{e}^{(\alpha_2-\mathrm{i}\beta_2)(\rho_1+\mathrm{i}\eta_1)} \mathrm{e}^{-\rho_1^2-\eta_1^2} (\rho_1 + \mathrm{i}\eta_1)^{n_1} \langle \rho_1 + \mathrm{i}\eta_1 \mid \frac{\mathrm{d}\rho_1 \mathrm{d}\eta_1}{\pi} \right] \right.$$

$$\cdot a_1^\dagger a_1 \left[\mathrm{e}^{-\frac{1}{2}(\alpha_3^2+\beta_3^2)} (\alpha_3 + \mathrm{i}\beta_3)^{n_2'} \iint \mathrm{e}^{(\alpha_3+\mathrm{i}\beta_3)(\rho_2-\mathrm{i}\eta_2)} \mathrm{e}^{-\rho_2^2-\eta_2^2} \right.$$

$$\left. \cdot (\rho_2 - \mathrm{i}\eta_2)^{n_1'} \mid \rho_2 + \mathrm{i}\eta_2 \rangle \frac{\mathrm{d}\rho_2 \mathrm{d}\eta_2}{\pi} \right] \}$$

$$\cdot \left\{ \left[\mathrm{e}^{-\frac{1}{2}(\gamma_2^2+\delta_2^2)} (\gamma_2 - \mathrm{i}\delta_2)^{n_4} \iint \mathrm{e}^{(\gamma_2-\mathrm{i}\delta_2)(\rho_1+\mathrm{i}\eta_1)} \mathrm{e}^{-\rho_1^2-\eta_1^2} (\rho_1 + \mathrm{i}\eta_1)^{n_3} \langle \rho_1 + \mathrm{i}\eta_1 \mid \frac{\mathrm{d}\rho_1 \mathrm{d}\eta_1}{\pi} \right] \right.$$

$$\cdot \left[\mathrm{e}^{-\frac{1}{2}(\gamma_3^2+\delta_3^2)} (\gamma_3 + \mathrm{i}\delta_3)^{n_4'} \iint \mathrm{e}^{(\gamma_3+\mathrm{i}\delta_3)(\rho_2-\mathrm{i}\eta_2)} \mathrm{e}^{-\rho_2^2-\eta_2^2} (\rho_2 - \mathrm{i}\eta_2)^{n_3'} \mid \rho_2 + \mathrm{i}\eta_2 \rangle \frac{\mathrm{d}\rho_2 \mathrm{d}\eta_2}{\pi} \right] \}$$

$$\cdot \left[\left(A_{n_1 n_2 n_3 n_4}^{(\uparrow\uparrow,\uparrow\downarrow,m)} + A_{n_1 n_2 n_3 n_4}^{(\uparrow\uparrow,\downarrow\downarrow,m)} + A_{n_1 n_2 n_3 n_4}^{(\downarrow\uparrow,\uparrow\downarrow,m)} + A_{n_1 n_2 n_3 n_4}^{(\downarrow\uparrow,\downarrow\downarrow,m)} \right) \right]$$

$$+ \left[\left(A_{n_1' n_2' n_3' n_4'}^{(\uparrow\downarrow,\uparrow\downarrow,m)} + A_{n_1' n_2' n_3' n_4'}^{(\uparrow\downarrow,\downarrow\downarrow,m)} + A_{n_1' n_2' n_3' n_4'}^{(\downarrow\downarrow,\uparrow\downarrow,m)} + A_{n_1' n_2' n_3' n_4'}^{(\downarrow\downarrow,\downarrow\downarrow,m)} \right) \right]$$

$$\cdot \left\{ \left[\mathrm{e}^{-\frac{1}{2}(\alpha_2^2+\beta_2^2)} (\alpha_2 - \mathrm{i}\beta_2)^{n_2} \iint \mathrm{e}^{(\alpha_2-\mathrm{i}\beta_2)(\rho_1+\mathrm{i}\eta_1)} \mathrm{e}^{-\rho_1^2-\eta_1^2} (\rho_1 + \mathrm{i}\eta_1)^{n_1} \langle \rho_1 + \mathrm{i}\eta_1 \mid \frac{\mathrm{d}\rho_1 \mathrm{d}\eta_1}{\pi} \right] \right.$$

$$\cdot a_1^\dagger a_1 \left[\mathrm{e}^{-\frac{1}{2}(\alpha_4^2+\beta_4^2)} (\alpha_4 + \mathrm{i}\beta_4)^{n_2'} \iint \mathrm{e}^{(\alpha_4+\mathrm{i}\beta_4)(\rho_2-\mathrm{i}\eta_2)} \mathrm{e}^{-\rho_2^2-\eta_2^2} \right.$$

$$\left. \cdot (\rho_2 - \mathrm{i}\eta_2)^{n_1'} \mid \rho_2 + \mathrm{i}\eta_2 \rangle \frac{\mathrm{d}\rho_2 \mathrm{d}\eta_2}{\pi} \right] \}$$

$$\cdot \left\{ \left[\mathrm{e}^{-\frac{1}{2}(\gamma_2^2+\delta_2^2)} (\gamma_2 - \mathrm{i}\delta_2)^{n_4} \iint \mathrm{e}^{(\gamma_2-\mathrm{i}\delta_2)(\rho_1+\mathrm{i}\eta_1)} \mathrm{e}^{-\rho_1^2-\eta_1^2} (\rho_1 + \mathrm{i}\eta_1)^{n_3} \langle \rho_1 + \mathrm{i}\eta_1 \mid \frac{\mathrm{d}\rho_1 \mathrm{d}\eta_1}{\pi} \right] \right.$$

$$\cdot \left[\mathrm{e}^{-\frac{1}{2}(\gamma_4^2+\delta_4^2)} (\gamma_4 + \mathrm{i}\delta_4)^{n_4'} \iint \mathrm{e}^{(\gamma_4+\mathrm{i}\delta_4)(\rho_2-\mathrm{i}\eta_2)} \mathrm{e}^{-\rho_2^2-\eta_2^2} (\rho_2 - \mathrm{i}\eta_2)^{n_3'} \mid \rho_2 + \mathrm{i}\eta_2 \rangle \frac{\mathrm{d}\rho_2 \mathrm{d}\eta_2}{\pi} \right] \}$$

$$\cdot \left[\left(A_{n_1 n_2 n_3 n_4}^{(\uparrow\downarrow,\uparrow\uparrow,m)} + A_{n_1 n_2 n_3 n_4}^{(\uparrow\downarrow,\downarrow\uparrow,m)} + A_{n_1 n_2 n_3 n_4}^{(\downarrow\downarrow,\uparrow\uparrow,m)} + A_{n_1 n_2 n_3 n_4}^{(\downarrow\downarrow,\downarrow\uparrow,m)} \right) \right]$$

$$+ \left[\left(A_{n_1' n_2' n_3' n_4'}^{(\uparrow\uparrow,\uparrow\uparrow,m)} + A_{n_1' n_2' n_3' n_4'}^{(\uparrow\uparrow,\downarrow\uparrow,m)} + A_{n_1' n_2' n_3' n_4'}^{(\downarrow\uparrow,\uparrow\uparrow,m)} + A_{n_1' n_2' n_3' n_4'}^{(\downarrow\uparrow,\downarrow\uparrow,m)} \right) \right]$$

$$\cdot \left\{ \left[\mathrm{e}^{-\frac{1}{2}(\alpha_3^2+\beta_3^2)} (\alpha_3 - \mathrm{i}\beta_3)^{n_2} \iint \mathrm{e}^{(\alpha_3-\mathrm{i}\beta_3)(\rho_1+\mathrm{i}\eta_1)} \mathrm{e}^{-\rho_1^2-\eta_1^2} (\rho_1 + \mathrm{i}\eta_1)^{n_1} \langle \rho_1 + \mathrm{i}\eta_1 \mid \frac{\mathrm{d}\rho_1 \mathrm{d}\eta_1}{\pi} \right] \right.$$

$$\cdot a_1^\dagger a_1 \left[\mathrm{e}^{-\frac{1}{2}(\alpha_1^2+\beta_1^2)} (\alpha_1 + \mathrm{i}\beta_1)^{n_2'} \iint \mathrm{e}^{(\alpha_1+\mathrm{i}\beta_1)(\rho_2-\mathrm{i}\eta_2)} \mathrm{e}^{-\rho_2^2-\eta_2^2} \right.$$

$$\cdot (\rho_2 - \mathrm{i}\eta_2)^{n_1'} \mid \rho_2 + \mathrm{i}\eta_2 \rangle \frac{\mathrm{d}\rho_2 \mathrm{d}\eta_2}{\pi} \} \}$$

$$\cdot\left\{\left[\mathrm{e}^{-\frac{1}{2}(\gamma_3^2+\delta_3^2)}(\gamma_3-\mathrm{i}\delta_3)^{n_4}\iint\mathrm{e}^{(\gamma_3-\mathrm{i}\delta_3)(\rho_1+\mathrm{i}\eta_1)}\mathrm{e}^{-\rho_1^2-\eta_1^2}(\rho_1+\mathrm{i}\eta_1)^{n_3}\langle\rho_1+\mathrm{i}\eta_1|\frac{\mathrm{d}\rho_1\mathrm{d}\eta_1}{\pi}\right]\right.$$

$$\left.\cdot\left[\mathrm{e}^{-\frac{1}{2}(\gamma_1^2+\delta_1^2)}(\gamma_1-\mathrm{i}\delta_1)^{n_4'}\iint\mathrm{e}^{(\gamma_4+\mathrm{i}\delta_4)(\rho_2-\mathrm{i}\eta_2)}\mathrm{e}^{-\rho_2^2-\eta_2^2}(\rho_2-\mathrm{i}\eta_2)^{n_3'}|\rho_2+\mathrm{i}\eta_2\rangle\frac{\mathrm{d}\rho_2\mathrm{d}\eta_2}{\pi}\right]\right\}$$

$$\cdot\left[\left(A_{n_1n_2n_3n_4}^{(\uparrow\downarrow,\uparrow\uparrow,m)}+A_{n_1n_2n_3n_4}^{(\uparrow\downarrow,\downarrow\uparrow,m)}+A_{n_1n_2n_3n_4}^{(\downarrow\downarrow,\uparrow\uparrow,m)}+A_{n_1n_2n_3n_4}^{(\downarrow\downarrow,\downarrow\uparrow,m)}\right)\right]$$

$$+\left[\left(A_{n_1'n_2'n_3'n_4'}^{(\uparrow\uparrow,\uparrow\downarrow,m)}+A_{n_1'n_2'n_3'n_4'}^{(\uparrow\uparrow,\downarrow\downarrow,m)}+A_{n_1'n_2'n_3'n_4'}^{(\downarrow\uparrow,\uparrow\downarrow,m)}+A_{n_1'n_2'n_3'n_4'}^{(\downarrow\uparrow,\downarrow\downarrow,m)}\right)\right]$$

$$\cdot\left\{\left[\mathrm{e}^{-\frac{1}{2}(\alpha_3^2+\beta_3^2)}(\alpha_3-\mathrm{i}\beta_3)^{n_2}\iint\mathrm{e}^{(\alpha_3-\mathrm{i}\beta_3)(\rho_1+\mathrm{i}\eta_1)}\mathrm{e}^{-\rho_1^2-\eta_1^2}(\rho_1+\mathrm{i}\eta_1)^{n_1}\langle\rho_1+\mathrm{i}\eta_1|\frac{\mathrm{d}\rho_1\mathrm{d}\eta_1}{\pi}\right]\right.$$

$$\cdot a_1^\dagger a_1\left[\mathrm{e}^{-\frac{1}{2}(\alpha_2^2+\beta_2^2)}(\alpha_2+\mathrm{i}\beta_2)^{n_2'}\iint\mathrm{e}^{(\alpha_2+\mathrm{i}\beta_2)(\rho_2-\mathrm{i}\eta_2)}\mathrm{e}^{-\rho_2^2-\eta_2^2}\right.$$

$$\left.\left.\cdot(\rho_2-\mathrm{i}\eta_2)^{n_1'}|\rho_2+\mathrm{i}\eta_2\rangle\frac{\mathrm{d}\rho_2\mathrm{d}\eta_2}{\pi}\right]\right\}$$

$$\cdot\left[\left(A_{n_1n_2n_3n_4}^{(\uparrow\downarrow,\uparrow\uparrow,m)}+A_{n_1n_2n_3n_4}^{(\uparrow\downarrow,\downarrow\uparrow,m)}+A_{n_1n_2n_3n_4}^{(\downarrow\downarrow,\uparrow\uparrow,m)}+A_{n_1n_2n_3n_4}^{(\downarrow\downarrow,\downarrow\uparrow,m)}\right)\right]$$

$$+\left[\left(A_{n_1'n_2'n_3'n_4'}^{(\uparrow\downarrow,\uparrow\uparrow,m)}+A_{n_1'n_2'n_3'n_4'}^{(\uparrow\downarrow,\downarrow\uparrow,m)}+A_{n_1'n_2'n_3'n_4'}^{(\downarrow\downarrow,\uparrow\uparrow,m)}+A_{n_1'n_2'n_3'n_4'}^{(\downarrow\downarrow,\downarrow\uparrow,m)}\right)\right]$$

$$\cdot\left\{\left[\mathrm{e}^{-\frac{1}{2}(\alpha_3^2+\beta_3^2)}(\alpha_3-\mathrm{i}\beta_3)^{n_2}\iint\mathrm{e}^{(\alpha_3-\mathrm{i}\beta_3)(\rho_1+\mathrm{i}\eta_1)}\mathrm{e}^{-\rho_1^2-\eta_1^2}(\rho_1+\mathrm{i}\eta_1)^{n_1}\langle\rho_1+\mathrm{i}\eta_1|\frac{\mathrm{d}\rho_1\mathrm{d}\eta_1}{\pi}\right]\right.$$

$$\cdot a_1^\dagger a_1\left[\mathrm{e}^{-\frac{1}{2}(\alpha_3^2+\beta_3^2)}(\alpha_3+\mathrm{i}\beta_3)^{n_2'}\iint\mathrm{e}^{(\alpha_3+\mathrm{i}\beta_3)(\rho_2-\mathrm{i}\eta_2)}\mathrm{e}^{-\rho_2^2-\eta_2^2}\right.$$

$$\left.\left.\cdot(\rho_2-\mathrm{i}\eta_2)^{n_1'}|\rho_2+\mathrm{i}\eta_2\rangle\frac{\mathrm{d}\rho_2\mathrm{d}\eta_2}{\pi}\right]\right\}$$

$$\cdot\left\{\left[\mathrm{e}^{-\frac{1}{2}(\gamma_3^2+\delta_3^2)}(\gamma_3-\mathrm{i}\delta_3)^{n_4}\iint\mathrm{e}^{(\gamma_3-\mathrm{i}\delta_3)(\rho_1+\mathrm{i}\eta_1)}\mathrm{e}^{-\rho_1^2-\eta_1^2}(\rho_1+\mathrm{i}\eta_1)^{n_3}\langle\rho_1+\mathrm{i}\eta_1|\frac{\mathrm{d}\rho_1\mathrm{d}\eta_1}{\pi}\right]\right.$$

$$\left.\cdot\left[\mathrm{e}^{-\frac{1}{2}(\gamma_3^2+\delta_3^2)}(\gamma_3+\mathrm{i}\delta_3)^{n_4'}\iint\mathrm{e}^{(\gamma_3+\mathrm{i}\delta_3)(\rho_2-\mathrm{i}\eta_2)}\mathrm{e}^{-\rho_2^2-\eta_2^2}(\rho_2-\mathrm{i}\eta_2)^{n_3'}|\rho_2+\mathrm{i}\eta_2\rangle\frac{\mathrm{d}\rho_1\mathrm{d}\eta_1}{\pi}\right]\right\}$$

$$\cdot\left[\left(A_{n_1n_2n_3n_4}^{(\uparrow\downarrow,\uparrow\uparrow,m)}+A_{n_1n_2n_3n_4}^{(\uparrow\downarrow,\downarrow\uparrow,m)}+A_{n_1n_2n_3n_4}^{(\downarrow\downarrow,\uparrow\uparrow,m)}+A_{n_1n_2n_3n_4}^{(\downarrow\downarrow,\downarrow\uparrow,m)}\right)\right]$$

$$+\left[\left(A_{n_1'n_2'n_3'n_4'}^{(\uparrow\downarrow,\uparrow\downarrow,m)}+A_{n_1'n_2'n_3'n_4'}^{(\uparrow\downarrow,\downarrow\downarrow,m)}+A_{n_1'n_2'n_3'n_4'}^{(\downarrow\downarrow,\uparrow\downarrow,m)}+A_{n_1'n_2'n_3'n_4'}^{(\downarrow\downarrow\cdot\downarrow\downarrow,m)}\right)\right]$$

$$\cdot\left\{\left[\mathrm{e}^{-\frac{1}{2}(\alpha_3^2+\beta_3^2)}(\alpha_3-\mathrm{i}\beta_3)^{n_2}\iint\mathrm{e}^{(\alpha_3-\mathrm{i}\beta_3)(\rho_1+\mathrm{i}\eta_1)}\mathrm{e}^{-\rho_1^2-\eta_1^2}(\rho_1+\mathrm{i}\eta_1)^{n_1}\langle\rho_1+\mathrm{i}\eta_1|\frac{\mathrm{d}\rho_1\mathrm{d}\eta_1}{\pi}\right]\right.$$

$$\cdot a_1^\dagger a_1\left[\mathrm{e}^{-\frac{1}{2}(\alpha_4^2+\beta_4^2)}(\alpha_4-\mathrm{i}\beta_4)^{n_2'}\iint\mathrm{e}^{(\alpha_4+\mathrm{i}\beta_4)(\rho_2-\mathrm{i}\eta_2)}\mathrm{e}^{-\rho_2^2-\eta_2^2}\right.$$

$$\left.\left.\cdot(\rho_2-\mathrm{i}\eta_2)^{n_1'}|\rho_2+\mathrm{i}\eta_2\rangle\frac{\mathrm{d}\rho_2\mathrm{d}\eta_2}{\pi}\right]\right\}$$

$$\cdot\left\{\left[\mathrm{e}^{-\frac{1}{2}(\gamma_3^2+\delta_3^2)}(\gamma_3-\mathrm{i}\delta_3)^{n_4}\iint\mathrm{e}^{(\gamma_3-\mathrm{i}\delta_3)(\rho_1+\mathrm{i}\eta_1)}\mathrm{e}^{-\rho_1^2-\eta_1^2}(\rho_1+\mathrm{i}\eta_1)^{n_3}\langle\rho_1+\mathrm{i}\eta_1|\frac{\mathrm{d}\rho_1\mathrm{d}\eta_1}{\pi}\right]\right.$$

$$\cdot \left[\mathrm{e}^{-\frac{1}{2}(\gamma_4^2+\delta_4^2)} (\gamma_4 + \mathrm{i}\delta_4)^{n_4'} \iint \mathrm{e}^{(\gamma_4+\mathrm{i}\delta_4)(\rho_2-\mathrm{i}\eta_2)} \mathrm{e}^{-\rho_2^2-\eta_2^2} (\rho_2 - \mathrm{i}\eta_2)^{n_3'} \mid \rho_2 + \mathrm{i}\eta_2 \rangle \frac{\mathrm{d}\rho_2 \mathrm{d}\eta_2}{\pi} \right] \}$$

$$\cdot \left[(A_{n_1 n_2 n_3 n_4}^{(\uparrow\downarrow,\uparrow\downarrow,m)} + A_{n_1 n_2 n_3 n_4}^{(\uparrow\downarrow,\downarrow\downarrow,m)} + A_{n_1 n_2 n_3 n_4}^{(\downarrow\downarrow,\uparrow\downarrow,m)} + A_{n_1 n_2 n_3 n_4}^{(\downarrow\downarrow,\downarrow\downarrow,m)}) \right]$$

$$+ \left[(A_{n_1' n_2' n_3' n_4'}^{(\uparrow\uparrow,\uparrow\uparrow,m)} + A_{n_1' n_2' n_3' n_4'}^{(\uparrow\uparrow,\downarrow\uparrow,m)} + A_{n_1' n_2' n_3' n_4'}^{(\downarrow\uparrow,\uparrow\uparrow,m)} + A_{n_1' n_2' n_3' n_4'}^{(\downarrow\uparrow,\downarrow\uparrow,m)}) \right]$$

$$\cdot \left\{ \left[\mathrm{e}^{-\frac{1}{2}(\alpha_4^2+\beta_4^2)} (\alpha_4 - \mathrm{i}\beta_4)^{n_2} \iint \mathrm{e}^{(\alpha_4-\mathrm{i}\beta_4)(\rho_1+\mathrm{i}\eta_1)} \mathrm{e}^{-\rho_1^2-\eta_1^2} (\rho_1 + \mathrm{i}\eta_1)^{n_1} \langle \rho_1 + \mathrm{i}\eta_1 \mid \frac{\mathrm{d}\rho_1 \mathrm{d}\eta_1}{\pi} \right] \right.$$

$$\cdot a_1^\dagger a_1 \left[\mathrm{e}^{-\frac{1}{2}(\alpha_1^2+\beta_1^2)} (\alpha_1 + \mathrm{i}\beta_1)^{n_2'} \iint \mathrm{e}^{(\alpha_1+\mathrm{i}\beta_1)(\rho_2-\mathrm{i}\eta_2)} \mathrm{e}^{-\rho_2^2-\eta_2^2} \right.$$

$$\left. \left. \cdot (\rho_2 - \mathrm{i}\eta_2)^{n_1'} \mid \rho_2 + \mathrm{i}\eta_2 \rangle \frac{\mathrm{d}\rho_2 \mathrm{d}\eta_2}{\pi} \right] \right\}$$

$$\cdot \left\{ \left[\mathrm{e}^{-\frac{1}{2}(\gamma_4^2+\delta_4^2)} (\gamma_4 - \mathrm{i}\delta_4)^{n_4} \iint \mathrm{e}^{(\alpha_4-\mathrm{i}\beta_4)(\rho_1+\mathrm{i}\eta_1)} \mathrm{e}^{-\rho_1^2-\eta_1^2} (\rho_1 + \mathrm{i}\eta_1)^{n_3} \langle \rho_1 + \mathrm{i}\eta_1 \mid \frac{\mathrm{d}\rho_1 \mathrm{d}\eta_1}{\pi} \right] \right.$$

$$\left. \cdot \left[\mathrm{e}^{-\frac{1}{2}(\gamma_1^2+\delta_1^2)} (\gamma_1 + \mathrm{i}\delta_1)^{n_4'} \iint \mathrm{e}^{(\gamma_1+\mathrm{i}\delta_1)(\rho_2-\mathrm{i}\eta_2)} \mathrm{e}^{-\rho_2^2-\eta_2^2} (\rho_2 - \mathrm{i}\eta_2)^{n_3'} \mid \rho_2 + \mathrm{i}\eta_2 \rangle \frac{\mathrm{d}\rho_2 \mathrm{d}\eta_2}{\pi} \right] \right\}$$

$$\cdot \left[(A_{n_1 n_2 n_3 n_4}^{(\uparrow\downarrow,\uparrow\downarrow,m)} + A_{n_1 n_2 n_3 n_4}^{(\uparrow\downarrow,\downarrow\downarrow,m)} + A_{n_1 n_2 n_3 n_4}^{(\downarrow\downarrow,\uparrow\downarrow,m)} + A_{n_1 n_2 n_3 n_4}^{(\downarrow\downarrow,\downarrow\downarrow,m)}) \right]$$

$$+ \left[(A_{n_1' n_2' n_3' n_4'}^{(\uparrow\uparrow,\uparrow\downarrow,m)} + A_{n_1' n_2' n_3' n_4'}^{(\uparrow\uparrow,\downarrow\downarrow,m)} + A_{n_1' n_2' n_3' n_4'}^{(\downarrow\uparrow,\uparrow\downarrow,m)} + A_{n_1' n_2' n_3' n_4'}^{(\downarrow\uparrow,\downarrow\downarrow,m)}) \right]$$

$$\cdot \left\{ \left[\mathrm{e}^{-\frac{1}{2}(\alpha_4^2+\beta_4^2)} (\alpha_4 - \mathrm{i}\beta_4)^{n_2} \iint \mathrm{e}^{(\alpha_4-\mathrm{i}\beta_4)(\rho_1+\mathrm{i}\eta_1)} \mathrm{e}^{-\rho_1^2-\eta_1^2} (\rho_1 + \mathrm{i}\eta_1)^{n_1} \langle \rho_1 + \mathrm{i}\eta_1 \mid \frac{\mathrm{d}\rho_1 \mathrm{d}\eta_1}{\pi} \right] \right.$$

$$\cdot a_1^\dagger a_1 \left[\mathrm{e}^{-\frac{1}{2}(\alpha_2^2+\beta_2^2)} (\alpha_2 + \mathrm{i}\beta_2)^{n_2'} \iint \mathrm{e}^{(\alpha_2+\mathrm{i}\beta_2)(\rho_2-\mathrm{i}\eta_2)} \mathrm{e}^{-\rho_2^2-\eta_2^2} \right.$$

$$\left. \left. \cdot (\rho_2 - \mathrm{i}\eta_2)^{n_1'} \mid \rho_2 + \mathrm{i}\eta_2 \rangle \frac{\mathrm{d}\rho_2 \mathrm{d}\eta_2}{\pi} \right] \right\}$$

$$\cdot \left\{ \left[\mathrm{e}^{-\frac{1}{2}(\gamma_4^2+\delta_4^2)} (\gamma_4 - \mathrm{i}\delta_4)^{n_4} \iint \mathrm{e}^{(\gamma_4-\mathrm{i}\delta_4)(\rho_1+\mathrm{i}\eta_1)} \mathrm{e}^{-\rho_1^2-\eta_1^2} (\rho_1 + \mathrm{i}\eta_1)^{n_1} \langle \rho_1 + \mathrm{i}\eta_1 \mid \frac{\mathrm{d}\rho_1 \mathrm{d}\eta_1}{\pi} \right] \right.$$

$$\left. \cdot \left[\mathrm{e}^{-\frac{1}{2}(\gamma_2^2+\delta_2^2)} (\gamma_2 + \mathrm{i}\delta_2)^{n_4'} \iint \mathrm{e}^{(\gamma_2+\mathrm{i}\delta_2)(\rho_2-\mathrm{i}\eta_2)} \mathrm{e}^{-\rho_2^2-\eta_2^2} (\rho_2 - \mathrm{i}\eta_2)^{n_3'} \mid \rho_2 + \mathrm{i}\eta_2 \rangle \frac{\mathrm{d}\rho_2 \mathrm{d}\eta_2}{\pi} \right] \right\}$$

$$\cdot [(A_{n_1 n_2 n_3 n_4}^{(\uparrow\downarrow,\uparrow\downarrow,m)} + A_{n_1 n_2 n_3 n_4}^{(\uparrow\downarrow,\downarrow\downarrow,m)} + A_{n_1 n_2 n_3 n_4}^{(\downarrow\downarrow,\uparrow\downarrow,m)} + A_{n_1 n_2 n_3 n_4}^{(\downarrow\downarrow,\downarrow\downarrow,m)})$$

$$+ [(A_{n_1' n_2' n_3' n_4'}^{(\uparrow\downarrow,\uparrow\uparrow,m)} + A_{n_1' n_2' n_3' n_4'}^{(\uparrow\downarrow,\downarrow\uparrow,m)} + A_{n_1' n_2' n_3' n_4'}^{(\downarrow\downarrow,\uparrow\uparrow,m)} + A_{n_1' n_2' n_3' n_4'}^{(\downarrow\downarrow,\downarrow\uparrow,m)})]$$

$$\cdot \left\{ \left[\mathrm{e}^{-\frac{1}{2}(\alpha_4^2+\beta_4^2)} (\alpha_4 - \mathrm{i}\beta_4)^{n_2} \iint \mathrm{e}^{(\alpha_4-\mathrm{i}\beta_4)(\rho_1+\mathrm{i}\eta_1)} \mathrm{e}^{-\rho_1^2-\eta_1^2} (\rho_1 + \mathrm{i}\eta_1)^{n_1} \langle \rho_1 + \mathrm{i}\eta_1 \mid \frac{\mathrm{d}\rho_1 \mathrm{d}\eta_1}{\pi} \right] \right.$$

$$\cdot a_1^\dagger a_1 \left[\mathrm{e}^{-\frac{1}{2}(\alpha_3^2+\beta_3^2)} (\alpha_3 + \mathrm{i}\beta_3)^{n_2'} \iint \mathrm{e}^{(\alpha_3+\mathrm{i}\beta_3)(\rho_2-\mathrm{i}\eta_2)} \mathrm{e}^{-\rho_2^2-\eta_2^2} \right.$$

$$\left. \left. \cdot (\rho_2 - \mathrm{i}\eta_2)^{n_1'} \mid \rho_2 + \mathrm{i}\eta_2 \rangle \frac{\mathrm{d}\rho_2 \mathrm{d}\eta_2}{\pi} \right] \right\}$$

$$\cdot \left\{ \left[e^{-\frac{1}{2}(\gamma_4^2+\delta_4^2)} (\gamma_4 - i\delta_4)^{n_4} \iint e^{(\gamma_4 - i\delta_4)(\rho_1 + i\eta_1)} e^{-\rho_1^2-\eta_1^2} (\rho_1 + i\eta_1)^{n_3} \langle \rho_1 + i\eta_1 \mid \frac{d\rho_1 d\eta_1}{\pi} \right] \right.$$

$$\left. \cdot \left[e^{-\frac{1}{2}(\gamma_3^2+\delta_3^2)} (\gamma_3 + i\delta_3)^{n_4'} \iint e^{(\gamma_3 + i\delta_3)(\rho_2 - i\eta_2)} e^{-\rho_2^2-\eta_2^2} (\rho_2 - i\eta_2)^{n_3'} \mid \rho_2 + i\eta_2 \rangle \frac{d\rho_2 d\eta_2}{\pi} \right] \right\}$$

$$\cdot \left[(A_{n_1 n_2 n_3 n_4}^{(\uparrow\downarrow,\uparrow\downarrow,m)} + A_{n_1 n_2 n_3 n_4}^{(\uparrow\downarrow,\downarrow\downarrow,m)} + A_{n_1 n_2 n_3 n_4}^{(\downarrow\downarrow,\uparrow\downarrow,m)} + A_{n_1 n_2 n_3 n_4}^{(\downarrow\downarrow,\downarrow\downarrow,m)}) \right]$$

$$+ \left[(A_{n_1' n_2' n_3' n_4'}^{(\uparrow\downarrow,\uparrow\downarrow,m)} + A_{n_1' n_2' n_3' n_4'}^{(\uparrow\downarrow,\downarrow\downarrow,m)} + A_{n_1' n_2' n_3' n_4'}^{(\downarrow\downarrow,\uparrow\downarrow,m)} + A_{n_1' n_2' n_3' n_4'}^{(\downarrow\downarrow,\downarrow\downarrow,m)}) \right]$$

$$\cdot \left\{ \left[e^{-\frac{1}{2}(\alpha_4^2+\beta_4^2)} (\alpha_4 - i\beta_4)^{n_2} \iint e^{(\alpha_4 - i\beta_4)(\rho_1 + i\eta_1)} e^{-\rho_1^2-\eta_1^2} (\rho_1 + i\eta_1)^{n_1} \langle \rho_1 + i\eta_1 \mid \frac{d\rho_1 d\eta_1}{\pi} \right] \right.$$

$$\cdot a_1^\dagger a_1 \left[e^{-\frac{1}{2}(\alpha_4^2+\beta_4^2)} (\alpha_4 + i\beta_4)^{n_2'} \iint e^{(\alpha_4 + i\beta_4)(\rho_2 - i\eta_2)} e^{-\rho_2^2-\eta_2^2} \right.$$

$$\left. \left. \cdot (\rho_2 - i\eta_2)^{n_1'} \mid \rho_2 + i\eta_2 \rangle \frac{d\rho_2 d\eta_2}{\pi} \right] \right\}$$

$$\cdot \left\{ \left[e^{-\frac{1}{2}(\gamma_4^2+\delta_4^2)} (\gamma_4 - i\delta_4)^{n_4} \iint e^{(\gamma_4 - i\delta_4)(\rho_1 + i\eta_1)} e^{-\rho_1^2-\eta_1^2} (\rho_1 + i\eta_1)^{n_3} \langle \rho_1 + i\eta_1 \mid \frac{d\rho_1 d\eta_1}{\pi} \right] \right.$$

$$\left. \cdot \left[e^{-\frac{1}{2}(\gamma_4^2+\delta_4^2)} (\gamma_4 + i\delta_4)^{n_4'} \iint e^{(\gamma_4 + i\delta_4)(\rho_2 - i\eta_2)} e^{-\rho_2^2-\eta_2^2} (\rho_2 - i\eta_2)^{n_3'} \mid \rho_2 + i\eta_2 \rangle \frac{d\rho_2 d\eta_2}{\pi} \right] \right\}$$

$$= \sum_{m_1 m_2} \sum_{\substack{n_1 n_2 n_3 n_4 \\ n_1' n_2' n_3' n_4'}} \left[(A_{n_1 n_2 n_3 n_4}^{(\uparrow\uparrow,\uparrow\uparrow,m)} + A_{n_1 n_2 n_3 n_4}^{(\uparrow\uparrow,\downarrow\uparrow,m)} + A_{n_1 n_2 n_3 n_4}^{(\downarrow\uparrow,\uparrow\uparrow,m)} + A_{n_1 n_2 n_3 n_4}^{(\downarrow\uparrow,\downarrow\uparrow,m)}) \right.$$

$$\left. \cdot (A_{n_1' n_2' n_3' n_4'}^{(\uparrow\uparrow,\uparrow\uparrow,m)} + A_{n_1' n_2' n_3' n_4'}^{(\uparrow\uparrow,\downarrow\uparrow,m)} + A_{n_1' n_2' n_3' n_4'}^{(\downarrow\uparrow,\uparrow\uparrow,m)} + A_{n_1' n_2' n_3' n_4'}^{(\downarrow\uparrow,\downarrow\uparrow,m)}) \right]$$

$$\cdot \left\{ e^{-\frac{1}{2}(\alpha_1^2+\beta_1^2)} (\alpha_1 - i\beta_1)^{n_2} e^{-\frac{1}{2}(\alpha_1^2+\beta_1^2)} (\alpha_1 + i\beta_1)^{n_2'} e^{(\alpha_1 + i\beta_1)(\alpha_1 - i\beta_1)} \right.$$

$$\cdot \left[n_1' \Pi(1) \sum_{l}^{\min[n_1, n_1']} C_{n_1}^l C_{n_1'}^l (\alpha_1 + i\beta_1)^{n_1 - l} (\alpha_1 - i\beta_1)^{n_1' - l} \Pi(l) \right.$$

$$\left. \left. + \sum_{l}^{\min[n_1, n_1'+1]} C_{n_1}^l C_{n_1'+1}^l (\alpha_1 + i\beta_1)^{n_1+1-l} (\alpha_1 - i\beta_1)^{n_1'+1-l} \Pi(l) \right] \right\}$$

$$\cdot \left[e^{-\frac{1}{2}(\gamma_1^2+\delta_1^2)} (\gamma_1 - i\delta_1)^{n_4} e^{-\frac{1}{2}(\gamma_1^2+\delta_1^2)} (\gamma_1 + i\delta_1)^{n_4'} e^{(\gamma_1 + i\delta_1)(\gamma_1 - i\delta_1)} \right.$$

$$\left. \cdot \sum_{l}^{\min[n_3, n_3']} C_{n_3}^l C_{n_3'}^l (\gamma_1 + i\delta_1)^{n_3} (\gamma_1 - i\delta_1)^{n_3'} \Pi(l) \right]$$

$$+ \left[(A_{n_1 n_2 n_3 n_4}^{(\uparrow\uparrow,\uparrow\uparrow,m)} + A_{n_1 n_2 n_3 n_4}^{(\uparrow\uparrow,\downarrow\uparrow,m)} + A_{n_1 n_2 n_3 n_4}^{(\downarrow\uparrow,\uparrow\uparrow,m)} + A_{n_1 n_2 n_3 n_4}^{(\downarrow\uparrow,\downarrow\uparrow,m)}) \right.$$

$$\left. \cdot (A_{n_1' n_2' n_3' n_4'}^{(\uparrow\uparrow,\uparrow\downarrow,m)} + A_{n_1' n_2' n_3' n_4'}^{(\uparrow\uparrow,\downarrow\downarrow,m)} + A_{n_1' n_2' n_3' n_4'}^{(\downarrow\uparrow,\uparrow\downarrow,m)} + A_{n_1' n_2' n_3' n_4'}^{(\downarrow\uparrow,\downarrow\downarrow,m)}) \right]$$

$$\cdot \left\{ e^{-\frac{1}{2}(\alpha_1^2+\beta_1^2)} (\alpha_1 - i\beta_1)^{n_2} e^{-\frac{1}{2}(\alpha_2^2+\beta_2^2)} (\alpha_2 + i\beta_2)^{n_2'} e^{(\alpha_2 + i\beta_2)(\alpha_1 - i\beta_1)} \right.$$

$$\cdot\left[n_1'\Pi(1)\sum_{l}^{\min[n_1,n_1']}C_{n_1}^l C_{n_1'}^l(\alpha_2+\mathrm{i}\beta_2)^{n_1-l}(\alpha_1-\mathrm{i}\beta_1)^{n_1'-l}\Pi(l)\right]$$

$$\cdot\sum_{l}^{\min[n_1,n_1'+1]}C_{n_1}^l C_{n_1'+1}^l(\alpha_2+\mathrm{i}\beta_2)^{n_1+1-l}(\alpha_1-\mathrm{i}\beta_1)^{n_1'+1-l}\Pi(l)\Big]\Big\}$$

$$\cdot\Big[\mathrm{e}^{-\frac{1}{2}(\gamma_1^2+\delta_1^2)}(\gamma_1-\mathrm{i}\delta_1)^{n_4}\mathrm{e}^{-\frac{1}{2}(\gamma_2^2+\delta_2^2)}(\gamma_2+\mathrm{i}\delta_2)^{n_4'}\mathrm{e}^{(\gamma_2+\mathrm{i}\delta_2)(\gamma_1-\mathrm{i}\delta_1)}$$

$$\cdot\sum_{l}^{\min[n_3,n_3']}C_{n_3}^l C_{n_3'}^l(\gamma_2+\mathrm{i}\delta_2)^{n_3}(\gamma_1-\mathrm{i}\delta_1)^{n_3'}\Pi(l)\Big]$$

$$+\Big[(A_{n_1n_2n_3n_4}^{(\uparrow\uparrow,\uparrow\uparrow,m)}+A_{n_1n_2n_3n_4}^{(\uparrow\uparrow,\downarrow\uparrow,m)}+A_{n_1n_2n_3n_4}^{(\downarrow\uparrow,\uparrow\uparrow,m)}+A_{n_1n_2n_3n_4}^{(\downarrow\uparrow,\downarrow\uparrow,m)})$$

$$\cdot(A_{n_1'n_2'n_3'n_4'}^{(\uparrow\downarrow,\uparrow\uparrow,m)}+A_{n_1'n_2'n_3'n_4'}^{(\uparrow\downarrow,\downarrow\uparrow,m)}+A_{n_1'n_2'n_3'n_4'}^{(\downarrow\downarrow,\uparrow\uparrow,m)}+A_{n_1'n_2'n_3'n_4'}^{(\downarrow\downarrow,\downarrow\uparrow,m)})\Big]$$

$$\cdot\Big\{\mathrm{e}^{-\frac{1}{2}(\alpha_1^2+\beta_1^2)}(\alpha_1-\mathrm{i}\beta_1)^{n_2}\mathrm{e}^{-\frac{1}{2}(\alpha_3^2+\beta_3^2)}(\alpha_3+\mathrm{i}\beta_3)^{n_2'}\mathrm{e}^{(\alpha_3+\mathrm{i}\beta_3)(\alpha_1-\mathrm{i}\beta_1)}$$

$$\cdot\Big[n_1'\Pi(1)\sum_{l}^{\min[n_1,n_1']}C_{n_1}^l C_{n_1'}^l(\alpha_3+\mathrm{i}\beta_3)^{n_1-l}(\alpha_1-\mathrm{i}\beta_1)^{n_1'-l}\Pi(l)$$

$$+\sum_{l}^{\min[n_1,n_1'+1]}C_{n_1}^l C_{n_1'+1}^l(\alpha_3+\mathrm{i}\beta_3)^{n_1+1-l}(\alpha_1-\mathrm{i}\beta_1)^{n_1'+1-l}\Pi(l)\Big]\Big\}$$

$$\cdot\Big[\mathrm{e}^{-\frac{1}{2}(\gamma_1^2+\delta_1^2)}(\gamma_1-\mathrm{i}\delta_1)^{n_4}\mathrm{e}^{-\frac{1}{2}(\gamma_3^2+\delta_3^2)}(\gamma_3+\mathrm{i}\delta_3)^{n_4'}\mathrm{e}^{(\gamma_3+\mathrm{i}\delta_3)(\gamma_1-\mathrm{i}\delta_1)}$$

$$\cdot\sum_{l}^{\min[n_3,n_3']}C_{n_3}^l C_{n_3'}^l(\gamma_3+\mathrm{i}\delta_3)^{n_3}(\gamma_1-\mathrm{i}\delta_1)^{n_3'}\Pi(l)\Big]$$

$$+\Big[(A_{n_1n_2n_3n_4}^{(\uparrow\uparrow,\uparrow\uparrow,m)}+A_{n_1n_2n_3n_4}^{(\uparrow\uparrow,\downarrow\uparrow,m)}+A_{n_1n_2n_3n_4}^{(\downarrow\uparrow,\uparrow\uparrow,m)}+A_{n_1n_2n_3n_4}^{(\downarrow\uparrow,\downarrow\uparrow,m)})$$

$$\cdot(A_{n_1'n_2'n_3'n_4'}^{(\uparrow\downarrow,\uparrow\downarrow,m)}+A_{n_1'n_2'n_3'n_4'}^{(\uparrow\downarrow,\downarrow\downarrow,m)}+A_{n_1'n_2'n_3'n_4'}^{(\downarrow\downarrow,\uparrow\downarrow,m)}+A_{n_1'n_2'n_3'n_4'}^{(\downarrow\downarrow,\downarrow\downarrow,m)})\Big]$$

$$\cdot\Big\{\mathrm{e}^{-\frac{1}{2}(\alpha_1^2+\beta_1^2)}(\alpha_1-\mathrm{i}\beta_1)^{n_2}\mathrm{e}^{-\frac{1}{2}(\alpha_4^2+\beta_4^2)}(\alpha_4+\mathrm{i}\beta_4)^{n_2'}\mathrm{e}^{(\alpha_4+\mathrm{i}\beta_4)(\alpha_1-\mathrm{i}\beta_1)}$$

$$\cdot\Big[n_1'\Pi(1)\sum_{l}^{\min[n_1,n_1']}C_{n_1}^l C_{n_1'}^l(\alpha_4+\mathrm{i}\beta_4)^{n_1-l}(\alpha_1-\mathrm{i}\beta_1)^{n_1'-l}\Pi(l)$$

$$+\sum_{l}^{\min[n_1,n_1'+1]}C_{n_1}^l C_{n_1'+1}^l(\alpha_4+\mathrm{i}\beta_4)^{n_1+1-l}(\alpha_1-\mathrm{i}\beta_1)^{n_1'+1-l}\Pi(l)\Big]\Big\}$$

$$\cdot\Big[\mathrm{e}^{-\frac{1}{2}(\gamma_1^2+\delta_1^2)}(\gamma_1+\mathrm{i}\delta_1)^{n_4}\mathrm{e}^{-(\gamma_4^2+\delta_4^2)}(\gamma_4-\mathrm{i}\delta_4)^{n_4'}\mathrm{e}^{(\gamma_4+\mathrm{i}\delta_4)(\gamma_1-\mathrm{i}\delta_1)}$$

$$\cdot\sum_{l}^{\min[n_3,n_3']}C_{n_3}^l C_{n_3'}^l(\gamma_4-\mathrm{i}\delta_4)^{n_3}(\gamma_1+\mathrm{i}\delta_1)^{n_3'}\Pi(l)\Big]$$

$$+\Big[(A_{n_1n_2n_3n_4}^{(\uparrow\uparrow,\uparrow\downarrow,m)}+A_{n_1n_2n_3n_4}^{(\uparrow\uparrow,\downarrow\downarrow,m)}+A_{n_1n_2n_3n_4}^{(\downarrow\uparrow,\uparrow\downarrow,m)}+A_{n_1n_2n_3n_4}^{(\downarrow\uparrow,\downarrow\downarrow,m)})$$

$$
\begin{aligned}
&\cdot \left(A_{n_1' n_2' n_3' n_4'}^{(\uparrow\uparrow,\uparrow\uparrow,m)} + A_{n_1' n_2' n_3' n_4'}^{(\uparrow\uparrow,\downarrow\uparrow,m)} + A_{n_1' n_2' n_3' n_4'}^{(\downarrow\uparrow,\uparrow\uparrow,m)} + A_{n_1' n_2' n_3' n_4'}^{(\downarrow\uparrow,\downarrow\uparrow,m)}\right)\Big] \\
&\cdot \Big\{ e^{-\frac{1}{2}(\alpha_2^2+\beta_2^2)}(\alpha_2 - i\beta_2)^{n_2} e^{-\frac{1}{2}(\alpha_1^2+\beta_1^2)}(\alpha_1 + i\beta_1)^{n_2'} e^{(\alpha_1+i\beta_1)(\alpha_2-i\beta_2)} \\
&\cdot \Big[n_1' \Pi(1) \sum_{l}^{\min[n_1, n_1']} C_{n_1}^l C_{n_1'}^l (\alpha_1 + i\beta_1)^{n_1-l}(\alpha_2 - i\beta_2)^{n_1'-l}\Pi(l) \\
&+ \sum_{l}^{\min[n_1, n_1'+1]} C_{n_1}^l C_{n_1'+1}^l (\alpha_1 + i\beta_1)^{n_1+1-l}(\alpha_2 - i\beta_2)^{n_1'+1-l}\Pi(l)\Big]\Big\} \\
&\cdot \Big[e^{-\frac{1}{2}(\gamma_2^2+\delta_2^2)}(\gamma_2 - i\delta_2)^{n_4} e^{-\frac{1}{2}(\gamma_1^2+\delta_1^2)}(\gamma_1 + i\delta_1)^{n_4'} e^{(\gamma_1+i\delta_1)(\gamma_2-i\delta_2)} \\
&\cdot \sum_{l}^{\min[n_3, n_3']} C_{n_3}^l C_{n_3'}^l (\gamma_1 + i\delta_1)^{n_3}(\gamma_2 - i\delta_2)^{n_3'}\Pi(l)\Big] \\
&+ \Big[\left(A_{n_1 n_2 n_3 n_4}^{(\uparrow\uparrow,\uparrow\downarrow,m)} + A_{n_1 n_2 n_3 n_4}^{(\uparrow\uparrow,\downarrow\downarrow,m)} + A_{n_1 n_2 n_3 n_4}^{(\downarrow\uparrow,\uparrow\downarrow,m)} + A_{n_1 n_2 n_3 n_4}^{(\downarrow\uparrow,\downarrow\downarrow,m)}\right) \\
&\cdot \left(A_{n_1' n_2' n_3' n_4'}^{(\uparrow\uparrow,\uparrow\downarrow,m)} + A_{n_1' n_2' n_3' n_4'}^{(\uparrow\uparrow,\downarrow\downarrow,m)} + A_{n_1' n_2' n_3' n_4'}^{(\downarrow\uparrow,\uparrow\downarrow,m)} + A_{n_1' n_2' n_3' n_4'}^{(\downarrow\uparrow,\downarrow\downarrow,m)}\right)\Big] \\
&\cdot \Big\{ e^{-\frac{1}{2}(\alpha_2^2+\beta_2^2)}(\alpha_2 - i\beta_2)^{n_2} e^{-\frac{1}{2}(\alpha_2^2+\beta_2^2)}(\alpha_2 + i\beta_2)^{n_2'} e^{(\alpha_2+i\beta_2)(\alpha_2-i\beta_2)} \\
&\cdot \Big[n_1' \Pi(1) \sum_{l}^{\min[n_1, n_1']} C_{n_1}^l C_{n_1'}^l (\alpha_2 + i\beta_2)^{n_1-l}(\alpha_2 - i\beta_2)^{n_1'-l}\Pi(l) \\
&+ \sum_{l}^{\min[n_1, n_1'+1]} C_{n_1}^l C_{n_1'+1}^l (\alpha_2 + i\beta_2)^{n_1+1-l}(\alpha_2 - i\beta_2)^{n_1'+1-l}\Pi(l)\Big]\Big\} \\
&\cdot \Big[e^{-\frac{1}{2}(\gamma_2^2+\delta_2^2)}(\gamma_2 - i\delta_2)^{n_4} e^{-(\gamma_2^2+\delta_2^2)}(\gamma_2 + i\delta_2)^{n_4'} e^{(\gamma_2+i\delta_2)(\gamma_2-i\delta_2)} \\
&\cdot \sum_{l}^{\min[n_3, n_3']} C_{n_3}^l C_{n_3'}^l (\gamma_2 + i\delta_2)^{n_3}(\gamma_2 - i\delta_2)^{n_3'}\Pi(l)\Big] \\
&+ \Big[\left(A_{n_1 n_2 n_3 n_4}^{(\uparrow\uparrow,\uparrow\downarrow,m)} + A_{n_1 n_2 n_3 n_4}^{(\uparrow\uparrow,\downarrow\downarrow,m)} + A_{n_1 n_2 n_3 n_4}^{(\downarrow\uparrow,\uparrow\downarrow,m)} + A_{n_1 n_2 n_3 n_4}^{(\downarrow\uparrow,\downarrow\downarrow,m)}\right) \\
&\cdot \left(A_{n_1' n_2' n_3' n_4'}^{(\uparrow\downarrow,\uparrow\uparrow,m)} + A_{n_1' n_2' n_3' n_4'}^{(\uparrow\downarrow,\downarrow\uparrow,m)} + A_{n_1' n_2' n_3' n_4'}^{(\downarrow\downarrow,\uparrow\uparrow,m)} + A_{n_1' n_2' n_3' n_4'}^{(\downarrow\downarrow,\downarrow\uparrow,m)}\right)\Big] \\
&\cdot \Big\{ e^{-\frac{1}{2}(\alpha_2^2+\beta_2^2)}(\alpha_2 - i\beta_2)^{n_2} e^{-\frac{1}{2}(\alpha_3^2+\beta_3^2)}(\alpha_3 + i\beta_3)^{n_2'} e^{(\alpha_3+i\beta_3)(\alpha_2-i\beta_2)} \\
&\cdot \Big[n_1' \Pi(1) \sum_{l}^{\min[n_1, n_1']} C_{n_1}^l C_{n_1'}^l (\alpha_3 + i\beta_3)^{n_1-l}(\alpha_2 - i\beta_2)^{n_1'-l}\Pi(l) \\
&+ \sum_{l}^{\min[n_1, n_1'+1]} C_{n_1}^l C_{n_1'+1}^l (\alpha_3 + i\beta_3)^{n_1+1-l}(\alpha_2 - i\beta_2)^{n_1'+1-l}\Pi(l)\Big]\Big\} \\
&\cdot \Big[e^{-\frac{1}{2}(\gamma_2^2+\delta_2^2)}(\gamma_2 - i\delta_2)^{n_4} e^{-\frac{1}{2}(\gamma_3^2+\delta_3^2)}(\gamma_3 + i\delta_3)^{n_4'} e^{(\gamma_3+i\delta_3)(\gamma_2-i\delta_2)}
\end{aligned}
$$

$$\cdot \sum_{l}^{\min[n_4, n_4']} C_{n_4}^{l} C_{n_4'}^{l} (\gamma_3 + \mathrm{i}\delta_3)^{n_3} (\gamma_2 - \mathrm{i}\delta_2)^{n_3'} \Pi(l) \Big]$$

$$+ \Big[\big(A_{n_1 n_2 n_3 n_4}^{(\uparrow\uparrow,\uparrow\downarrow,m)} + A_{n_1 n_2 n_3 n_4}^{(\uparrow\uparrow,\downarrow\downarrow,m)} + A_{n_1 n_2 n_3 n_4}^{(\downarrow\uparrow,\uparrow\downarrow,m)} + A_{n_1 n_2 n_3 n_4}^{(\downarrow\uparrow,\downarrow\downarrow,m)} \big)$$

$$\cdot \big(A_{n_1' n_2' n_3' n_4'}^{(\uparrow\downarrow,\uparrow\downarrow,m)} + A_{n_1' n_2' n_3' n_4'}^{(\uparrow\downarrow,\downarrow\downarrow,m)} + A_{n_1' n_2' n_3' n_4'}^{(\downarrow\downarrow,\uparrow\uparrow,m)} + A_{n_1' n_2' n_3' n_4'}^{(\downarrow\downarrow,\downarrow\downarrow,m)} \big) \Big]$$

$$\cdot \Big\{ \mathrm{e}^{-\frac{1}{2}(\alpha_2^2+\beta_2^2)} (\alpha_2 - \mathrm{i}\beta_2)^{n_2} \mathrm{e}^{-\frac{1}{2}(\alpha_4^2+\beta_4^2)} (\alpha_4 + \mathrm{i}\beta_4)^{n_2'} \mathrm{e}^{(\alpha_4+\mathrm{i}\beta_4)(\alpha_2-\mathrm{i}\beta_2)}$$

$$\cdot \Big[n_1' \Pi(1) \sum_{l}^{\min[n_1, n_1']} C_{n_1}^{l} C_{n_1'}^{l} (\alpha_4 + \mathrm{i}\beta_4)^{n_1-l} (\alpha_2 - \mathrm{i}\beta_2)^{n_1'-l} \Pi(l)$$

$$+ \sum_{l}^{\min[n_1, n_1'+1]} C_{n_1}^{l} C_{n_1'+1}^{l} (\alpha_4 + \mathrm{i}\beta_4)^{n_1+1-l} (\alpha_2 - \mathrm{i}\beta_2)^{n_1'+1-l} \Pi(l) \Big] \Big\}$$

$$\cdot \Big[\mathrm{e}^{-\frac{1}{2}(\gamma_2^2+\delta_2^2)} (\gamma_2 - \mathrm{i}\delta_2)^{n_4} \mathrm{e}^{-(\gamma_4^2+\delta_4^2)} (\gamma_4 + \mathrm{i}\delta_4)^{n_4'} \mathrm{e}^{(\gamma_4+\mathrm{i}\delta_4)(\gamma_2-\mathrm{i}\delta_2)}$$

$$\cdot \sum_{l}^{\min[n_3, n_3']} C_{n_3}^{l} C_{n_3'}^{l} (\gamma_4 + \mathrm{i}\delta_4)^{n_3} (\gamma_2 - \mathrm{i}\delta_2)^{n_3'} \Pi(l) \Big]$$

$$+ \Big[\big(A_{n_1 n_2 n_3 n_4}^{(\uparrow\downarrow,\uparrow\uparrow,m)} + A_{n_1 n_2 n_3 n_4}^{(\uparrow\downarrow,\downarrow\uparrow,m)} + A_{n_1 n_2 n_3 n_4}^{(\downarrow\downarrow,\uparrow\uparrow,m)} + A_{n_1 n_2 n_3 n_4}^{(\downarrow\downarrow,\downarrow\uparrow,m)} \big)$$

$$\cdot \big(A_{n_1' n_2' n_3' n_4'}^{(\uparrow\uparrow,\uparrow\uparrow,m)} + A_{n_1' n_2' n_3' n_4'}^{(\uparrow\uparrow,\downarrow\uparrow,m)} + A_{n_1' n_2' n_3' n_4'}^{(\downarrow\uparrow,\uparrow\uparrow,m)} + A_{n_1' n_2' n_3' n_4'}^{(\downarrow\uparrow,\downarrow\uparrow,m)} \big) \Big]$$

$$\cdot \Big\{ \mathrm{e}^{-\frac{1}{2}(\alpha_3^2+\beta_3^2)} (\alpha_3 - \mathrm{i}\beta_3)^{n_2} \mathrm{e}^{-\frac{1}{2}(\alpha_1^2+\beta_1^2)} (\alpha_1 + \mathrm{i}\beta_1)^{n_2'} \mathrm{e}^{(\alpha_1+\mathrm{i}\beta_1)(\alpha_3-\mathrm{i}\beta_3)}$$

$$\cdot \Big[n_1' \Pi(1) \sum_{l}^{\min[n_1, n_1']} C_{n_1}^{l} C_{n_1'}^{l} (\alpha_1 + \mathrm{i}\beta_1)^{n_1-l} (\alpha_3 - \mathrm{i}\beta_3)^{n_1'-l} \Pi(l)$$

$$+ \sum_{l}^{\min[n_1, n_1'+1]} C_{n_1}^{l} C_{n_1'+1}^{l} (\alpha_1 + \mathrm{i}\beta_1)^{n_1+1-l} (\alpha_3 - \mathrm{i}\beta_3)^{n_1'+1-l} \Pi(l) \Big] \Big\}$$

$$\cdot \Big[\mathrm{e}^{-\frac{1}{2}(\gamma_3^2+\delta_3^2)} (\gamma_3 - \mathrm{i}\delta_3)^{n_4} \mathrm{e}^{-\frac{1}{2}(\gamma_1^2+\delta_1^2)} (\gamma_1 + \mathrm{i}\delta_1)^{n_4'} \mathrm{e}^{(\gamma_1+\mathrm{i}\delta_1)(\gamma_3-\mathrm{i}\delta_3)}$$

$$\cdot \sum_{l}^{\min[n_3, n_3']} C_{n_3}^{l} C_{n_3'}^{l} (\gamma_1 + \mathrm{i}\delta_1)^{n_3} (\gamma_3 - \mathrm{i}\delta_3)^{n_3'} \Pi(l) \Big]$$

$$+ \Big[\big(A_{n_1 n_2 n_3 n_4}^{(\uparrow\downarrow,\uparrow\uparrow,m)} + A_{n_1 n_2 n_3 n_4}^{(\uparrow\downarrow,\downarrow\uparrow,m)} + A_{n_1 n_2 n_3 n_4}^{(\downarrow\downarrow,\uparrow\uparrow,m)} + A_{n_1 n_2 n_3 n_4}^{(\downarrow\downarrow,\downarrow\uparrow,m)} \big)$$

$$\cdot \big(A_{n_1' n_2' n_3' n_4'}^{(\uparrow\uparrow,\uparrow\downarrow,m)} + A_{n_1' n_2' n_3' n_4'}^{(\uparrow\uparrow,\downarrow\downarrow,m)} + A_{n_1' n_2' n_3' n_4'}^{(\downarrow\uparrow,\uparrow\downarrow,m)} + A_{n_1' n_2' n_3' n_4'}^{(\downarrow\uparrow,\downarrow\downarrow,m)} \big) \Big]$$

$$\cdot \Big\{ \mathrm{e}^{-\frac{1}{2}(\alpha_3^2+\beta_3^2)} (\alpha_3 - \mathrm{i}\beta_3)^{n_2} \mathrm{e}^{-\frac{1}{2}(\alpha_2^2+\beta_2^2)} (\alpha_2 + \mathrm{i}\beta_2)^{n_2'} \mathrm{e}^{(\alpha_2+\mathrm{i}\beta_2)(\alpha_3-\mathrm{i}\beta_3)}$$

$$\cdot \Big[n_1' \Pi(1) \sum_{l}^{\min[n_1, n_1']} C_{n_1}^{l} C_{n_1'}^{l} (\alpha_2 + \mathrm{i}\beta_2)^{n_1-l} (\alpha_3 - \mathrm{i}\beta_3)^{n_1'-l} \Pi(l)$$

$$+\sum_{l}^{\min[n_1,n_1'+1]} C_{n_1}^{l} C_{n_1'+1}^{l} (\alpha_2+\mathrm{i}\beta_2)^{n_1+1-l} (\alpha_3-\mathrm{i}\beta_3)^{n_1'+1-l} \Pi(l) \Big]\Big\}$$

$$\cdot \Big[\mathrm{e}^{-\frac{1}{2}(\gamma_3^2+\delta_3^2)} (\gamma_3-\mathrm{i}\delta_3)^{n_4} \mathrm{e}^{-\frac{1}{2}(\gamma_2^2+\delta_2^2)} (\gamma_2+\mathrm{i}\delta_2)^{n_4'} \mathrm{e}^{(\gamma_2+\mathrm{i}\delta_2)(\gamma_3-\mathrm{i}\delta_3)}$$

$$\cdot \sum_{l}^{\min[n_3,n_3']} C_{n_3}^{l} C_{n_3'}^{l} (\gamma_2+\mathrm{i}\delta_2)^{n_3} (\gamma_3-\mathrm{i}\delta_3)^{n_3'} \Pi(l) \Big]$$

$$+ \Big[\big(A_{n_1 n_2 n_3 n_4}^{(\uparrow\downarrow,\uparrow\uparrow,m)} + A_{n_1 n_2 n_3 n_4}^{(\uparrow\downarrow,\downarrow\uparrow,m)} + A_{n_1 n_2 n_3 n_4}^{(\downarrow\downarrow,\uparrow\uparrow,m)} + A_{n_1 n_2 n_3 n_4}^{(\downarrow\downarrow,\downarrow\uparrow,m)} \big)$$

$$\cdot \big(A_{n_1' n_2' n_3' n_4'}^{(\uparrow\downarrow,\uparrow\uparrow,m)} + A_{n_1' n_2' n_3' n_4'}^{(\uparrow\downarrow,\downarrow\uparrow,m)} + A_{n_1' n_2' n_3' n_4'}^{(\downarrow\downarrow,\uparrow\uparrow,m)} + A_{n_1' n_2' n_3' n_4'}^{(\downarrow\downarrow,\downarrow\uparrow,m)} \big) \Big]$$

$$\cdot \Big\{ \mathrm{e}^{-\frac{1}{2}(\alpha_3^2+\beta_3^2)} (\alpha_3-\mathrm{i}\beta_3)^{n_2} \mathrm{e}^{-\frac{1}{2}(\alpha_3^2+\beta_3^2)} (\alpha_3+\mathrm{i}\beta_3)^{n_2'} \mathrm{e}^{(\alpha_3+\mathrm{i}\beta_3)(\alpha_3-\mathrm{i}\beta_3)}$$

$$\cdot \Big[n_1' \Pi(1) \sum_{l}^{\min[n_1,n_1']} C_{n_1}^{l} C_{n_1'}^{l} (\alpha_3+\mathrm{i}\beta_3)^{n_1-l} (\alpha_3-\mathrm{i}\beta_3)^{n_1'-l} \Pi(l)$$

$$+\sum_{l}^{\min[n_1,n_1'+1]} C_{n_1}^{l} C_{n_1'+1}^{l} (\alpha_3+\mathrm{i}\beta_3)^{n_1+1-l} (\alpha_3-\mathrm{i}\beta_3)^{n_1'+1-l} \Pi(l) \Big]\Big\}$$

$$\cdot \Big[\mathrm{e}^{-\frac{1}{2}(\gamma_3^2+\delta_3^2)} (\gamma_3-\mathrm{i}\delta_3)^{n_4} \mathrm{e}^{-(\gamma_3^2+\delta_3^2)} (\gamma_3+\mathrm{i}\delta_3)^{n_4'} \mathrm{e}^{(\gamma_3+\mathrm{i}\delta_3)(\gamma_3-\mathrm{i}\delta_3)}$$

$$\cdot \sum_{l}^{\min[n_3,n_3']} C_{n_3}^{l} C_{n_3'}^{l} (\gamma_3+\mathrm{i}\delta_3)^{n_3} (\gamma_3-\mathrm{i}\delta_3)^{n_3'} \Pi(l) \Big]$$

$$+ \Big[\big(A_{n_1 n_2 n_3 n_4}^{(\uparrow\downarrow,\uparrow\uparrow,m)} + A_{n_1 n_2 n_3 n_4}^{(\uparrow\downarrow,\downarrow\uparrow,m)} + A_{n_1 n_2 n_3 n_4}^{(\downarrow\downarrow,\uparrow\uparrow,m)} + A_{n_1 n_2 n_3 n_4}^{(\downarrow\downarrow,\downarrow\uparrow,m)} \big)$$

$$\cdot \big(A_{n_1' n_2' n_3' n_4'}^{(\uparrow\downarrow,\uparrow\downarrow,m)} + A_{n_1' n_2' n_3' n_4'}^{(\uparrow\downarrow,\downarrow\downarrow,m)} + A_{n_1' n_2' n_3' n_4'}^{(\downarrow\downarrow,\uparrow\downarrow,m)} + A_{n_1' n_2' n_3' n_4'}^{(\downarrow\downarrow,\downarrow\downarrow,m)} \big) \Big]$$

$$\cdot \Big\{ \mathrm{e}^{-\frac{1}{2}(\alpha_3^2+\beta_3^2)} (\alpha_3-\mathrm{i}\beta_3)^{n_2} \mathrm{e}^{-\frac{1}{2}(\alpha_4^2+\beta_4^2)} (\alpha_4+\mathrm{i}\beta_4)^{n_2'} \mathrm{e}^{(\alpha_4+\mathrm{i}\beta_4)(\alpha_3-\mathrm{i}\beta_3)}$$

$$\cdot \Big[n_1' \Pi(1) \sum_{l}^{\min[n_1,n_1']} C_{n_1}^{l} C_{n_1'}^{l} (\alpha_4+\mathrm{i}\beta_4)^{n_1-l} (\alpha_3-\mathrm{i}\beta_3)^{n_1'-l} \Pi(l)$$

$$+\sum_{l}^{\min[n_1,n_1'+1]} C_{n_1}^{l} C_{n_1'+1}^{l} (\alpha_4+\mathrm{i}\beta_4)^{n_1+1-l} (\alpha_3-\mathrm{i}\beta_3)^{n_1'+1-l} \Pi(l) \Big]\Big\}$$

$$\cdot \Big[\mathrm{e}^{-\frac{1}{2}(\gamma_3^2+\delta_3^2)} (\gamma_3-\mathrm{i}\delta_3)^{n_4} \mathrm{e}^{-\frac{1}{2}(\gamma_4^2+\delta_4^2)} (\gamma_4+\mathrm{i}\delta_4)^{n_4'} \mathrm{e}^{(\gamma_4+\mathrm{i}\delta_4)(\gamma_3-\mathrm{i}\delta_3)}$$

$$\cdot \sum_{l}^{\min[n_3,n_3']} C_{n_3}^{l} C_{n_3'}^{l} (\gamma_4+\mathrm{i}\delta_4)^{n_3} (\gamma_3-\mathrm{i}\delta_3)^{n_3'} \Pi(l) \Big]$$

$$+ \Big[\big(A_{n_1 n_2 n_3 n_4}^{(\uparrow\downarrow,\uparrow\downarrow,m)} + A_{n_1 n_2 n_3 n_4}^{(\uparrow\downarrow,\downarrow\downarrow,m)} + A_{n_1 n_2 n_3 n_4}^{(\downarrow\downarrow,\uparrow\downarrow,m)} + A_{n_1 n_2 n_3 n_4}^{(\downarrow\downarrow,\downarrow\downarrow,m)} \big)$$

$$\cdot \big(A_{n_1' n_2' n_3' n_4'}^{(\uparrow\uparrow,\uparrow\uparrow,m)} + A_{n_1' n_2' n_3' n_4'}^{(\uparrow\uparrow,\downarrow\uparrow,m)} + A_{n_1' n_2' n_3' n_4'}^{(\downarrow\uparrow,\uparrow\uparrow,m)} + A_{n_1' n_2' n_3' n_4'}^{(\downarrow\uparrow,\downarrow\uparrow,m)} \big) \Big]$$

$$\cdot \left\{ \mathrm{e}^{-\frac{1}{2}(\alpha_4^2+\beta_4^2)} (\alpha_4 - \mathrm{i}\beta_4)^{n_2} \mathrm{e}^{-\frac{1}{2}(\alpha_1^2+\beta_1^2)} (\alpha_1 + \mathrm{i}\beta_1)^{n_2'} \mathrm{e}^{(\alpha_1+\mathrm{i}\beta_1)(\alpha_4-\mathrm{i}\beta_4)} \right.$$

$$\cdot \left[n_1' \Pi(1) \sum_{l}^{\min[n_1, n_1']} C_{n_1}^l C_{n_1'}^l (\alpha_1 + \mathrm{i}\beta_1)^{n_1-l} (\alpha_4 - \mathrm{i}\beta_4)^{n_1'-l} \Pi(l) \right.$$

$$\left.\left. + \sum_{l}^{\min[n_1, n_1'+1]} C_{n_1}^l C_{n_1'+1}^l (\alpha_1 + \mathrm{i}\beta_1)^{n_1+1-l} (\alpha_4 - \mathrm{i}\beta_4)^{n_1'+1-l} \Pi(l) \right] \right\}$$

$$\cdot \left[\mathrm{e}^{-\frac{1}{2}(\gamma_4^2+\delta_4^2)} (\gamma_4 - \mathrm{i}\delta_4)^{n_4} \mathrm{e}^{-\frac{1}{2}(\gamma_1^2+\delta_1^2)} (\gamma_1 + \mathrm{i}\delta_1)^{n_4'} \mathrm{e}^{(\gamma_1+\mathrm{i}\delta_1)(\gamma_4-\mathrm{i}\delta_4)} \right.$$

$$\left. \cdot \sum_{l}^{\min[n_3, n_3']} C_{n_3}^l C_{n_3'}^l (\gamma_1 + \mathrm{i}\delta_1)^{n_3} (\gamma_4 - \mathrm{i}\delta_4)^{n_3'} \Pi(l) \right]$$

$$+ \left[\left(A_{n_1 n_2 n_3 n_4}^{(\uparrow\downarrow,\uparrow\downarrow,m)} + A_{n_1 n_2 n_3 n_4}^{(\uparrow\downarrow,\downarrow\downarrow,m)} + A_{n_1 n_2 n_3 n_4}^{(\downarrow\downarrow,\uparrow\downarrow,m)} + A_{n_1 n_2 n_3 n_4}^{(\downarrow\downarrow,\downarrow\downarrow,m)} \right) \right.$$

$$\left. \cdot \left(A_{n_1' n_2' n_3' n_4'}^{(\uparrow\uparrow,\uparrow\downarrow,m)} + A_{n_1' n_2' n_3' n_4'}^{(\uparrow\uparrow,\downarrow\downarrow,m)} + A_{n_1' n_2' n_3' n_4'}^{(\downarrow\uparrow,\uparrow\downarrow,m)} + A_{n_1' n_2' n_3' n_4'}^{(\downarrow\uparrow,\downarrow\downarrow,m)} \right) \right]$$

$$\cdot \left\{ \mathrm{e}^{-\frac{1}{2}(\alpha_4^2+\beta_4^2)} (\alpha_4 - \mathrm{i}\beta_4)^{n_2} \mathrm{e}^{-\frac{1}{2}(\alpha_2^2+\beta_2^2)} (\alpha_2 + \mathrm{i}\beta_2)^{n_2'} \mathrm{e}^{(\alpha_2+\mathrm{i}\beta_2)(\alpha_4-\mathrm{i}\beta_4)} \right.$$

$$\cdot \left[n_1' \Pi(1) \sum_{l}^{\min[n_1, n_1']} C_{n_1}^l C_{n_1'}^l (\alpha_2 + \mathrm{i}\beta_2)^{n_1-l} (\alpha_4 - \mathrm{i}\beta_4)^{n_1'-l} \Pi(l) \right.$$

$$\left.\left. + \sum_{l}^{\min[n_1, n_1'+1]} C_{n_1}^l C_{n_1'+1}^l (\alpha_2 + \mathrm{i}\beta_2)^{n_1+1-l} (\alpha_4 - \mathrm{i}\beta_4)^{n_1'+1-l} \Pi(l) \right] \right\}$$

$$\cdot \left[\mathrm{e}^{-\frac{1}{2}(\gamma_4^2+\delta_4^2)} (\gamma_4 - \mathrm{i}\delta_4)^{n_4} \mathrm{e}^{-\frac{1}{2}(\gamma_2^2+\delta_2^2)} (\gamma_2 + \mathrm{i}\delta_2)^{n_4'} \mathrm{e}^{(\gamma_2+\mathrm{i}\delta_2)(\gamma_4-\mathrm{i}\delta_4)} \right.$$

$$\left. \cdot \sum_{l}^{\min[n_3, n_3']} C_{n_3}^l C_{n_3'}^l (\gamma_2 + \mathrm{i}\delta_2)^{n_3} (\gamma_4 - \mathrm{i}\delta_4)^{n_3'} \Pi(l) \right]$$

$$+ \left[\left(A_{n_1 n_2 n_3 n_4}^{(\uparrow\downarrow,\uparrow\downarrow,m)} + A_{n_1 n_2 n_3 n_4}^{(\uparrow\downarrow,\downarrow\downarrow,m)} + A_{n_1 n_2 n_3 n_4}^{(\downarrow\downarrow,\uparrow\downarrow,m)} + A_{n_1 n_2 n_3 n_4}^{(\downarrow\downarrow,\downarrow\downarrow,m)} \right) \right.$$

$$\left. \cdot \left(A_{n_1' n_2' n_3' n_4'}^{(\uparrow\downarrow,\uparrow\uparrow,m)} + A_{n_1' n_2' n_3' n_4'}^{(\uparrow\downarrow,\downarrow\uparrow,m)} + A_{n_1' n_2' n_3' n_4'}^{(\downarrow\downarrow,\uparrow\uparrow,m)} + A_{n_1' n_2' n_3' n_4'}^{(\downarrow\downarrow,\downarrow\uparrow,m)} \right) \right]$$

$$\cdot \left\{ \mathrm{e}^{-\frac{1}{2}(\alpha_4^2+\beta_4^2)} (\alpha_4 - \mathrm{i}\beta_4)^{n_2} \mathrm{e}^{-\frac{1}{2}(\alpha_3^2+\beta_3^2)} (\alpha_3 + \mathrm{i}\beta_3)^{n_2'} \mathrm{e}^{(\alpha_3+\mathrm{i}\beta_3)(\alpha_4-\mathrm{i}\beta_4)} \right.$$

$$\cdot \left[n_1' \Pi(1) \sum_{l}^{\min[n_1, n_1']} C_{n_1}^l C_{n_1'}^l (\alpha_3 + \mathrm{i}\beta_3)^{n_1-l} (\alpha_4 - \mathrm{i}\beta_4)^{n_1'-l} \Pi(l) \right.$$

$$\left.\left. + \sum_{l}^{\min[n_1, n_1'+1]} C_{n_4}^l C_{n_4'}^l (\alpha_3 + \mathrm{i}\beta_3)^{n_1+1-l} (\alpha_4 - \mathrm{i}\beta_4)^{n_1'+1-l} \Pi(l) \right] \right\}$$

$$\cdot \left[\mathrm{e}^{-\frac{1}{2}(\gamma_4^2+\delta_4^2)} (\gamma_4 - \mathrm{i}\delta_4)^{n_4} \mathrm{e}^{-\frac{1}{2}(\gamma_3^2+\delta_3^2)} (\gamma_3 + \mathrm{i}\delta_3)^{n_4'} \mathrm{e}^{(\gamma_3+\mathrm{i}\delta_3)(\gamma_4-\mathrm{i}\delta_4)} \right.$$

$$\left. \cdot \sum_{l}^{\min[n_3, n_3']} C_{n_3}^l C_{n_3'}^l (\gamma_3 + \mathrm{i}\delta_3)^{n_3} (\gamma_4 - \mathrm{i}\delta_4)^{n_3'} \Pi(l) \right]$$

$$
\begin{aligned}
&+\Big[\big(A_{n_1n_2n_3n_4}^{(\uparrow\downarrow,\uparrow\downarrow,m)}+A_{n_1n_2n_3n_4}^{(\uparrow\downarrow,\downarrow\downarrow,m)}+A_{n_1n_2n_3n_4}^{(\downarrow\downarrow,\uparrow\downarrow,m)}+A_{n_1n_2n_3n_4}^{(\downarrow\downarrow,\downarrow\downarrow,m)}\big)\\
&\cdot\big(A_{n_1'n_2'n_3'n_4'}^{(\uparrow\downarrow,\uparrow\downarrow,m)}+A_{n_1'n_2'n_3'n_4'}^{(\uparrow\downarrow,\downarrow\downarrow,m)}+A_{n_1'n_2'n_3'n_4'}^{(\downarrow\downarrow,\uparrow\downarrow,m)}+A_{n_1'n_2'n_3'n_4'}^{(\downarrow\downarrow,\downarrow\downarrow,m)}\big)\Big]\\
&\cdot\Big\{\mathrm{e}^{-\frac{1}{2}(\alpha_4^2+\beta_4^2)}(\alpha_4-\mathrm{i}\beta_4)^{n_2}\mathrm{e}^{-\frac{1}{2}(\alpha_4^2+\beta_4^2)}(\alpha_4+\mathrm{i}\beta_4)^{n_2'}\mathrm{e}^{(\alpha_4+\mathrm{i}\beta_4)(\alpha_4-\mathrm{i}\beta_4)}\\
&\cdot\Big[n_1'\Pi(1)\sum_{l}^{\min[n_1,n_1']}C_{n_1}^{l}C_{n_1'}^{l}(\alpha_4+\mathrm{i}\beta_4)^{n_1-l}(\alpha_4-\mathrm{i}\beta_4)^{n_1'-l}\Pi(l)\\
&+\sum_{l}^{\min[n_1,n_1'+1]}C_{n_4}^{l}C_{n_4'}^{l}(\alpha_4+\mathrm{i}\beta_4)^{n_1+1-l}(\alpha_4-\mathrm{i}\beta_4)^{n_1'+1-l}\Pi(l)\Big]\Big\}\\
&\cdot\Big[\mathrm{e}^{-\frac{1}{2}(\gamma_4^2+\delta_4^2)}(\gamma_4-\mathrm{i}\delta_4)^{n_4}\mathrm{e}^{-\frac{1}{2}(\gamma_4^2+\delta_4^2)}(\gamma_4+\mathrm{i}\delta_4)^{n_4'}\mathrm{e}^{(\gamma_4+\mathrm{i}\delta_4)(\gamma_4-\mathrm{i}\delta_4)}\\
&\cdot\sum_{l}^{\min[n_3,n_3']}C_{n_3}^{l}C_{n_3'}^{l}(\gamma_4+\mathrm{i}\delta_4)^{n_3}(\gamma_4-\mathrm{i}\delta_4)^{n_3'}\Pi(l)\Big]
\end{aligned}
\tag{5.2.9}
$$

$N_2(t)$可以完全类似的得到，因此 z_{av} 即可求得. 如前所述，从计算所得的 z_{av} 去看其谱，当在某一参量时最低的频率 $\omega_0\to0$，系统在该参量处便有相变发生. 在计算(5.2.9)式的过程中，要用到(5.2.7)式和(5.2.8)式.

第 6 章

玻色-Hubbard 系统

6.1　引言

1. 讨论的目的

玻色-Hubbard 模型的哈密顿量表示为

$$H = -J\sum_{j}(b_j^\dagger b_{j+1} + b_{j+1}^\dagger b_j) + U\sum_{j} b_j^\dagger b_j^\dagger b_j b_j \tag{6.1.1}$$

其中,j 是格点的序数,b_j,$b_j^\dagger$ 分别是 j 格点处粒子的湮灭算符及产生算符,第一项是粒子在相邻格点间的迁移项,第二项是粒子在格点处的排斥势,这里只考虑最近邻的迁移.

大家最关注这个系统的一个问题是它具有两种性质很不相同的状态:一种是 Mott

态；一种是超流态.最能明晰地显示这两种状态的系统是 N 个格点和 N 个粒子的系统，因为在此系统中两种状态的差别最明显，如图 6.1.1 所示.

图 6.1.1(a)表示 N 个粒子在 N 个格点上的分布是每个格点上有 1 个粒子，这样的状态叫 Mott 态.

图 6.1.1(b)表示 N 个格点处的粒子分布是相邻两格点中一个格点有 1 对粒子，另一格点是空的，这样的状态叫超流态.

(a)　　(b)

图 6.1.1　Mott 态图(a)和超流态图(b)

定性来看，U 越大，J 越小，有利于系统处于 Mott 态；U 越小，J 越大，有利于系统处于超流态.现在来做定量的讨论.在选定 N 个格点(N 个粒子)的系统后，如何得到值为(J_0, U_0)的临界点，它将 Mott 态的参数区与超流态的参数区分开.

2. 预测的结果

对于这样的问题，用求解定态集的办法来讨论，得到的信息一定是：若参量在 Mott 态区，则得到的基态如图 6.1.1(a)所示；若参量选定在超流态区，则得到的基态一定如图 6.1.1(b)所示.不管参量的选定离相变临界点有多远，给出的信息都是一样的.换句话说，给出的信息显示不出参量在越来越靠近临界点时物理上有什么变化，亦无法精准地确定临界点的位置.

如果采用演化的求解办法，预计得到的信息会比求解定态集的办法清晰得多，亦能比较精准地确定临界点的位置.为了清楚地阐明，取最简单的两格点和两粒子的系统.

(1) 定态集的描述

若系统的参量在 Mott 区，则系统的基态如图 6.1.2(a)所示.两格点处的粒子数期待值均为 1；随时间推移，期待值都不会有大的变化.若参量在超流区，则基态是简并的，如图 6.1.2(b)所示，状态亦不随时间有大的变化.

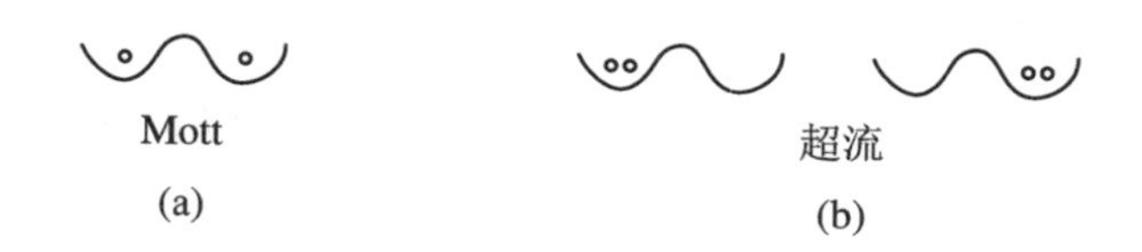

图 6.1.2　二格点二粒子的 Mott 和超流图

(2) 演化的描述

首先取的初始态不是严格的 Mott 态和超流态，换句话说，初态的选定分别是近 Mott 态和近超流态.以二粒子和二格点的系统为例，则初始态都可以表示为

$$|t=0\rangle=\left[e^{-\frac{1}{2}(\alpha_1^2+\beta_1^2)}|\alpha_1+i\beta_1\rangle\right]\left[e^{-\frac{1}{2}(\alpha_2^2+\beta_2^2)}|\alpha_2+i\beta_2\rangle\right] \tag{6.1.2}$$

单从初始态表现的数学形式来看是没有差别的，但其中相干态的指数取值不一样，近 Mott 态的指数取值是

$$(\alpha_1)^2+(\beta_1)^2=1,\quad (\alpha_2)^2+(\beta_2)^2=1$$

其中

$$|\alpha_1+i\beta_1\rangle=e^{(\alpha_1+i\beta_1)a_1^\dagger}|0\rangle,\quad |\alpha_2+i\beta_2\rangle=e^{(\alpha_2+i\beta_2)a_2^\dagger}|0\rangle \tag{6.1.3}$$

近超流态的指数取值是

$$(\alpha_1)^2+(\beta_1)^2=2,\quad (\alpha_2)^2+(\beta_2)^2=0$$

或者是

$$(\alpha_1)^2+(\beta_1)^2=0,\quad (\alpha_2)^2+(\beta_2)^2=2 \tag{6.1.4}$$

不论是(6.1.3)式还是(6.1.4)式都不是严格的定态，故它们随时间的演化一定会显现出来.如果是在超流态参数范围内，初始态是超流态，即

$$(\alpha_1)^2+(\beta_1)^2=2,\quad \alpha_2^2+\beta_2^2=0$$

若参数远离临界点，则如图 6.1.3(a)所示，随着时间的变化，在第一格点上粒子的期待值如曲线Ⅰ那样变化，始终在 2 的附近振荡；当参数接近临界点一些时，它仍振荡地演化，有时会下降得更多一点，如 6.1.3(a)的曲线Ⅱ所示；当很接近临界点时，会离 2 的值更远，振荡更弱，如图 6.1.3(b)的曲线Ⅲ所示.反之，如果选择的初始态是 Mott 态，那么当参数在远临界点的 Mott 参数区时，系统的 $n_1(t)$将在 $n_1(t)$取 1 的邻近值周围随 t 振荡，如图 6.1.3(c)中的曲线Ⅰ所示，参数距临界点近一些时，演化的振荡曲线会离 $n_1=1$ 的曲线远一点，离临界点很近时如图 6.1.3(d)的曲线Ⅲ所示，接近于 $n_1=2$.

按照上面的讨论，我们从一般的分析可以预期，用演化计算的结果会给我们有关 Mott 态和超流态间相的变化的物理图像一个较为全面的描绘.为了得到确切的结果，下面来做具体的定量计算.

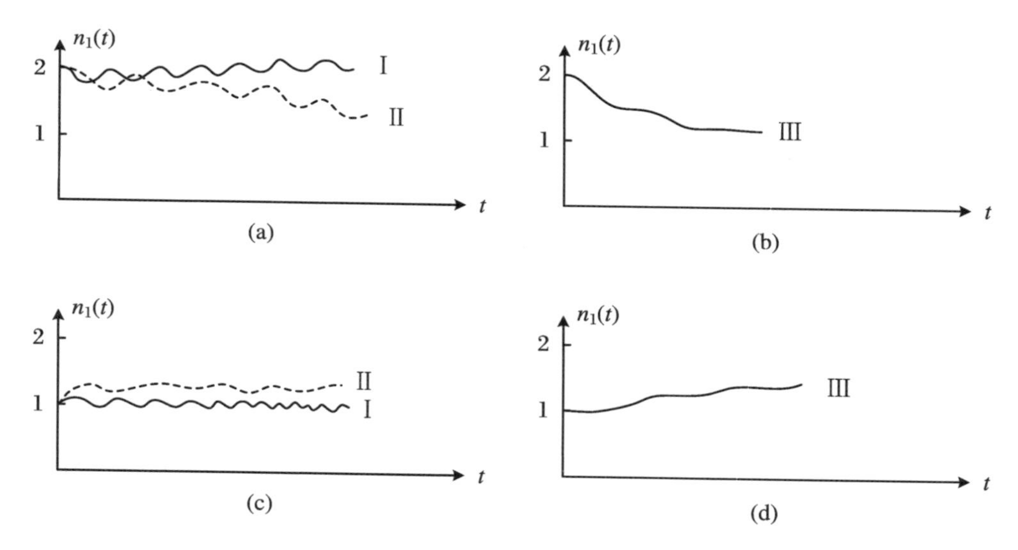

图 6.1.3　粒子数随时间变化与临界点的关系图

6.2　二格点、二粒子系统

二格点、二粒子系统是最简单的系统，正如前面的定性讨论指出的那样，选定它可以给我们一个很清楚的物理图像，这一系统的哈密顿量由(6.1.1)式简化为

$$H = -J(b_1^\dagger b_2 + b_2^\dagger b_1) + U[(b_1^\dagger)^2 b_1^2 + (b_2^\dagger)^2 b_2^2] \tag{6.2.1}$$

将上式提出因子 J，或做标度变换使 $J=1$，可将 H 改写为更简单的形式，即

$$H = -(b_1^\dagger b_2 + b_2^\dagger b_1) + u[(b_1^\dagger)^2 b_1^2 + (b_2^\dagger)^2 b_2^2] \tag{6.2.2}$$

和前面几章的做法一样，求解时除给定系统的初始态外，再求出 H^m 的算符正规乘积的展开式. 在前面的定性讨论中从物理角度看，Mott 区和超流区的情况是不同的，初始态亦不相同，但在具体计算时却可以统一处理，因为不论是 Mott 初始态还是超流初始态，其表示式都可以统一地表示为(6.1.2)式，它们的差别只是在于$(\alpha_1)^2+(\beta_1)^2$ 和$(\alpha_2)^2+(\beta_2)^2$ 的取值不同，而 H^m 的正规乘积表示更与参数的取定及初始态无关，所以以下的计算可以统一进行.

要计算的是给定初始态条件下 t 时刻系统的态矢$|t\rangle$：

$$|t\rangle = \left(\sum_m \frac{(-\mathrm{i}t)^m}{m!}H^m\right)|t=0\rangle \tag{6.2.3}$$

令

$$H^m = \sum_{n_1n_2n_3n_4} A^{(m)}_{n_1n_2n_3n_4}(b_1^\dagger)^{n_1}(b_1)^{n_2}(b_2^\dagger)^{n_3}(b_2)^{n_4} \tag{6.2.4}$$

已知 $H^1=H$，由(6.2.2)式表示，则有

$$A^{(1)}_{1001} = A^{(1)}_{0110} = -1,\quad A^{(1)}_{2200} = A^{(1)}_{0022} = u \tag{6.2.5}$$

其余的 $A^{(1)}_{n_1n_2n_3n_4}=0$.

如$\{A^{(m)}_{n_1n_2n_3n_4}\}$已知，求$\{A^{(m+1)}_{n_1n_2n_3n_4}\}$. 则

$$\begin{aligned}
&\sum_{n_1n_2n_3n_4} A^{(m+1)}_{n_1n_2n_3n_4}(b_1^\dagger)^{n_1}(b_1)^{n_2}(b_2^\dagger)^{n_3}(b_2)^{n_4}\\
&\quad = H\cdot H^m\\
&\quad = [(-b_1^\dagger b_2 + b_2^\dagger b_1] + u[(b_1^\dagger)^2 b_1^2 + (b_2^\dagger)^2 b_2^2]\\
&\qquad \cdot \sum_{n_1n_2n_3n_4} A^{(m)}_{n_1n_2n_3n_4}(b_1^\dagger)^{n_1}(b_1)^{n_2}(b_2^\dagger)^{n_3}(b_2)^{n_4}\\
&\quad = -\sum_{n_1n_2n_3n_4} A^{(m)}_{n_1n_2n_3n_4}[(b_1^\dagger)^{n_1+1}(b_1)^{n_2}(b_2^\dagger)^{n_3}(b_2)^{n_4+1}\\
&\qquad + n_3(b_1^\dagger)^{n_1+1}(b_1)^{n_2}(b_2^\dagger)^{n_3-1}(b_2)^{n_4}]\\
&\qquad - \sum_{n_1n_2n_3n_4} A^{(m)}_{n_1n_2n_3n_4}[(b_1^\dagger)^{n_1}(b_1)^{n_2+1}(b_2^\dagger)^{n_3+1}(b_2)^{n_4}\\
&\qquad + n_1(b_1^\dagger)^{n_1-1}(b_1)^{n_2}(b_2^\dagger)^{n_3+1}(b_2)^{n_4}]\\
&\qquad + u\sum_{n_1n_2n_3n_4} A^{(m)}_{n_1n_2n_3n_4}[(b_1^\dagger)^{n_1+2}(b_1)^{n_2+2}(b_2^\dagger)^{n_3}(b_2)^{n_4}\\
&\qquad + 2n_1(b_1^\dagger)^{n_1+1}(b_1)^{n_2+1}(b_2^\dagger)^{n_3}(b_2)^{n_4} + n_1(n_1-1)(b_1^\dagger)^{n_1}(b_1)^{n_2}(b_2^\dagger)^{n_3}(b_2)^{n_4}\\
&\qquad + (b_1^\dagger)^{n_1}(b_1)^{n_2}(b_2^\dagger)^{n_3+2}(b_2)^{n_4+2} + 2n_3(b_1^\dagger)^{n_1}(b_1)^{n_2}(b_2^\dagger)^{n_3+1}(b_2)^{n_4+1}\\
&\qquad + n_3(n_3-1)(b_1^\dagger)^{n_1}(b_1)^{n_2}(b_2^\dagger)^{n_3}(b_2)^{n_4}]
\end{aligned} \tag{6.2.6}$$

比较上式两侧的$(b_1^\dagger)^{n_1}(b_1)^{n_2}(b_2^\dagger)^{n_3}(b_2)^{n_4}$，得

$$\begin{aligned}
A^{m+1}_{n_1n_2n_3n_4} = &-A^m_{n_1-1n_2n_3n_4-1} - n_3A^m_{n_1-1n_2n_3+1n_4} - A^m_{n_1n_2-1n_3-1n_4} - n_1A^m_{n_1+1n_2n_3-1n_4}\\
&+ uA^m_{n_1-2n_2-2n_3n_4} + 2n_1uA^m_{n_1-1n_2-1n_3n_4} + n_1(n_1-1)uA^m_{n_1n_2n_3n_4}\\
&+ uA^m_{n_1n_2n_3-2n_4-2} + 2n_3uA^m_{n_1n_2n_3-1n_4-1} + n_3(n_3-1)uA^m_{n_1n_2n_3n_4}
\end{aligned} \tag{6.2.7}$$

按照(6.2.7)式的递推表示可以得到所有的$\{A^{(m)}_{n_1n_2n_3n_4}\}$.

1. 从初始态演化到$|t\rangle$

首先把初始态改写为相干态展开表示,则

$$
\begin{aligned}
|t=0\rangle &= (\mathrm{e}^{-\frac{1}{2}(\alpha_1^2+\beta_1^2)}|\alpha_1+\mathrm{i}\beta_1\rangle_1)(\mathrm{e}^{-\frac{1}{2}(\alpha_2^2+\beta_2^2)}|\alpha_2+\mathrm{i}\beta_2\rangle_2)\\
&= \mathrm{e}^{-\frac{1}{2}(\alpha_1^2+\beta_1^2)}\mathrm{e}^{-\frac{1}{2}(\alpha_2^2+\beta_2^2)}\\
&\quad\cdot\left[\iint \mathrm{e}^{(\alpha_1+\mathrm{i}\beta_1)(\rho_1-\mathrm{i}\eta_1)}\mathrm{e}^{-\rho_1^2-\eta_1^2}|\rho_1+\mathrm{i}\eta_1\rangle\frac{\mathrm{d}\rho_1\mathrm{d}\eta_1}{\pi}\right]\\
&\quad\cdot\left[\iint \mathrm{e}^{(\alpha_2+\mathrm{i}\beta_2)(\rho_2-\mathrm{i}\eta_2)}\mathrm{e}^{-\rho_2^2-\eta_2^2}|\rho_2+\mathrm{i}\eta_2\rangle\frac{\mathrm{d}\rho_2\mathrm{d}\eta_2}{\pi}\right]
\end{aligned}
\tag{6.2.8}
$$

然后计算

$$
\begin{aligned}
H^m|t=0\rangle &= \left[\sum_{n_1n_2n_3n_4}A^{(m)}_{n_1n_2n_3n_4}(b_1^\dagger)^{n_1}(b_1)^{n_2}(b_2^\dagger)^{n_3}(b_2)^{n_4}\right]\Big\{\mathrm{e}^{-\frac{1}{2}(\alpha_1^2+\beta_1^2)}\mathrm{e}^{-\frac{1}{2}(\alpha_2^2+\beta_2^2)}\\
&\quad\cdot\left[\iint \mathrm{e}^{(\alpha_1+\mathrm{i}\beta_1)(\rho_1-\mathrm{i}\eta_1)}\mathrm{e}^{-\rho_1^2-\eta_1^2}|\rho_1+\mathrm{i}\eta_1\rangle\frac{\mathrm{d}\rho_1\mathrm{d}\eta_1}{\pi}\right]\\
&\quad\cdot\left[\iint \mathrm{e}^{(\alpha_2+\mathrm{i}\beta_2)(\rho_2-\mathrm{i}\eta_2)}\mathrm{e}^{-\rho_2^2-\eta_2^2}|\rho_2+\mathrm{i}\eta_2\rangle\frac{\mathrm{d}\rho_2\mathrm{d}\eta_2}{\pi}\right]\Big\}\\
&= \sum_{n_1n_2n_3n_4}A^{(m)}_{n_1n_2n_3n_4}\mathrm{e}^{-\frac{1}{2}(\alpha_1^2+\beta_1^2)}\mathrm{e}^{-\frac{1}{2}(\alpha_2^2+\beta_2^2)}\\
&\quad\cdot\left[(\alpha_1+\mathrm{i}\beta_1)^{n_2}\iint \mathrm{e}^{(\alpha_1+\mathrm{i}\beta_1)(\rho_1-\mathrm{i}\eta_1)}\mathrm{e}^{-\rho_1^2-\eta_1^2}(\rho_1-\mathrm{i}\eta_1)^{n_1}|\rho_1+\mathrm{i}\eta_1\rangle\frac{\mathrm{d}\rho_1\mathrm{d}\eta_1}{\pi}\right]\\
&\quad\cdot\left[(\alpha_2+\mathrm{i}\beta_2)^{n_4}\iint \mathrm{e}^{(\alpha_2+\mathrm{i}\beta_2)(\rho_2-\mathrm{i}\eta_2)}\mathrm{e}^{-\rho_2^2-\eta_2^2}(\rho_2-\mathrm{i}\eta_2)^{n_3}|\rho_2+\mathrm{i}\eta_2\rangle\frac{\mathrm{d}\rho_1\mathrm{d}\eta_1}{\pi}\right]
\end{aligned}
\tag{6.2.9}
$$

将(6.2.9)式代入(6.2.3)式,得

$$
\begin{aligned}
|t\rangle &= \sum_m\sum_{n_1n_2n_3n_4}\frac{(-\mathrm{i}t)^m}{m!}A^{(m)}_{n_1n_2n_3n_4}\mathrm{e}^{-\frac{1}{2}(\alpha_1^2+\beta_1^2)}\mathrm{e}^{-\frac{1}{2}(\alpha_2^2+\beta_2^2)}\\
&\quad\cdot\left[\iint(\alpha_1+\mathrm{i}\beta_1)^{n_2}\mathrm{e}^{(\alpha_1+\mathrm{i}\beta_1)(\rho_1-\mathrm{i}\eta_1)}\mathrm{e}^{-\rho_1^2-\eta_1^2}(\rho_1-\mathrm{i}\eta_1)^{n_1}|\rho_1+\mathrm{i}\eta_1\rangle\frac{\mathrm{d}\rho_1\mathrm{d}\eta_1}{\pi}\right]\\
&\quad\cdot\left[\iint(\alpha_2+\mathrm{i}\beta_2)^{n_4}\mathrm{e}^{(\alpha_2+\mathrm{i}\beta_2)(\rho_2-\mathrm{i}\eta_2)}\mathrm{e}^{-\rho_2^2-\eta_2^2}(\rho_2-\mathrm{i}\eta_2)^{n_3}|\rho_2+\mathrm{i}\eta_2\rangle\frac{\mathrm{d}\rho_2\mathrm{d}\eta_2}{\pi}\right]
\end{aligned}
\tag{6.2.10}
$$

2. $n_1(t)$的计算

如前 $n_1(t)$的计算为计算第一格点的粒子数，则可以定量算出图 6.1.3(a),(b),(c),(d)中的曲线，以及其随参量不同而变化的情形.

$$
\begin{aligned}
n_1(t) &= \langle t \mid b_1^\dagger b_1 \mid t\rangle \\
&= \sum_{m_1 m_2} \frac{(\mathrm{i}t)^{m_1}(-\mathrm{i}t)^{m_2}}{m_1!m_2!} \sum_{\substack{n_1 n_2 n_3 n_4 \\ n_1' n_2' n_3' n_4'}} A_{n_1 n_2 n_3 n_4}^{(m_1)} A_{n_1' n_2' n_3' n_4'}^{(m_2)} \\
&\quad \cdot \mathrm{e}^{-\frac{1}{2}(\alpha_1^2+\beta_1^2)} \mathrm{e}^{-\frac{1}{2}(\alpha_1^2+\beta_1^2)} \mathrm{e}^{-\frac{1}{2}(\alpha_2^2+\beta_2^2)} \mathrm{e}^{-\frac{1}{2}(\alpha_2^2+\beta_2^2)} \\
&\quad \cdot \left\{ \left[\iint (\alpha_1 - \mathrm{i}\beta_1)^{n_2} \mathrm{e}^{(\alpha_1-\mathrm{i}\beta_1)(\rho_1+\mathrm{i}\eta_1)} \mathrm{e}^{-\rho_1^2-\eta_1^2} (\rho_1 + \mathrm{i}\eta_1)^{n_1} \langle \rho_1 + \mathrm{i}\eta_1 \mid \frac{\mathrm{d}\rho_1 \mathrm{d}\eta_1}{\pi} \right] \right. \\
&\quad \cdot \left. b_1^\dagger b_1 \left[\iint (\alpha_1 + \mathrm{i}\beta_1)^{n_2'} \mathrm{e}^{(\alpha_1+\mathrm{i}\beta_1)(\rho_1'-\mathrm{i}\eta_1')} \mathrm{e}^{-\rho_1'^2-\eta_1'^2} (\rho_1' - \mathrm{i}\eta_1')^{n_1'} \mid \rho_1' + \mathrm{i}\eta_1' \rangle \frac{\mathrm{d}\rho_1' \mathrm{d}\eta_1'}{\pi} \right] \right\} \\
&\quad \cdot \left\{ \left[\iint (\alpha_2 - \mathrm{i}\beta_2)^{n_4} \mathrm{e}^{(\alpha_2-\mathrm{i}\beta_2)(\rho_2+\mathrm{i}\eta_2)} \mathrm{e}^{-\rho_2^2-\eta_2^2} (\rho_2 + \mathrm{i}\eta_2)^{n_1} \langle \rho_2 + \mathrm{i}\eta_2 \mid \frac{\mathrm{d}\rho_2 \mathrm{d}\eta_2}{\pi} \right] \right. \\
&\quad \cdot \left. \left[\iint (\alpha_2 + \mathrm{i}\beta_2)^{n_4'} \mathrm{e}^{(\alpha_2+\mathrm{i}\beta_2)(\rho_2'-\mathrm{i}\eta_2')} \mathrm{e}^{-\rho_2'^2-\eta_2'^2} (\rho_2' - \mathrm{i}\eta_2')^{n_3'} \mid \rho_2' + \mathrm{i}\eta_2' \rangle \frac{\mathrm{d}\rho_2' \mathrm{d}\eta_2'}{\pi} \right] \right\} \\
&= \sum_{m_1 m_2} \frac{(\mathrm{i}t)^{m_1}(-\mathrm{i}t)^{m_2}}{m_1!m_2!} \sum_{\substack{n_1 n_2 n_3 n_4 \\ n_1' n_2' n_3' n_4'}} A_{n_1 n_2 n_3 n_4}^{(m_1)} A_{n_1' n_2' n_3' n_4'}^{(m_2)} \mathrm{e}^{-(\alpha_1^2+\beta_1^2)} \mathrm{e}^{-(\alpha_2^2+\beta_2^2)} \\
&\quad \cdot \left[(\alpha_1 - \mathrm{i}\beta)^{n_2} (\alpha_1 + \mathrm{i}\beta)^{n_2'} \mathrm{e}^{(\alpha_1+\mathrm{i}\beta_1)(\alpha_1-\mathrm{i}\beta_1)} \right] \\
&\quad \cdot \left[n_1' \Pi(1) \sum_{l}^{\min(n_1, n_1')} C_{n_1}^l C_{n_1'}^l (\alpha_1 + \mathrm{i}\beta_1)^{n_1-l} (\alpha_1 - \mathrm{i}\beta_1)^{n_1'-l} \Pi(l) \right. \\
&\quad + \left. \sum_{l}^{\min(n_1, n_1'+1)} C_{n_1}^l C_{n_1'+1}^l (\alpha_1 + \mathrm{i}\beta_1)^{n_1+1-l} (\alpha_1 - \mathrm{i}\beta_1)^{n_1'+1-l} \Pi(l) \right] \\
&\quad \cdot (\alpha_2 - \mathrm{i}\beta_2)^{n_4} (\alpha_2 + \mathrm{i}\beta_2)^{n_4'} \mathrm{e}^{(\alpha_2-\mathrm{i}\beta_2)(\alpha_2+\mathrm{i}\beta_2)} \\
&\quad \cdot \sum_{l}^{\min(n_3, n_3')} C_{n_3}^l C_{n_3'}^l (\alpha_2 + \mathrm{i}\beta_2)^{n_3} (\alpha_2 - \mathrm{i}\beta_2)^{n_3'} \Pi(l) \\
&= \sum_{m_1 m_2} \frac{(\mathrm{i}t)^{m_1}(-\mathrm{i}t)^{m_2}}{m_1!m_2!} \sum_{\substack{n_1 n_2 n_3 n_4 \\ n_1' n_2' n_3' n_4'}} A_{n_1 n_2 n_3 n_4}^{(m_1)} A_{n_1' n_2' n_3' n_4'}^{(m_2)} \\
&\quad \cdot \left[n_1' \Pi(1) \sum_{l}^{\min[n_1, n_1']} C_{n_1}^l C_{n_1'}^l (\alpha_1 + \mathrm{i}\beta_1)^{n_1+n_2'-l} (\alpha_1 - \mathrm{i}\beta)^{n_2+n_1'-l} \Pi(l) \right.
\end{aligned}
$$

$$+\sum_{l}^{\min[n_1,n_1']} C_{n_1}^{l} C_{n_1'+1}^{l} (\alpha_1+\mathrm{i}\beta_1)^{n_1+n_2'+1-l}(\alpha_1-\mathrm{i}\beta)^{n_2+n_1'+1-l}\Pi(l)\Big]$$

$$\cdot\Big[\sum_{l}^{\min[n_3,n_3']} C_{n_3}^{l} C_{n_3'}^{l} (\alpha_2+\mathrm{i}\beta_2)^{n_3+n_4'-l}(\alpha_2-\mathrm{i}\beta_2)^{n_4+n_3'-l}\Pi(l)\Big] \qquad (6.2.11)$$

在得到上式的过程中,已引用了第1章中的计算结果.按照上式便可以算出 $n_1(t)$.并和前面的预判做比较,看是否是预判的情况.

6.3 四格点、四粒子系统

当比较格点及粒子数的不同时,玻色-Hubbard 系统的 Mott 态和超流态的临界点该如何变化?同时又不至于让计算太过繁复,所以选用了四格点、四粒子系统来和二格点、二粒子系统做比较.

1. 系统的基本性质

这一系统的哈密顿量为

$$\begin{aligned}H=&-(b_1^\dagger b_2+b_2^\dagger b_1+b_2^\dagger b_3+b_3^\dagger b_2+b_3^\dagger b_4+b_4^\dagger b_3+b_4^\dagger b_1+b_1^\dagger b_4)\\&+U(b_1^\dagger b_1^\dagger b_1 b_1+b_2^\dagger b_2^\dagger b_2 b_2+b_3^\dagger b_3^\dagger b_3 b_3+b_4^\dagger b_4^\dagger b_4 b_4)\end{aligned} \qquad (6.3.1)$$

仿照前面的做法,将 H^m 表示成正规乘积,则

$$H^m=\sum_{n_1n_2\cdots n_7n_8} A_{n_1\cdots n_8}^{(m)}(b_1^\dagger)^{n_1}(b_1)^{n_2}(b_2^\dagger)^{n_3}(b_2)^{n_4}(b_3^\dagger)^{n_5}(b_3)^{n_6}(b_4^\dagger)^{n_7}(b_4)^{n_8} \qquad (6.3.2)$$

由(6.3.1)式知

$$\begin{aligned}&A_{10010000}^{(1)}=A_{01100000}^{(1)}=A_{00100100}^{(1)}=A_{00011000}^{(1)}=A_{00001001}^{(1)}=A_{00000110}^{(1)}\\&\qquad=A_{01000010}^{(1)}=A_{10000001}^{(1)}=-1\\&A_{22000000}^{(1)}=A_{00220000}^{(1)}=A_{00002200}^{(1)}=A_{00000022}^{(1)}=u\end{aligned} \qquad (6.3.3)$$

其余的 $A_{n_1\cdots n_8}^{(1)}$ 均为零.

如$\{A_{n_1\cdots n_8}^{(m)}\}$已知,求$\{A_{n_1\cdots n_8}^{(m+1)}\}$.则

$$
\begin{aligned}
H^{(m+1)} &= \sum_{n_1\cdots n_8} A^{(m+1)}_{n_1\cdots n_8} \\
&= [-(b_1^\dagger b_2 + b_2^\dagger b_1 + b_2^\dagger b_3 + b_3^\dagger b_2 + b_3^\dagger b_4 + b_4^\dagger b_3 + b_4^\dagger b_1 + b_1^\dagger b_4) \\
&\quad + u(b_1^\dagger)^2 b_1^2 + u(b_2^\dagger)^2 b_2^2 + u(b_3^\dagger)^2 b_3^2 + u(b_4^\dagger)^2 b_4] \sum_{n_1\cdots n_8} A^{(m)}_{n_1\cdots n_8} \\
&= -\sum_{n_1\cdots n_8} A^{(m)}_{n_1\cdots n_8} [(b_1^\dagger)^{n_1+1}(b_1)^{n_2}(b_2^\dagger)^{n_3}(b_2)^{n_4+1}(b_3^\dagger)^{n_5}(b_3)^{n_6}(b_4^\dagger)^{n_7}(b_4)^{n_8} \\
&\quad + n_3(b_1^\dagger)^{n_1+1}(b_1)^{n_2}(b_2^\dagger)^{n_3-1}(b_2)^{n_4}(b_3^\dagger)^{n_5}(b_3)^{n_6}(b_4^\dagger)^{n_7}(b_4)^{n_8} \\
&\quad + (b_1^\dagger)^{n_1}(b_1)^{n_2}(b_2^\dagger)^{n_3+1}(b_2)^{n_4}(b_3^\dagger)^{n_5}(b_3)^{n_6+1}(b_4^\dagger)^{n_7}(b_4)^{n_8} \\
&\quad + n_5(b_1^\dagger)^{n_1}(b_1)^{n_2}(b_2^\dagger)^{n_3+1}(b_2)^{n_4}(b_3^\dagger)^{n_5-1}(b_3)^{n_6}(b_4^\dagger)^{n_7}(b_4)^{n_8} \\
&\quad + (b_1^\dagger)^{n_1}(b_1)^{n_2}(b_2^\dagger)^{n_3}(b_2)^{n_4}(b_3^\dagger)^{n_5+1}(b_3)^{n_6}(b_4^\dagger)^{n_7}(b_4)^{n_8+1} \\
&\quad + n_7(b_1^\dagger)^{n_1}(b_1)^{n_2}(b_2^\dagger)^{n_3}(b_2)^{n_4}(b_3^\dagger)^{n_5+1}(b_3)^{n_6}(b_4^\dagger)^{n_7-1}(b_4)^{n_8} \\
&\quad + (b_1^\dagger)^{n_1}(b_1)^{n_2+1}(b_2^\dagger)^{n_3}(b_2)^{n_4}(b_3^\dagger)^{n_5}(b_3)^{n_6}(b_4^\dagger)^{n_7+1}(b_4)^{n_8} \\
&\quad + n_1(b_1^\dagger)^{n_1-1}(b_1)^{n_2}(b_2^\dagger)^{n_3}(b_2)^{n_4}(b_3^\dagger)^{n_5}(b_3)^{n_6}(b_4^\dagger)^{n_7+1}(b_4)^{n_8} \\
&\quad + (b_1^\dagger)^{n_1}(b_1)^{n_2+1}(b_2^\dagger)^{n_3+1}(b_2)^{n_4}(b_3^\dagger)^{n_5}(b_3)^{n_6}(b_4^\dagger)^{n_7}(b_4)^{n_8} \\
&\quad + n_1(b_1^\dagger)^{n_1-1}(b_1)^{n_2}(b_2^\dagger)^{n_3+1}(b_2)^{n_4}(b_3^\dagger)^{n_5}(b_3)^{n_6}(b_4^\dagger)^{n_7}(b_4)^{n_8} \\
&\quad + (b_1^\dagger)^{n_1}(b_1)^{n_2}(b_2^\dagger)^{n_3}(b_2)^{n_4+1}(b_3^\dagger)^{n_5+1}(b_3)^{n_6}(b_4^\dagger)^{n_7}(b_4)^{n_8} \\
&\quad + n_3(b_1^\dagger)^{n_1}(b_1)^{n_2}(b_2^\dagger)^{n_3-1}(b_2)^{n_4}(b_3^\dagger)^{n_5+1}(b_3)^{n_6}(b_4^\dagger)^{n_7}(b_4)^{n_8} \\
&\quad + (b_1^\dagger)^{n_1}(b_1)^{n_2}(b_2^\dagger)^{n_3}(b_2)^{n_4}(b_3^\dagger)^{n_5}(b_3)^{n_6+1}(b_4^\dagger)^{n_7+1}(b_4)^{n_8} \\
&\quad + n_5(b_1^\dagger)^{n_1}(b_1)^{n_2}(b_2^\dagger)^{n_3}(b_2)^{n_4}(b_3^\dagger)^{n_5-1}(b_3)^{n_6}(b_4^\dagger)^{n_7+1}(b_4)^{n_8} \\
&\quad + (b_1^\dagger)^{n_1+1}(b_1)^{n_2}(b_2^\dagger)^{n_3}(b_2)^{n_4}(b_3^\dagger)^{n_5}(b_3)^{n_6}(b_4^\dagger)^{n_7}(b_4)^{n_8+1} \\
&\quad + n_7(b_1^\dagger)^{n_1+1}(b_1)^{n_2}(b_2^\dagger)^{n_3}(b_2)^{n_4}(b_3^\dagger)^{n_5}(b_3)^{n_6}(b_4^\dagger)^{n_7-1}(b_4)^{n_8} \\
&\quad + u\sum_{n_1\cdots n_8} A^{(m)}_{n_1\cdots n_8} \{ [(b_1^\dagger)^{n_1+2}(b_1)^{n_2+2}(b_2^\dagger)^{n_3}(b_2)^{n_4}(b_3^\dagger)^{n_5}(b_3)^{n_6}(b_4^\dagger)^{n_7}(b_4)^{n_8} \\
&\quad + 2n_1(b_1^\dagger)^{n_1+1}(b_1)^{n_2+1}(b_2^\dagger)^{n_3}(b_2)^{n_4}(b_3^\dagger)^{n_5}(b_3)^{n_6}(b_4^\dagger)^{n_7}(b_4)^{n_8} \\
&\quad + n_1(n_1-1)(b_1^\dagger)^{n_1}(b_1)^{n_2}(b_2^\dagger)^{n_3}(b_2)^{n_4}(b_3^\dagger)^{n_5}(b_3)^{n_6}(b_4^\dagger)^{n_7}(b_4)^{n_8}] \\
&\quad + [(b_1^\dagger)^{n_1}(b_1)^{n_2}(b_2^\dagger)^{n_3+2}(b_2)^{n_4+2}(b_3^\dagger)^{n_5}(b_3)^{n_6}(b_4^\dagger)^{n_7}(b_4)^{n_8} \\
&\quad + 2n_3(b_1^\dagger)^{n_1}(b_1)^{n_2}(b_2^\dagger)^{n_3+1}(b_2)^{n_4+1}(b_3^\dagger)^{n_5}(b_3)^{n_6}(b_4^\dagger)^{n_7}(b_4)^{n_8} \\
&\quad + n_3(n_3-1)(b_1^\dagger)^{n_1}(b_1)^{n_2}(b_2^\dagger)^{n_3}(b_2)^{n_4}(b_3^\dagger)^{n_5}(b_3)^{n_6}(b_4^\dagger)^{n_7}(b_4)^{n_8}] \\
&\quad + [(b_1^\dagger)^{n_1}(b_1)^{n_2}(b_2^\dagger)^{n_3}(b_2)^{n_4}(b_3^\dagger)^{n_5+2}(b_3)^{n_6+2}(b_4^\dagger)^{n_7}(b_4)^{n_8} \\
&\quad + 2n_5(b_1^\dagger)^{n_1}(b_1)^{n_2}(b_2^\dagger)^{n_3}(b_2)^{n_4}(b_3^\dagger)^{n_5+1}(b_3)^{n_6+1}(b_4^\dagger)^{n_7}(b_4)^{n_8}
\end{aligned}
$$

$$+ n_5(n_5-1)(b_1^\dagger)^{n_1}(b_1)^{n_2}(b_2^\dagger)^{n_3}(b_2)^{n_4}(b_3^\dagger)^{n_5}(b_3)^{n_6}(b_4^\dagger)^{n_7}(b_4)^{n_8}\Big]$$

$$+ \Big[(b_1^\dagger)^{n_1}(b_1)^{n_2}(b_2^\dagger)^{n_3}(b_2)^{n_4}(b_3^\dagger)^{n_5}(b_3)^{n_6}(b_4^\dagger)^{n_7+2}(b_4)^{n_8+2}$$

$$+ 2n_7(b_1^\dagger)^{n_1}(b_1)^{n_2}(b_2^\dagger)^{n_3}(b_2)^{n_4}(b_3^\dagger)^{n_5}(b_3)^{n_6}(b_4^\dagger)^{n_7}(b_4)^{n_8}$$

$$+ n_7(n_7-1)(b_1^\dagger)^{n_1}(b_1)^{n_2}(b_2^\dagger)^{n_3}(b_2)^{n_4}(b_3^\dagger)^{n_5}(b_3)^{n_6}(b_4^\dagger)^{n_7}(b_4)^{n_8}\Big]\Big\}$$

(6.3.4)

比较上式两端的$(b_1^\dagger)^{n_1}(b_1)^{n_2}(b_2^\dagger)^{n_3}(b_2)^{n_4}(b_3^\dagger)^{n_5}(b_3)^{n_6}(b_4^\dagger)^{n_7}(b_4)^{n_8}$，可得

$$\begin{aligned}
A^{(m+1)}_{n_1n_2n_3n_4n_5n_6n_7n_8} = \Big[& -(A^{(m)}_{n_1-1n_2n_3n_4-1n_5n_6n_7n_8} + n_3A^{(m)}_{n_1-1n_2n_3+1n_4n_5n_6n_7n_8} \\
& + A^{(m)}_{n_1n_2n_3-1n_4n_5n_6-1n_7n_8} + n_5A^{(m)}_{n_1n_2n_3-1n_4n_5+1n_6n_7n_8} \\
& + A^{(m)}_{n_1n_2n_3n_4n_5-1n_6n_7n_8-1} + n_7A^{(m)}_{n_1n_2n_3n_4n_5-1n_6n_7+1n_8} \\
& + A^{(m)}_{n_1n_2-1n_3n_4n_5n_6n_7-1n_8} + n_1A^{(m)}_{n_1+1n_2n_3n_4n_5n_6n_7-1n_8} \\
& + A^{(m)}_{n_1n_2-1n_3-1n_4n_5n_6n_7n_8} + n_1A^{(m)}_{n_1+1n_2n_3-1n_4n_5n_6n_7n_8} \\
& + A^{(m)}_{n_1n_2n_3n_4-1n_5-1n_6n_7n_8} + n_3A^{(m)}_{n_1n_2n_3+1n_4n_5-1n_6n_7n_8} \\
& + A^{(m)}_{n_1n_2n_3n_4n_5n_6-1n_7-1n_8} + n_5A^{(m)}_{n_1n_2n_3n_4n_5+1n_6n_7-1n_8} \\
& + A^{(m)}_{n_1-1n_2n_3n_4n_5n_6n_7n_8-1} + n_7A^{(m)}_{n_1-1n_2n_3n_4n_5n_6n_7+1n_8}) \\
& + u(A^{(m)}_{n_1-2n_2-2n_3n_4n_5n_6n_7n_8} + 2n_1A^{(m)}_{n_1-1n_2-1n_3n_4n_5n_6n_7n_8} \\
& + n_1(n_1-1)A^{(m)}_{n_1n_2n_3n_4n_5n_6n_7n_8} + A^{(m)}_{n_1n_2n_3-2n_4-2n_5n_6n_7n_8} \\
& + 2n_3A^{(m)}_{n_1n_2n_3-1n_4-1n_5n_6n_7n_8} + n_3(n_3-1)A^{(m)}_{n_1n_2n_3n_4n_5n_6n_7n_8} \\
& + A^{(m)}_{n_1n_2n_3n_4n_5-2n_6-2n_7n_8} + 2n_5A^{(m)}_{n_1n_2n_3n_4n_5-1n_6-1n_7n_8} \\
& + n_5(n_5-1)A^{(m)}_{n_1n_2n_3n_4n_5n_6n_7n_8} + A^{(m)}_{n_1n_2n_3n_4n_5n_6n_7-2n_8-2} \\
& + 2n_7A^{(m)}_{n_1n_2n_3n_4n_5n_6n_7-1n_8-1} + n_7(n_7-1)A^{(m)}_{n_1n_2n_3n_4n_5n_6n_7n_8})\Big]
\end{aligned}$$

(6.3.5)

由(6.3.3)式及(6.3.5)式的递推关系可求出所有的$\{A^{(m)}_{n_1n_2n_3n_4n_5n_6n_7n_8}\}$.

2. 初始态

和二格点、二粒子系统类似，初始态$|t=0\rangle$可取如下一般形式：

$$\begin{aligned}
|t=0\rangle = & e^{-\frac{1}{2}(\alpha_1^2+\beta_1^2)}e^{-\frac{1}{2}(\alpha_2^2+\beta_2^2)}e^{-\frac{1}{2}(\alpha_3^2+\beta_3^2)}e^{-\frac{1}{2}(\alpha_4^2+\beta_4^2)} \\
& \cdot \left[\iint e^{(\alpha_1+i\beta_1)(\rho_1-i\eta_1)}e^{-\rho_1^2-\eta_1^2}\,|\rho_1+i\eta_1\rangle\,\frac{d\rho_1 d\eta_1}{\pi}\right]
\end{aligned}$$

$$\cdot \left[\iint e^{(\alpha_2+i\beta_2)(\rho_2-i\eta_2)} e^{-\rho_2^2-\eta_2^2} \; |\rho_2 + i\eta_2\rangle \frac{d\rho_2 d\eta_2}{\pi}\right]$$

$$\cdot \left[\iint e^{(\alpha_3+i\beta_3)(\rho_3-i\eta_3)} e^{-\rho_3^2-\eta_3^2} \; |\rho_3 + i\eta_3\rangle \frac{d\rho_3 d\eta_3}{\pi}\right]$$

$$\cdot \left[\iint e^{(\alpha_4+i\beta_4)(\rho_4-i\eta_4)} e^{-\rho_4^2-\eta_4^2} \; |\rho_4 + i\eta_4\rangle \frac{d\rho_4 d\eta_4}{\pi}\right] \tag{6.3.6}$$

和二格点、二粒子系统的初始态的选定相似，可以选为近 Mott 态，即

$$\alpha_1^2 + \beta_1^2 = \alpha_2^2 + \beta_2^2 = \alpha_3^2 + \beta_3^2 = \alpha_4^2 + \beta_4^2 = 1 \tag{6.3.7}$$

亦可选为近超流态，即

$$(\alpha_1^2 + \beta_1^2)^2 \approx 2, \quad \alpha_3^2 + \beta_3^2 \approx 2, \quad \alpha_2^2 + \beta_2^2 = \alpha_4^2 + \beta_4^2 \approx 0 \tag{6.3.8}$$

或

$$(\alpha_2^2 + \beta_2^2)^2 \approx 2, \quad \alpha_4^2 + \beta_4^2 \approx 2, \quad \alpha_1^2 + \beta_1^2 = \alpha_3^2 + \beta_3^2 \approx 0 \tag{6.3.9}$$

不过在四格点、四粒子系统的情况下，还有除二粒子、二格点系统外的另一种选定，即四粒子在初始时刻集中在同一格点，例如：

$$\alpha_1^2 + \beta_1^2 \approx 4, \quad \alpha_2^2 + \beta_2^2 = \alpha_3^2 + \beta_3^2 = \alpha_4^2 + \beta_4^2 \approx 0 \tag{6.3.10}$$

讨论：

对应于(6.3.10)式表示的同一初始状态，物理参量在 Mott 区还是超流区，显然其演化趋势会不相同，其次是尽管 $\alpha_1^2+\beta_1^2\approx 4$，但若 $\alpha_1:\beta_1$ 的比值不同，演化的规律还会因产生的干涉效应不同而异，因此有理由相信计算出的结果应该包含更多的信息.

3. $n_1(t)$的计算

只需计算 $n_1(t)$ 就应该得出演化到什么样的终态，如果初始态如(6.3.10)式所示，那么系统演化以后会振荡地让 $n_1(t)$ 从 4 下降到 2 左右，然后在 2 的附近变化，不再下降.这时系统的物理参量应在超流区.反之，如果随着时间的推移，$n_1(t)$ 还会继续下降至 1，然后便停留在 1 的邻近处振荡，那么这时系统的物理参量一定会在 Mott 区.

首先计算 t 时刻系统的态矢，则

$$H^m \; |t = 0\rangle$$
$$= \left[\sum_{\substack{n_1 n_2 n_3 n_4 \\ n_5 n_6 n_7 n_8}} A^{(m)}_{n_1 n_2 n_3 n_4 n_5 n_6 n_7 n_8} (b_1^\dagger)^{n_1} (b_1)^{n_2} (b_2^\dagger)^{n_3} (b_2)^{n_4} (b_3^\dagger)^{n_5} (b_3)^{n_6} (b_4^\dagger)^{n_7} (b_4)^{n_8}\right]$$
$$\cdot e^{-\frac{1}{2}(\alpha_1^2+\beta_1^2)} e^{-\frac{1}{2}(\alpha_2^2+\beta_2^2)} e^{-\frac{1}{2}(\alpha_3^2+\beta_3^2)} e^{-\frac{1}{2}(\alpha_4^2+\beta_4^2)}$$

$$\cdot \left[\iint e^{(\alpha_1+i\beta_1)(\rho_1-i\eta_1)} e^{-\rho_1^2-\eta_1^2} \,|\rho_1+i\eta_1\rangle \frac{d\rho_1 d\eta_1}{\pi}\right]$$

$$\cdot \left[\iint e^{(\alpha_2+i\beta_2)(\rho_2-i\eta_2)} e^{-\rho_2^2-\eta_2^2} \,|\rho_2+i\eta_2\rangle \frac{d\rho_2 d\eta_2}{\pi}\right]$$

$$\cdot \left[\iint e^{(\alpha_3+i\beta_3)(\rho_3-i\eta_3)} e^{-\rho_3^2-\eta_3^2} \,|\rho_3+i\eta_3\rangle \frac{d\rho_3 d\eta_3}{\pi}\right]$$

$$\cdot \left[\iint e^{(\alpha_4+i\beta_4)(\rho_4-i\eta_4)} e^{-\rho_4^2-\eta_4^2} \,|\rho_4+i\eta_4\rangle \frac{d\rho_4 d\eta_4}{\pi}\right]$$

$$= \sum_{\substack{n_1 n_2 n_3 n_4 \\ n_5 n_6 n_7 n_8}} A^{(m)}_{n_1 n_2 n_3 n_4 n_5 n_6 n_7 n_8} e^{-\frac{1}{2}(\alpha_1^2+\beta_1^2)} e^{-\frac{1}{2}(\alpha_2^2+\beta_2^2)} e^{-\frac{1}{2}(\alpha_3^2+\beta_3^2)} e^{-\frac{1}{2}(\alpha_4^2+\beta_4^2)}$$

$$\cdot \left[\iint (\alpha_1+i\beta_1)^{n_2} e^{(\alpha_1+i\beta_1)(\rho_1-i\eta_1)} e^{-\rho_1^2-\eta_1^2} (\rho_1-i\eta_1)^{n_1} \,|\rho_1+i\eta_1\rangle \frac{d\rho_1 d\eta_1}{\pi}\right]$$

$$\cdot \left[\iint (\alpha_2+i\beta_2)^{n_4} e^{(\alpha_2+i\beta_2)(\rho_2-i\eta_2)} e^{-\rho_2^2-\eta_2^2} (\rho_2-i\eta_2)^{n_3} \,|\rho_2+i\eta_2\rangle \frac{d\rho_2 d\eta_2}{\pi}\right]$$

$$\cdot \left[\iint (\alpha_3+i\beta_3)^{n_6} e^{(\alpha_3+i\beta_3)(\rho_3-i\eta_3)} e^{-\rho_3^2-\eta_3^2} (\rho_3-i\eta_3)^{n_5} \,|\rho_3+i\eta_3\rangle \frac{d\rho_3 d\eta_3}{\pi}\right]$$

$$\cdot \left[\iint (\alpha_4+i\beta_4)^{n_8} e^{(\alpha_4+i\beta_4)(\rho_4-i\eta_4)} e^{-\rho_4^2-\eta_4^2} (\rho_4-i\eta_4)^{n_7} \,|\rho_4+i\eta_4\rangle \frac{d\rho_4 d\eta_4}{\pi}\right]$$

(6.3.11)

然后计算 $n_1(t)$，得

$$n_1(t) = \langle t \,|\, b_1^\dagger b_1 \,|\, t\rangle$$

$$= \sum_{m_1 m_2} \sum_{\substack{n_1 n_2 n_3 n_4 n_5 n_6 n_7 n_8 \\ n_1' n_2' n_3' n_4' n_5' n_6' n_7' n_8'}} \frac{(it)^{m_1}(-it)^{m_2}}{m_1! m_2!} A^{(m_1)}_{n_1 n_2 n_3 n_4 n_5 n_6 n_7 n_8} A^{(m_2)}_{n_1' n_2' n_3' n_4' n_5' n_6' n_7' n_8'}$$

$$= \left\{\left[\iint (\alpha_1-i\beta_1)^{n_2} e^{(\alpha_1-i\beta_1)(\rho_1+i\eta_1)} e^{-\rho_1^2-\eta_1^2} (\rho_1+i\eta_1)^{n_1} \langle\rho_1+i\eta_1\,| \frac{d\rho_1 d\eta_1}{\pi}\right]\right.$$

$$\left.\cdot\, b_1^\dagger b_1 \left[\iint (\alpha_1+i\beta_1)^{n_2'} e^{(\alpha_1+i\beta_1)(\rho_1'-i\eta_1')} e^{-\rho_1'^2-\eta_1'^2} (\rho_1'-i\eta_1')^{n_1'} \,|\rho_1'+i\eta_1'\rangle \frac{d\rho_1' d\eta_1'}{\pi}\right]\right\}$$

$$\cdot \left\{\left[\iint (\alpha_2-i\beta_2)^{n_4} e^{(\alpha_2-i\beta_2)(\rho_2+i\eta_2)} e^{-\rho_2^2-\eta_2^2} (\rho_2+i\eta_2)^{n_3} \langle\rho_2+i\eta_2\,| \frac{d\rho_2 d\eta_2}{\pi}\right]\right.$$

$$\left.\cdot \left[\iint (\alpha_2+i\beta_2)^{n_4'} e^{(\alpha_2+i\beta_2)(\rho_2'-i\eta_2')} e^{-\rho_2'^2-\eta_2'^2} (\rho_2'-i\eta_2')^{n_3'} \,|\rho_2'+i\eta_2'\rangle \frac{d\rho_2' d\eta_2'}{\pi}\right]\right\}$$

$$\cdot \left\{\left[\iint (\alpha_3-i\beta_3)^{n_6} e^{(\alpha_3-i\beta_3)(\rho_3+i\eta_3)} e^{-\rho_3^2-\eta_3^2} (\rho_3+i\eta_3)^{n_5} \langle\rho_3+i\eta_3\,| \frac{d\rho_3 d\eta_3}{\pi}\right]\right.$$

$$\cdot \left[\iint (\alpha_3 + \mathrm{i}\beta_3)^{n_6'} \mathrm{e}^{(\alpha_3+\mathrm{i}\beta_3)(\rho_3'-\mathrm{i}\eta_3')} \mathrm{e}^{-\rho_3'^2-\eta_3'^2} (\rho_3' - \mathrm{i}\eta_3')^{n_5'} \mid \rho_3' + \mathrm{i}\eta_3' \rangle \frac{\mathrm{d}\rho_3' \mathrm{d}\eta_3'}{\pi} \right] \}$$

$$\cdot \left\{ \left[\iint (\alpha_4 - \mathrm{i}\beta_4)^{n_8} \mathrm{e}^{(\alpha_4-\mathrm{i}\beta_4)(\rho_4+\mathrm{i}\eta_4)} \mathrm{e}^{-\rho_4^2-\eta_4^2} (\rho_4 + \mathrm{i}\eta_4)^{n_7} \langle \rho_4 + \mathrm{i}\eta_4 \mid \frac{\mathrm{d}\rho_4 \mathrm{d}\eta_4}{\pi} \right] \right.$$

$$\cdot \left[\iint (\alpha_4 + \mathrm{i}\beta_4)^{n_8'} \mathrm{e}^{(\alpha_4+\mathrm{i}\beta_4)(\rho_4'-\mathrm{i}\eta_4')} \mathrm{e}^{-\rho_4'^2-\eta_4'^2} (\rho_4' - \mathrm{i}\eta_4')^{n_7'} \mid \rho_4' + \mathrm{i}\eta_4' \rangle \frac{\mathrm{d}\rho_4' \mathrm{d}\eta_4'}{\pi} \right] \}$$

$$= \sum_{m_1 m_2} \sum_{\substack{n_1 n_2 n_3 n_4 n_5 n_6 n_7 n_8 \\ n_1' n_2' n_3' n_4' n_5' n_6' n_7' n_8'}} \frac{(\mathrm{i}t)^{m_1}(-\mathrm{i}t)^{m_2}}{m_1!m_2!} A^{(m_1)}_{n_1 n_2 n_3 n_4 n_5 n_6 n_7 n_8} A^{(m_2)}_{n_1' n_2' n_3' n_4' n_5' n_6' n_7' n_8'}$$

$$\cdot \left[n_1' \Pi(1) \sum_{l}^{\min(n_1, n_1')} C_{n_1}^l C_{n_1'}^l (\alpha_1 + \mathrm{i}\beta_1)^{n_1+n_2'-l} (\alpha_1 - \mathrm{i}\beta_1)^{n_2+n_1'-l} \Pi(l) \right.$$

$$\left. + \sum_{l}^{\min(n_1, n_1'+1)} C_{n_1}^l C_{n_1'+1}^l (\alpha_1 + \mathrm{i}\beta_1)^{n_1+n_2'+1-l} (\alpha_1 - \mathrm{i}\beta_1)^{n_2+n_1'+1-l} \Pi(l) \right]$$

$$+ \left[\sum_{l}^{\min(n_3, n_3')} C_{n_3}^l C_{n_3'}^l (\alpha_2 + \mathrm{i}\beta_2)^{n_3+n_4'-l} (\alpha_2 - \mathrm{i}\beta_2)^{n_4+n_3'-l} \Pi(l) \right]$$

$$+ \left[\sum_{l}^{\min(n_5, n_5')} C_{n_5}^l C_{n_5'}^l (\alpha_3 + \mathrm{i}\beta_3)^{n_5+n_6'-l} (\alpha_3 - \mathrm{i}\beta_3)^{n_6+n_5'-l} \Pi(l) \right]$$

$$+ \left[\sum_{l}^{\min(n_7, n_7')} C_{n_7}^l C_{n_7'}^l (\alpha_4 + \mathrm{i}\beta_4)^{n_7+n_8'-l} (\alpha_4 - \mathrm{i}\beta_4)^{n_8+n_7'-l} \Pi(l) \right] \tag{6.3.12}$$

讨论：

(1) 得到的(6.3.12)式的$\langle t \mid b_1^\dagger b_1 \mid t \rangle = \bar{n}_1(t)$是一个有普遍意义的结果，因为不论初始态的选定如何，演化都是一样的形式.

(2) 对于不同的初始态，(α_1, β_1)，(α_2, β_2)，(α_3, β_3)，(α_4, β_4)的选取不同，即我们可以采用(6.3.7)式～(6.3.10)式的选取，并按上面的计算步骤得到(6.3.12)式的结果.

(3) 计算出具体结果后，便可看出 Mott 态和超流态的转换及临界点的位置.

(4) 比较二格点、二粒子及四格点、四粒子的结果，会得出系统大小不同时的差异变化.

第 7 章

Dirac 粒子的颤动与量子自由电子激光

7.1 引言

量子系统的求解有两个途径:一是先求系统的定态集,如果能得到系统的定态集,即得到了物理系统的能量的本征谱及相应的态矢,则系统的演化问题就解决了;二是直接求解量子理论的动力学方程——薛定谔方程.在前面已提到过,这两个途径是等效的.不过亦有这样的情况,对于一些物理系统,用定态集的办法求解会遇到困难,在本章中将讨论两个有关的系统:一个是自由的 Dirac 粒子系统;另一个是量子自由电子激光系统.它们就属于这样的情形.下面分别讨论一下这两个系统在用定态集方法求解时所遇到的困难.

1. 一维 Dirac 粒子的颤动

狄拉克(Dirac)将相对论的协变性要求纳入量子理论后写下了 Dirac 方程,这一物理系统的哈密顿量如下:

$$H = c\hat{p} \cdot \boldsymbol{\alpha} + mc^2 \boldsymbol{\beta} \tag{7.1.1}$$

其中,m 是粒子质量,c 是光速,$\hat{\boldsymbol{p}}$ 是粒子的动量算符,$\boldsymbol{\alpha}$ 及 $\boldsymbol{\beta}$ 是 4 个 4×4 的矩阵. Dirac 在得到上述方程后,他自己又立即提出一个问题,即如果我们观察满足这一方程的具有 $\frac{1}{2}$ 自旋的电子,则从方程中的哈密顿量知粒子的速度算符是

$$\hat{\boldsymbol{v}} = c\boldsymbol{\alpha} \tag{7.1.2}$$

这说明由于 $\boldsymbol{\alpha}$ 矩阵是 1 的量级,电子一般应有光速量级的速度,但实际中观察到的电子的一般速度远小于光速,因此出现了矛盾. 为解决这一问题,Dirac 本人做了解答. 他认为(7.1.2)式表示的是粒子的瞬时速度,而实际观测到的速度是一个在很短时段上的平均速度,粒子的瞬时速度包含两部分:一部分是向前的恒定的缓慢的速度,另一部分是沿前进方向的来回迅速的振荡,称为颤动. 实际观测的短时段的平均速度由于颤动频率很高,其平均效果为零,故只剩下瞬时速度中缓慢的第一部分. 他的这一解答随即得到薛定谔的一个合理的物理诠释. 薛定谔指出,Dirac 方程中的第一项清楚地表明,对于自由粒子虽无外界的作用,但它有内部自由度,并有内部自由度与外部自由度间的能量交换,这就是产生粒子颤动的根源.

虽然 Dirac 粒子的颤动在理论上有完善的论证,但在 Dirac 理论提出后的很长一段时间里始终没有得到实验上的直接证实. 人们对此的解释是颤动的频率太高,振幅又太小,超出了目前实验技术能达到的水平,因此无法实现观测. 最近 Gerritsma 等人提出了一个颤动的量子模拟方案,他们利用在 Paul 阱中囚禁单个 ^{40}Ca 离子的动力学行为满足的方程,其数学形式和 Dirac 方程相同,但其颤动因参量的不同,频率没有那样高,振幅亦没有那样小. 实验上是能观测到的,为此他们做了实验以及理论的计算,结果证实了颤动的存在,这样一来一个长期存在的疑难问题似乎得到了圆满的答案,然而在他们的论证中实际上存在一个漏洞,下面来分析.

因为他们做的是一维 Dirac 方程的量子模拟,所以这里的论证亦要从一维的 Dirac 方程出发. 一维的 Dirac 方程为

$$H = c\hat{p}\sigma_x + mc^2\sigma_z \tag{7.1.3}$$

相应的速度算符为

$$\hat{v} = c\sigma_x \tag{7.1.4}$$

当 Dirac 得出方程后，他同时提出方程有平面波解，记动量为 p，能量为正的解是 $[u_+(p)]\mathrm{e}^{+\mathrm{i}px/\hbar}$，能量为负的解是 $[u_-(p)]\mathrm{e}^{\mathrm{i}px/\hbar}$，其中，$[u_+(p)]$，$[u_-(p)]$ 是二分量的列矩阵，则在 $t=0$ 的初始时刻，系统的初态 $|t=0\rangle$ 便可在定态集 $\{u_+(p), u_-(p)\}$ 上展开，即

$$|t=0\rangle = \int F(p)[u_+(p)]\mathrm{e}^{\mathrm{i}px/\hbar}\mathrm{d}p + \int G(p)[u_-(p)]\mathrm{e}^{\mathrm{i}px/\hbar}\mathrm{d}p \tag{7.1.5}$$

记 $[u_+(p)]\mathrm{e}^{+\mathrm{i}px/\hbar}$ 对应的能量值为 $E_+(p)$，$[u_-(p)]\mathrm{e}^{+\mathrm{i}px/\hbar}$ 对应的能量值为 $E_-(p)$，则 t 时刻系统的态矢 $|t\rangle$ 以及粒子的瞬时速度 $\bar{v}(t)$ 分别为

$$\begin{aligned} |t\rangle = & \int F(p)\mathrm{e}^{-\mathrm{i}E_+(p)t/\hbar}[u_+(p)]\mathrm{e}^{\mathrm{i}px/\hbar}\,|x\rangle\mathrm{d}p\mathrm{d}x \\ & + \int G(p)\mathrm{e}^{-\mathrm{i}E_-(p)t/\hbar}[u_-(p)]\mathrm{e}^{\mathrm{i}px/\hbar}\,|x\rangle\mathrm{d}p\mathrm{d}x \end{aligned} \tag{7.1.6}$$

$$\begin{aligned} \bar{v}(t) = & \langle t|\hat{v}|t\rangle \\ = & \int F^*(p)F(p)2\pi\hbar[u_+(p)]^\dagger c\sigma_x[u_+(p)]\mathrm{d}p \\ & + \int F^*(p)G(p)2\pi\hbar[u_+(p)]^\dagger c\sigma_x[u_-(p)]\mathrm{e}^{\mathrm{i}[E_+(p)-E_-(p)]t/\hbar}\mathrm{d}p \\ & + \int G^*(p)F(p)2\pi\hbar[u_-(p)]^\dagger c\sigma_x[u_+(p)]\mathrm{e}^{\mathrm{i}[E_-(p)-E_+(p)]t/\hbar}\mathrm{d}p \\ & + \int G^*(p)G(p)2\pi\hbar[u_-(p)]^\dagger c\sigma_x[u_-(p)]\mathrm{d}p \end{aligned} \tag{7.1.7}$$

在得到上式的最后结果时应用了平面波的正交性.

从(7.1.7)式右侧的第一项和第四项看，它们与时间无关，构成了粒子速度中的恒定成分，而第二项与第三项含有随时间振荡的因子，这自然就是粒子在运动中的颤动来源. 这样一来，他们的工作似乎就是用模拟的办法实现了多年来想完成的 Dirac 粒子的颤动存在的实验. 但是仔细思考后会发现，这一论证存在一个严重的漏洞，就是 Dirac 在提出理论的同时附上的负能海的思想，因为在真实的自然界中没有发现过带有任何负能量的基本粒子，所以 Dirac 特地提出所有的负能级已被占满的假定，即真实的基本粒子不能具有负能，于是在(7.1.5)式～(7.1.7)式中的 $G(p)$ 应为零，从而(7.1.7)式中只剩下右侧与 t 无关的第一项. 这样一来，实际上这一量子模拟是不存在的. 此外，我们还应该回头去审视一下平面波解，其中有两点是值得考虑的：一是，它不是一个可归一的态矢，严格来讲它不属于物理的 Hilbert 空间；二是，它包含的内部和外部空间是退耦的，没有反映

出这两部分间的耦合作用，所以不会由两部分间的能量交换而产生颤动的结果. 至此我们看到，对于这样的物理系统沿定态集的途径求解不行，或者确切一点讲，这样的系统是否真的有一组完备的能量本征态矢集？因此对于这样的系统，直接用动力学方程来解决问题成为本章主要关心的内容.

2. 量子自由电子激光的求解

自由电子激光(FEL)的研究是多年来备受关注的领域，但是它发射的谱较宽，并伴有许多随机的超辐射的尖峰，所以它虽然可以作为高亮度的 X 光源，但要付诸实际应用，这些缺点是人们尽力想改善的. 近来发现如果自由电子激光工作在量子范围时，则能避免上述缺点，那些随机的尖峰会消失而且频谱会变窄，于是对于这一领域的研究自然就把注意力从经典参量转向了量子参量，这两种参量的区别在于，如果我们定义 $\bar{\rho}$ 为

$$\bar{\rho} = \frac{\Delta M}{\hbar k}$$

其中，ΔM 是电子束的动量分布宽度，$\hbar$ 是普朗克常量，k 是电磁场的波矢，则 $\bar{\rho}>1$ 是经典参量范围，$\bar{\rho}\ll 1$ 是量子参量范围. 从物理图像的角度来看，就是电子束的动量应有相当程度的相干(速度离散度小)，即要产生量子的自由电子激光需要准备的是好的相干电子源.

从已有的研究工作可知，N 个电子与 1 个单模辐射场作用的量子自由电子激光系统的哈密顿量为

$$H = \sum_{j=1}^{N} \frac{p_j^2}{2\bar{\rho}} + \mathrm{i}\sqrt{\frac{\bar{\rho}}{N}}(a^{\dagger}\mathrm{e}^{-\mathrm{i}\theta_j} - a\mathrm{e}^{\mathrm{i}\theta_j}) - \frac{\delta}{N}a^{\dagger}a \tag{7.1.8}$$

其中

$$\begin{aligned} \theta_j &= (k + k_w)z - ckt_j - \delta\bar{z} \\ p_j &= mc(r_j - r_0)/[\hbar(k + k_w)] \end{aligned} \tag{7.1.9}$$

式中，θ_j 是 j 电子的位置算符，p_j 是 j 电子的动量算符，故它们满足

$$[\theta_i, p_j] = \mathrm{i}\delta_{ij} \tag{7.1.10}$$

$a, a^{\dagger}$ 分别是单模场的湮灭算符和产生算符，满足如下对易关系：

$$\begin{aligned} [a, a] &= [a^{\dagger}, a^{\dagger}] = 0 \\ [a, a^{\dagger}] &= 1 \end{aligned} \tag{7.1.11}$$

从(7.1.8)式系统的哈密顿量的表示式可以看出，这样的系统按定态集法求解亦是

有困难的，原因在于它的最后一项 $-\frac{\delta}{N}a^{\dagger}a$ 与通常的其他系统相应的 $\omega a^{\dagger}a$ 项比较可知，当粒子数 $(\overline{a^{\dagger}a})$ 越大时，系统的能量不像其他系统那样贡献的正值越大，反而是对能量的贡献越小，这就是说现在的系统不存在一个有限的最低能量态，确切地讲它不存在基态，因此用定态集展开法来讨论系统的演化是不可行的.

上述两个系统的求解显然都只能依靠直接求解动力学方程这一途径. 下面将对这两个问题分别进行讨论.

7.2 一维 Dirac 粒子的颤动问题的求解

1. H^m 的矩阵及正规乘积表示

一维 Dirac 粒子系统的哈密顿量由(7.1.3)式给出，因为这里的讨论目的是观察 Dirac 粒子是否存在颤动，并不关心颤动的频率高低及振幅大小，所以为了下面推演的简化，可使式中的 $c=1, m=1$，并将(7.1.3)式简化为

$$H=\hat{p}\sigma_x+\sigma_z=\begin{bmatrix}1 & \hat{p}\\ \hat{p} & -1\end{bmatrix} \tag{7.2.1}$$

再做算符变换 $(\hbar=1)$，得

$$\hat{x}=\sqrt{\frac{1}{2}}(a+a^{\dagger}),\quad \hat{p}=\mathrm{i}\sqrt{\frac{1}{2}}(a^{\dagger}-a) \tag{7.2.2}$$

将 H 改写为

$$H=\begin{bmatrix}1 & \mathrm{i}\sqrt{\frac{1}{2}}(a^{\dagger}-a)\\ \mathrm{i}\sqrt{\frac{1}{2}}(a^{\dagger}-a) & -1\end{bmatrix} \tag{7.2.3}$$

由于系统的哈密顿量很简单，这里可以直接求得最低的若干阶的 H^m 为

$$H^2=\begin{bmatrix}1 & \mathrm{i}\sqrt{\frac{1}{2}}(a^\dagger-a)\\ \mathrm{i}\sqrt{\frac{1}{2}}(a^\dagger-a) & -1\end{bmatrix}\begin{bmatrix}1 & \mathrm{i}\sqrt{\frac{1}{2}}(a^\dagger-a)\\ \mathrm{i}\sqrt{\frac{1}{2}}(a^\dagger-a) & -1\end{bmatrix}$$

$$=\begin{bmatrix}1-\frac{1}{2}(a^{\dagger 2}+a^2-2a^\dagger a-1) & 0\\ 0 & 1-\frac{1}{2}(a^{\dagger 2}+a^2-2a^\dagger a-1)\end{bmatrix}\tag{7.2.4}$$

$$H^3=\begin{bmatrix}1 & \mathrm{i}\sqrt{\frac{1}{2}}(a^\dagger-a)\\ \mathrm{i}\sqrt{\frac{1}{2}}(a^\dagger-a) & -1\end{bmatrix}$$

$$\cdot\begin{bmatrix}1-\frac{1}{2}(a^{\dagger 2}+a^2-2a^\dagger a-1) & 0\\ 0 & 1-\frac{1}{2}(a^{\dagger 2}+a^2-2a^\dagger a-1)\end{bmatrix}$$

$$=\begin{bmatrix}1-\frac{1}{2}(a^{\dagger 2}+a^2-2a^\dagger a-1) & -\frac{\mathrm{i}}{2}\sqrt{\frac{1}{2}}(a^{\dagger 3}-3a^{\dagger 2}a+3a^\dagger a^2-a^3)\\ \frac{\mathrm{i}}{2}\sqrt{\frac{1}{2}}(a^{\dagger 3}-3a^{\dagger 2}a+3a^\dagger a^2-a^3) & \frac{1}{2}(a^{\dagger 2}+a^2-2a^\dagger a-1)-1\end{bmatrix}$$

$$(7.2.5)$$

$$H^4=\left(\begin{bmatrix}1 & \mathrm{i}\sqrt{\frac{1}{2}}(a^\dagger-a)\\ \mathrm{i}\sqrt{\frac{1}{2}}(a^\dagger-a) & -1\end{bmatrix}\right)^2\left(\begin{bmatrix}1 & \mathrm{i}\sqrt{\frac{1}{2}}(a^\dagger-a)\\ \mathrm{i}\sqrt{\frac{1}{2}}(a^\dagger-a) & -1\end{bmatrix}\right)^2$$

$$=\left(\begin{bmatrix}1-\frac{1}{2}(a^{\dagger 2}+a^2-2a^\dagger a-1) & 0\\ 0 & 1-\frac{1}{2}(a^{\dagger 2}+a^2-2a^\dagger a-1)\end{bmatrix}\right)^2$$

$$
= \begin{bmatrix} \frac{1}{4}(a^{\dagger 4} - 4a^{\dagger 3}a + 6a^{\dagger 2}a^2 + a^4 \\ - 10a^{\dagger 2} + 18a^{\dagger}a - 10a^2 + 11) & 0 \\ 0 & \frac{1}{4}(a^{\dagger 4} - 4a^{\dagger 3}a + 6a^{\dagger 2}a^2 + a^4 \\ & - 10a^{\dagger 2} + 18a^{\dagger}a - 10a^2 + 11) \end{bmatrix} \tag{7.2.6}
$$

2. 初始态

取系统的初始态为

$$
|t = 0\rangle = N\begin{pmatrix} e^{-\frac{1}{2}\beta^2}e^{i\beta a^{\dagger}}|0\rangle \\ fe^{-\frac{1}{2}\beta^2}e^{i\beta a^{\dagger}}|0\rangle \end{pmatrix} \tag{7.2.7}
$$

要求它归一,则

$$
\begin{aligned}
\langle t = 0 | t = 0\rangle &= N^2(e^{-\frac{1}{2}\beta^2}\langle 0|e^{-i\beta a}, fe^{-\frac{1}{2}\beta^2}\langle 0|e^{-i\beta a})\begin{pmatrix} e^{-\frac{1}{2}\beta^2}e^{i\beta a^{\dagger}}|0\rangle \\ fe^{-\frac{1}{2}\beta^2}e^{i\beta a^{\dagger}}|0\rangle \end{pmatrix} \\
&= N^2[e^{-\beta^2}\langle 0|e^{-i\beta a}e^{i\beta a^{\dagger}}|0\rangle + f^2e^{-\beta^2}\langle 0|e^{-i\beta a}e^{i\beta a^{\dagger}}|0\rangle] \\
&= N^2(1 + f^2)e^{-\beta^2}\langle 0|e^{-i\beta(i\beta)}|0\rangle \\
&= N^2(1 + f^2) = 1
\end{aligned}
$$

故有

$$
N = \frac{1}{\sqrt{1 + f^2}} \tag{7.2.8}
$$

初始态的速度期待值 $\bar{v}(0)$ 为(注意 $c = 1$)

$$
\begin{aligned}
\bar{v}(0) &= \langle t = 0|\sigma_x|t = 0\rangle \\
&= \frac{1}{1 + f^2}(e^{-\frac{\beta^2}{2}}\langle 0|e^{-i\beta a}, fe^{-\frac{\beta}{2}}\langle 0|e^{-i\beta a})\begin{bmatrix} 0 & 1 \\ 1 & 0 \end{bmatrix}\begin{pmatrix} e^{-\frac{1}{2}\beta^2}e^{i\beta a^{\dagger}}|0\rangle \\ fe^{-\frac{1}{2}\beta^2}e^{i\beta a^{\dagger}}|0\rangle \end{pmatrix} \\
&= \frac{e^{-\beta^2}}{1 + f^2}[f\langle 0|e^{-i\beta a}e^{i\beta a^{\dagger}}|0\rangle + f\langle 0|e^{-i\beta a}e^{i\beta a^{\dagger}}|0\rangle] \\
&= \frac{2f}{1 + f^2}
\end{aligned} \tag{7.2.9}
$$

讨论：

(1) f 取 $-1\to1$ 对应于 $\bar{v}(0)$，由 $-1\to1$，即初始态的速度随 f 的变化从向反方向的速度取向变化到向正方向的速度取向.

(2) 速度不应等于或超过光速 $c(=1)$，故有意义的是 $|f|<1$.

3. 演化

$$
\begin{aligned}
|t\rangle &= \left(\sum_m \frac{(-\mathrm{i}t)^m}{m!}H^m\right)|t=0\rangle \\
&\cong \left[1+\frac{(-\mathrm{i}t)}{1!}H+\frac{(-\mathrm{i}t)^2}{2!}H^2+\frac{(-\mathrm{i}t)^3}{3!}H^3+\frac{(-\mathrm{i}t)^4}{4!}H^4\right]|t=0\rangle \\
&= \left\{1-\mathrm{i}t\begin{bmatrix} 1 & \mathrm{i}\sqrt{\frac{1}{2}}(a^\dagger-a) \\ \mathrm{i}\sqrt{\frac{1}{2}}(a^\dagger-a) & -1 \end{bmatrix}\right. \\
&\quad -\frac{t^2}{2}\begin{bmatrix} 1-\frac{1}{2}(a^{\dagger2}+a^2-2a^\dagger a-1) & 0 \\ 0 & 1-\frac{1}{2}(a^{\dagger2}+a^2-2a^\dagger a-1) \end{bmatrix} \\
&\quad +\frac{\mathrm{i}t^3}{6}\begin{bmatrix} \frac{3}{2}+(2a^\dagger a-a^{\dagger2}-a^2) & \mathrm{i}\sqrt{\frac{1}{8}}(a^3-3a^\dagger a^2+3a^{\dagger2}a-a^{\dagger3}) \\ \mathrm{i}\sqrt{\frac{1}{8}}(a^3-3a^{\dagger2}a+3a^\dagger a^2-a^3) & -\frac{3}{2}+(a^{\dagger2}+a^2-2a^\dagger a) \end{bmatrix} \\
&\quad \left.+\frac{t^4}{24}\begin{bmatrix} \begin{matrix}\frac{1}{4}(a^{\dagger4}-4a^{\dagger3}a+6a^{\dagger2}a^2+a^4 \\ -10a^{\dagger2}+18a^\dagger a-10a^2+11)\end{matrix} & 0 \\ 0 & \begin{matrix}\frac{1}{4}(a^{\dagger4}-4a^{\dagger3}a+6a^{\dagger2}a^2+a^4 \\ -10a^{\dagger2}+18a^\dagger a-10a^2+11)\end{matrix} \end{bmatrix}\right\} \\
&\quad \cdot Ne^{-\frac{1}{2}\beta^2}\begin{pmatrix} \iint e^{\mathrm{i}\beta(\rho-\mathrm{i}\eta)}e^{-\rho^2-\eta^2}\,|\rho+\mathrm{i}\eta\rangle\frac{\mathrm{d}\rho\mathrm{d}\eta}{\pi} \\ f\iint e^{\mathrm{i}\beta(\rho-\mathrm{i}\eta)}e^{-\rho^2-\eta^2}\,|\rho+\mathrm{i}\eta\rangle\frac{\mathrm{d}\rho\mathrm{d}\eta}{\pi} \end{pmatrix}
\end{aligned}
\tag{7.2.10}
$$

在上式中，已将初始态中的相干态用相干态展开表示出来了. 为了书写方便，将上式改用明显的上态 $|\uparrow\rangle$ 和下态 $|\downarrow\rangle$ 表示. 则

$$
\begin{aligned}
|t\rangle = {} & N\mathrm{e}^{-\beta^2/2}\Big\{|\uparrow\rangle\Big[\iint \mathrm{e}^{\mathrm{i}\beta(\rho-\mathrm{i}\eta)}\mathrm{e}^{-\rho^2-\eta^2}\,|\rho+\mathrm{i}\eta\rangle\frac{\mathrm{d}\rho\mathrm{d}\eta}{\pi} \\
& -\mathrm{i}t\iint \mathrm{e}^{\mathrm{i}\beta(\rho-\mathrm{i}\eta)}\mathrm{e}^{-\rho^2-\eta^2}\,|\rho+\mathrm{i}\eta\rangle\frac{\mathrm{d}\rho\mathrm{d}\eta}{\pi} \\
& +t\sqrt{\frac{1}{2}}(a^{\dagger}-a)f\iint \mathrm{e}^{\mathrm{i}\beta(\rho-\mathrm{i}\eta)}\mathrm{e}^{-\rho^2-\eta^2}\,|\rho+\mathrm{i}\eta\rangle\frac{\mathrm{d}\rho\mathrm{d}\eta}{\pi} \\
& +\frac{t^2}{2}\left(\frac{a^{\dagger 2}}{2}+\frac{a^2}{2}-a^{\dagger}a-\frac{3}{2}\right)\iint \mathrm{e}^{\mathrm{i}\beta(\rho-\mathrm{i}\eta)}\mathrm{e}^{-\rho^2-\eta^2}\,|\rho+\mathrm{i}\eta\rangle\frac{\mathrm{d}\rho\mathrm{d}\eta}{\pi} \\
& +\frac{t^3}{12\sqrt{2}}(a^{\dagger 3}-3a^{\dagger 2}a+3a^{\dagger}a^2-a^3)f\iint \mathrm{e}^{\mathrm{i}\beta(\rho-\mathrm{i}\eta)}\mathrm{e}^{-\rho^2-\eta^2}\,|\rho+\mathrm{i}\eta\rangle\frac{\mathrm{d}\rho\mathrm{d}\eta}{\pi} \\
& +\frac{\mathrm{i}t^3}{6}\left(\frac{3}{2}+2a^{\dagger}a-a^{\dagger 2}-a^2\right)\iint \mathrm{e}^{\mathrm{i}\beta(\rho-\mathrm{i}\eta)}\mathrm{e}^{-\rho^2-\eta^2}\,|\rho+\mathrm{i}\eta\rangle\frac{\mathrm{d}\rho\mathrm{d}\eta}{\pi} \\
& +\frac{t^4}{96}(a^{\dagger 4}-4a^{\dagger 3}a+6a^{\dagger 2}a^2-4a^{\dagger}a^3+a^4-10a^{\dagger 2}+18a^{\dagger}a-10a^2+11) \\
& \cdot\iint \mathrm{e}^{\mathrm{i}\beta(\rho-\mathrm{i}\eta)}\mathrm{e}^{-\rho^2-\eta^2}\,|\rho+\mathrm{i}\eta\rangle\frac{\mathrm{d}\rho\mathrm{d}\eta}{\pi}\Big] \\
& +|\downarrow\rangle\Big[f\iint \mathrm{e}^{\mathrm{i}\beta(\rho-\mathrm{i}\eta)}\mathrm{e}^{-\rho^2-\eta^2}\,|\rho+\mathrm{i}\eta\rangle\frac{\mathrm{d}\rho\mathrm{d}\eta}{\pi} \\
& -\mathrm{i}tf\iint \mathrm{e}^{\mathrm{i}\beta(\rho-\mathrm{i}\eta)}\mathrm{e}^{-\rho^2-\eta^2}\,|\rho+\mathrm{i}\eta\rangle\frac{\mathrm{d}\rho\mathrm{d}\eta}{\pi} \\
& +t\sqrt{\frac{1}{2}}(a^{\dagger}-a)\iint \mathrm{e}^{\mathrm{i}\beta(\rho-\mathrm{i}\eta)}\mathrm{e}^{-\rho^2-\eta^2}\,|\rho+\mathrm{i}\eta\rangle\frac{\mathrm{d}\rho\mathrm{d}\eta}{\pi} \\
& +\frac{t^2}{2}f\left(\frac{a^{\dagger 2}}{2}+\frac{a^2}{2}-a^{\dagger}a-\frac{3}{2}\right)\iint \mathrm{e}^{\mathrm{i}\beta(\rho-\mathrm{i}\eta)}\mathrm{e}^{-\rho^2-\eta^2}\,|\rho+\mathrm{i}\eta\rangle\frac{\mathrm{d}\rho\mathrm{d}\eta}{\pi} \\
& +\mathrm{i}\frac{t^3}{6}f(a^{\dagger 2}+a^2-2a^{\dagger}a-a^{\dagger 3})\iint \mathrm{e}^{\mathrm{i}\beta(\rho-\mathrm{i}\eta)}\mathrm{e}^{-\rho^2-\eta^2}\,|\rho+\mathrm{i}\eta\rangle\frac{\mathrm{d}\rho\mathrm{d}\eta}{\pi} \\
& +\frac{t^3}{12\sqrt{2}}(a^3-3a^{\dagger}a^2+3a^{\dagger 2}a-a^{\dagger 3})\iint \mathrm{e}^{\mathrm{i}\beta(\rho-\mathrm{i}\eta)}\mathrm{e}^{-\rho^2-\eta^2}\,|\rho+\mathrm{i}\eta\rangle\frac{\mathrm{d}\rho\mathrm{d}\eta}{\pi} \\
& +\frac{t^4}{96}f(a^{\dagger 4}-4a^{\dagger 3}a+6a^{\dagger 2}a^2-4a^{\dagger}a^3+a^4-10a^{\dagger 2}+18a^{\dagger}a-10a^2+11) \\
& \cdot\iint \mathrm{e}^{\mathrm{i}\beta(\rho-\mathrm{i}\eta)}\mathrm{e}^{-\rho^2-\eta^2}\,|\rho+\mathrm{i}\eta\rangle\frac{\mathrm{d}\rho\mathrm{d}\eta}{\pi}\Big]\Big\} \\
= {} & N\mathrm{e}^{-\beta^2/2}\Big\{|\uparrow\rangle\Big[\iint \mathrm{e}^{\mathrm{i}\beta(\rho-\mathrm{i}\eta)}\mathrm{e}^{-\rho^2-\eta^2}\,|\rho+\mathrm{i}\eta\rangle\frac{\mathrm{d}\rho\mathrm{d}\eta}{\pi}
\end{aligned}
$$

$$
\begin{aligned}
&- \mathrm{i}t\iint \mathrm{e}^{\mathrm{i}\beta(\rho-\mathrm{i}\eta)}\mathrm{e}^{-\rho^2-\eta^2}\ |\rho+\mathrm{i}\eta\rangle\frac{\mathrm{d}\rho\mathrm{d}\eta}{\pi}\\
&+ t\sqrt{\frac{1}{2}}f\iint \mathrm{e}^{\mathrm{i}\beta(\rho-\mathrm{i}\eta)}\mathrm{e}^{-\rho^2-\eta^2}(\rho-\mathrm{i}\eta)\ |\rho+\mathrm{i}\eta\rangle\frac{\mathrm{d}\rho\mathrm{d}\eta}{\pi}\\
&- t\sqrt{\frac{1}{2}}f(\mathrm{i}\beta)\iint \mathrm{e}^{\mathrm{i}\beta(\rho-\mathrm{i}\eta)}\mathrm{e}^{-\rho^2-\eta^2}\ |\rho+\mathrm{i}\eta\rangle\frac{\mathrm{d}\rho\mathrm{d}\eta}{\pi}\\
&+ \frac{t^2}{4}\iint \mathrm{e}^{\mathrm{i}\beta(\rho-\mathrm{i}\eta)}\mathrm{e}^{-\rho^2-\eta^2}(\rho-\mathrm{i}\eta)^2\ |\rho+\mathrm{i}\eta\rangle\frac{\mathrm{d}\rho\mathrm{d}\eta}{\pi}\\
&+ \frac{t^2}{4}\iint(\mathrm{i}\beta)^2 \mathrm{e}^{\mathrm{i}\beta(\rho-\mathrm{i}\eta)}\mathrm{e}^{-\rho^2-\eta^2}\ |\rho+\mathrm{i}\eta\rangle\frac{\mathrm{d}\rho\mathrm{d}\eta}{\pi}\\
&- \frac{t^2}{2}\iint(\mathrm{i}\beta) \mathrm{e}^{\mathrm{i}\beta(\rho-\mathrm{i}\eta)}\mathrm{e}^{-\rho^2-\eta^2}(\rho-\mathrm{i}\eta)\ |\rho+\mathrm{i}\eta\rangle\frac{\mathrm{d}\rho\mathrm{d}\eta}{\pi}\\
&- \frac{3t^2}{4}\iint \mathrm{e}^{\mathrm{i}\beta(\rho-\mathrm{i}\eta)}\mathrm{e}^{-\rho^2-\eta^2}\ |\rho+\mathrm{i}\eta\rangle\frac{\mathrm{d}\rho\mathrm{d}\eta}{\pi}\\
&+ \frac{t^3}{12\sqrt{2}}f\iint \mathrm{e}^{\mathrm{i}\beta(\rho-\mathrm{i}\eta)}\mathrm{e}^{-\rho^2-\eta^2}(\rho-\mathrm{i}\eta)^3\ |\rho+\mathrm{i}\eta\rangle\frac{\mathrm{d}\rho\mathrm{d}\eta}{\pi}\\
&+ \frac{\mathrm{i}t^3}{4}\iint \mathrm{e}^{\mathrm{i}\beta(\rho-\mathrm{i}\eta)}\mathrm{e}^{-\rho^2-\eta^2}\ |\rho+\mathrm{i}\eta\rangle\frac{\mathrm{d}\rho\mathrm{d}\eta}{\pi}\\
&+ \frac{\mathrm{i}t^3}{3}\iint(\mathrm{i}\beta) \mathrm{e}^{\mathrm{i}\beta(\rho-\mathrm{i}\eta)}\mathrm{e}^{-\rho^2-\eta^2}(\rho-\mathrm{i}\eta)\ |\rho+\mathrm{i}\eta\rangle\frac{\mathrm{d}\rho\mathrm{d}\eta}{\pi}\\
&- \frac{\mathrm{i}t^3}{6}\iint \mathrm{e}^{\mathrm{i}\beta(\rho-\mathrm{i}\eta)}\mathrm{e}^{-\rho^2-\eta^2}(\rho-\mathrm{i}\eta)^2\ |\rho+\mathrm{i}\eta\rangle\frac{\mathrm{d}\rho\mathrm{d}\eta}{\pi}\\
&- \frac{\mathrm{i}t^3}{6}\iint(\mathrm{i}\beta)^2 \mathrm{e}^{\mathrm{i}\beta(\rho-\mathrm{i}\eta)}\mathrm{e}^{-\rho^2-\eta^2}\ |\rho+\mathrm{i}\eta\rangle\frac{\mathrm{d}\rho\mathrm{d}\eta}{\pi}\\
&- \frac{t^3}{4\sqrt{2}}f\iint(\mathrm{i}\beta) \mathrm{e}^{\mathrm{i}\beta(\rho-\mathrm{i}\eta)}\mathrm{e}^{-\rho^2-\eta^2}(\rho-\mathrm{i}\eta)^2\ |\rho+\mathrm{i}\eta\rangle\frac{\mathrm{d}\rho\mathrm{d}\eta}{\pi}\\
&+ \frac{t^3}{4\sqrt{2}}f\iint(\mathrm{i}\beta)^2 \mathrm{e}^{\mathrm{i}\beta(\rho-\mathrm{i}\eta)}\mathrm{e}^{-\rho^2-\eta^2}(\rho-\mathrm{i}\eta)\ |\rho+\mathrm{i}\eta\rangle\frac{\mathrm{d}\rho\mathrm{d}\eta}{\pi}\\
&- \frac{t^3}{12\sqrt{2}}f\iint(\mathrm{i}\beta)^3 \mathrm{e}^{\mathrm{i}\beta(\rho-\mathrm{i}\eta)}\mathrm{e}^{-\rho^2-\eta^2}\ |\rho+\mathrm{i}\eta\rangle\frac{\mathrm{d}\rho\mathrm{d}\eta}{\pi}\\
&+ \frac{t^4}{96}\iint \mathrm{e}^{\mathrm{i}\beta(\rho-\mathrm{i}\eta)}\mathrm{e}^{-\rho^2-\eta^2}(\rho-\mathrm{i}\eta)^4\ |\rho+\mathrm{i}\eta\rangle\frac{\mathrm{d}\rho\mathrm{d}\eta}{\pi}\\
&- \frac{t^4}{24}\iint(\mathrm{i}\beta) \mathrm{e}^{\mathrm{i}\beta(\rho-\mathrm{i}\eta)}\mathrm{e}^{-\rho^2-\eta^2}(\rho-\mathrm{i}\eta)^3\ |\rho+\mathrm{i}\eta\rangle\frac{\mathrm{d}\rho\mathrm{d}\eta}{\pi}
\end{aligned}
$$

$$
\begin{aligned}
&+\frac{t^4}{16}\iint(\mathrm{i}\beta)^2\mathrm{e}^{\mathrm{i}\beta(\rho-\mathrm{i}\eta)}\mathrm{e}^{-\rho^2-\eta^2}(\rho-\mathrm{i}\eta)^2\,|\rho+\mathrm{i}\eta\rangle\frac{\mathrm{d}\rho\mathrm{d}\eta}{\pi}\\
&-\frac{t^4}{24}\iint(\mathrm{i}\beta)^3\mathrm{e}^{\mathrm{i}\beta(\rho-\mathrm{i}\eta)}\mathrm{e}^{-\rho^2-\eta^2}(\rho-\mathrm{i}\eta)\,|\rho+\mathrm{i}\eta\rangle\frac{\mathrm{d}\rho\mathrm{d}\eta}{\pi}\\
&+\frac{t^4}{96}\iint(\mathrm{i}\beta)^4\mathrm{e}^{\mathrm{i}\beta(\rho-\mathrm{i}\eta)}\mathrm{e}^{-\rho^2-\eta^2}\,|\rho+\mathrm{i}\eta\rangle\frac{\mathrm{d}\rho\mathrm{d}\eta}{\pi}\\
&-\frac{5t^4}{48}\iint\mathrm{e}^{\mathrm{i}\beta(\rho-\mathrm{i}\eta)}\mathrm{e}^{-\rho^2-\eta^2}(\rho-\mathrm{i}\eta)^2\,|\rho+\mathrm{i}\eta\rangle\frac{\mathrm{d}\rho\mathrm{d}\eta}{\pi}\\
&+\frac{3t^4}{16}\iint(\mathrm{i}\beta)\mathrm{e}^{\mathrm{i}\beta(\rho-\mathrm{i}\eta)}\mathrm{e}^{-\rho^2-\eta^2}(\rho-\mathrm{i}\eta)\,|\rho+\mathrm{i}\eta\rangle\frac{\mathrm{d}\rho\mathrm{d}\eta}{\pi}\\
&-\frac{5t^4}{48}\iint(\mathrm{i}\beta)^2\mathrm{e}^{\mathrm{i}\beta(\rho-\mathrm{i}\eta)}\mathrm{e}^{-\rho^2-\eta^2}\,|\rho+\mathrm{i}\eta\rangle\frac{\mathrm{d}\rho\mathrm{d}\eta}{\pi}\\
&+\frac{11t^4}{96}\iint\mathrm{e}^{\mathrm{i}\beta(\rho-\mathrm{i}\eta)}\mathrm{e}^{-\rho^2-\eta^2}\,|\rho+\mathrm{i}\eta\rangle\frac{\mathrm{d}\rho\mathrm{d}\eta}{\pi}\Big]\\
&+|\downarrow\rangle\Big[f\iint\mathrm{e}^{\mathrm{i}\beta(\rho-\mathrm{i}\eta)}\mathrm{e}^{-\rho^2-\eta^2}\,|\rho+\mathrm{i}\eta\rangle\frac{\mathrm{d}\rho\mathrm{d}\eta}{\pi}\\
&-\mathrm{i}ft\iint\mathrm{e}^{\mathrm{i}\beta(\rho-\mathrm{i}\eta)}\mathrm{e}^{-\rho^2-\eta^2}\,|\rho+\mathrm{i}\eta\rangle\frac{\mathrm{d}\rho\mathrm{d}\eta}{\pi}\\
&+\sqrt{\frac{1}{2}}\,t\iint\mathrm{e}^{\mathrm{i}\beta(\rho-\mathrm{i}\eta)}\mathrm{e}^{-\rho^2-\eta^2}(\rho-\mathrm{i}\eta)\,|\rho+\mathrm{i}\eta\rangle\frac{\mathrm{d}\rho\mathrm{d}\eta}{\pi}\\
&-\sqrt{\frac{1}{2}}\,t\iint(\mathrm{i}\beta)\mathrm{e}^{\mathrm{i}\beta(\rho-\mathrm{i}\eta)}\mathrm{e}^{-\rho^2-\eta^2}\,|\rho+\mathrm{i}\eta\rangle\frac{\mathrm{d}\rho\mathrm{d}\eta}{\pi}\\
&+\frac{ft^2}{4}\iint\mathrm{e}^{\mathrm{i}\beta(\rho-\mathrm{i}\eta)}\mathrm{e}^{-\rho^2-\eta^2}(\rho-\mathrm{i}\eta)^2\,|\rho+\mathrm{i}\eta\rangle\frac{\mathrm{d}\rho\mathrm{d}\eta}{\pi}\\
&+\frac{ft^2}{4}\iint(\mathrm{i}\beta)^2\mathrm{e}^{\mathrm{i}\beta(\rho-\mathrm{i}\eta)}\mathrm{e}^{-\rho^2-\eta^2}\,|\rho+\mathrm{i}\eta\rangle\frac{\mathrm{d}\rho\mathrm{d}\eta}{\pi}\\
&-\frac{ft^2}{2}\iint(\mathrm{i}\beta)\mathrm{e}^{\mathrm{i}\beta(\rho-\mathrm{i}\eta)}\mathrm{e}^{-\rho^2-\eta^2}(\rho-\mathrm{i}\eta)\,|\rho+\mathrm{i}\eta\rangle\frac{\mathrm{d}\rho\mathrm{d}\eta}{\pi}\\
&-\frac{3ft^2}{4}\iint\mathrm{e}^{\mathrm{i}\beta(\rho-\mathrm{i}\eta)}\mathrm{e}^{-\rho^2-\eta^2}\,|\rho+\mathrm{i}\eta\rangle\frac{\mathrm{d}\rho\mathrm{d}\eta}{\pi}\\
&+\frac{\mathrm{i}ft^3}{6}\iint\mathrm{e}^{\mathrm{i}\beta(\rho-\mathrm{i}\eta)}\mathrm{e}^{-\rho^2-\eta^2}(\rho-\mathrm{i}\eta)^2\,|\rho+\mathrm{i}\eta\rangle\frac{\mathrm{d}\rho\mathrm{d}\eta}{\pi}\\
&+\frac{\mathrm{i}ft^3}{6}\iint(\mathrm{i}\beta)^2\mathrm{e}^{\mathrm{i}\beta(\rho-\mathrm{i}\eta)}\mathrm{e}^{-\rho^2-\eta^2}\,|\rho+\mathrm{i}\eta\rangle\frac{\mathrm{d}\rho\mathrm{d}\eta}{\pi}\\
&-\frac{\mathrm{i}ft^3}{3}\iint(\mathrm{i}\beta)\mathrm{e}^{\mathrm{i}\beta(\rho-\mathrm{i}\eta)}\mathrm{e}^{-\rho^2-\eta^2}(\rho-\mathrm{i}\eta)\,|\rho+\mathrm{i}\eta\rangle\frac{\mathrm{d}\rho\mathrm{d}\eta}{\pi}
\end{aligned}
$$

$$
\begin{aligned}
&- \frac{\mathrm{i}ft^3}{4}\iint \mathrm{e}^{\mathrm{i}\beta(\rho-\mathrm{i}\eta)}\mathrm{e}^{-\rho^2-\eta^2}\;|\rho+\mathrm{i}\eta\rangle\frac{\mathrm{d}\rho\mathrm{d}\eta}{\pi}\\
&+ \frac{t^3}{12\sqrt{2}}\iint (\mathrm{i}\beta)^3\mathrm{e}^{\mathrm{i}\beta(\rho-\mathrm{i}\eta)}\mathrm{e}^{-\rho^2-\eta^2}\;|\rho+\mathrm{i}\eta\rangle\frac{\mathrm{d}\rho\mathrm{d}\eta}{\pi}\\
&- \frac{t^3}{4\sqrt{2}}\iint (\mathrm{i}\beta)^2\mathrm{e}^{\mathrm{i}\beta(\rho-\mathrm{i}\eta)}\mathrm{e}^{-\rho^2-\eta^2}(\rho-\mathrm{i}\eta)\;|\rho+\mathrm{i}\eta\rangle\frac{\mathrm{d}\rho\mathrm{d}\eta}{\pi}\\
&+ \frac{t^3}{4\sqrt{2}}\iint (\mathrm{i}\beta)\mathrm{e}^{\mathrm{i}\beta(\rho-\mathrm{i}\eta)}\mathrm{e}^{-\rho^2-\eta^2}(\rho-\mathrm{i}\eta)^2\;|\rho+\mathrm{i}\eta\rangle\frac{\mathrm{d}\rho\mathrm{d}\eta}{\pi}\\
&- \frac{t^3}{12\sqrt{2}}\iint \mathrm{e}^{\mathrm{i}\beta(\rho-\mathrm{i}\eta)}\mathrm{e}^{-\rho^2-\eta^2}(\rho-\mathrm{i}\eta)^3\;|\rho+\mathrm{i}\eta\rangle\frac{\mathrm{d}\rho\mathrm{d}\eta}{\pi}\\
&+ \frac{ft^4}{96}\iint \mathrm{e}^{\mathrm{i}\beta(\rho-\mathrm{i}\eta)}\mathrm{e}^{-\rho^2-\eta^2}(\rho-\mathrm{i}\eta)^4\;|\rho+\mathrm{i}\eta\rangle\frac{\mathrm{d}\rho\mathrm{d}\eta}{\pi}\\
&- \frac{ft^4}{24}\iint (\mathrm{i}\beta)\mathrm{e}^{\mathrm{i}\beta(\rho-\mathrm{i}\eta)}\mathrm{e}^{-\rho^2-\eta^2}(\rho-\mathrm{i}\eta)^3\;|\rho+\mathrm{i}\eta\rangle\frac{\mathrm{d}\rho\mathrm{d}\eta}{\pi}\\
&+ \frac{ft^4}{16}\iint (\mathrm{i}\beta)^2\mathrm{e}^{\mathrm{i}\beta(\rho-\mathrm{i}\eta)}\mathrm{e}^{-\rho^2-\eta^2}(\rho-\mathrm{i}\eta)^2\;|\rho+\mathrm{i}\eta\rangle\frac{\mathrm{d}\rho\mathrm{d}\eta}{\pi}\\
&- \frac{ft^4}{24}\iint (\mathrm{i}\beta)^3\mathrm{e}^{\mathrm{i}\beta(\rho-\mathrm{i}\eta)}\mathrm{e}^{-\rho^2-\eta^2}(\rho-\mathrm{i}\eta)\;|\rho+\mathrm{i}\eta\rangle\frac{\mathrm{d}\rho\mathrm{d}\eta}{\pi}\\
&+ \frac{ft^4}{96}\iint (\mathrm{i}\beta)^4\mathrm{e}^{\mathrm{i}\beta(\rho-\mathrm{i}\eta)}\mathrm{e}^{-\rho^2-\eta^2}\;|\rho+\mathrm{i}\eta\rangle\frac{\mathrm{d}\rho\mathrm{d}\eta}{\pi}\\
&- \frac{5ft^4}{48}\iint \mathrm{e}^{\mathrm{i}\beta(\rho-\mathrm{i}\eta)}\mathrm{e}^{-\rho^2-\eta^2}(\rho-\mathrm{i}\eta)^2\;|\rho+\mathrm{i}\eta\rangle\frac{\mathrm{d}\rho\mathrm{d}\eta}{\pi}\\
&+ \frac{3ft^4}{16}\iint (\mathrm{i}\beta)\mathrm{e}^{\mathrm{i}\beta(\rho-\mathrm{i}\eta)}\mathrm{e}^{-\rho^2-\eta^2}(\rho-\mathrm{i}\eta)\;|\rho+\mathrm{i}\eta\rangle\frac{\mathrm{d}\rho\mathrm{d}\eta}{\pi}\\
&- \frac{5ft^4}{48}\iint (\mathrm{i}\beta)^2\mathrm{e}^{\mathrm{i}\beta(\rho-\mathrm{i}\eta)}\mathrm{e}^{-\rho^2-\eta^2}\;|\rho+\mathrm{i}\eta\rangle\frac{\mathrm{d}\rho\mathrm{d}\eta}{\pi}\\
&+ \frac{11ft^4}{96}\iint \mathrm{e}^{\mathrm{i}\beta(\rho-\mathrm{i}\eta)}\mathrm{e}^{-\rho^2-\eta^2}\;|\rho+\mathrm{i}\eta\rangle\frac{\mathrm{d}\rho\mathrm{d}\eta}{\pi}\Bigg]\Bigg\}\\
&= N\mathrm{e}^{-\beta^2/2}\Bigg\{|\uparrow\rangle\Bigg\{\Bigg(1-\mathrm{i}t-\mathrm{i}f\beta t-\frac{\beta^2t^2}{4}-\frac{3t^2}{4}+\frac{f\beta^3t^3}{12\sqrt{2}}+\frac{\mathrm{i}t^3}{4}+\frac{\mathrm{i}\beta^2t^3}{6}\Bigg)\\
&\quad+\left(\frac{5\beta^2t^4}{48}+\frac{\beta^4t^4}{96}+\frac{11t^4}{96}\right)\left[\iint \mathrm{e}^{\mathrm{i}\beta(\rho-\mathrm{i}\eta)}\mathrm{e}^{-\rho^2-\eta^2}\;|\rho+\mathrm{i}\eta\rangle\frac{\mathrm{d}\rho\mathrm{d}\eta}{\pi}\right]\\
&\quad+\left(\sqrt{\frac{1}{2}}ft-\frac{\mathrm{i}\beta t^2}{2}-\frac{f\beta^2t^3}{4\sqrt{2}}-\frac{\beta t^3}{3}+\frac{\mathrm{i}\beta^3t^4}{24}+\frac{\mathrm{i}3\beta t^4}{16}\right)
\end{aligned}
$$

$$
\begin{aligned}
&\cdot\left[\iint e^{i\beta(\rho-i\eta)}e^{-\rho^2-\eta^2}(\rho-i\eta)\,|\rho+i\eta\rangle\frac{d\rho d\eta}{\pi}\right]\\
&+\left(\frac{t^2}{4}-\frac{i\beta t^3}{4\sqrt{2}}-\frac{it^3}{6}-\frac{\beta^2t^4}{16}-\frac{5t^4}{48}\right)\\
&\cdot\left[\iint e^{i\beta(\rho-i\eta)}e^{-\rho^2-\eta^2}(\rho-i\eta)^2\,|\rho+i\eta\rangle\frac{d\rho d\eta}{\pi}\right]\\
&+\left(\frac{ft^2}{12\sqrt{2}}-\frac{i\beta t^4}{24}\right)\left[\iint e^{i\beta(\rho-i\eta)}e^{-\rho^2-\eta^2}(\rho-i\eta)^3\,|\rho+i\eta\rangle\frac{d\rho d\eta}{\pi}\right]\\
&+\frac{t^4}{96}\left[\iint e^{i\beta(\rho-i\eta)}e^{-\rho^2-\eta^2}(\rho-i\eta)^4\,|\rho+i\eta\rangle\frac{d\rho d\eta}{\pi}\right]\Bigg\}\\
&+|\downarrow\rangle\Bigg\{\Bigg(f-ift-\frac{i\beta t}{\sqrt{2}}-\frac{f\beta^2t^2}{4}-\frac{3ft^2}{4}-\frac{if\beta^2t^3}{6}-\frac{ift^3}{4}\\
&-\frac{i\beta^3t^3}{12\sqrt{2}}+\frac{f\beta^4t^4}{96}+\frac{5f\beta^2t^4}{48}+\frac{11ft^4}{96}\Bigg)\\
&\cdot\left[\iint e^{i\beta(\rho-i\eta)}e^{-\rho^2-\eta^2}\,|\rho+i\eta\rangle\frac{d\rho d\eta}{\pi}\right]\\
&+\left(\sqrt{\frac{1}{2}}t-\frac{if\beta t^2}{2}+\frac{f\beta t^3}{3}+\frac{\beta^2t^3}{4\sqrt{2}}+\frac{if\beta^3t^4}{24}+\frac{i3f\beta t^4}{16}\right)\\
&\cdot\left[\iint e^{i\beta(\rho-i\eta)}e^{-\rho^2-\eta^2}(\rho-i\eta)\,|\rho+i\eta\rangle\frac{d\rho d\eta}{\pi}\right]\\
&+\left(\frac{ft^2}{4}+\frac{ift^3}{6}+\frac{i\beta t^3}{4\sqrt{2}}-\frac{f\beta^2t^4}{16}-\frac{5ft^4}{48}\right)\\
&\cdot\left[\iint e^{i\beta(\rho-i\eta)}e^{-\rho^2-\eta^2}(\rho-i\eta)^2\,|\rho+i\eta\rangle\frac{d\rho d\eta}{\pi}\right]\\
&+\left(\frac{ft^3}{12\sqrt{2}}-\frac{i\beta t^4}{24}\right)\left[\iint e^{i\beta(\rho-i\eta)}e^{-\rho^2-\eta^2}(\rho-i\eta)^3\,|\rho+i\eta\rangle\frac{d\rho d\eta}{\pi}\right]\\
&+\frac{ft^4}{16}\left[\iint e^{i\beta(\rho-i\eta)}e^{-\rho^2-\eta^2}(\rho-i\eta)^4\,|\rho+i\eta\rangle\frac{d\rho d\eta}{\pi}\right]\Bigg\}\Bigg\}
\end{aligned}
\tag{7.2.11}
$$

至此得到了系统在 t 时刻的态矢.

4. 速度随 t 的改变

(7.2.11)式已将$|t\rangle$求得,故$v(t)$为

$$
v(t)=\langle t|\sigma_x|t\rangle
$$

$$
\begin{aligned}
= & N^2 \mathrm{e}^{-\beta^2} 2\mathrm{Re}\Bigg\{\Bigg\{\Bigg(1 + \mathrm{i}t + \mathrm{i}\sqrt{\frac{1}{2}} f\beta t - \frac{\beta^2 t^2}{4} - \frac{3t^2}{4} + \frac{f\beta^3 t^3}{12\sqrt{2}} - \frac{\mathrm{i}t^3}{4} - \frac{\mathrm{i}\beta^2 t^3}{6} \\
& + \frac{5\beta^2 t^4}{48} + \frac{\beta^4 t^4}{96} + \frac{11t^4}{96}\Bigg)\left[\iint \mathrm{e}^{-\mathrm{i}\beta(\rho+\mathrm{i}\eta)} \mathrm{e}^{-\rho^2-\eta^2} \langle \rho + \mathrm{i}\eta \mid \rangle \frac{\mathrm{d}\rho \mathrm{d}\eta}{\pi}\right] \\
& + \left(\sqrt{\frac{1}{2}} ft + \frac{\mathrm{i}\beta t^2}{2} - \frac{f\beta^2 t^3}{4\sqrt{2}} - \frac{\mathrm{i}\beta^3 t^4}{24} - \frac{\mathrm{i}3\beta t^4}{16} - \frac{\beta t^3}{3}\right) \\
& \cdot \left[\iint \mathrm{e}^{-\mathrm{i}\beta(\rho+\mathrm{i}\eta)} \mathrm{e}^{-\rho^2-\eta^2} (\rho + \mathrm{i}\eta) \langle \rho + \mathrm{i}\eta \mid \frac{\mathrm{d}\rho \mathrm{d}\eta}{\pi}\right] \\
& + \left(\frac{t^2}{4} + \frac{\mathrm{i}f\beta t^3}{4\sqrt{2}} + \frac{\mathrm{i}t^3}{6} - \frac{\beta^2 t^4}{16} - \frac{5t^4}{48}\right) \\
& \cdot \left[\iint \mathrm{e}^{-\mathrm{i}\beta(\rho+\mathrm{i}\eta)} \mathrm{e}^{-\rho^2-\eta^2} (\rho + \mathrm{i}\eta)^2 \langle \rho + \mathrm{i}\eta \mid \frac{\mathrm{d}\rho \mathrm{d}\eta}{\pi}\right] \\
& + \left(\frac{ft^2}{12\sqrt{2}} + \frac{\mathrm{i}\beta t^4}{24}\right)\left[\iint \mathrm{e}^{-\mathrm{i}\beta(\rho+\mathrm{i}\eta)} \mathrm{e}^{-\rho^2-\eta^2} (\rho + \mathrm{i}\eta)^3 \langle \rho + \mathrm{i}\eta \mid \rangle \frac{\mathrm{d}\rho \mathrm{d}\eta}{\pi}\right] \\
& + \frac{t^4}{96}\left[\iint \mathrm{e}^{-\mathrm{i}\beta(\rho+\mathrm{i}\eta)} \mathrm{e}^{-\rho^2-\eta^2} (\rho + \mathrm{i}\eta)^4 \langle \rho + \mathrm{i}\eta \mid \frac{\mathrm{d}\rho \mathrm{d}\eta}{\pi}\right]\Bigg\} \\
& \cdot \Bigg\{\Bigg(f - \mathrm{i}ft - \frac{\mathrm{i}\beta t}{\sqrt{2}} - \frac{f\beta^2 t^2}{4} - \frac{3ft^2}{4} - \frac{\mathrm{i}f\beta^2 t^3}{6} - \frac{\mathrm{i}ft^3}{4} \\
& - \frac{\mathrm{i}\beta^3 t^3}{12\sqrt{2}} + \frac{f\beta^4 t^4}{96} + \frac{5f\beta^2 t^4}{48} + \frac{11ft^4}{96}\Bigg) \\
& \cdot \left[\iint \mathrm{e}^{\mathrm{i}\beta(\rho'-\mathrm{i}\eta')} \mathrm{e}^{-\rho'^2-\eta'^2} \mid \rho' + \mathrm{i}\eta' \rangle \frac{\mathrm{d}\rho' \mathrm{d}\eta'}{\pi}\right] \\
& + \left(\sqrt{\frac{1}{2}} t - \frac{\mathrm{i}f\beta t^2}{2} + \frac{f\beta t^3}{3} + \frac{\beta^2 t^3}{4\sqrt{2}} + \frac{\mathrm{i}f\beta^3 t^4}{24} + \frac{\mathrm{i}3f\beta t^4}{16}\right) \\
& \cdot \left[\iint \mathrm{e}^{\mathrm{i}\beta(\rho'-\mathrm{i}\eta')} \mathrm{e}^{-\rho'^2-\eta'^2} (\rho' - \mathrm{i}\eta') \mid \rho' + \mathrm{i}\eta' \rangle \frac{\mathrm{d}\rho' \mathrm{d}\eta'}{\pi}\right] \\
& + \left(\frac{ft^2}{4} + \frac{\mathrm{i}ft^3}{6} + \frac{\mathrm{i}\beta t^3}{4\sqrt{2}} - \frac{f\beta^2 t^4}{16} - \frac{5ft^4}{48}\right) \\
& \cdot \left[\iint \mathrm{e}^{\mathrm{i}\beta(\rho'-\mathrm{i}\eta')} \mathrm{e}^{-\rho'^2-\eta'^2} (\rho' - \mathrm{i}\eta')^2 \mid \rho' + \mathrm{i}\eta' \rangle \frac{\mathrm{d}\rho' \mathrm{d}\eta'}{\pi}\right] \\
& + \left(\frac{ft^3}{12\sqrt{2}} - \frac{\mathrm{i}\beta t^4}{24}\right)\left[\iint \mathrm{e}^{\mathrm{i}\beta(\rho'-\mathrm{i}\eta')} \mathrm{e}^{-\rho'^2-\eta'^2} (\rho' - \mathrm{i}\eta')^3 \mid \rho' + \mathrm{i}\eta' \rangle \frac{\mathrm{d}\rho' \mathrm{d}\eta'}{\pi}\right] \\
& + \frac{ft^4}{16}\left[\iint \mathrm{e}^{\mathrm{i}\beta(\rho'-\mathrm{i}\eta')} \mathrm{e}^{-\rho'^2-\eta'^2} (\rho' - \mathrm{i}\eta')^4 \mid \rho' + \mathrm{i}\eta' \rangle \frac{\mathrm{d}\rho' \mathrm{d}\eta'}{\pi}\right]\Bigg\}\Bigg\} \qquad (7.2.12)
\end{aligned}
$$

上式的积分一共有 25(5×5)项，这里不再一一列出它们如何积分，下面只列举一个例子：

$$\left(\iint e^{-i\beta(\rho+i\eta)} e^{-\rho^2-\eta^2} (\rho + i\eta)^2 \langle \rho + i\eta \mid \frac{d\rho d\eta}{\pi}\right)$$

$$\cdot \left(\iint e^{i\beta(\rho'-i\eta')} e^{-\rho'^2-\eta'^2} (\rho' - i\eta')^4 \mid \rho' + i\eta' \rangle \frac{d\rho' d\eta'}{\pi}\right)$$

$$= \iiiint e^{-i\beta(\rho+i\eta)} e^{-\rho^2-\eta^2} (\rho + i\eta)^2 \frac{d\rho d\eta}{\pi}$$

$$\cdot e^{i\beta(\rho'-i\eta')} e^{(\rho-i\eta)(\rho'+i\eta')} e^{-\rho'^2-\eta'^2} (\rho' - i\eta')^4 \frac{d\rho' d\eta'}{\pi}$$

$$= \iiiint e^{-i\beta(\rho+i\eta)} e^{-\rho^2-\eta^2} (\rho + i\eta)^2 \frac{d\rho d\eta}{\pi}$$

$$\cdot e^{-\left(\rho'-\frac{\rho-i\eta+i\beta}{2}\right)^2} e^{-\left(\eta'-\frac{\eta+i\rho+\beta}{2}\right)^2} e^{-i\beta(\rho-i\eta)} (\rho' - i\eta')^4 \frac{d\rho' d\eta'}{\pi}$$

$$= \iiiint e^{-i\beta(\rho+i\eta)} e^{i\beta(\rho-i\eta)} e^{-\rho^2-\eta^2} (\rho + i\eta)^2 \frac{d\rho d\eta}{\pi}$$

$$\cdot e^{-\rho_1^2-\eta_1^2} \left(\rho_1 - i\eta_1 + \frac{\rho - i\eta + i\beta}{2} - i\frac{\eta + i\rho + \beta}{2}\right)^4 \frac{d\rho_1 d\eta_1}{\pi}$$

$$= \iiiint e^{2\beta\eta} e^{-\rho^2-\eta^2} (\rho + i\eta)^2 \frac{d\rho d\eta}{\pi}$$

$$\cdot e^{-\rho_1^2-\eta_1^2} (\rho_1 - i\eta_1 + \rho - i\eta)^4 \frac{d\rho_1 d\eta_1}{\pi}$$

$$= \iiiint e^{2\beta\eta} e^{-\rho^2-\eta^2} (\rho + i\eta)^2 \frac{d\rho d\eta}{\pi}$$

$$\cdot e^{-\rho_1^2-\eta_1^2} \left[\sum_l^4 C_4^l (\rho_1 - i\eta_1)^l (\rho - i\eta)^{4-l} \frac{d\rho_1 d\eta_1}{\pi}\right]$$

$$= \iiiint e^{2\beta\eta} e^{-\rho^2-\eta^2} (\rho + i\eta)^2 \frac{d\rho d\eta}{\pi} e^{-\rho_1^2-\eta_1^2} (\rho - i\eta)^4 \frac{d\rho_1 d\eta_1}{\pi}$$

$$= \iint e^{-2\beta\eta} e^{-\rho^2-\eta^2} (\rho + i\eta)^2 (\rho - i\eta)^4 \frac{d\rho d\eta}{\pi}$$

$$= \iint e^{-\rho^2} e^{-(\rho-\beta)^2} e^{\beta^2} (\rho + i\eta)^2 (\rho - i\eta)^4 \frac{d\rho d\eta}{\pi}$$

$$= \iint e^{-\rho^2} e^{-\eta_2^2} e^{\beta^2} (\rho + i\eta_2 + i\beta)^2 (\rho - i\eta_2 - i\beta)^4 \frac{d\rho d\eta_2}{\pi}$$

$$= e^{\beta^2}\iint e^{-\rho^2}e^{-\eta_2^2}\left(\sum_{l_1}^{2}C_2^{l_1}(i\beta)^{2-l_1}(\rho+i\eta_2)^{l_1}\right)\left(C_4^{l_2}\sum_{l_2}^{4}(-i\beta)^{4-l_2}(\rho-i\eta_2)^{l_2}\right)\frac{d\rho d\eta_2}{\pi}$$

$$= e^{\beta^2}\iint e^{-\rho^2-\eta_2^2}\sum_{l}^{2}C_2^l C_4^l(\rho^2+\eta_2^2)^l(i\beta)^{2-l}(-i\beta)^{4-l}\frac{d\rho_2 d\eta_2}{\pi}$$

$$= e^{\beta^2}\sum_{l}^{2}C_2^l C_4^l \Pi(l)(\beta^2)^{2-l}(-i\beta)^2$$

$$= \beta^2 e^{\beta^2}\sum_{l}^{2}C_2^l C_4^l(\beta)^{4-2l}\Pi(l) \tag{7.2.13}$$

(7.2.12)式中其他24个积分都可按照上述做法一一积出，于是，(7.2.12)式就给出了 $m=4$ 阶的速度随 t 的变化规律.

7.3 二电子与单模场的自由量子激光系统的演化

为了不使计算过于繁复，但又能表现出多电子的一些特征，故以最简单的二电子为例，这时系统的哈密顿量表示为

$$H = \frac{\hat{p}_1^2}{2\bar{\rho}} + \frac{\hat{p}_2^2}{2\bar{\rho}} + i\lambda(a^\dagger e^{-i\theta_1} + a^\dagger e^{-i\theta_2} - a e^{i\theta_1} - a e^{i\theta_2}) - \delta_1 a^\dagger a \tag{7.3.1}$$

1. 电子算符变换

为了利用这里的求解方法，首先把两个电子的坐标动量算对变换成两对玻色的湮灭算符、产生算符对，即

$$\theta_1 = \sqrt{\frac{\varepsilon}{2}}(b_1 + b_1^\dagger),\quad p_1 = i\sqrt{\frac{1}{2\varepsilon}}(b_1^\dagger - b_1) \tag{7.3.2}$$

$$\theta_2 = \sqrt{\frac{\varepsilon}{2}}(b_2 + b_2^\dagger),\quad p_2 = i\sqrt{\frac{1}{2\varepsilon}}(b_2^\dagger - b_2) \tag{7.3.3}$$

需要指出的是，θ，p 是有量纲的量，b_i，$b_i^\dagger$ 是无量纲的量，故 ε 是具有$[L^2]$的量纲.

为简便计，取 $\hbar=1$. 于是，(7.2.2)式和(7.2.3)式满足：

$$[\theta_i, p_i] = i,\quad [b_i, b_i^\dagger] = 1 \tag{7.3.4}$$

可以选择标度使$\sqrt{\varepsilon}\ll 1$，关于(7.3.2)式和(7.3.3)式变换中的 ε，不论如何选定标度使 ε 可取任意的数值，对于系统的物理规律都是等效可行的.

由于$\sqrt{\varepsilon}$可选为$\sqrt{\varepsilon}\ll 1$，因此在做(7.2.2)式和(7.2.3)式的变换后可将 H 进一步简化为(在很好的近似下)

$$
\begin{aligned}
H = & -\frac{1}{4\bar{\rho}\varepsilon}(b_1^\dagger - b_1)^2 - \frac{1}{4\bar{\rho}\varepsilon}(b_2^2 - b_2)^2 - \delta_1 a^\dagger a \\
& + \mathrm{i}\lambda a^\dagger \mathrm{e}^{-\mathrm{i}\sqrt{\frac{\varepsilon}{2}}(b_1+b_1^\dagger)} + \mathrm{i}\lambda a^\dagger \mathrm{e}^{-\mathrm{i}\sqrt{\frac{\varepsilon}{2}}(b_2+b_2^\dagger)} \\
& - \mathrm{i}\lambda a \mathrm{e}^{\mathrm{i}\sqrt{\frac{\varepsilon}{2}}(b_1+b_1^\dagger)} - \mathrm{i}\lambda a \mathrm{e}^{\mathrm{i}\sqrt{\frac{\varepsilon}{2}}(b_2+b_2^\dagger)} \\
\cong & -\frac{1}{4\bar{\rho}\varepsilon}(b_1^\dagger - b_1)^2 - \frac{1}{4\bar{\rho}\varepsilon}(b_2^\dagger - b_2)^2 - \delta_1 a^\dagger a \\
& + \mathrm{i}\lambda a^\dagger\left[1 - \mathrm{i}\sqrt{\frac{\varepsilon}{2}}(b_1^\dagger + b_1) - \frac{\varepsilon}{4}(b_1 + b_1^\dagger)^2\right] \\
& + \mathrm{i}\lambda a^\dagger\left[1 - \mathrm{i}\sqrt{\frac{\varepsilon}{2}}(b_2^\dagger + b_2) - \frac{\varepsilon}{4}(b_2 + b_2^\dagger)^2\right] \\
& - \mathrm{i}\lambda a\left[1 + \mathrm{i}\sqrt{\frac{\varepsilon}{2}}(b_1 + b_1^\dagger) - \frac{\varepsilon}{4}(b_1 + b_1^\dagger)^2\right] \\
& - \mathrm{i}\lambda a\left[1 + \mathrm{i}\sqrt{\frac{\varepsilon}{2}}(b_2 + b_2^\dagger) - \frac{\varepsilon}{4}(b_2 + b_2^\dagger)^2\right]
\end{aligned}
\tag{7.3.5}
$$

2. H^m 的正规乘积表示

将 H^m 的正规乘积表示为

$$
H^m = \sum_{n_1 n_2 n_3 n_4 n_5 n_6} A_{n_1 n_2, n_3 n_4, n_5 n_6}^{(m)} (b_1^\dagger)^{n_1}(b_1)^{n_2}(b_2^\dagger)^{n_3}(b_2)^{n_4}(a^\dagger)^{n_5}(a)^{n_6} \tag{7.3.6}
$$

其中

$$
A_{00,00,10}^{(1)} = \mathrm{i}2\lambda, \quad A_{00,00,01}^{(1)} = -\mathrm{i}2\lambda, \quad A_{000000}^{(1)} = \frac{1}{2\bar{\rho}\varepsilon}
$$

$$
A_{200000}^{(1)} = A_{020000}^{(1)} = A_{002000}^{(1)} = A_{000200}^{(1)} = \frac{1}{4\bar{\rho}\varepsilon}
$$

$$
A_{000011}^{(1)} = -\delta_1
$$

$$
A_{100010}^{(1)} = A_{010010}^{(1)} = A_{001010}^{(1)} = A_{000110}^{(1)} = \sqrt{\frac{\varepsilon}{2}}\cdot\lambda
$$

$$
\begin{aligned}
&A^{(1)}_{100001} = A^{(1)}_{010001} = A^{(1)}_{001001} = A^{(1)}_{000101} = \lambda\sqrt{\frac{\varepsilon}{2}}\\
&A^{(1)}_{200010} = A^{(1)}_{020010} = A^{(1)}_{002010} = A^{(1)}_{000210} = -\mathrm{i}\frac{\lambda\varepsilon}{4}\\
&A^{(1)}_{110010} = A^{(1)}_{001110} = -\mathrm{i}\frac{\lambda\varepsilon}{2},\quad A^{(1)}_{000010} = -\mathrm{i}\frac{\lambda\varepsilon}{2}\\
&A^{(1)}_{100001} = A^{(1)}_{010001} = A^{(1)}_{001001} = A^{(1)}_{000101} = +\lambda\sqrt{\frac{\varepsilon}{2}}\\
&A^{(1)}_{200001} = A^{(1)}_{020001} = A^{(1)}_{002001} = A^{(1)}_{000201} = \mathrm{i}\frac{\lambda\varepsilon}{4}\\
&A^{(1)}_{110001} = A^{(1)}_{001101} = \mathrm{i}\frac{\lambda\varepsilon}{2},\quad A^{(1)}_{000001} = \mathrm{i}\frac{\lambda\varepsilon}{2}
\end{aligned}
\tag{7.3.7}
$$

其余的 $A^{(1)}_{n_1n_2n_3n_4n_5n_6}$ 均为零.

如$\{A^{(m)}_{n_1n_2n_3n_4n_5n_6}\}$已知,求$\{A^{(m+1)}_{n_1n_2n_3n_4n_5n_6}\}$.则

$$
\begin{aligned}
H^{(m+1)} &= \sum_{n_1n_2n_3n_4n_5n_6} A^{(m+1)}_{n_1n_2n_3n_4n_5n_6}(b_1^\dagger)^{n_1}(b_1)^{n_2}(b_2^\dagger)^{n_3}(b_2)^{n_4}(a^\dagger)^{n_5}(a)^{n_6}\\
&= H\cdot H^{(m)}\\
&= \Big[-\frac{1}{4\bar{\rho}\varepsilon}((b_1^\dagger)^2+(b_1)^2+(b_2^\dagger)^2+(b_2)^2)+\frac{1}{2\bar{\rho}\varepsilon}(b_1^\dagger b_1+b_2^\dagger b_2)\\
&\quad+\frac{1}{2\bar{\rho}\varepsilon}-\delta_1 a^\dagger a+\mathrm{i}\lambda\left(2-\frac{\varepsilon}{2}\right)a^\dagger-\mathrm{i}\lambda\left(2-\frac{\varepsilon}{2}\right)a\\
&\quad+\lambda\sqrt{\frac{\varepsilon}{2}}(a^\dagger b_1^\dagger+a^\dagger b_1+a^\dagger b_2^\dagger+a^\dagger b_2+ab_1^\dagger+ab_1+ab_2^\dagger+ab_2)\\
&\quad-\mathrm{i}\frac{\lambda\varepsilon}{4}(a^\dagger b_1^{\dagger 2}+a^\dagger b_1^2+2b_1^\dagger b_1 a^\dagger+b_2^{\dagger 2}a^\dagger+b_2^2a^\dagger+2b_2^\dagger b_2a^\dagger)\\
&\quad+\mathrm{i}\frac{\lambda\varepsilon}{4}(ab_1^{\dagger 2}+ab_1^2+2ab_1^\dagger b_1+ab_2^{\dagger 2}+ab_2^2+2ab_2^\dagger b_2)\Big]\\
&\quad\cdot\sum A^{(m)}_{n_1n_2n_3n_4n_5n_6}(b_1^\dagger)^{n_1}(b_1)^{n_2}(b_2^\dagger)^{n_3}(b_2)^{n_4}(a^\dagger)^{n_5}(a)^{n_6}\\
&= \sum_{n_1n_2n_3n_4n_5n_6} A^{(m)}_{n_1n_2n_3n_4n_5n_6}\Big[-\frac{1}{4\bar{\rho}\varepsilon}(b_1^\dagger)^{n_1+2}(b_1)^{n_2}(b_2^\dagger)^{n_3}(b_2)^{n_4}(a^\dagger)^{n_5}(a)^{n_6}\\
&\quad-\frac{1}{4\bar{\rho}\varepsilon}(b_1^\dagger)^{n_1}(b_1)^{n_2+2}(b_2^\dagger)^{n_3}(b_2)^{n_4}(a^\dagger)^{n_5}(a)^{n_6}\\
&\quad-\frac{n_1}{2\bar{\rho}\varepsilon}(b_1^\dagger)^{n_1-1}(b_1)^{n_2+1}(b_2^\dagger)^{n_3}(b_2)^{n_4}(a^\dagger)^{n_5}(a)^{n_6}
\end{aligned}
$$

$$
\begin{aligned}
&-\frac{n_1(n_1-1)}{4\bar{\rho}\varepsilon}(b_1^\dagger)^{n_1-2}(b_1)^{n_2}(b_2^\dagger)^{n_3}(b_2)^{n_4}(a^\dagger)^{n_5}(a)^{n_6}\\
&-\frac{1}{4\bar{\rho}\varepsilon}(b_1^\dagger)^{n_1}(b_1)^{n_2}(b_2^\dagger)^{n_3+2}(b_2)^{n_4}(a^\dagger)^{n_5}(a)^{n_6}\\
&-\frac{1}{4\bar{\rho}\varepsilon}(b_1^\dagger)^{n_1}(b_1)^{n_2}(b_2^\dagger)^{n_3}(b_2)^{n_4+2}(a^\dagger)^{n_5}(a)^{n_6}\\
&-\frac{n_3}{2\bar{\rho}\varepsilon}(b_1^\dagger)^{n_1}(b_1)^{n_2}(b_2^\dagger)^{n_3-1}(b_2)^{n_4+1}(a^\dagger)^{n_5}(a)^{n_6}\\
&-\frac{n_3(n_3-1)}{4\bar{\rho}\varepsilon}(b_1^\dagger)^{n_1}(b_1)^{n_2}(b_2^\dagger)^{n_3-2}(b_2)^{n_4}(a^\dagger)^{n_5}(a)^{n_6}\\
&+\frac{1}{2\bar{\rho}\varepsilon}(b_1^\dagger)^{n_1+1}(b_1)^{n_2+1}(b_2^\dagger)^{n_3}(b_2)^{n_4}(a^\dagger)^{n_5}(a)^{n_6}\\
&+\frac{n_1}{2\bar{\rho}\varepsilon}(b_1^\dagger)^{n_1}(b_1)^{n_2}(b_2^\dagger)^{n_3}(b_2)^{n_4}(a^\dagger)^{n_5}(a)^{n_6}\\
&+\frac{1}{2\bar{\rho}\varepsilon}(b_1^\dagger)^{n_1}(b_1)^{n_2}(b_2^\dagger)^{n_3+1}(b_2)^{n_4+1}(a^\dagger)^{n_5}(a)^{n_6}\\
&+\frac{n_3}{2\bar{\rho}\varepsilon}(b_1^\dagger)^{n_1}(b_1)^{n_2}(b_2^\dagger)^{n_3}(b_2)^{n_4}(a^\dagger)^{n_5}(a)^{n_6}\\
&+\frac{1}{2\bar{\rho}\varepsilon}(b_1^\dagger)^{n_1}(b_1)^{n_2}(b_2^\dagger)^{n_3}(b_2)^{n_4}(a^\dagger)^{n_5}(a)^{n_6}\\
&-\delta_1(b_1^\dagger)^{n_1}(b_1)^{n_2}(b_2^\dagger)^{n_3}(b_2)^{n_4}(a^\dagger)^{n_5+1}(a)^{n_6+1}\\
&-\delta_1 n_5(b_1^\dagger)^{n_1}(b_1)^{n_2}(b_2^\dagger)^{n_3}(b_2)^{n_4}(a^\dagger)^{n_5}(a)^{n_6}\\
&-\lambda\left(2-\frac{\varepsilon}{2}\right)(b_1^\dagger)^{n_1+1}(b_1)^{n_2}(b_2^\dagger)^{n_3}(b_2)^{n_4}(a^\dagger)^{n_5+1}(a)^{n_6}\\
&-\lambda\left(2-\frac{\varepsilon}{2}\right)(b_1^\dagger)^{n_1}(b_1)^{n_2}(b_2^\dagger)^{n_3}(b_2)^{n_4}(a^\dagger)^{n_5}(a)^{n_6+1}\\
&-\lambda n_5\left(2-\frac{\varepsilon}{2}\right)(b_1^\dagger)^{n_1}(b_1)^{n_2}(b_2^\dagger)^{n_3}(b_2)^{n_4}(a^\dagger)^{n_5-1}(a)^{n_6}\\
&+\lambda\sqrt{\frac{\varepsilon}{2}}(b_1^\dagger)^{n_1+1}(b_1)^{n_2}(b_2^\dagger)^{n_3}(b_2)^{n_4}(a^\dagger)^{n_5+1}(a)^{n_6}\\
&+\lambda\sqrt{\frac{\varepsilon}{2}}(b_1^\dagger)^{n_1}(b_1)^{n_2+1}(b_2^\dagger)^{n_3}(b_2)^{n_4}(a^\dagger)^{n_5+1}(a)^{n_6}\\
&+\lambda\sqrt{\frac{\varepsilon}{2}}n_1(b_1^\dagger)^{n_1-1}(b_1)^{n_2}(b_2^\dagger)^{n_3}(b_2)^{n_4}(a^\dagger)^{n_5+1}(a)^{n_6}
\end{aligned}
$$

$$+\lambda\sqrt{\frac{\varepsilon}{2}}(b_1^\dagger)^{n_1}(b_1)^{n_2}(b_2^\dagger)^{n_3+1}(b_2)^{n_4}(a^\dagger)^{n_5+1}(a)^{n_6}$$

$$+\lambda\sqrt{\frac{\varepsilon}{2}}(b_1^\dagger)^{n_1}(b_1)^{n_2}(b_2^\dagger)^{n_3}(b_2)^{n_4+1}(a^\dagger)^{n_5+1}(a)^{n_6}$$

$$+\lambda\sqrt{\frac{\varepsilon}{2}}(b_1^\dagger)^{n_1}(b_1)^{n_2}(b_2^\dagger)^{n_3-1}(b_2)^{n_4}(a^\dagger)^{n_5+1}(a)^{n_6}$$

$$+\lambda\sqrt{\frac{\varepsilon}{2}}(b_1^\dagger)^{n_1+1}(b_1)^{n_2}(b_2^\dagger)^{n_3}(b_2)^{n_4}(a^\dagger)^{n_5}(a)^{n_6+1}$$

$$+\lambda n_5\sqrt{\frac{\varepsilon}{2}}(b_1^\dagger)^{n_1+1}(b_1)^{n_2}(b_2^\dagger)^{n_3}(b_2)^{n_4}(a^\dagger)^{n_5-1}(a)^{n_6}$$

$$+\lambda\sqrt{\frac{\varepsilon}{2}}(b_1^\dagger)^{n_1}(b_1)^{n_2+1}(b_2^\dagger)^{n_3}(b_2)^{n_4}(a^\dagger)^{n_5}(a)^{n_6+1}$$

$$+\lambda\sqrt{\frac{\varepsilon}{2}}n_5(b_1^\dagger)^{n_1}(b_1)^{n_2+1}(b_2^\dagger)^{n_3}(b_2)^{n_4}(a^\dagger)^{n_5-1}(a)^{n_6}$$

$$+\lambda\sqrt{\frac{\varepsilon}{2}}n_1(b_1^\dagger)^{n_1-1}(b_1)^{n_2}(b_2^\dagger)^{n_3}(b_2)^{n_4}(a^\dagger)^{n_5}(a)^{n_6+1}$$

$$+\lambda\sqrt{\frac{\varepsilon}{2}}n_1n_5(b_1^\dagger)^{n_1-1}(b_1)^{n_2}(b_2^\dagger)^{n_3}(b_2)^{n_4}(a^\dagger)^{n_5-1}(a)^{n_6}$$

$$+\lambda\sqrt{\frac{\varepsilon}{2}}(b_1^\dagger)^{n_1}(b_1)^{n_2}(b_2^\dagger)^{n_3+1}(b_2)^{n_4}(a^\dagger)^{n_5}(a)^{n_6+1}$$

$$+\lambda\sqrt{\frac{\varepsilon}{2}}n_5(b_1^\dagger)^{n_1}(b_1)^{n_2}(b_2^\dagger)^{n_3+1}(b_2)^{n_4}(a^\dagger)^{n_5-1}(a)^{n_6}$$

$$+\lambda\sqrt{\frac{\varepsilon}{2}}(b_1^\dagger)^{n_1}(b_1)^{n_2}(b_2^\dagger)^{n_3}(b_2)^{n_4+1}(a^\dagger)^{n_5}(a)^{n_6+1}$$

$$+\lambda\sqrt{\frac{\varepsilon}{2}}n_5(b_1^\dagger)^{n_1}(b_1)^{n_2}(b_2^\dagger)^{n_3}(b_2)^{n_4+1}(a^\dagger)^{n_5-1}(a)^{n_6}$$

$$+\lambda\sqrt{\frac{\varepsilon}{2}}n_3(b_1^\dagger)^{n_1}(b_1)^{n_2}(b_2^\dagger)^{n_3-1}(b_2)^{n_4}(a^\dagger)^{n_5}(a)^{n_6+1}$$

$$+\lambda\sqrt{\frac{\varepsilon}{2}}n_3n_5(b_1^\dagger)^{n_1}(b_1)^{n_2}(b_2^\dagger)^{n_3-1}(b_2)^{n_4}(a^\dagger)^{n_5-1}(a)^{n_6}$$

$$-\mathrm{i}\frac{\lambda\varepsilon}{4}(b_1^\dagger)^{n_1+2}(b_1)^{n_2}(b_2^\dagger)^{n_3}(b_2)^{n_4}(a^\dagger)^{n_5+1}(a)^{n_6}$$

$$-\mathrm{i}\frac{\lambda\varepsilon}{4}(b_1^\dagger)^{n_1}(b_1)^{n_2+2}(b_2^\dagger)^{n_3}(b_2)^{n_4}(a^\dagger)^{n_5+1}(a)^{n_6}$$

$$- \mathrm{i}2n_1\frac{\lambda\varepsilon}{4}(b_1^\dagger)^{n_1-1}(b_1)^{n_2+1}(b_2^\dagger)^{n_3}(b_2)^{n_4}(a^\dagger)^{n_5+1}(a)^{n_6}$$

$$- \mathrm{i}n_1(n_1-1)\frac{\lambda\varepsilon}{4}(b_1^\dagger)^{n_1-2}(b_1)^{n_2}(b_2^\dagger)^{n_3}(b_2)^{n_4}(a^\dagger)^{n_5+1}(a)^{n_6}$$

$$- \mathrm{i}\frac{\lambda\varepsilon}{2}(b_1^\dagger)^{n_1+1}(b_1)^{n_2+1}(b_2^\dagger)^{n_3}(b_2)^{n_4}(a^\dagger)^{n_5+1}(a)^{n_6}$$

$$- \mathrm{i}\frac{\lambda\varepsilon}{2}n_1(b_1^\dagger)^{n_1}(b_1)^{n_2}(b_2^\dagger)^{n_3}(b_2)^{n_4}(a^\dagger)^{n_5+1}(a)^{n_6}$$

$$- \mathrm{i}\frac{\lambda\varepsilon}{2}(b_1^\dagger)^{n_1}(b_1)^{n_2}(b_2^\dagger)^{n_3+2}(b_2)^{n_4}(a^\dagger)^{n_5+1}(a)^{n_6}$$

$$- \mathrm{i}\frac{\lambda\varepsilon}{4}(b_1^\dagger)^{n_1}(b_1)^{n_2}(b_2^\dagger)^{n_3}(b_2)^{n_4+2}(a^\dagger)^{n_5+1}(a)^{n_6}$$

$$- \mathrm{i}\frac{\lambda\varepsilon}{2}n_3(b_1^\dagger)^{n_1}(b_1)^{n_2}(b_2^\dagger)^{n_3-1}(b_2)^{n_4+1}(a^\dagger)^{n_5+1}(a)^{n_6}$$

$$- \mathrm{i}\frac{\lambda\varepsilon}{4}n_3(n_3-1)(b_1^\dagger)^{n_1}(b_1)^{n_2}(b_2^\dagger)^{n_3-2}(b_2)^{n_4}(a^\dagger)^{n_5+1}(a)^{n_6}$$

$$- \mathrm{i}\frac{\lambda\varepsilon}{2}(b_1^\dagger)^{n_1}(b_1)^{n_2}(b_2^\dagger)^{n_3+1}(b_2)^{n_4+1}(a^\dagger)^{n_5+1}(a)^{n_6}$$

$$- \mathrm{i}n_3\frac{\lambda\varepsilon}{2}(b_1^\dagger)^{n_1}(b_1)^{n_2}(b_2^\dagger)^{n_3}(b_2)^{n_4}(a^\dagger)^{n_5+1}(a)^{n_6}$$

$$+ \mathrm{i}\frac{\lambda\varepsilon}{4}(b_1^\dagger)^{n_1+2}(b_1)^{n_2}(b_2^\dagger)^{n_3}(b_2)^{n_4}(a^\dagger)^{n_5}(a)^{n_6+1}$$

$$+ \mathrm{i}\frac{\lambda\varepsilon}{4}n_5(b_1^\dagger)^{n_1+2}(b_1)^{n_2}(b_2^\dagger)^{n_3}(b_2)^{n_4}(a^\dagger)^{n_5-1}(a)^{n_6}$$

$$+ \mathrm{i}\frac{\lambda\varepsilon}{4}(b_1^\dagger)^{n_1}(b_1)^{n_2+2}(b_2^\dagger)^{n_3}(b_2)^{n_4}(a^\dagger)^{n_5}(a)^{n_6+1}$$

$$+ \mathrm{i}2n_1\frac{\lambda\varepsilon}{4}(b_1^\dagger)^{n_1-1}(b_1)^{n_2+1}(b_2^\dagger)^{n_3}(b_2)^{n_4}(a^\dagger)^{n_5}(a)^{n_6+1}$$

$$+ \mathrm{i}n_1(n_1-1)\frac{\lambda\varepsilon}{4}(b_1^\dagger)^{n_1-2}(b_1)^{n_2}(b_2^\dagger)^{n_3}(b_2)^{n_4}(a^\dagger)^{n_5}(a)^{n_6+1}$$

$$+ \mathrm{i}n_5\frac{\lambda\varepsilon}{4}(b_1^\dagger)^{n_1}(b_1)^{n_2+2}(b_2^\dagger)^{n_3}(b_2)^{n_4}(a^\dagger)^{n_5-1}(a)^{n_6}$$

$$+ \mathrm{i}2n_1n_5\frac{\lambda\varepsilon}{4}(b_1^\dagger)^{n_1-1}(b_1)^{n_2+1}(b_2^\dagger)^{n_3}(b_2)^{n_4}(a^\dagger)^{n_5-1}(a)^{n_6}$$

$$+ \mathrm{i}n_1(n_1-1)n_5\frac{\lambda\varepsilon}{4}(b_1^\dagger)^{n_1-2}(b_1)^{n_2}(b_2^\dagger)^{n_3}(b_2)^{n_4}(a^\dagger)^{n_5-1}(a)^{n_6}$$

$$
\begin{aligned}
&+\mathrm{i}\frac{\lambda\varepsilon}{2}(b_1^\dagger)^{n_1+1}(b_1)^{n_2+1}(b_2^\dagger)^{n_3}(b_2)^{n_4}(a^\dagger)^{n_5}(a)^{n_6+1}\\
&+\mathrm{i}n_1\frac{\lambda\varepsilon}{2}(b_1^\dagger)^{n_1}(b_1)^{n_2}(b_2^\dagger)^{n_3}(b_2)^{n_4}(a^\dagger)^{n_5}(a)^{n_6+1}\\
&+\mathrm{i}n_5\frac{\lambda\varepsilon}{2}(b_1^\dagger)^{n_1+1}(b_1)^{n_2+1}(b_2^\dagger)^{n_3}(b_2)^{n_4}(a^\dagger)^{n_5-1}(a)^{n_6}\\
&+\mathrm{i}n_1n_5\frac{\lambda\varepsilon}{2}(b_1^\dagger)^{n_1}(b_1)^{n_2}(b_2^\dagger)^{n_3}(b_2)^{n_4}(a^\dagger)^{n_5-1}(a)^{n_6}\\
&+\mathrm{i}\frac{\lambda\varepsilon}{4}(b_1^\dagger)^{n_1}(b_1)^{n_2}(b_2^\dagger)^{n_3+2}(b_2)^{n_4}(a^\dagger)^{n_5}(a)^{n_6+1}\\
&+\mathrm{i}n_5\frac{\lambda\varepsilon}{4}(b_1^\dagger)^{n_1}(b_1)^{n_2}(b_2^\dagger)^{n_3+2}(b_2)^{n_4}(a^\dagger)^{n_5-1}(a)^{n_6}\\
&+\mathrm{i}\frac{\lambda\varepsilon}{4}(b_1^\dagger)^{n_1}(b_1)^{n_2}(b_2^\dagger)^{n_3}(b_2)^{n_4+2}(a^\dagger)^{n_5}(a)^{n_6+1}\\
&+\mathrm{i}2n_3\frac{\lambda\varepsilon}{4}(b_1^\dagger)^{n_1}(b_1)^{n_2}(b_2^\dagger)^{n_3-1}(b_2)^{n_4+1}(a^\dagger)^{n_5}(a)^{n_6+1}\\
&+\mathrm{i}n_3(n_3-1)\frac{\lambda\varepsilon}{4}(b_1^\dagger)^{n_1}(b_1)^{n_2}(b_2^\dagger)^{n_3-2}(b_2)^{n_4}(a^\dagger)^{n_5}(a)^{n_6+1}\\
&+\mathrm{i}n_5\frac{\lambda\varepsilon}{4}(b_1^\dagger)^{n_1}(b_1)^{n_2}(b_2^\dagger)^{n_3}(b_2)^{n_4+2}(a^\dagger)^{n_5-1}(a)^{n_6}\\
&+\mathrm{i}n_3n_5\frac{\lambda\varepsilon}{4}(b_1^\dagger)^{n_1}(b_1)^{n_2}(b_2^\dagger)^{n_3-1}(b_2)^{n_4+1}(a^\dagger)^{n_5-1}(a)^{n_6}\\
&+\mathrm{i}n_3(n_3-1)n_5\frac{\lambda\varepsilon}{4}(b_1^\dagger)^{n_1}(b_1)^{n_2}(b_2^\dagger)^{n_3-2}(b_2)^{n_4}(a^\dagger)^{n_5-1}(a)^{n_6}\\
&-\mathrm{i}\frac{\lambda\varepsilon}{4}(b_1^\dagger)^{n_1}(b_1)^{n_2}(b_2^\dagger)^{n_3+1}(b_2)^{n_4+1}(a^\dagger)^{n_5}(a)^{n_6+1}\\
&+\mathrm{i}\frac{\lambda\varepsilon}{4}n_3(b_1^\dagger)^{n_1}(b_1)^{n_2}(b_2^\dagger)^{n_3}(b_2)^{n_4}(a^\dagger)^{n_5}(a)^{n_6+1}\\
&+\mathrm{i}n_5\frac{\lambda\varepsilon}{4}(b_1^\dagger)^{n_1}(b_1)^{n_2}(b_2^\dagger)^{n_3+1}(b_2)^{n_4+1}(a^\dagger)^{n_5-1}(a)^{n_6}\\
&+\mathrm{i}n_3n_5\frac{\lambda\varepsilon}{4}(b_1^\dagger)^{n_1}(b_1)^{n_2}(b_2^\dagger)^{n_3}(b_2)^{n_4}(a^\dagger)^{n_5-1}(a)^{n_6}\Big]
\end{aligned}
\tag{7.3.8}
$$

比较(7.3.8)式两边的$(b_1^\dagger)^{n_1}(b_1)^{n_2}(b_2^\dagger)^{n_3}(b_2)^{n_4}(a^\dagger)^{n_5}(a)^{n_6}$，得

$$
\begin{aligned}
&A^{(m+1)}_{n_1n_2n_3n_4n_5n_6}\\
&=\left(\frac{n_1}{2\bar{\rho}\varepsilon}+\frac{n_3}{2\bar{\rho}\varepsilon}+\frac{1}{2\bar{\rho}\varepsilon}-\delta_1 n_5\right)A^{(m)}_{n_1n_2n_3n_4n_5n_6}\\
&\quad-\frac{1}{4\bar{\rho}\varepsilon}A^{(m)}_{n_1-2n_2n_3n_4n_5n_6}-\frac{1}{4\bar{\rho}\varepsilon}A^{(m)}_{n_1n_2-2n_3n_4n_5n_6}-\frac{n_1}{2\bar{\rho}\varepsilon}A^{(m)}_{n_1+1n_2-1n_3n_4n_5n_6}\\
&\quad-\frac{n_1(n_1-1)}{4\bar{\rho}\varepsilon}A^{(m)}_{n_1+2n_2n_3n_4n_5n_6}-\frac{1}{4\bar{\rho}\varepsilon}A^{(m)}_{n_1n_2n_3-2n_4n_5n_6}-\frac{1}{4\bar{\rho}\varepsilon}A^{(m)}_{n_1n_2n_3n_4-2n_5n_6}\\
&\quad-\frac{n_3}{2\bar{\rho}\varepsilon}A^{(m)}_{n_1n_2n_3+1n_4-1n_5n_6}-\frac{n_3(n_3-1)}{4\bar{\rho}\varepsilon}A^{(m)}_{n_1n_2n_3+2n_4n_5n_6}+\frac{1}{2\bar{\rho}\varepsilon}A^{(m)}_{n_1-1n_2-1n_3n_4n_5n_6}\\
&\quad+\frac{1}{2\bar{\rho}\varepsilon}A^{(m)}_{n_1n_2n_3-1n_4-1n_5n_6}-\delta_1A^{(m)}_{n_1n_2n_3n_4n_5-1n_6-1}-\lambda\left(2-\frac{\varepsilon}{2}\right)A^{(m)}_{n_1-1n_2n_3n_4n_5-1n_6}\\
&\quad-\lambda\left(2-\frac{\varepsilon}{2}\right)A^{(m)}_{n_1n_2n_3n_4n_5n_6-1}-\lambda n_5\left(2-\frac{\varepsilon}{2}\right)A^{(m)}_{n_1n_2n_3n_4n_5+1n_6}+\lambda\sqrt{\frac{\varepsilon}{2}}A^{(m)}_{n_1-1n_2n_3n_4n_5-1n_6}\\
&\quad+\lambda\sqrt{\frac{\varepsilon}{2}}A^{(m)}_{n_1n_2-1n_3n_4n_5-1n_6}+\lambda\sqrt{\frac{\varepsilon}{2}}n_1A^{(m)}_{n_1+1n_2n_3n_4n_5-1n_6}+\lambda\sqrt{\frac{\varepsilon}{2}}A^{(m)}_{n_1n_2n_3-1n_4n_5-1n_6}\\
&\quad+\lambda\sqrt{\frac{\varepsilon}{2}}A^{(m)}_{n_1n_2n_3n_4-1n_5-1n_6}+\lambda\sqrt{\frac{\varepsilon}{2}}n_3A^{(m)}_{n_1n_2n_3+1n_4n_5-1n_6}+\lambda\sqrt{\frac{\varepsilon}{2}}A^{(m)}_{n_1-1n_2n_3n_4n_5n_6-1}\\
&\quad+\lambda n_5\sqrt{\frac{\varepsilon}{2}}A^{(m)}_{n_1-1n_2n_3n_4n_5+1n_6}+\lambda\sqrt{\frac{\varepsilon}{2}}A^{(m)}_{n_1n_2-1n_3n_4n_5+1n_6}+\lambda n_1\sqrt{\frac{\varepsilon}{2}}A^{(m)}_{n_1+1n_2n_3n_4n_5n_6-1}\\
&\quad+\lambda n_1n_5\sqrt{\frac{\varepsilon}{2}}A^{(m)}_{n_1+1n_2n_3n_4n_5+1n_6}+\lambda\sqrt{\frac{\varepsilon}{2}}A^{(m)}_{n_1n_2n_3-1n_4n_5n_6-1}+\lambda n_5\sqrt{\frac{\varepsilon}{2}}A^{(m)}_{n_1n_2n_3-1n_4n_5+1n_6}\\
&\quad+\lambda\sqrt{\frac{\varepsilon}{2}}A^{(m)}_{n_1n_2n_3n_4-1n_5n_6-1}+\lambda n_5\sqrt{\frac{\varepsilon}{2}}A^{(m)}_{n_1n_2n_3n_4-1n_5+1n_6}+\lambda n_3\sqrt{\frac{\varepsilon}{2}}A^{(m)}_{n_1n_2n_3+1n_4n_5n_6-1}\\
&\quad+\lambda\sqrt{\frac{\varepsilon}{2}}n_3n_5A^{(m)}_{n_1n_2n_3+1n_4n_5+1n_6}-\frac{\mathrm{i}\lambda\varepsilon}{4}A^{(m)}_{n_1-2n_2n_3n_4n_5-1n_6}-\mathrm{i}\frac{\lambda\varepsilon}{4}A^{(m)}_{n_1n_2-2n_3n_4n_5-1n_6}\\
&\quad-\mathrm{i}2n_1\frac{\lambda\varepsilon}{4}A^{(m)}_{n_1+1n_2-1n_3n_4n_5-1n_6}-\mathrm{i}n_1(n_1-1)\frac{\lambda\varepsilon}{4}A^{(m)}_{n_1+2n_2n_3n_4n_5-1n_6}-\mathrm{i}\frac{\lambda\varepsilon}{2}A^{(m)}_{n_1-1n_2-1n_3n_4n_5-1n_6}\\
&\quad-\mathrm{i}\frac{\lambda\varepsilon}{2}n_1A^{(m)}_{n_1n_2n_3n_4n_5-1n_6}-\mathrm{i}\frac{\lambda\varepsilon}{2}A^{(m)}_{n_1n_2n_3-2n_4n_5-1n_6}-\mathrm{i}\frac{\lambda\varepsilon}{4}A^{(m)}_{n_1n_2n_3n_4-2n_5-1n_6}\\
&\quad-\mathrm{i}\frac{\lambda\varepsilon}{2}n_3A^{(m)}_{n_1n_2n_3+1n_4-1n_5-1n_6}-\mathrm{i}\frac{\lambda\varepsilon}{4}n_3(n_3-1)A^{(m)}_{n_1n_2n_3+2n_4n_5-1n_6}\\
&\quad-\mathrm{i}\frac{\lambda\varepsilon}{2}A^{(m)}_{n_1n_2n_3-1n_4-1n_5-1n_6}-\mathrm{i}n_3\frac{\lambda\varepsilon}{2}A^{(m)}_{n_1n_2n_3n_4n_5-1n_6}+\mathrm{i}\frac{\lambda\varepsilon}{4}A^{(m)}_{n_1-2n_2n_3n_4n_5n_6-1}
\end{aligned}
$$

$$+\mathrm{i}n_5\frac{\lambda\varepsilon}{4}A^{(m)}_{n_1-2n_2n_3n_4n_5+1n_6}+\mathrm{i}\frac{\lambda\varepsilon}{4}A^{(m)}_{n_1n_2-2n_3n_4n_5n_6-1}+\mathrm{i}n_1\frac{\lambda\varepsilon}{2}A^{(m)}_{n_1+1n_2-1n_3n_4n_5n_6-1}$$

$$+\mathrm{i}n_1(n_1-1)\frac{\lambda\varepsilon}{4}A^{(m)}_{n_1+2n_2n_3n_4n_5n_6-1}+\mathrm{i}n_5\frac{\lambda\varepsilon}{4}A^{(m)}_{n_1n_2-2n_3n_4n_5+1n_6}$$

$$+\mathrm{i}n_1n_5\frac{\lambda\varepsilon}{2}A^{(m)}_{n_1+1n_2-1n_3n_4n_5+1n_6}+\mathrm{i}n_1(n_1-1)n_5\frac{\lambda\varepsilon}{4}A^{(m)}_{n_1+2n_2n_3n_4n_5+1n_6}$$

$$+\mathrm{i}\frac{\lambda\varepsilon}{2}A^{(m)}_{n_1-1n_2-1n_3n_4n_5n_6-1}+\mathrm{i}n_1\frac{\lambda\varepsilon}{2}A^{(m)}_{n_1n_2n_3n_4n_5n_6-1}+\mathrm{i}n_5\frac{\lambda\varepsilon}{4}A^{(m)}_{n_1-1n_2-1n_3n_4n_5+1n_6}$$

$$+\mathrm{i}n_1n_5\frac{\lambda\varepsilon}{2}A^{(m)}_{n_1n_2n_3n_4n_5+1n_6}+\mathrm{i}\frac{\lambda\varepsilon}{4}A^{(m)}_{n_1n_2n_3-2n_4n_5n_6-1}+\mathrm{i}n_5\frac{\lambda\varepsilon}{4}A^{(m)}_{n_1n_2n_3-2n_4n_5+1n_6}$$

$$+\mathrm{i}\frac{\lambda\varepsilon}{4}A^{(m)}_{n_1n_2n_3n_4-2n_5n_6-1}+\mathrm{i}n_3\frac{\lambda\varepsilon}{4}A^{(m)}_{n_1n_2n_3+1n_4-1n_5n_6-1}+\mathrm{i}n_3(n_3-1)\frac{\lambda\varepsilon}{4}A^{(m)}_{n_1n_2n_3+2n_4n_5n_6-1}$$

$$+\mathrm{i}n_5\frac{\lambda\varepsilon}{4}A^{(m)}_{n_1n_2n_3n_4-2n_5+1n_6}+\mathrm{i}n_3n_5\frac{\lambda\varepsilon}{4}A^{(m)}_{n_1n_2n_3+1n_4-1n_5+1n_6}$$

$$+\mathrm{i}n_3(n_3-1)n_5\frac{\lambda\varepsilon}{4}A^{(m)}_{n_1n_2n_3+2n_4n_5+1n_6}+\mathrm{i}\frac{\lambda\varepsilon}{4}A^{(m)}_{n_1n_2n_3-1n_4-1n_5n_6-1}$$

$$+\mathrm{i}n_3\frac{\lambda\varepsilon}{4}A^{(m)}_{n_1n_2n_3n_4n_5n_6-1}+\mathrm{i}n_5\frac{\lambda\varepsilon}{4}A^{(m)}_{n_1n_2n_3-1n_4-1n_5+1n_6}+\mathrm{i}n_3n_5\frac{\lambda\varepsilon}{4}A^{(m)}_{n_1n_2n_3n_4n_5+1n_6}\tag{7.3.9}$$

按照(7.3.9)式的递推关系，从(7.3.7)式的$\{A^{(1)}_{n_1n_2n_3n_4n_4n_5n_6}\}$出发，即可得出所有的$\{A^{(m)}_{n_1n_2n_3n_4n_4n_5n_6}\}$.

3. 初始态

考虑到按照场容易制备的是相干态而不是 Fock 态，以及粒子取波包(对应于相干态)的形式，因此我们将初始态取为如下一般形式：

$$\begin{aligned}|t=0\rangle&=\left[\mathrm{e}^{-\frac{1}{2}(\alpha_1^2+\beta_1^2)}\mathrm{e}^{(\alpha_1^2+\beta_1^2)b_1^\dagger}|0\rangle\right]\left[\mathrm{e}^{-\frac{1}{2}(\alpha_2^2+\beta_2^2)}\mathrm{e}^{(\alpha_2^2+\beta_2^2)b_2^\dagger}|0\rangle\right]\left[\mathrm{e}^{-\frac{1}{2}(\alpha_3^2+\beta_3^2)}\mathrm{e}^{(\alpha_3^2+\beta_3^2)a^\dagger}|0\rangle\right]\\&=\left[\mathrm{e}^{-\frac{1}{2}(\alpha_1^2+\beta_1^2)}\iint\mathrm{e}^{(\alpha_1+\mathrm{i}\beta_1)(\rho_1-\mathrm{i}\eta_1)}\mathrm{e}^{-\rho_1^2-\eta_1^2}|\rho_1+\mathrm{i}\eta_1\rangle\frac{\mathrm{d}\rho_1\mathrm{d}\eta_1}{\pi}\right]\\&\quad\cdot\left[\mathrm{e}^{-\frac{1}{2}(\alpha_2^2+\beta_2^2)}\iint\mathrm{e}^{(\alpha_2+\mathrm{i}\beta_2)(\rho_2-\mathrm{i}\eta_2)}\mathrm{e}^{-\rho_2^2-\eta_2^2}|\rho_2+\mathrm{i}\eta_2\rangle\frac{\mathrm{d}\rho_2\mathrm{d}\eta_2}{\pi}\right]\\&\quad\cdot\left[\mathrm{e}^{-\frac{1}{2}(\alpha_3^2+\beta_3^2)}\iint\mathrm{e}^{(\alpha_3+\mathrm{i}\beta_3)(\rho_3-\mathrm{i}\eta_3)}\mathrm{e}^{-\rho_3^2-\eta_3^2}|\rho_3+\mathrm{i}\eta_3\rangle\frac{\mathrm{d}\rho_3\mathrm{d}\eta_3}{\pi}\right]\end{aligned}\tag{7.3.10}$$

(1) 粒子在初始时刻的位置及动量期待值

若粒子取相干态(讨论一个粒子为例)，即

$$|t=0\rangle = e^{-\frac{1}{2}(\alpha^2+\beta^2)} e^{(\alpha+i\beta)b^\dagger}|0\rangle \tag{7.3.11}$$

则初始时刻粒子的位置期待值为

$$\begin{aligned}
\bar{\theta}(t=0) &= \left\langle t=0 \left| \sqrt{\frac{\varepsilon}{2}}(b+b^\dagger) \right| t=0 \right\rangle \\
&= e^{-(\alpha^2+\beta^2)} \left\langle 0 \left| e^{(\alpha-i\beta)b} \sqrt{\frac{\varepsilon}{2}}(b+b^\dagger) e^{(\alpha+i\beta)b^\dagger} \right| 0 \right\rangle \\
&= e^{-(\alpha^2+\beta^2)} \sqrt{\frac{\varepsilon}{2}} \langle 0 | e^{(\alpha-i\beta)b} [(\alpha+i\beta)+(\alpha-i\beta)] e^{(\alpha+i\beta)b^\dagger} |0\rangle \\
&= e^{-(\alpha^2+\beta^2)} \sqrt{\frac{\varepsilon}{2}} (2\alpha) \langle 0 | e^{(\alpha-i\beta)b} e^{(\alpha+i\beta)b^\dagger} |0\rangle \\
&= e^{-(\alpha^2+\beta^2)} \sqrt{\frac{\varepsilon}{2}} 2\alpha \langle 0 | e^{(\alpha-i\beta)(\alpha+i\beta)} e^{(\alpha+i\beta)b^\dagger} |0\rangle \\
&= e^{-(\alpha^2+\beta^2)} \alpha \sqrt{2\varepsilon} e^{(\alpha^2+\beta^2)} \langle 0 | e^{(\alpha+i\beta)b^\dagger} |0\rangle \\
&= \alpha \sqrt{2\varepsilon}
\end{aligned} \tag{7.3.12}$$

(2) 位置涨落 $\Delta\theta$

$$\begin{aligned}
(\Delta\theta)^2 &= \langle t=0 | \frac{\varepsilon}{2}(b+b^\dagger)^2 | t=0 \rangle - [\bar{\theta}(t=0)]^2 \\
&= e^{-(\alpha^2+\beta^2)} \frac{\varepsilon}{2} \langle t=0 | (b^2+b^{\dagger 2}+2b^\dagger b+1) | t=0 \rangle \\
&= e^{-(\alpha^2+\beta^2)} \frac{\varepsilon}{2} \langle 0 | e^{(\alpha-i\beta)b} (b^2+b^{\dagger 2}+2b^\dagger b+1) e^{(\alpha+i\beta)b^\dagger} |0\rangle - [\bar{\theta}(t=0)]^2 \\
&= e^{-(\alpha^2+\beta^2)} \frac{\varepsilon}{2} \langle 0 | e^{(\alpha-i\beta)b} [(\alpha+i\beta)^2+(\alpha-i\beta)^2+2(\alpha-i\beta)(\alpha+i\beta)+1] \\
&\quad \cdot e^{(\alpha+i\beta)b^\dagger} |0\rangle - (\bar{\theta}(t=0))^2 \\
&= e^{-(\alpha^2+\beta^2)} \frac{\varepsilon}{2} (4\alpha^2+1) \langle 0 | e^{(\alpha-i\beta)b} e^{(\alpha+i\beta)b^\dagger} |0\rangle - (\bar{\theta}(t=0))^2 \\
&= e^{-(\alpha^2+\beta^2)} \frac{\varepsilon}{2} (4\alpha^2+1) e^{\alpha^2+\beta^2} - (\alpha\sqrt{2\varepsilon})^2 \\
&= \frac{\varepsilon}{2}
\end{aligned} \tag{7.3.13}$$

(3) 动量期待值

$$\bar{p}(t=0) = \left\langle t=0 \left| \left[i\sqrt{\frac{1}{2\varepsilon}}(b^\dagger - b) \right] \right| t=0 \right\rangle$$

$$= e^{-(\alpha^2+\beta^2)}\left(i\sqrt{\frac{1}{2\varepsilon}}\right)\langle 0 | e^{(\alpha-i\beta)b}(b^\dagger - b)e^{(\alpha+i\beta)b^\dagger} | 0\rangle$$

$$= e^{-(\alpha^2+\beta^2)}\left(i\sqrt{\frac{1}{2\varepsilon}}\right)[\alpha - i\beta - (\alpha + i\beta)]e^{\alpha^2+\beta^2}$$

$$= i\sqrt{\frac{1}{2\varepsilon}}(-2i\beta)$$

$$= \sqrt{\frac{2}{\varepsilon}}\beta \tag{7.3.14}$$

（4）动量涨落 Δp

$$(\Delta p)^2 = \langle t = 0 | \left[i\sqrt{\frac{1}{2\varepsilon}}(b^\dagger - b)\right]^2 | t = 0\rangle - [\bar{p}(t = 0)]^2$$

$$= e^{-(\alpha^2+\beta^2)}\left(-\frac{1}{2\varepsilon}\right)\langle 0 | e^{(\alpha-i\beta)b}(b^{\dagger 2} + b^2 - 2b^\dagger b - 1)e^{(\alpha+i\beta)b^\dagger} | 0\rangle - (\bar{p}(t = 0))^2$$

$$= e^{-(\alpha^2+\beta^2)}\left(-\frac{1}{2\varepsilon}\right)[(\alpha - i\beta)^2 + (\alpha + i\beta)^2 - 2(\alpha - i\beta)(\alpha + i\beta) - 1]$$

$$\cdot e^{\alpha^2+\beta^2} - [\bar{p}(t = 0)]^2$$

$$= \left(-\frac{1}{2\varepsilon}\right)(-4\beta^2 - 1) - \left(\sqrt{\frac{2}{\varepsilon}}\beta\right)^2$$

$$= \frac{1}{2\varepsilon} \tag{7.3.15}$$

从以上得到的结果可知，(α_1, β_1)及(α_2, β_2)选定后，即可分别求出两个粒子在开始时刻的位置和动量（速度）．首先，可选择初始时两个粒子相距较近、较远，速度基本一致，或后面的较慢一点（较快一点）；然后，计算演化在什么条件下产生聚束，在什么条件下产生反聚束，在什么条件下场增强，在什么条件下场减弱．

4．演化

$$H^m | t = 0\rangle = \left[\sum_{n_1 n_2 n_3 n_4 n_5 n_6} A^{(m)}_{n_1 n_2 n_3 n_4 n_5 n_6}(b_1^\dagger)^{n_1}(b_1)^{n_2}(b_2^\dagger)^{n_3}(b_2)^{n_4}(a^\dagger)^{n_5}(a)^{n_6}\right]$$

$$\cdot e^{-\frac{1}{2}(\alpha_1^2+\beta_1^2)}e^{-\frac{1}{2}(\alpha_2^2+\beta_2^2)}e^{-\frac{1}{2}(\alpha_3^2+\beta_3^2)}$$

$$\cdot \left[\iint e^{(\alpha_1+i\beta_1)(\rho_1-i\eta_1)}e^{-\rho_1^2-\eta_1^2} | \rho_1 + i\eta_1\rangle \frac{d\rho_1 d\eta_1}{\pi}\right]$$

$$\cdot \left[\iint e^{(\alpha_2+i\beta_2)(\rho_2-i\eta_2)}e^{-\rho_2^2-\eta_2^2} | \rho_2 + i\eta_2\rangle \frac{d\rho_2 d\eta_2}{\pi}\right]$$

$$
\cdot \left[\iint e^{(\alpha_3+i\beta_3)(\rho_3-i\eta_3)} e^{-\rho_3^2-\eta_3^2} \ |\rho_3+i\eta_3\rangle \frac{d\rho_3 d\eta_3}{\pi}\right]
$$

$$
= \sum_{n_1n_2n_3n_4n_5n_6} A^{(m)}_{n_1n_2n_3n_4n_5n_6} e^{-\frac{1}{2}(\alpha_1^2+\beta_1^2)} e^{-\frac{1}{2}(\alpha_2^2+\beta_2^2)} e^{-\frac{1}{2}(\alpha_3^2+\beta_3^2)}
$$

$$
\cdot \left[\iint (\alpha_1+i\beta_1)^{n_2} e^{(\alpha_1+i\beta_1)(\rho_1-i\eta_1)} e^{-\rho_1^2-\eta_1^2} (\rho_1-i\eta_1)^{n_1} \ |\rho_1+i\eta_1\rangle \frac{d\rho_1 d\eta_1}{\pi}\right]
$$

$$
\cdot \left[\iint (\alpha_2+i\beta_2)^{n_4} e^{(\alpha_2+i\beta_2)(\rho_2-i\eta_2)} e^{-\rho_2^2-\eta_2^2} (\rho_2-i\eta_2)^{n_3} \ |\rho_2+i\eta_2\rangle \frac{d\rho_2 d\eta_2}{\pi}\right]
$$

$$
\cdot \left[\iint (\alpha_3+i\beta_3)^{n_6} e^{(\alpha_3+i\beta_3)(\rho_3-i\eta_3)} e^{-\rho_3^2-\eta_3^2} (\rho_3-i\eta_3)^{n_5} \ |\rho_3+i\eta_3\rangle \frac{d\rho_3 d\eta_3}{\pi}\right] \tag{7.3.16}
$$

上面的最后一个等式用到第1章中的(1.6.21)式.

有了(7.3.16)式的结果,便可得到 t 时刻系统的态矢 $|t\rangle$ 为

$$
|t\rangle = \left[\sum_m \frac{(-it)^m}{m!} H^m\right] |t=0\rangle
$$

$$
= \sum_m \frac{(-it)^m}{m!} \sum_{n_1n_2n_3n_4n_5n_6} A^{(m)}_{n_1n_2n_3n_4n_5n_6} e^{-\frac{1}{2}(\alpha_1^2+\beta_1^2)} e^{-\frac{1}{2}(\alpha_2^2+\beta_2^2)} e^{-\frac{1}{2}(\alpha_3^2+\beta_3^2)}
$$

$$
\cdot \left[\iint (\alpha_1+i\beta_1)^{n_2} e^{(\alpha_1+i\beta_1)(\rho_1-i\eta_1)} e^{-\rho_1^2-\eta_1^2} (\rho_1-i\eta_1)^{n_1} \ |\rho_1+i\eta_1\rangle \frac{d\rho_1 d\eta_1}{\pi}\right]
$$

$$
\cdot \left[\iint (\alpha_2+i\beta_2)^{n_4} e^{(\alpha_2+i\beta_2)(\rho_2-i\eta_2)} e^{-\rho_2^2-\eta_2^2} (\rho_2-i\eta_2)^{n_3} \ |\rho_2+i\eta_2\rangle \frac{d\rho_2 d\eta_2}{\pi}\right]
$$

$$
\cdot \left[\iint (\alpha_3+i\beta_3)^{n_6} e^{(\alpha_3+i\beta_3)(\rho_3-i\eta_3)} e^{-\rho_3^2-\eta_3^2} (\rho_3-i\eta_3)^{n_5} \ |\rho_3+i\eta_3\rangle \frac{d\rho_3 d\eta_3}{\pi}\right] \tag{7.3.17}
$$

5. 物理结果

(1) 两个粒子是聚合的还是反聚的

首先,计算粒子1和粒子2随 t 改变的位置期待值,它们的差是 t 时刻两个粒子的间距;然后,和初始时刻两个粒子的间距做比较,就可知道随 t 演化时两个粒子的聚合(或反聚合)情况.

例如计算:

$$
\bar{\theta}_1(t) = \left\langle t \ \middle|\ \sqrt{\frac{\varepsilon}{2}}(b_1+b_1^\dagger) \ \middle|\ t \right\rangle
$$

$$= \sum_{m_1 m_2} \frac{(\mathrm{i}t)^{m_1}(-\mathrm{i}t)^{m_2}}{m_1!m_2!} \sum_{\substack{n_1 n_2 n_3 n_4 n_5 n_6 \\ n_1' n_2' n_3' n_4' n_5' n_6'}} A^{*(m_1)}_{n_1 n_2 n_3 n_4 n_5 n_6} A^{(m_2)}_{n_1' n_2' n_3' n_4' n_5' n_6'} \mathrm{e}^{-(\alpha_1^2+\beta_1^2)} \mathrm{e}^{-(\alpha_2^2+\beta_2^2)} \mathrm{e}^{-(\alpha_3^2+\beta_3^2)}$$

$$\cdot \left\{ \left[\iint (\alpha_1 - \mathrm{i}\beta_1)^{n_2} \mathrm{e}^{(\alpha_1 - \mathrm{i}\beta_1)(\rho_1 + \mathrm{i}\eta_1)} \mathrm{e}^{-\rho_1^2 - \eta_1^2} (\rho_1 + \mathrm{i}\eta_1)^{n_1} \langle \rho_1 + \mathrm{i}\eta_1 | \frac{\mathrm{d}\rho_1 \mathrm{d}\eta_1}{\pi} \right] \right.$$

$$\cdot \sqrt{\frac{\varepsilon}{2}} (b_1 + b_1^\dagger) \left[\iint (\alpha_1 + \mathrm{i}\beta_1)^{n_2'} \mathrm{e}^{(\alpha_1 + \mathrm{i}\beta_1)(\rho_1' - \mathrm{i}\eta_1')} \mathrm{e}^{-\rho_1'^2 - \eta_1'^2} (\rho_1' - \mathrm{i}\eta_1')^{n_1'} \right.$$

$$\left. \left. \cdot | \rho_1' + \mathrm{i}\eta_1' \rangle \frac{\mathrm{d}\rho_1' \mathrm{d}\eta_1'}{\pi} \right] \right\}$$

$$\cdot \left\{ \left[\iint (\alpha_2 - \mathrm{i}\beta_2)^{n_4} \mathrm{e}^{(\alpha_2 - \mathrm{i}\beta_2)(\rho_2 + \mathrm{i}\eta_2)} \mathrm{e}^{-\rho_2^2 - \eta_2^2} (\rho_2 + \mathrm{i}\eta_2)^{n_3} \langle \rho_2 + \mathrm{i}\eta_2 | \frac{\mathrm{d}\rho_2 \mathrm{d}\eta_2}{\pi} \right] \right.$$

$$\left. \cdot \left[\iint (\alpha_2 + \mathrm{i}\beta_2)^{n_4'} \mathrm{e}^{(\alpha_2 + \mathrm{i}\beta_2)(\rho_2' - \mathrm{i}\eta_2')} \mathrm{e}^{-\rho_2'^2 - \eta_2'^2} (\rho_2' - \mathrm{i}\eta_2')^{n_3'} | \rho_2' + \mathrm{i}\eta_2' \rangle \frac{\mathrm{d}\rho_2' \mathrm{d}\eta_2'}{\pi} \right] \right\}$$

$$\cdot \left\{ \left[\iint (\alpha_3 - \mathrm{i}\beta_3)^{n_6} \mathrm{e}^{(\alpha_3 - \mathrm{i}\beta_3)(\rho_3 + \mathrm{i}\eta_3)} \mathrm{e}^{-\rho_3^2 - \eta_3^2} (\rho_3 + \mathrm{i}\eta_3)^{n_5} \langle \rho_3 + \mathrm{i}\eta_3 | \frac{\mathrm{d}\rho_3 \mathrm{d}\eta_3}{\pi} \right] \right.$$

$$\left. \cdot \left[\iint (\alpha_3 + \mathrm{i}\beta_3)^{n_6'} \mathrm{e}^{(\alpha_3 + \mathrm{i}\beta_3)(\rho_3' - \mathrm{i}\eta_3')} \mathrm{e}^{-\rho_3'^2 - \eta_3'^2} (\rho_3' - \mathrm{i}\eta_3')^{n_5'} | \rho_3' + \mathrm{i}\eta_3' \rangle \frac{\mathrm{d}\rho_3' \mathrm{d}\eta_3'}{\pi} \right] \right\}$$

$$(7.3.18)$$

抽出(7.3.18)式中的3个不同积分来计算,则

$$\iiiint (\alpha_2 - \mathrm{i}\beta_2)^{n_4} (\alpha_2 + \mathrm{i}\beta_2)^{n_4'} \mathrm{e}^{(\alpha_2 - \mathrm{i}\beta_2)(\rho_2 + \mathrm{i}\eta_2)} \mathrm{e}^{-\rho_2^2 - \eta_2^2} (\rho_2 + \mathrm{i}\eta_2)^{n_3}$$

$$\cdot \mathrm{e}^{(\alpha_2 + \mathrm{i}\beta_2)(\rho_2' - \mathrm{i}\eta_2')} \mathrm{e}^{-\rho_2'^2 - \eta_2'^2} (\rho_2' - \mathrm{i}\eta_2')^{n_3'} \mathrm{e}^{(\rho_2 - \mathrm{i}\eta_2)(\rho_2' + \mathrm{i}\eta_2')} \frac{\mathrm{d}\rho_2 \mathrm{d}\eta_2 \mathrm{d}\rho_2' \mathrm{d}\eta_2'}{\pi^2}$$

$$= \mathrm{e}^{(\alpha_2^2 + \beta_2^2)} (\alpha_2 - \mathrm{i}\beta_2)^{n_4} (\alpha_2 + \mathrm{i}\beta_2)^{n_4'} \sum_{l}^{\min[n_3, n_3']} C_{n_3}^l C_{n_3'}^l (\alpha_2 + \beta^2)^{n_3} (\alpha_2 - \mathrm{i}\beta_2)^{n_3'} \Pi(l)$$

$$= \mathrm{e}^{(\alpha_2^2 + \beta_2^2)} (\alpha_2 - \mathrm{i}\beta_2)^{n_4 + n_3'} (\alpha_2 + \mathrm{i}\beta_2)^{n_3 + n_4'} \sum_{l}^{\min[n_3, n_3']} C_{n_3}^l C_{n_3'}^l \Pi(l) \qquad (7.3.19)$$

这一结果应用了(5.2.8)式的计算,因此这里不再重复计算的过程,直接将计算结果列出.

类似有

$$\iiiint (\alpha_3 - \mathrm{i}\beta_3)^{n_6} (\alpha_3 + \mathrm{i}\beta_3)^{n_6'} \mathrm{e}^{(\alpha_3 - \mathrm{i}\beta_3)(\rho_3 + \mathrm{i}\eta_3)} \mathrm{e}^{-\rho_3^2 - \eta_3^2} (\rho_3 + \mathrm{i}\eta_3)^{n_5}$$

$$\cdot \mathrm{e}^{(\alpha_3 + \mathrm{i}\beta_3)(\rho_3' - \mathrm{i}\eta_3')} \mathrm{e}^{-\rho_3'^2 - \eta_3'^2} (\rho_3' - \mathrm{i}\eta_3')^{n_5'} \mathrm{e}^{(\rho_3 - \mathrm{i}\eta_3)(\rho_3' + \mathrm{i}\eta_3')} \frac{\mathrm{d}\rho_3 \mathrm{d}\eta_3 \mathrm{d}\rho_3' \mathrm{d}\eta_3'}{\pi^2}$$

$$= e^{(\alpha_3^2+\beta_3^2)}(\alpha_3 - i\beta_3)^{n_6+n_5'}(\alpha_3 + i\beta_3)^{n_5+n_6'} \sum_{l}^{\min[n_5, n_5']} C_{n_5}^l C_{n_5'}^l \Pi(l) \tag{7.3.20}$$

$$\iiiint (\alpha_1 - i\beta_1)^{n_2} e^{(\alpha_1 - i\beta_1)(\rho_1 + i\eta_1)} e^{-\rho_1^2 - \eta_1^2} (\rho_1 + i\eta_1)^{n_1} \langle \rho_1 + i\eta_1 | \frac{d\rho_1 d\eta_1}{\pi}$$

$$\cdot b_1 (\alpha_1 + i\beta_1)^{n_2'} e^{(\alpha_1 + i\beta_1)(\rho_1' - i\eta_1')} e^{-\rho_1'^2 - \eta_1'^2} (\rho_1' - i\eta_1')^{n_1'} | \rho_1' + i\eta_1' \rangle \frac{d\rho_1' d\eta_1'}{\pi}$$

$$= \iiiint (\alpha_1 - i\beta_1)^{n_2} e^{(\alpha_1 - i\beta_1)(\rho_1 + i\eta_1)} e^{-\rho_1^2 - \eta_1^2} (\rho_1 + i\eta_1)^{n_1} \langle \rho_1 + i\eta_1 | \frac{d\rho_1 d\eta_1}{\pi}$$

$$\cdot (\alpha_1 + i\beta_1)^{n_2'} e^{(\alpha_1 + i\beta_1)(\rho_1' - i\eta_1')} e^{-\rho_1'^2 - \eta_1'^2} (\rho_1' - i\eta_1')^{n_1'} (\rho_1' + i\eta_1') | \rho_1' + i\eta_1' \rangle \frac{d\rho_1' d\eta_1'}{\pi}$$

$$= \iiiint (\alpha_1 - i\beta_1)^{n_2} (\alpha_1 + i\beta_1)^{n_2'} e^{(\alpha_1 - i\beta_1)(\rho_1 + i\eta_1)} e^{-\rho_1^2 - \eta_1^2} (\rho_1 + i\eta_1)^{n_1} \frac{d\rho_1 d\eta_1}{\pi}$$

$$\cdot e^{(\alpha_1 + i\beta_1)(\rho_1' - i\eta_1')} e^{(\rho_1 - i\eta_1)(\rho_1' + i\eta_1')} e^{-\rho_1'^2 - \eta_1'^2} (\rho_1' - i\eta_1')^{n_1'} (\rho_1' + i\eta_1') \frac{d\rho_1' d\eta_1'}{\pi}$$

$$= \iiiint (\alpha_1 - i\beta_1)^{n_2} (\alpha_1 + i\beta_1)^{n_2'} e^{(\alpha_1 - i\beta_1)(\rho_1 + i\eta_1)} e^{-\rho_1^2 - \eta_1^2} (\rho_1 + i\eta_1)^{n_1} \frac{d\rho_1 d\eta_1}{\pi}$$

$$\cdot e^{-\left(\rho_1' - \frac{\alpha_1 + i\beta_1 + \rho_1 - i\eta_1}{2}\right)^2} e^{-\left(\eta_1' - \frac{\beta_1 - i\alpha_1 + \eta_1 + i\rho_1}{2}\right)^2} e^{\frac{1}{4}(\alpha_1 + i\beta_1 + \rho - i\eta_1)^2}$$

$$\cdot e^{\frac{1}{4}(\beta_1 - i\alpha_1 + \rho_1 + i\eta_1)^2} (\rho_1' - i\eta_1')^{n_1'} (\rho_1' + i\eta_1') \frac{d\rho_1' d\eta_1'}{\pi}$$

$$= \iiiint (\alpha_1 - i\beta_1)^{n_2} (\alpha_1 + i\beta_1)^{n_2'} e^{(\alpha_1 - i\beta_1)(\rho_1 + i\eta_1)} e^{-\rho_1^2 - \eta_1^2} (\rho_1 + i\eta_1)^{n_1} \frac{d\rho_1 d\eta_1}{\pi}$$

$$\cdot e^{-\rho_1''^2 - \eta_1''^2} e^{(\alpha + i\beta)(\rho_1 - i\eta_1)} (\rho_1'' - i\eta_1'' + \rho_1 - i\eta_1)^{n_1'} (\rho_1'' + i\eta_1'' + \alpha_1 + i\beta_1) \frac{d\rho_1'' d\eta_1''}{\pi}$$

$$= \iiiint (\alpha_1 - i\beta_1)^{n_2} (\alpha_1 + i\beta_1)^{n_2'} e^{(\alpha_1 - i\beta_1)(\rho_1 + i\eta_1)} e^{-\rho_1^2 - \eta_1^2} (\rho_1 + i\eta_1)^{n_1} \frac{d\rho_1 d\eta_1}{\pi}$$

$$\cdot e^{(\alpha_1 + i\beta_1)(\rho_1 - i\eta_1)} e^{-\rho_1''^2 - \eta_1''^2} \left[\sum_{l}^{n_1'} C_{n_1'}^l (\rho_1 - i\eta_1)^{n_1' - l} (\rho_1'' - \eta_1'')^l \right]$$

$$\cdot (\rho_1'' + i\eta_1'' + \alpha_1 + i\beta_1) \frac{d\rho_1'' d\eta_1''}{\pi}$$

$$= \iiiint (\alpha_1 - i\beta_1)^{n_2} (\alpha_1 + i\beta_1)^{n_2'} e^{2\alpha\rho_1 + 2\beta\eta_1} e^{-\rho_1^2 - \eta_1^2} (\rho_1 + i\eta_1)^{n_1} \frac{d\rho_1 d\eta_1}{\pi}$$

$$\cdot e^{-\rho_1''^2 - \eta_1''^2} \left[C_{n_1'}^l (\rho_1''^2 + \eta_1''^2)(\rho_1 - i\eta_1)^{n_1' - 1} + C_{n_1'}^0 (\alpha_1 + i\beta_1)(\rho_1 - i\eta_1)^{n_1'} \right] \frac{d\rho_1'' d\eta_1''}{\pi}$$

$$= \iint (\alpha_1 - i\beta_1)^{n_2} (\alpha_1 + i\beta_1)^{n_2'} e^{2\alpha\rho_1 + 2\beta\eta_1} e^{-\rho_1^2 - \eta_1^2} (\rho_1 + i\eta_1)^{n_1} \frac{d\rho_1 d\eta_1}{\pi}$$

$$\cdot\left[n_1'(\rho_1-\mathrm{i}\eta_1)^{n_1'-1}\Pi(1)+(\alpha_1+\mathrm{i}\beta_1)(\rho_1-\mathrm{i}\eta_1)^{n_1'}\right]$$

$$=(\alpha_1-\mathrm{i}\beta_1)^{n_2}(\alpha_1+\mathrm{i}\beta_1)^{n_2'}\left[\iint n_1'\Pi(1)\right.$$

$$\cdot\,\mathrm{e}^{2\alpha\rho_1+2\beta\eta_1}\mathrm{e}^{-\rho_1^2-\eta_1^2}(\rho_1+\mathrm{i}\eta_1)^{n_1}(\rho_1-\mathrm{i}\eta_1)^{n_1'-1}\frac{\mathrm{d}\rho_1\mathrm{d}\eta_1}{\pi}$$

$$\left.+(\alpha_1+\mathrm{i}\beta_1)\iint\mathrm{e}^{2\alpha\rho_1+2\beta\eta_1}\mathrm{e}^{-\rho_1^2-\eta_1^2}(\rho_1+\mathrm{i}\eta_1)^{n_1}(\rho_1-\mathrm{i}\eta_1)^{n_1'}\frac{\mathrm{d}\rho_1\mathrm{d}\eta_1}{\pi}\right]$$

$$=(\alpha_1-\mathrm{i}\beta_1)^{n_2}(\alpha_1+\mathrm{i}\beta_1)^{n_2'}\left[n_1'\Pi(1)\iint\mathrm{e}^{(-\rho_1-\alpha_1)^2}\mathrm{e}^{-(\eta_1-\beta_1)^2}\right.$$

$$\cdot\,\mathrm{e}^{(\alpha_1^2+\beta_1^2)}(\rho_1+\mathrm{i}\eta_1)^{n_1}(\rho_1-\mathrm{i}\eta_1)^{n_1'-1}\frac{\mathrm{d}\rho_1\mathrm{d}\eta_1}{\pi}$$

$$\left.+(\alpha_1+\mathrm{i}\beta_1)\iint\mathrm{e}^{(-\rho_1-\alpha_1)^2}\mathrm{e}^{-(\eta_1-\beta_1)^2}\mathrm{e}^{(\alpha^2+\beta^2)}(\rho_1+\mathrm{i}\eta_1)^{n_1}(\rho_1-\mathrm{i}\eta_1)^{n_1'}\frac{\mathrm{d}\rho_1\mathrm{d}\eta_1}{\pi}\right]$$

$$=(\alpha_1-\mathrm{i}\beta_1)^{n_2}(\alpha_1+\mathrm{i}\beta_1)^{n_2'}\mathrm{e}^{\alpha_1^2+\beta_1^2}\left\{n_1'\Pi(1)\right.$$

$$\cdot\iint\mathrm{e}^{-\rho_1'^2-\eta_1'^2}(\rho_1'+\mathrm{i}\eta_1'+\alpha_1+\mathrm{i}\beta_1)^{n_1}(\rho_1'-\mathrm{i}\eta_1'+\alpha_1-\mathrm{i}\beta_1)^{n_1'-1}\frac{\mathrm{d}\rho_1'\mathrm{d}\eta_1'}{\pi}$$

$$+(\alpha_1+\mathrm{i}\beta_1)\iint\mathrm{e}^{-\rho_1'^2-\eta_1'^2}\left[\sum_{l_1}^{n_1}C_{n_1}^{l_1}(\alpha_1+\mathrm{i}\beta_1)^{n_1-l_1}(\rho_1'+\mathrm{i}\eta_1')^{l_1}\right]$$

$$\left.\cdot\left[\sum_{l_2}^{n_1'}(\rho'-\mathrm{i}\eta_1'+\alpha_1-\mathrm{i}\beta_1)^{n_1'}\right]\frac{\mathrm{d}\rho_1'\mathrm{d}\eta_1'}{\pi}\right\}$$

$$=(\alpha_1-\mathrm{i}\beta_1)^{n_2}(\alpha_1+\mathrm{i}\beta_1)^{n_2'}\mathrm{e}^{\alpha_1^2+\beta_1^2}$$

$$\cdot\left[\sum_{l}^{\min[n_1,n_1'-1]}C_{n_1}^{l}C_{n_1'-1}^{l}(\alpha_1+\mathrm{i}\beta)^{n_1-l}(\alpha_1-\mathrm{i}\beta)^{n_1'-1-l}\Pi(l)\right.$$

$$\left.+(\alpha_1+\mathrm{i}\beta_1)\sum_{l}^{\min[n_1,n_1'-1]}C_{n_1}^{l}C_{n_1'}^{l}(\alpha_1+\mathrm{i}\beta)^{n_1-l}(\alpha_1-\mathrm{i}\beta)^{n_1'-l}\Pi(l)\right]$$

$$=\mathrm{e}^{(\alpha_1^2+\beta_1^2)}\left[\sum_{l}^{\min[n_1,n_1'-1]}(\alpha_1-\mathrm{i}\beta_1)^{n_2+n_1'-1-l}(\alpha_1+\mathrm{i}\beta_1)^{n_1+n_2'-l}C_{n_1}^{l}C_{n_1'-1}^{l}\Pi(l)\right.$$

$$\left.+\sum_{l}^{\min[n_1,n_1']}(\alpha_1-\mathrm{i}\beta_1)^{n_2+n_1'-l}(\alpha_1+\mathrm{i}\beta_1)^{n_1+n_2'-l}C_{n_1}^{l}C_{n_1'}^{l}\Pi(l)\right]\tag{7.3.21}$$

$$\iiiint(\alpha_1-\mathrm{i}\beta_1)^{n_2}\mathrm{e}^{(\alpha_1-\mathrm{i}\beta_1)(\rho_1+\mathrm{i}\eta_1)}\mathrm{e}^{-\rho_1^2-\eta_1^2}(\rho_1+\mathrm{i}\eta_1)^{n_1}\langle\rho_1+\mathrm{i}\eta_1|\frac{\mathrm{d}\rho_1\mathrm{d}\eta_1}{\pi}$$

$$\cdot\,b_1^\dagger(\alpha_1+\mathrm{i}\beta_1)^{n_2'}\mathrm{e}^{(\alpha_1+\mathrm{i}\beta_1)(\rho_1'-\mathrm{i}\eta_1')}\mathrm{e}^{-\rho_1'^2-\eta_1'^2}(\rho'-\mathrm{i}\eta_1')^{n_1'}|\rho_1'+\mathrm{i}\eta_1'\rangle\frac{\mathrm{d}\rho_1'\mathrm{d}\eta_1'}{\pi}$$

$$= (\alpha_1 - i\beta_1)^{n_2}(\alpha_1 + i\beta_1)^{n_2'}\iiiint e^{(\alpha_1 - i\beta_1)(\rho_1 + i\eta_1)} e^{-\rho_1^2 - \eta_1^2}(\rho_1 + i\eta_1)^{n_1}(\rho_1 - i\eta_1)\langle \rho_1 + i\eta_1 |$$

$$\cdot e^{(\alpha_1 + i\beta_1)(\rho_1' - i\eta_1')} e^{-\rho_1'^2 - \eta_1'^2}(\rho' - i\eta_1')^{n_1'} e^{(\rho_1 - i\eta_1)(\rho_1' + i\eta_1')} \frac{d\rho_1 d\eta_1 d\rho_1' d\eta_1'}{\pi^2}$$

$$= (\alpha_1 - i\beta_1)^{n_2}(\alpha_1 + i\beta_1)^{n_2'}\iiiint e^{(\alpha_1 - i\beta_1)(\rho_1 + i\eta_1)} e^{-\rho_1^2 - \eta_1^2}(\rho_1 + i\eta_1)^{n_1}(\rho_1 - i\eta_1)$$

$$\cdot e^{-\left(\rho_1 - \frac{\alpha_1 + i\beta_1 + \rho_1 - i\eta_1}{2}\right)^2} e^{-\left(\eta_1 - \frac{\beta_1 - i\alpha_1 + \eta_1 + i\rho_1}{2}\right)^2} e^{(\alpha + i\beta)(\rho_1 - i\eta_1)}$$

$$\cdot (\rho_1'' - i\eta_1'' + \rho_1 - i\eta_1)^{n_1'} \frac{d\rho_1 d\eta_1 d\rho_1'' d\eta_1''}{\pi^2}$$

$$= (\alpha_1 - i\beta_1)^{n_2}(\alpha_1 + i\beta_1)^{n_2'}\iiiint e^{2\alpha_1\rho_1 + 2\beta_1\eta_1} e^{-\rho_1^2 - \eta_1^2}(\rho_1 + i\eta_1)^{n_1}(\rho_1 - i\eta_1)$$

$$\cdot e^{-\rho_1''^2 - \eta_1''^2}\left[\sum_l^{n_1'} C_{n_1'}^l (\rho_1 - i\eta_1)^{n_1' - l}(\rho_1'' - i\eta_1'')^l\right] \frac{d\rho_1 d\eta_1 d\rho_1'' d\eta_1''}{\pi^2}$$

$$= (\alpha_1 - i\beta_1)^{n_2}(\alpha_2 + i\beta_2)^{n_2'}\iiiint e^{2\alpha_1\rho_1 + 2\beta_1\eta_1} e^{-\rho_1^2 - \eta_1^2}(\rho_1 + i\eta_1)^{n_1}(\rho_1 - i\eta_1)$$

$$\cdot e^{-\rho_1''^2 - \eta_1''^2}(\rho_1 - i\eta_1)^{n_1'} \frac{d\rho_1 d\eta_1 d\rho_1'' d\eta_1''}{\pi^2}$$

$$= (\alpha_1 - i\beta_1)^{n_2}(\alpha_2 + i\beta_2)^{n_2'}\iiiint e^{-(\rho_1 - \alpha_1)^2} e^{-(\eta_1 - \beta_1)^2} e^{\alpha_1^2 + \beta_1^2}$$

$$\cdot (\rho_1 + i\eta_1)^{n_1}(\rho_1 - i\eta_1)^{n_1' + 1} \frac{d\rho_1 d\eta_1}{\pi}$$

$$= (\alpha_1 - i\beta_1)^{n_2}(\alpha_2 + i\beta_2)^{n_2'}\iiiint e^{\alpha_1^2 + \beta_1^2} e^{-\rho'^2 - \eta'^2}\left[\sum_{l_1}^{n_1} C_{n_1}^{l_1}(\rho' + i\eta')^{l_1}(\alpha_1 + i\beta_1)^{n_1 - l_1}\right]$$

$$\cdot \left[\sum_{l_2}^{n_1' + 1} C_{n_1' + 1}^{l_2}(\alpha_1 - i\beta_1)^{n_1' + 1 - l_2}(\rho' - i\eta')^{l_2}\right] \frac{d\rho' d\eta'}{\pi}$$

$$= (\alpha_1 - i\beta_1)^{n_2}(\alpha_2 + i\beta_2)^{n_2'} e^{\alpha_1^2 + \beta_1^2}\iiiint \sum_l^{\min[n_1, n_1' + 1]} C_{n_1}^l C_{n_1' + 1}^l (\alpha_1 + i\beta_1)^{n_1 - l}$$

$$\cdot (\alpha_1 - i\beta_1)^{n_1' + 1 - l} e^{-\rho'^2 - \eta'^2}(\rho'^2 + \eta'^2)^l \frac{d\rho' d\eta'}{\pi}$$

$$= (\alpha_1 - i\beta_1)^{n_2}(\alpha_2 + i\beta_2)^{n_2'} e^{(\alpha_1^2 + \beta_1^2)}(\alpha_1 + i\beta_1)^{n_1 - l}(\alpha_1 - i\beta_1)^{n_1' + 1 - l}$$

$$\cdot \sum_l^{\min[n_1, n_1' + 1]} C_{n_1}^l C_{n_1' + 1}^l \Pi(l)$$

$$= e^{(\alpha_1^2 + \beta_1^2)} \sum_l^{\min[n_1, n_1' + 1]} (\alpha_1 - i\beta_1)^{n_2 + n_1' + 1 - l}(\alpha_1 + i\beta_1)^{n_1 + n_2' - l}\Pi(l) \tag{7.3.22}$$

将(7.3.19)式～(7.3.22)式代入(7.3.17)式，得

$$\bar{\theta}_1(t)=\sum_{m_1 m_2}\frac{(\mathrm{i}t)^{m_1}(-\mathrm{i}t)^{m_2}}{m_1!m_2!}\sum_{\substack{n_1n_2n_3n_4n_5n_6\\ n_1'n_2'n_3'n_4'n_5'n_6'}}A^{*(m_1)}_{n_1n_2n_3n_4n_5n_6}A^{(m_2)}_{n_1'n_2'n_3'n_4'n_5'n_6'}\sqrt{\frac{\varepsilon}{2}}$$
$$\cdot\Big[\sum_{l}^{\min[n_1,n_1'-1]}(\alpha_1-\mathrm{i}\beta_1)^{n_2+n_1'-1-l}(\alpha_1+\mathrm{i}\beta_1)^{n_1+n_2'-l}C_{n_1}^{l}C_{n_1'-1}^{l}\Pi(l)$$
$$+\sum_{l}^{\min[n_1,n_1']}(\alpha_1-\mathrm{i}\beta_1)^{n_2+n_1'-l}(\alpha_1+\mathrm{i}\beta_1)^{n_1+n_2'-l}C_{n_1}^{l}C_{n_1'}^{l}\Pi(l)$$
$$+\sum_{l}^{\min[n_1,n_1'+1]}(\alpha_1-\mathrm{i}\beta_1)^{n_2+n_1'+1-l}(\alpha_1+\mathrm{i}\beta_1)^{n_1+n_2'-l}C_{n_1}^{l}C_{n_1'+1}^{l}\Pi(l)\Big]$$
$$\cdot\Big[(\alpha_2-\mathrm{i}\beta_2)^{n_4+n_3'}(\alpha_2+\mathrm{i}\beta_2)^{n_3+n_4'}\sum_{l}^{\min[n_3,n_3']}C_{n_3}^{l}C_{n_3'}^{l}\Pi(l)\Big]$$
$$\cdot\Big[(\alpha_3-\mathrm{i}\beta_3)^{n_6+n_5'}(\alpha_3+\mathrm{i}\beta_3)^{n_5+n_6'}\sum_{l}^{\min[n_5,n_5']}C_{n_5}^{l}C_{n_5'}^{l}\Pi(l)\Big]\tag{7.3.23}$$

类似有

$$\bar{\theta}_2(t)=\sum_{m_1 m_2}\frac{(\mathrm{i}t)^{m_1}(-\mathrm{i}t)^{m_2}}{m_1!m_2!}\sum_{\substack{n_1n_2n_3n_4n_5n_6\\ n_1'n_2'n_3'n_4'n_5'n_6'}}A^{*(m_1)}_{n_1n_2n_3n_4n_5n_6}A^{(m_2)}_{n_1'n_2'n_3'n_4'n_5'n_6'}\sqrt{\frac{\varepsilon}{2}}$$
$$\cdot\Big[(\alpha_1-\mathrm{i}\beta_1)^{n_2+n_1'}(\alpha_1+\mathrm{i}\beta_1)^{n_1+n_2'}\sum_{l}^{\min[n_1,n_1']}C_{n_1}^{l}C_{n_1'}^{l}\Pi(l)\Big]$$
$$\cdot\Big[\sum_{l}^{\min[n_3,n_3'-1]}(\alpha_2-\mathrm{i}\beta_2)^{n_4+n_3'-1-l}(\alpha_2+\mathrm{i}\beta_2)^{n_3+n_4'-l}C_{n_3}^{l}C_{n_3'-1}^{l}\Pi(l)$$
$$+\sum_{l}^{\min[n_3,n_3']}(\alpha_2-\mathrm{i}\beta_2)^{n_4+n_3'-l}(\alpha_2+\mathrm{i}\beta_2)^{n_3+n_4'-l}C_{n_3}^{l}C_{n_3'}^{l}\Pi(l)$$
$$+\sum_{l}^{\min[n_3,n_3'+1]}(\alpha_2-\mathrm{i}\beta_2)^{n_4+n_3'+1-l}(\alpha_2+\mathrm{i}\beta_2)^{n_3+n_4'-l}C_{n_3}^{l}C_{n_3'+1}^{l}\Pi(l)\Big]$$
$$\cdot\Big[(\alpha_3-\mathrm{i}\beta_3)^{n_6+n_5'}(\alpha_3+\mathrm{i}\beta_3)^{n_5+n_6'}\sum_{l}^{\min[n_5,n_5']}C_{n_5}^{l}C_{n_5'}^{l}\Pi(l)\Big]\tag{7.3.24}$$

则由(7.3.23)式和(7.3.24)式，便可得出两个粒子的间距随 t 的变化为

$$L(t)=\bar{\theta}_1(t)-\bar{\theta}_2(t)\tag{7.3.25}$$

(2) 场随 t 的增益的变化

场随 t 的增益的变化由下式决定：

$$
\begin{aligned}
\bar{n}(t) &= \langle t \mid a^{\dagger}a \mid t \rangle \\
&= \sum_{m_1 m_2} \frac{(\mathrm{i}t)^{m_1}(-\mathrm{i}t)^{m_2}}{m_1 ! m_2 !} \sum_{\substack{n_1 n_2 n_3 n_4 n_5 n_6 \\ n_1' n_2' n_3' n_4' n_5' n_6'}} A^{*(m_1)}_{n_1 n_2 n_3 n_4 n_5 n_6} A^{(m_2)}_{n_1' n_2' n_3' n_4' n_5' n_6'} \mathrm{e}^{-\frac{1}{2}(\alpha_1^2+\beta_1^2)} \mathrm{e}^{-\frac{1}{2}(\alpha_2^2+\beta_2^2)} \mathrm{e}^{-\frac{1}{2}(\alpha_3^2+\beta_3^2)} \\
&\quad \cdot \left\{ \left[\iint (\alpha_1 - \mathrm{i}\beta_1)^{n_2} \mathrm{e}^{(\alpha_1 - \mathrm{i}\beta_1)(\rho_1 + \mathrm{i}\eta_1)} \mathrm{e}^{-\rho_1^2 - \eta_1^2} (\rho_1 + \mathrm{i}\eta_1)^{n_1} \langle \rho_1 + \mathrm{i}\eta_1 \mid \frac{\mathrm{d}\rho_1 \mathrm{d}\eta_1}{\pi} \right] \right. \\
&\quad \cdot \left. \left[\iint (\alpha_1 + \mathrm{i}\beta_1)^{n_2'} \mathrm{e}^{(\alpha_1 + \mathrm{i}\beta_1)(\rho_1' - \mathrm{i}\eta_1')} \mathrm{e}^{-\rho_1'^2 - \eta_1'^2} (\rho_1' - \mathrm{i}\eta_1')^{n_1'} \mid \rho_1' + \mathrm{i}\eta_1' \rangle \frac{\mathrm{d}\rho_1' \mathrm{d}\eta_1'}{\pi} \right] \right\} \\
&\quad \cdot \left\{ \left[\iint (\alpha_2 - \mathrm{i}\beta_2)^{n_4} \mathrm{e}^{(\alpha_2 - \mathrm{i}\beta_2)(\rho_2 + \mathrm{i}\eta_2)} \mathrm{e}^{-\rho_2^2 - \eta_2^2} (\rho_2 + \mathrm{i}\eta_2)^{n_3} \langle \rho_2 + \mathrm{i}\eta_2 \mid \frac{\mathrm{d}\rho_2 \mathrm{d}\eta_2}{\pi} \right] \right. \\
&\quad \cdot \left. \left[\iint (\alpha_2 + \mathrm{i}\beta_2)^{n_4'} \mathrm{e}^{(\alpha_2 + \mathrm{i}\beta_2)(\rho_2' - \mathrm{i}\eta_2')} \mathrm{e}^{-\rho_2'^2 - \eta_2'^2} (\rho_2' - \mathrm{i}\eta_2') \mid \rho_2' + \mathrm{i}\eta_2' \rangle \frac{\mathrm{d}\rho_2' \mathrm{d}\eta_2'}{\pi} \right] \right\} \\
&\quad \cdot \left\{ \left[\iint (\alpha_3 - \mathrm{i}\beta_3)^{n_6} \mathrm{e}^{(\alpha_3 - \mathrm{i}\beta_3)(\rho_3 + \mathrm{i}\eta_3)} \mathrm{e}^{-\rho_3^2 - \eta_3^2} (\rho_3 + \mathrm{i}\eta_3)^{n_5} \langle \rho_3 + \mathrm{i}\eta_3 \mid \frac{\mathrm{d}\rho_3 \mathrm{d}\eta_3}{\pi} \right] \right. \\
&\quad \cdot \left. a^{\dagger}a \left[\iint (\alpha_3 + \mathrm{i}\beta_3)^{n_6'} \mathrm{e}^{(\alpha_3 + \mathrm{i}\beta_3)(\rho_3' - \mathrm{i}\eta_3')} \mathrm{e}^{-\rho_3'^2 - \eta_3'^2} (\rho_3' - \mathrm{i}\eta_3')^{n_5'} \mid \rho_3' + \mathrm{i}\eta_3' \rangle \frac{\mathrm{d}\rho_3' \mathrm{d}\eta_3'}{\pi} \right] \right\} \\
&= \sum_{m_1 m_2} \frac{(\mathrm{i}t)^{m_1}(-\mathrm{i}t)^{m_2}}{m_1 ! m_2 !} \sum_{\substack{n_1 n_2 n_3 n_4 n_5 n_6 \\ n_1' n_2' n_3' n_4' n_5' n_6'}} A^{*(m_1)}_{n_1 n_2 n_3 n_4 n_5 n_6} A^{(m_2)}_{n_1' n_2' n_3' n_4' n_5' n_6'} \\
&\quad \cdot \left[(\alpha_1 - \mathrm{i}\beta_1)^{n_2 + n_1'} (\alpha_1 + \mathrm{i}\beta_1)^{n_1 + n_2'} \sum_{l}^{\min[n_1, n_1']} C_{n_1}^{l} C_{n_1'}^{l} \Pi(l) \right] \\
&\quad \cdot \left[(\alpha_2 - \mathrm{i}\beta_2)^{n_4 + n_3'} (\alpha_1 + \mathrm{i}\beta_1)^{n_3 + n_4'} \sum_{l}^{\min[n_3, n_3']} C_{n_3}^{l} C_{n_3'}^{l} \Pi(l) \right] \\
&\quad \cdot \left[n_5' \Pi(1) \sum_{l}^{\min[n_5, n_5']} C_{n_5}^{l} C_{n_5'}^{l} (\alpha_3 + \mathrm{i}\beta_3)^{n_5 - l} (\alpha_3 - \mathrm{i}\beta_3)^{n_5' - l} \Pi(l) \right. \\
&\quad \left. + \sum_{l}^{\min[n_5, n_5'+1]} C_{n_5}^{l} C_{n_5'+1}^{l} (\alpha_3 + \mathrm{i}\beta_3)^{n_5 + 1 - l} (\alpha_3)(\alpha_3 - \mathrm{i}\beta_3)^{n_6} (\alpha_3 + \mathrm{i}\beta_3)^{n_6'} \right]
\end{aligned}
\tag{7.3.26}
$$

上式直接利用了(5.2.7)式和(5.2.8)式的结果，由(7.3.26)式便可算出场随着 t 的变化是增益的还是减少的.

第 8 章

双势阱中的势垒穿透

8.1 引言

在这里，和其他章不同，我们首先要谈的是本章内容中的特殊含义，主要包括两个方面：第一个方面，本章和其他章在方法论方面是一样的，用相干态展开法计算双势阱中粒子的势垒穿透问题；第二个方面，本章包含对量子理论框架下"粒子"概念的探讨，因此第二个方面的内容具有一种探讨的性质. 在应用相干态展开法计算上是没有什么疑问的，但由于对"粒子"这一概念的理解不同于传统的观点，会出现对同一问题的两个不同的演化过程，因此在阅读本章时要清楚地记住这点. 为此，在本章的开始，我们要用一些篇幅来谈一下对传统"微观粒子"的概念进行的一些剖析，以及提出的一些新想法.

首先我们回顾一下，宏观物理中的粒子概念是如何引申到微观物理中来的. 在描述宏观世界的经典力学所讨论的问题中，如果物体的尺度比问题关心的尺度小很多，便把物体抽象为没有空间上延展的客体而引入质点的概念，即把问题中的物体考虑成一组质点，这一组质点与外界的作用，以及它们之间的相互作用的动力学构成了质点力学．这一概念在进入对微观世界的探讨时被沿用过来．描述微观世界的量子理论中的一个出发点是，人们在不经意中自然而然地认为微观世界的物质的基本单元是点粒子，虽然从这个角度看，宏观物理和微观物理的"粒子"概念是相同的，但实际上两者存在一个显著的不同之处，就是微观粒子服从于全同性原理，在宏观物理中却没有．粗略地讲，在宏观世界里，如一个树林，我们可以清楚地分辨出它是由一棵一棵不同的树构成的，原因是我们清楚地知道找不到两棵完全相同的树，是可以识别的．又如一群猫在一起，我们不仅能数清楚，亦能分辨出不同的猫．因为它们或多或少具有各自的特点，不会让我们完全无法分辨．于是，我们为了更好地分辨它们便可以对它们进行准确的识别，例如对它们编号．不过我们也许会想，如果尽我们所能，制造出一批外观及大小完全相同的球，让你根本无法分辨，那么这批球尽管仍有可数性(计数)，但没有识别性，可是在宏观世界里对这批球仍可实现对它们的识别，理由是每个球总有它在空间中的位置，我们可以按照它们的不同位置识别它们，而且这些球即使运动起来，它们的运动轨迹也不会产生交叉，所以排序以后，识别性亦会保持下去．如何得来这样的结论，仔细想一下，其原因是虽然球的特性完全相同，但如果我们把球的空间位置加入到球的特性中，则它们的特性仍然是各不相同的．综上所述，我们可以说，在宏观世界里任何近似同类的单体集合，由于个别单体的特性总是不完全相同的，因此该集合中单体的可数性(计数)和识别性(标示)都会得到保证．

当我们从宏观世界转向微观世界时，认为物质是由一些物质的微小基元所构成的，虽然这些基元有不同的类别，但对同一类的基元来说，自然认为它们的物理特性是完全相同的，也就是说，它们具有可计数性，但不具有可标示的识别性．我们不禁要问：我们是否亦可以如宏观物理中那样，用添加空间的位置来区别它们进而实现对它们的识别？实际上在微观世界里是做不到的，原因是微观粒子存在的物理状态不是在一个几何点上，它总是以一个波包的形式存在．因此，当两个粒子的波包有交叠时，是无法识别的．其次是在演化中粒子不是在一个确定的轨道上运动，它们在初始时刻可以分别居于相隔较远的两个波包中，但在演化后亦会发生两个波包间很大程度上的交叠，这就是说在微观粒子的情形下依靠添加空间位置来形成微观粒子的可识别性是行不通的．

上面做了微观物理中粒子概念的分析，并把它和原来的宏观物理中的粒子概念做了比较．现在把上述讨论与现有描述微观物理的量子理论中的多粒子体系的基本原理做一对照．我们知道现有量子理论关于多粒子体系有两个基本原理：一是全同性原理；二是泡利的不相容原理．这两个原理导致量子的多体系统具有如下性质：对于自旋为整数的玻色子多体系，两粒子在其中互换时态矢（或波函数）不变；对于自旋为半整数的费米子多体系统，两粒子在其中互换时态矢（或波函数）变号.这样的论断自然已经包含了对于微观多粒子体系可以将其中的单个粒子排序的看法，然而我们在对宏观世界的多粒子体系的剖析中，已经清楚地看到在宏观世界里性质完全相同的个体（粒子）只有可数性，并无标志性（排序），但我们可以根据它们的空间位置不同来识别，而在微观世界里是无法做到这点的.因此，长期以来在量子理论中把多体系统中的粒子进行标志的做法，按照前面的分析便出现了不协调的矛盾.

除了这里提出的微观世界里完全相同的粒子的多体系统认为系统中的粒子具有可识别性，与微观粒子的概率分布的存在不协调外，下面我们再用一个具体的例子来说明它还会导致什么样的难题.为简单计，我们考虑一个一维的二体系统，这个系统的波函数（的模）如图 8.1.1 所示.它由两个不同的波包组成，按照现有的理论，这样的二体系统的状态的态矢可表示为

$$|\rangle = \frac{1}{\sqrt{2}}(|1\rangle_{左}|2\rangle_{右} \pm |2\rangle_{左}|1\rangle_{右}) \tag{8.1.1}$$

上式中，$|1\rangle_{左}$，$|1\rangle_{右}$，$|2\rangle_{左}$，$|2\rangle_{右}$分别表示左方及右方两个波包的单粒子态矢，态矢中的 1、2 表示是第一个粒子还是第二个粒子，其中的 +、- 号分别应用于两个粒子是玻色子还是费米子.对于这样的二粒子态，如果用探测器在右方进行探测，其结果一定会探测到一个粒子.假如我们把注意力集中在第一个粒子上，则多次探测中会是这样的结果，即在多次探测中有一半是粒子 1 就在右方，而另一半是测到粒子 1 是从左方瞬间移动过来的.换句话说，按照目前的理论，对微观粒子的界定一定会导致，不论图 8.1.1 中的两个单粒子波包相距多远，在我们探测右方粒子态时，都会有一半的概率是左方的粒子瞬间移动到右方的，这样的阐述显然是难以被接受的.

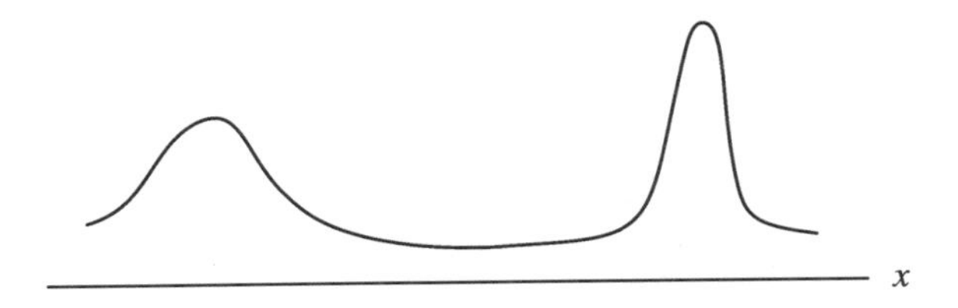

图 8.1.1　单粒子的两波包图

不过我们会说，微观世界的粒子图像的产生是有根据的.量子理论的诞生源于一些著名和确立的量子物理实验，其中有光电效应、黑体辐射、原子结构及原子光谱等.这些实验导致了微观粒子的概念的产生，如光电效应告诉我们原子吸收或放出光的能量不是

连续变化的量，而是一份一份的，但把这一份一份的能量认为是一个一个的载体（粒子）具有的，因而把它说成是原子吸收或放出一个一个粒子（光子），则是一个引申的结论. 除此之外，从实验中引出的原子结构的设想，原子在核外环绕着不同数目的电子形成不同的原子，并成功地解释了不同原子的光谱支持和加强微观世界由一个一个基本粒子作为物质的基石的构想.

然而后来发现由光电效应引申出的光子的概念需要修正，这是因为所谓的光子不具有位置波函数，自然如上面分析的那样更谈不上粒子的识别性了. 因此，原子与光场间的交换能量是有限的一份一份的而非连续变化的量，和由此认为光场是由一个一个粒子构成的，两者之间没有必然的逻辑关系.

最后把上面的讨论做一个小结：

(1) 在宏观世界里，因为可以把粒子所居的空间位置加到粒子的其他特性中，所以粒子系统既具有可数性又具有可识别性.

(2) 在微观世界里，粒子已不能用空间点来作为它的一个特性，因此一个粒子系统只具有可数性，而无可识别性，所以宏观物理中的粒子与微观物理中的粒子在概念上应有本质的不同.

(3) 在现行的量子力学中，从一开始就认为粒子具有可识别性，因此为了弥补这点，提出了多体态矢在粒子变换时是对称或反对称的约束，这一理论体系自然会导致超距的疑难.

(4) 我们把量子力学中的多粒子体系的图像和量子场论中的多粒子图像做一比较.

量子力学观点认为，粒子是已存在的概念，其物理特性亦是内禀的，一个多粒子系统就是这些可识别的全同粒子的集合. 这一集合随着时间的演化，虽然不是每个粒子随时间的发展形成一个轨道，但它们在空间上的概率分布的变化是确定的.

量子场论的观点认为，粒子的产生与湮灭来自一个局域空间范围内的场的激发和退激发，它只有在空间中的激发的分布及激发的总量（总粒子数）随时间的演化的规律是确定的，因此它没有可识别的粒子随时间在空间中的运动.

所以微观粒子的可数性而无标志性更接近于量子场论的多粒子系统的图像，自然亦不存在超距的疑难，从而导致 EPR 佯谬中的超距问题亦不存在.

以上分析能否用一个设想的实验来检验呢？下一节就是一个为此而设计的实验.

8.2 双势阱系统

1. 双势阱

一个粒子在双势阱中的哈密顿量为(一维)

$$H = \frac{\hat{p}^2}{2m} - \frac{m\omega^2}{2}x^2 + Kx^4 \tag{8.2.1}$$

为讨论简化计,取 $m=1$,则 H 可表示为

$$H = \frac{\hat{p}^2}{2} - \frac{\omega^2}{2}x^2 + Kx^4 = \frac{\hat{p}^2}{2} + V(x) \tag{8.2.2}$$

其中

$$V(x) = -\frac{\omega^2}{2}x^2 + Kx^4 \tag{8.2.3}$$

这是一个双势阱,两势阱的中心分别为(图 8.2.1)

$$x_+ = \frac{\omega}{2\sqrt{K}}, \quad x_- = -\frac{\omega}{2\sqrt{K}}$$

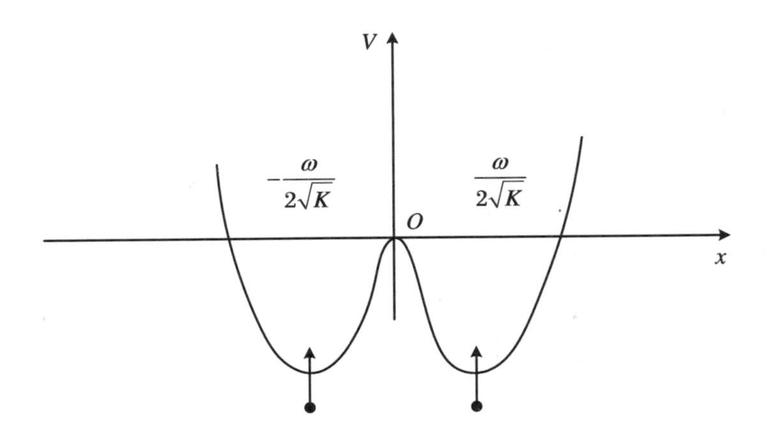

图 8.2.1　粒子的双势阱图

2. 双势阱的理想实验

如果 $t=0$ 时刻,双势阱的两个阱中心处各输入一个相同的粒子,左边粒子有一个向右的动量(速度),右边粒子有一个向左的动量(速度),那么随着时间的推移,系统会如何演化?按照8.1节的讨论,对这一问题有3种处理方式.

(1) 不考虑粒子的全同性,左边的粒子记为1,右边的粒子记为2,如果粒子与粒子间没有作用,那么只考虑粒子1和势阱的独立作用,粒子2独立与势阱的作用,则问题退化成两个粒子同时与势阱的作用.在略去粒子对势阱的反作用时,势阱对粒子的作用不会因粒子的演化而发生改变,因此这两个粒子的演化和一个粒子在势阱中的单独演化等同,显然这样的考虑是不合理的.

(2) 按现有的量子理论的原则,阱和这两个粒子的耦合演化应该服从全同性原理,即自始至终系统的态矢(波函数)都应是对称的(玻色情形),故

$$|t\rangle = \sum_{j_1 j_2} A_{j_1 j_2}(t)(|j_1\rangle_1 |j_2\rangle_2 + |j_2\rangle_1 |j_1\rangle_2) \tag{8.2.4}$$

其中,$\{|j\rangle\}$是一组给定的单粒子的完备基态矢.下面将对这一演化过程进行仔细分析:

① $t=0$ 时刻,左、右阱中的状态是左阱中为粒子1、右阱中为粒子2,与左阱中为粒子2、右阱中为粒子1两种状态的混合(各占一半).

② 演化中势对粒子1和粒子2分别作用,但总的状态始终保持态矢对粒子1、2的对称性.

③ 最后在对系统做测量时,会将粒子1和粒子2的贡献都包含进去.

(3) 如果我们采取8.1节中讨论的观点,那么现在考虑只保留“粒子”的相同性,不认为“粒子”有可标识性的情形,特别是两阱中心在 $t=0$ 的初始时刻,左方输入的“粒子”向右的动量 j_1 和右方输入的粒子向左的动量 j_2,并且动量大小不同时,按照第(2)量子理论的理解将初始态表示为

$$|t=0\rangle = \frac{1}{\sqrt{2}}(|j_1\rangle_{左}|j_2\rangle_{右} + |j_2\rangle_{左}|j_1\rangle_{右}) \tag{8.2.5}$$

这样的物理图像是难以理解的.

但如果放弃“粒子”的可标志性,只保留相同性,并且不用原来的“粒子”概念,而认为这种物质在左、右阱中心各输入两个波包,其向右和向左的动量并不相等,对应的状态分别为$|j_1\rangle$,$|j_2\rangle$,则这时的初始态应当是

$$|t=0\rangle = |j_1\rangle|j_2\rangle \tag{8.2.6}$$

注意(8.2.6)式中已略去下标“左”及“右”的标志,而默认第一态矢是属于左阱,第二态矢

属于右阱.此时物理的图像既清晰又易于理解且合理.

下一节将分别来做具体的计算.第(1)种情形自然不去考虑,显然应当舍去,只讨论第(2)种与第(3)种情形,我们要看两者得到的结果会有什么区别.

8.3 全同性原理下的计算

这一节里的讨论及计算是上面的第(2)种情形,即保持量子理论中原有地认为粒子具有标志性的观点.

为了应用相干态展开法,需先做算符变换($\hbar=1$),即对一个粒子系统做的变换为

$$\hat{x}=\sqrt{\frac{1}{2\omega}}(a+a^{\dagger}),\quad p=\mathrm{i}\sqrt{\frac{\omega}{2}}(a^{\dagger}-a) \tag{8.3.1}$$

代入(8.2.2)式,得

$$H=-\frac{\omega}{4}(a^2+a^{\dagger 2}-2a^{\dagger}a-1)-\frac{\omega}{4}(a^2+a^{\dagger 2}+2a^{\dagger}a+1)+K\left(\frac{1}{4\omega^2}\right)(a+a^{\dagger})^4 \tag{8.3.2}$$

现在在全同性原理的考虑下,即保持传统的粒子可识别性,这时是二粒子系统,则 H 相应的是

$$\begin{aligned}H=&-\frac{\omega}{2}(a_1^2+a_1^{\dagger 2})-\frac{\omega}{2}(a_2^2+a_2^{\dagger 2})\\&+\frac{K}{4\omega^2}(a_1^{\dagger 4}+4a_1^{\dagger 3}a_1+6a_1^{\dagger 2}a_1^2+4a_1^{\dagger}a_1^3+a_1^4+6a_1^{\dagger 2}+12a_1^{\dagger}a_1+6a_1^2+3)\\&+\frac{K}{4\omega^2}(a_2^{\dagger}+4a_2^{\dagger 3}a_2+6a_2^{\dagger 2}a_2^2+4a_2^{\dagger}a_2^3+a_2^4+6a_2^{\dagger 2}+12a_2^2a_2+6a_2^2+3)\end{aligned} \tag{8.3.3}$$

1. H^m 的正规乘积表示

把(8.3.3)式再归并,则可表示为

$$\begin{aligned}H=&\frac{K}{4\omega^2}(a_1^{\dagger 4}+4a_1^{\dagger 3}a_1+6a_1^{\dagger 2}a_1^2+4a_1^{\dagger}a_1^3+a_1^4+12a_1^{\dagger}a_1)\\&+\frac{K}{4\omega^2}(a_2^{\dagger 4}+4a_2^{\dagger 3}a_2+6a_2^{\dagger 2}a_2^2+4a_2^{\dagger}a_2^3+a_2^4+12a_2^{\dagger}a_2)\end{aligned}$$

$$+\frac{3K}{2\omega^2}+\left(\frac{3K}{2\omega^2}-\frac{\omega}{2}\right)(a_1^2+a_1^{\dagger 2})+\left(\frac{3K}{2\omega^2}-\frac{\omega}{2}\right)(a_2^2+a_2^{\dagger 2}) \tag{8.3.4}$$

因此，将 H^m 表示为正规乘积的形式为

$$H^m=\sum_{n_1n_2n_3n_4}A^{(m)}_{n_1n_2n_3n_4}(a_1^\dagger)^{n_1}(a_1)^{n_2}(a_2^\dagger)^{n_3}(a_2)^{n_4}$$

则

$$H^1=H=\sum_{n_1n_2n_3n_4}A^{(1)}_{n_1n_2n_3n_4}(a_1^\dagger)^{n_1}(a_1)^{n_2}(a_2^\dagger)^{n_3}(a_2)^{n_4}$$

中的$\{A^{(1)}_{n_1n_2n_3n_4}\}$给定为

$$\begin{aligned}
&A^{(1)}_{0000}=\frac{3K}{2\omega^2}\\
&A^{(1)}_{1100}=A^{(1)}_{1011}=\frac{3K}{\omega^2}\\
&A^{(1)}_{2000}=A^{(1)}_{0200}=A^{(1)}_{0020}=A^{(1)}_{0002}=\frac{3K}{2\omega^2}-\frac{\omega}{2}\\
&A^{(1)}_{4000}=A^{(1)}_{0400}=A^{(1)}_{0040}=A^{(1)}_{0004}=\frac{K}{4\omega^2}\\
&A^{(1)}_{31000}=A^{(1)}_{1300}=A^{(1)}_{0031}=A^{(1)}_{0013}=\frac{K}{\omega^2}\\
&A^{(1)}_{2200}=A^{(1)}_{0022}=\frac{3K}{2\omega^2}
\end{aligned} \tag{8.3.5}$$

又 $H^{(m+1)}=H\cdot H^m$，故

$$\begin{aligned}
&\sum_{n_1n_2n_3n_4}A^{(m+1)}_{n_1n_2n_3n_4}(a_1^\dagger)^{n_1}(a_1)^{n_2}(a_2^\dagger)^{n_3}(a_2)^{n_4}\\
&=\Big[\frac{3K}{2\omega^2}+\left(\frac{3K}{2\omega^2}-\frac{\omega}{2}\right)(a_1^\dagger)^2+\left(\frac{3K}{2\omega^2}-\frac{\omega}{2}\right)(a_1)^2\\
&\quad+\left(\frac{3K}{2\omega^2}-\frac{\omega}{2}\right)(a_2^\dagger)^2+\left(\frac{3K}{2\omega^2}-\frac{\omega}{2}\right)(a_2)^2+\frac{3K}{\omega^2}a_1^\dagger a_1+\frac{3K}{\omega^2}a_2^\dagger a_2\\
&\quad+\frac{K}{4\omega^2}(a_1^\dagger)^4+\frac{K}{4\omega^2}(a_1)^4+\frac{K}{4\omega^2}(a_2^\dagger)^4+\frac{K}{4\omega^2}(a_1)^4+\frac{3K}{2\omega^2}(a_1^\dagger)^2(a_1)^2\\
&\quad+\frac{3K}{2\omega^2}(a_2^\dagger)^2(a_2)^2+\frac{K}{\omega^2}(a_1^\dagger)^3a_1+\frac{K}{\omega^2}a_1^\dagger a_1^3+\frac{K}{\omega^2}(a_2^\dagger)^3a_2+\frac{K}{\omega^2}a_2^\dagger a_2^3\Big]\\
&\quad\cdot\sum_{n_1n_2n_3n_4}A^{(m)}_{n_1n_2n_3n_4}(a_1^\dagger)^{n_1}(a_1)^{n_2}(a_2^\dagger)^{n_3}(a_2)^{n_4}\\
&=\sum_{n_1n_2n_3n_4}A^{(m)}_{n_1n_2n_3n_4}\Big[\frac{3K}{2\omega^2}(a_1^\dagger)^{n_1}(a_1)^{n_2}(a_2^\dagger)^{n_3}(a_2)^{n_4}
\end{aligned}$$

$$+\left(\frac{3K}{2\omega^2}-\frac{\omega}{2}\right)(a_1^\dagger)^{n_1+2}(a_1)^{n_2}(a_2^\dagger)^{n_3}(a_2)^{n_4}$$

$$+\left(\frac{3K}{2\omega^2}-\frac{\omega}{2}\right)(a_1^\dagger)^{n_1}(a_1)^{n_2+2}(a_2^\dagger)^{n_3}(a_2)^{n_4}$$

$$+\left(\frac{3K}{2\omega^2}-\frac{\omega}{2}\right)2n_1(a_1^\dagger)^{n_1-1}(a_1)^{n_2+1}(a_2^\dagger)^{n_3}(a_2)^{n_4}$$

$$+n_1(n_1-1)\left(\frac{3K}{2\omega^2}-\frac{\omega}{2}\right)(a_1^\dagger)^{n_1-2}(a_1)^{n_2}(a_2^\dagger)^{n_3}(a_2)^{n_4}$$

$$+\left(\frac{3K}{2\omega^2}-\frac{\omega}{2}\right)(a_1^\dagger)^{n_1}(a_1)^{n_2}(a_2^\dagger)^{n_3+2}(a_2)^{n_4}$$

$$+\left(\frac{3K}{2\omega^2}-\frac{\omega}{2}\right)(a_1^\dagger)^{n_1}(a_1)^{n_2}(a_2^\dagger)^{n_3}(a_2)^{n_4+2}$$

$$+\left(\frac{3K}{2\omega^2}-\frac{\omega}{2}\right)2n_3(a_1^\dagger)^{n_1}(a_1)^{n_2}(a_2^\dagger)^{n_3-1}(a_2)^{n_4+1}$$

$$+\left(\frac{3K}{2\omega^2}-\frac{\omega}{2}\right)n_3(n_3-1)(a_1^\dagger)^{n_1}(a_1)^{n_2}(a_2^\dagger)^{n_3-2}(a_2)^{n_4}$$

$$+\frac{3K}{\omega^2}(a_1^\dagger)^{n_1+1}(a_1)^{n_2+1}(a_2^\dagger)^{n_3}(a_2)^{n_4}+\frac{3K}{\omega^2}n_1(a_1^\dagger)^{n_1}(a_1)^{n_2}(a_2^\dagger)^{n_3}(a_2)^{n_4}$$

$$+\frac{3K}{\omega^2}(a_1^\dagger)^{n_1}(a_1)^{n_2}(a_2^\dagger)^{n_3+1}(a_2)^{n_4+1}+\frac{3K}{\omega^2}(n_3)(a_1^\dagger)^{n_1}(a_1)^{n_2}(a_2^\dagger)^{n_3}(a_2)^{n_4}$$

$$+\frac{K}{4\omega^2}(a_1^\dagger)^{n_1+4}(a_1)^{n_2}(a_2^\dagger)^{n_3}(a_2)^{n_4}+\frac{K}{4\omega^2}(a_1^\dagger)^{n_1}(a_1)^{n_2+4}(a_2^\dagger)^{n_3}(a_2)^{n_4}$$

$$+4n_1\frac{K}{4\omega^2}(a_1^\dagger)^{n_1-1}(a_1)^{n_2+3}(a_2^\dagger)^{n_3}(a_2)^{n_4}$$

$$+\frac{K}{4\omega^2}6n_1(n_1-1)(a_1^\dagger)^{n_1-2}(a_1)^{n_2+2}(a_2^\dagger)^{n_3}(a_2)^{n_4}$$

$$+4n_1(n_1-1)(n_1-2)\frac{K}{4\omega^2}(a_1^\dagger)^{n_1-3}(a_1)^{n_2+1}(a_2^\dagger)^{n_3}(a_2)^{n_4}$$

$$+\frac{K}{4\omega^2}n_1(n_1-1)(n_1-2)(n_1-3)(a_1^\dagger)^{n_1-4}(a_1)^{n_2}(a_2^\dagger)^{n_3}(a_2)^{n_4}$$

$$+\frac{K}{\omega^2}(a_1^\dagger)^{n_1+3}(a_1)^{n_2+1}(a_2^\dagger)^{n_3}(a_2)^{n_4}+\frac{K}{\omega^2}n_1(a_1^\dagger)^{n_1+2}(a_1)^{n_2}(a_2^\dagger)^{n_3}(a_2)^{n_4}$$

$$+\frac{3K}{2\omega^2}(a_1^\dagger)^{n_1+2}(a_1)^{n_2+2}(a_2^\dagger)^{n_3}(a_2)^{n_4}+\frac{3K}{2\omega^2}2n_1(a_1^\dagger)^{n_1+1}(a_1)^{n_2+1}(a_2^\dagger)^{n_3}(a_2)^{n_4}$$

$$+\frac{3K}{2\omega^2}n_1(n_1-1)(a_1^\dagger)^{n_1}(a_1)^{n_2}(a_2^\dagger)^{n_3}(a_2)^{n_4}+\frac{K}{\omega^2}(a_1^\dagger)^{n_1+1}(a_1)^{n_2+3}(a_2^\dagger)^{n_3}(a_2)^{n_4}$$

$$
\begin{aligned}
&+3n_1\frac{K}{\omega^2}(a_1^\dagger)^{n_1}(a_1)^{n_2+2}(a_2^\dagger)^{n_3}(a_2)^{n_4}\\
&+3n_1(n_1-1)\frac{K}{\omega^2}(a_1^\dagger)^{n_1-1}(a_1)^{n_2+1}(a_2^\dagger)^{n_3}(a_2)^{n_4}\\
&+n_1(n_1-1)(n_1-2)\frac{K}{\omega^2}(a_1^\dagger)^{n_1-2}(a_1)^{n_2}(a_2^\dagger)^{n_3}(a_2)^{n_4}\\
&+\frac{K}{\omega^2}(a_1^\dagger)^{n_1+3}(a_1)^{n_2+1}(a_2^\dagger)^{n_3}(a_2)^{n_4}\\
&+\frac{K}{\omega^2}n_1(a_1^\dagger)^{n_1+2}(a_1)^{n_2}(a_2^\dagger)^{n_3}(a_2)^{n_4}+\frac{K}{4\omega^2}(a_1^\dagger)^{n_1}(a_1)^{n_2}(a_2^\dagger)^{n_3+4}(a_2)^{n_4}\\
&+\frac{K}{4\omega^2}(a_1^\dagger)^{n_1}(a_1)^{n_2}(a_2^\dagger)^{n_3}(a_2)^{n_4+4}+n_3\frac{K}{\omega^2}(a_1^\dagger)^{n_1}(a_1)^{n_2}(a_2^\dagger)^{n_3-1}(a_2)^{n_4+3}\\
&+6n_3(n_3-1)\frac{K}{4\omega^2}(a_1^\dagger)^{n_1}(a_1)^{n_2}(a_2^\dagger)^{n_3-2}(a_2)^{n_4+2}\\
&+n_3(n_3-1)(n_3-2)\frac{K}{\omega^2}(a_1^\dagger)^{n_1}(a_1)^{n_2}(a_2^\dagger)^{n_3-3}(a_2)^{n_4+1}\\
&+n_3(n_3-1)(n_3-2)(n_3-3)\frac{K}{4\omega^2}(a_1^\dagger)^{n_1}(a_1)^{n_2}(a_2^\dagger)^{n_3-4}(a_2)^{n_4}\\
&+\frac{K}{\omega^2}(a_1^\dagger)^{n_1}(a_1)^{n_2}(a_2^\dagger)^{n_3+3}(a_2)^{n_4+1}\\
&+n_3\frac{K}{\omega^2}(a_1^\dagger)^{n_1}(a_1)^{n_2}(a_2^\dagger)^{n_3+2}(a_2)^{n_4}+\frac{3K}{2\omega^2}(a_1^\dagger)^{n_1}(a_1)^{n_2}(a_2^\dagger)^{n_3+2}(a_2)^{n_4+2}\\
&+2n_3\frac{3K}{\omega^2}(a_1^\dagger)^{n_1}(a_1)^{n_2}(a_2^\dagger)^{n_3+1}(a_2)^{n_4+1}\\
&+n_3(n_3-1)\frac{3K}{2\omega^2}(a_1^\dagger)^{n_1}(a_1)^{n_2}(a_2^\dagger)^{n_3}(a_2)^{n_4}\\
&+\frac{K}{\omega^2}(a_1^\dagger)^{n_1}(a_1)^{n_2}(a_2^\dagger)^{n_3+1}(a_2)^{n_3+3}+3n_3\frac{3K}{\omega^2}(a_1^\dagger)^{n_1}(a_1)^{n_2}(a_2^\dagger)^{n_3}(a_2)^{n_4+2}\\
&+3n_3(n_3-1)\frac{K}{\omega^2}(a_1^\dagger)^{n_1}(a_1)^{n_2}(a_2^\dagger)^{n_3-1}(a_2)^{n_4+1}\\
&+n_3(n_3-1)(n_3-2)\frac{K}{\omega^2}(a_1^\dagger)^{n_1}(a_1)^{n_2}(a_2^\dagger)^{n_3-2}(a_2)^{n_4}\\
&+\frac{K}{\omega^2}(a_1^\dagger)^{n_1}(a_1)^{n_2}(a_2^\dagger)^{n_3+3}(a_2)^{n_4+1}+n_3\frac{K}{\omega^2}(a_1^\dagger)^{n_1}(a_1)^{n_2}(a_2^\dagger)^{n_3+2}(a_2)^{n_4}\Big]
\end{aligned}
\tag{8.3.6}
$$

比较上式两端的$(a_1^\dagger)^{n_1}(a_1)^{n_2}(a_2^\dagger)^{n_3}(a_2)^{n_4}$，得

$$
\begin{aligned}
&A_{n_1n_2n_3n_4}^{(m+1)}\\
&\quad=\frac{3K}{2\omega^2}[1+n_1+n_3+n_1(n_1-1)+n_3(n_3-1)]A_{n_1n_2n_3n_4}^{(m)}\\
&\qquad+\left(\frac{3K}{2\omega^2}-\frac{\omega}{2}\right)A_{n_1-2n_2n_3n_4}^{(m)}+\left(\frac{3K}{2\omega^2}-\frac{\omega}{2}\right)A_{n_1n_2-2n_3n_4}^{(m)}\\
&\qquad+2(n_1+1)\left(\frac{3K}{2\omega^2}-\frac{\omega}{2}\right)A_{n_1+1n_2-1n_3n_4}^{(m)}+(n_1+2)(n_1+1)\left(\frac{3K}{2\omega^2}-\frac{\omega}{2}\right)A_{n_1+2n_2n_3n_4}^{(m)}\\
&\qquad+\left(\frac{3K}{2\omega^2}-\frac{\omega}{2}\right)A_{n_1n_2n_3-2n_4}^{(m)}+\left(\frac{3K}{2\omega^2}-\frac{\omega}{2}\right)A_{n_1n_2n_3n_4-2}^{(m)}\\
&\qquad+\left(\frac{3K}{2\omega^2}-\frac{\omega}{2}\right)2(n_3+1)A_{n_1n_2n_3+1n_4-1}^{(m)}+(n_3+2)(n_3+1)\left(\frac{3K}{2\omega^2}-\frac{\omega}{2}\right)A_{n_1n_2n_3+2n_4}^{(m)}\\
&\qquad+\frac{3K}{2\omega^2}A_{n_1-1n_2-1n_3n_4}^{(m)}+\frac{3K}{\omega^2}A_{n_1n_2n_3-1n_4-1}^{(m)}+\frac{K}{4\omega^2}A_{n_1-4n_2n_3n_4}^{(m)}\\
&\qquad+\frac{K}{4\omega^2}A_{n_1n_2-4n_3n_4}^{(m)}+\frac{K}{\omega^2}(n_1+1)A_{n_1+1n_2-3n_3n_4}^{(m)}+(n_1+2)(n_1+1)\frac{3K}{2\omega^2}A_{n_1+2n_2-2n_3n_4}^{(m)}\\
&\qquad+\frac{K}{\omega^2}(n_1+3)(n_1+2)(n_1+1)A_{n_1+3n_2-1n_3n_4}^{(m)}\\
&\qquad+\frac{K}{4\omega^2}(n_1+4)(n_1+3)(n_1+2)(n_1+1)A_{n_1+4n_2n_3n_4}^{(m)}+\frac{K}{\omega^2}A_{n_1-3n_2-1n_3n_4}^{(m)}\\
&\qquad+(n_1-2)\frac{3K}{\omega^2}A_{n_1-2n_2n_3n_4}^{(m)}+\frac{3K}{2\omega^2}A_{n_1-2n_2-2n_3n_4}^{(m)}+(n_1-1)\frac{3K}{\omega^2}A_{n_1-1n_2-1n_3n_4}^{(m)}\\
&\qquad+\frac{K}{\omega^2}A_{n_1-1n_2-3n_3n_4}^{(m)}+3n_1\frac{K}{\omega^2}A_{n_1n_2-2n_3n_4}^{(m)}+3(n_1+1)n_1\frac{K}{\omega^2}A_{n_1+1n_2-1n_3n_4}^{(m)}\\
&\qquad+(n_1+2)(n_1+1)n_1\frac{K}{\omega^2}A_{n_1+2n_2n_3n_4}^{(m)}+\frac{K}{\omega^2}A_{n_1-3n_2-1n_3n_4}^{(m)}+(n_1-2)\frac{K}{\omega^2}A_{n_1-2n_2n_3n_4}^{(m)}\\
&\qquad+\frac{K}{4\omega^2}A_{n_1n_2n_3-4n_4}^{(m)}+\frac{K}{4\omega^2}A_{n_1n_2n_3n_4-4}^{(m)}+(n_3+1)\frac{K}{\omega^2}A_{n_1n_2n_3+1n_4-3}^{(m)}\\
&\qquad+(n_3+2)(n_3+1)\frac{3K}{2\omega^2}A_{n_1n_2n_3+2n_4-2}^{(m)}+(n_3+3)(n_3+2)(n_3+1)\frac{K}{\omega^2}A_{n_1n_2n_3+3n_4-1}^{(m)}\\
&\qquad+(n_3+4)(n_3+3)(n_3+2)(n_3+1)\frac{K}{4\omega^2}A_{n_1n_2n_3+4n_4}^{(m)}\\
&\qquad+\frac{K}{\omega^2}A_{n_1n_2n_3-3n_4-1}^{(m)}+(n_3-2)\frac{K}{\omega^2}A_{n_1n_2n_3-2n_4}^{(m)}+\frac{3K}{2\omega^2}A_{n_1n_2n_3-2n_4-2}^{(m)}
\end{aligned}
$$

$$+(n_3-1)\frac{3K}{\omega^2}A^{(m)}_{n_1n_2n_3-1n_4-1}+\frac{K}{\omega^2}A^{(m)}_{n_1n_2n_3-1n_4-3}+n_3\frac{3K}{\omega^2}A^{(m)}_{n_1n_2n_3n_4-2}$$

$$+(n_3+1)n_3\frac{3K}{\omega^2}A^{(m)}_{n_1n_2n_3+1n_4-1}+(n_3+2)(n_3+1)n_3\frac{K}{\omega^2}A^{(m)}_{n_1n_2n_3+2n_4}$$

$$+\frac{K}{\omega^2}A^{(m)}_{n_1n_2n_3-3n_4-1}+(n_3-2)\frac{K}{\omega^2}A^{(m)}_{n_1n_2n_3-2n_4} \tag{8.3.7}$$

2. 演化

初始态$|t=0\rangle$为

$$|t=0\rangle=\frac{1}{\sqrt{2}}\Big[(e^{-\frac{1}{2}(\alpha_1^2+\beta_1^2)}e^{(\alpha_1+i\beta_1)a_1^\dagger})(e^{-\frac{1}{2}(\alpha_2^2+\beta_2^2)}e^{(\alpha_2+i\beta_2)a_2^\dagger})|0\rangle$$

$$+(e^{-\frac{1}{2}(\alpha_2^2+\beta_2^2)}e^{(\alpha_2+i\beta_2)a_1^\dagger})(e^{-\frac{1}{2}(\alpha_1^2+\beta_1^2)}e^{(\alpha_1+i\beta_1)a_2^\dagger})|0\rangle\Big]$$

$$=\frac{1}{\sqrt{2}}e^{-\frac{1}{2}(\alpha_1^2+\beta_1^2)}e^{-\frac{1}{2}(\alpha_2^2+\beta_2^2)}$$

$$\cdot\left\{\left[\iint e^{(\alpha_1+i\beta_1)(\rho_1-i\eta_1)}e^{-\rho_1^2-\eta_1^2}|\rho_1+i\eta_1\rangle\frac{d\rho_1d\eta_1}{\pi}\right]\right.$$

$$\cdot\left[\iint e^{(\alpha_2+i\beta_2)(\rho_2-i\eta_2)}e^{-\rho_2^2-\eta_2^2}|\rho_2+i\eta_2\rangle\frac{d\rho_2d\eta_2}{\pi}\right]$$

$$+\left[\iint e^{(\alpha_2+i\beta_2)(\rho_1-i\eta_1)}e^{-\rho_1^2-\eta_1^2}|\rho_1+i\eta_1\rangle\frac{d\rho_1d\eta_1}{\pi}\right]$$

$$\left.\cdot\left[\iint e^{(\alpha_1+i\beta_1)(\rho_2-i\eta_2)}e^{-\rho_2^2-\eta_2^2}|\rho_2+i\eta_2\rangle\frac{d\rho_2d\eta_2}{\pi}\right]\right\} \tag{8.3.8}$$

其中

$$\alpha_1=-\left(\frac{\omega^3}{8K}\right)^{\frac{1}{2}},\quad \alpha_2=\left(\frac{\omega^3}{8K}\right)^{\frac{1}{2}} \tag{8.3.9}$$

这是因为(α_1,β_1)的相干态描述的是左阱中粒子的波包，这个波包的中心应位于左阱的阱心，波包的中心是相干态的位置期待值.计算如下：

$$\bar{x}=e^{-(\alpha_1^2+\beta_1^2)}\langle 0|e^{(\alpha_1-i\beta_1)a}\left(\sqrt{\frac{1}{2\omega}}(a+a^\dagger)\right)e^{(\alpha_1+i\beta_1)a^\dagger}|0\rangle$$

$$=e^{-(\alpha_1^2+\beta_1^2)}\sqrt{\frac{1}{2\omega}}\langle 0|(\alpha_1+i\beta_1+\alpha_1-i\beta_1)e^{(\alpha_1-i\beta_1)a}e^{(\alpha_1+i\beta_1)a^\dagger}|0\rangle$$

$$=e^{-(\alpha_1^2+\beta_1^2)}\sqrt{\frac{1}{2\omega}}2\alpha_1(\langle 0|e^{(\alpha_1-i\beta_1)a}e^{(\alpha_1+i\beta_1)a^\dagger}|0\rangle)$$

$$= e^{-(\alpha_1^2+\beta_1^2)}\sqrt{\frac{1}{2\omega}}\alpha_1(e^{\alpha_1^2+\beta_1^2})$$

$$= \sqrt{\frac{2}{\omega}}\left[-\left(\frac{\omega^3}{8K}\right)^{\frac{1}{2}}\right] = -\frac{\omega}{2\sqrt{K}} \tag{8.3.10}$$

(8.3.10)式的结果表示波包中心确实位于左阱的阱心.

类似可得右阱中粒子波包的中心位置为

$$\bar{x} = e^{-(\alpha_2^2+\beta_2^2)}\langle 0|e^{(\alpha_2-i\beta_2)a}\left(\sqrt{\frac{1}{2\omega}}(a+a^\dagger)\right)e^{(\alpha_1+i\beta_1)a^\dagger}|0\rangle$$

$$= \frac{\omega}{2\sqrt{K}} \tag{8.3.11}$$

(8.3.11)式的结果表明,算出的右阱中的粒子波包的中心在右阱的阱心,β_1,β_2 要求的波包的动量如下:

$$\beta_1 = \frac{p_1}{\sqrt{2\omega}}, \quad \beta_2 = -\frac{p_2}{\sqrt{2\omega}} \tag{8.3.12}$$

其中,p_1 是左阱中心的粒子向右的动量值,p_2 是右阱中心粒子在初始时刻向左的动量值.

证明如下:

计算左阱中粒子波包的动量期待值为

$$\bar{p} = e^{-(\alpha_1^2+\beta_1^2)}\langle 0|e^{(\alpha_1-i\beta_1)a}\left(i\sqrt{\frac{\omega}{2}}(a^\dagger-a)\right)e^{(\alpha_1+i\beta_1)a^\dagger}|0\rangle$$

$$= i\sqrt{\frac{\omega}{2}}e^{-(\alpha_1^2+\beta_1^2)}\langle 0|e^{(\alpha_1-i\beta_1)a}(\alpha_1-i\beta_1-\alpha_1-i\beta_1)e^{(\alpha_1+i\beta_1)a^\dagger}|0\rangle$$

$$= i\sqrt{\frac{\omega}{2}}(-i2\beta_1)e^{-(\alpha_1^2+\beta_1^2)}\langle 0|e^{(\alpha_1-i\beta_1)a}e^{(\alpha_1+i\beta_1)a^\dagger}|0\rangle$$

$$= \sqrt{2\omega}\beta_1 = p_1 \tag{8.3.13}$$

上式结果表明,β_1 的值如(8.3.12)式所示,则左阱中的粒子波包的动量期待值是要求的 p_1.

类似可证

$$\bar{p} = e^{-(\alpha_2^2+\beta_2^2)}\langle 0|e^{(\alpha_1-i\beta_1)a}\left(i\sqrt{\frac{\omega}{2}}(a^\dagger-a)\right)e^{(\alpha_2+i\beta_2)a^\dagger}|0\rangle$$

$$= -p_2 \tag{8.3.14}$$

即 β_2 如(8.3.12)式所示,则右阱中的粒子波包的动量期待值是要求的 $-p_2$.

在(8.3.5)式给定的$\{A^{(1)}_{n_1n_2n_3n_4}\}$,以及(8.3.7)式的递推公式下,得出$\{A^{(m)}_{n_1n_2n_3n_4}\}$.给定(8.3.9)式中的初始态$|t=0\rangle$,可得出 t 时刻的态矢$|t\rangle$为

$$\begin{aligned}
|t\rangle &= \left[\sum_m \frac{(-\mathrm{i}t)^m}{m!}H^m\right]|t=0\rangle \\
&= \sum_m \sum_{n_1n_2n_3n_4} \frac{(-\mathrm{i}t)^m}{m!} A^{(m)}_{n_1n_2n_3n_4} (a_1^\dagger)^{n_1}(a_1)^{n_2}(a_2^\dagger)^{n_3}(a_2)^{n_4} \\
&\quad \cdot \mathrm{e}^{-\frac{1}{2}(\alpha_1^2+\beta_1^2)}\mathrm{e}^{-\frac{1}{2}(\alpha_2^2+\beta_2^2)}\frac{1}{\sqrt{2}} \\
&\quad \cdot \left\{\left[\iint \mathrm{e}^{(\alpha_1+\mathrm{i}\beta_1)(\rho_1-\mathrm{i}\eta_1)}\mathrm{e}^{-\rho_1^2-\eta_1^2}|\rho_1+\mathrm{i}\eta_1\rangle\frac{\mathrm{d}\rho_1\mathrm{d}\eta_1}{\pi}\right]\right. \\
&\quad \cdot \left[\iint \mathrm{e}^{(\alpha_2+\mathrm{i}\beta_2)(\rho_2-\mathrm{i}\eta_2)}\mathrm{e}^{-\rho_2^2-\eta_2^2}|\rho_2+\mathrm{i}\eta_2\rangle\frac{\mathrm{d}\rho_2\mathrm{d}\eta_2}{\pi}\right] \\
&\quad + \left[\iint \mathrm{e}^{(\alpha_2+\mathrm{i}\beta_2)(\rho_1-\mathrm{i}\eta_1)}\mathrm{e}^{-\rho_1^2-\eta_1^2}|\rho_1+\mathrm{i}\eta_1\rangle\frac{\mathrm{d}\rho_1\mathrm{d}\eta_1}{\pi}\right] \\
&\quad \left.\cdot \left[\iint \mathrm{e}^{(\alpha_1+\mathrm{i}\beta_1)(\rho_2-\mathrm{i}\eta_2)}\mathrm{e}^{-\rho_2^2-\eta_2^2}|\rho_2+\mathrm{i}\eta_2\rangle\frac{\mathrm{d}\rho_2\mathrm{d}\eta_2}{\pi}\right]\right\} \\
&= \frac{1}{\sqrt{2}}\mathrm{e}^{-\frac{1}{2}(\alpha_1^2+\beta_1^2)}\mathrm{e}^{-\frac{1}{2}(\alpha_2^2+\beta_2^2)}\sum_m \sum_{n_1n_2n_3n_4}\frac{(-\mathrm{i}t)^m}{m!}A^{(m)}_{n_1n_2n_3n_4} \\
&\quad \cdot \left\{\left[\iint (\alpha_1+\mathrm{i}\beta_1)^{n_2}\mathrm{e}^{(\alpha_1+\mathrm{i}\beta_1)(\rho_1-\mathrm{i}\eta_1)}\mathrm{e}^{-\rho_1^2-\eta_1^2}(\rho_1-\mathrm{i}\eta_1)^{n_1}|\rho_1+\mathrm{i}\eta_1\rangle\frac{\mathrm{d}\rho_1\mathrm{d}\eta_1}{\pi}\right]\right. \\
&\quad \cdot \left[(\alpha_2+\mathrm{i}\beta_2)^{n_4}\iint \mathrm{e}^{(\alpha_2+\mathrm{i}\beta_2)(\rho_2-\mathrm{i}\eta_2)}\mathrm{e}^{-\rho_2^2-\eta_2^2}(\rho_2-\mathrm{i}\eta_2)^{n_3}|\rho_2+\mathrm{i}\eta_2\rangle\frac{\mathrm{d}\rho_2\mathrm{d}\eta_2}{\pi}\right] \\
&\quad + \left[\iint (\alpha_2+\mathrm{i}\beta_2)^{n_2}\mathrm{e}^{(\alpha_2+\mathrm{i}\beta_2)(\rho_1-\mathrm{i}\eta_1)}\mathrm{e}^{-\rho_1^2-\eta_1^2}(\rho_1-\mathrm{i}\eta_1)^{n_1}|\rho_1+\mathrm{i}\eta_1\rangle\frac{\mathrm{d}\rho_1\mathrm{d}\eta_1}{\pi}\right] \\
&\quad \left.\cdot \left[(\alpha_1+\mathrm{i}\beta_1)^{n_4}\iint \mathrm{e}^{(\alpha_1+\mathrm{i}\beta_1)(\rho_2-\mathrm{i}\eta_2)}\mathrm{e}^{-\rho_2^2-\eta_2^2}(\rho_2-\mathrm{i}\eta_2)^{n_3}|\rho_2+\mathrm{i}\eta_2\rangle\frac{\mathrm{d}\rho_2\mathrm{d}\eta_2}{\pi}\right]\right\}
\end{aligned} \tag{8.3.15}$$

3. 波函数

为了方便做实验来检验理论,特别是为了检验关于粒子概念的两种理解,最方便和最直接的是观测粒子的概率空间分布随 t 的变化,所以下面来计算随 t 变化的粒子概率 $\rho(t)$.

(1) 粒子的位置本征态

根据粒子的算符表示 $\hat{x}=\sqrt{\frac{1}{2\omega}}(a+a^{\dagger})$，可知位置的本征值为 x 的本征态 $|x\rangle$ 应满足

$$\hat{x}\ |x\rangle=\sqrt{\frac{1}{2\omega}}(a+a^{\dagger})\ |x\rangle = x\ |x\rangle \tag{8.3.16}$$

由上式可得

$$|x\rangle = \mathrm{e}^{-\frac{1}{2}a^{\dagger}a^{\dagger}+\sqrt{2\omega}xa^{\dagger}}\ |0\rangle \tag{8.3.17}$$

证明如下：

$$\begin{aligned}
\hat{x}\ |x\rangle &= \sqrt{\frac{1}{2\omega}}(a+a^{\dagger})\mathrm{e}^{-\frac{1}{2}a^{\dagger}a^{\dagger}+\sqrt{2\omega}xa^{\dagger}}\ |0\rangle \\
&= \sqrt{\frac{1}{2\omega}}(-a^{\dagger}+\sqrt{2\omega}x+a^{\dagger})\mathrm{e}^{-\frac{1}{2}a^{\dagger}a^{\dagger}+\sqrt{2\omega}xa^{\dagger}}\ |0\rangle \\
&= \sqrt{\frac{1}{2\omega}}(\sqrt{2\omega}x)\mathrm{e}^{-\frac{1}{2}a^{\dagger}a^{\dagger}+\sqrt{2\omega}xa^{\dagger}}\ |0\rangle \\
&= x\ |x\rangle
\end{aligned}$$

(2) 粒子的位置概率幅(波函数)

由于全同性原理，第一个粒子和第二个粒子的概率是相同的，故只需计算第一个粒子(总概率乘以 2)，但这是一个二粒子系统，因此最先计算的应是二粒子波函数，即

$$\begin{aligned}
&\Psi(x_1,x_2;t) \\
&\quad = ({}_1\langle x_1\ |\ {}_2\langle x_2\ |)\ |t\rangle \\
&\quad = (\langle 0\ |\mathrm{e}^{-\frac{1}{2}a_1a_1+\sqrt{2\omega}x_1a_1})(\langle 0\ |\mathrm{e}^{-\frac{1}{2}a_2a_2+\sqrt{2\omega}x_2a_2}) \\
&\qquad \cdot \frac{1}{\sqrt{2}}\mathrm{e}^{-\frac{1}{2}(\alpha_1^2+\beta_1^2)}\mathrm{e}^{-\frac{1}{2}(\alpha_2^2+\beta_2^2)}\sum_m\sum_{n_1n_2n_3n_4}\frac{(-\mathrm{i}t)^m}{m!}A^{(m)}_{n_1n_2n_3n_4} \\
&\qquad \cdot\left\{\left[\iint(\alpha_1+\mathrm{i}\beta_1)^{n_2}\mathrm{e}^{(\alpha_1+\mathrm{i}\beta_1)(\rho_1-\mathrm{i}\eta_1)}\mathrm{e}^{-\rho_1^2-\eta_1^2}(\rho_1-\mathrm{i}\eta_1)^{n_1}\ |\rho_1+\mathrm{i}\eta_1\rangle\frac{\mathrm{d}\rho_1\mathrm{d}\eta_1}{\pi}\right]\right. \\
&\qquad \cdot\left[\iint(\alpha_2+\mathrm{i}\beta_2)^{n_4}\mathrm{e}^{(\alpha_2+\mathrm{i}\beta_2)(\rho_2-\mathrm{i}\eta_2)}\mathrm{e}^{-\rho_2^2-\eta_2^2}(\rho_2-\mathrm{i}\eta_2)^{n_3}\ |\rho_2+\mathrm{i}\eta_2\rangle\frac{\mathrm{d}\rho_2\mathrm{d}\eta_2}{\pi}\right] \\
&\qquad \cdot\left[\iint(\alpha_2+\mathrm{i}\beta_2)^{n_2}\mathrm{e}^{(\alpha_2+\mathrm{i}\beta_2)(\rho_1-\mathrm{i}\eta_1)}\mathrm{e}^{-\rho_1^2-\eta_1^2}(\rho_1-\mathrm{i}\eta_1)^{n_1}\ |\rho_1+\mathrm{i}\eta_1\rangle\frac{\mathrm{d}\rho_1\mathrm{d}\eta_1}{\pi}\right] \\
&\qquad \cdot\left.\left[\iint(\alpha_1+\mathrm{i}\beta_1)^{n_4}\mathrm{e}^{(\alpha_1+\mathrm{i}\beta_1)(\rho_2-\mathrm{i}\eta_2)}\mathrm{e}^{-\rho_2^2-\eta_2^2}(\rho_2-\mathrm{i}\eta_2)^{n_3}\ |\rho_2+\mathrm{i}\eta_2\rangle\frac{\mathrm{d}\rho_2\mathrm{d}\eta_2}{\pi}\right]\right\}
\end{aligned} \tag{8.3.18}$$

抽出(8.3.18)式中的一个积分运算,则得

$$
\begin{aligned}
&\langle 0 | e^{-\frac{1}{2}a_1a_1+\sqrt{2\omega}x_1a_1}\iint(\alpha_1+i\beta_1)^{n_2}e^{(\alpha_1+i\beta_1)(\rho_1-i\eta_1)}e^{-\rho_1^2-\eta_1^2}(\rho_1-i\eta_1)^{n_1}\,|\rho_1+i\eta_1\rangle\frac{d\rho_1d\eta_1}{\pi}\\
&=\iint(\alpha_1+i\beta_1)^{n_2}e^{-\frac{1}{2}(\rho_1+i\eta_1)^2+\sqrt{2\omega}x_1(\rho_1+i\eta_1)}e^{(\alpha_1+i\beta_1)(\rho_1-i\eta_1)}\\
&\quad\cdot e^{-\rho_1^2-\eta_1^2}(\rho_1-i\eta_1)^{n_1}\langle 0|\rho_1+i\eta_1\rangle\frac{d\rho_1d\eta_1}{\pi}\\
&=(\alpha_1+i\beta_1)^{n_2}\iint e^{-i\rho_1\eta_1+\sqrt{2\omega}x_1(\rho_1+i\eta_1)+(\alpha_1+i\beta_1)(\rho_1-i\eta_1)}\\
&\quad\cdot e^{-\frac{3}{2}\rho_1^2}e^{-\frac{1}{2}\eta_1^2}(\rho_1-i\eta_1)^{n_1}\frac{d\rho_1d\eta_1}{\pi}\\
&=\iint e^{-\frac{3}{2}\rho_1^2}e^{(\sqrt{2\omega}x_1+\alpha_1+i\beta_1)\rho_1}(\alpha_1+i\beta_1)^{n_2}\\
&\quad\cdot e^{-\frac{1}{2}\eta_1^2}e^{(-i\rho_1+i\sqrt{2\omega}x_1+\beta_1-i\alpha_1)\eta_1}\left[\sum_l^{n_1}C_{n_1}^l(\rho_1)^{n_1-l}(-i\eta_1)^l\right]\frac{d\rho_1d\eta_1}{\pi}\\
&=(\alpha_1+i\beta_1)^{n_2}\sum_l^{n_1}C_{n_1}^l\iint e^{-\frac{3}{2}\rho_1^2}e^{(\sqrt{2\omega}x_1+\alpha_1+i\beta_1)\rho_1}(\rho_1)^{n_1-l}\\
&\quad\cdot e^{-\frac{1}{2}(\eta_1+i\rho_1+i\alpha_1-i\sqrt{2\omega}x_1-\beta_1)^2}e^{-\frac{1}{2}(i\rho_1+i\alpha_1-i\sqrt{2\omega}x_1-\beta_1)^2}(-i\eta_1)^l\frac{d\rho_1d\eta_1}{\pi}\\
&=(\alpha_1+i\beta_1)^{n_2}\sum_l^{n_1}C_{n_1}^l(-i)^l\iint e^{-\frac{3}{2}\rho_1^2}e^{(\sqrt{2\omega}x_1+\alpha_1+i\beta_1)\rho_1}\\
&\quad\cdot e^{-\frac{1}{2}(i\rho_1+i\alpha_1-i\sqrt{2\omega}x_1-\beta_1)^2}e^{-\frac{1}{2}\eta'^2}(\eta'+\beta_1+i\sqrt{2\omega}x_1-i\rho_1-i\alpha_1)^l\frac{d\rho_1d\eta'}{\pi}\\
&=(\alpha_1+i\beta_1)^{n_2}\sum_l^{n_1}C_{n_1}^l(-i)^l\iint e^{-\frac{3}{2}\rho_1^2}e^{(\sqrt{2\omega}x_1+\alpha_1+i\beta_1)\rho_1}\\
&\quad\cdot e^{-\frac{1}{2}(i\rho_1+i\alpha_1-i\sqrt{2\omega}x_1-\beta_1)^2}e^{-\frac{1}{2}\eta'^2}\left[\sum_{l_1}^{l}C_l^{l_1}(\beta_1+i\sqrt{2\omega}x_1-i\rho_1-i\alpha_1)^{l-l_1}(\eta')^{l_1}\right]\frac{d\rho_1d\eta'}{\pi}\\
&=(\alpha_1+i\beta_1)^{n_2}\sum_l^{n_1}\sum_{l_1}^{l}C_{n1}^lC_l^{l_1}(-i)^l\iint e^{-\rho_1^2}e^{\frac{\rho_1}{2}[3(\alpha_1+i\beta_1)+\sqrt{2\omega}x_1]}\\
&\quad\cdot(\beta_1+i\sqrt{2\omega}x_1-i\alpha_1-i\rho_1)^{l-l_1}e^{-\eta''^2}(\sqrt{2}\eta'')^{l_1}\frac{d\rho_1d\eta''}{\pi}\\
&=(\alpha_1+i\beta_1)^{n_2}\sum_l^{n_1}\sum_{l_1}^{l}C_{n1}^lC_l^{l_1}(-i)^l(\sqrt{2})^{l_1}\Pi\left(\frac{l_1}{2}\right)
\end{aligned}
$$

$$\cdot \int e^{-\rho_1^2} e^{-\frac{\rho_1}{2}[3(\alpha_1+i\beta_1)+\sqrt{2\omega}x_1]} (+i)^{l-l_1} (-\rho_1 - \alpha_1 - i\beta_1 + \sqrt{2\omega}x_1)^{l-l_1} \frac{d\rho_1}{\pi}$$

$$= (\alpha_1 + i\beta_1)^{n_2} \sum_l^{n_1} \sum_{l_1}^{l} C_{n1}^l C_l^{l_1} (-i)^{l_1} (\sqrt{2})^{l_1} \Pi\left(\frac{l_1}{2}\right)$$

$$\cdot \int e^{-\left\{\rho_1 - \frac{1}{4}[3(\alpha_1+i\beta_1)+\sqrt{2\omega}x_1]\right\}^2} e^{\frac{1}{16}[3(\alpha_1+i\beta_1)+\sqrt{2\omega}x_1]^2} (\sqrt{2\omega}x_1 - \alpha_1 - i\beta_1 - \rho_1)^{l-l_1} \frac{d\rho_1}{\pi}$$

$$= (\alpha_1 + i\beta_1)^{n_2} e^{\frac{1}{16}[\sqrt{2\omega}x_1+3(\alpha_1+i\beta_1)]^2} \sum_l^{n_1} \sum_{l_1}^{l} C_{n1}^l C_l^{l_1} (-i)^l \frac{1}{\pi} (\sqrt{2})^{l_1} \Pi\left(\frac{l_1}{2}\right)$$

$$\cdot \int e^{-\rho_1'^2} \left[\frac{3\sqrt{2\omega}}{4}x_1 - \frac{7}{4}(\alpha_1 + i\beta_1) - \rho_1'\right]^{l-l_1} d\rho_1'$$

$$= (\alpha + i\beta)^{n_2} e^{\frac{1}{16}[\sqrt{2\omega}x_1+3(\alpha_1+i\beta_1)]^2} \sum_l^{n_1} \sum_{l_1}^{l} C_{n1}^l C_l^{l_1} (-i)^l \frac{1}{\pi} (\sqrt{2})^{l_1} \Pi\left(\frac{l_1}{2}\right)$$

$$\cdot \int e^{-\rho_1'^2} \sum_{l_2}^{l-l_1} C_{l-l_1}^{l_2} \left[\frac{3\sqrt{2\omega}}{4}x_1 - \frac{7}{4}(\alpha_1 + i\beta_1)\right]^{l-l_1-l_2} (-\rho_1')^{l_2} d\rho_1'$$

$$= \frac{(\alpha_1 + i\beta_1)^{n_2}}{\pi} e^{\frac{1}{16}[\sqrt{2\omega}x_1+3(\alpha_1+i\beta_1)]^2} \sum_l^{n_1} \sum_{l_1}^{l} \sum_{l_2}^{l-l_1} C_{n1}^l C_l^{l_1} C_{l-l_1}^{l_2} (-i)^l (-1)^{l_2}$$

$$\cdot \left[\frac{3\sqrt{2\omega}}{4}x_1 - \frac{7}{4}(\alpha_1 + i\beta_1)\right]^{l-l_1-l_2} \Pi\left(\frac{l_2}{2}\right) \Pi\left(\frac{l_1}{2}\right) (\sqrt{2})^{l_1} \tag{8.3.19}$$

其余的积分结果类似，将(8.3.19)式代入(8.3.18)式，得

$$\Psi(x_1, x_2; t)$$

$$= \frac{1}{\sqrt{2}} e^{-\frac{1}{2}(\alpha_1^2+\beta_1^2)} e^{-\frac{1}{2}(\alpha_2^2+\beta_2^2)} \sum_m \sum_{n_1 n_2 n_3 n_4} \frac{(-it)^m}{m!} A_{n_1 n_2 n_3 n_4}^{(m)}$$

$$\cdot \left\{\left\{\frac{(\alpha_1 + i\beta_1)^{n_2}}{\pi} e^{\frac{1}{16}[\sqrt{2\omega}x_1+3(\alpha_1+i\beta_1)]^2} \sum_l^{n_1} \sum_{l_1}^{l} \sum_{l_2}^{l-l_1} C_{n_1}^l C_l^{l_1} C_{l-l_1}^{l_2} (-i)^l (-1)^{l_2} (\sqrt{2})^{l_1}\right.\right.$$

$$\cdot \left[\frac{3\sqrt{2\omega}}{4}x_1 - \frac{7}{4}(\alpha_1 + i\beta_1)\right]^{l-l_1-l_2} \Pi\left(\frac{l_1}{2}\right) \Pi\left(\frac{l_2}{2}\right)$$

$$\cdot \left\{\frac{(\alpha_2 + i\beta_2)^{n_4}}{\pi} e^{\frac{1}{16}[\sqrt{2\omega}x_2+3(\alpha_2+i\beta_2)]^2} \sum_l^{n_3} \sum_{l_1}^{l} \sum_{l_2}^{l-l_1} C_{n_3}^l C_l^{l_1} C_{l-l_1}^{l_2} (-i)^l (-1)^{l_2} (\sqrt{2})^{l_1}\right.$$

$$\cdot \left[\frac{3\sqrt{2\omega}}{4}x_2 - \frac{7}{4}(\alpha_2 + i\beta_2)\right]^{l-l_1-l_2} \Pi\left(\frac{l_1}{2}\right) \Pi\left(\frac{l_2}{2}\right)\right\}$$

$$+\left\{\frac{(\alpha_2+\mathrm{i}\beta_2)^{n_2}}{\pi}\mathrm{e}^{\frac{1}{16}[\sqrt{2\omega}x_1+3(\alpha_2+\mathrm{i}\beta_2)]^2}\sum_{l}^{n_1}\sum_{l_1}^{l}\sum_{l_2}^{l-l_1}C_{n_1}^{l}C_{l}^{l_1}C_{l-l_1}^{l_2}(-\mathrm{i})^{l}(-1)^{l_2}(\sqrt{2})^{l_1}\right.$$

$$\cdot\left[\frac{3\sqrt{2\omega}}{4}x_1-\frac{7}{4}(\alpha_2+\mathrm{i}\beta_2)\right]^{l-l_1-l_2}\Pi\left(\frac{l_1}{2}\right)\Pi\left(\frac{l_2}{2}\right)$$

$$\cdot\left\{\frac{(\alpha_1+\mathrm{i}\beta_1)^{n_4}}{\pi}\mathrm{e}^{\frac{1}{16}[\sqrt{2\omega}x_2+3(\alpha_1+\mathrm{i}\beta_1)]^2}\sum_{l}^{n_3}\sum_{l_1}^{l}\sum_{l_2}^{l-l_1}C_{n_3}^{l}C_{l}^{l_1}C_{l-l_1}^{l_2}(-\mathrm{i})^{l}(-1)^{l_2}(\sqrt{2})^{l_1}\right.$$

$$\left.\left.\cdot\left[\frac{3\sqrt{2\omega}}{4}x_2-\frac{7}{4}(\alpha_1+\mathrm{i}\beta_1)\right]^{l-l_1-l_2}\Pi\left(\frac{l_1}{2}\right)\Pi\left(\frac{l_2}{2}\right)\right\}\right\}\tag{8.3.20}$$

由(8.3.20)式得概率为

$$\rho(x_1,x_2;t)=|\Psi(x_1,x_2;t)|^2\tag{8.3.21}$$

对上式求 x_2 的积分,得

$$\rho(x_1;t)=\int\rho(x_1,x_2;t)\mathrm{d}x_2\tag{8.3.22}$$

实验中看到第一个粒子的概率分布与第二个粒子的概率分布应相同,因此出现粒子的总概率是$2\rho(x_1;t)$.

8.4 量子概念下的计算

1. 初始态

如果我们不采用传统的粒子概念,如图 8.2.1 所示,而用上面讨论中提出的量子概念,则初始状态是量子系统在 $t=0$ 时左势阱中心处出现一个波包,其动量为 p_1(向右),右势阱中心处出现一个波包,其动量为 p_2(向右),故系统的初始态为

$$\begin{aligned}|t=0\rangle&=\mathrm{e}^{-\frac{1}{2}(\alpha_1^2+\beta_1^2)}|\alpha_1+\mathrm{i}\beta_1\rangle+\mathrm{e}^{-\frac{1}{2}(\alpha_2^2+\beta_2^2)}|\alpha_2+\mathrm{i}\beta_2\rangle\\&=\mathrm{e}^{-\frac{1}{2}(\alpha_1^2+\beta_1^2)}\iint\mathrm{e}^{(\alpha_1+\mathrm{i}\beta_1)(\rho-\mathrm{i}\eta)}\mathrm{e}^{-\rho^2-\eta^2}|\rho+\mathrm{i}\eta\rangle\frac{\mathrm{d}\rho\mathrm{d}\eta}{\pi}\\&\quad+\mathrm{e}^{-\frac{1}{2}(\alpha_2^2+\beta_2^2)}\iint\mathrm{e}^{(\alpha_2+\mathrm{i}\beta_2)(\rho-\mathrm{i}\eta)}\mathrm{e}^{-\rho^2-\eta^2}|\rho+\mathrm{i}\eta\rangle\frac{\mathrm{d}\rho\mathrm{d}\eta}{\pi}\end{aligned}\tag{8.4.1}$$

(8.4.1)式中 α_1,α_2 的值仍由(8.3.9)式给定,所以两玻色中心的位置仍如(8.3.10)式和(8.3.11)式所示,类似 β_1,β_2 由(8.3.12)式给出,对应于(8.3.13)式和(8.3.14)式给出的 p_1,p_2.

2. 哈密顿量和正规乘积

现在不存在粒子的可识别性,故量子场的基本算符只有$(a,a^\dagger)$,因此哈密顿量为

$$H=-\frac{\omega}{2}(a^2+a^{\dagger 2})+\frac{K}{4\omega^2}(a^{\dagger 4}+4a^{\dagger 3}a+6a^{\dagger 2}a^2+4a^\dagger a^3$$
$$+a^4+6a^{\dagger 2}+12a^\dagger a+6a^2+3) \tag{8.4.2}$$

注意这时只有一种$(a,a^\dagger)$,量子的数量由归一条件确定.

现在的 H^m 正规乘积表示为

$$H^m=\sum_{n_1n_2}B_{n_1n_2}^{(m)}(a^\dagger)^{n_1}(a)^{n_2} \tag{8.4.3}$$

故由(8.4.2)式知

$$B_{00}^{(1)}=\frac{3K}{4\omega^2},\quad B_{20}^{(1)}=B_{02}^{(1)}=\left(\frac{3K}{2\omega^2}-\frac{\omega}{2}\right)$$
$$B_{11}^{(1)}=\frac{3K}{\omega^2},\quad B_{40}^{(1)}=B_{04}^{(1)}=\frac{K}{4\omega^2}$$
$$B_{31}^{(1)}=B_{13}^{(1)}=\frac{K}{\omega^2},\quad B_{22}^{(1)}=\frac{3K}{2\omega^2} \tag{8.4.4}$$

其余的 $B_{n_1n_2}^{(1)}$ 均为零.则

$$H^{(m+1)}=HH^m=\sum_{n_1n_2}B_{n_1n_2}^{(m+1)}$$
$$=\left[\frac{3K}{4\omega^2}+\left(\frac{3K}{2\omega^2}-\frac{\omega}{2}\right)a^{\dagger 2}+\frac{3K}{\omega^2}a^\dagger a+\left(\frac{3K}{2\omega^2}-\frac{\omega}{2}\right)a^2+\frac{K}{4\omega^2}a^{\dagger 4}+\frac{K}{\omega^2}a^{\dagger 3}a\right.$$
$$\left.+\frac{3K}{2\omega^2}a^{\dagger 2}a^2+\frac{K}{\omega^2}a^\dagger a^3+\frac{K}{4\omega^2}a^4\right]\sum_{n_1n_2}B_{n_1n_2}^{(m)}(a^\dagger)^{n_1}(a)^{n_2}$$
$$=\sum_{n_1n_2}B_{n_1n_2}^{(m)}\left[\frac{3K}{4\omega^2}(a^\dagger)^{n_1}(a)^{n_2}+\left(\frac{3K}{2\omega^2}-\frac{\omega}{2}\right)(a^\dagger)^{n_1+2}(a)^{n_2}\right.$$
$$+\frac{3K}{\omega^2}(a^\dagger)^{n_1+1}(a)^{n_2+1}+\frac{3K}{\omega^2}n_1(a^\dagger)^{n_1}(a)^{n_2}$$
$$+\left(\frac{3K}{2\omega^2}-\frac{\omega}{2}\right)(a^\dagger)^{n_1}(a)^{n_2+2}+\left(\frac{3K}{2\omega^2}-\frac{\omega}{2}\right)2n_1(a^\dagger)^{n_1-1}(a)^{n_2+1}$$

$$+\left(\frac{3K}{2\omega^2}-\frac{\omega}{2}\right)n_1(n_1-1)(a^\dagger)^{n_1-2}(a)^{n_2}+\frac{K}{4\omega^2}(a^\dagger)^{n_1+4}(a)^{n_2}$$

$$+\frac{K}{\omega^2}(a^\dagger)^{n_1+3}(a)^{n_2+1}+\frac{K}{\omega^2}(a^\dagger)^{n_1+2}(a)^{n_2}+\frac{3K}{2\omega^2}(a^\dagger)^{n_1+2}(a)^{n_2+2}$$

$$+\frac{3K}{2\omega^2}2n_1(a^\dagger)^{n_1+1}(a)^{n_2+1}+\frac{3K}{2\omega^2}n_1(n_1-1)(a^\dagger)^{n_1}(a)^{n_2}$$

$$+\frac{K}{\omega^2}(a^\dagger)^{n_1+1}(a)^{n_2+3}+\frac{K}{\omega^2}3n_1(a^\dagger)^{n_1}(a)^{n_2+2}$$

$$+3n_1(n_1-1)\frac{K}{\omega^2}(a^\dagger)^{n_1-1}(a)^{n_2+1}+\frac{K}{\omega^2}n_1(n_1-1)(n_1-2)(a^\dagger)^{n_1-2}(a)^{n_2}$$

$$+\frac{K}{4\omega^2}(a^\dagger)^{n_1}(a)^{n_2+4}+\frac{K}{4\omega^2}4n_1(a^\dagger)^{n_1-1}(a)^{n_2+3}$$

$$+\frac{K}{4\omega^2}6n_1(n_1-1)(a^\dagger)^{n_1-2}(a)^{n_2+2}$$

$$+\frac{K}{4\omega^2}4n_1(n_1-1)(n_1-2)(a^\dagger)^{n_1-3}(a)^{n_2+1}$$

$$+\frac{K}{4\omega^2}n_1(n_1-1)(n_1-2)(n_1-3)(a^\dagger)^{n_1-4}(a)^{n_2}\Big] \tag{8.4.5}$$

比较上式两端的$(a^\dagger)^{n_1}(a)^{n_2}$,得

$$B^{(m+1)}_{n_1n_2}=\left[\frac{3K}{4\omega^2}+n_1\frac{3K}{\omega^2}+n_1(n_1-1)\frac{3K}{2\omega^2}\right]B^{(m)}_{n_1n_2}+\left(\frac{3K}{2\omega^2}-\frac{\omega}{2}\right)B^{(m)}_{n_1-2n_2}$$

$$+\frac{3K}{\omega^2}B^{(m)}_{n_1-1n_2-1}+\left(\frac{3K}{2\omega^2}-\frac{\omega}{2}\right)B^{(m)}_{n_1n_2-2}$$

$$+2(n_1+1)\left(\frac{3K}{2\omega^2}-\frac{\omega}{2}\right)B^{(m)}_{n_1+1n_2-1}+(n_1+2)(n_1+1)\left(\frac{3K}{2\omega^2}-\frac{\omega}{2}\right)B^{(m)}_{n_1+2n_2}$$

$$+\frac{K}{4\omega^2}B^{(m)}_{n_1-4n_2}+\frac{K}{\omega^2}B^{(m)}_{n_1-3n_2-1}+\frac{K}{\omega^2}B^{(m)}_{n_1-2n_2}$$

$$+\frac{3K}{2\omega^2}B^{(m)}_{n_1-2n_2-2}+2(n_1-1)\frac{3K}{2\omega^2}B^{(m)}_{n_1-1n_2-1}+\frac{K}{\omega^2}B^{(m)}_{n_1-1n_2-3}$$

$$+3n_1\frac{K}{\omega^2}B^{(m)}_{n_1n_2-2}+3(n_1+1)n_1\frac{K}{\omega^2}B^{(m)}_{n_1+1n_2-1}$$

$$+(n_1+2)(n_1+1)(n_1)\frac{K}{\omega^2}B^{(m)}_{n_1+2n_2}+\frac{K}{4\omega^2}B^{(m)}_{n_1n_2-4}$$

$$+(n_1+1)\frac{K}{\omega^2}B^{(m)}_{n_1+1n_2-3}+(n_1+2)(n_1+1)\frac{3K}{2\omega^2}B^{(m)}_{n_1+2n_2-2}$$

$$+(n_1+3)(n_1+2)(n_1+1)\frac{K}{\omega^2}B^{(m)}_{n_1+3n_2-1}$$

$$+(n_1+4)(n_1+3)(n_1+2)(n_1+1)\frac{K}{4\omega^2}B^{(m)}_{n_1+4n_2} \tag{8.4.6}$$

由(8.4.4)式和(8.4.6)式的递推关系,便可得到所有的$\{B^{(m)}_{n_1n_2}\}$.

3. t 时刻系统的态矢

得到$\{B^{(m)}_{n_1n_2}\}$和$|t=0\rangle$时(8.4.1)式的表示式后,便可得到 t 时刻的态矢$|t\rangle$为

$$|t\rangle=\left[\sum_m\frac{(-\mathrm{i}t)^m}{m!}H^m\right]|t=0\rangle$$

$$=\left[\sum_m\frac{(-\mathrm{i}t)^m}{m!}\sum_{n_1n_2}B^{(m)}_{n_1n_2}(a^\dagger)^{n_1}(a)^{n_2}\right]$$

$$\cdot\left[\mathrm{e}^{-\frac{1}{2}(\alpha_1^2+\beta_1^2)}\iint\mathrm{e}^{(\alpha_1+\mathrm{i}\beta_1)(\rho-\mathrm{i}\eta)}\mathrm{e}^{-\rho^2-\eta^2}\ |\rho+\mathrm{i}\eta\rangle\frac{\mathrm{d}\rho\mathrm{d}\eta}{\pi}\right.$$

$$\left.+\mathrm{e}^{-\frac{1}{2}(\alpha_2^2+\beta_2^2)}\iint\mathrm{e}^{(\alpha_2+\mathrm{i}\beta_2)(\rho-\mathrm{i}\eta)}\mathrm{e}^{-\rho^2-\eta^2}\ |\rho+\mathrm{i}\eta\rangle\frac{\mathrm{d}\rho\mathrm{d}\eta}{\pi}\right]$$

$$=\sum_m\sum_{n_1n_2}\frac{(-\mathrm{i}t)^m}{m!}B^{(m)}_{n_1n_2}\left[\mathrm{e}^{-\frac{1}{2}(\alpha_1^2+\beta_1^2)}(\alpha_1+\mathrm{i}\beta_1)^{n_2}\iint\mathrm{e}^{(\alpha_1+\mathrm{i}\beta_1)(\rho-\mathrm{i}\eta)}\mathrm{e}^{-\rho^2-\eta^2}\ |\rho+\mathrm{i}\eta\rangle\frac{\mathrm{d}\rho\mathrm{d}\eta}{\pi}\right.$$

$$\left.+\mathrm{e}^{-\frac{1}{2}(\alpha_2^2+\beta_2^2)}(\alpha_2+\mathrm{i}\beta_2)^{n_2}\iint\mathrm{e}^{(\alpha_2+\mathrm{i}\beta_2)(\rho-\mathrm{i}\eta)}\mathrm{e}^{-\rho^2-\eta^2}\ |\rho+\mathrm{i}\eta\rangle\frac{\mathrm{d}\rho\mathrm{d}\eta}{\pi}\right] \tag{8.4.7}$$

4. 波函数与概率密度

将(8.3.17)式与(8.4.7)式求内积,得系统随 t 变化的波函数为

$$\Psi(x,t)=\langle x\mid t\rangle$$

$$=\langle 0\,|\mathrm{e}^{-\frac{1}{2}aa+\sqrt{2\omega}xa}\left\{\sum_m\sum_{n_1n_2}\frac{(-\mathrm{i}t)^m}{m!}B^{(m)}_{n_1n_2}\right.$$

$$\cdot\left[\mathrm{e}^{-\frac{1}{2}(\alpha_1^2+\beta_1^2)}(\alpha_1+\mathrm{i}\beta_1)^{n_2}\iint\mathrm{e}^{(\alpha_1+\mathrm{i}\beta_1)(\rho-\mathrm{i}\eta)}\mathrm{e}^{-\rho^2-\eta^2}\ |\rho+\mathrm{i}\eta\rangle\frac{\mathrm{d}\rho\mathrm{d}\eta}{\pi}\right.$$

$$\left.\left.+\mathrm{e}^{-\frac{1}{2}(\alpha_2^2+\beta_2^2)}(\alpha_2+\mathrm{i}\beta_2)^{n_2}\iint\mathrm{e}^{(\alpha_2+\mathrm{i}\beta_2)(\rho-\mathrm{i}\eta)}\mathrm{e}^{-\rho^2-\eta^2}\ |\rho+\mathrm{i}\eta\rangle\frac{\mathrm{d}\rho\mathrm{d}\eta}{\pi}\right]\right\}$$

$$=\sum_m\sum_{n_1n_2}\frac{(-\mathrm{i}t)^m}{m!}B^{(m)}_{n_1n_2}\left\{\frac{(\alpha_1+\mathrm{i}\beta_1)^{n_2}}{\pi}\mathrm{e}^{\frac{1}{16}[\sqrt{2\omega}x+3(\alpha_1+\mathrm{i}\beta_1)]^2}\right.$$

$$\cdot \sum_{l}^{n_1}\sum_{l_1}^{l}\sum_{l_2}^{l-l_1} C_{n_1}^{l} C_{l}^{l_1} C_{l-l_1}^{l_2} (-\mathrm{i})^{l} (-1)^{l_2} (\sqrt{2})^{l_1}$$

$$\cdot \left[\frac{3\sqrt{2\omega}}{4}x - \frac{7}{4}(\alpha_1 + \mathrm{i}\beta_1)\right]^{l-l_1-l_2} \Pi\left(\frac{l_1}{2}\right)\Pi\left(\frac{l_2}{2}\right)$$

$$+ \frac{(\alpha_2 + \mathrm{i}\beta_2)^{n_2}}{\pi} \mathrm{e}^{\frac{1}{16}[\sqrt{2\omega}x+3(\alpha_2+\mathrm{i}\beta_2)]^2}$$

$$\cdot \sum_{l}^{n_1}\sum_{l_1}^{l}\sum_{l_2}^{l-l_1} C_{n_1}^{l} C_{l}^{l_1} C_{l-l_1}^{l_2} (-\mathrm{i})^{l} (-1)^{l_2} (\sqrt{2})^{l_1}$$

$$\cdot \left[\frac{3\sqrt{2\omega}}{4}x - \frac{7}{4}(\alpha_2 + \mathrm{i}\beta_2)\right]^{l-l_1-l_2} \Pi\left(\frac{l_1}{2}\right)\Pi\left(\frac{l_2}{2}\right)\Bigg\} \tag{8.4.8}$$

在导出上式结果时，因为计算已在(8.3.19)式中做过了，所以这里不再重新推演，直接应用即可．有了(8.4.8)式后，便可得到系统的概率分布随 t 的变化为

$$\rho(x,t) = |\Psi(x,t)|^2 \tag{8.4.9}$$

5. 两种概念下得到的系统随时间 t 的变化

将(8.3.22)式和(8.4.9)式进行比较，即将(8.3.22)式的 $\rho(x,t)$ 乘以 2(才是总的概率)，与(8.4.9)式中的 $\rho(x,t)$ 做比较，观察两者的差别．其实准确地说，把(8.3.22)式与(8.4.9)式做比较在物理上是没有实质意义的．这里显示的(8.3.22)式和(8.4.9)式的不同结果是用以说明在量子多体系统中存在两种不同的实质性的理解．

(1) 过去做的有关实验是含许多“粒子”的多体系统，因此传统地认为具有可识别性的“粒子”加上全同性原理的波函数对称或反对称的要求后，分析及计算都不会出现问题．但近年来随着实验水平的提高，在做有限个数的多体实验时矛盾就出现了．例如，文中讨论的双势阱的左、右两端放入的波包不同时，实际上传统的多体理论是无法处理的．因为它的初始态是无法对称化的，结论是(8.4.8)式的计算结果才符合这一体系．

(2) 如果(8.4.8)式的理论结构与实验相符，则说明从传统的可识别性的“粒子”的多体量子理论应当修改为无识别性的“量子”图像，这是一个较为根本意义上的修正．

(3) 如果多体量子系统由传统的粒子概念转换为量子的概念，则长期困扰我们的瞬间超距现象自然也就不存在了．

第 9 章

含时哈密顿量系统

一个系统受外势作用，且外势不是恒定的，是随着时间在改变，则这样的系统的哈密顿量是含时的.它的求解比不含时哈密顿量的情形要复杂不少，简略地讲，在不含时情形下求解系统的演化从薛定谔方程出发，可以得形式解为

$$|t\rangle = e^{-iHt}|t=0\rangle = \left[\sum_m \frac{(-it)^m}{m!}H^m\right]|t=0\rangle$$

在前面的所有讨论中都是从上式出发的，但当 $H(t)$与 t 有关时，上式不再成立，所以以上讨论的方法无法照搬到含时哈密顿量的系统中.如何改进原来适用于不含时哈密顿量的方法，使之适用于含时哈密顿量系统是本章要讨论的中心内容.为了和过去已有的求解方法做比较，这里首先将简短地回顾一下绝热近似、不变算符方法与变量以及函数变换三种方法，然后讨论如何改进前面给出的求解不含时哈密顿量系统的相干态展开法来求含时哈密顿量问题，这样可以和以往的方法加以对照.

9.1 绝热近似

1. 瞬时本征态

含时哈密顿量 $H(t)$ 的系统自然不存在不随时间改变的哈密顿量的本征态即定态，但仍可以这样定义瞬时本征方程的“定态”，即

$$H(t)\,|\psi_n(t)\rangle = E_n(t)\,|\psi_n(t)\rangle \tag{9.1.1}$$

系统在 t 时刻的态矢 $|t\rangle$ 总可用这一组 t 时刻的瞬时本征态集来展开：

$$|t\rangle = \sum_n b_n(t)\,|\psi_n(t)\rangle \tag{9.1.2}$$

将上式代入薛定谔方程($\hbar=1$)，得

$$\mathrm{i}\frac{\partial}{\partial t}\,|t\rangle = H(t)\,|t\rangle \tag{9.1.3}$$

即得

$$\mathrm{i}\sum_n[\dot{b}_n(t)\,|\psi_n(t)\rangle + b_n(t)\,|\dot{\psi}_n(t)\rangle = \sum_n b_n(t)E_n(t)\,|\psi_n(t)\rangle \tag{9.1.4}$$

为了简化上式，引入

$$b_n(t) = C_n(t)\mathrm{e}^{-\mathrm{i}\int_0^t \mathrm{d}t' E_n(t')} \tag{9.1.5}$$

将(9.1.5)式代入(9.1.4)式，消去相同的项后，得

$$\sum_m \dot{C}_m(t)\mathrm{e}^{-\mathrm{i}\int_0^t \mathrm{d}t' E_m(t')}\,|\psi_m(t)\rangle = -\sum_m C_m(t)\mathrm{e}^{-\mathrm{i}\int_0^t \mathrm{d}t' E_m(t')}\,|\dot{\psi}_m(t)\rangle \tag{9.1.6}$$

在上式的两端乘以 $|\psi_n(t)\rangle$，因为 $\{|\psi_n(t)\rangle\}$ 是正交归一的，于是得

$$\dot{C}_n(t) = -\sum_m C_m(t)\mathrm{e}^{-\mathrm{i}\int_0^t [E_m(t')-E_n(t')]\mathrm{d}t'}\langle\psi_n(t)\,|\,\dot{\psi}_m(t)\rangle \tag{9.1.7}$$

2. 求 $|\psi_n(t)\rangle|\dot{\psi}_m(t)\rangle$

前面讨论的是普遍的含时 $H(t)$，现在讨论其中随时间变化的一类含时哈密顿量系

统具有如下性质,更仔细一点讲,即这类的含时哈密顿量可以表示为

$$H(t) = H_0 + H_1(t) \tag{9.1.8}$$

而且与恒定部分 H_0 相比较,$H_1(t)$的作用远小于 H_0 的,所以可以说这是一类随时间缓慢变化的哈密顿量系统.对于这样的系统,(9.1.7)式中的$\langle\psi_n(t)|\dot{\psi}_m(t)\rangle$该如何求得?

由归一条件

$$\langle\psi_n(t)\mid\psi_n(t)\rangle = 1 \tag{9.1.9}$$

出发,将上式对 t 求微商,得

$$\begin{aligned} 0 &= \langle\dot{\psi}_n(t)\mid\psi_n(t)\rangle + \langle\psi_n(t)\mid\dot{\psi}_n(t)\rangle \\ &= 2\mathrm{Re}(\langle\psi_n(t)\mid\dot{\psi}_n(t)\rangle) \end{aligned} \tag{9.1.10}$$

由于$\langle\psi_n(t)|\psi_n(t)\rangle$一定是实数,它的微商亦一定是实数,故(9.1.10)式等同于

$$\langle\psi_n(t)\mid\dot{\psi}_n(t)\rangle = 0 \tag{9.1.11}$$

将上式代入(9.1.7)式中,其右侧 $m=n$ 的项为零,得

$$\dot{C}_n(t) = -\sum_{m\neq n} C_m(t)\mathrm{e}^{-\mathrm{i}\int_0^t[E_m(t')-E_n(t')]\mathrm{d}t'}\langle\psi_n(t)\mid\dot{\psi}_m(t)\rangle \tag{9.1.12}$$

将(9.1.1)式的两端对 t 求微商,并考虑 H 的(9.1.8)式的形式,则有

$$\dot{H}_1(t)\mid\psi_m(t)\rangle + H(t)\mid\dot{\psi}_m(t)\rangle = \dot{E}_m(t)\mid\psi_m(t)\rangle + E_m(t)\mid\dot{\psi}_m(t)\rangle \tag{9.1.13}$$

将上式左乘$\langle\psi_n(t)|(n\neq m)$,得

$$\begin{aligned} &\langle\psi_n(t)\mid\dot{H}_1(t)\mid\psi_m(t)\rangle + \langle\psi_n(t)\mid H(t)\mid\dot{\psi}_m(t)\rangle \\ &= \dot{E}_m(t)\langle\psi_n(t)\mid\psi_m(t)\rangle + E_m(t)\langle\psi_n(t)\mid\dot{\psi}_m(t)\rangle \end{aligned}$$

考虑 $n\neq m$,故$\langle\psi_n(t)|\psi_m(t)\rangle=0$,以及从 $H(t)|\psi_n(t)\rangle=E_n(t)|\psi_n(t)\rangle$,得

$$\langle\psi_n(t)\mid H(t) = E_n(t)\langle\psi_n(t)\mid$$

上式成为

$$\langle\psi_n(t)\mid\dot{\psi}_m(t)\rangle = \frac{\langle\psi_n(t)\mid\dot{H}_1(t)\mid\psi_m(t)\rangle}{E_m(t)-E_n(t)} \tag{9.1.14}$$

将(9.1.14)式代入(9.1.12)式,并对 t 求积分,而积分

$$\int_0^t dt'\dot{C}_n(t') = C_n(t) - C_n(0)$$

故最后得到

$$C_n(t) = C_n(0) + \sum_{m\neq n}\int_0^t C_m(t')e^{-i\int_{t_0}^{t'}dt''[E_m(t'')-E_n(t'')]}\frac{\langle\psi_n(t')|\dot{H}_1(t')|\psi_m(t')\rangle}{E_n(t')-E_m(t')}$$

(9.1.15)

3. 绝热近似

(9.1.15)式是关于一组$\{C_n(t)\}$的积分方程,这就是说,如果$H(t)$是如(9.1.8)式所示的缓慢随t改变的哈密顿量,要严格求解,需求解如(9.1.15)式那样的一组积分方程,这是不容易做到的.不过如前所述,对于这一类系统来讲,显然已假定$H_1(t)$的贡献是小量,因此,可对(9.1.15)式做迭代求解,得

$$C_n(t) = C_n(0) + \sum_{m\neq n}C_m(0)\int_0^t e^{-i\int_{t_0}^{t'}[E_m(t'')-E_n(t'')]dt''}\frac{\langle\psi_n(t')|\dot{H}_1(t')|\psi_m(t')\rangle}{E_n(t')-E_m(t')} + \cdots$$

(9.1.16)

上式右方的第二项是作一次迭代后的结果,后面的高次迭代略去未写,用$+\cdots$表示.

对得到的(9.1.16)式的结果讨论如下:

(1) 没有写出的高阶项是量$\dfrac{\langle\psi_n(t')|\dot{H}_1(t)|\psi_m(t')\rangle}{E_n(t')-E_m(t')}$的高阶幂.

(2) 如果它是一个小量,则(9.1.16)式的右侧是该小量的一个幂级数,因此这时取右侧的前若干项是一个好的近似.例如,只保留(9.1.16)式中明显表示出的前两项而略去后面的高阶项.这样的近似求解称为绝热近似.

(3) 绝热近似的条件可从$\dfrac{\langle\psi_n(t')|\dot{H}_1(t')|\psi_m(t')\rangle}{E_n(t')-E_m(t')}$是小量得到,如果$H(t)$随时间的变化尺度为$T$,它的意思是当$t$改变一个尺度$T$时,$H(t)$使$\langle\psi_n(t')|\dot{H}_1(t')|\psi_m(t')\rangle$有一个近似于1的改变,则单位时间里它的改变量是$\dfrac{1}{T}$.

而$\Delta E\sim E_n(t')-E_m(t')$,即瞬时能距,故绝热近似条件成立应满足如下不等式关系:

$$\Delta E \gg \frac{1}{T}$$

即

$$\Delta E \cdot T \gg 1 \tag{9.1.17}$$

于是得到如下结论:如果一个含时哈密顿量的系统,其哈密顿量可以表示为(9.1.8)式的形式,并满足(9.1.17)式的条件,则可以在利用(9.1.16)式的表示中取若干低阶项的绝热近似方法得到较好的近似解.

9.2 不变算符方法

1. Lewis 的不变算符

显然绝热近似只对一类符合条件(9.1.17)式的含时哈密顿量才适合,但实际的含时哈密顿量系统多数是不满足这种苛刻的缓变条件的,所以 Lewis 针对普遍的情况提出了一个普适的理论,首先他对一个确定的含时哈密顿量 $H(t)$定义一个相应的满足如下条件的厄米不变算符 $I(t)$:

$$\frac{\mathrm{d}I(t)}{\mathrm{d}t} \equiv \frac{\partial I(t)}{\partial t} + \frac{1}{\mathrm{i}\hbar}[I(t),H] = 0 \tag{9.2.1}$$

$$I^{\dagger} = I \tag{9.2.2}$$

这样引入的算符 I 具有以下性质,如$|\psi(t)\rangle$是这一含时哈密顿量系统随 t 演化的态矢,即$|\psi(t)\rangle$满足薛定谔方程

$$\mathrm{i}\hbar\frac{\partial}{\partial t}|\psi(t)\rangle = H(t)|\psi(t)\rangle \tag{9.2.3}$$

则可证 $I(t)|\psi(t)\rangle$亦是薛定谔方程的解.

证明如下:

$$\begin{aligned}\mathrm{i}\hbar\frac{\partial}{\partial t}(I(t)|\psi(t)\rangle) &= \mathrm{i}\hbar\frac{\partial I(t)}{\partial t}|\psi(t)\rangle + \mathrm{i}\hbar I(t)\frac{\partial}{\partial t}|\psi(t)\rangle \\ &= \mathrm{i}\hbar\frac{\partial I(t)}{\partial t}|\psi(t)\rangle + I(t)H(t)|\psi(t)\rangle\end{aligned}$$

$$= \mathrm{i}\hbar\left[\frac{\partial I(t)}{\partial t} + \frac{1}{\mathrm{i}\hbar}[I(t),H(t)] + \frac{1}{\mathrm{i}\hbar}H(t)I(t)\right]|\psi(t)\rangle$$
$$= H(t)(I(t)\,|\psi(t)\rangle)$$

现在来看 $I(t)$ 的本征态(和上面的绝热近似对照,可以说是求 $I(t)$ 的瞬时本征态):

$$I(t)\,|\lambda,x:t\rangle = \lambda\,|\lambda,x:t\rangle \tag{9.2.4}$$

这里的 x 是为了普遍起见,考虑到本征态可以是简并的,故加上 x 标示不同的简并态.如果更仔细一点来分析,就是这一物理系统的 Hilbert 空间只是用 $I(t)$ 的一个量来表示其态矢是不完备的,还需要添加一些其他物理量来构成完备的算符集合,即 $|\lambda,x:t\rangle$ 是它们的共同瞬时本征态,x 是其他物理量的本征值标示.在(9.2.4)式中表为:$|\lambda,x:t\rangle$ 是注明一般情形下这一态矢应和 t 有关.

下面我们再证明 $|\lambda,x:t\rangle$ 与 t 无关.

证明如下:

首先,$|\lambda,x:t\rangle$ 应满足正交归一条件

$$\langle\lambda',x':t\,|\,\lambda,x:t\rangle = \delta_{\lambda\lambda'}\delta_{xx'} \tag{9.2.5}$$

对(9.2.4)式求时间的微商,得

$$\frac{\partial I(t)}{\partial t}\,|\lambda,x:t\rangle + I(t)\frac{\partial}{\partial t}\,|\lambda,x:t\rangle = \frac{\partial\lambda}{\partial t}\,|\lambda,x:t\rangle + \lambda\frac{\partial}{\partial t}\,|\lambda,x:t\rangle \tag{9.2.6}$$

将上式与 $|\lambda,x:t\rangle$ 求内积,得

$$\langle\lambda,x:t\,|\,\frac{\partial I(t)}{\partial t}\,|\lambda,x:t\rangle + \langle\lambda,x:t\,|\,I(t)\frac{\partial}{\partial t}\,|\lambda,x:t\rangle$$
$$= \langle\lambda,x:t\,|\,\frac{\partial\lambda}{\partial t}\,|\lambda,x:t\rangle + \lambda\langle\lambda,x:t\,|\,\frac{\partial}{\partial t}\,|\lambda,x:t\rangle$$
$$= \frac{\partial\lambda}{\partial t}\langle\lambda,x:t\,|\,\lambda,x:t\rangle + \lambda\langle\lambda,x:t\,|\,\frac{\partial}{\partial t}\,|\lambda,x:t\rangle$$
$$= \frac{\partial\lambda}{\partial t} + \lambda\langle\lambda,x,t\,|\,\frac{\partial}{\partial t}\,|\lambda,x:t\rangle \tag{9.2.7}$$

上式左端的第二项可改写为 $\lambda\langle\lambda,x:t|\dfrac{\partial}{\partial t}|\lambda,x:t\rangle$,与右方的第二项相消,得

$$\frac{\partial\lambda}{\partial t} = \lambda\langle\lambda,x:t\,|\,\frac{\partial I}{\partial t}\,|\lambda,x:t\rangle \tag{9.2.8}$$

现在将(9.2.1)式作用于 $|\lambda,x:t\rangle$,则得

$$\frac{\partial I}{\partial t}|\lambda,x:t\rangle+\frac{1}{\mathrm{i}\hbar}[I,H]|\lambda,x:t\rangle=0 \tag{9.2.9}$$

即

$$\mathrm{i}\hbar\frac{\partial I}{\partial t}|\lambda,x:t\rangle+IH|\lambda,x:t\rangle-\lambda H|\lambda,x:t\rangle=0$$

左侧乘以$\langle\lambda',x':t|$,得

$$\begin{aligned}&\mathrm{i}\hbar\langle\lambda',x':t|\frac{\partial I}{\partial t}|\lambda,x:t\rangle+\langle\lambda',x':t|IH|\lambda,x:t\rangle-\langle\lambda',x':t|\lambda H|\lambda,x:t\rangle\\&=\mathrm{i}\hbar\langle\lambda',x':t|\frac{\partial I}{\partial t}|\lambda,x:t\rangle+(\lambda'-\lambda)\langle\lambda',x':t|H|\lambda,x:t\rangle\\&=0\end{aligned} \tag{9.2.9$'$}$$

取 $\lambda'=\lambda$ 时,则上式成为

$$\langle\lambda,x:t|\frac{\partial I}{\partial t}|\lambda,x:t\rangle=0 \tag{9.2.10}$$

将(9.2.10)式代入(9.2.8)式,便得到

$$\frac{\partial\lambda}{\partial t}=0 \tag{9.2.11}$$

结论:以上结果证明了 λ 与 t 无关.

2. 不变算符与薛定谔方程的解的关系

上一小节谈了 Lewis 引入的不变算符及它的本征态的性质,那么你可能要问:它和我们关心的主题含时哈密顿量的求解,即薛定谔方程的解有何关系?为此回到前面的(9.2.6)式,由于有$\frac{\partial\lambda}{\partial t}=0$的结论,它可改写为

$$(\lambda-I)\frac{\partial}{\partial t}|\lambda,x:t\rangle=\frac{\partial I}{\partial t}|\lambda,x:t\rangle \tag{9.2.12}$$

将上式左乘$\langle\lambda',x':t|$,则上式成为

$$\begin{aligned}\langle\lambda',x':t|(\lambda-I)\frac{\partial}{\partial t}|\lambda,x:t\rangle&=(\lambda-\lambda')\langle\lambda',x':t|\frac{\partial}{\partial t}|\lambda,x:t\rangle\\&=\langle\lambda',x':t|\frac{\partial I}{\partial t}|\lambda,x:t\rangle\end{aligned}$$

$$= \frac{\lambda - \lambda'}{\mathrm{i}\hbar} \langle \lambda', x' : t \mid H \mid \lambda, x : t \rangle$$

上式的结果应用了(9.2.9)式.

当 $\lambda \neq \lambda'$时,可将 $\lambda - \lambda'$的因子去掉,得

$$\mathrm{i}\hbar \langle \lambda', x' : t \mid \frac{\partial}{\partial t} \mid \lambda, x : t \rangle = \langle \lambda', x' : t \mid H \mid \lambda, x : t \rangle \tag{9.2.13}$$

由于$\langle \lambda', x' : t \mid$是任意取的,可将上式的$\langle \lambda', x' : t \mid$去掉,得

$$\mathrm{i}\hbar \frac{\partial}{\partial t} \mid \lambda, x : t \rangle = H \mid \lambda, x : t \rangle \tag{9.2.14}$$

从(9.2.14)式来看,这似乎已证明$\mid \lambda, x : t \rangle$就是薛定谔方程的解了,实际上还不能得出这样的结论,因为(9.2.14)式是在前提 $\lambda' \neq \lambda$ 下得到的,只有把 $\lambda' = \lambda$ 的情形包括进来,才能有这样的结论.

3. 规范变换

为了完成上述结论,对$\mid \lambda, x : t \rangle$做如下的规范变换:

$$\mid \lambda, x : t \rangle_\alpha = \mathrm{e}^{\mathrm{i}\alpha_{\lambda x}(t)} \mid \lambda, x : t \rangle \tag{9.2.15}$$

前面已假定 $I(t)$不含 t 的微商,故有

$$I(t) \mathrm{e}^{\mathrm{i}\alpha_{\lambda x}(t)} = \mathrm{e}^{\mathrm{i}\alpha_{\lambda x}(t)} I(t)$$

因此可知$\mid \lambda, x : t \rangle_\alpha$ 亦是I 的本征矢,即

$$\begin{aligned} I(t) \mid \lambda, x : t \rangle_\alpha &= I(t) \mathrm{e}^{\mathrm{i}\alpha_{\lambda x}(t)} \mid \lambda, x : t \rangle = \mathrm{e}^{\mathrm{i}\alpha_{\lambda x}(t)} I(t) \mid \lambda, x : t \rangle \\ &= \mathrm{e}^{\mathrm{i}\alpha_{\lambda x}(t)} \lambda \mid \lambda, x : t \rangle = \lambda (\mathrm{e}^{\mathrm{i}\alpha_{\lambda x}(t)} \mid \lambda, x : t \rangle) \\ &= \lambda \mid \lambda, x : t \rangle_\alpha \end{aligned} \tag{9.2.16}$$

现在把(9.2.13)式中的$\mid \lambda, x : t \rangle$换成$\mid \lambda, x : t \rangle_\alpha$,看如何选择 $\alpha_{\lambda x}(t)$使该式在包括 $\lambda' = \lambda$ 时亦成立,即

$$\mathrm{i}\hbar {}_\alpha\langle \lambda', x' : t \mid \frac{\partial}{\partial t} \mid \lambda, x : t \rangle_\alpha = {}_\alpha\langle \lambda', x' : t \mid H \mid \lambda, x : t \rangle_\alpha$$

于是要求

$$\mathrm{i}\hbar (\langle \lambda', x' : t \mid \mathrm{e}^{-\mathrm{i}\alpha'_{\lambda x}(t)}) \frac{\partial}{\partial t} (\mathrm{e}^{\mathrm{i}\alpha_{\lambda x}(t)} \mid \lambda, x : t \rangle) = (\langle \lambda', x' : t \mid \mathrm{e}^{-\mathrm{i}\alpha'_{\lambda x}(t)}) H (\mathrm{e}^{\mathrm{i}\alpha_{\lambda x}(t)} \mid \lambda, x : t \rangle)$$

则上式化为

$$\mathrm{i}\hbar\delta_{\lambda\lambda'}\frac{\mathrm{d}\alpha_{\lambda x}(t)}{\mathrm{d}t}=\langle\lambda',x':t\mid\left(\mathrm{i}\hbar\frac{\partial}{\partial t}-H\right)\mid\lambda,x:t\rangle \tag{9.2.17}$$

上式的意义告诉我们，由上式求出 $\alpha_{\lambda x}(t)$后，便能由(9.2.15)式得到要求的解.

现在对 Lewis 的理论做一个小结：

(1) 给定系统的含时 $H(t)$后，首先求一个不变算符 $I(t)$满足

$$\frac{\mathrm{d}I(t)}{\mathrm{d}t}=\frac{\partial I(t)}{\partial t}+\frac{1}{\mathrm{i}\hbar}[I,H]=0$$

(2) 求 $I(t)$的归一、正交态矢集$\{|\lambda,x:t\rangle\}$.

(3) 通过规范变换$|\lambda,x:t\rangle_\alpha=\mathrm{e}^{\mathrm{i}\alpha_{\lambda x}(t)}|\lambda,x:t\rangle$，得到 $I(t)$与 $H(t)$的共同含时方程的解.

(4) 实际上，是将求解 $\mathrm{i}\hbar|t\rangle=H(t)|t\rangle$的困难问题转换成求 $I(t)$和 $\alpha_{\lambda x}(t)$，而求 $I(t)$及 $\alpha_{\lambda x}(t)$亦并非易事.

9.3 函数和变量变换

本节再简单介绍一种针对特定含时哈密顿量而采取的特定变量变换和函数变换，从而把一个含时的求解问题转化为一个不含时哈密顿量的问题.不同的系统对应的变换是不相同的，因此这一方法没有一个普适的形式，这里举一个大家感兴趣的 Paul 阱中粒子的动力学例子.

1. 阱中粒子的动力学

Paul 阱是目前已知的一个受到大家关注的实验装置，因为在这样的装置里可以囚禁离子，并在这样的有限空间里可以做量子电动力学的受控动力学规律的研究，因而开辟了被称为“腔量子电动力学”的领域.在这个装置里，粒子受到的约束势就是一个随时间改变的势，因此是一个典型的含时哈密顿量问题，其约束势为

$$V(x,t)=\frac{1}{2}[U+V\cos(\omega t)]x^2\equiv\frac{1}{2}\Omega(t)x^2$$

粒子系统的哈密顿量为

$$H(t)=-\frac{1}{2}\frac{\partial^2}{\partial x^2}+\frac{1}{2}\Omega^2(t)x^2 \tag{9.3.1}$$

为了简化计，取 $\hbar=1,m=1$，粒子满足的薛定谔方程为

$$\mathrm{i}\frac{\partial}{\partial t}\psi(x,t)=-\frac{1}{2}\frac{\partial^2}{\partial x^2}\psi(x,t)+\frac{1}{2}\Omega^2(t)x^2\psi(x,t) \tag{9.3.2}$$

从形式上看，这和不含时的谐振子势中的薛定谔方程很接近，差别仅在于 ω^2 现在换成与 t 有关的 $\Omega^2(t)$. 因此，启发我们能否通过适当的变量及函数变换，将方程改变成不含时所对应的薛定谔方程.

2. 函数及变量变换

首先，将系统的波函数做一个函数变换，如下：

$$\psi(x,t)=\left[\mathrm{e}^{-\mathrm{i}\int_0^t\alpha(t')\mathrm{d}t'}\right]\mathrm{e}^{\mathrm{i}\alpha(t)x^2}\varphi_1(x,t) \tag{9.3.3}$$

将上式代入(9.3.2)式，并化为一个 $\varphi_1(x,t)$ 满足的方程，则得

$$\begin{aligned}\mathrm{i}\frac{\partial}{\partial t}\varphi_1(x,t)=&-\frac{1}{2}\frac{\partial^2}{\partial x^2}\varphi_1(x,t)-2\mathrm{i}\alpha(t)x\frac{\partial}{\partial x}\varphi_1(x,t)\\&+\left[2\alpha^2(t)+\dot{\alpha}(t)+\frac{1}{2}\Omega^2(t)\right]x^2\varphi_1(x,t)\end{aligned} \tag{9.3.4}$$

在(9.3.3)式中引入的 $\alpha(t)$ 的形式并未给出，是一个待定的函数. 实际上，$\alpha(t)$ 的形式依赖于如何把求解化为不含时的要求.

为此再将 $\alpha(t)$ 换为如下形式：

$$\alpha(t)=\frac{\dot{\varphi}(t)}{4\varphi(t)} \tag{9.3.5}$$

把待定的 $\alpha(t)$ 转化为求待定的 $\varphi(t)$，除了以上函数变换外，再做如下变量变换：

$$y=\varphi^{-\frac{1}{2}}(t)x \tag{9.3.6}$$

$$s=\int^t\varphi^{-1}(\sigma)\mathrm{d}\sigma \tag{9.3.7}$$

同时将(9.3.4)式中的 $\varphi_1(x,t)$ 换成用 y 和 s 为自变量的函数，即

$$\phi(y,s)=\varphi_1(x,t) \tag{9.3.8}$$

做了这些变换后，(9.3.4)式的 $\varphi_1(x,t)$ 满足的方程变换为 $\varphi(y,s)$ 应满足的如下方程：

$$\mathrm{i}\frac{\partial}{\partial s}\phi(y,s)=-\frac{1}{2}\frac{\partial^2}{\partial y^2}\phi(y,s)+\left(\frac{1}{4}\ddot{\varphi}\varphi-\frac{1}{8}\dot{\varphi}^2+\frac{1}{2}\Omega^2(t)\varphi^2\right)y^2\phi(y,s) \tag{9.3.9}$$

注意,上式右边第二项中的 $\varphi(t)$ 及 $\dot{\varphi},\ddot{\varphi}$ 都是原来自变量 t 的函数.那么在这样的情形下,我们就能对 $\varphi(t)$ 即对 $\alpha(t)$ 如何确定提出要求了,因为如果 $\varphi(t)$ 满足如下方程:

$$\frac{1}{4}\ddot{\varphi}\varphi-\frac{1}{8}\dot{\varphi}^2+\frac{1}{2}\Omega^2(t)\varphi^2=c \tag{9.3.10}$$

其中,c 是一个常数,则(9.3.9)式变为

$$\mathrm{i}\frac{\partial}{\partial s}\phi(y,s)=-\frac{1}{2}\frac{\partial^2}{\partial y^2}\phi(y,s)+cy^2\phi(y,s) \tag{9.3.11}$$

于是,上式就变成了不含时的谐振子系统的薛定谔方程($s\sim t$),故立即可以给出它的各个定态波函数,即

$$\phi_n(y,s)=N_n\mathrm{e}^{-\frac{1}{2}z^2y^2}H_n(zy)\mathrm{e}^{-\mathrm{i}E_ns} \tag{9.3.12}$$

其中

$$\begin{cases}N_n=\left(\dfrac{z}{2^nn!\sqrt{\pi}}\right)^{\frac{1}{2}}\\ z=c^{\frac{1}{4}}\\ E_n=\left(n+\dfrac{1}{2}\right)\sqrt{c}\end{cases} \tag{9.3.13}$$

再变换回原来的自变量 x,t,就有

$$\psi(x,t)=M_n\varphi^{-\frac{1}{4}}H_n(c^{\frac{1}{4}}\varphi^{-\frac{1}{2}}x)\mathrm{e}^{\left[\mathrm{i}\alpha(t)x^2-\frac{1}{2}c^{\frac{1}{2}}x^2/\varphi\right]}\mathrm{e}^{-\mathrm{i}\left(n+\frac{1}{2}\right)\sqrt{c}\int_0^t\frac{\mathrm{d}\sigma}{\mathrm{d}\varphi(\sigma)}} \tag{9.3.14}$$

其中

$$M_n=[c^{\frac{1}{4}}/(2^nn!\sqrt{\pi}t)]^{\frac{1}{2}} \tag{9.3.15}$$

最后的结果看起来是很圆满的,但是留下了一个需要解的(9.3.10)式的非线性微分方程,故可知原来求解含时哈密顿量的难题转换成了求解非线性微分方程的问题.

9.4 用相干态展开法求解含时哈密顿量问题

前面简短地回顾了过去在求解含时哈密顿量物理系统的3种方法.除了绝热近似法只适于缓慢变化的哈密顿量系统外,后两种普遍适用的方法实际上是把求解困难转变为另一个求解困难,那么前面普遍适用于各种系统的非含时哈密顿量系统的相干态展开法是否可以用来计算含时哈密顿量的问题?显然完全照搬过来是不行的,因为如果哈密顿量不依赖于时间,那么从薛定谔方程出发

$$\mathrm{i}\frac{\partial}{\partial t}|t\rangle = H|t\rangle \tag{9.4.1}$$

可得到下列的形式解:

$$|t\rangle = \mathrm{e}^{-\mathrm{i}Ht}|t=0\rangle = \left[\sum_m \frac{(-\mathrm{i}t)^m}{m!}H^m\right]|t=0\rangle \tag{9.4.2}$$

前面的所有计算都是基于(9.4.2)式的,但是若 $H(t)$含时,则从

$$\mathrm{i}\frac{\partial}{\partial t}|t\rangle = H(t)|t\rangle \tag{9.4.3}$$

得不到(9.4.2)式的关系.因此,必须考虑做一些物理的思考,使相干态展开法亦能应用到含时哈密顿量的情形.

1. 时段的划分

$H(t)$随 t 改变,如果从 $t=0$ 的初始时刻开始,那么我们要求出从 $t=0$ 到 $t=T$ 的一个有限时段 T 里系统随 t 演化的态矢$|t\rangle$,用(9.4.2)式作为出发点自然是不允许的,但是若把 $0\to T$ 分成 N 个小时段 $\Delta t=\frac{T}{N}$,则在每个小时段 $m\Delta t\to(m+1)\Delta t$ 中,把这个小时段中的 $H(t)$用 $H\left(\left(m+\frac{1}{2}\right)\Delta t\right)$时的 H 算符来代替,则会是一个好的近似.换句话讲,我们将$|m\Delta t\rangle$当作初始态,将系统的哈密顿量取为不随 t 改变的 $H\left(\left(m+\frac{1}{2}\right)\Delta t\right)$,从而求出末态$|(m+1)\Delta t\rangle$.这样做可能是一个较好的近似方法,但划分的 N 个 Δt 小时

段越短，近似程度会越高，其代价就是重复次数会越多.不过这种计算量的增加是线性的，不会带来严重的困难.除此之外，这一做法亦会得到一定的补偿，回想一下不含时哈密顿量的情形，当我们依据(9.4.2)式计算时，对 m 的求和不可能求到 $m\to\infty$，因此必然要进行截断，即求和到一个有限的 $m=M$ 时截止.如果我们要计算的 $0\to T$ 时段越长，需要的 M 就越大，因为时间越长，需要的 M 必然越大，否则(9.4.2)式中有限求和的收敛性会越差.但是在含时哈密顿量的情形下，每一小时段是很短的，因此在每一小时段中将 H 视作不变来应用(9.4.2)式计算时，对 m 的求和就只需取少数几个最低的 m 项即可.作为一个有确定性质的方法，甚至我们可取定为 $m=0,1,2$ 三阶，因为虽然对不同的 $H(t)$ 来讲，随 t 的变化快慢会有所不同，但在选定 $m=0,1,2$ 后总可以通过 Δt 的大小选择来保证近似程度能够得到满足.

2. 在第一个小时段中的计算

以第一个小时段为例来分析，这时 $|t=0\rangle$ 亦是这一小时段的初始态.为确定起见，取初始态为相干态(为简化计取单分量和单模的物理系统为例)，则

$$
\begin{aligned}
|t=0\rangle &= e^{-\frac{1}{2}(\alpha^2+\beta^2)}\,|\alpha+i\beta\rangle \\
&= e^{-\frac{1}{2}(\alpha^2+\beta^2)}\iint e^{(\alpha+i\beta)(\rho-i\eta)}e^{-\rho^2-\eta^2}\,|\rho+i\eta\rangle\frac{d\rho d\eta}{\pi}
\end{aligned}
\tag{9.4.4}
$$

将第一小时段中的 $H(t)$ 用 $H\left(\frac{\Delta t}{2}\right)$ 代替，这时按不含时的做法算出 $H^m\left(\frac{\Delta t}{2}\right)$ 的正规乘积表示，为

$$
H^m\left(\frac{\Delta t}{2}\right)=\sum_{n_1n_2}A_{1,n_1n_2}^{(m)}(a^\dagger)^{n_1}(a)^{n_2}
\tag{9.4.5}
$$

在 $A_{1,n_1n_2}^{(m)}$ 中添加一个下标 1 表示它们的值由于 $H(t)$ 是随 t 变化的，故与所取的那一个小时段有关.不过递推公式的建立及表示式的形式是相同的，因此只需做一次计算，因为对于不同的时刻 t 即不同的小时段，只需将表示中的参量值取在那个时刻(小时段).

在求出 $\{A_{1,n_1n_2}^{(m)}\}$ 后，即可算出末态矢 $|\Delta t\rangle$ 为

$$
\begin{aligned}
|\Delta t\rangle = &\sum_{m=0}^{2}\frac{(-it)^m}{m!}\sum_{n_1n_2}A_{1,n_1n_2}^{(m)}(a^\dagger)^{n_1}(a)^{n_2} \\
&\cdot e^{-\frac{1}{2}(\alpha^2+\beta^2)}\iint e^{(\alpha+i\beta)(\rho-i\eta)}e^{-\rho^2-\eta^2}\,|\rho+i\eta\rangle\frac{d\rho d\eta}{\pi}
\end{aligned}
$$

$$= \sum_{m=0}^{2} \frac{(-\mathrm{i}t)^m}{m!} \sum_{n_1 n_2} A_{1,n_1 n_2}^{(m)} \mathrm{e}^{-\frac{1}{2}(\alpha^2+\beta^2)}$$

$$\cdot (\alpha + \mathrm{i}\beta)^{n_2} \iint \mathrm{e}^{(\alpha+\mathrm{i}\beta)(\rho-\mathrm{i}\eta)} \mathrm{e}^{-\rho^2-\eta^2} (\rho - \mathrm{i}\eta)^{n_1} \ |\rho + \mathrm{i}\eta\rangle \frac{\mathrm{d}\rho \mathrm{d}\eta}{\pi} \tag{9.4.6}$$

从(9.4.6)式可以看到，在计算第二个小时段时，$|\Delta t\rangle$是作为初始态来处理的，$|2\Delta t\rangle$是末态，而$|\Delta t\rangle$中不再是单纯的相干态，因此对于中间的普遍小时段，初始态的表示应当更普遍.所以下面对中间的一般小时段的计算进行讨论.

3. 一般小时段的计算

如前所述，尽管 $t=0$ 时是一个纯粹的相干态(玻色)到中间的小时段，但它的初始时刻 $l\Delta t$ 的初始态$|l\Delta t\rangle$已不再是单纯的相干态，而是一个前面小时段的演化后态矢取(9.4.6)式形式的态矢，即在普遍的第 l 个小时段的初始态$|l\Delta t\rangle$应取为

$$|l\Delta t\rangle = \sum_{j_1 j_2} B_{j_1 j_2}^{(l)} \Big[\mathrm{e}^{-\frac{1}{2}(\alpha^2+\beta^2)} (\alpha + \mathrm{i}\beta)^{j_2} \iint \mathrm{e}^{(\alpha+\mathrm{i}\beta)(\rho-\mathrm{i}\eta)}$$

$$\cdot \mathrm{e}^{-\rho^2-\eta^2} (\rho - \mathrm{i}\eta)^{j_1} \ |\rho + \mathrm{i}\eta\rangle \frac{\mathrm{d}\rho \mathrm{d}\eta}{\pi} \Big] \tag{9.4.7}$$

下面计算

$$H^m \left(\left(l + \frac{1}{2} \right) \Delta t \right) = \sum_{n_1 n_2} A_{l,n_1 n_2}^{(m)} (a^\dagger)^{n_1} (a)^{n_2} \tag{9.4.8}$$

已如上述，现在只要把 H 取为确定的$H\left(\left(l+\frac{1}{2}\right)\Delta t\right)$，则计算就和不含时的完全一样，并且在一次导出后，对于不同的 l，只需将其中含 t 的参量取相应的$\left(l+\frac{1}{2}\right)\Delta t$ 时的值即可.

计算第 l 个小时段的末态，则

$$|(l+1)\Delta t\rangle = \sum_{m=0}^{2} \frac{(-\mathrm{i}\Delta t)^m}{m!} H^{(m)} \left(\left(l + \frac{1}{2} \right) \Delta t \right) |l\Delta t\rangle$$

$$= \sum_{m=0}^{2} \frac{(-\mathrm{i}\Delta t)^m}{m!} \sum_{n_1 n_2} A_{l,n_1 n_2}^{(m)} (a^\dagger)^{n_1} (a)^{n_2} \mathrm{e}^{-\frac{1}{2}(\alpha^2+\beta^2)}$$

$$\cdot \sum_{j_1 j_2} B_{j_1 j_2}^{(l)} \Big[(\alpha + \mathrm{i}\beta)^{j_2} \iint \mathrm{e}^{(\alpha+\mathrm{i}\beta)(\rho-\mathrm{i}\eta)} \mathrm{e}^{-\rho^2-\eta^2} (\rho - \mathrm{i}\eta)^{j_1} \ |\rho + \mathrm{i}\eta\rangle \frac{\mathrm{d}\rho \mathrm{d}\eta}{\pi} \Big]$$

$$= \sum_{m=0}^{2} \frac{(-\mathrm{i}\Delta t)^m}{m!} \sum_{n_1 n_2} \sum_{j_1 j_2} A_{l;n_1 n_2}^{(m)} B_{j_1 j_2}^{(l)} \sum_{l_1}^{\min(j_1,n_2)} \mathrm{e}^{-\frac{1}{2}(\alpha^2+\beta^2)}$$

$$\cdot \Big[\Pi_1(j_1,n_2;l_1)\Pi(l_1)(\alpha+\mathrm{i}\beta)^{n_2-l_1} \iint \mathrm{e}^{(\alpha+\mathrm{i}\beta)(\rho-\mathrm{i}\eta)} \mathrm{e}^{-\rho^2-\eta^2}$$

$$\cdot (\rho-\mathrm{i}\eta)^{j_1+n_1-l_1} \,|\rho+\mathrm{i}\eta\rangle \frac{\mathrm{d}\rho\mathrm{d}\eta}{\pi} \Big] \tag{9.4.9}$$

得到的(9.4.9)式的$|(l+1)\Delta t\rangle$中虽然有许多项，但仍然可以将同类项归纳起来表示为(9.4.7)式的形式，然后把它作为 $l+1$ 个小时段的初始态.则得

$$|(l+1)\Delta t\rangle = \sum_{j_1 j_2} B_{j_1 j_2}^{(l+1)} \mathrm{e}^{-\frac{1}{2}(\alpha^2+\beta^2)} (\alpha+\mathrm{i}\beta)^{j_1}$$

$$\cdot \iint \mathrm{e}^{(\alpha+\mathrm{i}\beta)(\rho-\mathrm{i}\eta)} \mathrm{e}^{-\rho^2-\eta^2} (\rho-\mathrm{i}\eta)^{j_1} \,|\rho+\mathrm{i}\eta\rangle \frac{\mathrm{d}\rho\mathrm{d}\eta}{\pi} \tag{9.4.10}$$

重复(9.4.8)式和(9.4.9)式的计算，即得$|(l+2)\Delta t\rangle$.

最后小结一下对含时哈密顿量系统的计算：

(1) 将要计算的 $0\to T$ 总时段分为N 个小时段，每一小时段为 $\Delta t=\dfrac{T}{N}$.

(2) 第 l 个小时段中随时间改变的$H(t)$用 $H\left(\left(l+\dfrac{1}{2}\right)\Delta t\right)$代替，使得在 l 小时段中可视作不含时哈密顿量的情形来计算.

(3) 算出(9.4.8)式中的$\{A_{l;n_1 n_2}^{(m)}\}$.

(4) 在第 l 个小时段中，用(9.4.9)式算出$|(l+1)\Delta t\rangle$.

(5) 将$|(l+1)\Delta t\rangle$表示成(9.4.7)式的形式.

(6) 重复进行，算出所有的$|l\Delta t\rangle$.

这里用的是单分量、单模的最简单系统，不过在上面的演示中已把求含时哈密顿量的主要精神和做法都讲述出来了.

9.5 Rabi 模型的调控

1. 调控的目的

Rabi 模型有两个重要的参量区，即相互作用强度远小于二能级系统的频率和玻色模

的频率是近共振的，这时 Rabi 模型约化为 JC 模型，反旋波项(CR)可略去并能严格求解.另一个有意义的是超强耦合区，这时旋转波近似(RWA)不再适用，反旋波项会显著改变能谱，它用以解释超导电路和半导体微波腔，以及腔 QED 和线路 QED.近年来，量子 Rabi 模型的超强区有不少理论与实验工作，并发现了 CR 项导致的一些新的量子现象.例如，真空 Rabi 分裂的不对称、虚光子诱导的真空 Rabi 振荡、超辐射转变、非经典光子统计、虚光子的自发释放、宇称依赖态工程和多光子边带转移等，其他如量子态的塌缩和复活、量子 Zeno 与反 Zeno 效应、单光子散射，以及在多原子系统中的自发放射和多光子的量子 Rabi 振荡等.

在一些量子信息过程中，一方面，量子态的转换要求保持激发，而 CR 项会改变激发，故需予以压低；另一方面，CR 项在创建纠缠(在腔 QED 中光子与原子的纠缠)上是有利的，故对 CR 项的操控是腔场系统的关键技术(增强或压低).具体一点讲，就是在 JC 模型中如何增强 CR，在超强耦合区如何压低 CR.

在本节中，将引入二态系统的转移频率的单频调制.这一频率调制将导致量子二态系统谱的一组边带.在适当的频率和振幅的调制下产生的二态系统与玻色场的有效耦合强度，使得在远离共振时能得到所需的共振转移.也就是用这一方法可以在 JC 区内加强 CR 作用，在超强耦合时压低 CR 作用，并表明在 JC 区增强的 CR 作用会导致较强的从玻色真空来的激发放射(比起过去的研究而言).

2. 系统和哈密顿量

$(\hbar=1)$Rabi 模型的哈氏量可表为

$$H_{\mathrm{R}} = H_{\mathrm{JC}} + H_{\mathrm{CR}} \tag{9.5.1}$$

其中

$$H_{\mathrm{JC}} = \omega_c a^\dagger a + \frac{\omega_0}{2}\sigma_z + g(\sigma_+ a + a^\dagger \sigma_-) \tag{9.5.2}$$

$$H_{\mathrm{CR}} = g(\sigma_- a + a^\dagger \sigma_+) \tag{9.5.3}$$

加上调制哈密顿量

$$H_{\mathrm{M}}(t) = \frac{1}{2}\xi\nu\cos(\nu t)\sigma_z \tag{9.5.4}$$

后，含时哈密顿量为

$$H(t) = H_0(t) + H_x \tag{9.5.5}$$

其中

$$H_0(t) = \omega_c a^\dagger a + \frac{1}{2}[\omega_0 + \xi\nu\cos(\nu t)]\sigma_z \tag{9.5.6}$$

$$H_x = g\sigma_x(a + a^\dagger) \tag{9.5.7}$$

对系统做如下变换($\mathscr{J}$ 是时间序算符),引入如下的变换算符:

$$\begin{aligned} V(t) &= \mathscr{J}\exp\left[-\mathrm{i}\int_0^t H_0(\tau)\mathrm{d}\tau\right] \\ &= \exp\left\{-\mathrm{i}\omega_c t a^\dagger a - \mathrm{i}\frac{1}{2}[\omega_0 t + \xi\sin(\nu t)\sigma_z\right\} \end{aligned} \tag{9.5.8}$$

变换后的哈密顿量为

$$\begin{aligned} \widetilde{H}(t) &= V^+(t)H(t)V(t) - \mathrm{i}V^+(t)\dot{V}(t) \\ &= g(\sigma_+ \mathrm{e}^{\mathrm{i}[\omega_0 t+\xi\sin(\nu t)]} + \sigma_- \mathrm{e}^{-\mathrm{i}[\omega_0 t+\xi\sin(\nu t)]})(a\mathrm{e}^{-\mathrm{i}\omega_c t} + a^\dagger\mathrm{e}^{\mathrm{i}\omega_c t}) \\ &= \sum_{M=-\infty}^{\infty} g\mathrm{J}_n(\xi)[\sigma_+ a\mathrm{e}^{\mathrm{i}(\delta+n\nu)t} + \mathrm{H.c.}] + \sum_{M=-\infty}^{\infty} g\mathrm{J}_m(\xi)[\sigma_+ a^\dagger\mathrm{e}^{\mathrm{i}\Delta mt} + \mathrm{H.c.}] \end{aligned} \tag{9.5.9}$$

其中,$\mathrm{J}_n(\xi)$是第 n 阶 Bessel 函数,$\delta = \omega_0 - \omega_c$,

$$\Delta m = \omega_0 + \omega_c + m\nu \tag{9.5.10}$$

在推导中用到下列 Jacobi-Anger 展开式:

$$\mathrm{e}^{\mathrm{i}\xi\sin(\nu t)} = \sum_{n=-\infty}^{\infty} \mathrm{J}_n(\xi)\mathrm{e}^{\mathrm{i}n\nu t} \tag{9.5.11}$$

在(9.5.9)式中,第一个求和是旋波项,第二个求和是 CR 项,这两项都可通过选择适当的 ξ 和 ν 来调整. 对于旋波项,边带的失谐 $\delta + n\nu$ 相隔$(n - n')\nu$,当 $\nu \gg g > g|J_n(\xi)|$ 时,除 $n = 0$ 的边带(其耦合强度为 $gJ_0(\xi)$),其余的旋波项都可略去. 对于 CR 项,存在一个 CR 边带 $m = m_0$,满足

$$|\Delta m_0| = \min\{|\Delta m| = |\omega_0 + \omega_c + m\nu|, m \in z\} \tag{9.5.12}$$

其中,$m\nu$ 应是最接近 $\omega_0 + \omega_c$ 的负数值.

CR 项中的其他边带是 $\Delta m_0 + s = \Delta m_0 + s\nu$,在如下条件下:

$$\nu \gg |\Delta m_0|, \quad \nu \gg g > g|J_m(\xi)| \tag{9.5.13}$$

其他的 CR 项和 RWA 都可舍去,这时 $\widetilde{H}(t)$可近似为

$$\widetilde{H}_1(t) \approx (g_r\sigma_+ a\mathrm{e}^{\mathrm{i}\delta t} + g_c\sigma_- a^\dagger \mathrm{e}^{\mathrm{i}\Delta m_0 t}) + \mathrm{H.c.} \tag{9.5.14}$$

$$g_r = gJ_0(\xi), \quad g_c = gJ_{m_0}(\xi) \tag{9.5.15}$$

对于(9.5.13)式,$g_r = g_c$ 时描述一个各向同性的 Rabi 模型;$g_r \neq g_c$ 时描述一个各向异性的 Rabi 模型.玻色模的有效频率为 $\widetilde{\omega}_c = (\Delta m_0 - \delta)/2$,二态系的有限频率为$(\Delta m_0 + \delta)/2$.一方面,我们可以选择适当的 Δm_0 和 δ,使有效的 Rabi 哈密顿量 $\widetilde{H}_1(t)$在进入超强耦合区时$|g_c|$为 0.1,在那里失谐量 Δm_0 可由调制频率 ν 调整;另一方面,归一的耦合强度 g_r 和g_c 可以使ξ 在一个大范围内变化.

3. 操控

为了表明二能级系的玻色场间的作用是如何操控的,在图 9.5.1 中给出了$|\mathrm{J}_m(\xi)|$,$|\Delta m_0|$,$|g_c/\Delta m_0|$随 ξ 及ν 如何变化.在图 9.5.1(a)中,给出$|\mathrm{J}_{m=0,-1,-2}(\xi)|$作为 ξ 的函数,可以看到作用强度 g_r 和g_c 如何被ξ 的值控制,如(9.5.14)式所示,可以选定一个ξ 值使 $\mathrm{J}_0(\xi)=0$(Bessel 函数的零点),并使(9.5.14)式中的 g_r 项消失,从而得到一个纯 CR 项,CR 项的效应决定于$|g_c/\Delta m_0|$之比.根据图 9.5.1(b)中给定的 ν 和图 9.5.1(d)中的固定 ξ,可以看到$|g_c/\Delta m_0|$从 0 变化到∞,$|g_c/\Delta m_0|$的零点对应于$|\mathrm{J}_{m_0}(\xi)|$的零点,如图 9.5.1(a)和 9.5.1(b)所示.图 9.5.1(b)中的 $\nu/\omega_0 = 1.99$ 和 1.01 分别对应于图 9.5.1(a)中的 $m_0 = -1, -2$;$|g_c/\Delta m_0|$的发散对应于 $\Delta m_0 = 0$ 的共振条件:

$$\nu = -\frac{\omega_0 + \omega_c}{m_0} \tag{9.5.16}$$

在图 9.5.1(c)中可以看出,该图是$|\Delta m_0|$对 ν 的依赖,我们可以将 ν 调制到预期的 CR 作用中占优的 m_0,包括零点在内的 V 型谷和峰(m_0 和 $m_0 - 1$ 谷的边界)位于 $2(\omega_0 + \omega_c)/(2|m_0| + 1)$.我们也可以选择适当的 ξ 和ν 值来调控 CR 作用,若要压制 CR 作用项,应取 ν 为大值,使$|g_c/\Delta m|$很小,从而旋波项占优;若要加强 CR 项作用,需增加$|g_c/\Delta m|$的值,由(9.5.15)式知,在 $\Delta m_0 = 0$ 附近可达到要求.

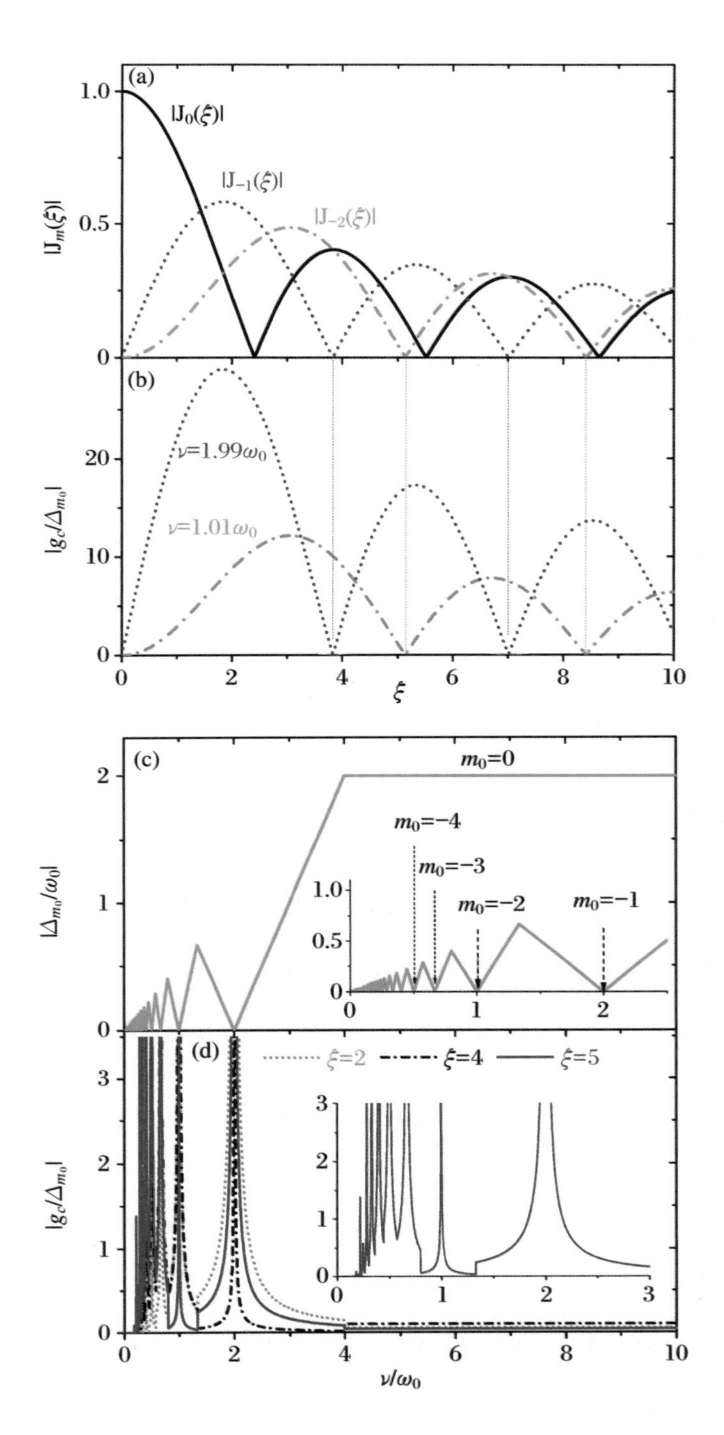

图 9.5.1　对 ν 的依赖图

9.6 操控 Rabi 模型的演化

本节将用我们这里提出的含时哈密顿量的解来计算演化,从而验证 9.5 节谈到的调控.在那里作了一些近似及对系统的特定要求,下面用较为普遍和比较严格的相干态展开法来计算.

1. H^m 的正规乘积

按照 9.5 节的讨论,出发点就是有调控机制的 Rabi 模型,其哈密顿量如(9.5.6)式所示.这里将用 9.4 节里谈到的含时演化的相干态展开法计算系统的演化,如果我们讨论系统从 $t=0$ 到 $t=T$ 这段时间的演化,则需要首先将 0 到 T 的整个时段分为 $\Delta t=\dfrac{T}{N}$ 的 N 个小时段,并在第 l 个小时段中,将系统的 H 用 $H\left(\left(l+\dfrac{1}{2}\right)\Delta t\right)$ 的值来代替从 $l\Delta t$ 到 $(l+1)\Delta t$ 这个小时段中的 $H(t)$,按(9.5.6)式,则有

$$H\left(\left(l+\frac{1}{2}\right)\Delta t\right)=\omega_c a^{\dagger}a+\frac{1}{2}\left[\omega_0+\xi\nu\cos\left(\nu\left(l+\frac{1}{2}\right)\Delta t\right)\right](|e\rangle\langle e|-|g\rangle\langle g|)$$
$$+g(a+a^{\dagger})(|e\rangle\langle g|+|g\rangle\langle e|) \tag{9.6.1}$$

如在 9.5 节中讨论的那样,我们需要计算

$$H^{(1)}\left(\left(l+\frac{1}{2}\right)\Delta t\right),\quad H^{(2)}\left(\left(l+\frac{1}{2}\right)\Delta t\right)$$

因为 $H^{(1)}=H$ 已由(9.6.1)式给出,所以剩下只需计算 $H^{(2)}_{\left(\left(l+\frac{1}{2}\right)\Delta t\right)}$.故

$$H^{(2)}_{\left(\left(l+\frac{1}{2}\right)\Delta t\right)}$$
$$=\left[\omega_c a^{\dagger}a+\frac{1}{2}\left[\omega_0+\xi\nu\cos\left(\nu\left(l+\frac{1}{2}\right)\Delta t\right]\right](|e\rangle\langle e|-|g\rangle\langle g|)\right.$$
$$\left.+g(a+a^{\dagger})(|e\rangle\langle g|+|g\rangle\langle e|)\right]^2$$
$$=\omega_c^2(a^{\dagger})^2(a)^2+\omega_c^2a^{\dagger}a+\frac{\omega_c}{2}\left[\omega_0+\xi\nu\cos\left(\nu\left(l+\frac{1}{2}\right)\Delta t\right)a^{\dagger}a\right.$$

$$
\begin{aligned}
&\cdot(|e\rangle\langle e|-|g\rangle\langle g|)+\omega_c g[a^\dagger a^2+(a^\dagger)^2 a+a^\dagger](|e\rangle\langle g|+|g\rangle\langle e|)\\
&+\frac{\omega_c}{2}\left[\omega_0+\xi\nu\cos\left(\nu\left(l+\frac{1}{2}\right)\Delta t\right)\right]a^\dagger a(|e\rangle\langle e|-|g\rangle\langle g|)\\
&+\frac{\omega_c^2}{4}\left[\omega_0+\xi\nu\cos\left(\nu\left(l+\frac{1}{2}\right)\Delta t\right)\right]^2[(a^\dagger)^2 a^2+a^\dagger a](|e\rangle\langle e|-|g\rangle\langle g|)\\
&+\frac{g}{2}\left[\omega_0+\xi\nu\cos\left(\nu\left(l+\frac{1}{2}\right)\Delta t\right)\right](a+a^\dagger)(|e\rangle\langle g|-|g\rangle\langle e|)\\
&+\omega_c g((a^\dagger)^2 a+a^\dagger a^2+a)(|e\rangle\langle g|+|g\rangle\langle e|)\\
&+\frac{g}{2}\left[\omega_0+\xi\nu\cos\left(\nu\left(l+\frac{1}{2}\right)\Delta t\right)\right](a+a^\dagger)(|g\rangle\langle e|-|e\rangle\langle g|)\\
&+g^2[(a^\dagger)^2+a^2+2a^\dagger a+1](|e\rangle\langle e|+|g\rangle\langle g|)\\
=\ &\omega_c^2[(a^\dagger)^2 a^2+a^\dagger a]\\
&+\omega_c\left[\omega_0+\xi\nu\cos\left(\nu\left(l+\frac{1}{2}\right)\Delta t\right)\right]a^\dagger a(|e\rangle\langle e|-|g\rangle\langle g|)\\
&+\omega_c g[2(a^\dagger)^2 a+2(a^\dagger)a^2+a^\dagger+a](|e\rangle\langle g|+|g\rangle\langle e|)\\
&+\frac{\omega_c^2}{4}\left[\omega_0+\xi\nu\cos\left(\nu\left(l+\frac{1}{2}\right)\Delta t\right)\right]^2[(a^\dagger)^2 a^2+a^\dagger a](|e\rangle\langle e|-|g\rangle\langle g|)\\
&+g^2[(a^\dagger)^2+a^2+2a^\dagger a+1]\\
=\ &\omega_c^2(a^\dagger)^2 a^2+g^2(a^\dagger)^2+g^2 a^2+(\omega_c^2+2g^2)a^\dagger a+g^2\\
&+\left\{\frac{\omega_c^2}{4}\left[\omega_0+\xi\nu\cos\left(\nu\left(l+\frac{1}{2}\right)\Delta t\right)\right]^2(a^\dagger)^2 a^2\right.\\
&+\left(\frac{\omega_c^2}{4}\left[\omega_0+\xi\nu\cos\left(\nu\left(l+\frac{1}{2}\right)\Delta t\right)\right]^2\right.\\
&\left.+\omega_c\left[\omega_0+\xi\nu\cos\left(\nu\left(l+\frac{1}{2}\right)\Delta t\right)\right]a^\dagger a\right\}|e\rangle\langle e|-|g\rangle\langle g|)\\
&+\omega_c g[2(a^\dagger)^2 a+2a^\dagger a^2+a^2+a](|e\rangle\langle g|+|g\rangle\langle e|)
\end{aligned}\tag{9.6.2}
$$

2. 初始态

为了判断计算出的演化规律是接近 JC 模型还是接近 Rabi 模型的，这里把系统的初始态选择为 JC 和 Rabi 两个模型的初始态，即

$$
|t=0\rangle=|g\rangle e^{-\frac{1}{2}(\alpha^2+\beta^2)}\iint e^{(\alpha+i\beta)(\rho-i\eta)}e^{-\rho^2-\eta^2}\ |\rho+i\eta\rangle\frac{d\rho d\eta}{\pi}\tag{9.6.3}
$$

按照前面已讨论多次的做法，第一个小时段结束时系统的态矢 $|\Delta t\rangle$ 为

$$
\begin{aligned}
|\Delta t\rangle \cong & \left[1+\frac{(-\mathrm{i}\Delta t)}{1!}H^{(1)}\left(\frac{1}{2}\Delta t\right)+\frac{(-\mathrm{i}\Delta t)^2}{2!}H^{(2)}\left(\frac{1}{2}\Delta t\right)\right]|t=0\rangle \\
= & \left\{1-\Delta t\left\{(\omega_c a^\dagger a+\frac{1}{2}\left[\omega_0+\xi\nu\cos\left(\frac{\nu}{2}\Delta t\right)\right](|e\rangle\langle e|-|g\rangle\langle g|)\right.\right. \\
& \left.+g(a+a^\dagger)(|e\rangle\langle g|+|g\rangle\langle e|)\right\} \\
& -\frac{(\Delta t)^2}{2}\left[\omega_c^2(a^\dagger)^2a^2+g^2(a^\dagger)^2+g^2a^2+(\omega_c^2+2g^2)a^\dagger a+g^2\right. \\
& +\left\{\frac{\omega_c^2}{4}\left[\omega_0+\xi\nu\cos\left(\frac{\nu}{2}\Delta t\right)\right]^2(a^\dagger)^2a^2\right. \\
& \left.+\left\{\frac{\omega_c^2}{4}\left[\omega_0+\xi\nu\cos\left(\frac{\nu}{2}\Delta t\right)\right]^2+\omega_c\left[\omega_0+\xi\nu\cos\left(\frac{\nu}{2}\Delta t\right)\right]\right\}^2a^\dagger a\right\} \\
& \cdot(|e\rangle\langle e|-|g\rangle\langle g|) \\
& \left.+\omega_c g[2(a^\dagger)^2a+2a^\dagger a^2+a^\dagger+a](|e\rangle\langle g|+|g\rangle\langle e|)\right\} \\
& \cdot|g\rangle \mathrm{e}^{-\frac{1}{2}(\alpha^2+\beta^2)}\iint \mathrm{e}^{(\alpha+\mathrm{i}\beta)(\rho-\mathrm{i}\eta)}\mathrm{e}^{-\rho^2-\eta^2}\,|\rho+\mathrm{i}\eta\rangle\frac{\mathrm{d}\rho\mathrm{d}\eta}{\pi} \\
= & |g\rangle \mathrm{e}^{-\frac{1}{2}(\alpha^2+\beta^2)}\iint \mathrm{e}^{(\alpha+\mathrm{i}\beta)(\rho-\mathrm{i}\eta)}\mathrm{e}^{-\rho^2-\eta^2}\,|\rho+\mathrm{i}\eta\rangle\frac{\mathrm{d}\rho\mathrm{d}\eta}{\pi} \\
& -\Delta t\left\{\omega_c\,|g\rangle \mathrm{e}^{-\frac{1}{2}(\alpha^2+\beta^2)}(\alpha+\mathrm{i}\beta)\iint \mathrm{e}^{(\alpha+\mathrm{i}\beta)(\rho-\mathrm{i}\eta)}\mathrm{e}^{-\rho^2-\eta^2}(\rho-\mathrm{i}\eta)\,|\rho+\mathrm{i}\eta\rangle\frac{\mathrm{d}\rho\mathrm{d}\eta}{\pi}\right. \\
& -|g\rangle\frac{1}{2}\left[\omega_0+\xi\nu\cos\left(\frac{\nu\Delta t}{2}\right]\right)\mathrm{e}^{-\frac{1}{2}(\alpha^2+\beta^2)}\iint \mathrm{e}^{(\alpha+\mathrm{i}\beta)(\rho-\mathrm{i}\eta)}\mathrm{e}^{-\rho^2-\eta^2}\,|\rho+\mathrm{i}\eta\rangle\frac{\mathrm{d}\rho\mathrm{d}\eta}{\pi} \\
& +|e\rangle g\mathrm{e}^{-\frac{1}{2}(\alpha^2+\beta^2)}(\alpha+\mathrm{i}\beta)\iint \mathrm{e}^{(\alpha+\mathrm{i}\beta)(\rho-\mathrm{i}\eta)}\mathrm{e}^{-\rho^2-\eta^2}\,|\rho+\mathrm{i}\eta\rangle\frac{\mathrm{d}\rho\mathrm{d}\eta}{\pi} \\
& \left.+|e\rangle g\mathrm{e}^{-\frac{1}{2}(\alpha^2+\beta^2)}\iint \mathrm{e}^{(\alpha+\mathrm{i}\beta)(\rho-\mathrm{i}\eta)}\mathrm{e}^{-\rho^2-\eta^2}(\rho-\mathrm{i}\eta)\,|\rho+\mathrm{i}\eta\rangle\frac{\mathrm{d}\rho\mathrm{d}\eta}{\pi}\right\} \\
& -\frac{(\Delta t)^2}{2}\left\{\omega_c^2\,|g\rangle \mathrm{e}^{-\frac{1}{2}(\alpha^2+\beta^2)}(\alpha+\mathrm{i}\beta)^2\iint \mathrm{e}^{(\alpha+\mathrm{i}\beta)(\rho-\mathrm{i}\eta)}\mathrm{e}^{-\rho^2-\eta^2}(\rho-\mathrm{i}\eta)^2\,|\rho+\mathrm{i}\eta\rangle\frac{\mathrm{d}\rho\mathrm{d}\eta}{\pi}\right. \\
& +|g\rangle g^2\mathrm{e}^{-\frac{1}{2}(\alpha^2+\beta^2)}\iint \mathrm{e}^{(\alpha+\mathrm{i}\beta)(\rho-\mathrm{i}\eta)}\mathrm{e}^{-\rho^2-\eta^2}(\rho-\mathrm{i}\eta)^2\,|\rho+\mathrm{i}\eta\rangle\frac{\mathrm{d}\rho\mathrm{d}\eta}{\pi} \\
& +|g\rangle g^2\mathrm{e}^{-\frac{1}{2}(\alpha^2+\beta^2)}(\alpha+\mathrm{i}\beta)^2\iint \mathrm{e}^{(\alpha+\mathrm{i}\beta)(\rho-\mathrm{i}\eta)}\mathrm{e}^{-\rho^2-\eta^2}\,|\rho+\mathrm{i}\eta\rangle\frac{\mathrm{d}\rho\mathrm{d}\eta}{\pi} \\
& +|g\rangle(\omega_c^2+2g^2)\mathrm{e}^{-\frac{1}{2}(\alpha^2+\beta^2)}(\alpha+\mathrm{i}\beta)\iint \mathrm{e}^{(\alpha+\mathrm{i}\beta)(\rho-\mathrm{i}\eta)}\mathrm{e}^{-\rho^2-\eta^2}(\rho-\mathrm{i}\eta)\,|\rho+\mathrm{i}\eta\rangle\frac{\mathrm{d}\rho\mathrm{d}\eta}{\pi} \\
& -|g\rangle g^2\mathrm{e}^{-\frac{1}{2}(\alpha^2+\beta^2)}\iint \mathrm{e}^{(\alpha+\mathrm{i}\beta)(\rho-\mathrm{i}\eta)}\mathrm{e}^{-\rho^2-\eta^2}\,|\rho+\mathrm{i}\eta\rangle\frac{\mathrm{d}\rho\mathrm{d}\eta}{\pi}
\end{aligned}
$$

$$
\begin{aligned}
& -|g\rangle \frac{\omega_c^2}{4}\left[\omega_0+\xi\nu\cos\left(\frac{\nu\Delta t}{2}\right)\right]\mathrm{e}^{-\frac{1}{2}(\alpha^2+\beta^2)}(\alpha+\mathrm{i}\beta)^2 \\
& \cdot\iint \mathrm{e}^{(\alpha+\mathrm{i}\beta)(\rho-\mathrm{i}\eta)}\mathrm{e}^{-\rho^2-\eta^2}(\rho-\mathrm{i}\eta)^2|\rho+\mathrm{i}\eta\rangle\frac{\mathrm{d}\rho\mathrm{d}\eta}{\pi} \\
& -|g\rangle\left\{\left[\frac{\omega_c^2}{4}\left(\omega_0+\xi\nu\cos\frac{\nu\Delta t}{2}\right)\right]^2+\omega_c\left(\omega_0+\xi\nu\cos\frac{\nu\Delta t}{2}\right)\right\} \\
& \cdot \mathrm{e}^{-\frac{1}{2}(\alpha^2+\beta^2)}(\alpha+\mathrm{i}\beta)\iint \mathrm{e}^{(\alpha+\mathrm{i}\beta)(\rho-\mathrm{i}\eta)}\mathrm{e}^{-\rho^2-\eta^2}(\rho-\mathrm{i}\eta)|\rho+\mathrm{i}\eta\rangle\frac{\mathrm{d}\rho\mathrm{d}\eta}{\pi} \\
& +|e\rangle 2\omega_c g\mathrm{e}^{-\frac{1}{2}(\alpha^2+\beta^2)}(\alpha+\mathrm{i}\beta)\iint \mathrm{e}^{(\alpha+\mathrm{i}\beta)(\rho-\mathrm{i}\eta)}\mathrm{e}^{-\rho^2-\eta^2}(\rho-\mathrm{i}\eta)^2|\rho+\mathrm{i}\eta\rangle\frac{\mathrm{d}\rho\mathrm{d}\eta}{\pi} \\
& +|e\rangle 2\omega_c g\mathrm{e}^{-\frac{1}{2}(\alpha^2+\beta^2)}(\alpha+\mathrm{i}\beta)^2\iint \mathrm{e}^{(\alpha+\mathrm{i}\beta)(\rho-\mathrm{i}\eta)}\mathrm{e}^{-\rho^2-\eta^2}(\rho-\mathrm{i}\eta)|\rho+\mathrm{i}\eta\rangle\frac{\mathrm{d}\rho\mathrm{d}\eta}{\pi} \\
& +|e\rangle \omega_c g\mathrm{e}^{-\frac{1}{2}(\alpha^2+\beta^2)}\iint \mathrm{e}^{(\alpha+\mathrm{i}\beta)(\rho-\mathrm{i}\eta)}\mathrm{e}^{-\rho^2-\eta^2}(\rho-\mathrm{i}\eta)|\rho+\mathrm{i}\eta\rangle\frac{\mathrm{d}\rho\mathrm{d}\eta}{\pi} \\
& +|e\rangle \omega_c g\mathrm{e}^{-\frac{1}{2}(\alpha^2+\beta^2)}(\alpha+\mathrm{i}\beta)\iint \mathrm{e}^{(\alpha+\mathrm{i}\beta)(\rho-\mathrm{i}\eta)}\mathrm{e}^{-\rho^2-\eta^2}|\rho+\mathrm{i}\eta\rangle\frac{\mathrm{d}\rho\mathrm{d}\eta}{\pi}\Bigg\} \\
= {} & |g\rangle\mathrm{e}^{-\frac{1}{2}(\alpha^2+\beta^2)}\left\{\left\{1-\frac{\Delta t}{2}\left[\omega_0+\xi\nu\cos\left(\frac{\nu\Delta t}{2}\right)\right]-\frac{g^2(\Delta t)^2}{2}(\alpha+\mathrm{i}\beta)^2\right.\right. \\
& \left.-\frac{g^2(\Delta t)^2}{2}\right\}\iint \mathrm{e}^{(\alpha+\mathrm{i}\beta)(\rho-\mathrm{i}\eta)}\mathrm{e}^{-\rho^2-\eta^2}|\rho+\mathrm{i}\eta\rangle\frac{\mathrm{d}\rho\mathrm{d}\eta}{\pi} \\
& +\left\{-\Delta t\omega_c(\alpha+\mathrm{i}\beta)-\frac{(\Delta t)^2}{2}(\omega_c+2g^2)(\alpha+\mathrm{i}\beta)\right. \\
& \left.-\frac{(\Delta t)^2}{2}\left\{\frac{\omega_c^2}{2}\left[\omega_0+\xi\nu\cos\left(\frac{\nu\Delta t}{2}\right)\right]\right\}^2+\omega_c\left[\omega_0+\xi\nu\cos\left(\frac{\nu\Delta t}{2}\right)(\alpha+\mathrm{i}\beta)\right]\right\} \\
& \cdot\iint \mathrm{e}^{(\alpha+\mathrm{i}\beta)(\rho-\mathrm{i}\eta)}\mathrm{e}^{-\rho^2-\eta^2}(\rho-\mathrm{i}\eta)|\rho+\mathrm{i}\eta\rangle\frac{\mathrm{d}\rho\mathrm{d}\eta}{\pi} \\
& +\left\{-\frac{\omega_c^2(\Delta t)^2}{2}(\alpha+\mathrm{i}\beta)^2-\frac{g^2(\Delta t)^2}{2}+\frac{\omega_c^2(\Delta t)^2}{2}\left[\omega_0+\xi\nu\cos\left(\frac{\nu\Delta t}{2}\right)\right](\alpha+\mathrm{i}\beta)^2\right\} \\
& \cdot\iint \mathrm{e}^{(\alpha+\mathrm{i}\beta)(\rho-\mathrm{i}\eta)}\mathrm{e}^{-\rho^2-\eta^2}(\rho-\mathrm{i}\eta)^2|\rho+\mathrm{i}\eta\rangle\frac{\mathrm{d}\rho\mathrm{d}\eta}{\pi}\Bigg\} \\
& +|e\rangle\left\{\left[-g\Delta t(\alpha+\mathrm{i}\beta)-\frac{\omega_c g(\Delta t)^2}{2}(\alpha+\mathrm{i}\beta)\right]\right. \\
& \cdot\iint \mathrm{e}^{(\alpha+\mathrm{i}\beta)(\rho-\mathrm{i}\eta)}\mathrm{e}^{-\rho^2-\eta^2}|\rho+\mathrm{i}\eta\rangle\frac{\mathrm{d}\rho\mathrm{d}\eta}{\pi} \\
& +\left[-g\Delta t-\omega_c g(\Delta t)^2(\alpha+\mathrm{i}\beta)^2-\frac{\omega_c g(\Delta t)^2}{2}\right]
\end{aligned}
$$

$$\cdot \iint \mathrm{e}^{(\alpha+\mathrm{i}\beta)(\rho-\mathrm{i}\eta)} \mathrm{e}^{-\rho^2-\eta^2} (\rho - \mathrm{i}\eta) \mid \rho + \mathrm{i}\eta\rangle \frac{\mathrm{d}\rho \mathrm{d}\eta}{\pi}$$

$$- \omega_c g(\Delta t)^2(\alpha + \mathrm{i}\beta)\iint \mathrm{e}^{(\alpha+\mathrm{i}\beta)(\rho-\mathrm{i}\eta)} \mathrm{e}^{-\rho^2-\eta^2} (\rho - \mathrm{i}\eta)^2 \mid \rho + \mathrm{i}\eta\rangle \frac{\mathrm{d}\rho \mathrm{d}\eta}{\pi}\Bigg\} \quad (9.6.4)$$

从$|t=0\rangle$演化到$|\Delta t\rangle$的(9.6.4)式中,可以看出态中已含有

$$|g\rangle\left[\iint \mathrm{e}^{(\alpha+\mathrm{i}\beta)(\rho-\mathrm{i}\eta)} \mathrm{e}^{-\rho^2-\eta^2} (\rho - \mathrm{i}\eta)^{L_1} \mid \rho + \mathrm{i}\eta\rangle \frac{\mathrm{d}\rho \mathrm{d}\eta}{\pi}\right]$$

及

$$|e\rangle\left[\iint \mathrm{e}^{(\alpha+\mathrm{i}\beta)(\rho-\mathrm{i}\eta)} \mathrm{e}^{-\rho^2-\eta^2} (\rho - \mathrm{i}\eta)^{L_2} \mid \rho + \mathrm{i}\eta\rangle \frac{\mathrm{d}\rho \mathrm{d}\eta}{\pi}\right]$$

这样的项,这里 $L_1, L_2 = 0,1,2$.

3. 一般小时段的演化

前面计算第一小时段的演化,作为第一时段的末态(9.6.4)式已包含了$(\rho-\mathrm{i}\eta)^L$ 因子在内的相干态展开形式,因此在进行一般小时段的演化时,上一个小时段的末态作为这一小时段的初态时,它已不再是一个单纯的相干态.因此,对一般小时段来讲,其初始态$|L(\Delta t)\rangle$应设为

$$|l\Delta t\rangle = \sum_{L_1} |g\rangle B_{L_1}^{(l)}\iint \mathrm{e}^{(\alpha+\mathrm{i}\beta)(\rho-\mathrm{i}\eta)} \mathrm{e}^{-\rho^2-\eta^2} (\rho - \mathrm{i}\eta)^{L_1} \mid \rho + \mathrm{i}\eta\rangle \frac{\mathrm{d}\rho \mathrm{d}\eta}{\pi}$$

$$+ \sum_{L_2} |e\rangle C_{L_2}^{(l)}\iint \mathrm{e}^{(\alpha+\mathrm{i}\beta)(\rho-\mathrm{i}\eta)} \mathrm{e}^{-\rho^2-\eta^2} (\rho - \mathrm{i}\eta)^{L_2} \mid \rho + \mathrm{i}\eta\rangle \frac{\mathrm{d}\rho \mathrm{d}\eta}{\pi} \quad (9.6.5)$$

如由(9.6.4)式知

$$B_0^{(0)} = \mathrm{e}^{-\frac{1}{2}(\alpha^2+\beta^2)}\left\{1 - \frac{\Delta t}{2}\left[\omega_0 + \xi\nu\cos\left(\frac{\nu\Delta t}{2}\right)\right] - \frac{g^2(\Delta t)^2}{2}(\alpha + \mathrm{i}\beta)^2 - \frac{g^2(\Delta t)^2}{2}\right\}$$

$$B_1^{(0)} = \mathrm{e}^{-\frac{1}{2}(\alpha^2+\beta^2)}\left\{-\Delta t\omega_c(\alpha + \mathrm{i}\beta) - \frac{(\Delta t)^2}{2}(\omega_c + 2g^2)(\alpha + \mathrm{i}\beta)\right.$$

$$\left. - \frac{(\Delta t)^2}{2}\left\{\frac{\omega_c^2}{2}\left[\omega_0 + \xi\nu\cos\left(\frac{\nu\Delta t}{2}\right)\right]\right\}^2\right\}$$

$$B_2^{(0)} = \mathrm{e}^{-\frac{1}{2}(\alpha^2+\beta^2)}\left\{-\frac{\omega_c^2(\Delta t)^2}{2}(\alpha + \mathrm{i}\beta)^2 - \frac{g^2(\Delta t)^2}{2}\right.$$

$$\left. + \frac{\omega_c^2(\Delta t)^2}{2}\left[\omega_0 + \xi\nu\cos\left(\frac{\nu\Delta t}{2}\right)\right](\alpha + \mathrm{i}\beta)^2\right\}$$

$$
\begin{aligned}
C_0^{(0)} &= e^{-\frac{1}{2}(\alpha^2+\beta^2)}\left[-g\Delta t(\alpha+i\beta)-\frac{\omega_c g(\Delta t)^2}{2}(\alpha+i\beta)\right]\\
C_1^{(0)} &= e^{-\frac{1}{2}(\alpha^2+\beta^2)}\left[-g\Delta t-\omega_c g(\Delta t)^2(\alpha+i\beta)^2-\frac{\omega_c g(\Delta t)^2}{2}\right]\\
C_2^{(0)} &= e^{-\frac{1}{2}(\alpha^2+\beta^2)}[-\omega_c g(\Delta t)^2(\alpha+i\beta)]
\end{aligned}
\tag{9.6.6}
$$

其余的 $B_{L_1}^{(0)}, C_{L_2}^{(0)}$ 均为零.

根据以上讨论,第 l 个小时段的末态为(9.6.5)式表示的态的形式,它是 $l+1$ 小时段的初态,故 $l+1$ 小时段的末态为

$$
\begin{aligned}
&|(l+1)\Delta t\rangle\\
&\quad=\left[1-i\Delta t H^{(1)}\left(\left(l+\frac{1}{2}\right)\Delta t\right)-\frac{(\Delta t)^2}{2}H^{(2)}\left(\left(l+\frac{1}{2}\right)\Delta t\right)\right]|l(\Delta t)\rangle\\
&\quad=|g\rangle\sum_{L_1}B_{L_1}^{(l)}\iint e^{(\alpha+i\beta)(\rho-i\eta)}e^{-\rho^2-\eta^2}(\rho-i\eta)^{L_1}\,|\rho+i\eta\rangle\frac{d\rho d\eta}{\pi}\\
&\qquad+|e\rangle\sum_{L_2}C_{L_2}^{(l)}\iint e^{(\alpha+i\beta)(\rho-i\eta)}e^{-\rho^2-\eta^2}(\rho-i\eta)^{L_2}\,|\rho+i\eta\rangle\frac{d\rho d\eta}{\pi}\\
&\qquad+(-i\Delta t)\left\{\omega_c a^\dagger a+\frac{1}{2}\left[\omega_0+\xi\nu\cos\left(\nu\left(1+\frac{1}{2}\right)\Delta t\right)\right](|e\rangle\langle e|-|g\rangle\langle g|)\right.\\
&\qquad\left.+g(a+a^\dagger)(|e\rangle\langle g|+|g\rangle\langle e|)\right\}\\
&\qquad\cdot\left[|g\rangle\sum_{L_1}B_{L_1}^{(l)}\iint e^{(\alpha+i\beta)(\rho-i\eta)}e^{-\rho^2-\eta^2}(\rho-i\eta)^{L_1}\,|\rho+i\eta\rangle\frac{d\rho d\eta}{\pi}\right.\\
&\qquad\left.+|e\rangle\sum_{L_2}C_{L_2}^{(l)}\iint e^{(\alpha+i\beta)(\rho-i\eta)}e^{-\rho^2-\eta^2}(\rho-i\eta)^{L_2}\,|\rho+i\eta\rangle\frac{d\rho d\eta}{\pi}\right]\\
&\qquad+\left(\frac{-(\Delta t)^2}{2}\right)\left\{\omega_c^2(a^\dagger)^2a^2+g^2(a^\dagger)^2+g^2a^2+(\omega_c^2+2g^2)a^\dagger a+g^2\right.\\
&\qquad+\left\{\frac{\omega_c^2}{4}\left[\omega_0+\xi\nu\left(l+\frac{1}{2}\right)\Delta t\right]\right\}^2(a^\dagger)^2a^2\\
&\qquad+\left\{\frac{\omega_c^2}{4}\left[\omega_0+\xi\nu\cos\left(\nu\left(l+\frac{1}{2}\right)\Delta t\right)\right]^2+\omega_c\left[\omega_0+\xi\nu\cos\left(\nu\left(l+\frac{1}{2}\right)\Delta t\right)\right]a^\dagger a\right\}\\
&\qquad\cdot(|e\rangle\langle e|-|g\rangle\langle g|)+\\
&\qquad\left.\omega_c g[2(a^\dagger)^2a+2a^\dagger a^2+a^\dagger+a](|e\rangle\langle g|+|g\rangle\langle e|)\right\}\\
&\qquad\cdot\left[|g\rangle\sum_{L_1}B_{L_1}^{(l)}\iint e^{(\alpha+i\beta)(\rho-i\eta)}e^{-\rho^2-\eta^2}(\rho-i\eta)^{L_1}\,|\rho+i\eta\rangle\frac{d\rho d\eta}{\pi}\right.
\end{aligned}
$$

$$
\begin{aligned}
&+\left|e\right\rangle\sum_{L_2}C_{L_2}^{(l)}\iint e^{(\alpha+i\beta)(\rho-i\eta)}e^{-\rho^2-\eta^2}(\rho-i\eta)^{L_2}\left|\rho+i\eta\right\rangle\frac{d\rho d\eta}{\pi}\Bigg]\\
=&\left|g\right\rangle\sum_{L_1}B_{L_1}^{(l)}\iint e^{(\alpha+i\beta)(\rho-i\eta)}e^{-\rho^2-\eta^2}(\rho-i\eta)^{L_1}\left|\rho+i\eta\right\rangle\frac{d\rho d\eta}{\pi}\\
&+\left|e\right\rangle\sum_{L_2}C_{L_2}^{(l)}\iint e^{(\alpha+i\beta)(\rho-i\eta)}e^{-\rho^2-\eta^2}(\rho-i\eta)^{L_2}\left|\rho+i\eta\right\rangle\frac{d\rho d\eta}{\pi}\\
&-i\omega_c\Delta t\left|e\right\rangle(\alpha+i\beta)\sum_{L_2}C_{L_2}^{(l)}\iint e^{(\alpha+i\beta)(\rho-i\eta)}e^{-\rho^2-\eta^2}(\rho-i\eta)^{L_2+1}\left|\rho+i\eta\right\rangle\frac{d\rho d\eta}{\pi}\\
&-i\omega_c\Delta t\left|g\right\rangle(\alpha+i\beta)\sum_{L_1}B_{L_1}^{(l)}\iint e^{(\alpha+i\beta)(\rho-i\eta)}e^{-\rho^2-\eta^2}(\rho-i\eta)^{L_1+1}\left|\rho+i\eta\right\rangle\frac{d\rho d\eta}{\pi}\\
&-\frac{i\Delta t}{2}\left[\omega_0+\xi\nu\cos\left(\nu\left(l+\frac{1}{2}\right)\Delta t\right)\right]\left|e\right\rangle C_{L_2}^{(l)}\\
&\cdot\sum_{L_2}\iint e^{(\alpha+i\beta)(\rho-i\eta)}e^{-\rho^2-\eta^2}(\rho-i\eta)^{L_2}\left|\rho+i\eta\right\rangle\frac{d\rho d\eta}{\pi}\\
&+\frac{i\Delta t}{2}\left[\omega_0+\xi\nu\cos\left(\nu\left(l+\frac{1}{2}\right)\Delta t\right)\right]\left|g\right\rangle B_{L_1}^{(l)}\\
&\cdot\sum_{L_1}\iint e^{(\alpha+i\beta)(\rho-i\eta)}e^{-\rho^2-\eta^2}(\rho-i\eta)^{L_1}\left|\rho+i\eta\right\rangle\frac{d\rho d\eta}{\pi}\\
&-ig\Delta t\left|e\right\rangle(\alpha+i\beta)\sum_{L_1}B_{L_1}^{(l)}\iint e^{(\alpha+i\beta)(\rho-i\eta)}e^{-\rho^2-\eta^2}(\rho-i\eta)^{L_1}\left|\rho+i\eta\right\rangle\frac{d\rho d\eta}{\pi}\\
&-ig\Delta t\left|g\right\rangle(\alpha+i\beta)\sum_{L_2}C_{L_2}^{(l)}\iint e^{(\alpha+i\beta)(\rho-i\eta)}e^{-\rho^2-\eta^2}(\rho-i\eta)^{L_2}\left|\rho+i\eta\right\rangle\frac{d\rho d\eta}{\pi}\\
&-ig\Delta t\left|e\right\rangle\sum_{L_1}B_{L_1}^{(l)}\iint e^{(\alpha+i\beta)(\rho-i\eta)}e^{-\rho^2-\eta^2}(\rho-i\eta)^{L_1+1}\left|\rho+i\eta\right\rangle\frac{d\rho d\eta}{\pi}\\
&-ig\Delta t\left|g\right\rangle\sum_{L_2}C_{L_2}^{(l)}\iint e^{(\alpha+i\beta)(\rho-i\eta)}e^{-\rho^2-\eta^2}(\rho-i\eta)^{L_2+1}\left|\rho+i\eta\right\rangle\frac{d\rho d\eta}{\pi}\\
&-\frac{\omega_c^2(\Delta t)^2}{2}\left|g\right\rangle\sum_{L_1}B_{L_1}^{(1)}(\alpha+i\beta)^2\iint e^{(\alpha+i\beta)(\rho-i\eta)}e^{-\rho^2-\eta^2}(\rho-i\eta)^{L_1+2}\left|\rho+i\eta\right\rangle\frac{d\rho d\eta}{\pi}\\
&-\frac{\omega_c^2(\Delta t)^2}{2}\left|e\right\rangle\sum_{L_2}C_{L_2}^{(1)}(\alpha+i\beta)^2\iint e^{(\alpha+i\beta)(\rho-i\eta)}e^{-\rho^2-\eta^2}(\rho-i\eta)^{L_2+2}\left|\rho+i\eta\right\rangle\frac{d\rho d\eta}{\pi}\\
&-\frac{g^2(\Delta t)^2}{2}\left|g\right\rangle\sum_{L_1}B_{L_1}^{(1)}\iint e^{(\alpha+i\beta)(\rho-i\eta)}e^{-\rho^2-\eta^2}(\rho-i\eta)^{L_1+2}\left|\rho+i\eta\right\rangle\frac{d\rho d\eta}{\pi}\\
&-\frac{g^2(\Delta t)^2}{2}\left|e\right\rangle\sum_{L_2}C_{L_2}^{(1)}\iint e^{(\alpha+i\beta)(\rho-i\eta)}e^{-\rho^2-\eta^2}(\rho-i\eta)^{L_2+2}\left|\rho+i\eta\right\rangle\frac{d\rho d\eta}{\pi}
\end{aligned}
$$

$$-\frac{g^2(\Delta t)^2}{2}|g\rangle\sum_{L_1}B_{L_1}^{(1)}(\alpha+\mathrm{i}\beta)^2\iint \mathrm{e}^{(\alpha+\mathrm{i}\beta)(\rho-\mathrm{i}\eta)}\mathrm{e}^{-\rho^2-\eta^2}(\rho-\mathrm{i}\eta)^{L_1}|\rho+\mathrm{i}\eta\rangle\frac{\mathrm{d}\rho\mathrm{d}\eta}{\pi}$$

$$-\frac{g^2(\Delta t)^2}{2}|e\rangle\sum_{L_2}C_{L_2}^{(1)}(\alpha+\mathrm{i}\beta)^2\iint \mathrm{e}^{(\alpha+\mathrm{i}\beta)(\rho-\mathrm{i}\eta)}\mathrm{e}^{-\rho^2-\eta^2}(\rho-\mathrm{i}\eta)^{L_2}|\rho+\mathrm{i}\eta\rangle\frac{\mathrm{d}\rho\mathrm{d}\eta}{\pi}$$

$$-\frac{(\omega_c^2+2g^2)}{2}(\Delta t)^2|g\rangle(\alpha+\mathrm{i}\beta)\sum_{L_1}B_{L_1}^{(l)}$$

$$\cdot\iint \mathrm{e}^{(\alpha+\mathrm{i}\beta)(\rho-\mathrm{i}\eta)}\mathrm{e}^{-\rho^2-\eta^2}(\rho-\mathrm{i}\eta)^{L_1+1}|\rho+\mathrm{i}\eta\rangle\frac{\mathrm{d}\rho\mathrm{d}\eta}{\pi}$$

$$-\frac{(\omega_c^2+2g^2)}{2}(\Delta t)^2|e\rangle(\alpha+\mathrm{i}\beta)\sum_{L_2}C_{L_2}^{(l)}$$

$$\cdot\iint \mathrm{e}^{(\alpha+\mathrm{i}\beta)(\rho-\mathrm{i}\eta)}\mathrm{e}^{-\rho^2-\eta^2}(\rho-\mathrm{i}\eta)^{L_2+1}|\rho+\mathrm{i}\eta\rangle\frac{\mathrm{d}\rho\mathrm{d}\eta}{\pi}$$

$$-\frac{g^2(\Delta t)^2}{2}|g\rangle\sum_{L_1}B_{L_1}^{(1)}\iint \mathrm{e}^{(\alpha+\mathrm{i}\beta)(\rho-\mathrm{i}\eta)}\mathrm{e}^{-\rho^2-\eta^2}(\rho-\mathrm{i}\eta)^{L_1}|\rho+\mathrm{i}\eta\rangle\frac{\mathrm{d}\rho\mathrm{d}\eta}{\pi}$$

$$-\frac{g^2(\Delta t)^2}{2}|e\rangle\sum_{L_2}C_{L_2}^{(1)}\iint \mathrm{e}^{(\alpha+\mathrm{i}\beta)(\rho-\mathrm{i}\eta)}\mathrm{e}^{-\rho^2-\eta^2}(\rho-\mathrm{i}\eta)^{L_2}|\rho+\mathrm{i}\eta\rangle\frac{\mathrm{d}\rho\mathrm{d}\eta}{\pi}$$

$$-\frac{(\Delta t)^2\omega_c^2}{8}\left[\omega_0+\xi\nu\cos\left(\nu\left(l+\frac{1}{2}\right)\Delta t\right)\right]^2(\alpha+\mathrm{i}\beta)^2|g\rangle\sum_{L_1}B_{L_1}^{(l)}$$

$$\cdot\iint \mathrm{e}^{(\alpha+\mathrm{i}\beta)(\rho-\mathrm{i}\eta)}\mathrm{e}^{-\rho^2-\eta^2}(\rho-\mathrm{i}\eta)^{L_1+2}|\rho+\mathrm{i}\eta\rangle\frac{\mathrm{d}\rho\mathrm{d}\eta}{\pi}$$

$$-\frac{(\Delta t)^2\omega_c^2}{8}\left[\omega_0+\xi\nu\cos\left(\nu\left(l+\frac{1}{2}\right)\Delta t\right)\right]^2(\alpha+\mathrm{i}\beta)^2|e\rangle\sum_{L_2}C_{L_2}^{(l)}$$

$$\cdot\iint \mathrm{e}^{(\alpha+\mathrm{i}\beta)(\rho-\mathrm{i}\eta)}\mathrm{e}^{-\rho^2-\eta^2}(\rho-\mathrm{i}\eta)^{L_2+2}|\rho+\mathrm{i}\eta\rangle\frac{\mathrm{d}\rho\mathrm{d}\eta}{\pi}$$

$$+\frac{(\Delta t)^2}{2}\left\{\frac{\omega_c^2}{4}\left[\omega_0+\xi\nu\cos\left(\nu\left(l+\frac{1}{2}\right)\Delta t\right)\right]^2+\omega_c\left[\omega_0+\xi\nu\cos\left(\nu\left(l+\frac{1}{2}\right)\Delta t\right)\right]\right\}$$

$$\cdot|g\rangle\sum_{L_1}B_{L_1}^{(l)}(\alpha+\mathrm{i}\beta)\iint \mathrm{e}^{(\alpha+\mathrm{i}\beta)(\rho-\mathrm{i}\eta)}\mathrm{e}^{-\rho^2-\eta^2}(\rho-\mathrm{i}\eta)^{L_1+1}|\rho+\mathrm{i}\eta\rangle\frac{\mathrm{d}\rho\mathrm{d}\eta}{\pi}$$

$$-\frac{(\Delta t)^2}{2}\left\{\frac{\omega_c^2}{4}\left[\omega_0+\xi\nu\cos\left(\nu\left(l+\frac{1}{2}\right)\Delta t\right)\right]^2+\omega_c\left[\omega_0+\xi\nu\cos\left(\nu\left(l+\frac{1}{2}\right)\Delta t\right)\right]\right\}$$

$$\cdot|e\rangle\sum_{L_1}C_{L_2}^{(l)}(\alpha+\mathrm{i}\beta)\iint \mathrm{e}^{(\alpha+\mathrm{i}\beta)(\rho-\mathrm{i}\eta)}\mathrm{e}^{-\rho^2-\eta^2}(\rho-\mathrm{i}\eta)^{L_2+1}|\rho+\mathrm{i}\eta\rangle\frac{\mathrm{d}\rho\mathrm{d}\eta}{\pi}$$

$$-\omega_c g(\Delta t)^2|e\rangle\sum_{L_1}B_{L_1}^{(l)}(\alpha+\mathrm{i}\beta)\iint \mathrm{e}^{(\alpha+\mathrm{i}\beta)(\rho-\mathrm{i}\eta)}\mathrm{e}^{-\rho^2-\eta^2}(\rho-\mathrm{i}\eta)^{L_1+2}|\rho+\mathrm{i}\eta\rangle\frac{\mathrm{d}\rho\mathrm{d}\eta}{\pi}$$

$$
\begin{aligned}
&-\omega_c g(\Delta t)^2\ |g\rangle \sum_{L_2} C_{L_2}^{(l)}(\alpha+\mathrm{i}\beta)\iint \mathrm{e}^{(\alpha+\mathrm{i}\beta)(\rho-\mathrm{i}\eta)}\mathrm{e}^{-\rho^2-\eta^2}(\rho-\mathrm{i}\eta)^{L_2+2}\ |\rho+\mathrm{i}\eta\rangle \frac{\mathrm{d}\rho\mathrm{d}\eta}{\pi}\\
&-\omega_c g(\Delta t)^2\ |e\rangle \sum_{L_1} B_{L_1}^{(l)}(\alpha+\mathrm{i}\beta)^2\iint \mathrm{e}^{(\alpha+\mathrm{i}\beta)(\rho-\mathrm{i}\eta)}\mathrm{e}^{-\rho^2-\eta^2}(\rho-\mathrm{i}\eta)^{L_1+1}\ |\rho+\mathrm{i}\eta\rangle \frac{\mathrm{d}\rho\mathrm{d}\eta}{\pi}\\
&-\omega_c g(\Delta t)^2\ |g\rangle \sum_{L_2} C_{L_2}^{(l)}(\alpha+\mathrm{i}\beta)^2\iint \mathrm{e}^{(\alpha+\mathrm{i}\beta)(\rho-\mathrm{i}\eta)}\mathrm{e}^{-\rho^2-\eta^2}(\rho-\mathrm{i}\eta)^{L_2+1}\ |\rho+\mathrm{i}\eta\rangle \frac{\mathrm{d}\rho\mathrm{d}\eta}{\pi}\\
&-\frac{\omega_c g(\Delta t)^2}{2}\ |e\rangle \sum_{L_1} B_{L_1}^{(l)}\iint \mathrm{e}^{(\alpha+\mathrm{i}\beta)(\rho-\mathrm{i}\eta)}\mathrm{e}^{-\rho^2-\eta^2}(\rho-\mathrm{i}\eta)^{L_1+1}\ |\rho+\mathrm{i}\eta\rangle \frac{\mathrm{d}\rho\mathrm{d}\eta}{\pi}\\
&-\frac{\omega_c g(\Delta t)^2}{2}\ |g\rangle \sum_{L_2} C_{L_2}^{(l)}\iint \mathrm{e}^{(\alpha+\mathrm{i}\beta)(\rho-\mathrm{i}\eta)}\mathrm{e}^{-\rho^2-\eta^2}(\rho-\mathrm{i}\eta)^{L_2+1}\ |\rho+\mathrm{i}\eta\rangle \frac{\mathrm{d}\rho\mathrm{d}\eta}{\pi}\\
&-\frac{\omega_c g(\Delta t)^2}{2}\ |e\rangle \sum_{L_1} B_{L_1}^{(l)}(\alpha+\mathrm{i}\beta)\iint \mathrm{e}^{(\alpha+\mathrm{i}\beta)(\rho-\mathrm{i}\eta)}\mathrm{e}^{-\rho^2-\eta^2}(\rho-\mathrm{i}\eta)^{L_1}\ |\rho+\mathrm{i}\eta\rangle \frac{\mathrm{d}\rho\mathrm{d}\eta}{\pi}\\
&-\frac{\omega_c g(\Delta t)^2}{2}\ |g\rangle \sum_{L_2} C_{L_2}^{(l)}(\alpha+\mathrm{i}\beta)\iint \mathrm{e}^{(\alpha+\mathrm{i}\beta)(\rho-\mathrm{i}\eta)}\mathrm{e}^{-\rho^2-\eta^2}(\rho-\mathrm{i}\eta)^{L_2}\ |\rho+\mathrm{i}\eta\rangle \frac{\mathrm{d}\rho\mathrm{d}\eta}{\pi}\\
=&\ |g\rangle \sum_{L_1} B_{L_1}^{(l+1)}\iint \mathrm{e}^{(\alpha+\mathrm{i}\beta)(\rho-\mathrm{i}\eta)}\mathrm{e}^{-\rho^2-\eta^2}(\rho-\mathrm{i}\eta)^{L_1}\ |\rho+\mathrm{i}\eta\rangle \frac{\mathrm{d}\rho\mathrm{d}\eta}{\pi}\\
&+|e\rangle \sum_{L_2} C_{L_2}^{(l+1)}\iint \mathrm{e}^{(\alpha+\mathrm{i}\beta)(\rho-\mathrm{i}\eta)}\mathrm{e}^{-\rho^2-\eta^2}(\rho-\mathrm{i}\eta)^{L_2}\ |\rho+\mathrm{i}\eta\rangle \frac{\mathrm{d}\rho\mathrm{d}\eta}{\pi} \qquad (9.6.7)
\end{aligned}
$$

比较上式两端的

$$|g\rangle\iint \mathrm{e}^{(\alpha+\mathrm{i}\beta)(\rho-\mathrm{i}\eta)}\mathrm{e}^{-\rho^2-\eta^2}(\rho-\mathrm{i}\eta)^{L_1}\ |\rho+\mathrm{i}\eta\rangle \frac{\mathrm{d}\rho\mathrm{d}\eta}{\pi}$$

和

$$|e\rangle\iint \mathrm{e}^{(\alpha+\mathrm{i}\beta)(\rho-\mathrm{i}\eta)}\mathrm{e}^{-\rho^2-\eta^2}(\rho-\mathrm{i}\eta)^{L_2}\ |\rho+\mathrm{i}\eta\rangle \frac{\mathrm{d}\rho\mathrm{d}\eta}{\pi}$$

则得

$$
\begin{aligned}
B_{L_1}^{(l+1)} =&\ B_{L_1}^{(1)} - \mathrm{i}\omega_c\Delta t(\alpha+\mathrm{i}\beta)B_{L_1-1}^{(l)} + \frac{\mathrm{i}\Delta t}{2}\left[\omega_0 + \xi\nu\cos\left(\nu\left(l+\frac{1}{2}\right)\Delta t\right)\right]B_{L_1}^{(l)}\\
&-\mathrm{i}g\Delta t(\alpha+\mathrm{i}\beta)C_{L_1}^{(l)} - \mathrm{i}g\Delta t C_{L_1-1}^{(l)} - \frac{\omega_c^2(\Delta t)^2}{2}(\alpha+\mathrm{i}\beta)^2 B_{L_1-2}^{(l)}\\
&-\frac{g^2(\Delta t)^2}{2}B_{L_1-2}^{(l)} - \frac{g^2(\Delta t)^2}{2}(\alpha+\mathrm{i}\beta)^2 B_{L_1}^{(l)} - \frac{(\omega_c^2+2g^2)}{2}(\Delta t)^2(\alpha+\mathrm{i}\beta)B_{L_1-1}^{(l)}\\
&-\frac{g^2(\Delta t)^2}{2}B_{L_1}^{(l)} - \frac{\omega_c^2(\Delta t)^2}{8}\left[\omega_0 + \xi\nu\cos\left(\nu\left(l+\frac{1}{2}\right)\Delta t\right)\right]^2 B_{L_1-2}^{(l)}
\end{aligned}
$$

$$+\frac{(\Delta t)^2}{2}\left\{\frac{\omega_c^2}{4}\left[\omega_0+\xi\nu\cos\left(\nu\left(l+\frac{1}{2}\right)\Delta t\right)\right]^2+\omega_c\left[\omega_0+\xi\nu\cos\left(\nu\left(l+\frac{1}{2}\right)\Delta t\right)\right]\right\}$$

$$\cdot(\alpha+\mathrm{i}\beta)B_{L_1-1}^{(l)}$$

$$-\omega_c g(\Delta t)^2(\alpha+\mathrm{i}\beta)C_{L_1-2}^{(l)}-\omega_c g(\Delta t)^2(\alpha+\mathrm{i}\beta)^2 C_{L_1-1}^{(l)}$$

$$-\frac{\omega_c g(\Delta t)^2}{2}C_{L_1-1}^{(l)}-\frac{\omega_c g(\Delta t)^2}{2}(\alpha+\mathrm{i}\beta)C_{L_1}^{(l)} \tag{9.6.8}$$

$$C_{L_2}^{(l+1)}=C_{L_2}^{(1)}-\mathrm{i}\omega_c\Delta t(\alpha+\mathrm{i}\beta)C_{L_2-1}^{(l)}-\frac{\mathrm{i}\Delta t}{2}\left[\omega_0+\xi\nu\cos\left(\nu\left(l+\frac{1}{2}\right)\Delta t\right)\right]C_{L_2}^{(l)}$$

$$-\mathrm{i}g\Delta t(\alpha+\mathrm{i}\beta)B_{L_2}^{(l)}-\mathrm{i}g\Delta tB_{L_1-1}^{(l)}-\frac{\omega_c^2(\Delta t)^2}{2}(\alpha+\mathrm{i}\beta)^2C_{L_2-2}^{(l)}$$

$$-\frac{g^2(\Delta t)^2}{2}C_{L_2-2}^{(l)}-\frac{g^2(\Delta t)^2}{2}C_{L_2}^{(l)}-\frac{(\omega_c^2+2g^2)}{2}(\Delta t)^2(\alpha+\mathrm{i}\beta)C_{L_2-1}^{(l)}$$

$$-\frac{g^2(\Delta t)^2}{2}C_{L_2}^{(l)}-\frac{\omega_c^2(\Delta t)^2}{8}\left[\omega_0+\xi\nu\cos\left(\nu\left(l+\frac{1}{2}\right)\Delta t\right)\right]^2(\alpha+\mathrm{i}\beta)^2C_{L_2-2}^{(l)}$$

$$-\frac{(\Delta t)^2}{2}\left\{\frac{\omega_c^2}{4}\left[\omega_0+\xi\nu\cos\left(\nu\left(l+\frac{1}{2}\right)\Delta t\right)\right]^2+\omega_c\left[\omega_0+\xi\nu\cos\left(\nu\left(l+\frac{1}{2}\right)\Delta t\right)\right]\right\}$$

$$\cdot(\alpha+\mathrm{i}\beta)C_{L_2-1}^{(l)}$$

$$-\omega_c g(\Delta t)^2(\alpha+\mathrm{i}\beta)B_{L_2-2}^{(l)}-\omega_c g(\Delta t)^2(\alpha+\mathrm{i}\beta)^2B_{L_2-1}^{(l)}$$

$$-\frac{\omega_c g(\Delta t)^2}{2}B_{L_2-1}^{(l)}-\frac{\omega_c g(\Delta t)^2}{2}(\alpha+\mathrm{i}\beta)B_{L_2}^{(l)} \tag{9.6.9}$$

4. t 时刻系统的态矢

根据前面的计算与讨论，在设定如(9.6.3)式所示的初始态，以及每个小时段中的演化里取 $m=0,1,2$ 的 H^m 的近似时，我们便可以从第一个小时段出发，初始态为$|t=0\rangle$导出$\{B_{L_1}^{(1)},C_{L_2}^{(1)}\}$，从而得出$|\Delta t\rangle$第一个小时段末的态矢，然后以$|\Delta t\rangle$作为第二个小时段的初始态导出第二个小时段末的$|2\Delta t\rangle$态矢的$\{B_{L_1}^{(2)},C_{L_2}^{(2)}\}$，即我们依次利用得到的(9.6.8)式和(9.6.9)式做递推，直到我们希望的时刻 $t=m\Delta t$，便可得到系统在 t 时刻的态矢为

$$|t\rangle=|g\rangle\sum_{L_1}B_{L_1}^{(m)}\iint\mathrm{e}^{(\alpha+\mathrm{i}\beta)(\rho-\mathrm{i}\eta)}\mathrm{e}^{-\rho^2-\eta^2}(\rho-\mathrm{i}\eta)^{L_1}|\rho+\mathrm{i}\eta\rangle\frac{\mathrm{d}\rho\mathrm{d}\eta}{\pi}$$

$$+|e\rangle\sum_{L_2}C_{L_2}^{(m)}\iint\mathrm{e}^{(\alpha+\mathrm{i}\beta)(\rho-\mathrm{i}\eta)}\mathrm{e}^{-\rho^2-\eta^2}(\rho-\mathrm{i}\eta)^{L_2}|\rho+\mathrm{i}\eta\rangle\frac{\mathrm{d}\rho\mathrm{d}\eta}{\pi} \tag{9.6.10}$$

然后可以用$|t\rangle$计算系统的任何物理性质.

第 10 章

一维体系的玻色化

朗道(Landau)在 1956 年提出了朗道-费米液体理论(之后由阿莱克西·阿布里科索夫(Alexei Abrikosov)和伊萨克·卡拉尼科夫(Isaak Khalatnikov)进一步发展).理论指出一些存在相互作用的费米子系统,可以通过绝热定理将费米子的性质和理想费米气体(ideal Fermi gas,non-interacting fermions)联系起来,用准粒子(quasiparticles)的概念代替理想费米气体的自由费米子,即要求相互作用费米液体的低能准粒子激发(即 quasiparticle),与自由费米气体的低能激发有一一对应的关系.在三维情况下由于可利用的相空间很大,使得这种对应关系在较强相互作用下仍然成立,准粒子可以明确定义.准粒子携带相同的自旋、电荷和动量,只是由于费米子间的相互作用,需要重新定义费米子的有效质量.从这个角度上我们可以说,三维体系中的费米液体相互作用很强,但关联是弱的.但是对于一维体系,由于维度带来的特殊性,费米液体理论是完全不适用的.一维金属的费米面是两个点 $-k_F$ 和 $+k_F$,对于任意小的相互作用,都可以使费米面附近的电子产生强烈的散射(因为一维体系的费米面只有两个点,电子散射只在费米面附近发生,所以是一个强关联体系).

通俗地说,一维体系中的粒子向左或向右运动都会影响近邻的粒子,进而影响所有一维体系中的粒子.这说明关联效应在一维是极强的,单粒子图像的费米液体理论无法适用.所以没有相互作用时,一维体系仍然是费米气体,而一旦有了相互作用,不管多么微弱,朗道的费米液体理论都会失效,这种一维体系中的液体被霍尔丹(Haldane)称为Luttinger液体.Luttinger液体中没有单粒子激发,只有集体激发.集体激发中的自旋波和电荷密度波具有不同的传播速度,电子的电荷和自旋这两个自由度分开了,即导致所谓的自旋-电荷分离,意味着体系的激发是电子的一部分,这非常不同于朗道理论中的单粒子激发,那里电荷和自旋的费米速度必然是一样的.另外,与费米液体很显著的一个不同特点就是Luttinger液体中很多物理量呈现幂律(power law)行为,对应的指数是一些依赖于相互作用强度的非整数.

现在用体系在无相互作用时的能量计算一维体系的低能激发.设对于一维体系,只存在波矢 $k=k_F$ 或 $-k_F$ 两个费米点,其附近的低能激发(只考虑 $q=k_F$ 附近)是波矢为 q 的电子激发到 $q+k$ 处对应的能量,即

$$E(q,k)=\frac{1}{2m}[(q+k)^2-q^2]\approx\frac{k_F}{m}k$$

可以看到 q 在 k_F 附近时,能量与电子波矢 q 没有关系,色散关系正比于 k.类似于声学声子的色散,即可以理解为一系列自由费米气体的低能激发简并在一起,这直接破坏了绝热近似.按照上面通俗的说法,在严格的一维情形下,电子之间无法交换位置,只可以通过集体运动产生低能激发,这种运动形式和声子类似.于是,就直接启发我们可以对一维金属体系做玻色化(bosonization)处理,把一维金属体系对应到Luttinger液体模型体系中.

Luttinger液体模型可以应用于一维量子线、碳纳米管、量子霍尔效应边界态、准一维的费米原子势阱,以及本章所考虑的谐振势下的一维费米原子相互作用体系.由于一维或准一维体系的强关联特性,传统的微扰方法在处理这一类体系时已失效,因此人们需要发展非微扰的方法.目前,处理一维量子强关联系统的办法通常有三种:第一种是多粒子体系的严格解析求解,如贝特(Bethe)猜想;第二种是进行数值求解,包括严格对角化(exact diagonalization,ED)方法、量子蒙特卡洛(quantum Monte Carlo,QMC)方法和密度矩阵重正化群方法(density matrix renormalization group,DMRG);第三种是所谓的玻色化方法,就是能把原来具有复杂相互作用的费米子、玻色子或者自旋问题,变成相互作用容易处理的玻色子问题,这种方法广泛使用在一维系统、准一维系统、量子自旋链系统、自旋-声子耦合系统的晶格动力学系统,以及二维拓扑系统的边界态的研究中.

下面首先解释无相互作用电子气及其激发,从而引出相应的拉格朗日量,并讨论其关联函数;然后,讨论强排斥性相互作用电子气及其与无相互作用电子气的区别和联系;

最后，引出玻色化的概念和公式，为受限体系的玻色化准备必要的理论基础.

10.1 无相互作用和强相互作用电子气

考虑一维无相互作用的极化电子，是由哈密顿量描述的

$$\hat{\mathscr{H}}=\int \mathrm{d}x\hat{\psi}^{\dagger}(x)\left[-\frac{\hbar^2}{2m}\frac{\mathrm{d}^2}{\mathrm{d}x^2}\right]\hat{\psi}(x) \tag{10.1.1}$$

$$=\sum_k \frac{\hbar^2 k^2}{2m}\hat{c}_k^{\dagger}\hat{c}_k \tag{10.1.2}$$

在基态下，电子态填充至费米能量 E_{F}，对应两个费米动量 $\pm k_{\mathrm{F}}$，设一维电子密度 $n_0=N/L$，则

$$k_{\mathrm{F}}=\pi n_0 \tag{10.1.3}$$

在费米能量处的速度为

$$v_{\mathrm{F}}=\frac{1}{h}\frac{\mathrm{d}E}{\mathrm{d}k}\bigg|_{k=k_{\mathrm{F}}} \tag{10.1.4}$$

$$=\frac{\hbar k_{\mathrm{F}}}{m}=\frac{\pi\hbar n_0}{m} \tag{10.1.5}$$

在费米能量处的态密度或压缩比为

$$\frac{\partial n}{\partial \mu}=N(E_{\mathrm{F}})=\frac{2}{2\pi\hbar v_{\mathrm{F}}} \tag{10.1.6}$$

我们感兴趣的是系统在低能、长波时的特性. 因此，考虑以下形式的粒子-空穴激发谱 $c_{k+q}^{\dagger}\hat{c}_k|0\rangle$，发现对于小 q，粒子-空穴谱类似于声模的色散关系 $\omega=v_{\mathrm{F}}q$. 这说明电子气的低能量激发类似于一维弹性介质的激发，即使在有相互作用的情况下也是如此. 为了看到这一点，考虑与无相互作用电子气相反的极限情况：强相互作用的电子气，即维格纳(Wigner)晶格.

无相互作用电子气是最简单的一种情况，因为只有动能. 在一个真实的系统中，存在动能和相互作用势能之间的竞争.

这里考虑另一种极限：相互作用能势能占主导地位. 在这个极限中，电子被局限在晶

体结构中，其晶格常数 $a=1/n_0$，所以其低能激发是振动的声子. 为了描述声子，引入一个声子位移

$$x_i = x_i^0 + \frac{a}{\pi}\theta_i \tag{10.1.7}$$

在这种表示下，电子移动一个晶格常数时，位移变量 θ_i 变化 π，即 $\theta_{i+1}-\theta_i=\pi$. 为了描述声子，有必要构建一个拉格朗日量，令其为

$$\mathscr{L} = E_{\text{kin}} - E_{\text{pot}} \tag{10.1.8}$$

其中，动能为

$$E_{\text{kin}} = \sum_i \frac{1}{2}m\dot{x}_i^2 = \int \mathrm{d}x \frac{ma}{2\pi^2}\dot{\theta}(x)^2 \tag{10.1.9}$$

这里已经假设小变量 θ 可以处理成连续变量. 则势能为

$$\begin{aligned} E_{\text{pot}} &= \int \mathrm{d}x\mathrm{d}x' \frac{1}{2} V(x-x')\delta n(x)\delta n(x') \\ &= \int \mathrm{d}x \frac{V_0}{2}\delta n(x)^2 \end{aligned} \tag{10.1.10}$$

其中，对于第二个等式，假设系统相互作用类型是短程相互作用，则 $V_0 = \int \mathrm{d}x V(x)$，$V(x-x') = V_0\delta(x-x')$. 对于库仑相互作用，$V(x) = \mathrm{e}^2/x$，如在很远的地方时被距离为 R_0 的地平面所屏蔽，则 $V_0 = 2\mathrm{e}^2\log R_0/a$. 注意，这里的 $\delta n(x)$ 是密度与它的平均值 n_0 的偏差. $\delta n(x)$ 可以用 θ 来表示. 注意，$\theta(L)-\theta(0)=-\pi$，那么正好在 0 和 L 之间有一个额外的电子，因此可得

$$\delta n(x) = -\frac{\partial_x\theta(x)}{\pi} \tag{10.1.11}$$

由此得到拉格朗日量为

$$\mathscr{L} = \int \mathrm{d}x\left[\frac{ma}{2\pi^2}(\partial_t\theta)^2 - \frac{V_0}{2\pi^2}(\partial_x\theta)^2\right] \tag{10.1.12}$$

其可写为

$$\mathscr{L} = \frac{\hbar}{2\pi g}\int \mathrm{d}x\left[\frac{1}{v_\rho}(\partial_t\theta)^2 - v_\rho(\partial_x\theta)^2\right] \tag{10.1.13}$$

这里的 g 为相互作用参数，表示为

$$g = \sqrt{\frac{\pi \hbar v_F}{V_0}} \tag{10.1.14}$$

v_ρ 为声子速度，表示为

$$v_\rho = \sqrt{\frac{V_0}{ma}} = \frac{v_F}{g} \tag{10.1.15}$$

维格纳晶体方法应在强相互作用极限下($V_0 \gg 1$)有效，即 $g \ll 1$. 然而，我们注意到维格纳晶体声子的低能弹性理论与无相互作用电子的“声模”的相似性，看到(10.1.13)式对于较弱的相互作用，甚至对于无相互作用的电子仍然是正确的. 但是较弱的相互作用需要对(10.1.14)式进行修正.

众所周知，在低维度上，长程序被热涨落或量子涨落所破坏. 因此，有必要看一下量子涨落是如何破坏零温下的长程晶格序的. 为了描述晶格序，对电子密度进行傅里叶分解，得

$$n(x) \sim \sum_{q \sim 0} n_q \mathrm{e}^{\mathrm{i}qx} + \sum_{q \sim 2k_F} n_q \mathrm{e}^{\mathrm{i}qx} + \cdots \tag{10.1.16}$$

对目前的讨论来说，比例常数不重要. 第一项给出了密度的长波涨落，为

$$\sum_{q \sim 0} n_q \mathrm{e}^{\mathrm{i}qx} = n_0 - \frac{\partial_x \theta(x)}{\pi} \tag{10.1.17}$$

第二项描述的是波长在维格纳晶体 $a = 1/n_0 = \pi/k_F = 2\pi/(2k_F)$ 处的涨落，它可以用缓变的复数来表征，$n_{2k_F}(x)$ 给出了 $2k_F$ 处振荡的振幅和相位，即

$$\sum_{q \sim 2k_F} n_q \mathrm{e}^{\mathrm{i}qx} = n_{2k_F}(x) \mathrm{e}^{2\mathrm{i}k_F x} + \mathrm{c.c} \tag{10.1.18}$$

由于 θ 增加 π 时，$2k_F$ 密度涨落的相位前进了 2π，故有

$$n_{2k_F}(x) \sim \mathrm{e}^{2\mathrm{i}\theta(x)} \tag{10.1.19}$$

对完美的晶体来说，

$$\langle n_{2k_F}(x) \rangle \neq 0 \tag{10.1.20}$$

或者

$$\lim_{x \to \infty} \langle n_{2k_F}(x) n_{-2k_F}(0) \rangle \neq 0 \tag{10.1.21}$$

导致了散射的 δ 函数具有布拉格峰. 对于一个经典的晶体，声子的热涨落产生了德拜因子，它降低了布拉格峰的振幅. 这对于量子涨落是类似的，产生了一个对数发散的德拜因

子，这几乎破坏了晶格序.

有许多方法可以计算(10.1.20)式和(10.1.21)式.这里用虚时路径积分来计算，将配分函数 Z 写成对所有轨迹 $\theta(x,\tau)$ 的积分，其中 $\tau=\mathrm{i}t$ 是虚时间.对于零温度，τ 从 $-\infty$ 到 ∞.因此有

$$Z=\frac{1}{\hbar}\int D[\theta(x,\tau)]\mathrm{e}^{-S[\theta(x,\tau)]/\hbar} \tag{10.1.22}$$

其中，S 为作用量，表达式为

$$S=\frac{1}{\hbar}\int \mathrm{d}\tau\mathscr{L}[\theta(x,\tau)] \tag{10.1.23}$$

$$=\frac{1}{2\pi g}\int \mathrm{d}x\mathrm{d}\tau\left[\frac{1}{v_\rho}(\partial_\tau\theta)^2+v_\rho(\partial_x\theta)^2\right] \tag{10.1.24}$$

这个作用量在傅里叶变换中是解耦的，故

$$S=\frac{1}{2\pi g}\sum_{q,\omega}\left(\frac{\omega^2}{v_\rho}+v_\rho q^2\right)|\theta(q,\omega)|^2 \tag{10.1.25}$$

由此可以直接计算(10.1.20)式和(10.1.21)式.首先

$$\langle n_{2k_\mathrm{F}}(x,\tau=0)\rangle\sim\langle\mathrm{e}^{2\mathrm{i}\theta(0,0)}\rangle=\frac{1}{Z}\int \mathrm{D}[\theta]\mathrm{e}^{2\mathrm{i}\theta}\mathrm{e}^{-S} \tag{10.1.26}$$

这可以通过对 $\theta(q,\omega)$ 求一个简单的高斯积分来估算.这里利用一个非常有用的技巧来估算这种期望值，即

$$\langle\mathrm{e}^{\mathrm{i}(2\theta)}\rangle=\mathrm{e}^{-\frac{1}{2}\langle(2\theta)^2\rangle} \tag{10.1.27}$$

注意线性项的期望值为零，对于一个谐波理论(θ 的二次项)，这个关系是精确的.因此对

$$\langle\theta(0,0)^2\rangle=\sum_{q,\omega}\langle|\theta(q,\omega)|^2\rangle=\int\frac{\mathrm{d}q\mathrm{d}\omega}{(2\pi)^2}\frac{\pi g v_\rho}{\omega^2+v_\rho^2q^2} \tag{10.1.28}$$

积分可得

$$\int_0^\infty\frac{2\pi q\mathrm{d}q}{(2\pi)^2}\frac{\pi g}{q^2}=\frac{g}{2}\log\frac{L}{a} \tag{10.1.29}$$

因此，由于量子涨落导致的德拜因子在一维情况下是对数发散的，这里取系统的大小为 L 和晶格常数为 a.由此得出结论：

$$\langle n_{2k_\mathrm{F}}(x,\tau=0)\rangle\sim\mathrm{e}^{-2\langle\theta^2\rangle}\sim(a/L)^g\to 0 \tag{10.1.30}$$

对关联函数(10.1.21)式进行类似的计算,可得

$$\langle n_{2k_F}(x)n_{-2k_F}(0)\rangle \sim e^{-\frac{1}{2}\langle(2\theta(x)-2\theta(0))^2\rangle} \sim (a/x)^{2g} \tag{10.1.31}$$

故密度-密度关联函数在长距离上衰减,但只是幂律衰减.对于强相互作用 $g \ll 1$,指数非常接近于零,因此该系统几乎是一个维格纳晶体.将这一结果与无相互作用系统($g=1$)的相关量进行比较会很有启发.在这种情况下,可以直接得到

$$\langle n_{2k_F}(x)n_{-2k_F}(0)\rangle \sim \frac{1}{x^2} \tag{10.1.32}$$

此时长距离关联是占据数 $n(k)$傅里叶变换的结果.占据数 $n(k)$在 k_F 处有一个尖锐的阶梯,这导致了下一章中所要阐述的 Friedel 振荡.这些振荡也可以在对关联函数中看到

$$\langle \hat{\psi}^\dagger(x)\hat{\psi}^\dagger(0)\hat{\psi}(0)\hat{\psi}(x)\rangle = n_0^2\left(1-\frac{\sin^2 k_F x}{x^2}\right) \tag{10.1.33}$$

它描述了找到两个距离为 x 的电子的概率.振荡的幂律衰减表明,无相互作用的电子也可以用(10.1.33)式在 $g=1$ 时描述.(10.1.13)式比维格纳晶体极限下的结果更普遍,但是需要对(10.1.14)式中的 g 进行修正.对于维格纳晶体 $g \ll 1$,关联函数 $x=na$ 处的峰值具有类似的幂律衰减,但指数较小.

在描述玻色子化更严格的方法之前,先描述另一个简单的极限,这将有助于直观地理解玻色子化.

10.2 玻色气体

在对维格纳晶体极限进行的讨论中,没有使用电子是费米子的事实.因为在该极限中,电子从不交换,所以事实上统计是不相关的.现在,让我们暂时假设讨论的是玻色子而不是费米子,那么除了维格纳晶体极限,还可以考虑玻色凝聚的极限.对于玻色凝聚,基态玻色子产生算符具有有限的期望值,而

$$\langle \hat{b}^\dagger\rangle = \sqrt{n}e^{i\phi} \tag{10.2.1}$$

玻色凝聚相位的长波涨落由以下方式描述:

$$\mathscr{L} = \frac{g}{2\pi}\int dx\left[\frac{1}{v_\rho}(\partial_t\phi)^2 - v_\rho(\partial_x\phi)^2\right] \tag{10.2.2}$$

这类似于(10.1.13)式描述的弹性形变，它以速度 v_ρ 传播.(10.2.2)式中的 g 实际上与(10.1.13)式中的 g 相同，所以两个拉格朗日是相互对偶的(见下面的阐述).从(10.2.2)式中可以立即看出，ϕ 的量子涨落几乎破坏了超流序，即

$$\langle \hat{b}^\dagger(x)\hat{b}(0)\rangle \sim x^{-\frac{1}{2g}} \tag{10.2.3}$$

因此存在幂律超流序.在维格纳晶体极限 $g \ll 1$ 中，相位涨落非常强，超流关联迅速消失.但是在相反的极限 $g \to \infty$ 中，相位关联几乎是长程的，密度关联迅速衰减.

θ 和 ϕ 之间的对偶可以进一步探讨，注意玻色子产生算符增加了一个密度单位，因此

$$[n(x), \sqrt{n}\exp(\mathrm{i}\phi(x'))] = \delta(x - x')$$

这意味着数算符和相位之间存在正则对易关系，故

$$[n(x), \phi(x')] = \mathrm{i}\delta(x - x') \tag{10.2.4}$$

如果把数算符写成 $n(x) = n_0 + \partial_x\theta(x)/\pi$，则上述关系可重写为

$$[\partial_x\theta/\pi, \phi(x')] = \mathrm{i}\delta(x - x') \tag{10.2.5}$$

从这个意义上说，θ 和 ϕ 之间是对偶的.

上述分析可以通过一个约当-维格纳(Jordan-Wigner)变换与费米子联系起来，该变换在一维中将玻色子转换为费米子.因此，把一个费米子产生算符 $\phi^\dagger$ 写为

$$\hat{\psi}^\dagger(x) = \mathrm{e}^{\pm \mathrm{i}\pi\int_{-\infty}^{x} n(x)}\hat{b}^\dagger(x) \tag{10.2.6}$$

带有指数的一项是 Jordan-Wigner 弦，它计算 x 左边的粒子数 N_L，并将算符乘以 $(-1)^{N_\mathrm{L}}$.很明显，这就把 $\hat{b}(x)$之间的玻色子对易关系转化为 $\hat{\psi}(x)$之间的费米子反对易关系.注意 $n(x) = n_0 + \partial_x\theta(x)/\pi$，从而可以把费米子产生算符写为

$$\hat{\psi}^\dagger(x) \sim \mathrm{e}^{\mathrm{i}(\pm\theta(x) + \phi(x))} \tag{10.2.7}$$

费米子算符包括对偶的“超流”和“晶格”变量.由此，根据直觉得出的方程(10.1.13)、(10.2.2)和(10.2.7)是玻色化和 Luttinger 液体的标志性公式.为了更加严格清晰地表述准确的玻色化方法，有必要返回严格处理无相互作用电子的玻色化理论，这样就可以正确地获得 g 的表达式，并能顺畅地推广到包括自旋和其他自由度，以及我们下面几章中重点阐述的谐振外势的情形.

10.3 玻色化：无相互作用电子气

本节我们首先解释 Luttinger 模型，然后描述手性费米子的精确玻色化，从而给出严格的无相互作用电子的玻色化理论．对于无相互作用的电子系统，如果我们只关注低能激发，则可以在费米动量 k_F 处线性化色散关系(10.1.1)式中得到哈密顿量：

$$\hat{\mathscr{H}} = \sum_q v_F q [\hat{c}^\dagger_{k_F+q}\hat{c}_{k_F+q} - \hat{c}^\dagger_{-k_F+q}\hat{c}_{-k_F+q}] \tag{10.3.1}$$

定义连续的电子算符为

$$\hat{\psi}_{R,L}(x) = \sum_q e^{iqx}\hat{c}_{\pm k_F+q} \tag{10.3.2}$$

则哈密顿量变为

$$\hat{\mathscr{H}} = -iv_F\int dx [\hat{\psi}^\dagger_R\partial_x\hat{\psi}_R - \hat{\psi}^\dagger_L\partial_x\hat{\psi}_L] \tag{10.3.3}$$

这个哈密顿量适合于描述低能($E \ll E_F$)和长波($q \ll 1/a$)的性质，与费米能级以下的深层状态无关．

考虑到线性表示((10.3.1)式)是精确的模型，这个模型就是所谓的 Tomonaga-Luttinger 模型(后面将简称为 Luttinger 模型)：线性色散关系延拓到 $\pm\infty$ 能量之间，与物理的色散关系(10.1.1)式相比，相当于引入了负能级部分的异常真空．但由于费米能级以下的状态处于非激发状态，Luttinger 模型被认为具有与真实电子气体相同的低能量行为．所以，玻色化变换对 Luttinger 模型来说是严格的．

哈密顿方程(10.3.3)是熟悉的粒子物理学中 1+1 维无质量狄拉克方程的对应，正如在 3+1 维情况下，(10.3.3)式具有手性对称性，这表现为向左和向右电子数算符 N_R，N_L 守恒，定义为

$$N_\nu = \int dx\, \hat{\psi}^\dagger_\nu\hat{\psi}_\nu \tag{10.3.4}$$

因此，总电荷 N_R+N_L 和手性电荷 N_R-N_L 都是守恒的．现在考虑手性费米子的一个分支 R(或等同的 L)．手性费米子描述了一维电子气体的一半，与量子霍尔效应的边缘态直接相关，同时也提供了一个构建一维电子气的基本方法，可以进一步推广到包括自旋等

问题中.首先,定义手性密度算符为

$$\hat{n}_{\mathrm{R}}(x)=:\hat{\psi}_{\mathrm{R}}^{\dagger}(x)\hat{\psi}_{\mathrm{R}}(x): \tag{10.3.5}$$

Luttinger 模型中的电子状态延拓至能量 $-\infty$,故电子的数量是无限的.因此,谈论密度与基态密度的偏差才有意义.这就是这里引入正规序(即 : :)计算的目的,它表示运算符是正常排序的,基态的湮灭算符总是被放在右侧.等价地,正规序减去了无穷的真空期望值,即

$$:\hat{\psi}_{\mathrm{R}}^{\dagger}(x)\hat{\psi}_{\mathrm{R}}(x):=\hat{\psi}_{\mathrm{R}}^{\dagger}(x)\hat{\psi}_{\mathrm{R}}(x)-\langle\hat{\psi}_{\mathrm{R}}^{\dagger}(x)\hat{\psi}_{\mathrm{R}}(x)\rangle_0 \tag{10.3.6}$$

考虑密度算符的傅里叶变换,则

$$\hat{n}_{\mathrm{R}q}=\int\mathrm{d}x\mathrm{e}^{-\mathrm{i}qx}\hat{n}_{\mathrm{R}}(x)=\sum_k:\hat{c}_{\mathrm{R}k+q}^{\dagger}\hat{c}_{\mathrm{R}k}: \tag{10.3.7}$$

对于 $q\neq0$,正规序不重要.假设系统尺寸为 L,采取周期性边界条件,这样 q 取离散值 $q=2\pi n/L$.手性密度算符服从的基本对易关系为

$$[\hat{n}_{\mathrm{R}-q},\hat{n}_{\mathrm{R}q}]=\frac{qL}{2\pi} \tag{10.3.8}$$

这可以通过使用(10.3.7)式,并把费米对易关系写为 $\sum^{k}\hat{c}_{\mathrm{R}k}^{\dagger}\hat{c}_{\mathrm{R}k}-\hat{c}_{\mathrm{R}k+q}^{\dagger}\hat{c}_{\mathrm{R}k}$ 推导出来.

另一种看待这个问题的方式是考虑这些算符如何作用于基态.一方面,$\hat{n}_{\mathrm{R}q}|0\rangle$(对于 $q>0$)是一个在 k 和 $k+q$ 处有一个单粒子空穴激发的叠加态,其中空穴的动量 k 在 $-q$ 之间.另一方面,$\hat{n}_{\mathrm{R}-q}|0\rangle=0$,因为在基态中不存在动量小于一个被占据态的空态.此外,当 $\hat{n}_{\mathrm{R}-q}$ 作用于 $\hat{n}_{\mathrm{R}q}|0\rangle$ 时,意味着把激发粒子移入空穴.因此

$$[\hat{n}_{\mathrm{R}-q},\hat{n}_{\mathrm{R}q}]|0\rangle=\int_{-q}^{0}\frac{L\mathrm{d}q}{2\pi}|0\rangle=\frac{qL}{2\pi}|0\rangle \tag{10.3.9}$$

进一步研究发现,这同样适用于激发态.此外,很明显的是当 $q+q'\neq0$ 时,$[\hat{n}_{\mathrm{R}q},\hat{n}_{\mathrm{R}q'}]=0$.

手性密度算符的上述属性可以用来定义下面的玻色产生算符和湮灭算符.对于 $q>0$,

$$\begin{aligned}\hat{b}_{\mathrm{R}q}^{\dagger}&=[2\pi/(qL)]^{1/2}\hat{n}_{\mathrm{R}q}\\\hat{b}_{\mathrm{R}q}&=[2\pi/(qL)]^{1/2}\hat{n}_{\mathrm{R}-q}\end{aligned} \tag{10.3.10}$$

它们遵从玻色对易关系

$$[\hat{b}_{\mathrm{R}q},\hat{b}_{\mathrm{R}q}^{\dagger}]=0$$

值得注意的是，由玻色子算符生成的希尔伯特空间，与粒子数守恒的 Luttinger 模型所有激发态的希尔伯特空间完全相同. 为了完善描述，我们还必须包括一个 $q=0$ 的费米子数算符 $\hat{N}_{\mathrm{R}}$，它具有 $-\infty$ 和 $+\infty$ 之间的整数本征值. 利用手性费米气体的压缩比 $\dfrac{\partial n}{\partial \mu}=\dfrac{1}{2\pi\hbar v_{\mathrm{F}}}$，我们可以将能量写成密度的一个函数，即

$$
\begin{aligned}
\hat{\mathscr{H}}_{\mathscr{R}} &= \frac{1}{2\partial n/\partial \mu}\int \mathrm{d}x\hat{n}_{\mathrm{R}}(x)^2 \\
&= \frac{\pi\hbar v_{\mathrm{F}}}{L}\Big[\hat{N}_{\mathrm{R}}^2+\sum_{q>0}\hat{b}_{\mathrm{R}q}^{\dagger}\hat{b}_{\mathrm{R}q}\Big]
\end{aligned}
\tag{10.3.11}
$$

正如上面所讨论的，希尔伯特空间在费米或玻色表示中是相同的. 在这个希尔伯特空间中，玻色哈密顿量(10.3.11)式与费米哈密顿量

$$
\hat{\mathscr{H}}_{\mathscr{R}} = \sum_k \hbar v_{\mathrm{F}} k\hat{c}_{\mathrm{R}k}^{\dagger}\hat{c}_{\mathrm{R}k} \tag{10.3.12}
$$

完全相同.

引入手性相位算符来表示手性密度算符，则

$$
\hat{n}_{\mathrm{R}}(x) = \frac{1}{2\pi}\partial_x\hat{\phi}_{\mathrm{R}}(x) \tag{10.3.13}
$$

利用算符 $\hat{\phi}_{\mathrm{R}}$，则对易关系为

$$
\Big[\frac{1}{2\pi}\partial_x\hat{\phi}_R(x),\ \hat{\phi}_R(x')\Big] = \mathrm{i}\delta(x-x') \tag{10.3.14}
$$

这表明，$\partial_x\hat{\phi}_{\mathrm{R}}(x)$ 和 $\hat{\phi}_{\mathrm{R}}(x)$ 是正则共轭变量，类似于初等量子力学中的 $\hat{x}$ 和 $\hat{p}$. 这提示我们如何写出拉格朗日量(通常写成 $L=p\dot{q}-H(p,q)$). 改写(10.3.11)式，则

$$
\hat{\mathscr{H}} = \frac{v_{\mathrm{F}}}{4\pi}\int \mathrm{d}x(\partial_x\hat{\phi}_{\mathrm{R}}(x))^2 \tag{10.3.15}
$$

及

$$
\hat{\mathscr{L}} = -\frac{1}{4\pi}\partial_x\hat{\phi}_{\mathrm{R}}[\partial_t\hat{\phi}_{\mathrm{R}}+v_{\mathrm{F}}\partial_x\hat{\phi}_{\mathrm{R}}] \tag{10.3.16}
$$

最后，我们希望把费米子的产生算符 $\hat{\psi}_{\mathrm{R,L}}$ 用玻色场 $\hat{\phi}_{\mathrm{R,L}}$ 来表示. 这可以通过以下方

式实现:因为$[\hat{\phi}_R(x),\hat{\phi}_R(x')]=\mathrm{isgn}(x-x')$,有$[\hat{\phi}_R(x),\ \exp(\mathrm{i}\hat{\phi}_R(x'))]=\pi\mathrm{sgn}(x-x')\cdot\exp(\mathrm{i}\hat{\phi}_R(x'))$.这意味着算符$\exp\{\mathrm{i}\hat{\phi}_R(x')\}$取代了$\hat{\phi}_R(x)$,在$x=x'$处引入一个$2\pi$的扭结,相当于在$x'$处有一个额外的电荷$e$.

为了更加严格,必须解决两个技术问题.第一个技术问题与前置因子$\exp\{\mathrm{i}\hat{\phi}_R\}$有关.前置因子显然是必要的,因为$\hat{\psi}^\dagger$的量纲为$1/\sqrt{L}$.最简单的方法是在大$k$下引入一个指数截断,这样对$k$的求和就被替换为

$$\sum^k \to \sum^k \mathrm{e}^{-|k|a_0} \tag{10.3.17}$$

参数a_0可解释为一种无穷小的收敛因子,使形式上发散的积分正规化,也即我们通常认为的短程截断,具有电子密度倒数的阶.然而,这种等价方法并不精确,而且不可能确定a_0和a之间的数值比.在这种正则化方案下,可选前置因子为$(2a_0)^{-1/2}$.

第二个技术问题在于要仔细处理$\hat{\phi}$的$q=0$部分,这就需要引入一个克莱因(Klein)因子,Klein因子($\hat{\kappa}$)是一个算符,它可以连接不同电荷部分的基态,即

$$\hat{\kappa}^\dagger\ |N\rangle_0\ =\ |N+1\rangle_0,\quad \hat{\kappa}\ |N\rangle_0\ =\ |N-1\rangle_0 \tag{10.3.18}$$

在某些情况下,Klein因子可以被忽略,在文献中你会发现许多不包括这个因子的例子.然而,当不止有一类费米子(如自旋两分量的费米子)时,就必须包括Klein因子,从而才能获得正确的不同种类费米子之间的反对易关系:$\hat{\kappa}_i\hat{\kappa}_j=-\hat{\kappa}_j\hat{\kappa}_i$.最终的费米算符的表达式为

$$\hat{\psi}_R^\dagger(x)\ =\ \frac{\hat{\kappa}^\dagger}{\sqrt{2\pi a_0}}\mathrm{e}^{\mathrm{i}\hat{\phi}_R(x)} \tag{10.3.19}$$

可以证明玻色Fock空间与费米Fock空间完全相同,即任何属于玻色空间的态也属于费米空间,相反亦然.作为此公式的一个应用,下面我们来比较一下在费米和玻色子表示中计算的单电子格林函数

$$G(x,\tau)\ =\ \langle T_\tau[\hat{\psi}(x,\tau)\hat{\psi}^\dagger(0,0)]\rangle \tag{10.3.20}$$

这里,T_τ表示在虚时内的时序,用于费米运算时应有负号,故

$$T_\tau[\hat{\psi}(\tau)\hat{\psi}^\dagger(0)]\equiv\theta(\tau)\hat{\phi}(\tau)\hat{\psi}^\dagger(0)-\theta(-\tau)\hat{\psi}^\dagger(0)\hat{\phi}(\tau) \tag{10.3.21}$$

在费米体系中,费米时序的计算必须包括负号,并通过在费米算符之间插入一套完备集,得到

$$G(x,\tau)=\sum_k \mathrm{e}^{k(\mathrm{i}x-v_{\mathrm{F}}\tau)}[\theta(k)\theta(\tau)-\theta(-k)\theta(-\tau)]$$
$$=\frac{1}{2\pi}\frac{1}{v_{\mathrm{F}}\tau-\mathrm{i}x} \tag{10.3.22}$$

在玻色表示中，Klein 因子不重要，因为 $\hat{\kappa}_i\hat{\kappa}_j=\hat{\kappa}_j\hat{\kappa}_i$，所以

$$G(x,\tau)=\frac{\mathrm{sgn}(\tau)}{2\pi a_0}\langle T_\tau\{\mathrm{e}^{\mathrm{i}[\hat{\phi}_{\mathrm{R}}(0,0)-\hat{\phi}_{\mathrm{R}}(x,\tau)]}\}\rangle \tag{10.3.23}$$

玻色算符的期望值可以写成 $\exp(-C)$，其中

$$C=\frac{1}{2}\langle T_\tau\{[\hat{\phi}(x,\tau)-\hat{\phi}(0,0)]^2\}\rangle \tag{10.3.24}$$

利用拉格朗日方程((10.3.16)式)，$\partial_t\to\mathrm{i}\partial_\tau$，并包括指数正规化因子，则得

$$\int\frac{\mathrm{d}q\mathrm{d}\omega}{(2\pi)^2}[1-\cos(\omega\tau-qx)]=\frac{2\pi}{q(\mathrm{i}\omega-v_{\mathrm{F}}q)}\mathrm{e}^{-a_0|q|} \tag{10.3.25}$$

对 ω 的积分可以用围道积分，即得

$$\int_0^\infty\frac{\mathrm{d}q}{q}(1-\mathrm{e}^{-q(v_{\mathrm{F}}\tau-\mathrm{i}x)\mathrm{sgn}(\tau)})\mathrm{e}^{-a_0q}=\log\frac{v_{\mathrm{F}}\tau-\mathrm{i}x+a_0\mathrm{sgn}(\tau)}{a_0\mathrm{sgn}(\tau)} \tag{10.3.26}$$

结合(10.3.23)式中的项，我们可以看到 a_0 和 $\mathrm{sgn}(\tau)$ 因子相抵消，取 $a_0\to0$，则再次得到(10.3.22)式.

现在考虑全部的电子气的贡献，则需要包括左行和右行电子的贡献，故

$$\hat{\mathscr{L}}=\hat{\mathscr{L}}_{\mathrm{R}}+\hat{\mathscr{L}}_{\mathrm{L}} \tag{10.3.27}$$

这里

$$\hat{\mathscr{L}}_{\mathrm{R}}=-\frac{1}{4\pi}\partial_x\hat{\phi}_{\mathrm{R}}[\partial_t\hat{\phi}_{\mathrm{R}}+v_{\mathrm{F}}\partial_x\hat{\phi}_{\mathrm{R}}]$$
$$\hat{\mathscr{L}}_{\mathrm{L}}=-\frac{1}{4\pi}\partial_x\hat{\phi}_{\mathrm{L}}[-\partial_t\hat{\phi}_{\mathrm{L}}+v_{\mathrm{F}}\partial_x\hat{\phi}_{\mathrm{L}}] \tag{10.3.28}$$

定义新的变量，则

$$\hat{\phi}_{\mathrm{R}}=\hat{\varphi}+\hat{\theta} \tag{10.3.29}$$

$$\hat{\phi}_{\mathrm{L}}=\hat{\varphi}-\hat{\theta} \tag{10.3.30}$$

利用这些变量,总密度为

$$\hat{n} = \frac{1}{2\pi}(\partial_x\hat{\phi}_{\mathrm{R}} - \partial_x\hat{\phi}_{\mathrm{L}}) = \frac{\partial_x\hat{\theta}}{\pi}$$

拉格朗日密度

$$\hat{\mathscr{L}} = \frac{1}{\pi}\partial_x\hat{\theta}\partial_t\hat{\varphi} - \frac{v_{\mathrm{F}}}{2\pi}[(\partial_x\hat{\theta})^2 + (\partial_x\hat{\varphi})^2] \tag{10.3.31}$$

具有 $p\dot{q} - H(p,q)$的形式.第一项表明$\partial_x\hat{\theta}/\pi$ 和 $\hat{\varphi}$ 是正则共轭变量,故

$$\left[\frac{1}{2\pi}\partial_x\hat{\phi}_{\mathrm{R}}(x),\ \hat{\varphi}_{\mathrm{R}}(x')\right] = \mathrm{i}\delta(x - x') \tag{10.3.32}$$

积掉 $\hat{\theta}$ 或$\hat{\varphi}$,得到两个等价的无相互作用电子气的对偶表达式.则 $\hat{\theta}$ 表示为

$$\hat{\mathscr{L}}[\hat{\theta}] = \frac{1}{2\pi}\left[\frac{1}{v_{\mathrm{F}}}(\partial_t\hat{\theta})^2 - v_{\mathrm{F}}(\partial_x\hat{\theta})^2\right] \tag{10.3.33}$$

或 $\hat{\varphi}$ 表示为

$$\hat{\mathscr{L}}[\hat{\varphi}] = \frac{1}{2\pi}\left[\frac{1}{v_{\mathrm{F}}}(\partial_t\hat{\varphi})^2 - v_{\mathrm{F}}(\partial_x\hat{\varphi})^2\right] \tag{10.3.34}$$

即费米产生算符具有以下形式:

$$\begin{aligned} \hat{\psi}_{\mathrm{R}}^{\dagger} &= \frac{\hat{\kappa}^{\dagger}}{\sqrt{2\pi a_0}}\mathrm{e}^{\mathrm{i}(\hat{\varphi}+\hat{\theta})} \\ \hat{\psi}_{\mathrm{L}}^{\dagger} &= \frac{\hat{\kappa}^{\dagger}}{\sqrt{2\pi a_0}}\mathrm{e}^{\mathrm{i}(\hat{\varphi}-\hat{\theta})} \end{aligned} \tag{10.3.35}$$

这就是费米场算符的玻色表示,是玻色化方法中的重要等式.因为以上推导没有指定特定的系统,所以其独立于任何具体的哈密顿量,可以用于许多不同的一维哈密顿量模型.这种玻色子化描述的优点是可以很简单地将相互作用包括到理论中且是非微扰的,另外可以很方便地计算各种关联函数.

10.4 玻色化：相互作用电子气

利用无相互作用的 Luttinger 模型的两种等价表示，即(10.3.33)式和(10.3.34)式，正则对易关系(10.3.32)式和表达式(10.3.35)，对于向前散射相互作用，可得

$$\hat{H}_{\text{int}} = \frac{1}{2}V_0\int \mathrm{d}x(\hat{\psi}_{\mathrm{R}}^{\dagger}\hat{\psi}_{\mathrm{R}} + \hat{\psi}_{\mathrm{L}}^{\dagger}\hat{\psi}_{\mathrm{L}})^2 = \frac{V_0}{2\pi^2}\int \mathrm{d}x(\partial_x\theta)^2 \tag{10.4.1}$$

即

$$\begin{aligned}\hat{L} &= \frac{1}{2\pi}\int \mathrm{d}x\left\{\frac{1}{v_{\mathrm{F}}}(\partial_t\hat{\theta})^2 - \left[v_{\mathrm{F}} + \frac{V_0}{\pi}\right](\partial_x\hat{\theta})^2\right\} \\ &= \frac{1}{2\pi g}\int \mathrm{d}x\left\{\frac{1}{v_\rho}(\partial_t\hat{\theta})^2 - v_\rho(\partial_x\hat{\theta})^2\right\} \\ &= \frac{g}{2\pi}\int \mathrm{d}x\left\{\frac{1}{v_\rho}(\partial_t\hat{\varphi})^2 - v_\rho(\partial_x\hat{\varphi})^2\right\}\end{aligned} \tag{10.4.2}$$

其中

$$g = \left[1 + \frac{V_0}{\pi v_{\mathrm{F}}}\right]^{-1/2}, \quad v_\rho = \frac{v_{\mathrm{F}}}{g}$$

可见对于排斥性相互作用，$V_0>0$，$g<1$；无相互作用时，$V_0=0$，$g=1$；吸引性相互作用时，$V_0<0$，$g>1$. 执行与无相互作用类似的计算，可得到如下关联函数.

$2k_{\mathrm{F}}$ 的密度关联为

$$\langle\hat{\psi}_{\mathrm{L}}^{\dagger}(x)\hat{\psi}_{\mathrm{R}}(x)\hat{\psi}_{\mathrm{R}}^{\dagger}(0)\hat{\psi}_{\mathrm{L}}(0)\rangle \sim \langle \mathrm{e}^{\mathrm{i}[2\hat{\theta}(x)-2\hat{\theta}(0)]}\rangle \sim x^{-2g}$$

呈现方程(10.1.32)所述的“晶格”特征.

配对关联为

$$\langle\hat{\psi}_{\mathrm{L}}(x)\hat{\psi}_{\mathrm{R}}(x)\hat{\psi}_{\mathrm{R}}^{\dagger}(0)\hat{\psi}_{\mathrm{L}}^{\dagger}(0)\rangle \sim \langle \mathrm{e}^{\mathrm{i}[2\hat{\varphi}(x)-2\hat{\varphi}(0)]}\rangle \sim x^{-\frac{2}{g}}$$

呈现方程(10.2.3)所述的“超流”特征.

单粒子的密度分布为

$$\langle \hat{\psi}_R^\dagger(x)\hat{\psi}_R(0)\rangle \sim \langle e^{i[\hat{\theta}(x)+\hat{\varphi}(x)-\hat{\theta}(0)-\hat{\varphi}(0)]}\rangle \sim x^{-\frac{1}{2}\left(g+\frac{1}{g}\right)}$$

动量分布为

$$n(k) \sim \langle \hat{c}_k^\dagger \hat{c}_k\rangle = \int dx G(x) e^{-ikx} \sim k^{\frac{1}{2}\left(g+\frac{1}{g}\right)-1}$$

在 k_F 处呈现幂律奇点分布.

最后再总结一下玻色化的基本步骤:

(1) 用费米子产生算符 $\hat{c}^\dagger$ 和湮灭算符 $\hat{c}$ 定义费米子场 $\hat{\psi}^\dagger(x)$,$\hat{\psi}(x)$.

(2) 通过把色散关系在费米点线性化并延拓至负无穷,用费米子产生算符和湮灭算符构建新的玻色算符 $\hat{b}^\dagger$,$\hat{b}$.

(3) 以 $\hat{b}^\dagger$,$\hat{b}$ 算符为基础定义玻色场 $\hat{\phi}(x)$,最终构建费米子场 $\hat{\psi}(x)$和玻色场 $\hat{\phi}(x)$之间的普遍关系.

这样就可以把向前散射相互作用包括到无相互作用的哈密顿量中,进一步可以在哈密顿量中包括向后散射和反转(umklapp)散射的相互作用,这部分内容留给读者自己.我们将在下一章中开始探讨如何把玻色量子化技术推广到具有受限外势(主要集中于谐振势)的费米子系统中.

第 11 章

玻色化在受限一维费米气体中的应用

在冷原子实验迅速发展的阶段，如何从理论上严格处理受限的费米相互作用气体体系，成为一个亟待解决的问题.冷却和磁捕获技术在三维中性超冷量子气体系统上取得成功之后，很快又在准一维费米系统中实现.在三维体系中，相同自旋极化的费米子之间短程配对势的 s 波散射是被禁止的，即接触相互作用对此系统没有影响，故只存在其他类型的弱相互作用，而涉及更高角动量的散射过程也有能量阈值，并在温度低于费米温度 T_F 时受到冻结.在零温下，只有一个弱的长程偶极-偶极相互作用存在.当考虑的是一维系统时，一个简单的做法是完全忽略所有的相互作用，把一维费米子系统当作在一个谐振势中的理想气体.这个系统的一些精确的单粒子特性已经有人研究[1].然而，Luttinger 液体理论(关于此理论的综述文章，请参考文献[2]和[3])表明，即使是弱相互作用也会破坏一维费米液体图像，对于受限的 Luttinger 液体也是如此，物理量显示幂律衰减(algebraically decaying)的关联性等.在超冷量子气体中，所研究的约束势情况不仅有硬墙势(hard-wall)，还有更为普遍的谐振约束势.在本章中，我们将从最简单的受限情况——谐振势体系出发，研究非微扰的一维受限费米相互作用体系中的 Luttinger 理论和玻色化方法.我们将在下面的具体例子中加以阐述.

对于受限的一维费米子的系统，除 Luttinger 方法，还有关于谐振势 Calogero-Sutherland 模型及其扩展模型的精确结果[6-9,10]，这些结果在 $1/r^2$ 二体相互作用中适用. 还有用路径积分方法和格林函数方法对热力学下的谐振势费米子进行的研究. Luttinger 方法的有利之处在于，对大费米子数来说是渐进正确的，对于费米子的相互作用的形式也没有约束. 下面我们将简要叙述一下 Luttinger 模型的基本解决方法[4]，不过应用到目前的一维受限问题中还需要引入一个不同的玻色化方案[11]. 玻色化的出发点实际上是第 10 章所述的一维自由费米子在费米能附近的低能有效激发[2-5,12-16].

11.1 完全极化体系的玻色化方法

本节首先提出我们的方法的基本论点. 作为第一个应用，我们将计算单粒态的占据概率和两个相互作用模型的相应粒子密度，并讨论有趣的与 Friedel[2] 振荡有关的相互作用效应，然后简要讨论动量分布函数以及它与粒子密度的关系，最后对模型相互作用和现实相互作用之间的关系进行研究，并对它们各自的强度进行估计.

我们考虑一维谐振势

$$V(z) = \frac{1}{2} m\omega_l^2 z^2 \tag{11.1.1}$$

中无自旋的全同费米子组成的气体，其在二次量子化下的无相互作用哈密顿量为

$$\hat{H}_0 = \sum_{n=0}^{+\infty} \hbar\omega_n \hat{c}_n^\dagger \hat{c}_n \tag{11.1.2}$$

具有的单粒子能量为

$$\hbar\omega_n = \hbar\omega_l(n + 1/2) \quad (n = 0,1,\cdots) \tag{11.1.3}$$

费米子的产生算符 $\hat{c}^\dagger$ 和湮灭算符 $\hat{c}$ 遵从费米子代数，即 $\hat{c}_m\hat{c}_n^\dagger + \hat{c}_n^\dagger\hat{c}_m = \delta_{m,n}$. 这确保了非简并能级至多单占据，每个非简并能级($\epsilon_n = \hbar\omega_n$)具有实的单粒子波函数，即

$$\hat{\psi}_n(z) = \sqrt{\frac{\alpha}{2^n n!\pi^{1/2}}} e^{-\alpha^2 z^2/2} H_n(\alpha z) \tag{11.1.4}$$

系统内禀的长度尺度是振动长度 $l = \alpha^{-1}$；这里 α 定义为 $\alpha^2 = m\omega_l/\hbar$. H_n 表示埃尔米特(Hermite)多项式.

N 个费米子的束缚系统的空间占据是由费米长度 L_F 来衡量的，即在费米能量下是经典允许区域的一半. 故

$$L_F = \frac{1}{\alpha}\sqrt{2N-1} \equiv L_{n=N-1} \tag{11.1.5}$$

费米能量为

$$\epsilon_F = \hbar\omega_l(N-1) + \frac{1}{2}\hbar\omega_l = \hbar\omega_l\left(N-\frac{1}{2}\right) \tag{11.1.6}$$

相应的费米波数为

$$k_F \equiv \alpha\sqrt{2N-1} \equiv \sqrt{2m\epsilon_F/\hbar^2} \tag{11.1.7}$$

阱内的密度振荡为 Friedel 振荡，波数为 $2k_F$.

从(11.1.3)式中可以看出，单粒子的能量线性依赖于量子数 n. 线性色散是允许用 Luttinger 模型对其进行处理的要求之一. 另一个要求是存在一个具有拓展到任意负能量的线性色散的反常真空. 在目前所研究的情况中，这些虚构的自由态属于 $n<0$ 的部分. 从形式上看，它们的波函数 $\psi_p(z) \propto \mathscr{D}_p(\sqrt{2}\alpha z)$（$p=-n<0$；$n$ 为正整数；$\mathscr{D}$ 为抛物柱面函数）不属于希尔伯特空间. 这一缺陷可能对结果不会有影响，因为这些函数在任何有限的空间区域$[-L, L]$（$L \gg L_F$）内仍然是可归一的，相互作用也都被限制在这个有限范围内. 此外，我们期望对于足够大的费米数 N，反常真空的存在对于在费米能量附近的过程（$\epsilon_F \propto N$）没有多大影响，这在后面的内容中还会有所阐述.

利用反常真空的推广，很容易表明真空涨落算符

$$\hat{\rho}(m) \equiv \sum_p \hat{c}^\dagger_{p+m}\hat{c}_p \tag{11.1.8}$$

遵从玻色对易关系

$$[\hat{\rho}(-p), \hat{\rho}(q)] = p\delta_{p,q} \tag{11.1.9}$$

上式对于所有的整数 p 和 q 都成立. 玻色算符可以依次定义为

$$\hat{\rho}(p) = \begin{cases} \sqrt{|p|}\,\hat{d}_{|p|}, & p<0, \\ \sqrt{p}\,\hat{d}^\dagger_p, & p>0 \end{cases} \tag{11.1.10}$$

故 $\hat{d}_m$ 和 $\hat{d}^\dagger_n$ 满足的正则对易关系为

$$[\hat{d}_m, \hat{d}^\dagger_n] = \delta_{m,n} \tag{11.1.11}$$

下面的论证套用了 Luttinger 模型中的一些方案.由于自由哈密顿量 $\hat{H}_0$ 与 $\hat{\rho}(p)$具有相同的对易关系,即

$$[\hat{H}_0, \hat{\rho}(p)] = \hbar\omega_l p \hat{\rho}(p) \tag{11.1.12}$$

因此

$$\widetilde{H}_0 = \hbar\omega_l \sum_{m>0} m\hat{d}_m^\dagger \hat{d}_m \tag{11.1.13}$$

具有相应的 $\hat{d}_m$ 和 $\hat{d}_n^\dagger$ 形式,费米子哈密顿量的低量激发(密度波)也可以在玻色希尔伯特空间中描述.

在完整的哈密顿量体系中,相互作用算符密度矩阵元的形式为

$$\hat{V} = \frac{1}{2}\sum_{mnpq} V(m, p; q, n)(\hat{c}_m^\dagger \hat{c}_q)(\hat{c}_p^\dagger \hat{c}_n) \tag{11.1.14}$$

此公式可以通过如下方式获得:假设局域的和平移不变的二体相互作用形式为

$$V(z_1, z_2; z_3, z_4) = V(z_1 - z_2)\delta(z_1 - z_3)\delta(z_2 - z_4) \tag{11.1.15}$$

把相互作用算符用动量空间的基来表示,则

$$\hat{V} = \frac{1}{4\pi}\int_{-\infty}^{+\infty} \mathrm{d}k_1 \mathrm{d}k \mathrm{d}k' \widetilde{V}(k_1) \hat{c}_{k+k_1}^\dagger \hat{c}_{k'-k_1}^\dagger \hat{c}_{k'} \hat{c}_k \tag{11.1.16}$$

利用配对势的交换对称性 $V(z) = V(-z)$,得相互作用势的傅里叶变换为

$$\widetilde{V}(k) = \int_{-\infty}^{+\infty} \mathrm{d}z \mathrm{e}^{\mathrm{i}kz} V(z) = \widetilde{V}(-k) = \widetilde{V}^*(k) \tag{11.1.17}$$

重新安排(11.1.16)式中的算符位置,得

$$\hat{V} = \frac{1}{4\pi}\int_{-\infty}^{+\infty} \mathrm{d}k_1 \mathrm{d}k \mathrm{d}k' \widetilde{V}(k_1)(\hat{c}_{k+k_1}^\dagger \hat{c}_k)(\hat{c}_{k'-k_1}^\dagger \hat{c}_{k'}) - \frac{1}{2}\hat{N}V \quad (z = 0) \tag{11.1.18}$$

这里,$\hat{N}$ 是费米子的数密度算符.(11.1.18)式中自能的贡献对任意可重整的势能都是有限的,故可以略去.现在从动量空间的基回到谐振子的基,则

$$\hat{c}_k = \sum_{n=0}^{+\infty} (-1)^n f_n^k \hat{c}_n \tag{11.1.19}$$

这里

$$f_n^k \equiv \frac{1}{\sqrt{2\pi}}\int_{-\infty}^{+\infty} \mathrm{d}z \mathrm{e}^{\mathrm{i}kz} \psi_n(z) = \frac{\mathrm{i}^n}{\alpha}\psi_n\left(z = \frac{k}{\alpha^2}\right) \tag{11.1.20}$$

故获得相互作用算符中的矩阵元形式为

$$\hat{V} = \frac{1}{2}\sum_{mnpq=0}^{+\infty} V(m,p;q,n)(\hat{c}_m^\dagger\hat{c}_q)(\hat{c}_p^\dagger\hat{c}_n) \tag{11.1.21}$$

即矩阵元为

$$V(m,p;q,n) = \int_{-\infty}^{+\infty} \mathrm{d}z_1\mathrm{d}z_2\psi_m(z_1)\psi_p(z_2)V(z_1-z_2)\psi_q(z_1)\psi_n(z_2) \tag{11.1.22}$$

有时简写为

$$V(m,p;q,n) = \int_{-\infty}^{+\infty} \mathrm{d}1\mathrm{d}2\mathrm{d}3\mathrm{d}4\psi_m(1)\psi_p(2)V(1,2;3,4)\psi_q(3)\psi_n(4) \tag{11.1.23}$$

Luttinger 液体理论所允许的四费米子相互作用的形式是由以下要求决定的：即它可以用密度涨落算符来表示.这就限制了相互作用算符密度矩阵元的形式，为此必须按照下列形式来简化，从而得到两种可解的形式.

(1)

$$V(m,p;q,n) = V_a(|q-m|)\delta_{m-q,\,n-p} \tag{11.1.24}$$

导致

$$\hat{V}_4 = \frac{1}{2}\sum_{m>0} V_a(m)m\{\hat{d}_m^\dagger\hat{d}_m + \hat{d}_m\hat{d}_m^\dagger\} \tag{11.1.25}$$

(2)

$$V(m,p;q,n) = V_b(|q-m|)\delta_{q-m,n-p} \tag{11.1.26}$$

导致

$$\hat{V}_2 = \frac{1}{2}\sum_{m>0} V_b(m)m\{\hat{d}_m^2 + \hat{d}_m^{\dagger 2}\} \tag{11.1.27}$$

$V_a(m)$和 $V_b(m)$分别对应于 Luttinger 模型中的 g_4 和 g_2 耦合函数.

总的玻色相互作用算符为

$$\hat{V} = \frac{1}{2}\sum_{m>0} mV_b(m)\{\hat{d}_m^{\dagger 2} + \hat{d}_m^2\} + \frac{1}{2}\sum_{m>0} mV_a(m)\{\hat{d}_m^\dagger\hat{d}_m + \hat{d}_m\hat{d}_m^\dagger\} \tag{11.1.28}$$

在玻色希尔伯特空间中由 Bogoliubov 变换对角化得

$$\widetilde{H} = \widetilde{H}_0 + \hat{V} = \sum_{m>0} m\, \epsilon_m \hat{f}_m^\dagger \hat{f}_m + \text{const.} \tag{11.1.29}$$

幺正算符为

$$\hat{S} = \exp\left\{\frac{1}{2}\sum_{m>0} \zeta_m (\hat{f}_m^2 - \hat{f}_m^{\dagger 2})\right\} \tag{11.1.30}$$

这个变换把 $\hat{d}$ 算符和新的正则算符 $\hat{f}$ 联系起来了,即

$$\hat{d}_m = \hat{S}^\dagger \hat{f}_m \hat{S} = \hat{f}_m \cosh \zeta_m - \hat{f}_m^\dagger \sinh \zeta_m \tag{11.1.31}$$

变换系数 ζ_m 为

$$\tanh 2\zeta_m = \frac{V_b(m)}{\hbar\omega_l + V_a(m)} \tag{11.1.32}$$

它们也取决于相互作用的符号. 密度波激发的能谱为

$$\begin{aligned} \epsilon_m &= \sqrt{[\hbar\omega_l + V_a(m)]^2 - V_b^2(m)} \\ &\equiv [\hbar\omega_l + V_a(m)]\cosh(2\zeta_m) - V_b(m)\sinh(2\zeta_m) \end{aligned} \tag{11.1.33}$$

我们还可以看到, $V_a(m) \neq 0$ 只对单粒子能量 $\hbar\omega_l$ 进行了重正化. 对于大 N 以及费米面的边缘,由于对称性 $m \leftrightarrow q$ 或 $n \leftrightarrow p$,局部配对势对 $V_a(m)$ 和 $V_b(m)$ 的贡献相同. 矩阵元 V_a 和 V_b 决定了耦合常数

$$\gamma_m \equiv \sinh^2 \zeta_m = \frac{1}{4}\left(K_m + \frac{1}{K_m} - 2\right) \geqslant 0 \tag{11.1.34}$$

这里, K_m 为

$$K_m = \sqrt{\frac{\hbar\omega_l + V_a(m) - V_b(m)}{\hbar\omega_l + V_a(m) + V_b(m)}} = \exp(-2\zeta_m) \tag{11.1.35}$$

与 Luttinger 模型完全类似. 显然需要满足条件

$$|V_b(m)| \leqslant |\hbar\omega_l + V_a(m)| \tag{11.1.36}$$

和一个稳定性条件[16]

$$\sqrt{m}\,\frac{V_b(m)}{\hbar\omega_l + V_a(m)} \xrightarrow{m \to \infty} 0 \tag{11.1.37}$$

为了方便讨论,我们假设 $V_a(m)=V_b(m)\equiv V(m)$. 这样简单的关系使得

$$\epsilon_m=\frac{\hbar\omega_l}{K_m},\quad V(m)=\frac{1}{2}\left(\frac{1}{K_m^2}-1\right)\hbar\omega_l \tag{11.1.38}$$

成立.下面考虑两个特别的相互作用模型.

(1) 玩具模型,称作 IM1,定义为 $V(m)=V(1)(\delta_{m,1}+\delta_{m,-1})$,具有实的振幅 $V(1)$.

(2) 具有指数衰减的 Luttinger 液体的对应模型:耦合常数 γ_m 满足 $\gamma_m=\exp(-r_\gamma m)\gamma_0$,满足(11.1.37)式.对于以下考虑的粒子密度,耦合常数 α_m(参见(11.2.6)式)也会出现.对于这些耦合常数,假设按以下方式衰减:$\alpha_m=\exp(-r_\alpha m/2)\alpha_0$,$\alpha_0=\mathrm{sgn}(V(1))\sqrt{\gamma_0(1+\gamma_0)}$.这个模型称为 IM2,它并非完全自洽,因为指数衰减 γ_m 引入了一个非指数衰减 α_m,当 $r_\alpha\to r_\gamma$ 或者 $r_\alpha\to 2r_\gamma$ 时,除非 $\gamma_0\ll 1$ 或 $\gamma_0\gg 1$.通过选择合适的 r_α,可以排除这个不自洽性.如相应于长度标度为 L_{F},选择 $r_\gamma=r_\alpha\propto\sqrt{N^{-1}}$,或当 N 很大时,也可以排除这个不自洽性.

应用 Luttinger 模型的一个重要步骤,是费米子产生算符和湮灭算符与涉及 $\hat{d}$(或 $\hat{f}$)算符的玻色场指数之间的对应关系.玻色化的标准形式显然不适用于目前的有谐振势的情况.所以对于一维束缚势下的相互作用费米子问题,将使用一种最初在文献[11]中介绍的方法.根据以下方式定义一个辅助场

$$\hat{\psi}_a(v)\equiv\sum_{l=-\infty}^{\infty}\mathrm{e}^{\mathrm{i}lv}\hat{c}_l=\hat{\psi}_a(v+2\pi) \tag{11.1.39}$$

并证明双线性组合的玻色化公式为

$$\hat{\psi}_a^\dagger(u)\hat{\psi}_a(v)=G_N(u-v)\exp\{-\mathrm{i}(\hat{\phi}^\dagger(u)-\hat{\phi}^\dagger(v))\}\times\exp\{-\mathrm{i}(\hat{\phi}(u)-\hat{\phi}(v))\} \tag{11.1.40}$$

公式涉及非厄米的玻色场

$$\hat{\phi}^\dagger(v)=\mathrm{i}\sum_{n=1}^{\infty}\frac{1}{\sqrt{n}}\mathrm{e}^{-\mathrm{i}nv}\hat{d}_n^\dagger\neq\hat{\phi}(v) \tag{11.1.41}$$

以及费米求和

$$G_N(u)=\sum_{l=-\infty}^{N-1}\mathrm{e}^{-\mathrm{i}l(u+\mathrm{i}\epsilon)} \tag{11.1.42}$$

(11.1.29)式、(11.1.31)式、(11.1.33)式和(11.1.39)式~(11.1.42)式,提供了一个计算费米子密度的框架,也提供了在谐振势阱中通过(11.1.28)式进行相互作用的一维费米子关联函数的计算框架.然而,它们并不允许计算单粒子格林函数的时间依赖性.

下面将应用这个概念计算势阱中的费米子密度.

11.2 微扰的粒子密度

费米子密度由期望值给出,即

$$n(z) = \langle \hat{\psi}^{\dagger}(z)\hat{\psi}(z)\rangle \tag{11.2.1}$$

按照

$$\hat{\psi}(z) \equiv \sum_{m=0}^{\infty} \psi_m(z)\hat{c}_m \tag{11.2.2}$$

展开费米子湮灭算符 $\hat{\psi}(z)$,则得

$$n(z) = \sum_{m,n=0}^{\infty} \psi_m(z)\psi_n(z)\langle \hat{c}_m^{\dagger}\hat{c}_n\rangle \tag{11.2.3}$$

因此,需要计算期望值$\langle \hat{c}_m^{\dagger}\hat{c}_n\rangle$.在存在相互作用的情况下,它们会变成非对角.使用上一节的方法,发现

$$\langle \hat{c}_m^{\dagger}\hat{c}_n\rangle = \sum_{l=-\infty}^{N-1}\int_0^{2\pi}\int_0^{2\pi}\frac{\mathrm{d}u\,\mathrm{d}v}{4\pi^2}\mathrm{e}^{\mathrm{i}(m-l)(u+\mathrm{i}\epsilon)-\mathrm{i}(n-l)(v-\mathrm{i}\epsilon)} \times \langle \mathrm{e}^{-\mathrm{i}\hat{\phi}^{\dagger}(u)+\mathrm{i}\hat{\phi}^{\dagger}(v)}\mathrm{e}^{-i\hat{\phi}(u)+\mathrm{i}\hat{\phi}(v)}\rangle \tag{11.2.4}$$

在标准方法(玻色威克(Wick)定理,对于任意 $\hat{f}_m$ 和 $\hat{f}_n^{\dagger}$ 的线性组合 $\hat{A}$,满足$\langle\exp[\hat{A}]\rangle = \exp[\langle\hat{A}^2\rangle/2]$),且零温(当$\langle\hat{f}_m\hat{f}_n^{\dagger}\rangle = \delta_{m,n}$时)下,期望值$\langle\ \rangle \equiv \exp[-W]$可以由

$$\begin{aligned} W &= W(u,v) \\ &= 2\sum_{m=1}^{+\infty}\frac{1}{m}[\gamma_m - \alpha_m\cos m(u+v)][1-\cos m(u-v)] \end{aligned} \tag{11.2.5}$$

计算.这里

$$\alpha_m \equiv \mathrm{sgn}(V(m))\sqrt{\gamma_m(1+\gamma_m)} \tag{11.2.6}$$

通过这种方式,实现了对"四算符"的简化,但非平庸的求和及积分仍然存在.式中,W 是一个实数,并且是其参数的偶函数,由此具有对称性

$$\langle \hat{c}_m^\dagger \hat{c}_n \rangle = \langle \hat{c}_n^\dagger \hat{c}_m \rangle = \langle \hat{c}_m^\dagger \hat{c}_n \rangle^* \tag{11.2.7}$$

还会发现，除非 $|m-n|$ 是偶数，$\langle \hat{c}_m^\dagger \hat{c}_n \rangle$ 将消失. 这样，粒子密度具有的形式为

$$n(z,N,T=0) = \sum_{M=0}^{\infty} \psi_M(z)^2 \langle \hat{c}_M^\dagger \hat{c}_M \rangle \times + 2\sum_{M=1}^{\infty}\sum_{p=1}^{M} \psi_{M-p}(z)\psi_{M+p}(z)\langle \hat{c}_{M-p}^\dagger \hat{c}_{M+p} \rangle \tag{11.2.8}$$

(11.2.4)式中的 l 可以进行求和，其中的两个积分可以利用积分变量的 2π 周期性进行适当的替换.

先讨论相互作用模型 IM1，其中一个积分可以被积掉，得

$$\langle \hat{c}_{M-p}^\dagger \hat{c}_{M+p} \rangle = \frac{1}{2}\delta_{p,0} - \frac{1}{2\pi}\int_{-\pi}^{\pi} ds \left\{ \frac{\sin((M+1/2-N)s)}{2\sin(s/2)} \right\} \cdot \exp[-2\gamma_1(1-\cos(s))] I_p\{2\alpha_1[1-\cos(s)]\} \tag{11.2.9}$$

式中，第一个花括号中的因子源于 l 的求和，且给出了粒子-空穴对称性，即对于 $p \neq 0$，有

$$\langle \hat{c}_{2N-1-M-p}^\dagger \hat{c}_{2N-1-M+p} \rangle = -\langle \hat{c}_{M-p}^\dagger \hat{c}_{M+p} \rangle \tag{11.2.10}$$

亦即对于以 M 为自变量的 $\langle \hat{c}_{M-p}^\dagger \hat{c}_{M+p} \rangle$，点 $(N-1/2,0)$ 是反演对称点. 当 $p=0$ 时，可得占据数 $\langle \hat{c}_M^\dagger \hat{c}_M \rangle$ 满足

$$\langle \hat{c}_{2N-1-M}^\dagger \hat{c}_{2N-1M} \rangle = 1 - \langle \hat{c}_M^\dagger \hat{c}_M \rangle \tag{11.2.11}$$

在目前的费米子情况下，它们可以被解释为单粒子态 ψ_m 的占据概率 $P(M)$. 由于相互作用，占据概率在费米边缘 $M=N-1$ 处消失. 概率的反演对称点是 $(N-1/2,1/2)$.

从(11.2.9)式可以得出以下结论：

(1) 费米子希尔伯特空间一阶多体微扰理论的结果，也可以在 $V_a(1)=0$ 时对耦合常数 $V_b(1)$（即 $\gamma_1 \to 0, \alpha_1 \to \zeta_1 \to V_b(1)/(2\hbar\omega_l)$）进行一阶展开(11.2.9)式而获得.

(2) 对微扰的费米子哈密顿量直接数值对角化，结果与(11.2.9)式的数值计算一致（直到 $|\alpha_0|=1$ 且粒子数 N 为 10 的数量级）.

(3) 求和规则

$$\int_{-\infty}^{+\infty} dz n(z,N,T=0) = \sum_{M=0}^{\infty} \langle \hat{c}_M^\dagger \hat{c}_M \rangle = N \tag{11.2.12}$$

由(11.2.9)式精确获得：对(11.2.9)式从 $M=0$ 到 $Q \gg N$ 进行求和，得到 $2\pi\delta(s)[(Q+1)/2-N]$.

对于相互作用模型 IM2，相应的 $\langle \hat{c}_{M-p}^\dagger \hat{c}_{M+p} \rangle$ 更复杂，其具有下列形式：

$$\langle \hat{c}^{\dagger}_{M-p}\hat{c}_{M+p}\rangle = \frac{1}{2}\delta_{p,0} - \int_{-\pi}^{\pi}\frac{dt}{2\pi}\frac{\cos(pt)}{(1+Z_{\alpha}-\cos t)^{\alpha_0}}$$

$$\cdot \int_{-\pi}^{\pi}\frac{ds}{2\pi}\left\{\frac{\sin((M+1/2-N)s)}{2\sin(s/2)}\right\}\left(\frac{Z_{\gamma}}{[1+Z_{\gamma}-\cos s]}\right)^{\gamma_0}$$

$$\cdot \{[1+Z_{\alpha}-\cos(t-s)][1+Z_{\alpha}-\cos(t+s)]\}^{\alpha_0/2} \quad (11.2.13)$$

其中，Z_{γ} 和 Z_{α} 源于耦合常数 γ_m 和 α_m 的衰减函数，分别为

$$Z_{\gamma} = \cosh r_{\gamma} - 1, \quad Z_{\alpha} = \cosh(r_{\alpha}/2) - 1 \quad (11.2.14)$$

而求和规则(11.2.12)式仍严格成立.

下面我们分析这两种模型中波函数或粒子密度的振荡和指数衰减情况.用一个杂质扰动一个均匀的费米气体会引起所谓的 Friedel 振荡，反映的是杂质使得波函数或粒子密度发生了改变.靠近杂质的密度分布显示了一个空间振荡的结构，它随着距离的增加而衰减，其周期性往往是由费米波长的一半给出的.例如，在金属中，当自由电子气体受到与杂质原子相关的势能干扰时，就会发生 Friedel 振荡，它们会导致杂质之间的长程相互作用的调整，这可能会导致在吸附物中形成与磁性杂质之间的相互作用有关的有序超结构.使用扫描隧道显微镜(STM)已经在二维固体表面和一维电子气体中观察到 Friedel 振荡，并已作为一种工具用于带状结构和费米面的测量，或探测高温超导体中的准粒子散射.虽然非相互作用系统中的 Friedel 振荡已被充分理解，但相互作用的确切影响仍然是一个开放的问题.另外，软边界或硬边界同样可以引起波函数或粒子密度的 Friedel 振荡，这正是用 Luttinger 液体处理受限费米气体可以直接计算的物理量，下面将具体分析.

从粒子密度 $P(M)$的公式可以看出，非对角项的出现具有明显的影响.对于 IM1 模型，负的 α_1 值使得 Friedel 振荡减弱，而正的 α_1 则会增加其振幅.这在相互作用模型 IM2 中甚至会更加明显，因为其中有几个基本相互作用的效应是叠加的.图 11.1.1 显示了 $\alpha_0 = \pm 1$ 的相应粒子密度.当 $r_{\gamma} = 0.3$ 和 $r_{\alpha} = 0.4$ 时，通过数值积分得到的(11.2.13)式，可以通过对级数(11.2.8)式进行求和到 $M = 2N = 20$ 而获得.占据概率被平滑化，并且在费米能之上发现了更多的谱.相应地，在经典区域外的粒子密度得到了增强.然而，最令人吃惊的是，在强排斥性相互作用下，Friedel 振荡会强烈增强，而在强吸引性相互作用下，它们几乎被完全抑制，这与我们的物理直觉相反.

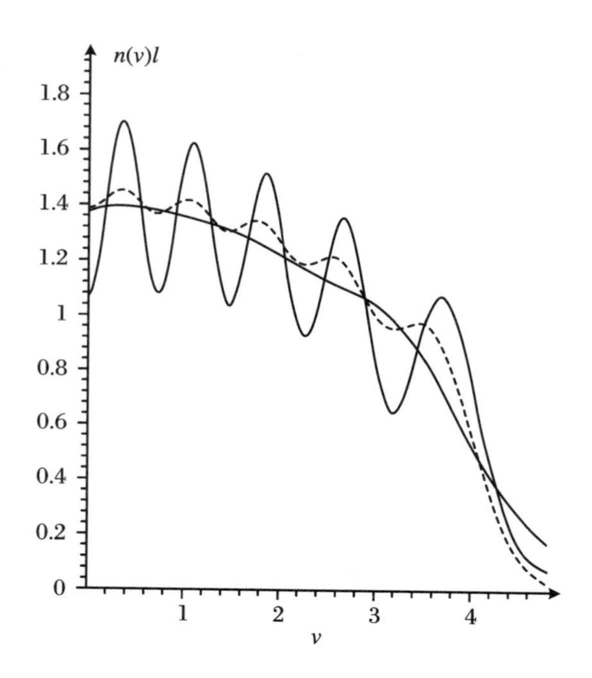

图 11.1.1　在一维谐振势和零温下，$N=10$ 个相互作用的无自旋费米子，其无量纲的粒子密度 n（单位为振荡长度的倒数 l）与无量纲距离 $v=z/l$ 之间的关系．虚线表示未受微扰的 Friedel 振荡．强烈振荡的曲线指的是 $\alpha_0=1$ 的排斥性相互作用，而平滑的实线是指 $\alpha_0=-1$ 的吸引性相互作用．这里使用的相互作用模型是 IM2

11.3　单粒子动量分布

在冷原子系统中，通过飞行时间（time-of-flight）技术，实验上可以精确地测量出原子团的动量分布，所以受限体系的动量分布是一个可测量，其计算和讨论具有重要的意义．

$$p(k)\equiv\langle\hat{c}_k^\dagger\hat{c}_k\rangle \tag{11.3.1}$$

其中，算符 $\hat{c}_k$ 会湮灭一个具有（连续）动量 $\hbar k$ 的费米子．根据（11.1.19）式，它可以分解为谐振的费米子湮灭算符．考虑到若非 $|m-n|$ 为偶数，$\langle\hat{c}_m^\dagger\hat{c}_n\rangle$ 将消失，则动量分布变为

$$p(k) = \sum_{m,n=0}^{+\infty} (f_m{}^k)^* f_n{}^k (-1)^{m+n} \langle \hat{c}_m^\dagger \hat{c}_n \rangle$$
$$= \frac{1}{\alpha^2} \sum_{m=0}^{+\infty} \sum_{p=-m}^{m} (-1)^p \psi_{m-p}\left(\frac{k}{\alpha^2}\right) \psi_{m+p}\left(\frac{k}{\alpha^2}\right) \langle \hat{c}_{m-p}^\dagger \hat{c}_{m+p} \rangle \quad (11.3.2)$$

由于总粒子数 N 是确定的,动量分布总是满足求和规则

$$\int_{-\infty}^{\infty} \mathrm{d}k p(k) = N \quad (11.3.3)$$

若期望值(11.2.9)式或(11.2.13)式是对角的,且无相互作用,则

$$p(k) \equiv \frac{1}{\alpha^2} n \quad (z = k/\alpha^2) \quad (11.3.4)$$

然而,非对角矩阵元是有贡献和相关的.由(11.2.9)式可看出,在 IM1 模型中,矩阵元遵从关系 $\langle \hat{c}_{M-p}^\dagger \hat{c}_{M+p} \rangle (-\alpha_1) = (-1)^p \langle \hat{c}_{M-p}^\dagger \hat{c}_{M+p} \rangle (\alpha_1)$,这导致

$$p(k, \alpha_1) = \frac{1}{\alpha^2} n \quad (z = k/\alpha^2, -\alpha_1) \quad (11.3.5)$$

即对于 IM1 模型,动量分布函数的行为异于密度分布:吸引性相互作用增强振荡(周期为 $\pi\alpha^2/k_F$),排斥性相互作用减弱振荡.这个效应也适用于 IM2 模型,虽然在密度上没那么明显.

所以借用 Luttinger 模型中的理论方法,这里提出了一个在一维谐振势阱中解析处理相互作用费米子的方案.正如在 Luttinger 模型中,该方法依赖于将无相互作用费米子的线性色散延拓到负能量.处理中的一个关键步骤是将费米子算符和玻色场对应起来.这使得我们可以研究势阱中的费米子密度分布,并详细调查模型相互作用和实际的二体相互作用之间的关系.在下一章中,我们将试图把目前的方法推广到具有两个内态的原子系统中.

12

第 12 章

一维谐振势两组分费米气体的玻色化

最近的冷原子实验已经实现了三维简并费米气体的捕获，利用微势阱和光晶格技术，也可能产生中性的准一维简并费米气体. 在许多情况下，相同自旋极化的费米子只受到弱的相互作用，因为 s 波散射是被禁止的，正如上一章所讨论的那样，但这一限制对两组分的自旋极化费米子系统来说是不成立的. 对于两组分的极化费米子系统，各组分之间的相互作用是允许的. 例如，偶极-偶极相互作用可能变得相关，特别是对于极性分子. 受限的极冷相互作用一维气体构成了受限的 Luttinger 液体，其对于一定类型的相互作用能得到严格解.

在本章中，我们将考虑准一维自旋极化的费米气体，它具有两个内态，原子数相同，由谐振势束缚. 实验上可以通过捕获^{6}Li 的两个内态来实现. 考虑两个组分之间的相互作用，应用 Luttinger 模型中的玻色化方法来处理相互作用，并推广到两组分类似于在 Luttinger 模型中包含自旋 $\hbar/2$ 的做法[17]. 玻色化方法依赖于一维空间中的费米-玻色变换：物理量可以用玻色公式计算，而不是用费米子的理论方法，但是这两种计算方法给出了相同的答案. 在下面的讨论中，重点是展示相互作用如何改变两组分费米气体的单粒子特性.

12.1 两组分理论

具有相同质量 m_A 的两组分费米气体受限于一维谐振势，即

$$V(z) = \frac{1}{2} m_A \omega_l^2 z^2 \tag{12.1.1}$$

纵向势阱频率为 ω_l. 二次量子化表示的未微扰哈密顿量是

$$\hat{H}_0 = \sum_{n=0,\sigma=\pm1}^{\infty} \hbar\omega_n \hat{c}_{n\sigma}^{\dagger} \tag{12.1.2}$$

下标 $\sigma = \pm 1$ 指的是两个组分，$\hat{c}_{n\sigma}^{\dagger}$ 在振动态 $|n\rangle$ 下产生一个组分为 σ 的费米子. 单粒子能量为

$$\hbar\omega_n = \hbar\omega_l(n + 1/2) \quad (n = 0, 1, \cdots) \tag{12.1.3}$$

可见，其线性地依赖于谐振态的量子数 n，如上一章所说，这也是玻色化的要求之一. 此外，精确可解性还取决于反常真空的存在（参见文献[2]～[4]），将谐振态的线性色散延拓到任意的负能量，并填充所有负能量的状态. 然而，反常的真空对靠近费米能量的散射过程影响不大. 费米能量 $\epsilon_F = \hbar\omega_l(N - 1/2)$，只要 N 足够大，处理方法就近似精确.

Luttinger 模型的成功基于可以用密度涨落算符来完全表达向前散射过程. 对于两组分系统，这些算符是

$$\hat{\rho}_\sigma(p) \equiv \sum_q \hat{c}_{q+p\,\sigma}^{\dagger} \hat{c}_{q\sigma} \tag{12.1.4}$$

由于反常真空的存在，它们遵从玻色对易关系

$$[\hat{\rho}_\sigma(-p), \hat{\rho}_{\sigma'}(q)] = p\delta_{\sigma,\sigma'}\delta_{p,q} \tag{12.1.5}$$

在目前研究的情况中，相互作用哈密顿量是由两个粒子的相互作用给出的，即

$$\hat{V} = \frac{1}{2} \sum_{mnpq,\sigma,\sigma'} V(m\sigma', p\sigma; q\sigma', n\sigma)(\hat{c}_{m\sigma'}^{\dagger} \hat{c}_{q\sigma'})(\hat{c}_{p\sigma}^{\dagger} \hat{c}_{n\sigma}) \tag{12.1.6}$$

没有“组分的翻转”，也就是说，费米子改变其状态 σ 的碰撞可能性被排除了. $\sigma = \sigma'$ 是弱的组分内的相互作用 $V_{\parallel}$，而 $\sigma = -\sigma'$ 是相关组分间的相互作用 $V_{\perp}$.

类似于第 10 章,两种情形的可解的向前散射过程为

$$\hat{V} = \hat{V}_a + \hat{V}_b \tag{12.1.7}$$

这里

$$\begin{cases} \hat{V}_a = \dfrac{1}{2}\sum\limits_{p,\sigma} V_{a\parallel}(|p|)\hat{\rho}_\sigma(-p)\hat{\rho}_\sigma(p) + \dfrac{1}{2}\sum\limits_{p,\sigma} V_{a\perp}(|p|)\hat{\rho}_{-\sigma}(-p)\hat{\rho}_\sigma(p) \\ \hat{V}_b = \dfrac{1}{2}\sum\limits_{p,\sigma} V_{b\parallel}(|p|)\hat{\rho}_\sigma(p)\hat{\rho}_\sigma(p) + \dfrac{1}{2}\sum\limits_{p,\sigma} V_{b\perp}(|p|)\hat{\rho}_\sigma(p)\hat{\rho}_{-\sigma}(p) \end{cases} \tag{12.1.8}$$

其中,耦合函数 $V_{a\perp}$ 和 $V_{b\perp}$ 是 Luttinger 模型中 $g_{4\perp}$ 和 $g_{2\perp}$ 的对应.当二体相互作用的范围足够大时,如在偶极-偶极相互作用下,向前散射占主导地位,在第 10 章中,已经详细讨论了假设的形式((12.1.8)式)与实际散射势的关系.

在两组分的情况下,需要对质量涨落算符(对应电子体系中的“电荷”)

$$\hat{\rho}(p) \equiv \frac{1}{\sqrt{2}}[\hat{\rho}_+(p) + \hat{\rho}_-(p)] \tag{12.1.9}$$

和组分涨落算符(对应电子体系中的“自旋”)

$$\hat{\sigma}(p) \equiv \frac{1}{\sqrt{2}}[\hat{\rho}_+(p) - \hat{\rho}_-(p)] \tag{12.1.10}$$

进行正则转换,使低能激发的哈密顿量变为

$$\widetilde{H} = \widetilde{H}_\rho + \hat{H}_\sigma \tag{12.1.11}$$

这与自旋 1/2 情况下的 Luttinger 模型类似[17].

把质量涨落算符和组分涨落算符变换成新的玻色算符形式,则

$$\hat{\rho}(p) = \begin{cases} \sqrt{|p|}\hat{d}_{|p|+}, & p<0 \\ \sqrt{p}\hat{d}^\dagger_{p+}, & p>0 \end{cases}$$
$$\hat{\sigma}(p) = \begin{cases} \sqrt{|p|}\hat{d}_{|p|-}, & p<0 \\ \sqrt{p}\hat{d}^\dagger_{p-}, & p>0 \end{cases} \tag{12.1.12}$$

新的玻色算符满足正则对易关系

$$[\hat{d}_{m\mu}, \hat{d}^\dagger_{n\nu}] = \delta_{\mu,\nu}\delta_{m,n} \tag{12.1.13}$$

新的指标 $\nu=\pm 1$ 分别指质量和组分涨落.

N 个费米子非微扰哈密顿量的玻色算符表示形式为

$$\widetilde{H}_0=\frac{\hbar\omega_l}{2}\sum_{m>0,\nu}m\{\hat{d}^{\dagger}_{m\nu}\hat{d}_{m\nu}+\hat{d}_{m\nu}\hat{d}^{\dagger}_{m\nu}\}\tag{12.1.14}$$

同样可以把玻色相互作用算符变为

$$\begin{aligned}\hat{V}=&\frac{1}{2}\sum_{m>0,\nu}m[V_{a\parallel}(m)+\nu V_{a\perp}(m)]\{\hat{d}^{\dagger}_{m\nu}\hat{d}_{m\nu}+\hat{d}_{m\nu}\hat{d}^{\dagger}_{m\nu}\}\\&+\frac{1}{2}\sum_{m>0,\nu}m[V_{b\parallel}(m)+\nu V_{b\perp}(m)]\{\hat{d}^{\dagger 2}_{m\nu}+\hat{d}^{2}_{m\nu}\}\end{aligned}\tag{12.1.15}$$

总的玻色哈密顿量为 $\hat{H}=\widetilde{H}_0+\hat{V}$,以 Bogoliubov 的标准变换方式进行对角化.则

$$\hat{d}_{m\nu}=\hat{S}^{\dagger}\hat{f}_{m\nu}\hat{S}=\hat{f}_{m\nu}\cosh\zeta_{m\nu}-\hat{f}^{\dagger}_{m\nu}\sinh\zeta_{m\nu}\tag{12.1.16}$$

这里

$$\hat{S}=\exp\left\{\frac{1}{2}\sum_{m>0,\nu=\pm 1}\zeta_{m\nu}(\hat{f}^{2}_{m\nu}-\hat{f}^{\dagger 2}_{m\nu})\right\}\tag{12.1.17}$$

变换参数 $\zeta_{m\nu}$ 由对角化条件决定,则

$$\tanh(2\zeta_{m\nu})=\frac{V_{b\parallel}(m)+\nu V_{b\perp}(m)}{\hbar\omega_l+V_{a\parallel}(m)+\nu V_{a\perp}(m)}\tag{12.1.18}$$

最终,我们得到了自由玻色哈密顿量的形式为

$$\widetilde{H}=\sum_{m>0,\nu}m\,\epsilon_{m\nu}\hat{f}^{\dagger}_{m\nu}\hat{f}_{m\nu}+\text{const.}\tag{12.1.19}$$

其描述了两组分费米气体的密度波激发.激发谱

$$\epsilon_{m\nu}=\frac{\hbar\omega_l+V_{a\parallel}(m)+\nu V_{a\perp}(m)}{\cosh(2\zeta_{m\nu})}\tag{12.1.20}$$

与单粒子矩阵元的计算有关.标度的耦合常数为

$$\alpha_{m\nu}\equiv\frac{1}{2}\sinh(2\zeta_{m\nu}),\quad \gamma_{m\nu}\equiv\sinh^2\zeta_{m\nu}\tag{12.1.21}$$

通常情况下,组分内的散射可以忽略不计($V_{\parallel}\to 0$.而 $V_{\parallel}\neq 0$ 的情况在单组分系统中,即在第 10 章中已经考虑了).设组分间部分向前散射的主要贡献为

$$V_{a\perp}(m)=V_{b\perp}(m)\equiv V(m)\hbar\omega_l \tag{12.1.22}$$

这导致了更简单的关系

$$\epsilon_{m\nu}=\hbar\omega_l\sqrt{1+2\nu V(m)},\quad \alpha_{m\nu}=\frac{\nu V(m)}{2\sqrt{1+2\nu V(m)}} \tag{12.1.23}$$

上式对$|V(m)|<\hbar\omega_l/2$成立.

按照上一章的相同方式,我们仍将考虑两个具体的相互作用模型.一个简化模型IM1,它只有一个模式$V(m)=V(1)(\delta_{m,1}+\delta_{m,-1})$有贡献.这个模型保留了完整模型中相互作用的许多特征(相互作用模型2,见下文的IM2模型).

在IM1模型中,相关的耦合常数为

$$\begin{aligned}\zeta_{1\nu}&=\frac{1}{2}\mathrm{arctanh}\left(\frac{\nu V(1)}{1+\nu V(1)}\right)\\ \alpha_{1\nu}&=\frac{1}{2}\sinh(2\zeta_{1\nu})\\ \gamma_{1\nu}&=\frac{1}{2}\left(\sqrt{1+4\alpha_{1\nu}^2}-1\right)\end{aligned} \tag{12.1.24}$$

在IM2模型中,耦合常数按如下方式指数衰减:

$$\begin{aligned}\alpha_{m\nu}&=\exp(-r_\alpha m/2)\alpha_{0\nu}\\ \alpha_{0\nu}&=\exp(r_\alpha/2)\alpha_{1\nu}\\ \gamma_{m\nu}&=\exp(-r_\gamma m)\gamma_0\\ \gamma_{0\nu}&=\exp(r_\gamma)\gamma_{1\nu}\end{aligned} \tag{12.1.25}$$

实际计算物理量的一个重要步骤是费米子算符和玻色子场之间的联系.费米子产生算符和湮灭算符的玻色化问题在Luttinger模型中得到了完全解决:代替$\hat{d}_{p\pm}$算符,下一组$\hat{b}$和$\hat{b}^\dagger$算符($n\geqslant1$)是对角化相互作用哈密顿量所需要的,即

$$\hat{b}_{n\sigma}^\dagger\equiv\frac{1}{\sqrt{2}}[\hat{d}_{n+}^\dagger+\sigma\hat{d}_{n-}^\dagger],\quad \hat{b}_{n\sigma}\equiv\frac{1}{\sqrt{2}}[\hat{d}_{n+}+\sigma\hat{d}_{n-}] \tag{12.1.26}$$

其正则共轭显然为

$$\hat{b}_{n\sigma}^\dagger\equiv\frac{1}{\sqrt{n}}\hat{\rho}_\sigma(n) \tag{12.1.27}$$

下列两个关系成立:

$$[\hat{b}_{n\sigma}^{\dagger}, \hat{c}_{k\sigma'}^{\dagger}\hat{c}_{l\sigma'}] = \delta_{\sigma,\sigma'}\frac{1}{\sqrt{n}}(\hat{c}_{k+n\sigma}^{\dagger}\hat{c}_{l\sigma} - \hat{c}_{k\sigma}^{\dagger}\hat{c}_{l-n\sigma})$$

$$[\hat{b}_{n\sigma}, \hat{c}_{k\sigma'}^{\dagger}\hat{c}_{l\sigma'}] = \delta_{\sigma,\sigma'}\frac{1}{\sqrt{n}}(\hat{c}_{k-n\sigma}^{\dagger}\hat{c}_{l\sigma} - \hat{c}_{k\sigma}^{\dagger}\hat{c}_{l+n\sigma}) \tag{12.1.28}$$

按照文献[11]中的观点,相应的玻色场 $\sigma=\sigma'$ 为

$$\begin{aligned}\hat{\phi}_{\sigma}(v) &= -\mathrm{i}\sum_{n=1}^{\infty}\frac{1}{\sqrt{n}}\mathrm{e}^{inv}\hat{b}_{n\sigma}\\ &\equiv -\mathrm{i}\sum_{n=1}^{\infty}\frac{1}{\sqrt{2n}}\mathrm{e}^{inv}(\hat{d}_{n+} + \sigma\hat{d}_{n-}) \neq \hat{\phi}_{\sigma}^{\dagger}(v)\end{aligned} \tag{12.1.29}$$

但在目前的情况下,就不那么容易了.除了上述质量和组分涨落算符与 $\hat{d}$ 算符的联系,我们只能遵循文献[11]的规定,将一个辅助场的双线性形式玻色化,即将玻色化程序扩展到两组分的情况.该辅助场的定义是

$$\hat{\psi}_{a\sigma}(v) \equiv \sum_{l=-\infty}^{\infty}\mathrm{e}^{ilv}\hat{c}_{l\sigma} = \hat{\psi}_{a\sigma}(v+2\pi) \tag{12.1.30}$$

可以证明两组分费米气体所需的玻色化是

$$\hat{\psi}_{a\sigma}^{\dagger}(u)\hat{\psi}_{a\sigma}(v) = G_N(u-v)\exp\{-\mathrm{i}(\hat{\phi}_{\sigma}^{\dagger}(u) - \hat{\phi}_{\sigma}^{\dagger}(v))\}\cdot\exp\{-\mathrm{i}(\hat{\phi}_{\sigma}(u) - \hat{\phi}_{\sigma}(v))\} \tag{12.1.31}$$

利用两组分非厄米玻色场,得

$$\hat{\phi}_{\sigma}(v) = -\mathrm{i}\sum_{n=1}^{\infty}\frac{1}{\sqrt{2n}}\mathrm{e}^{inv}(\hat{d}_{n+} + \sigma\hat{d}_{n-}) \neq \hat{\phi}_{\sigma}^{\dagger}(v) \tag{12.1.32}$$

前置因子 $G_N(u)$ 与上一章中的定义相同,即

$$G_N(u) = \sum_{l=-\infty}^{N-1}\mathrm{e}^{-\mathrm{i}l(u+\mathrm{i}\eta)} \tag{12.1.33}$$

12.2 单粒子矩阵元

上述规定允许以解析的方式计算双线性费米子算符的所有 m 粒子矩阵元.同单组

分模型一样,计算两组分的单粒子矩阵元并不困难.

$$\langle \hat{c}^{\dagger}_{n\sigma}\hat{c}_{q\sigma}\rangle = \sum_{l=-\infty}^{N-1}\int_0^{2\pi}\int_0^{2\pi}\frac{\mathrm{d}u\mathrm{d}v}{4\pi^2}\mathrm{e}^{\mathrm{i}(n-l)(u+\mathrm{i}\epsilon)-\mathrm{i}(q-l)(v-\mathrm{i}\epsilon)}\cdot\langle \mathrm{e}^{-\mathrm{i}\hat{\phi}^{\dagger}_{\sigma}(u)+\mathrm{i}\hat{\phi}^{\dagger}_{\sigma}(v)}\mathrm{e}^{-\mathrm{i}\hat{\phi}_{\sigma}(u)+\mathrm{i}\hat{\phi}_{\sigma}(v)}\rangle \tag{12.2.1}$$

利用玻色 Wick 定理,可以计算出公式右边的期望值$\langle\ \rangle\equiv\exp[-W_\sigma]$.在零温下,函数$W_\sigma$由

$$\begin{aligned}W_\sigma &= W_\sigma(u,v)\\ &= \sum_{\nu}\sum_{m=1}^{\infty}\frac{1}{m}[\gamma_{m\nu}-\alpha_{m\nu}\cos m(u+v)]\{1-\cos m(u-v)\}\end{aligned} \tag{12.2.2}$$

给出.这个量独立于组分指标σ.

把(12.2.2)式与第 11 章中的(11.2.5)式相比,可以看出两组分系统中的有效耦合常数为

$$\bar{\alpha}_m = \frac{1}{2}\sum_{\nu=1}^{2}\alpha_{m\nu},\quad \bar{\gamma}_m = \frac{1}{2}\sum_{\nu=1}^{2}\gamma_{m\nu} \tag{12.2.3}$$

W是实的,是其变量的偶函数,具有对称性:

$$\langle \hat{c}^{\dagger}_{n\sigma}\hat{c}_{q\sigma}\rangle = \langle \hat{c}^{\dagger}_{q\sigma}\hat{c}_{n\sigma}\rangle = \langle \hat{c}^{\dagger}_{n\sigma}\hat{c}_{q\sigma}\rangle^{*} \tag{12.2.4}$$

其中,$n+q=2m(m=0,1,2,\cdots)$.

对于相互作用模型 IM1,(12.2.2)式中的一个积分可以被积掉,并可给出每个组分矩阵元的封闭表达式.即

$$\begin{aligned}M(m,p) &\equiv \langle \hat{c}^{\dagger}_{m-p}\hat{c}_{m+p}\rangle\\ &= \frac{1}{2}\delta_{p,0} - \frac{1}{2\pi}\int_{-\pi}^{\pi}\mathrm{d}s\left\{\frac{\sin[(m+1/2-N)s]}{2\sin(s/2)}\right\}\\ &\quad\cdot\exp\{-2\bar{\gamma}_1(1-\cos s)\}I_p[2\bar{\alpha}_1(1-\cos s)]\end{aligned} \tag{12.2.5}$$

由于因子 sin(…),以下对称性得以保持:

$$\langle \hat{c}^{\dagger}_{2N-1-m-p\sigma}\hat{c}_{2N-1-m+p\sigma}\rangle = \delta_{p,0} - \langle \hat{c}^{\dagger}_{m-p\sigma}\hat{c}_{m+p\sigma}\rangle \tag{12.2.6}$$

同样,IM2 导致

$$M(m,p) = \frac{1}{2}\delta_{p,0} - \int_{-\pi}^{\pi}\frac{\mathrm{d}t}{2\pi}\frac{\cos(pt)}{[1+Z_\alpha-\cos t]^{\bar{\alpha}_0}}\int_{-\pi}^{\pi}\frac{\mathrm{d}s}{2\pi}\left\{\frac{\sin[(m+1/2-N)s]}{2\sin(s/2)}\right\}\cdot\left(\frac{Z_\gamma}{1+Z_\gamma-\cos s}\right)^{\bar{\gamma}_0}$$

$$\cdot\{[1+Z_\alpha-\cos(t-s)][1+Z_\alpha-\cos(t+s)]\}^{\bar{\alpha}_0/2} \tag{12.2.7}$$

具有的衰减参数为

$$Z_\gamma = \cosh r_\gamma - 1,\quad Z_\alpha = \cosh(r_\alpha/2) - 1 \tag{12.2.8}$$

12.3 对角矩阵元和非对角矩阵元

上一节单粒子矩阵元(12.2.5)式和(12.2.7)式是受限两组分费米气体 Luttinger 理论的主要结果.它们在形式上与文献[18]中的相同.然而,它们对耦合常数的依赖是不同的.这导致了非常不同的物理预测,且在费米数为 $2N=14+14$ 的如下数值计算中得以体现.利用(12.1.18)式和(12.1.21)式,发现主要的耦合参数

$$\bar{\alpha}_m = \frac{V(m)}{4}\left\{\frac{1}{\sqrt{1+2V(m)}}-\frac{1}{\sqrt{1-2V(m)}}\right\} \tag{12.3.1}$$

是相互作用 $V(m)$的非正数和偶函数:不管两部分之间相互作用的符号如何,费米气体中每个组分之间的有效相互作用都是吸引的.

在 IM1 模型中,只需要在矩阵元的计算中把 $\bar{\alpha}_1$ 作为输入参数,$|V(1)|$通过(12.3.1)式获得,而所有其他量如 $\zeta_{1\nu}$ 和 $\bar{\gamma}_1$ 都可以通过(12.1.24)式和(12.2.3)式来计算.

我们从振子态的占据概率 $P(m)\equiv M(m,p=0)$开始讨论,如图 12.3.1 所示.由图可以看出,相互作用使占据概率在费米面 $m_{\mathrm{F}}=N-1$ 处变得平滑,但仍然在 m_{F} 处留下一个不连续性(不是能隙!).

图 12.3.2 显示了 $p=1$ 的非对角矩阵元.它们在费米面 $m_{\mathrm{F}}=N-1$ 附近有很明显的贡献,从而不能被忽视.它们的值随着耦合强度的增加而进一步增加.

我们还展示了粒子密度和动量密度的结果.两者都显示出 Friedel 振荡[19],正如在文献[1]和[18]中指出的那样.与文献[18]一致的是,有效组分内的相互作用总是有吸引力的,抑制了粒子密度的 Friedel 振荡.

$$n(z) = \sum_{m=0}^{+\infty}\sum_{p=-m}^{m}\psi_{m-p}(z)\psi_{m+p}(z)M(m,p) \tag{12.3.2}$$

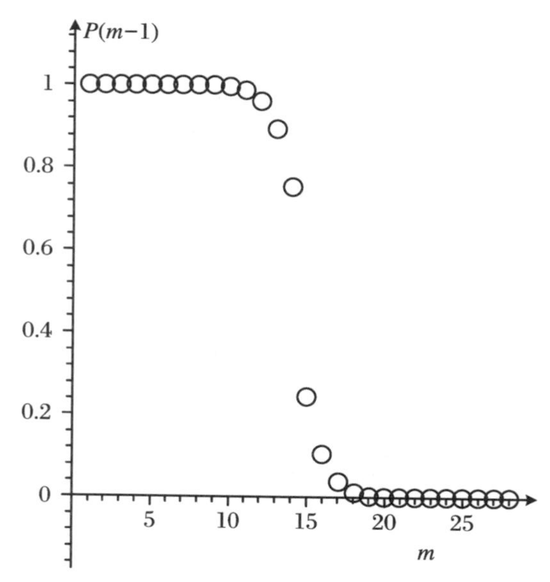

图 12.3.1　振子态为 $m-1(m=1,2,\cdots)$,原子数为 $2N=14+14$ 的一维谐振束缚下两组分相互作用的费米气体在零温下的占据概率 P. 我们使用了 $\bar{\alpha}_1=-1$ 的相互作用模型 IM1

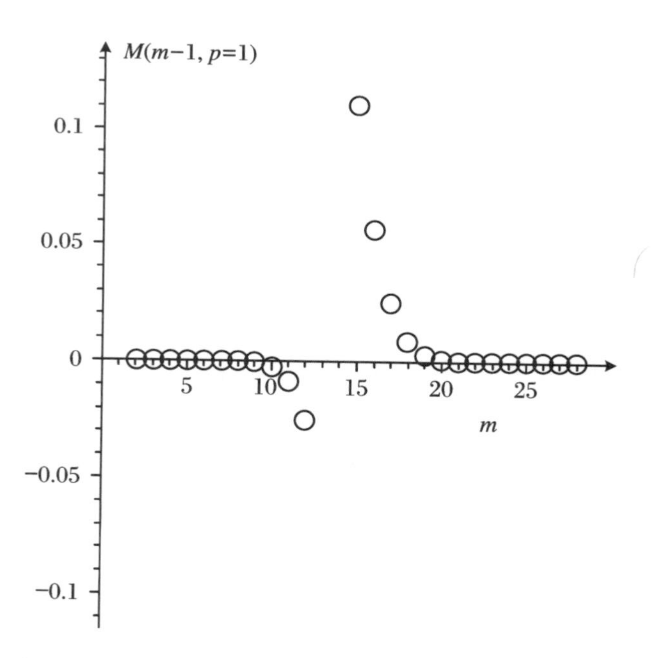

图 12.3.2　非对角矩阵元 M 与振子态 $m-1(m=1,2,\cdots)$ 的关系. 对应于一个由 $2N=14+14$ 个原子组成的一维谐振势下两组分相互作用的费米气体. 我们使用了 $\bar{\alpha}_1=-1$ 的相互作用模型 IM1

在(12.3.2)式中,$\psi_m(z)$是振子态$|m\rangle$的位置表示,如图 12.3.3 所示.

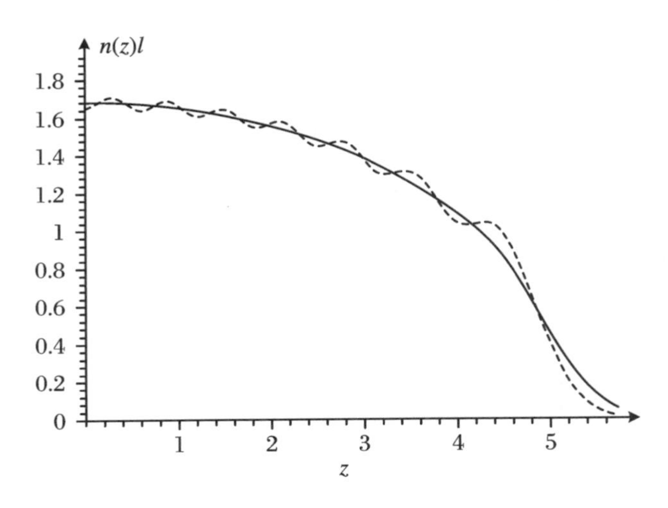

图 12.3.3　无量纲粒子密度 $n(z)l$(l 为振子长度)与无量纲距离 z 的关系.零温下的两组分费米气体中有 $2N=14+14$ 个原子.虚线表示未受微扰的 Friedel 振荡,实线指的是 $\bar{\alpha}_1=-1$ 的相互作用情况.这里讨论的是相互作用模型 IM1

反之,动量密度的 Friedel 振荡

$$p(k)=\sum_{m=0}^{\infty}\sum_{p=-m}^{m}(-1)^p\psi_{m-p}(k)\psi_{m+p}(k)M(m,p) \tag{12.3.3}$$

是增强的[18].图 12.3.4 显示了强耦合的情况($\bar{\alpha}_1=-10$).我们选择振荡长度 $l\equiv\sqrt{\hbar/(m_A\omega_l)}$作为长度单位,使 $n(z)$和 z 以及$p(k)$和 k 无量纲化.

在 IM2 模型中会发生一些改变.我们再次设定 $\bar{\alpha}_1=-1$.另外,我们还需要用 $\bar{\alpha}_m$ 和 $\bar{\gamma}_m(m=0,1,2,\cdots)$来估算(12.2.7)式.这需要知道衰减常数 r_α 和 r_γ(参见(12.1.25)式).为方便起见,我们设定 $r_\alpha=r_\gamma\equiv r$,并通过以下观点估计 r:势阱中的最小波数增量为 $\Delta k\approx1/L_F\propto1/\sqrt{N}$,其中,$L_F=\sqrt{2N-1}$是费米能处经典允许区域的半宽.因此,对于目前的情况 $N=14$,我们设 $r\approx1/\sqrt{N}$或大致为 $r=0.3$.这使得对于 $\bar{\alpha}_1=-1$ 和 $\bar{\gamma}_0=1.19$,$\bar{\alpha}_0=-1.16$.

图 12.3.5 显示了 IM2 模型振子态的占据概率.由图可以看出,它们的分布虽比 IM1 模型的情况更光滑,但在费米面仍有一个不连续性.

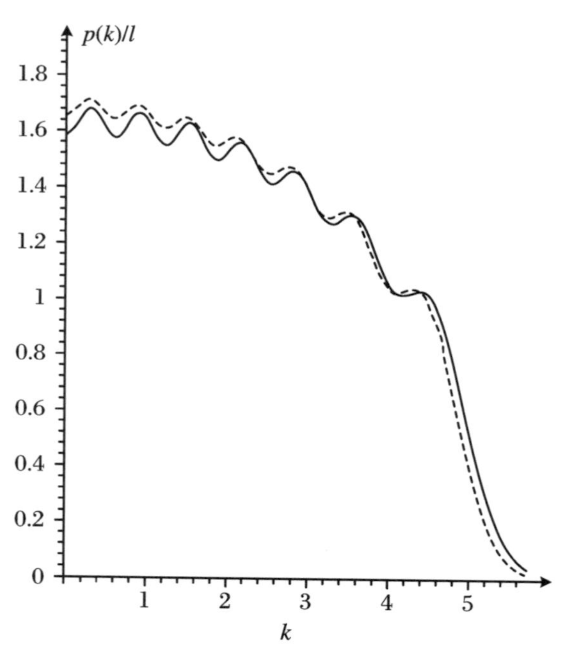

图 12.3.4 无量纲动量密度 $p(k)/l$(l 为振荡长度)与无量纲动量 k 的关系.零温下的两组分费米气体中有 $2N=14+14$ 个原子.虚线表示未受微扰的 Friedel 振荡,实线指的是 $\bar{\alpha}_1=-10$ 的相互作用情况.这里讨论的是相互作用模型 IM1

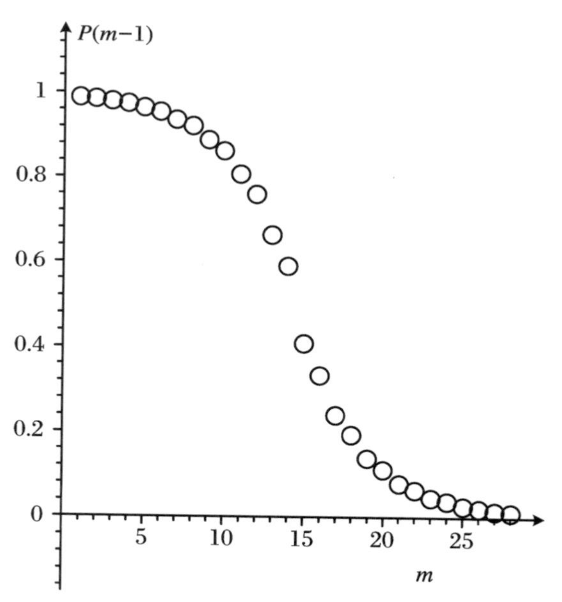

图 12.3.5 振子态为 $m-1(m=1,2,\cdots)$ 的占据概率 P.$2N=14+14$ 个原子,零温时一维指振势下的两组分费米气体.我们使用了 $\bar{\alpha}_0=-1.16$ 的相互作用模型 IM2

最后，我们在图 12.3.6 中显示了 IM2 模型的动量密度. Friedel 振荡在小动量时仍可见，但在接近 $k_F = \sqrt{2N-1}$的动量时，Friedel 振荡就被强烈抑制了.

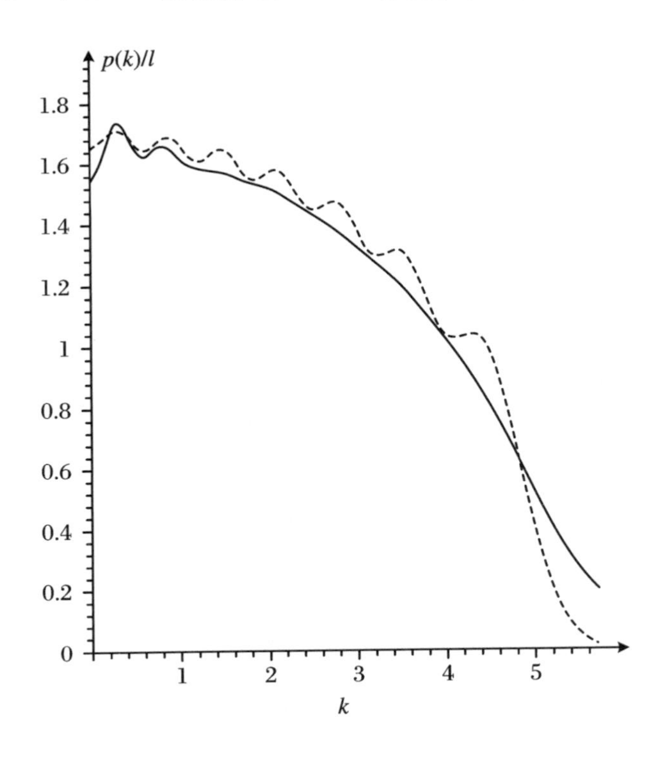

图 12.3.6 无量纲动量密度 $p(k)/l$(l 为振子长度)与无量纲动量 k 的关系. $2N=14+14$ 个原子，零温时一维谐振势下的两组分费米气体. 虚线表示未受微扰的 Friedel 振荡，实线指的是$\bar{\alpha}_0 = -1.16$ 的相互作用情况. 这里讨论的是相互作用模型 IM2

IM2 模型的非对角矩阵元明显比 IM1 模型的小. 然而，它们是不能被忽视的. 通过比较(12.3.2)式和(12.3.3)式，可以看到粒子和动量密度将在这样的近似中重合.

12.4 费米面

图 12.3.1 和图 12.3.5 没有显示在费米面 $m_F = N-1$ 附近 Luttinger 液体占据概率的特征，即无能隙分布. 也就是说，我们的系统不是 Luttinger 液体. 这是因为该系统是有

限尺寸.然而,我们可以在一个大粒子数 N 的特殊极限中窥见 Luttinger 液体的行为.首先,我们考虑 IM2 模型中相互作用模式 $V(m)$ 的非常缓慢的衰减,即 $r_\alpha \to r_\gamma \ll 1$,因子为

$$\left(\frac{Z_\gamma}{1 + Z_\gamma - \cos s}\right)^{\bar{\gamma}_0} \to \left(\frac{r_\gamma^2}{r_\gamma^2 + s^2}\right)^{\bar{\gamma}_0} \tag{12.4.1}$$

即(12.2.7)式中大括号的积分,然后在 $s = 0$ 的地方变得尖锐.我们现在计算一下占据概率 $P(\Delta k_n)$:

$$\langle \hat{c}^\dagger_{N-1+n}\hat{c}_{N-1+n} \rangle = \langle \hat{c}^\dagger_{\Delta k_n}\hat{c}_{\Delta k_n} \rangle \equiv P(\Delta k_n) \tag{12.4.2}$$

在费米面附近,对于 $N \gg 1$,只要满足 $|n| \ll \min(N, 1/r_\gamma)$,$P(\Delta k_n)$ 就成为波数差的一个准连续函数 $\Delta k_n = k_n - k_{\mathrm{F}} = n/L_{\mathrm{F}} \to \Delta k$.在(12.2.7)式中,利用(12.4.1)式,我们得到

$$P(\Delta k) = \frac{1}{2} - \left[{}_3F_2\left(\bar{\gamma}_0, \frac{1}{2}, 1; 1, \frac{3}{2}; -\left(\frac{\pi}{r_\gamma}\right)^2\right) r_\gamma L_{\mathrm{F}}\right]\Delta k \tag{12.4.3}$$

用广义的超几何函数来表示,我们可以看到,$P(\Delta k)$ 在费米面附近的小区域内与波数差呈线性关系.这可以与 Luttinger 液体的预测相比较(参见文献[3]).则

$$P_{\mathrm{LL}}(\Delta k) = \frac{1}{2} - \mathrm{sgn}(\Delta k) C \mid \Delta k \mid^\beta \tag{12.4.4}$$

其中,C 是一个常数,指数 β 取决于 Luttinger 液体的耦合强度 γ_{LL},根据

$$\beta = 2\gamma_{\mathrm{LL}} \quad \left(\gamma_{\mathrm{LL}} < \frac{1}{2}\right) \tag{12.4.5}$$

和

$$\beta = 1 \quad \left(\gamma_{\mathrm{LL}} \geqslant \frac{1}{2}\right) \tag{12.4.6}$$

得出的结论是,我们的模型在上述极限下与 $\gamma_{\mathrm{LL}} \geqslant 1/2$ 的 Luttinger 液体情况一致.

12.5 Friedel 振荡的观测

为了使相互作用在计算的物理量特别是 Friedel 振荡中变得显著,它的强度 $V(1)$ 应该大到 $|V(1)| \lesssim 0.5$.这个条件在实验中可以达到.对于这个量级,我们考虑偶极-偶极的

相互作用.它属于长程范围,有利于向前散射.对于纵向排列的偶极子之间的组分间的相互作用,其在动量空间中可以约化为下列有效的一维势:

$$\widetilde{V}_{1D}(k) = -\frac{\mu_0\mu^2\alpha_t^2}{2\pi}\left[1-\frac{k^2}{2\alpha_t^2}\exp\left(\frac{k^2}{2\alpha_t^2}\right)\mathrm{Ei}\left(-\frac{k^2}{2\alpha_t^2}\right)\right]$$

这里,α_t 是横向振子长度的倒数,μ 是磁偶极矩,而 Ei 表示指数积分.

在上一章精确的相互作用公式中,使用此方程,对于 $N=14$ 的 $V(1)$,可以发现

$$V(1) = 0.8\left(\frac{\mu_0\mu^2 m_A^{3/2}\omega_l^{1/2}}{2\pi\,\hbar^{5/2}}\right)\frac{1}{F}$$

其中,F 表示填充因子 $F=N\omega_l/\omega_t$.例如,在^{53}Cr 中,只要 F 非常小,$V(1)$就能达到要求的大小.也就是说,势阱是高度各向异性的.

总之,玻色化方法已被用来构建一个两组分气体的理论,由向前散射的一维谐振势中的自旋极化费米子构成.给定费米子数目 N,就能得到近似的振子态的占据概率、非对角矩阵元,以及谐振势阱中的粒子和动量的分布函数.所有这些量都会受到每个组分内吸引性相互作用的显著影响.具体来说,粒子密度中的 Friedel 振荡被抑制,而它们在动量密度中仍然存在.

可以预测一下,Friedel 振荡是否能在实验中观察到.Friedel 振荡的振幅比例小于 $1/N$,因此 Friedel 振荡在宏观的受限费米海中是无法观察到的.然而,少粒子数系统又构成了严重的观测问题,即信号比较微弱.用一个可以想象的实验方法来观察原子数量为 100 的 Friedel 振荡,其实验方法已在文献[1]中指出.该方法提出了用微细加工技术来生产微阱阵列,在原子数量不是非常大的情况下放大信号,从而观测到 Friedel 振荡.

另一方面,近似的玻色化方法要求粒子数不能太小.这是由于反常真空的存在,它与真实粒子相耦合.例如,当使用(12.2.5)式或(12.2.7)式时,求和规则 $\sum_n P(n) = N$ 给出的数值比真实粒子的数量 N 大一些.超出的部分 $\Delta N > 0$ 随着耦合强度和粒子数的减少而增长.对 $N = 14$ 和非常强的耦合来说,$\bar{\alpha}_1 = -10, \Delta N \approx 8 \cdot 10^{-3}$;而对于 $\bar{\alpha}_1 = -1, \Delta N$ 则小于 10^{-10}.上面数值计算所采用的原子数 $2N = 14 + 14$,和耦合值的大小是适当的,从而可以得到可见的 Friedel 振荡和玻色化方法的可靠结果.

第 13 章

受限相互作用费米气体背散射的 Luttinger 液体方法

在前面两章中，我们已经论述了许多情况下相同自旋极化的费米子之间只有一个弱的剩余相互作用，因为 s 波散射是被禁止的. 这使得单组分自旋极化费米子系统中的相互作用问题在某种程度上成为纯学术的问题. 可能的例外是原子之间的费什巴赫(Feshbach)共振增强了原子间的散射和极性分子中的电偶极-偶极相互作用.

超冷气体的约束可以通过谐振势来实现捕获，通过第 11 章我们已经建立了一个近似准确的一维受限谐振势中的相互作用费米子理论，它是基于 Luttinger 液体理论中的玻色化方法，并利用了自由振子能谱的线性特性. 该方法适用于有向前散射的单组分气体，并在第 12 章扩展到了两组分的情况，这个谐振势的模型是一个软边界问题，可看作研究得很透彻、被硬墙限制的一维相互作用费米子的推广.

同时，对谐振势阱中的一维全同相互作用费米子的矩阵元研究表明，除非两体散射势是长程的，否则背散射总会占主导地位. 与 Luttinger 模型的情况不同，背散射不能仅仅通过向前耦合常数的重正化来考虑. 这是由于模型的单支结构($n\geqslant0$)，当背散射被纳入有效向前散射的形式时，它从背散射中产生单粒子势能. 这些单粒子势能必须与来自向前散射的两粒子相互作用同时对角化.在本章中,我们将通过一个适当的压缩变换和位移变换,解决这个同时对角化的问题.

本章首先对一维谐振势阱中费米子的散射过程进行分类,然后给出使用玻色化方法解决单粒子矩阵元的背散射问题,讨论玻色化方案的有效性,将其结果与在费米子希尔伯特空间中的直接数值对角化的结果进行比较,并进一步计算占据概率、粒子和动量密度以及中心对关联函数,这些都可以从单粒子矩阵元中推导出来.最后,我们将采用一个被称为相互作用系数的模型,与 Luttinger 模型进行类比,它只有一个耦合常数 K 和一个小的衰减参数 $r \ll 1$.

13.1 自旋极化的理论模型

我们考虑自旋极化的费米子原子通过二体相互作用算符进行相互作用,则

$$\hat{V} = \frac{1}{2}\sum_{mnpq} V(m,p;q,n)(\hat{c}_m^{\dagger}\hat{c}_q)(\hat{c}_p^{\dagger}\hat{c}_n) \tag{13.1.1}$$

费米子被限制在一个高度各向异性的轴向对称谐振势阱里,势阱为

$$\begin{aligned} V(x,y,z) &= \frac{1}{2}\ m_{\mathrm{A}}\omega_l^2 z^2 + \frac{1}{2}\ m_A\omega_{\perp}{}^2(x^2+y^2) \\ &\equiv V_z(z) + V_{\rho}(\rho) \end{aligned} \tag{13.1.2}$$

原子的质量用 m_{A} 表示,z 是势阱沿轴向方向的一维坐标.阱的纵向频率和横向频率分别是 ω_l 和 $\omega_{\perp}$,且满足 $\omega_{\perp} \gg \omega_l$.准一维费米气体的特征是 $N(\leqslant \omega_{\perp}/\omega_l)$ 个全同费米子填充了一维谐振势 V_z 的前 N 个单粒子能级,即

$$\hbar\omega_n = \hbar\omega_l(n+1/2) \quad (n=0,1,\cdots) \tag{13.1.3}$$

而每个波函数的横向部分仍然是未微扰横向基态 $\psi_{\perp 0}(x)\psi_{\perp 0}(y)$.

未微扰的一维费米能是

$$\epsilon_{\mathrm{F}} = \hbar\omega_l(N-1) + \frac{1}{2}\hbar\omega_l = \hbar\omega_l\left(N-\frac{1}{2}\right) \tag{13.1.4}$$

记 $N_{\max}$ 为系统的费米能刚好在第一横向激发能之下的系统的粒子总数,则一维系统意味着在 $\omega_{\perp}/\omega_l, N=N_{\max}$ 时,费米能只略微小于第一个横向激发能.我们应记住的是,当填

充因子 $F\equiv N/N_{\max}$足够小，以至于费米能级远远低于这个激发能量时，上述关于横向波函数的假设是合理的. 此外，仍然存在宏观数量的一维费米海的可能激发并不违反这一条件.

公式(13.1.1)中的 $\hat{c}_m^\dagger$ 和$\hat{c}_q$ 算符分别表示费米子的产生算符和湮灭算符，它们遵从费米子代数 $\hat{c}_m\hat{c}_n^\dagger+\hat{c}_n^\dagger\hat{c}_m=\delta_{m,n}$. 这就保证了每个具有单粒子波函数的振子态

$$\psi_n(z)=\sqrt{\frac{\alpha}{2^n n!\pi^{1/2}}}\mathrm{e}^{-\alpha^2z^2/2}H_n(\alpha z) \tag{13.1.5}$$

和能量$\epsilon_n=\hbar\omega_n$最多是单占据的. 系统的内禀的长度尺度是振子长度 $l=\alpha^{-1}$，其中，α 的定义为 $\alpha^2=m_{\mathrm{A}}\omega_l/\hbar$. H_n 表示 Hermite 多项式. 无相互作用的哈密顿量 $\hat{H}_0=\hbar\sum_{n=0}^{\infty}\omega_n\hat{c}_n^\dagger\hat{c}_n$具有线性色散，并且精确考虑了谐振势.

公式(13.1.1)中的相互作用矩阵元 $V(m,p;q,n)$是使用谐振子态((13.1.5)式)从有效的一维二体势计算出来的. 因此，每个单独的相互作用矩阵元都包含了谐振势阱的信息.

在一个简并的费米系统中，最相关的态是那些接近费米量的态，即 $m\approx p\approx q\approx n\approx N$. 这种有限的相互作用矩阵元的数量可以通过一个基于阱中心和费米能附近的近似动量守恒的分类方案进一步减少. 这将在下一节中描述.

13.2　耦合系数的分类

我们对零温费米海因相互作用((13.1.1)式)而产生的变化感兴趣. 这个问题不同于费米海之上激发间的散射. 在目前的一维情况下，这些激发可能不是准粒子.

首先，我们必须对(13.1.1)式中的耦合系数进行分类. 对于任何一组 4 个不同的整数，有 24 个耦合系数 $V(m,p;q,n)$. 由于对称性$(m\leftrightarrow q)$，$(n\leftrightarrow p)$，只有 3 个耦合系数存在. 文献[20]表明，在这些系数中，只要费米子数 N 足够大，那些具有指标组合 $n=m+p-q$，$n=p+q-m$ 和$n=m+q-p$ 的将占主导地位，由此量子气体的费米子性质变得相关.

因此，我们可以写出

$$V(m,p;q,n)\to V_a\delta_{m-q,n-p}+V_b\delta_{q-m,n-p}+V_c\delta_{m+q,n+p} \tag{13.2.1}$$

其他弱的非均匀捕获势也给出了耦合常数 V_a，V_b和V_c的主要项，但不会导致严格玻色化所需的线性色散. 注意，耦合常数仍然取决于指标，即 $V_c = V(m,p;q,n=m+q-p)$. 在本模型中，这被进一步简化为 $V_c = V_c(|p-q|)$.

从定性上看，(13.2.1)式可以理解为阱内的单粒子态 ψ_n 是平面波态$\exp(\mathrm{i}k_n z)$的叠加，其中，$k_n = \pm\alpha\sqrt{2n+1}$. 对于 $N \gg 1$，相关态是在费米能附近的，因此 $|k_n| \approx k_\mathrm{F} = \alpha\sqrt{2N-1}$. 这里，$k_\mathrm{F}$ 表示费米波数.

根据(13.1.1)式，入射态 n,q 在碰撞过程中被转化为p,m，这些状态的动量是(近似的，因为有弱的非均匀捕获势)守恒的. 把 $k_n \approx -k_\mathrm{F}$ 的状态表示为 $-n$，从而可以区分出 3 种不同的碰撞过程，即

$$\{n,q\} \rightarrow \{p,m\}, \quad \{n,(-q)\} \rightarrow \{p,(-m)\}, \quad \{n,(-q)\} \rightarrow \{(-p),m\} \tag{13.2.2}$$

具有严格动量守恒的过程占主导地位. 这解释了近似关系(13.2.1)式中的克罗内克(Kronecker)符号. 前两种情况下的动量转移是很小的，因此描述的是向前散射. 在最后一种情况下，动量势转移约为 $2k_\mathrm{F}$，对应于背散射. 前两种情况在第 11 章和第 12 章中得以考虑. 最后一种情况需要扩展玻色化方法，这也是本章所希望发展的.

耦合 V_a，V_b 和 V_c 分别类似于 Luttinger 模型中的耦合常数 g_4，g_2 和 g_1[2-4]. 与 Luttinger 情况不同的是，向前散射几乎被完全抑制，它是在受限谐振势阱中全同费米气体具有的性质[20]，因此背散射是主要的相互作用过程，除非两体相互作用势是长程的，才不会这样. 这基本上是费米代数的一个结果. 在下面我们将完全忽略 V_a 和 V_b，尽管更一般的处理是可能的. 通过把全部的相互作用矩阵元限制在一组可解的相互作用中，我们定义了一个简化的模型，但该模型并不能完全代表初始要研究的问题. 对于一些性质，如反常维度，我们可以在 Luttinger 液体唯象理论的意义上期望其具有普遍性. 这一点被我们单粒子关联函数的结果证实，它显示了位于势阱中心的 Luttinger 液体行为.

13.3 背散射和玻色化

对向前散射的处理见第 11 章和第 12 章. 我们在此只给出必要的扩展，以便包括背散射相互作用系数. 故

$$V(m,p;q,n) = V_c(|q-p|)\delta_{m+q,n+p} \tag{13.3.1}$$

将这些相互作用系数代入(13.1.1)式,并对算符进行重新排序,得到

$$\hat{V}_c = -\frac{1}{2}\sum_{mp,v\neq 0} V_c(|v|)(\hat{c}_m^\dagger \hat{c}_{m+v})(\hat{c}_p^\dagger \hat{c}_{p+v}) + \frac{1}{2}\sum_{m,v\neq 0} V_c(|v|)(\hat{c}_{m+v}^\dagger \hat{c}_{m-v}) \tag{13.3.2}$$

我们略去与费米数算符成正比的项,设 $V_c(0)=0$. 第二项是一个单粒子算符,它是因背散射而出现的. 该微扰方程(13.3.2)是完全可解的. 因此,不存在耦合 V_c 的重正化群流(renormalization group flow).

玻色化方法的基本要求是所有的算符完全可以用密度涨落算符来表达. 这一点在现在的情况下仍然得到满足. 引入密度涨落算符

$$\hat{\rho}(p) \equiv \sum_q \hat{c}_{q+p}^\dagger \hat{c}_q \tag{13.3.3}$$

或者更方便地引入与它们相关的正则玻色算符,即

$$\hat{\rho}(p) = \begin{cases} \sqrt{|p|}\,\hat{d}_{|p|}, & p<0 \\ \sqrt{p}\,\hat{d}_p^\dagger, & p>0 \end{cases} \tag{13.3.4}$$

则我们发现,玻色子对易关系

$$[\hat{d}_m, \hat{d}_n^\dagger] = \delta_{m,n} \tag{13.3.5}$$

在引入反常真空后仍然能够得到满足.

背散射算符的玻色化形式为

$$\hat{V}_c = -\frac{1}{2}\sum_{m>0} mV_c(m)\{\hat{d}_m^2 + \hat{d}_m^{\dagger 2}\} + \frac{1}{2}\sum_{m>0} \sqrt{2m}V_c(m)[\hat{d}_{2m} + \hat{d}_{2m}^\dagger] \tag{13.3.6}$$

可以看出,由于背散射的两粒子相互作用,除了符号的改变外,其余与向前散射算符 $\hat{V}_b$ 的形式相同,$V_b \to -V_c$,V_b 是在第 11 章中研究的. 这与 Luttinger 的情况完全相似. 然而,剩下的一个单粒子算符却产生了非平庸的变化.

为了将总哈密顿量

$$\widetilde{H} = \hbar\omega_l \sum_{m>0} m\hat{d}_m^\dagger \hat{d}_m + \hat{V}_c \tag{13.3.7}$$

对角化,我们进行两个典型的变换:

$$\hat{d}_m = \hat{S}_2^\dagger \{\hat{S}_1^\dagger \hat{f}_m \hat{S}_1\} \hat{S}_2 \tag{13.3.8}$$

第一个

$$\hat{S}_1 = \exp\left[\frac{1}{2}\sum_{m>0} \zeta_m (\hat{f}_m^2 - \hat{f}_m^{\dagger 2})\right] \tag{13.3.9}$$

是一种压缩变换,在第 11 章中被用来对角化两粒子的相互作用.它给出了

$$\{\hat{S}_1^\dagger \hat{f}_m \hat{S}_1\} = \hat{f}_m \cosh \zeta_m - \hat{f}_m^\dagger \sinh \zeta_m \tag{13.3.10}$$

第二个

$$\hat{S}_2 = \exp\left[\sum_{m>0} \eta_m (\hat{f}_m^\dagger - \hat{f}_m)\right] \tag{13.3.11}$$

是一个平移变换,以便去掉 $\hat{d}$ 和 $\hat{d}^\dagger$ 算符中的线性项.

总的结果是

$$\hat{d}_m = \hat{f}_m \cosh \zeta_m - \hat{f}_m^\dagger \sinh \zeta_m + \eta_m \exp(-\zeta_m) \tag{13.3.12}$$

我们发现两个对角化的条件,标准的是

$$\tanh(2\zeta_m) = -\frac{V_c(m)}{\hbar\omega_l} \tag{13.3.13}$$

另一个由于背散射

$$\eta_m = \begin{cases} -V_c(m/2)\exp(-\zeta_m)/(2\sqrt{m}\,\epsilon_m), & m = 2n \\ 0, & m = 2n-1 \end{cases} \tag{13.3.14}$$

哈密顿量的最终形式为

$$\widetilde{H} = \widetilde{H}_0 + \widetilde{V}_c = \sum_{m>0} m\epsilon_m \hat{f}_m^\dagger \hat{f}_m + \text{const.} \tag{13.3.15}$$

重正化的振子频率为

$$\epsilon_m \equiv \sqrt{(\hbar\omega_l)^2 - V_c^2(m)} \tag{13.3.16}$$

另外

$$\exp(-\zeta_m) \equiv \sqrt{K_m} \tag{13.3.17}$$

定义了无量纲的耦合常数,即

$$K_m \equiv \sqrt{\frac{\hbar\omega_l + V_c(m)}{\hbar\omega_l - V_c(m)}} \tag{13.3.18}$$

13.4 单粒子密度矩阵

我们将该理论应用于单粒子矩阵元的估计$\langle \hat{c}_m^{\dagger}\hat{c}_n \rangle$.我们遵循第 11 章的步骤,并引入玻色子场,则

$$\hat{\phi}^{\dagger}(\nu) = \mathrm{i}\sum_{n=1}^{+\infty} \frac{1}{\sqrt{n}} \mathrm{e}^{-\mathrm{i}n\nu}\hat{d}_n^{\dagger} \neq \hat{\phi}(\nu) \tag{13.4.1}$$

这允许将一个辅助费米场的双线性乘积形式玻色化,这是由舍恩哈默(Schöenhammer)和梅登(Meden)最先研究的[11]:

$$\hat{\psi}_a(\nu) \equiv \sum_{l=-\infty}^{+\infty} \mathrm{e}^{\mathrm{i}l\nu}\hat{c}_l = \hat{\psi}_a(\nu + 2\pi) \tag{13.4.2}$$

如

$$\hat{\psi}_a^{\dagger}(u)\hat{\psi}_a(\nu) = G_N(u-\nu)\exp\{-\mathrm{i}[\hat{\phi}^{\dagger}(u) - \hat{\phi}^{\dagger}(\nu)]\}\cdot \exp\{-\mathrm{i}[\hat{\phi}(u) - \hat{\phi}(\nu)]\} \tag{13.4.3}$$

(13.4.3)式中的量 $G_N(u)$是一个前置因子,定义为

$$G_N(u) = \sum_{l=-\infty}^{N-1} \mathrm{e}^{-\mathrm{i}l(u+\mathrm{i}\epsilon)} \tag{13.4.4}$$

为了估计含有 $\hat{\phi}$ 算符的指数的期望值,我们必须:

(1) 把 $\hat{d}$ 算符用自由的$\hat{f}$ 和$\hat{f}^{\dagger}$ 算符表示.

(2) 应用玻色 Wick 定理.

Wick 定理涉及 $\hat{f}$ 和$\hat{f}^{\dagger}$ 算符的均匀线性组合.由于背散射的原因,算符 $\hat{\phi}$ 包含一个 c 数部分 ϕ_c,这必须分别处理,即

$$\phi_c(u) \equiv -\mathrm{i}C(-u) \tag{13.4.5}$$

其中

$$C(u) \equiv \sum_{m=1}^{+\infty} \xi_{2m} \exp(-2imu) \tag{13.4.6}$$

量 ξ_{2m} 由

$$\xi_{2m} \equiv \eta_{2m} \sqrt{\frac{K_{2m}}{2m}} = -V_c(m) \frac{K_{2m}}{4m\epsilon_{2m}} \tag{13.4.7}$$

给出.采取第 11 章中相同的步骤，方程(13.4.3)的零温期望值变为

$$\langle \hat{\psi}_a^{\dagger}(u) \hat{\psi}_a(v) \rangle = G_N(u-v) \exp[-W_1(u,v) - W_2(u,v)] \tag{13.4.8}$$

其中,W_1 由

$$W_1(u,v) = \sum_{m>0} \frac{2}{m} [\gamma_m - \alpha_m \cos m(u+v)] \{1 - \cos m(u-v)\} \tag{13.4.9}$$

给出.相互作用参数为

$$\alpha_m = \frac{1}{2} \sinh(2\zeta_m), \quad \gamma_m = \sinh^2 \zeta_m \tag{13.4.10}$$

来自于单粒子算符的贡献为

$$\begin{aligned} W_2(u,v) &= C(-u) - C(u) + C(v) - C(-v) \\ &= 4i \sum_{m=1}^{\infty} \xi_{2m} \sin[m(u-v)] \cos[m(u+v)] \end{aligned} \tag{13.4.11}$$

为了获得矩阵元,计算步骤为:从坐标变换 $(u+v)/2 = t$, $u-v=s$ 开始,使用 $W_i(u,v) = \widetilde{W}_i(s,t)$ 和 $\widetilde{W}_i(s \pm 2\pi, t) = \widetilde{W}_i(s, t \pm \pi) = \widetilde{W}_i(s,t)$,$(i=1,2)$;并进一步用对称性,可以得到

$$\begin{aligned} \langle \hat{c}_{n-p}^{\dagger} \hat{c}_{n+p} \rangle = & \int_{-\pi}^{\pi} \frac{dt}{2\pi} \cos(pt) \int_{-\pi}^{\pi} \frac{ds}{2\pi} \exp[-\widetilde{W}_1(s,t/2) - \widetilde{W}_2(s,t/2)] \\ & \cdot \left\{ \frac{\exp[is(n-N+1)]}{1 - \exp(is - \epsilon)} \right\} \end{aligned} \tag{13.4.12}$$

大括号中的分布可以写为

$$\frac{\exp[is(n-N+1)]}{1-\exp(is-\epsilon)} = -\frac{\sin\left(n-N+\frac{1}{2}\right)s}{2\sin(s/2)} + i\left[\frac{\cos\left(n-N+\frac{1}{2}\right)s}{2\sin(s/2)}\right] + \pi\delta_{2\pi}(s) \tag{13.4.13}$$

定义

$$\widetilde{W}_2(s,t/2) \equiv \mathrm{i}f(s,t) \tag{13.4.14}$$

则最终的结果为

$$\langle \hat{c}^\dagger_{n-p}\hat{c}_{n+p}\rangle = \frac{1}{2}\delta_{p,0} - \int_{-\pi}^{\pi}\frac{\mathrm{d}t}{2\pi}\cos(pt) \cdot \int_{-\pi}^{\pi}\frac{\mathrm{d}s}{2\pi}\left\{\frac{\sin[(n-N+1/2)s - f(s,t)]}{2\sin(s/2)}\right\}\exp[-\widetilde{W}_1(s,t/2)] \tag{13.4.15}$$

除了(13.3.13)式中固定的变换参数 ζ_m，背散射的影响通过函数 $f(s,t)$出现在正弦的参数中，明确由

$$f(s,t) = 4\sum_{m=1}\xi_{2m}\sin(ms)\cos(mt) \tag{13.4.16}$$

表示.因此，背散射破坏了第 11 章发现的向前散射中粒子-空穴对称性的特殊形式.

13.5 理论的有效性

可以说，我们的解决方案(13.4.15)式是 N 个一维费米子限制在谐振势阱中的精确结果.由于它是 N 个一维费米子，通过(13.3.2)式的相互作用被限制在一个谐振势阱中，并是陷入在填满所有负能量费米子的反常真空中的精确结果，因此，我们必须估计反常真空对目前有限尺寸系统的影响.直观地讲，很明显它的作用随着费米能量$\epsilon_F \propto N$ 的增加而减少，这是相互作用最相关的能量区域.

然而，我们还必须考虑相互作用的强度.在(13.3.18)式中，主要的无量纲耦合常数是 $K_1 \equiv K$，因为 K_m 随着 m 的增加而减少，因此可以看到，当物理耦合系数 $V_c(1)$从 $-\hbar\omega_l$ 变到 $\hbar\omega_l$ 时，K 从零变到无穷大.这个范围之外的 $V_c(1)$值，在物理上是无法获得的，就像耦合常数 $g = g_2 = g_4 < -\pi\hbar v_F$ 在相应的 Luttinger 模型中一样[2-4,14].注意，在极值 $V_c(1) = \pm\hbar\omega_l$下，重正化的激发能 ϵ_1按照方程(13.3.16)会消失.

在 Luttinger 模型中，$K\to\infty$ 或 $g\to -\pi\hbar v_F$ 对应于物理上允许的最强吸引性相互作用.这时压缩率消失，相分离发生(参考文献[3]中的讨论).

我们在本模型中对粒子密度的数值结果显示，有一个越来越大的超出经典的转折点，也就是说，因为 $K\gg 1$ 的增加，密度逐渐从势阱中逸出. 由于反常真空的存在和 N 的有限性，对这种效应的解释是困难的：可以想象，正如下面对费米子求和规则的研究所示的那样，一个不断增加的相互作用将越来越多的费米子拉出反常真空.

然而，我们可以对玻色化方案的有效性做如下陈述：对于任何固定的 $|V_c|/(\hbar\omega_l)<1$，即 $0<K<\infty$，由于反常真空而产生的误差，可以通过增加粒子数 N 让其变得尽可能小. 我们把这称为近似精确.

尽管目前还没有一个关于这个误差的分析表达式，但从我们对费米子求和规则的研究和下面介绍的结果中知道，该误差可能是以指数的方式，随着 N 的增加而快速衰减.

在目前的有限系统中，奇异点 $K=0$ 和 $K=\infty$ 的确切性质需要进一步研究. 在估计它与相互作用的受限费米子的相关性时，我们还必须考虑 V_c 对粒子数的依赖性，这反过来又取决于相互作用势的具体形式(参见文献[18]). 因此，对相互作用系统，似乎不存在一个简单而普适的极限 $N\rightarrow\infty$，即不能通过 ω_l 和相互作用参数的适当标度来实现热力学极限.

然而我们预计，靠近势阱中心的区域($|z|\ll L_F\propto\sqrt{N}$)具有均匀 Luttinger 液体的性质. 这一点在下一节所研究的大粒子数 $N=10^3$ 情况下的中心对关联函数中将有所展示. 我们还注意到，对文献[20]中的相互作用系数的数值研究表明，在全同费米气体中，增加 N 并不改变 V_c 对向前散射系数的主导地位.

13.6 数值方法

为了说明问题，在本节中我们只需要使用一个简化模型(参见文献[18]中的“玩具”模型 IM1)就可以了. (13.3.2)式中只保留了 $v=\pm 1$ 的项，那么相关的参数是

$$\alpha_1=\frac{1-K^2}{4K},\quad \gamma_1=\frac{(1-K)^2}{4K} \tag{13.6.1}$$

(13.4.15)式中的函数 $\widetilde{W}_1(s,t/2)$ 变成了 $2(\gamma_1-\alpha_1\cos t)(1-\cos s)$，背散射表达式(13.4.16)简化为 $f(s,t)=-V_c(1)\sin s\cos t/(\hbar\omega_l)$. 零温时，单粒子矩阵元由以下公式给出：

$$\langle\hat{c}^\dagger_{M-p}\hat{c}_{M+p}\rangle=\frac{1}{2}\delta_{p,0}-\int_{-\pi}^{\pi}\frac{\mathrm{d}t}{2\pi}\cos(pt)\int_{-\pi}^{\pi}\frac{\mathrm{d}s}{2\pi}\left\{\frac{\sin[(M+1/2-N)s-f(s,t)]}{2\sin(s/2)}\right\}$$

$$\cdot \exp\{-2(\gamma_1 - \alpha_1 \cos t)(1 - \cos s)\} \tag{13.6.2}$$

这是玻色化方法对一维谐振势阱中背散射占主导的全同费米子的预测.

在第 11 章中已经指出,费米子希尔伯特空间的一阶微扰理论再现了(13.6.2)式的结果,是向前散射($f=0$)在 α_1 和 β_1 中展开到一阶的结果,这两种方法都导致了弱耦合的结论:

$$\langle \hat{c}^\dagger_{M-p}\hat{c}_{M+p}\rangle = \delta_{p,0}\Theta\left(N - M - \frac{1}{2}\right) - \left(\frac{V_c(1)}{2\hbar\omega_l}\right)\delta_{M,N-1}(\delta_{p,1} + \delta_{p,-1}) + O\left(\frac{V_c(1)}{\hbar\omega_l}\right)^2 \tag{13.6.3}$$

最后,(13.6.2)式的预测将与 N 粒子希尔伯特空间在强耦合情况下通过直接对角化得到的数值结果进行对照. N 粒子希尔伯特空间在未微扰的 N 粒子态展开的形式为

$$|\{m\}\rangle^{(0)} = \hat{c}^\dagger_{m_1}\hat{c}^\dagger_{m_2}\cdots\hat{c}^\dagger_{m_N}|vac\rangle \tag{13.6.4}$$

这里, m 表示一系列单粒子状态 $\varphi_n(z)$ 的占据数 $m_n=0,1$. 例如,能量为 $(11/2)\hbar\omega_l$ 的三粒子态和激发能 $\hbar\omega_l$ 为

$$|1,1,0,1,0,0,\cdots\rangle^{(0)} = \hat{c}^\dagger_0\hat{c}^\dagger_1\hat{c}^\dagger_3|vac\rangle \tag{13.6.5}$$

为了简化未受微扰的 N 粒子态的符号,我们根据它们的激发能 $\Delta E(n)=n\hbar\omega_l$ 来分类. 根据它们中出现的最低非占据的单粒子态进行排序来考虑简并. 然后,它们被连续编号为 $|m\rangle^{(0)}$ ($m=0,1,2,\cdots$). 因此未受微扰的基态是

$$|0\rangle^{(0)} = |1,1,\cdots,1,1,0,0,\cdots\rangle \tag{13.6.6}$$

接下来的激发态为

$$\begin{aligned}
|1\rangle^{(0)} &= |1,1,\cdots,1,0,1,0,0,\cdots\rangle\\
|2\rangle^{(0)} &= |1,1,\cdots,0,1,1,0,0,\cdots\rangle\\
|3\rangle^{(0)} &= |1,1,\cdots,1,0,0,1,0,0,\cdots\rangle\\
&\cdots\cdots
\end{aligned} \tag{13.6.7}$$

获得(13.6.3)式的一阶微扰基态为

$$|0\rangle^{(1)} = |0\rangle^{(0)} + \left(\frac{V_c(1)}{2\hbar\omega_l}\right)|2\rangle^{(0)} \tag{13.6.8}$$

这个结果也被用来检查数值方法.

相互作用的哈密顿的实际本征态用 $|s\rangle$ 表示. 它们的展开方式为

$$|s\rangle = \sum_m c_{sm}|m\rangle^{(0)} \tag{13.6.9}$$

这些展开系数是数值方法中的核心量.就展开系数而言,振子态 ψ_M 相应于基态$|0\rangle$的占据概率是

$$P(M) = \sum_{mn} c_{0m} c_{0n}^{*(0)} \langle n | \hat{c}_M^\dagger \hat{c}_M | m \rangle^{(0)} \tag{13.6.10}$$

同样地,粒子密度也就是密度算符在态 $\hat{\psi}(z) \equiv \sum_n \psi_n(z) \hat{c}_n$ 下的期望值 $\hat{\psi}^\dagger(z)\hat{\psi}(z)$,即

$$n(z) = \langle 0 | \hat{\psi}^\dagger(z) \hat{\psi}(z) | 0 \rangle = \sum_{p=0,q=0}^{\infty} \psi_p(z) \psi_q(z) \sum_{mn} c_{0m} c_{0n}^{*(0)} \langle n | \hat{c}_p^\dagger \hat{c}_q | m \rangle^{(0)} \tag{13.6.11}$$

第一个计算步骤是估计相互作用矩阵元:

$$V_{ij} = {}^{(0)}\langle i | \hat{V}_c | j \rangle^{(0)} \tag{13.6.12}$$

详细来说,自由 N 粒子的本征态公式(13.6.4)、(13.6.10)、(13.6.11)以及(13.6.12),对于这些态的期望值是通过费米代数的方法来计算的.考虑的本征态的数量会随着简并带来的最大激发能 $\Delta E(n_{\max})$的增加而急剧增加.

在随后的步骤中,矩阵的对角化

$$H_{ij} = H_{0ij} + V_{ij} \tag{13.6.13}$$

和展开系数 c_{sm} 的计算遵从数值对角化方法.矩阵(13.6.13)的特征值和特征向量是用QL算法计算的.根据${}^{(0)}\langle m|0\rangle$,基态归一化的特征向量决定了所需的展开系数 c_{0m}.

13.7 占据概率

在相互作用的基态中,振子态 ψ_M 的占据概率为

$$0 \leqslant P(M) = \langle 0 | \hat{c}_M^\dagger \hat{c}_M | 0 \rangle \leqslant 1 \tag{13.7.1}$$

由于背散射,它们没有显示文献[18]和[21]中出现的向前散射的对称性.下面我们还将讨论费米子数的求和规则

$$S(N,\alpha_1) \equiv \sum_{m=0}^{\infty} \langle \hat{c}_m^{\dagger} \hat{c}_m \rangle \stackrel{?}{=} N \tag{13.7.2}$$

在玻色化方法中，这一求和规则只是近似得到满足．反常真空中的粒子会耦合到物理粒子上，给出有效粒子数 $S(N,\alpha_1)>N$．当粒子数 N 小于耦合强度 $|\alpha_1|$ 时，这种效应最为明显．与反常真空的耦合也导致了令人惊讶的特征：只有一个物理粒子（$N=1$）会发生相互作用效应．

图 13.7.1 比较了用玻色化法和数值对角化法计算的占据概率．对于一个耦合常数 $\alpha_1=1$，这对应于 $V_c(1)=-0.894\,\hbar\omega_l$；对于 $N=14$ 的粒子数和更大的粒子数，没有发现明显的偏差．然而，对于 $N=5$ 的粒子数，玻色化方法不太准确，因为反常的真空是存在的．虽然偏差 $\Delta N(5,1)\equiv S(5,1)-N$ 仅为 5.4×10^{-4}，但单个的占据概率就不那么准确了．

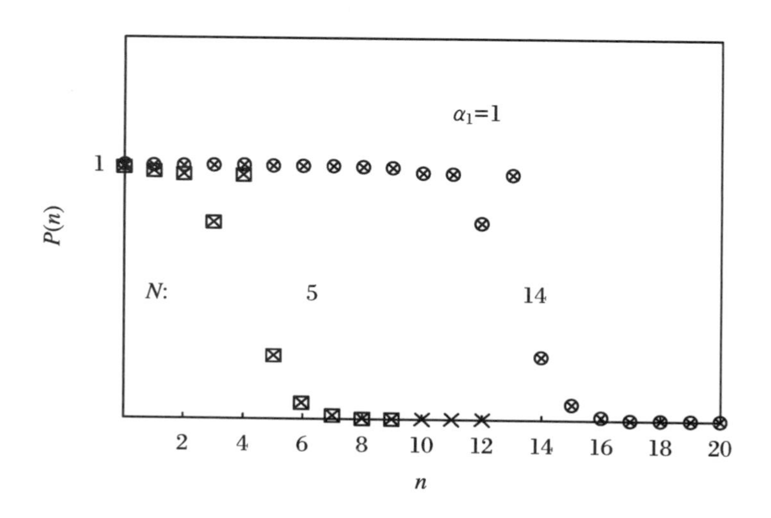

图 13.7.1　振子状态 ψ_n 在相互作用系统中的占据概率 $P(n)$．在相互作用系统中，当在零温和粒子数为 $N=5$ 和 $N=14$ 时，排斥的背散射强度为 $\alpha_1=1$．"×"是数值对角化的结果，玻色化方法的预测为正方形（$N=5$）和圆形（$N=14$）．对于粒子数 $N=14$，两种方法之间没有明显的偏差；对于粒子数 $N=5$，玻色化方法中的反常真空的存在导致了可见的偏差

13.8 粒子密度

捕获粒子的密度可以写为

$$n(z) = \sum_{M=0}^{\infty} \psi_M^2(z) \langle \hat{c}_M^\dagger \hat{c}_M \rangle + 2\sum_{M=1}^{\infty}\sum_{p=1}^{M} \psi_{M-p}(z)\psi_{M+p}(z)\langle \hat{c}_{M-p}^\dagger \hat{c}_{M+p} \rangle \qquad (13.8.1)$$

得到的粒子密度显示出 Friedel 振荡[1,19]. Friedel 振荡的振幅被相互作用所改变,如同文献[18]和[21]中描述的那样.

图 13.8.1 显示了耦合值为 $\alpha_1 = 10$ 的粒子密度,对应于 $V_c(1) = -0.998\,\hbar\omega_l$,这是一个相当大的排斥性相互作用. 对于各种粒子数 N,将数值对角化的结果和玻色化方法的结果进行了比较. 由于玻色化方法中反常真空的存在,它与物理粒子相互作用,从而导致存在偏差. 对较大的耦合强度或较小的粒子数 N 来说,差异更为明显. 较大的粒子数会

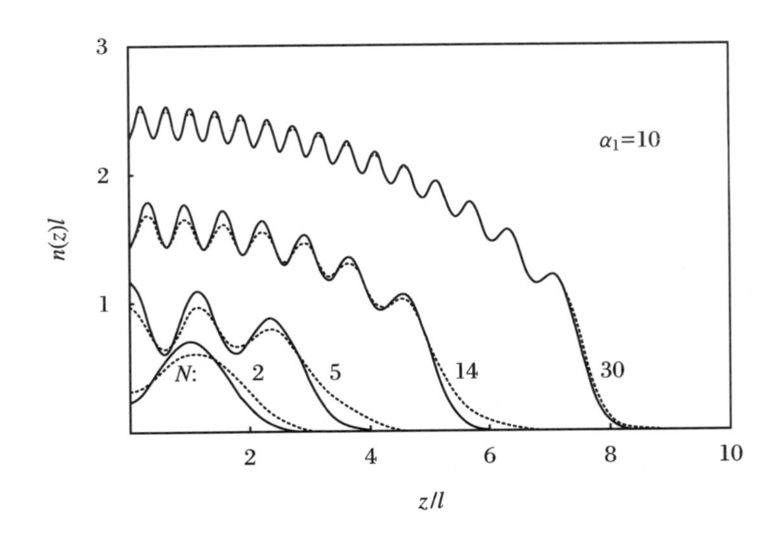

图 13.8.1　无量纲粒子密度 $n(z)l$(以振子长度的倒数 l 为单位)与离中心的无量纲距离 z/l 的关系. 具有主要背散射的粒子数为 N 的费米气体,捕获零温下的一维谐振势. 实线来自数值对角化,而虚线表示用玻色化方法计算的 Friedel 振荡. 相互作用强度为 $\alpha_1 = 10$. 小于 $N = 30$ 粒子数的偏差是由于存在反常真空,它强烈地耦合于实际粒子

导致较大的费米能量ϵ_F，此时物理上相关的能量区域$\epsilon \approx \epsilon_F$，较高的费米能量和Luttinger理论所要求的负能量填充的反常真空去耦合，所以人为引入的反常真空的影响变小，粒子密度和严格解相符.

我们总结一下一维费米气体的单粒子矩阵元的玻色化方法，当费米子的数量N较小或相互作用强度较大时，与精确的数值对角化结果有明显偏差.这种效果并不限于背散射，向前散射也会产生类似的结果.对于足够大的N，玻色化方法产生的结果是完全可以接受的.此时它远比其他任何数值方法更有效.

13.9 相互作用系数模型

单粒子矩阵元的结果(13.4.15)式包含三组相互作用系数：$\{\alpha_m\}$，$\{\gamma_m\}$和$\{V_c(m)\}$.前两组通过参数$V_c(m)$取决于基本相互作用系数ζ_m，来源于公式(13.3.13)，相互作用系数$V_c(m)$也直接出现在W_2中.为了得到矩阵元的明确结果，我们必须能够进行$\widetilde{W}_1$和$\widetilde{W}_2$的求和.这就需要对上述相互作用系数的m依赖性建立模型.

定义$\widetilde{V}_c \equiv V_c/(\hbar\omega_l)$，$\alpha_m$的一个明确形式是

$$\alpha_m = -\frac{\widetilde{V}_c(m)}{2\sqrt{[1-\widetilde{V}_c(m)]^2}} \equiv \frac{1-K_m^2}{4K_m} \tag{13.9.1}$$

同样，中心耦合常数K_m根据

$$\gamma_m = \frac{(1-K_m)^2}{4K_m}, \quad \epsilon_m = \hbar\omega_l \frac{2K_m}{K_m^2+1} \tag{13.9.2}$$

决定了γ_m和重整的振子能量ϵ_m.按照Luttinger模型的程序，我们采用了指数衰减，因此我们做了如下假定：

$$\alpha_m = \alpha_0 \exp(-r_\alpha m/2) \tag{13.9.3}$$

和

$$\gamma_m = \gamma_0 \exp(-r_\gamma m) \tag{13.9.4}$$

$\widetilde{V}_c(m)$的符号不依赖于m，故α_m与γ_m的关系为

$$\alpha_m = -\operatorname{sgn}(\widetilde{V}_c)\sqrt{\gamma_m(1+\gamma_m)} \tag{13.9.5}$$

我们发现

$$\alpha_m = -\operatorname{sgn}(\widetilde{V}_c)\exp(-r_\gamma m/2)\sqrt{\gamma_0[1+\gamma_0\exp(-r_\gamma m)]} \tag{13.9.6}$$

假设 r_γ 非常小，$0 < r_\gamma \ll 1$，并且 m 的相关值服从 $m < 1/r_\gamma$，则(13.9.6)式导致的结果是

$$\alpha_m \approx \exp(-r_\gamma m/2)\alpha_0 \tag{13.9.7}$$

这里

$$\alpha_0 = -\operatorname{sgn}(\widetilde{V}_c)\sqrt{\gamma_0(1+\gamma_0)} \tag{13.9.8}$$

我们设

$$r_\alpha = r_\gamma \equiv r \tag{13.9.9}$$

另一组耦合参数直接通过 $\widetilde{W}_2$ 中的 ξ_{2m} 涉及背散射系数 $\widetilde{V}_c(m)$. 利用方程(13.3.16)和(13.3.18)，将方程(13.4.7)变为

$$\xi_{2m} = -\frac{\widetilde{V}_c(m)}{4m[1-\widetilde{V}_c(2m)]} \tag{13.9.10}$$

我们利用相互作用系数随 m 的缓慢衰减而缓慢衰减，将上式写为

$$\xi_{2m} = -\frac{1}{4m}\widetilde{V}_{\text{ceff}}\exp(-r_c m) \tag{13.9.11}$$

这里，另一个衰减常数 $r_c \ll 1$，且

$$\widetilde{V}_{\text{ceff}} \approx \frac{\widetilde{V}_c(1)}{1-\widetilde{V}_c(1)} \equiv \frac{1}{2}(K^2-1) \tag{13.9.12}$$

这给出了背散射函数的一个有用的结果(即(13.4.6)式)：

$$C(u) = -\frac{\widetilde{V}_{\text{ceff}}}{4}\sum_{m=1}^{\infty}\frac{1}{m}\exp[-m(2\mathrm{i}u+r_c)] = \frac{\widetilde{V}_{\text{ceff}}}{4}\ln[1-\exp(-r_c-2\mathrm{i}u)] \tag{13.9.13}$$

注意，一致性要求 $|\widetilde{V}_c| \leqslant 1$ 和 $K \geqslant 0$.

将(13.9.1)式中的 $\alpha(m)$ 与(13.9.10)式和(13.9.11)式相比较，可以得出

$$\alpha_m = -\widetilde{V}_{\text{ceff}}\exp(-r_c m)\left\{\frac{1-\widetilde{V}_c(2m)}{2\sqrt{1-\widetilde{V}_c^{\,2}(m)}}\right\} \tag{13.9.14}$$

抑制大括号中的弱 m 依赖性,即

$$\widetilde{V}_c(m) \rightarrow \widetilde{V}_c \tag{13.9.15}$$

允许做等式,则

$$r_c = \frac{r_\alpha}{2} = \frac{r}{2} \tag{13.9.16}$$

另外,利用

$$\alpha_0 \equiv - \frac{\widetilde{V}_c}{2\sqrt{1-\widetilde{V}_c^2}} \tag{13.9.17}$$

给出

$$\widetilde{V}_{\text{ceff}} = -2\sqrt{\frac{1+\widetilde{V}_c}{1-\widetilde{V}_c}}\alpha_0 \tag{13.9.18}$$

主要的耦合常数

$$K = \sqrt{\frac{1+\widetilde{V}_c}{1-\widetilde{V}_c}} \tag{13.9.19}$$

按照

$$\widetilde{V}_c = \frac{K^2-1}{K^2+1}, \quad \alpha_0 = -\frac{K^2-1}{4K}, \quad \gamma_0 = \frac{(K-1)^2}{4K}, \quad \epsilon = \hbar\omega_l \frac{2K}{K^2+1} \tag{13.9.20}$$

决定了所有相关的耦合和重整的能量.

只有两个参数 K 和 $r = r_\alpha = r_\gamma = 2r_c$ 保留下来. K 是根据(13.9.19)式,由物理的背散射强度 $\widetilde{V}_c(1) \equiv \widetilde{V}_c$ 决定的. 在第12章中,我们论证了 $r = 1/\sqrt{N}$ 是衰减常数合理的选择. 最后,我们注意到相互作用总是使重正化的激发能 ϵ 低于无相互作用的值 $\hbar\omega_l$.

13.10 大数极限

在精确表达式(13.4.15)中,矩阵元中的函数 $\widetilde{W}_1(s,t)$ 和 $f(s,t)$ 包含数量惊人的相互作用系数，这些系数都取决于指数 m. 为了进行估值，上一节中描述了一个相互作用系数的模型，它允许做所有的求和，且只用两个参数表示：主要耦合常数 K 和一个指定所有相互作用系数指数衰减的小量 $r \ll 1$. 按照第 12 章的介绍，我们采用 $r=1/\sqrt{N}$，使得只保留一个耦合常数 $K>0$. $K>1$ 对应于有吸引性相互作用，而 $0<K<1$ 对应于费米子之间的排斥. 类似的方法已用于 Luttinger 模型的理论中.

单粒子矩阵元的结果为

$$\begin{aligned}\langle \hat{c}^{\dagger}_{n-p}\hat{c}_{n+p}\rangle &= \frac{\delta_{p,0}}{2} - \int_{-\pi}^{\pi}\frac{\mathrm{d}t}{2\pi}\frac{\cos(pt)}{(1+Z_\alpha-\cos t)^{\alpha_0}} \\ &\cdot \int_{-\pi}^{\pi}\frac{\mathrm{d}s}{2\pi}\left\{\frac{\sin[(n-N+1/2)s-f(s,t)]}{2\sin(s/2)}\right\}\left[\frac{Z_\gamma}{(1+Z_\gamma-\cos s)}\right]^{\gamma_0} \\ &\cdot \{[1+Z_\alpha-\cos(t-s)][1+Z_\alpha-\cos(t+s)]\}^{\alpha_0/2}\end{aligned} \tag{13.10.1}$$

常数 Z_γ 和 Z_α 分别为

$$Z_\gamma = \cosh r_\gamma - 1 \to r^2/2,\quad Z_\alpha = \cosh(r_\alpha/2) - 1 \to r^2/8 \tag{13.10.2}$$

方程(13.10.1)中耦合依赖的常数为

$$\alpha_0 = \frac{1}{4K}(1-K^2),\quad \gamma_0 = \frac{1}{4K}(1-K)^2 \geqslant 0 \tag{13.10.3}$$

当背散射具有吸引性相互作用时，α_0 的符号为负. 此外，我们利用背散射在谐振约束的全同费米气体中占主导地位的事实，可知函数 f 是由方程(13.9.13)中的背散射贡献 $C(u)$ 决定的，即

$$\begin{aligned}f(s,t) &= 2\mathscr{I}[C(t/2-s/2)-C(t/2+s/2)] \\ &= \frac{1}{4}(1-K^2)\arctan\left[\frac{2q(\cos t - q\cos s)\sin s}{1-q^2-2q(\cos t - q\cos s)\cos s}\right]\end{aligned} \tag{13.10.4}$$

这里

$$q = \exp(-r/2) \to 1 - r/2 + r^2/8 \tag{13.10.5}$$

13.11 粒子密度和动量密度

粒子密度 $n(z)$ 是由(13.8.1)式和矩阵元公式(13.10.1)来计算的. 对于大 N 和中等

的耦合(K 为一的量级),阱内的粒子密度是由费米海内大量近乎填满的态主导的.然而,高于费米能级 $N_F = N-1$ 的态对 $n(z)$有很大的贡献,改变了 Friedel 振荡[19].这一点在图 13.11.1 中得到了证明.注意在图 13.11.1 中,使用了完整的表达式(13.10.1).

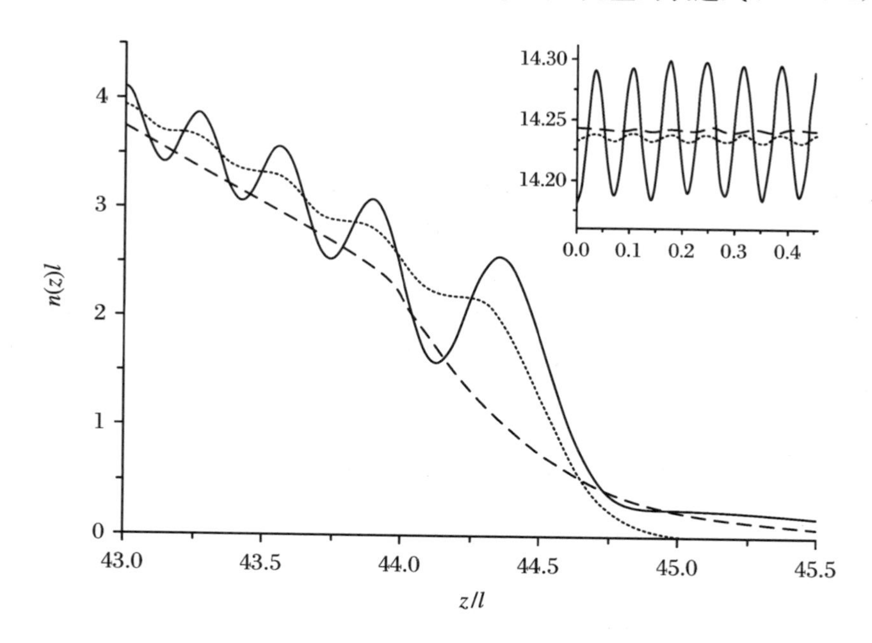

图 13.11.1　无量纲的粒子密度 $n(z)l$(单位为振子长度 l 的倒数)与经典边界 $L_F = l\sqrt{2N-1}$附近的无量纲距离 z/l 的关系.条件是:在零温下一维谐振势阱中,$N = 1000$ 个相互作用的无自旋费米子.点线表示未受微扰的 Friedel 振荡.强烈振荡的实线指的是 $K = 1/3$ 的排斥性相互作用,而虚线是指 $K = 3$ 的吸引性相互作用.插图显示的是势阱中心附近的密度,其中 Friedel 振荡的周期通常为 $\pi/k_F = \pi l/\sqrt{2N-1}$

由图可以看出,Friedel 振荡在排斥情况下得到了加强,而有吸引性相互作用时会抑制它们.在经典边界$|z|\approx L_F = l\sqrt{2N-1}$附近,振荡周期大于势阱内部的标准值 π/k_F,并且遵从于文献[1]中发现的无相互作用情况下的关系.此外,我们可以看到被微扰的密度在很大程度上延伸到了经典的禁戒区域.这种影响随着耦合强度的增加($K\gg1$ 或 $K\ll1$)变得更强.动量密度分布由以下公式给出:

$$p(k) = l^2\sum_{n=0}^{\infty}\sum_{p=-n}^{n}(-1)^p\psi_{n-p}(k\,l^2)\psi_{n+p}(kl^2)\langle\hat{c}^{\dagger}_{n-p}\hat{c}_{n+p}\rangle \qquad (13.11.1)$$

由此可以看出,只要单粒子矩阵元的对角近似是合理的,$p(k)$在形状上就与密度分布 $n(z)$相同,这对适度的吸引耦合来说事实上就是这样的.

通过第 11 章可知，Friedel 振荡在 $n(z)$ 和 $p(k)$ 中的行为是相反的. 吸引性相互作用在动量密度中增加，在粒子密度中减少，排斥性相互作用则反之. 相应的效果见下一节要讨论的 Wigner 函数.

13.12 Wigner 函数

用局域产生算符和湮灭算符 $\hat{\psi}^{\dagger}(z)$ 和 $\hat{\psi}(z)$，多费米子系统的静态 Wigner 函数是由

$$W(z,k)=\int_{-\infty}^{+\infty}\mathrm{d}\zeta\mathrm{e}^{-\mathrm{i}k\zeta}\langle\hat{\psi}^{\dagger}(z-\zeta/2)\hat{\psi}(z+\zeta/2)\rangle \tag{13.12.1}$$

给出的. 一维两组分费米气体的 Wigner 函数，以及两组分之间的向前散射是在前面几章研究的. 若转化为振子表示，则可以得到

$$W(z,k)=\sum_{m,n=0}^{\infty}\langle\hat{c}_m^{\dagger}\hat{c}_n\rangle f_{mn}(z,k) \tag{13.12.2}$$

展开系数 f_{mn} 为

$$f_{mn}(z,k)=\int_{-\infty}^{+\infty}\mathrm{d}\zeta\mathrm{e}^{-\mathrm{i}k\zeta}\psi_m(z-\zeta/2)\psi_n(z+\zeta/2)=f_{nm}(z,-k) \tag{13.12.3}$$

这些都是由广义的拉盖尔(Laguerre)多项式($n\geqslant m$)明确给出的.

$$\begin{aligned}f_{mn}(z,k)=&2(-1)^m(2^{n-m}m!/n!)^{1/2}(z/l-\mathrm{i}kl)^{n-m}\\&\cdot\exp(-z^2/l^2-k^2l^2)\mathrm{L}_m^{(n-m)}(2z^2/l^2+2k^2l^2)\end{aligned} \tag{13.12.4}$$

值得注意的是，单粒子矩阵元可以从 Wigner 函数完全重构：

$$\langle\hat{c}_m^{\dagger}\hat{c}_n\rangle=\frac{1}{2\pi}\int_{-\infty}^{+\infty}\mathrm{d}z\mathrm{d}k\,f_{nm}(z,k)W(z,k) \tag{13.12.5}$$

因此，Wigner 函数等同于全部的单粒子矩阵元. 我们在图 13.12.1(a)和图 13.12.1(b)中展示了 Wigner 函数对于排斥性相互作用的一个例子.

在接近经典转折点时，Friedel 振荡的振幅有所增加，这一点在无相互作用的情况下已经讨论过.

忽略(13.12.2)式中的非对角矩阵元，会给出 $W(z,k=0)=W(z=0,k\to z/l^2)$. 图 13.12.1(a)和图 13.12.1(b)之间的显著差异来自非对角矩阵元，这与排斥性相互作用特

别相关.相对于势阱中心的静态对关联函数

$$C(z,z'=0)\equiv\langle\hat{\psi}^{\dagger}(z)\hat{\psi}(z'=0)\rangle=\frac{1}{2\pi}\int_{-\infty}^{\infty}\mathrm{d}k\mathrm{e}^{-\mathrm{i}kz}W(z/2,k)\qquad(13.12.6)$$

以及多粒子系统的其他单粒子性质也都包含在 Wigner 函数中.

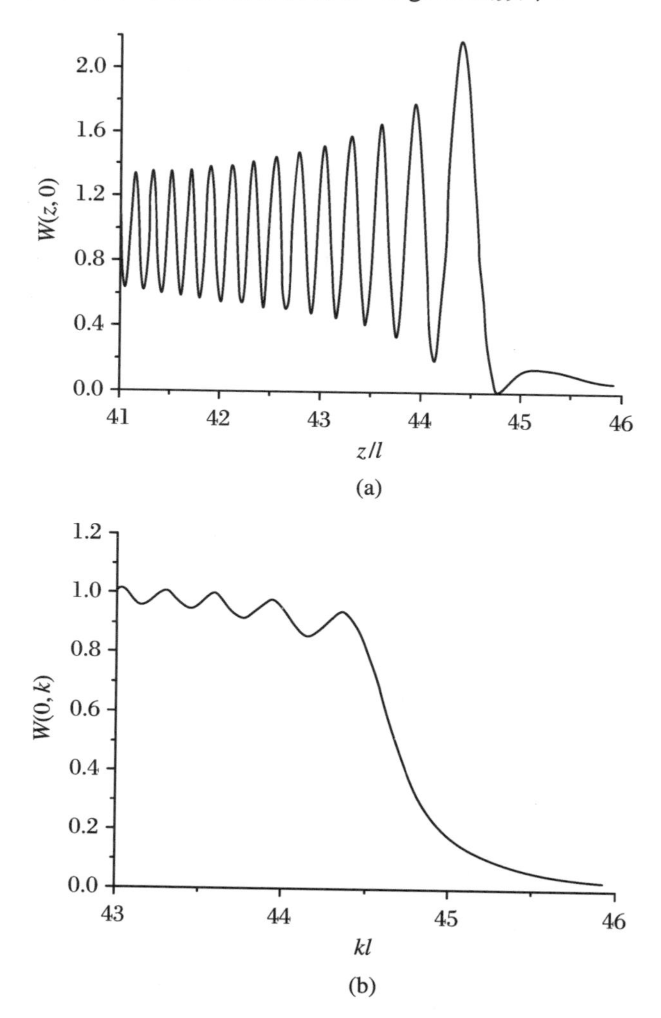

图 13.12.1 相空间中的 Friedel 振荡.条件是:$N=1000$,在一维谐振势阱中,零温下的无自旋费米子的维格纳函数.在图(a)中,截面 $W(z,k=0)$ 与无量纲距离 z/l 的关系图,显示的是在经典转折点 $L_F=l\sqrt{2N-1}$周围的区域.在图(b)中,显示了相应函数 $W(z=0,k)$ 与无量纲动量 kl 的关系.注意,振荡幅度在经典边界附近增加.该图指的是一个排斥性相互作用,$K=1/3$.排斥性相互作用在空间方向上增强 Friedel 振荡,但在动量方向上抑制它们

中心对关联函数(13.12.6)式显示在图 13.12.2 中.值得注意的是,势阱中心的波长的内禀周期是 Friedel 振荡的 2 倍.也就是说,$\lambda = 2\pi/k_F$.事实上,只要 $N=2M$ 很大,并且 z 被限制在势阱中心($|z| \ll L_F$),无相互作用费米子的中心对关联函数将由以下公式给出:

$$C_0(z,z'=0) = \frac{1}{l\sqrt{\pi}} e^{-z^2/(2l^2)} \left[\sum_{n=0}^{M} (-1)^n \frac{H_{2n}(z/l)}{4^n n!} \right] \to \frac{\sin(k_F z)}{\pi z} \quad (13.12.7)$$

我们期望相互作用根据

$$C(l \ll z \ll L_F, z'=0) \propto \frac{\sin(k_F z)}{l(z/l)^{\alpha_C}} \quad (13.12.8)$$

调整公式(13.12.7),即关联函数的异常维度为 $\alpha_C = 1 + 2\gamma_0 = (K+1/K)/2$,就像在 Luttinger 液体中一样,这一点可通过图 13.12.2 中显示的包络来验证.

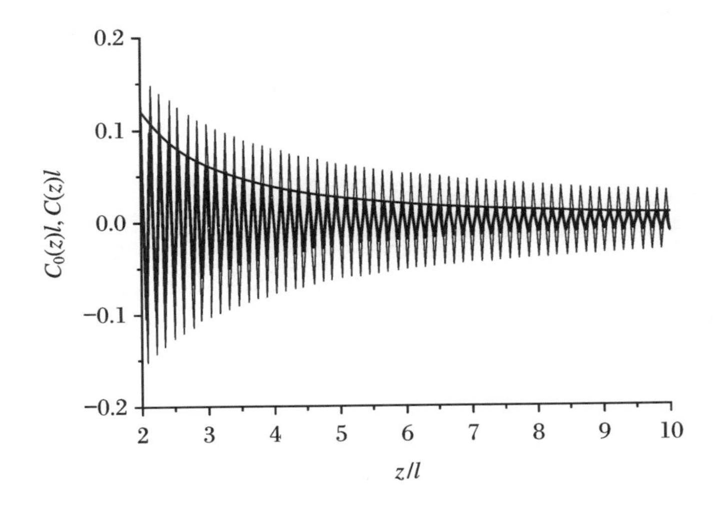

图 13.12.2 无量纲关联函数 $C_0(z,z'=0)l$ 和 $C(z,z'=0)l$(以振子长度 l 的倒数为单位)与离势阱中心的无量纲距离 z/l 的关系.条件是:$N=1000$,零温下的无自旋费米子.细线显示无相互作用函数 C_0,而粗线给出了 $K=3$ 的吸引作用的 C,振荡周期是 Friedel 振荡的 2 倍.整条曲线的包络显示异常维度 $(K+1/K)/2$ 的幂律衰减

因此,相互作用系统的关联函数 C 衰减得比 C_0 更快,而且这种效应在 $K \to 1/K$ 下是不变的.

以上分析表明,背散射主导受限于谐振势阱中的全同一维费米子之间的相互作用,这一事实使得有必要将背散射纳入玻色化的方法中.这一点可以通过压缩变换

((13.3.9)式)加上位移变换来实现((13.3.11)式).这改变了(事实上是复杂化了)(13.4.15)式中的单粒子矩阵元,也改变了正弦函数中的参数.这种改变破坏了对称性:

$$\langle \hat{c}^{\dagger}_{2N-1-n-p}\hat{c}_{2N-1-n+p}\rangle = \delta_{p,0} - \langle \hat{c}^{\dagger}_{n-p}\hat{c}_{n+p}\rangle \tag{13.12.9}$$

为了估算这个新的结果,我们引入了一个类似于 Luttinger 模型时引入的简化相互作用系数形式,它只使用一个耦合常数 K.当 $K=1$ 时,对应于无相互作用的情况;当 $K>1$ 时,对应于吸引性相互作用.对于 K 接近于 1 的值,零温下的费米面已经被相互作用大大光滑化了,这种效应在更强的耦合中变得更加明显.

我们研究的各种耦合强度下的粒子和动量密度,以及相空间中的 Friedel 振荡是这些量的特征,当耦合强度增加时,它逐渐扩展到经典的禁止区域.结果证实了早先的一个发现,即吸引性相互作用减少了实空间中的 Friedel 振荡振幅,而排斥性相互作用则增强了它.在动量空间中,Friedel 振荡的行为是相反的.

最后,我们计算了中心对关联函数.势阱中心的对关联函数的基本周期为 $2\pi/k_{\mathrm{F}}$,与 Friedel 振荡的周期 π/k_{F} 相反.相互作用并不影响这些基本的周期性:即使是粒子密度在经典边界附近的 Friedel 周期的增加,也是由无相互作用的理论正确给出的.然而,相互作用会改变势阱内关联函数的幂律衰减.我们的数值结果与

$$\alpha_C = \frac{K + 1/K}{2} \tag{13.12.10}$$

即阱内相关的异常维度 α_C 相符合,与 Luttinger 液体的预测一致.

我们还估算了玻色化方法的有效性,将其结果与那些在费米子希尔伯特空间的直接对角化的结果进行了比较.

第 14 章

受限一维相互作用费米气体的 Friedel 振荡

Friedel 振荡是当平移不变性被打破时简并费米气体的一个主要特征. 通常情况下, 杂质是其原因. 然而, 边界也可能是 Friedel 振荡的原因. Friedel 振荡的空间周期为 $\lambda_F = \pi/k_F$, 其中 k_F 是费米波数. 这种效应在一个空间维度上特别明显, 因为这时的磁化系数 (susceptibility) 在 $2k_F$ 处由于完全嵌套而变得对数奇异.

从硬墙之间的一维费米子理论中知道, 相互作用改变了远离边界的 Friedel 振荡的衰减. 在本章中, 我们将研究零温下的 Friedel 振荡, 分别针对 s 波散射被禁止时自旋极化的单组分系统以及两组分系统, 应用限制在一维谐振势阱里的相互作用的费米原子 ($N \gg 1$) 模型, 这个模型可以被称为"谐振受限的 Tomonaga-Luttinger 模型", 方法类似于使用玻色化的 Luttinger 模型, 它是解析可解的, 目前的模型比 Luttinger 模型更简单, 因为它只有一个(非手性的)分支, 而不是 Luttinger 模型的两个手性分支, 与后者的两个手性分支相反, 后者的手性分支是由连续能带的人为劈裂而产生的.

研究发现, 在经典边界附近, Friedel 振荡衰减的方式与有界 Luttinger 液体 (boundary Luttinger liquid, BLL) 的已知结果不同. 它也不同于无限强的钉扎杂质的结果, 该杂质在讨论问题的标度下可作为一个不变的硬墙势.

因为谐振势阱中的费米子密度($N\gg1$)可以近似分为缓慢变化的部分和描述 Friedel 振荡的部分,所以这使得计算成为可能.这两部分都涉及一个特定的相位算符,对于它,自由场论是可用的.

在现实的费米气体中,Friedel 振荡很难在实验中观察到,至少有两个原因:一是一维 Friedel 振荡中的总质量是一个原子的数量级[1],尽管排斥性相互作用增加了它们的权重,但其量级对观测来讲仍太小;二是温度如果不满足 $k_BT<\hbar\omega_l$,其中 ω_l 是纵向势阱频率[22],其效应会使振荡 Friedel 模糊不清.但只要这样的超低温度可以实现,就可以设想使用一个短的微阱阵列,每个微阱都填充少量原子(从而避免了不稳定性),每个势阱内的振荡叠加起来导致总的效果并随着势阱数量的增加而增强.利用微观制造技术,应该可以在一个基底上结合 100 个势阱,从而使信号可被先进的成像技术探测到.

14.1 谐振受限的 Tomonaga-Luttinger 模型

我们先对用于本计算的模型做一个简短的回顾,从一个一维自旋极化费米子之间有效的二体相互作用开始,即

$$\hat{V}=\frac{1}{2}\sum_{mnpq}V(m,p;q,n)(\hat{c}_m^{\dagger}\hat{c}_q)(\hat{c}_p^{\dagger}\hat{c}_n)\tag{14.1.1}$$

费米子的产生算符和湮灭算符 $\hat{c}_m^{\dagger}$ 和 $\hat{c}_q$ 是以谐振子的波函数为基的.因此,可把谐振势阱的拓扑结构准确地表示出来.

如果只保留费米子二体相互作用算符中可以用密度涨落算符 $\hat{\rho}(m)=\sum_p\hat{c}_{p+m}^{\dagger}\hat{c}_p$ 来表达的部分,那么可得到唯一确定的相互作用费米子哈密顿量.它们是

$$\begin{aligned}V(m,p;q,n)\rightarrow\ &V_a(|q-m|)\delta_{m-q,n-p}+V_b(|q-m|)\delta_{q-m,n-p}\\&+V_c(|q-p|)\delta_{m+q,n+p}\end{aligned}\tag{14.1.2}$$

相互作用矩阵元 $V_a(m)$,$V_b(m)$和 $V_c(m)$分别对应于 Luttinger 模型中的耦合函数 $g_4(p)$,$g_2(p)$和 $g_1(p)$.V_a 和 V_b 描述向前散射,V_c 描述 $2k_F$(背)散射.在文献[20]中,已表明保留的矩阵元在大 N 时占主导地位,这与势阱中碰撞时的近似动量守恒有关.

下一步,利用自由谐振子态的线性色散和增加反常真空,将原来的费米子哈密顿量

用正则共轭的玻色算符 $\hat{d}$ 和 $\hat{d}^\dagger$ 表示，这符合克勒尼希(Kronig)恒等式[23]. 这就给出了哈密顿量的玻色形式为

$$\begin{aligned}\widetilde{H} = & \frac{1}{2}\hbar\omega_l\sum_{m>0} m(\hat{d}_m\hat{d}_m^\dagger + \hat{d}_m^\dagger\hat{d}_m) - \frac{1}{2}\sum_{m>0} V_c(m)m(\hat{d}_m^2 + \hat{d}_m^{\dagger 2}) \\ & + \frac{1}{2}\sum_{m>0} V_c(m)\sqrt{2m}[\hat{d}_{2m} + \hat{d}_{2m}^\dagger] \\ & + \frac{1}{2}\sum_{m>0} V_a(m)m(\hat{d}_m\hat{d}_m^\dagger + \hat{d}_m^\dagger\hat{d}_m) + \frac{1}{2}\sum_{m>0} V_b(m)m(\hat{d}_m^2 + \hat{d}_m^{\dagger 2})\end{aligned} \tag{14.1.3}$$

方程(14.1.3)是单组分费米气体的版本，即自旋极化的费米子. 如前所述，通常情况下，剩余的“p 波”相互作用是很小的，虽然费希巴赫(Feshbach)共振可以使它变得相关.

对于简化的相互作用，哈密顿量是可积的. 在 Luttinger 唯象理论的意义上，我们期望 Friedel 振荡在零温下和 $N\gg 1$ 的边界指数与二体相互作用的细节无关. 这里强调一下，非均匀的谐振势阱已完全考虑进去了.

在单组分系统中，背散射占主导地位，如下文所示. 如果接受这一点，我们的方法的有效性可以通过费米子希尔伯特空间的微扰理论，以及精确的数值对角化进行解析验证.

14.2 单组分气体背散射

对于单组分情况，只有一个分支导致对相互作用系数 V_a 和 V_b 的限制，它们的贡献与 V_c 相比是很小的[20]. 这可以通过使用 WKB 波函数(参见下面的方程(14.4.4))计算 $V(m,p;q,n)$来证明这一点，从一维的有效“p 波”势开始

$$V(z) = V_p a_p^3 \partial_z^2 \delta(z) \tag{14.2.1}$$

对于$(m,n,p,q)=O(N)\gg 1$，可获得

$$\begin{aligned}V(m,p;q,n) &= \int \mathrm{d}z\mathrm{d}z'\psi_m(z)\psi_q(z)V(z-z')\psi_p(z')\psi_n(z') \\ &= V_p a_p^3\int \mathrm{d}z\psi_m(z)\psi_q(z)\partial_z^2\{\psi_p(z)\psi_n(z)\}\end{aligned}$$

$$\rightarrow \frac{4\sqrt{2N}\alpha^3 a_p^3 V_p}{\pi^2} F(s) \tag{14.2.2}$$

这里

$$F(s) \equiv \frac{\cos^2(\pi s/2)}{s^2-1}, \quad s \equiv m+q-p-n \tag{14.2.3}$$

因此,(14.1.2)式中的每个背散射项都属于 $s=0$ 的主导性贡献,而 $V_{a,b}$ 型只有一些项才属于这种贡献,因此背散射占主导地位.相互作用系数 $V_c = V_c(1)$ 可以表示为

$$V_c = -\frac{2}{\pi^2} k_F a_p \left(\frac{V_p}{\dfrac{\hbar^2}{2m_A a_p^2}} \right) \hbar\omega_l \tag{14.2.4}$$

14.3 单粒子算符和相位场

方程(14.1.3)右边的第三个贡献项代表单粒子算符 $\hat{V}_1$,它来自方程(14.1.1)中重新排列的算符,以使背散射表示成密度涨落算符的双线性形式.正如文献[24]中指出的那样,单粒子算符在有界 Luttinger 液体中被忽略了,虽然它不改变边界指数,但对其他性质有定量的影响,$\hat{V}_1$ 在目前模型中已得到完全考虑.

对于方程(14.1.3),模型关键的无量纲耦合常数和重正化能级间距由以下公式分别给出:

$$K_m \equiv \sqrt{\frac{\hbar\omega_l + V_a(m) - [V_b(m) - V_c(m)]}{\hbar\omega_l + V_a(m) + [V_b(m) - V_c(m)]}},$$
$$\epsilon_m \equiv \sqrt{[\hbar\omega_l + V_a(m)]^2 - [V_b(m) - V_c(m)]^2} \tag{14.3.1}$$

为简单起见,我们应注意 K 和 ϵ 对 m 的依赖性在一些情况下会被抑制. $V_a(m) \rightarrow V_a$,意味着在单组分理论中没有由于这个矩阵元而产生的相互作用效应,并且 V_a 严格为 0,而 V_b 可以忽略不计,即关键的耦合常数为

$$K = \sqrt{\frac{\hbar\omega_l + V_c}{\hbar\omega_l - V_c}}, \quad \epsilon = \sqrt{(\hbar\omega_l)^2 - V_c{}^2} \tag{14.3.2}$$

这里，V_c 由方程(14.2.4)给出.

在某些物理量中，特别是在下面计算的均方相位涨落中，忽略对 m 的依赖性会导致不一致，因为稳定性要求耦合常数 K_m 在大 m 时接近 1. 与 Luttinger 模型类似，我们近似写下

$$K_m = 1 + (K - 1)\exp(-mr) \tag{14.3.3}$$

对 r 的估计是 $R/L_F \ll 1$. 其中，R 是相互作用的空间范围.

假设相互作用矩阵元的指数衰减相同，即

$$V_c(m) = V_c e^{-mr} \quad (r \ll 1) \tag{14.3.4}$$

单粒子算符可以重新写为

$$\hat{V}_1 = \frac{1}{4\pi} V_c \int_{-\pi}^{\pi} du \left(\frac{e^{-r+2iu}}{1 - e^{-r+2iu}} + \frac{e^{-r-2iu}}{1 - e^{-r-2iu}} \right) \partial_u \hat{\phi}_{\text{odd}}(u) \tag{14.3.5}$$

具有的相位场为

$$\begin{aligned} \hat{\phi}_{\text{odd}}(u) &\equiv \frac{1}{2}[\hat{\phi}(u) + \hat{\phi}^\dagger(u) - \hat{\phi}(-u) - \hat{\phi}^\dagger(-u)] \\ &= \sum_{n=1}^{\infty} \sqrt{\frac{e^{-n\eta}}{n}} \sin(nu)(\hat{d}_n + \hat{d}_n^\dagger) \end{aligned} \tag{14.3.6}$$

且 $\hat{\phi}$ 是玻色化的相算符[11]，故

$$\hat{\phi}(u) \equiv -i \sum_{n=1}^{\infty} \frac{1}{\sqrt{n}} e^{in(u+i\eta/2)} \hat{d}_n \tag{14.3.7}$$

在对角化方程(14.1.3)中，单粒子算符贡献了一个 C 数位移，而这个位移是由新的相位算符来处理的，即

$$\hat{\Phi}(u) = \hat{\phi}_{\text{odd}}(u) + b(u) \tag{14.3.8}$$

这里

$$b(u) = i \frac{KV_c}{4\epsilon} \ln\left(\frac{1 - e^{-r+2iu}}{1 - e^{-r-2iu}} \right) \tag{14.3.9}$$

与 $\hat{\phi}_{\text{odd}}$ 相比，在算符 $\hat{f}$ 和 $\hat{f}^\dagger$ 中，新相位场 $\hat{\Phi}$ 是均匀的，是哈密顿量的对角化：$\hat{H} = \sum_m m\epsilon_m \hat{f}_m^\dagger \hat{f}_m$ + 零模贡献. 零模在目前情况下没有起到任何作用.

用在对角化算符表示的相位场 $\hat{\Phi}$ 为

$$\hat{\Phi}(u) = \sum_{m=1}^{+\infty} \sqrt{\frac{K_m}{m}} \mathrm{e}^{-m\eta/2} \sin mu(\hat{f}_m + \hat{f}_m^\dagger) \tag{14.3.10}$$

14.4 谐振势中密度算符的分解

$\hat{\rho}(z)$是 Fock 空间中谐振势阱的费米子密度算符,即

$$\hat{\rho}(z) = \sum_{m=0,n=0}^{+\infty} \psi_m(z)\psi_n(z)\hat{c}_m^\dagger \hat{c}_n \tag{14.4.1}$$

使用文献[11]中的辅助场方法将 $\hat{\rho}(z)$玻色化,则

$$\hat{c}_m^\dagger \hat{c}_n = \int_0^{2\pi}\int_0^{2\pi} \frac{\mathrm{d}u\mathrm{d}v}{4\pi^2} \mathrm{e}^{\mathrm{i}(mu-nv)} \frac{\mathrm{e}^{-\mathrm{i}(N-1)(u-v)}}{1-\mathrm{e}^{-\eta+\mathrm{i}(u-v)}}$$
$$\cdot \exp\{-\mathrm{i}[\hat{\phi}^\dagger(u) - \hat{\phi}^\dagger(v)]\}\exp\{-\mathrm{i}[\hat{\phi}(u) - \hat{\phi}(v)]\} \tag{14.4.2}$$

意味着投影到了 N 费米子的子空间:$\hat{\rho}(z)\to\hat{\rho}_N(z)$. 我们将从 $\hat{\rho}_N(z)$中提取一个缓慢变化的部分和一个与 Friedel 振荡有关的部分. 在玻色化之后,$\hat{\rho}_N(z)$由以下公式给出:

$$\hat{\rho}_N(z) = \int_{-\pi}^{\pi} \frac{\mathrm{d}u\mathrm{d}v}{4\pi^2} \frac{\mathrm{e}^{-\mathrm{i}(N-1)(u-v)}}{1-\mathrm{e}^{-\eta+\mathrm{i}(u-v)}} \mathrm{e}^{-\mathrm{i}\hat{\phi}^\dagger(u)+\mathrm{i}\hat{\phi}^\dagger(v)} \mathrm{e}^{-\mathrm{i}\hat{\phi}(u)+\mathrm{i}\hat{\phi}(v)}$$
$$\cdot \left[\sum_{m=0,n=0}^{\infty} \psi_m(z)\psi_n(z)\mathrm{e}^{\mathrm{i}mu-\mathrm{i}nv}\right] \tag{14.4.3}$$

这里,η 是一个正的无穷小. 使用谐振势阱的形状因子 $Z(z)=\sqrt{1-z^2/L_\mathrm{F}^2}$,其中,$2L_\mathrm{F}=2l\sqrt{2N-1}$是费米海的半经典范围. 对于 $N\gg1$,谐振子的波函数 ψ_m 可以通过 WKB 形式($\alpha=1/l$,其中 l 为振子长度)近似为

$$\psi_m(z) \to \left(\frac{2\alpha^2}{\pi^2 m Z^2(z)}\right)^{1/4} \cos\left(\int_0^z \mathrm{d}x k_m(x) - \frac{\pi m}{2}\right) \tag{14.4.4}$$

快速振荡的相位因子为 $\exp[-\mathrm{i}(N-1)(u-v)]$,故围绕费米面的展开有

$$k_m(z) = \alpha\sqrt{2m+1-\alpha^2 z^2} \approx k_\mathrm{F} Z(z) + \frac{\tilde{m}}{L_\mathrm{F} Z(z)}$$

$$k_F = \alpha\sqrt{2N-1}, \quad m = N-1+\widetilde{m} \tag{14.4.5}$$

和

$$\begin{aligned}\int_0^z \mathrm{d}x k_m(x) &\approx \frac{k_F}{2}\left\{zZ(z) + L_F\arcsin\frac{z}{L_F}\right\} + \widetilde{m}\arcsin\frac{z}{L_F}\\ &\equiv k_F\tilde{z}(z) + \widetilde{m}\arcsin\frac{z}{L_F}\end{aligned} \tag{14.4.6}$$

上式是合理的，因为它将补偿这个因子. 明确地说，$\tilde{z}(z)$由以下公式给出：

$$\begin{aligned}2k_F\tilde{z}(z) &= k_F Z(z)z + k_F L_F\arcsin\frac{z}{L_F}\\ &= k_F Z(z)z + (2N-1)\arcsin\frac{z}{L_F}\end{aligned} \tag{14.4.7}$$

我们考虑方程(14.4.3)中对 m 的求和. 将 $\widetilde{m}(m = N-1+\widetilde{m})$的求和扩展到 $-\infty$，并将 $m = N$ 设定为对相位不敏感的项，则可以得到渐进的展开为

$$\begin{aligned}\sum_{m=0}^{\infty}\psi_m(z)\mathrm{e}^{\mathrm{i}mu} \to &\left(\frac{2\pi^2\alpha^2}{NZ^2(z)}\right)^{1/4}\mathrm{e}^{\mathrm{i}(N-1)u}\\ &\cdot\left\{\mathrm{e}^{\mathrm{i}k_F\tilde{z}(z)-\mathrm{i}\pi(N-1)/2}\left(1-\mathrm{i}\frac{\partial_u}{N}\right)^{-1/4}\delta(u+u_0(z))\right.\\ &\left.+\mathrm{e}^{-\mathrm{i}k_F\tilde{z}(z)+\mathrm{i}\pi(N-1)/2}\left(1-\mathrm{i}\frac{\partial_u}{N}\right)^{-1/4}\delta(u-u_0(z))\right\}\end{aligned} \tag{14.4.8}$$

值得注意的是，核心的态在(14.4.8)式的展开中没有得到适当的体现. 因此，我们不能获得关于平均密度算符的正确信息. 为此，我们将只保留波动部分 $\hat{\rho}_N \to \delta\hat{\rho}$，这是这里的主要兴趣所在.

将这种展开应用于方程(14.4.3)，我们发现 ∂_u/N 的最低阶中

$$\delta\hat{\rho}(z) = \frac{1}{\pi}\partial_z\hat{\phi}_{\mathrm{odd}}(u_0(z)) - \frac{(-1)^N}{\pi\eta L_F Z(z)}\cos 2[k_F\tilde{z}(z) + \hat{\phi}_{\mathrm{odd}}(u_0(z))] \tag{14.4.9}$$

由此发现 $\hat{\phi}_{\mathrm{odd}}(u)$的相位场与方程(14.3.6)相同. 这个相算符 $\hat{\phi}_{\mathrm{odd}}$在本研究中起着核心作用.

密度算符(14.4.9)式由涉及相算符 $\hat{\phi}_{\mathrm{odd}}$的两部分组成：一个表示缓慢的空间密度变化的梯度项和一个描述 Friedel 振荡的快速振荡项 $\delta\hat{\rho}_F$. 这种结构在 Luttinger 模型的理论中是众所周知的. 在后者的情况下，相位算符的参数是空间坐标. 然而在目前的情况下，相位算符中空间坐标 z 和变量 $u_0(z)$之间存在非线性关系，即

$$u_0(z) = \arcsin\frac{z}{L_F} - \frac{\pi}{2} \tag{14.4.10}$$

这反映了谐振势阱的拓扑.此外,预先并不清楚在受限的情况下相位算符的正确结构是什么.我们的计算给出的答案是方程(14.3.6)的形式.

14.5 Friedel 振荡和边界指数

为了在相互作用的基态中计算 Friedel 振荡$\langle\delta\hat{\rho}_F(z)\rangle_0$,我们采用了 Wick 定理,

$$\langle e^{i\hat{\Phi}}\rangle = \exp\left(-\frac{1}{2}\langle\hat{\Phi}^2\rangle\right) \tag{14.5.1}$$

利用相位算符 $\hat{\Phi}$ 即方程(14.3.10)的均匀结构,得

$$\langle\cos 2[k_F\tilde{z}(z) - b(u_0(z)) + \hat{\Phi}(u_0(z))]\rangle_0 = \cos 2[k_F\tilde{z}(z) - b(u_0(z))]e^{-2\langle\hat{\Phi}(u_0(z))^2\rangle_0} \tag{14.5.2}$$

相对于基态的均方平均值变为

$$\langle\hat{\Phi}(u)^2\rangle_0 = \sum_{m=1}^{\infty}\frac{\sin^2(mu)}{m}[e^{-m\eta} + (K-1)e^{-mr}] \tag{14.5.3}$$

这导致

$$\begin{aligned}\langle\hat{\Phi}(u)^2\rangle_0 = &-\frac{1}{2}\ln\eta - \frac{1}{2}(K-1)\ln r - \frac{1}{4}\ln[\mathscr{D}(2u+i\eta)\mathscr{D}(-2u+i\eta)]\\ &-\frac{1}{4}(K-1)\ln[\mathscr{D}(2u+ir)\mathscr{D}(-2u+ir)]\end{aligned} \tag{14.5.4}$$

这里,利用简写

$$\mathscr{D}(s) \equiv \frac{1}{1-e^{is}} \tag{14.5.5}$$

则最终获得

$$\exp\{-2\langle\hat{\Phi}(u)^2\rangle_0\} = \eta r^{K-1}2^{-K/2}\frac{[(1+e^{-2r})/2 - e^{-r}\cos(2u)]^{(1-K)/2}}{[(1+e^{-2\eta})/2 - e^{-\eta}\cos(2u)]^{1/2}} \tag{14.5.6}$$

考虑 $r\ll 1,\eta\to 0+$,且

$$\cos(2u_0(z)) = 2\left(\frac{z}{L_F}\right)^2 - 1 \tag{14.5.7}$$

导致在极限 $L_F-|z|\gg r^2L_F/8$ 下的 Friedel 振荡结果为

$$\langle\delta\hat{\rho}_F(z)\rangle_0 = -\frac{(-1)^N}{2\pi L_F}\left(\frac{r}{2}\right)^{K-1}\frac{\cos 2[k_F\tilde{z}(z)-b(u_0(z))]}{Z(z)^{K+1}} \tag{14.5.8}$$

由此可以看出,对于吸引性相互作用,$K>1$,减少 Friedel 振荡;对于排斥性相互作用,$K<1$,在任何 $|z|<L_F$ 的位置都会增加它们.通过比较方程(14.3.9)和(14.4.7)可以看出,除了在耦合极强时,方程(14.5.8)中的背散射相移是一个小的修正.

值得注意的是,在相互作用消失的时候,耦合常数 K 趋于 1,$b(u_0(z))$趋于 0.这回答了文献[1]中提出的一个问题:在谐振势中,自由 Friedel 振荡在边界附近包络的发散性具有猜想的边界指数 $K_0=1$.对于 $|z|\ll L_F$,即在势阱内部,我们可以得到自由 Friedel 振荡为

$$\langle\delta\hat{\rho}_F(z)\rangle_{00} = -\frac{(-1)^N}{2\pi L_F}\cos(2k_Fz) \tag{14.5.9}$$

与文献[1]中的相应结果一致,该结果是通过无相互作用费米子的精确粒子密度的渐进展开而得到的.

回到相互作用的情况,并专门研究经典边界附近的区域,其中

$$Z^2(z)\to 2(1-|z|/L_F) \tag{14.5.10}$$

Friedel 振荡远离这些经典转折点的衰减边界指数为

$$\nu = (K+1)/2 \tag{14.5.11}$$

与此相反,在一个组分的情况下,有界 Luttinger 液体的相应结果是 $\nu_{BLL}=K$[25].与有界 Luttinger 液体相比,目前的软边界会导致排斥性相互作用的衰减减慢,这种情况对吸引性相互作用是相反的.

14.6 势阱参数的依赖性

我们讨论了势阱参数如何影响边界指数的值和 Friedel 振荡的振幅问题,考虑了

$k_F=\sqrt{m_A\omega_l(2N-1)/\hbar}$,根据方程(14.2.4),关键的耦合常数 K 取决于纵向谐振频率 ω_l 和粒子数 N.

势阱变得更浅,即 ω_l 减少,N 保持不变.在这种情况下,相互作用变得无关紧要,K 趋于1.因为方程(14.5.8)中的振幅与 $1/L_F\propto\sqrt{\omega_l}$ 成正比,Friedel 振荡在巨大的势阱内的所有地方都消失了,正如预期的那样.然而,它们仍然向边界处增加,因为势阱的拓扑结构对于所有非零的 ω_l 都是持续存在的.

一种热力学极限的定义是使 $\omega_l\propto 1/N$ 和 N 足够大,使得费米波数减少,从而 $\tilde{V}_c$ 和 $K\neq 1$ 保持不变.再一次,方程(14.5.8)中的前置因子抑制了势阱内各处的 Friedel 振荡.有趣的是,在大而有限的 N 时,与排斥的情况相比,当相互作用是吸引力时,Friedel 振荡的振幅在接近势阱边界处增加得更快.

14.7 两组分的边界指数

现在为两个组分发展相应的理论.例如,捕获同一个费米原子的两个不同的超精细组分.我们假设质量相等和捕获频率相等,后者的假设是在超精细情况下的近似.质量和组分的局域密度分别为

$$\begin{aligned}\hat{\rho}(z)&\equiv\sum_{m=0,n=0}^{\infty}\psi_m(z)\psi_n(z)[\hat{c}_{m+}^{\dagger}\hat{c}_{n+}+\hat{c}_{m-}^{\dagger}\hat{c}_{n-}]\\ \hat{\sigma}(z)&\equiv\sum_{m=0,n=0}^{\infty}\psi_m(z)\psi_n(z)[\hat{c}_{m+}^{\dagger}\hat{c}_{n+}-\hat{c}_{m-}^{\dagger}\hat{c}_{n-}]\end{aligned}\tag{14.7.1}$$

如上节所描述的那样处理,出现对应于 $\hat{\phi}_{\text{odd}}$ 的两个奇数相位算符.故

$$\hat{\phi}_{\sigma,\text{odd}}(u)=\frac{1}{2}[\hat{\phi}_\sigma(u)+\hat{\phi}_\sigma^{\dagger}(u)-\hat{\phi}_\sigma(-u)-\hat{\phi}_\sigma^{\dagger}(-u)]\tag{14.7.2}$$

在两个玻色化算符中,$\sigma=1$ 和 $\sigma=-1$ 代表组分.而

$$\hat{\phi}_\sigma(u)=-\mathrm{i}\sum_{m=1}\frac{1}{\sqrt{m}}\mathrm{e}^{\mathrm{i}m(u+\mathrm{i}\eta/2)}\hat{b}_{m\sigma}\tag{14.7.3}$$

质量涨落算符 $\hat{b}$ 与组分涨落算符 $\hat{d}$ 的关系是

$$\hat{b}_{m\sigma} = \sum_{\nu} \frac{1}{\sqrt{2}} \sigma^{\frac{1-\nu}{2}} \hat{d}_{m\nu} = \frac{1}{\sqrt{2}}(\hat{d}_{m+} + \sigma \hat{d}_{m-}) \tag{14.7.4}$$

因此，总密度算符的最终表示是

$$\begin{aligned} \delta\hat{\rho}(z) = & \frac{1}{\pi}\partial_z\left[\hat{\phi}_{+,\mathrm{odd}}(u_0(z)) + \hat{\phi}_{-,odd}(u_0(z))\right] \\ & - \frac{(-1)^N}{\pi\eta L_{\mathrm{F}} Z(z)}\left\{\cos\left[2k_{\mathrm{F}}\tilde{z}(z) + 2\hat{\phi}_{+,\mathrm{odd}}(u_0(z))\right]\right. \\ & \left. + \cos\left[2k_{\mathrm{F}}\tilde{z}(z) + 2\hat{\phi}_{-,\mathrm{odd}}(u_0(z))\right]\right\} \end{aligned} \tag{14.7.5}$$

定义基本的相位场为

$$\hat{\Phi}_{\nu}(u) \equiv \frac{1}{\sqrt{2}}\left[\hat{\phi}_{+,odd}(u) + \nu\hat{\phi}_{-,odd}(u)\right] + b_{\nu}(u) \tag{14.7.6}$$

用 $\nu=1$ 表示质量涨落，$\nu=-1$ 表示组分涨落，使方程(14.7.5)具有如下形式：

$$\begin{aligned} \delta\hat{\rho}(z) = & \frac{\sqrt{2}}{\pi}\partial_z\left[\hat{\Phi}_1(u_0(z)) - b_1(u_0(z))\right] - \frac{2(-1)^N}{\pi\eta L_{\mathrm{F}} Z(z)} \\ & \cdot \cos\left[2k_{\mathrm{F}}\tilde{z}(z) + \sqrt{2}(\hat{\Phi}_1(u_0(z)) - b_1(u_0(z)))\right]\cos(\sqrt{2}\hat{\Phi}_{-1}(u_0(z))) \end{aligned} \tag{14.7.7}$$

则方程(14.3.9)的对应式为

$$b_1(u) = \mathrm{i}\,\frac{K_1 V_{c\parallel}}{4\,\epsilon_1}\sqrt{2}\ln\left(\frac{1-\mathrm{e}^{-r+2\mathrm{i}u}}{1-\mathrm{e}^{-r-2\mathrm{i}u}}\right) \tag{14.7.8}$$

量 b_{-1}完全消失.耦合常数和重正化的能级距由

$$K_{m,\nu} = \sqrt{\frac{(\hbar\omega_1 + V_{a\parallel}(m) + \nu V_{a\perp}(m)) - [V_{b\parallel}(m) + \nu V_{b\perp}(m) - V_{c\parallel}(m)]}{(\hbar\omega_1 + V_{a\parallel}(m) + \nu V_{a\perp}(m)) + [V_{b\parallel}(m) + \nu V_{b\perp}(m) - V_{c\parallel}(m)]}} \tag{14.7.9}$$

和

$$\epsilon_{m,\nu} = \left\{(\hbar\omega_l + V_{a\parallel}(m) + \nu V_{a\perp}(m))^2 - [V_{b\parallel}(m) + \nu V_{b\perp}(m) - V_{c\parallel}(m)]^2\right\}^{1/2} \tag{14.7.10}$$

分别给出.下标"∥"指的是同一组分的费米子之间的相互作用,而下标"⊥"代表不同的组分之间的相互作用.同样地,组分算符为

$$\delta\hat{\sigma}(z)=\frac{\sqrt{2}}{\pi}\partial_z\hat{\Phi}_{-1}(u_0(z))+\frac{2(-1)^N}{\pi\eta L_{\mathrm{F}}(z)}$$
$$\cdot\sin\left\{2k_{\mathrm{F}}\tilde{z}(z)+\sqrt{2}\left[\hat{\Phi}_1(u_0(z))-b_1(u_0(z))\right]\right\}\sin(\sqrt{2}\hat{\Phi}_{-1}(u_0(z)))\tag{14.7.11}$$

重要的方程(14.3.8)可以推广为

$$\hat{\Phi}_\nu(u)\equiv\sum_{n=1}^{\infty}\sqrt{\frac{1}{n}}\mathrm{e}^{-n\eta/2}\sin(nu)(\hat{d}_{n\nu}+\hat{d}_{n\nu}^{\dagger})+b_\nu(u)$$
$$=\sum_{n=1}^{\infty}\sqrt{\frac{K_{n\nu}}{n}}\mathrm{e}^{-n\eta/2}\sin(nu)(\hat{f}_{n\nu}+\hat{f}_{n\nu}^{\dagger})\tag{14.7.12}$$

对于自由的相位场,只有当两个组分之间背散射的相互作用系数 $V_{c\perp}$ 为零时,才能够解析计算相位涨落.但通常情况下,$V_{c\perp}\neq0$.依靠来自 Luttinger 模型的洞见,我们可以预期,对于 $V_{c\parallel}\geqslant|V_{c\perp}|$,耦合 $V_{c\perp}$ 在低能时趋于零,而对于 $V_{c\parallel}=V_{c\perp}>0$,背散射变得不重要了.在这种情况下,$K_{-1}^{*}=1$ 成立.这对应于 Luttinger 模型中的自旋各向异性.然而,在目前的单支模型中,由于平行通道对 s 波散射的抑制,几乎不允许在现实中出现这种情况.根据这一规定,我们基于场 $\hat{\Phi}_{-1}(u)$ 是一个(重正化的)自由场的假设,给出两个组分的结果:

$$\langle\delta\hat{\rho}_{\mathrm{F}}(z)\rangle_0=-\frac{2(-1)^N}{\pi\eta L_{\mathrm{F}}Z(z)}\mathrm{e}^{-\langle\hat{\Phi}_{-1}^2(u_0(z))\rangle_0}$$
$$\cdot\cos\left[2k_{\mathrm{F}}\tilde{z}(z)-\sqrt{2}b_1(u_0(z))\right]\mathrm{e}^{-\langle\hat{\Phi}_1^2(u_0(z))\rangle_0}\tag{14.7.13}$$

注意,因为 $\langle\delta\hat{\sigma}(z)\rangle\equiv0$,所以在组分部分不存在 Friedel 振荡.

随着耦合常数 $K_{-1}\rightarrow K_{-1}^{*}$ 的重新归一化,Friedel 振荡是

$$\langle\delta\hat{\rho}_{\mathrm{F}}(z)\rangle_0=-\frac{(-1)^N}{\pi L_{\mathrm{F}}}\cos\left[2k_{\mathrm{F}}\tilde{z}(z)-\sqrt{2}b_1(u_0(z))\right]$$
$$\cdot\left(\frac{r}{2}\right)^{\frac{K_1+K_{-1}^{*}}{2}-1}Z(z)^{-\left(\frac{K_1+K_{-1}^{*}}{2}+1\right)}\tag{14.7.14}$$

给出的边界指数为

$$\nu = \frac{K_1 + K_{-1}^*}{4} + \frac{1}{2} \tag{14.7.15}$$

不同于相应的受限 Luttinger 液体的指数[25]

$$\nu = \frac{K_\rho + K_\sigma^*}{2} \tag{14.7.16}$$

方程(14.7.15)的结果适用于一维自旋费米子($\nu = 1 \to c$,为电荷自由度;$\nu = -1 \to s$,为自旋自由度),因此也适用于谐振束缚的一维电子系统.

第 15 章

受限 Tomonaga-Luttinger 模型的相理论和临界指数

Luttinger 模型的基本概念在准一维超冷量子气体的理论中呈现出越来越多的应用.在前面的几章中,我们已使用谐振流体模型,讨论了一维超冷量子气体的特性.同样的理论还可以研究一维受限的玻色气体的特性,以及一维光学格子中相互作用的玻色子理论[26].此外,还研究了与 Luttinger 模型中自旋-电荷分离的对应:质量-组分分离以及一维谐振势阱中的两组分中性费米气体.关于一维量子气体的谐振流体方法的详细描述参见文献[27].

通过前面几章的讨论,我们提出了一个关于谐振原子中一维相互作用费米子的理论,该理论基于类似于 Luttinger 模型的玻色化,可以被称为具有谐振受限的 Tomonaga-Luttinger 模型.但到目前为止,许多一维相互作用的模型都缺乏相位算符的表述.最著名的相位算符表述可能是具有周期性边界条件的 Tomonaga-Luttinger 模型,相应的也有属于另一个普适类的具有开放边界条件(OBC)的模型的相位算符表述(参见文献[25],特别是文献[28]).相关的相位理论也见于相互作用的一维玻色子的情况[27,29].一般来说,对于一维费米子的相位算符方法包括以下几个特点:

(1) 将费米能附近的费米子的产生算符和湮灭算符（$\hat{c}^{\dagger}_{k\sigma}$和$\hat{c}_{k\sigma}$）色散线性化，并延拓到所有的 k 值，同时增加了一个充满负能量的反常真空，此时 Kronig 恒等式可以将自由的哈密顿量转化为自由玻色子形式，其中包括类声子的密度涨落算符 $\hat{b}^{\dagger}_{q\sigma}$ 和 $\hat{b}_{q\sigma}$. 指标 $\sigma = \pm 1$ 表示两个自旋方向或费米气体中的两个不同组分.

(2) 费米子之间的二体相互作用必须可用密度涨落算符的双线性乘积来描述.

(3) 在有自旋的情况下，需要电荷和自旋自由度的另一个变换(或在中性情况下的质量和组分)，用 $\nu = \pm 1$ 表示，去对角化哈密顿量为

$$\hat{d}_{q\nu} \equiv \frac{1}{\sqrt{2}} \sum_{\sigma} \sigma^{\frac{1-\nu}{2}} \hat{b}_{q\sigma} \quad (\nu = \pm 1) \tag{15.0.1}$$

(4) 在不同组分之间没有背散射的情况下，哈密顿量会分离成解耦的自旋和电荷(或质量和组分)部分，这些部分可以通过一个 Bogoliubov 变换对角化. 最后，一维费米海激发的哈密顿量 $\widetilde{H}$ 通常具有$\widetilde{H} = \sum_{q\nu} v_{q\nu} \mid q \mid \hat{f}^{\dagger}_{q\nu}\hat{f}_{q\nu}$ 的结构，用自由声子算符 $\hat{f}^{\dagger}$ 和 $\hat{f}$ 及重正化速度 $v_{q\nu}$ 表示，但必须添加零模，以使其与原始费米子哈密顿量的对应关系等价.

(5) 如果速度对 q 的依赖性，即潜在的耦合函数的依赖性被忽略，那么厄米的相位场 $\hat{\Phi}_{\nu}(z)$和其对偶场 $\hat{\Theta}_{\nu}(z)$可以用 $\hat{d}$ 算符(或者用 $\hat{f}$ 算符)来定义，这些算符包含了零模，并使哈密顿量具有如下正则形式：

$$\hat{H} = \sum_{\nu} \frac{v_{\nu}}{2} \int \mathrm{d}z \left[\pi K_{\nu} (\partial_z \hat{\Theta}_{\nu}(z))^2 + \frac{1}{\pi K_{\nu}} (\partial_z \hat{\Phi}_{\nu}(z))^2 \right] \tag{15.0.2}$$

其中，K_{ν} 是关键的耦合常数. 两个组分之间的背散射 $\hat{V}_{\perp} \propto \int \mathrm{d}z \cos(\sqrt{8}\hat{\Phi}_{-1}(z))$破坏了自旋部分的简单二次型形式.

(6) 任何相位理论中的一个重要步骤是用相位算符表示费米场算符，以便于计算关联函数，这一程序通常称为“玻色化”. 该方法可以追溯到文献[15]，现在已经被充分理解了. 对于开放边界，在文献[25]和[28]中有所描述.

这里，我们考虑的是在谐振势阱中相互作用的一维费米子，那么单粒子的波函数就不是平面波的简单组合. 因此，我们使用一个一般的玻色化方案，其中辅助费米场 $\hat{\psi}_{a\sigma}$ 与原始的算符 $\hat{c}_{l\sigma}$(注意，对于谐振子，q 被替换为离散指数 $l = \cdots, -2, -1, 0, 1, 2, \cdots$)的关系为

$$\hat{\psi}_{a\sigma}(u) \equiv \sum_{l=-\infty}^{\infty} \mathrm{e}^{ilu} \hat{c}_{l\sigma} = \hat{\psi}_{a\sigma}(u + 2\pi) \tag{15.0.3}$$

这些算符是在单位圆上定义的，就像下面大多数其他算符一样.

$$\hat{\psi}_{a\sigma}(u) = e^{iu\hat{N}_\sigma} e^{i\hat{\phi}^\dagger_\sigma(u)} e^{i\hat{\phi}_\sigma(u)} \hat{U}_\sigma = e^{iu\hat{N}_\sigma} \frac{1}{\sqrt{\eta}} e^{i(\hat{\phi}^\dagger_\sigma(u)+\hat{\phi}_\sigma(u))} \hat{U}_\sigma \tag{15.0.4}$$

依据玻色化位相,则

$$\hat{\phi}_\sigma(u) = -i\sum_{m=1} \frac{1}{\sqrt{m}} e^{im(u+i\eta/2)} \hat{b}_{m\sigma} \tag{15.0.5}$$

非正规序表达式中的量 η 是一个正的无穷小.

玻色化位相 $\hat{\phi}^\dagger_\sigma(u)+\hat{\phi}_\sigma(u)$和以下给出的物理相位算符 $\hat{\Phi}_\nu(u)$和 $\hat{\Theta}_\nu(u)$之间存在一种非平庸的关系. Klein 算符 $\hat{U}_\sigma$ 将费米子数减少 1 个. $\hat{k}_\sigma = -\mathrm{i}\ln \hat{U}_\sigma$的明确构造已在文献[30]中给出. 物理相位 $\hat{\Phi}_\nu$ 和 $\hat{\Theta}_\nu$ 中的零模与 $u\hat{N}_\sigma$ 和 $\hat{k}_\sigma$ 通过转换方程(15.0.1)相联系.

在目前谐振势阱情况下,关联函数中的辅助变量 u 与势阱内空间位置 z 之间的关系是 $u \to u_0(z) = \arcsin(z/L_F) - \pi/2$,其中,$2L_F$ 是费米海的准经典范围.

15.1 单组分的相位理论

我们从一个费米子组分的较简单情况开始,如在超冷原子情况下,自旋极化费米子的一维 s 波散射,即接触相互作用由不相容原理所禁止,在这样的费米气体中的相互作用通常是弱的. 当粒子数 N 小于横向与纵向束缚频率之比 ω_c/ω_l,即高度细长的圆柱形势阱中单位费米子的三维相互作用能量小于横向激发能时,准一维性可以实现. 然而,这还不足以达到简并. 除了满足 $k_B T \ll \epsilon_F$,为了观察零温行为,还需要更强的约束条件: $k_B T \ll \hbar\omega_l$.

在第 14 章中,我们考虑的模型是由玻色激发哈密顿量描述的,即

$$\begin{aligned}\widetilde{H} = &\frac{1}{2}\hbar\omega_l \sum_{m>0} m(\hat{d}_m\hat{d}^\dagger_m + \hat{d}^\dagger_m\hat{d}_m) + \frac{1}{2}\sum_{m>0}(V_c(m) - V_b(m))\sqrt{2m}(\hat{d}_{2m} + \hat{d}^\dagger_{2m}) \\ &+ \frac{1}{2}\sum_{m>0} V_a(m) m(\hat{d}_m\hat{d}^\dagger_m + \hat{d}^\dagger_m\hat{d}_m) - \frac{1}{2}\sum_{m>0}(V_c(m) - V_b(m)) m(\hat{d}^2_m + \hat{d}^{\dagger 2}_m)\end{aligned} \tag{15.1.1}$$

在一个组分的情况下,我们不必区分 $\hat{d}$ 和 $\hat{b}$ 算符.我们把来自 V_b 和 V_c 的单粒子算符放在同一层面上处理,以避免当 V_b 被保留时出现赝自能问题.对于方程(15.1.1)中的相互作用项,通过保留费米子二体相互作用算符而得到唯一的结果,即

$$\hat{V} = \frac{1}{2}\sum_{mnpq} V(m,p;q,n)(\hat{c}_m^\dagger \hat{c}_q)(\hat{c}_p^\dagger \hat{c}_n) \tag{15.1.2}$$

可以用密度涨落算符 $\hat{\rho}(m) = \sum_p \hat{c}_{p+m}^\dagger \hat{c}_p$ 来表示(以谐振子态 $\psi_n(z)$ 为基),亦即

$$V(m,p;q,n) \to V_a(|q-m|)\delta_{m-q,n-p} + V_b(|q-m|)\delta_{q-m,n-p} + V_c(|q-p|)\delta_{m+q,n+p} \tag{15.1.3}$$

在第 12 章中表明,一维谐振势多费米子系统中,保留的矩阵元占主导地位.这与势阱中碰撞时的近似动量守恒有关.

相互作用矩阵元 $V_a(m)$,$V_b(m)$和 $V_c(m)$分别对应于 Luttinger 模型中的耦合函数 $g_4(p)$,$g_2(p)$和 $g_1(p)$. V_a 和 V_b 描述向前散射,V_c 描述 $2k_F$(背)散射.在单分支、单组分系统中,背散射的概念应解释为:对矩阵元的研究表明,一个单粒子波函数的右(左)行部分与另一个费米子的波函数的左(右)行部分发生干涉,交换大约 $2k_F$ 的动量.

为了从给定的一维(有效)相互作用的完整哈密顿量中获得方程(15.1.1),必须大幅度地减少相互作用矩阵元的数量,这可能会影响物理细节.然而,该模型仍将为我们提供用关键的耦合常数 K 计算的正确临界指数.但必须指出的是,该模型解释了一维系统的基本相互作用机制,即向前散射和背散射.正如在应用 Luttinger 模型时通常所做的那样,将 K 作为一个来自实验的参数考虑可能更为实际.

15.2 相位算符

通过 Bogoliubov 变换,用算符 $\hat{f}$ 和 $\hat{f}^\dagger$ 将哈密顿量对角化,得

$$\hat{d}_m = \hat{f}_m \cosh \zeta_m - \hat{f}_m^\dagger \sinh \zeta_m + \eta_m \exp(-\zeta_m)$$

其中非均匀部分

$$\eta_{2m} = -(V_c(m) - V_b(m))\exp(-\zeta_{2m})/(2\epsilon_{2m}\sqrt{2m})$$

源于 $\hat{V}_1$，仅对偶数指数而言才不为零.

方程(15.1.1)中关键的无量纲耦合常数 K_m，变换参数 ζ_m 和重正化能级间距ϵ_m已在第11章中分别给出：

$$K_m = e^{-2\zeta_m} = \sqrt{\frac{\hbar\omega_l + V_a(m) - [V_b(m) - V_c(m)]}{\hbar\omega_l + V_a(m) + [V_b(m) - V_c(m)]}} \equiv \frac{K'_m}{2\pi} \tag{15.2.1}$$

$$\epsilon_m = \sqrt{(\hbar\omega_l + V_a(m))^2 - (V_b(m) - V_c(m))^2}$$

在相位表述中，K 和 ϵ 对 m 的依赖必须被抑制. 注意 $V_a(m)\to V_a$，意味着在单组分理论中没有由于这个矩阵元而产生的相互作用效应，因此 V_a 应该被省略. 也就是说，我们使用 $\epsilon=\sqrt{(\hbar\omega_l)^2-(V_b-V_c)^2}$和

$$K' = 2\pi K = 2\pi e^{-2\zeta} = 2\pi\sqrt{\frac{\hbar\omega_1 - (V_b - V_c)}{\hbar\omega_1 + (V_b - V_c)}}$$

$$\epsilon = \hbar\omega_1\frac{2K}{K^2+1} \tag{15.2.2}$$

其中，V_b 与 V_c 相比通常较小，即使是在稍微长程的偶极-偶极相互作用的情况下，也是如此. 在某些物理量中，如单粒子关联函数，忽略了 K 对 m 的依赖性(对大 m 来说必须趋于1)，导致了发散. 我们通过

$$K_m = 1 + (K-1)\exp(-mr) \tag{15.2.3}$$

来处理这个问题. 其中小的正数 $r\ll 1$，估计为 $r\approx R/L_F\propto 1/\sqrt{N}$. 这里，$R$ 是相互作用的范围. 这个小数字应该区别于方程(15.0.4)中出现的无穷小数 η. 对于 $m<1/r(\gg 1)$，实际上对 m 没有依赖性.

我们从重写单粒子算符 $\hat{V}_1$ 开始，已经引出了主相位算符的结构. 假设方程(15.2.3)中的指数衰减也适用于相互作用矩阵元，即 $V_c(m)-V_b(m)=(V_c-V_b)\exp(-mr)$，则 $\hat{V}_1$ 可以表示为

$$\hat{V}_1 = \frac{1}{4\pi}(V_c - V_b)\int_{-\pi}^{\pi}du\left[\frac{e^{-r+2iu}}{1-e^{-r+2iu}} + \frac{e^{-r-2iu}}{1-e^{-r-2iu}}\right]\partial_u\hat{\phi}_{\mathrm{odd}}(u) \tag{15.2.4}$$

这里

$$\hat{\phi}_{\mathrm{odd}}(u) \equiv \frac{1}{2}(\hat{\phi}(u) + \hat{\phi}^\dagger(u) - \hat{\phi}(-u) - \hat{\phi}^\dagger(-u))$$

$$= \sum_{n=1}^{+\infty} \sqrt{\frac{e^{-n\eta}}{n}} \sin(nu)(\hat{d}_n + \hat{d}_n^\dagger) \tag{15.2.5}$$

当相位算符被分解为缓慢变化的部分和描述 Friedel 振荡的部分时，同样的相位算符出现在粒子密度算符中.在相位算符的层面上，$\hat{V}_1$ 的存在导致了 c 数位移，故

$$\begin{aligned} b(u) &= \mathrm{i}\,\frac{K(V_c - V_b)}{4\epsilon} \ln\left(\frac{1 - e^{-r+2\mathrm{i}u}}{1 - e^{-r-2\mathrm{i}u}}\right) \\ &\equiv \mathrm{i}\hat{\kappa}_0 \ln\left(\frac{1 - e^{-r+2\mathrm{i}u}}{1 - e^{-r-2\mathrm{i}u}}\right) \end{aligned} \tag{15.2.6}$$

这里 $\kappa_0 = (K^2 - 1)/8$.主相位算符 $\hat{\Phi}(u)$对应于文献[28]中的

$$\begin{aligned} \hat{\Phi}(u) &\equiv \hat{N}u + \hat{\phi}_{\mathrm{odd}}(u) + b(u) \\ &= \hat{N}u + \sum_{m=1}^{+\infty} \sqrt{\frac{K_m e^{-m\eta}}{m}} \sin(mu)(\hat{f}_m + \hat{f}_m^\dagger) \end{aligned} \tag{15.2.7}$$

注意，在文献[28]中使用了重新标度的相位，并且忽略了单粒子算符，故没有 $b(u)$这个函数.对偶的相位算符是

$$\begin{aligned} \hat{\Theta}(u) &\equiv \frac{\mathrm{i}}{2\pi} \sum_{n=1}^{+\infty} \sqrt{\frac{e^{-n\eta}}{n}} \cos(nu)(\hat{d}_n - \hat{d}_n^\dagger) \\ &= \frac{\mathrm{i}}{2\pi} \sum_{n=1}^{+\infty} \sqrt{\frac{e^{-n\eta}}{nK_n}} \cos(nu)(\hat{f}_n - \hat{f}_n^\dagger) \end{aligned} \tag{15.2.8}$$

我们倾向于不把零模算符 $\hat{k}$ 与对偶的相位场$\hat{\Theta}$ 结合起来.相反，我们保留了幺正算符 $\hat{U} = \exp(\mathrm{i}\hat{k})$，以避免文献[31]中指出的数学上的问题.相关的对易是$[\exp(\mathrm{i}\hat{k}), \hat{N}] = \exp(\mathrm{i}\hat{k})$.与动量密度相对应的相位算符是

$$\begin{aligned} \hat{\Pi}(u) &\equiv \partial_u \hat{\Theta}(u) = -\frac{\mathrm{i}}{2\pi} \sum_{n=1}^{+\infty} \sqrt{n e^{-n\eta}} \sin(nu)(\hat{d}_n - \hat{d}_n^\dagger) \\ &= -\frac{\mathrm{i}}{2\pi} \sum_{n=1}^{+\infty} \sqrt{\frac{n e^{-n\eta}}{K_n}} \sin(nu)(\hat{f}_n - \hat{f}_n^\dagger) \end{aligned} \tag{15.2.9}$$

利用

$$\sum_{m=1}^{+\infty} [e^{\mathrm{i}m(u+\mathrm{i}\eta/2)} + e^{-\mathrm{i}m(u-\mathrm{i}\eta/2)}] \to 2\pi\delta_{2\pi}(u) - 1$$

导致对易

$$[\hat{\Phi}(u),\ \hat{\Pi}(v)] = \frac{\mathrm{i}}{2}(\delta_{2\pi}(u-v) - \delta_{2\pi}(u+v)) \tag{15.2.10}$$

这也隐含在文献[28]的工作中.这不是一个正则的对易子,对具有固定宇称的算符来说,正则对易关系不能成立.

15.3 相位哈密顿量

把方程(15.2.7)和(15.2.9)代入

$$\hat{H} = \frac{\epsilon}{2}\int_{-\pi}^{\pi}\mathrm{d}u\left\{K'\hat{\Pi}^2(u) + \frac{1}{K'}(\partial_u\hat{\Phi}(u))^2\right\} = \int_{-\pi}^{\pi}\mathrm{d}u\hat{\mathscr{H}} \tag{15.3.1}$$

并忽略 $b^2(u)$的不相关贡献,除了零模贡献 $E_0(\hat{N})$之外,还再现了方程(15.1.1):

$$E_0(\hat{N}) = \frac{\epsilon}{2K}\hat{N}^2 = \frac{\hbar\omega_1}{K^2+1}\hat{N}^2 \tag{15.3.2}$$

在后一种关系中,$O(\hat{N})$的修正被忽略了.值得注意的是,尽管有方程(15.2.10),但正则方程仍然成立,考虑海森伯相位场 $\hat{\Phi}(u,t)$(我们设定$\hbar=1$):

$$\mathrm{i}\partial_t\hat{\Phi}(u,t) = [\hat{\Phi}(u,t),\ \hat{H}(t)] = \mathrm{i}\epsilon K'\hat{\Pi}(u,t) \equiv \mathrm{i}\frac{\partial\hat{\mathscr{H}}}{\partial\hat{\Pi}(u,t)} \tag{15.3.3}$$

因此 $\partial_t\hat{\Phi}(u,t) = \epsilon K'\hat{\Pi}(u,t)$保持正确.

15.4 玻色化

在方程(15.0.4)中,用新相位算符 $\hat{\Phi}$ 和$\hat{\Theta}$ 简单表达出算符 $\hat{\phi}$ 和 $\hat{\phi}^\dagger$ 是不可能的,然而,它们的求和却出现在方程(15.0.4)的非正规序形式中,并表示为

$$\hat{\phi}(u)+\hat{\phi}^{\dagger}(u)=\hat{\phi}_{\text{odd}}(u)-2\pi\hat{\Theta}(u)\equiv\hat{\Phi}(u)-b(u)-\hat{N}u-2\pi\hat{\Theta}(u) \tag{15.4.1}$$

可以利用这一点来计算辅助的关联函数：

$$\langle\hat{\psi}_a^{\dagger}(u,t)\psi_a(v)\rangle=\mathrm{e}^{-\mathrm{i}(N-1)(u-v)+\mathrm{i}\mu_N t}\frac{1}{\eta}\langle\mathrm{e}^{-\mathrm{i}\hat{\phi}^{\dagger}(u,t)-\mathrm{i}\hat{\phi}(u,t)}\mathrm{e}^{\mathrm{i}\hat{\phi}^{\dagger}(v)+\mathrm{i}\hat{\phi}(v)}\rangle \tag{15.4.2}$$

其化学势为

$$\mu_N\equiv E_0(N)-E_0(N-1)=\frac{2\hbar\omega_1}{K^2+1}\left(N-\frac{1}{2}\right) \tag{15.4.3}$$

同样可得

$$\langle\hat{\psi}_a(u,t)\hat{\psi}_a^{\dagger}(v)\rangle=\mathrm{e}^{\mathrm{i}N(u-v)-\mathrm{i}\mu_{N+1}t}\frac{1}{\eta}\langle\mathrm{e}^{\mathrm{i}\hat{\phi}^{\dagger}(u,t)+\mathrm{i}\hat{\phi}(u,t)}\mathrm{e}^{-\mathrm{i}\hat{\phi}^{\dagger}(v)-\mathrm{i}\hat{\phi}(v)}\rangle \tag{15.4.4}$$

这些表达式的推导将在下面几节中描述.

15.5 玻色化和辅助关联函数

下面要具体讨论一下单粒子关联函数的计算.利用辅助的费米算符表示为[30]

$$\hat{\psi}_a^{\dagger}(u)=\hat{O}^{\dagger}(u)\,\mathrm{e}^{-\mathrm{i}\hat{\phi}^{\dagger}(u)}\mathrm{e}^{-\mathrm{i}\hat{\phi}(u)}=\frac{1}{\sqrt{\eta}}\hat{U}^{\dagger}\,\mathrm{e}^{-\mathrm{i}(\hat{\phi}_{\text{odd}}(u)+\hat{N}u-2\pi\hat{\Theta}(u))} \tag{15.5.1}$$

Klein 算符 $\hat{O}(u)=\exp(\mathrm{i}\hat{N}u)\hat{U}$ 作用于费米子数算符 $\hat{N}$，$\hat{U}$ 与所有玻色子算符对易 $[\hat{U},\hat{\phi}]_-=0=[\hat{U},\hat{\phi}^{\dagger}]_-$，等等，并根据以下情况改变费米子数 $f(\hat{N})\hat{U}^{\dagger}=\hat{U}^{\dagger}f(\hat{N}+\hat{1})$. 在方程(15.2.7)中，$\hat{N}u$ 对全部相位算符的贡献是通过方程(15.3.1)导致基态能量方程(15.3.2)，从而导致化学势方程(15.4.3).我们考虑辅助费米算符的单粒子关联函数

$$C_a(u,t;v)\equiv{}_N\langle\hat{\psi}_a^{\dagger}(u,t)\hat{\psi}_a(v,0)\rangle_N \tag{15.5.2}$$

对 N-费米子态进行计算，则玻色形式为

$$C_a(u,t;v)=\frac{1}{\eta}{}_N\langle\hat{O}^{\dagger}(u,t)\,\mathrm{e}^{-\mathrm{i}(\hat{\phi}^{\dagger}(u,t)+\hat{\phi}(u,t))}\mathrm{e}^{\mathrm{i}(\hat{\phi}^{\dagger}(v)+\hat{\phi}(v))}\hat{O}(v)\rangle_N \tag{15.5.3}$$

时间演化算符由分离的哈密顿量支配，即

$$\hat{H} = \widetilde{H} + E_0(\hat{N}) = \sum_m m\epsilon_m \hat{f}_m^\dagger \hat{f}_m + E_0(\hat{N}) \tag{15.5.4}$$

总哈密顿量由 N-费米子系统的基态能量加上集体激发的哈密顿量组成.因此，我们得到

$$C_a(u,t;v) = \mathrm{e}^{-\mathrm{i}(N-1)(u-v)} \frac{1}{\eta}\, {}_N\langle \mathrm{e}^{-\mathrm{i}(\hat{\phi}_{\mathrm{odd}}(u,t)-2\pi\hat{\Theta}(u,t))} \cdot \hat{U}^\dagger(t)\hat{U}\mathrm{e}^{\mathrm{i}(\hat{\phi}_{\mathrm{odd}}(v)-2\pi\hat{\Theta}(v))}\rangle_N \tag{15.5.5}$$

为了决定 $\hat{U}^\dagger(t)$，我们假设 $\hbar=1$ 和 $f(\hat{N},t)\equiv\exp[\mathrm{i}E_0(\hat{N})t]$，并发现

$$\begin{aligned}\hat{U}^\dagger(t) &= f(\hat{N},t)\hat{U}^\dagger f^*(\hat{N},t) = \hat{U}^\dagger f(\hat{N}+\hat{1},t)f^*(\hat{N},t)\\ &= \hat{U}^\dagger \exp[\mathrm{i}(E_0(\hat{N}+\hat{1}) - E_0(\hat{N}))t]\\ &= \hat{U}^\dagger \exp[i\mu_{\hat{N}+\hat{1}}t] = \mathrm{e}^{\mathrm{i}\mu_{\hat{N}}t}\hat{U}^\dagger\end{aligned} \tag{15.5.6}$$

这样 $\hat{U}^\dagger$ 的时间依赖性由化学势 $\hat{U}^\dagger(t)=\exp(\mathrm{i}\mu_{\hat{N}}t)\ \hat{U}^\dagger$ 提供.故 C_a 的最终结果是

$$C_a(u,t;v) = \frac{1}{\eta}\mathrm{e}^{-\mathrm{i}(N-1)(u-v)+\frac{\mathrm{i}}{\hbar}\mu_N t} \cdot \langle \mathrm{e}^{-\mathrm{i}(\hat{\phi}_{\mathrm{odd}}(u,t)-2\pi\hat{\Theta}(u,t))}\mathrm{e}^{\mathrm{i}(\hat{\phi}_{\mathrm{odd}}(v)-2\pi\hat{\Theta}(v))}\rangle \tag{15.5.7}$$

剩下的期望值是纯玻色的，也适用于有限温度的热力学情况.

15.6 单粒子关联函数

下一步是实际计算物理单粒子关联函数

$$\begin{aligned}C(z_1,t;z_2) &\equiv \sum_{m,n}\psi_m(z_1)\psi_n(z_2)\int_{-\pi}^{\pi}\frac{\mathrm{d}u\mathrm{d}v}{4\pi^2}\mathrm{e}^{\mathrm{i}mu-\mathrm{i}nv}\langle\hat{\psi}_a^\dagger(u,t)\hat{\psi}_a(v)\rangle\\ &= \sum_{m,n}\psi_m(z_1)\psi_n(z_2)\int_{-\pi}^{\pi}\frac{\mathrm{d}u\mathrm{d}v}{4\pi^2}\mathrm{e}^{\mathrm{i}mu-\mathrm{i}nv}\mathrm{e}^{-\mathrm{i}(N-1)(u-v)+\mathrm{i}\mu_N t}\\ &\quad\cdot\langle\mathrm{e}^{-\mathrm{i}\hat{\phi}^\dagger(u,t)}\mathrm{e}^{-\mathrm{i}\hat{\phi}(u,t)}\mathrm{e}^{\mathrm{i}\hat{\phi}^\dagger(v)}\mathrm{e}^{\mathrm{i}\hat{\phi}(v)}\rangle\end{aligned} \tag{15.6.1}$$

上述表达式包含了对谐振子波函数 $\psi_m(z)$ 的求和.在第 11 章中，我们提出了一种 WKB 方法来处理这种求和.对于大 N，获得(奇异)的展开式为

$$\sum_{m=1}^{\infty} \psi_m(z_1) e^{imu}$$

$$\to \left(\frac{2\pi^2 \alpha^2}{NZ^2(z_1)}\right)^{1/4} e^{i(N-1)u}$$

$$\cdot \left[e^{ik_F \tilde{z}(z_1) - i\pi(N-1)/2} \delta_{2\pi}(u + u_0(z_1)) + e^{-ik_F \tilde{z}(z_1) + i\pi(N-1)/2} \delta_{2\pi}(u - u_0(z_1)) \right] \tag{15.6.2}$$

利用下列简写：

$$u_0(z) \equiv \arcsin \frac{z}{L_F} - \frac{\pi}{2}, \quad \tilde{z} = \frac{1}{2} z Z(z) + \frac{1}{2} L_F \arcsin \frac{z}{L_F} \tag{15.6.3}$$

因此，空间坐标 z_1 和 z_2 被限制在经典区域$(-L_F, L_F)$内.关联函数具有更简单的形式：

$$C(z_1, t; z_2) = \frac{\alpha\pi}{4\pi^2} \left(\frac{4}{N^2 Z^2(z_1) Z^2(z_2)}\right)^{1/4} e^{i\mu_N t} \tag{15.6.4}$$

$$\begin{aligned} &\cdot \left[e^{ik_F(\tilde{z}(z_1) - \tilde{z}(z_2))} C_a(-u_0(z_1), t; -u_0(z_2)) \right. \\ &+ e^{-ik_F(\tilde{z}(z_1) - \tilde{z}(z_2))} C_a(u_0(z_1), t; u_0(z_2)) \\ &+ e^{ik_F(\tilde{z}(z_1) + \tilde{z}(z_2)) - i\pi(N-1)} C_a(-u_0(z_1), t; u_0(z_2)) \\ &\left. + e^{-ik_F(\tilde{z}(z_1) + \tilde{z}(z_2)) + i\pi(N-1)} C_a(u_0(z_1), t; -u_0(z_2)) \right] \end{aligned} \tag{15.6.5}$$

注意，这与文献[24]和[28]中关于开边界条件的单粒子关联函数的表述有相似之处.然而由于谐振势阱的存在，算符中的变量与空间位置是非线性相关的.为了应用 Wick 定理，公式

$$\langle e^{\hat{A}} e^{\hat{B}} \rangle = \exp\left(\langle \hat{A}\hat{B} \rangle + \frac{1}{2} \langle \hat{A}^2 \rangle + \frac{1}{2} \langle \hat{B}^2 \rangle \right) \tag{15.6.6}$$

中的算符 $\hat{A}$ 和 $\hat{B}$ 必须是 $\hat{f}$ 和 $\hat{f}^\dagger$ 的均匀线性组合.我们把方程(15.2.7)中的相应部分称为 $\hat{\Phi}_f$，因此 $\hat{\phi}_{\text{odd}} = \hat{\Phi}_f - b$，并得到

$$C_a(u, t; v) = e^{-i(N-1)(u-v) + i\mu_N t + ib(u) - ib(v)} \cdot \langle e^{-i\hat{\Phi}_f(u,t) + 2\pi i \hat{\Theta}(u,t)} e^{i\hat{\Phi}_f(v) - 2\pi i \hat{\Theta}(v)} \rangle \tag{15.6.7}$$

这样可得

$$\hat{A} \equiv -i\hat{\Phi}_f(u, t) + 2\pi i \hat{\Theta}(u, t) = \hat{A}(u, t)$$

$$\hat{B} \equiv \mathrm{i}\hat{\Phi}_f(v) - 2\pi\mathrm{i}\hat{\Theta}(v) = -\hat{A}(v,0)$$

我们从零温的情况开始，只有$\langle \hat{f}_m \hat{f}_n^\dagger \rangle_0 = \delta_{m,n}$存在. 然后用公式(15.2.3)，$1/K_m \to 1+(1-K)\exp(-mr)/K$，和耦合常数，$1/K_m \to 1+(1-K)\exp(-mr)/K$，

$$\alpha_0 = \frac{1}{4}\left[\frac{1}{K} - K\right], \quad \gamma_0 = \frac{(1-K)^2}{4K} \tag{15.6.8}$$

进行简单但冗长的计算，给出

$$\exp\left(\frac{1}{2}\langle \hat{A}^2(u)\rangle_0\right) = \sqrt{\eta}\, r^{\gamma_0}(\mathscr{D}(2u+\mathrm{i}r)\mathscr{D}(-2u+\mathrm{i}r))^{-\alpha_0/2} \tag{15.6.9}$$

这里$\mathscr{D}(s) \equiv 1/[1-\exp(\mathrm{i}s)]$. 关联函数$\langle \hat{A}(u,t)\hat{B}(v)\rangle_0 = -\langle \hat{A}(u,t)\hat{A}(v,0)\rangle_0$原来是

$$\begin{aligned}\langle \hat{A}(u,t)\hat{B}(v)\rangle_0 = &\ln \mathscr{D}(u-v-\epsilon t+\mathrm{i}\eta) \\ &+ \gamma_0(\ln \mathscr{D}(u-v-\epsilon t-\mathrm{i}r) + \ln \mathscr{D}(v-u-\epsilon t+\mathrm{i}r)) \\ &+ \alpha_0(\ln \mathscr{D}(u+v-\epsilon t+\mathrm{i}r) + \ln \mathscr{D}(-u-v-\epsilon t+\mathrm{i}r))\end{aligned} \tag{15.6.10}$$

最终的零温结果是

$$\begin{aligned}C_a(u,t;v) = \langle \hat{\psi}_a^\dagger(u,t)\hat{\psi}_a(v)\rangle_0 = &\ \mathrm{e}^{-\mathrm{i}(N-1)(u-v)+\mathrm{i}\mu_N t+\mathrm{i}b(u)-\mathrm{i}b(v)} r^{2\gamma_0} \\ &\cdot \frac{(\mathscr{D}(u-v-\epsilon t+\mathrm{i}r)\mathscr{D}(v-u-\epsilon t+\mathrm{i}r))^{\gamma_0}}{1-\mathrm{e}^{-\eta+\mathrm{i}(u-v-\epsilon t)}} \\ &\cdot \left(\frac{\mathscr{D}(u+v-\epsilon t+\mathrm{i}r)\mathscr{D}(-u-v-\epsilon t+\mathrm{i}r)}{|\mathscr{D}(2u+\mathrm{i}r)\mathscr{D}(2v+\mathrm{i}r)|}\right)^{\alpha_0}\end{aligned} \tag{15.6.11}$$

注意，与均匀体系的 Luttinger 理论相比，方程(15.6.11)中出现了两个小参数：正的无限小数η和r. 它们在有限系统中是有限的. 此外，哈密顿量体系中的单粒子算符导致了额外的相位因子，并可以表示为

$$\mathrm{e}^{\mathrm{i}(b(u)-b(v))} = [\mathscr{D}(2u+\mathrm{i}r)\mathscr{D}(-2v+\mathrm{i}r)/(\mathscr{D}(-2u+\mathrm{i}r)\mathscr{D}(2v+\mathrm{i}r))]^{\kappa_0}$$

方程(15.6.11)与均匀体系 Luttinger 理论中的公式的主要区别在于辅助变量u(或$u_0(z)$)代替了位置变量. 否则，我们的结果(15.6.11)式就与上式直接对应. 因此，我们可以通过如下替换：采纳均匀体系 Luttinger 理论中的有限温度计算，得到正则系综的结果

$$\mathscr{D}(s) = \frac{1}{1-\mathrm{e}^{is}} \to \widetilde{\mathscr{D}}(s) = \mathscr{D}(s)/\Pi_{k=1}\left[1+\left(\frac{\sin(s/2)}{\sinh(k\beta\epsilon/2)}\right)^2\right] \quad (15.6.12)$$

其中 $\beta^{-1}=k_{\mathrm{B}}T$.同样,我们获得

$$\langle\hat{\psi}_a(u,t)\hat{\psi}_a^{\dagger}(v)\rangle_0 = \mathrm{e}^{\mathrm{i}N(u-v)-\mathrm{i}\mu_{N+1}t-\mathrm{i}b(u)+\mathrm{i}b(v)}\,r^{2\gamma_0} \cdot \frac{(\mathscr{D}(u-v-\epsilon t+\mathrm{i}r)\mathscr{D}(v-u-\epsilon t+\mathrm{i}r))^{\gamma_0}}{1-\mathrm{e}^{-\eta+\mathrm{i}(u-v-\epsilon t)}} \cdot \left(\frac{\mathscr{D}(u+v-\epsilon t+\mathrm{i}r)\mathscr{D}(-u-v-\epsilon t+\mathrm{i}r)}{|\mathscr{D}(2u+\mathrm{i}r)\mathscr{D}(2v+\mathrm{i}r)|}\right)^{\alpha_0} \quad (15.6.13)$$

15.7 两组分间的背散射

取近似 $V_{c\perp}(|m|)\to V_{c\perp}$，相关的二次量子化形式的两粒子算符表示的关系式为

$$\hat{V}_{\perp} = \frac{1}{2}V_{c\perp}\sum_{\sigma}\int_{-\pi}^{\pi}\frac{\mathrm{d}v}{2\pi}\ \hat{\psi}_{a-\sigma}^{\dagger}(v)\hat{\psi}_{a\sigma}^{\dagger}(-v)\hat{\psi}_{a\sigma}(v)\hat{\psi}_{a-\sigma}(-v) \quad (15.7.1)$$

将

$$\hat{\psi}_{a\sigma}^{\dagger}(v) = \mathrm{e}^{-\mathrm{i}(\hat{N}_\sigma-1)v}\hat{U}_\sigma^{\dagger}\frac{1}{\sqrt{\eta}}\mathrm{e}^{-\mathrm{i}\hat{\phi}_\sigma^{\dagger}(v)-\mathrm{i}\hat{\phi}_\sigma(v)} \quad (15.7.2)$$

代入方程(15.7.1),并利用$[\hat{U}_\sigma,\hat{N}_{\sigma'}]=\delta_{\sigma,\sigma'}\hat{U}_\sigma$,我们将获得以下 $\hat{V}_{\perp}$ 的相位表达式:

$$\hat{V}_{\perp} = \frac{V_{c\perp}}{4\pi\eta^2}\sum_{\sigma}\int_{-\pi}^{\pi}\mathrm{d}u\exp[2\mathrm{i}u(\hat{N}_\sigma-\hat{N}_{-\sigma})]\cdot\exp[2\mathrm{i}(\hat{\varphi}_{\sigma,\mathrm{odd}}(u)-\hat{\varphi}_{-\sigma,\mathrm{odd}}(u))] \quad (15.7.3)$$

这里的新相位算符为

$$\hat{\varphi}_{\sigma,\mathrm{odd}}(u) = \sum_{\nu}\sum_{m=1}^{\infty}\sigma^{\frac{1-\nu}{2}}\sqrt{\frac{\mathrm{e}^{-m\eta}}{2m}}\sin(mu)(\hat{d}_{m\nu}+\hat{d}_{m\nu}^{\dagger}) \quad (15.7.4)$$

因为 $\hat{\varphi}_{\sigma,\mathrm{odd}}(u)-\hat{\varphi}_{-\sigma,\mathrm{odd}}(u)\equiv\sigma\sqrt{2}(\hat{\Phi}_{-1}-u\hat{N}_{\nu=-1})$,所以更简单的形式

$$\hat{V}_{\perp} = \frac{V_{c\perp}}{2\pi\eta^2}\int_{-\pi}^{\pi}\mathrm{d}u\cos(\sqrt{8}\hat{\Phi}_{-1}(u)) \quad (15.7.5)$$

可以获得.如所期望的,只有组分部分被组分之间的散射所影响.最终,方程(15.7.5)的正规序形式为

$$\hat{V}_{\perp} = V_{c\perp}\int_{-\pi}^{\pi}\frac{\mathrm{d}u}{2\pi}:\frac{\cos(\sqrt{8}\hat{\Phi}_{-1}(u))}{1+\mathrm{e}^{-2\eta}-\mathrm{e}^{-\eta}\cos(2u)}: \tag{15.7.6}$$

15.8 两组分的相理论

就质量和组分算符而言,即在变换方程(15.0.1)之后,向前散射的激发哈密顿量由以下公式给出:

$$\begin{aligned}\widetilde{H}_{\text{for}} \equiv & \frac{1}{2}\sum_{m\nu} m(\hbar\omega_1 + V_{a\parallel}(m) + \nu V_{a\perp}(m))(\hat{d}^{\dagger}_{m\nu}\hat{d}_{m\nu} + \hat{d}_{m\nu}\hat{d}^{\dagger}_{m\nu}) \\ & + \frac{1}{2}\sum_{m,\nu} m(V_{b\parallel}(m) + \nu V_{b\perp}(m))(\hat{d}^{\dagger 2}_{m\nu} + \hat{d}^{2}_{m\nu})\end{aligned} \tag{15.8.1}$$

它必须由背散射和单粒子贡献来替代.注意,单粒子算符

$$\frac{1}{2}\sum_{m>0,\sigma}\sqrt{2m}(V_{c\parallel}(m) - V_{b\parallel}(m))(\hat{b}_{2m\sigma} + \hat{b}^{\dagger}_{2m\sigma})$$

源于重新排列的两粒子背散射算符和 $\hat{V}_b$ 中的一个赝自能,通过

$$\sum_{\sigma}\sigma^{\frac{1-\nu}{2}} \equiv 1 + \nu = 2\delta_{\nu,1}$$

和

$$\sum_{\sigma}(\hat{b}_{m\sigma} + \hat{b}^{\dagger}_{m\sigma}) = \frac{1}{\sqrt{2}}\sum_{\nu}\left(\sum_{\sigma}\sigma^{\frac{1-\nu}{2}}\right)(\hat{d}_{m\nu} + \hat{d}^{\dagger}_{m\nu}) = \sqrt{2}(\hat{d}_{m1} + \hat{d}^{\dagger}_{m1}) \tag{15.8.2}$$

进行变换.增加算符的最终形式是

$$\begin{aligned}\hat{V}_{\text{add}} = & -\frac{1}{2}\sum_{m>0,\nu} m\, V_{c\parallel}(m)(\hat{d}^{\dagger 2}_{m\nu} + \hat{d}^{2}_{m\nu}) \\ & + \sum_{m>0}\sqrt{m}(V_{c\parallel}(m) - V_{b\parallel}(m))(\hat{d}^{\dagger}_{2m1} + \hat{d}_{2m1})\end{aligned} \tag{15.8.3}$$

到目前为止，我们没有提到 $V_{c\perp}$，即两个组分之间的背散射. 但我们注意到 $V_{c\perp}$ 并没有产生一个单粒子势.

当省略对 m 的依赖时，$V_{a\parallel}$ 又被扔掉了. 那么重正化的能级间距和关键的耦合常数由以下公式给出：

$$\epsilon_{\nu} = \sqrt{(\hbar\omega_1 + \nu V_{a\perp})^2 - (V_{b\parallel} + \nu V_{b\perp} - V_{c\parallel})^2} \tag{15.8.4}$$

和

$$K_{\nu} = \sqrt{\frac{(\hbar\omega_1 + \nu V_{a\perp}) - (V_{b\parallel} + \nu V_{b\perp} - V_{c\parallel})}{(\hbar\omega_1 + \nu V_{a\perp}) + (V_{b\parallel} + \nu V_{b\perp} - V_{c\parallel})}} \equiv \frac{K'_{\nu}}{2\pi} \tag{15.8.5}$$

来自 V_b 和 V_c 的总单粒子算符可以改写为

$$\begin{aligned}\hat{V}_1 &= \frac{1}{4\pi\sqrt{2}}(V_{c\parallel} - V_{b\parallel})\sum_{\nu}(1+\nu) \\ &\quad \cdot \int_{-\pi}^{\pi} \mathrm{d}u \left(\frac{\mathrm{e}^{-r+2\mathrm{i}u}}{1-\mathrm{e}^{-r+2\mathrm{i}u}} + \frac{\mathrm{e}^{-r-2\mathrm{i}u}}{1-\mathrm{e}^{-r-2\mathrm{i}u}}\right)\partial_u \hat{\phi}_{\nu,\mathrm{odd}}(u)\end{aligned} \tag{15.8.6}$$

这里

$$\hat{\phi}_{\nu,\mathrm{odd}}(u) \equiv \sum_{n=1}^{+\infty} \frac{1}{\sqrt{n}} \mathrm{e}^{-n\eta/2} \sin(nu)(\hat{d}_{n\nu} + \hat{d}^{\dagger}_{n\nu}) \tag{15.8.7}$$

相应的相移是 c 数函数(实数和奇数).

$$\begin{aligned} b_{\nu}(u) &= \mathrm{i}\frac{K'_{\nu}(V_{c\parallel} - V_{b\parallel})}{8\pi\epsilon_{\nu}\sqrt{2}}(1+\nu)\ln\left(\frac{1-\mathrm{e}^{-r+2\mathrm{i}u}}{1-\mathrm{e}^{-r-2\mathrm{i}u}}\right) \\ &\equiv \mathrm{i}\kappa_1 \delta_{\nu,1} \ln\left(\frac{1-\mathrm{e}^{-r+2\mathrm{i}u}}{1-\mathrm{e}^{-r-2\mathrm{i}u}}\right)\end{aligned} \tag{15.8.8}$$

这里 $\kappa_1 \equiv (K_1^2 - 1)/8$. 由于 $b_{-1} = 0$，只有质量部分受到单粒子算符的影响. 相位算符是

$$\begin{aligned}\hat{\Phi}_{\nu}(u) &\equiv \hat{\phi}_{\nu,\mathrm{odd}}(u) + b_{\nu}(u) + u\hat{N}_{\nu} \\ &= \sum_{n=1}^{+\infty} \sqrt{\frac{K_{n\nu}}{n}} \mathrm{e}^{-n\eta/2} \sin(nu)(\hat{f}_{n\nu} + \hat{f}^{\dagger}_{n\nu}) + u\hat{N}_{\nu}\end{aligned} \tag{15.8.9}$$

其中 $\hat{N}_{\nu} = \sum_{\sigma} \sigma^{\frac{1-\nu}{2}} \hat{N}_{\sigma}/\sqrt{2}$，对偶相位算符为

$$\hat{\Theta}_{\nu}(u) \equiv \frac{\mathrm{i}}{2\pi}\sum_{n=1}^{+\infty} \sqrt{\frac{\mathrm{e}^{-n\eta}}{n}} \cos(nu)(\hat{d}_{n\nu} - \hat{d}^{\dagger}_{n\nu})$$

$$= \frac{\mathrm{i}}{2\pi}\sum_{n=1}^{+\infty}\sqrt{\frac{\mathrm{e}^{-n\eta}}{nK_{n\nu}}}\cos(nu)(\hat{f}_{n\nu} - \hat{f}_{n\nu}^{\dagger}) \tag{15.8.10}$$

对偶的相位场 $\hat{\Theta}_\nu$ 通过

$$\hat{\Pi}_\nu(u) \equiv \frac{\partial}{\partial u}\hat{\Theta}_\nu(u) = -\frac{\mathrm{i}}{2\pi}\sum_{n=1}^{+\infty}\sqrt{n\mathrm{e}^{-n\eta}}\sin(nu)(\hat{d}_{n\nu} - \hat{d}_{n\nu}{}^{\dagger}) \tag{15.8.11}$$

产生了相应的动量密度.最终相位哈密顿量为

$$\hat{H} = \sum_{\nu}\frac{\epsilon_\nu}{2}\int_{-\pi}^{\pi}\mathrm{d}u\left[K'_\nu\hat{\Pi}_\nu^2(u) + \frac{1}{K'_\nu}(\partial_u\hat{\Phi}_\nu(u))^2\right] \tag{15.8.12}$$

$\hat{\Phi}_\nu$ 中的零模给出了基态能量算符

$$\hat{E}_{0\nu} = \frac{\epsilon_\nu}{4K_\nu}\left(\delta_{\nu,1}\sum_{\sigma\sigma'}\hat{N}_\sigma\hat{N}_{\sigma'} + \delta_{\nu,-1}\left(\sum_\sigma\sigma\hat{N}_\sigma\right)^2\right) \tag{15.8.13}$$

同样,海森伯场 $\hat{\Phi}_\nu(u,t)$的运动方程 $\hat{\Phi}_\nu(u,t)$为

$$\partial_t\hat{\Phi}_\nu(u,t) = \epsilon_\nu K'_\nu\hat{\Pi}_\nu(u,t)$$

按照方程(15.0.4),玻色化是由以下方式提供的:

$$\hat{\phi}_\sigma(u) + \hat{\phi}_\sigma^{\dagger}(u) = \sum_\nu\frac{\sigma^{\frac{1-\nu}{2}}}{\sqrt{2}}(\hat{\Phi}_\nu(u) - b_\nu(u) - u\hat{N}_\nu - 2\pi\hat{\Theta}_\nu(u)) \tag{15.8.14}$$

不同组分之间的背散射由算符 $\hat{V}_{c\perp}$ 描述.其组分部分 $\hat{H}_{\nu=-1}$获得了单位圆上的正弦戈登(Sine-Gordon)哈密顿量的形式.考虑通常的 Sine-Gordon 系统结果,我们可以推测充分的排斥性相互作用使 $\hat{V}_{c\perp}$ 在低能量下变得不重要,将处理限制在长程相互作用上,如在第 11 章中讨论的那样,可以避免这个问题.

15.9 临界指数和静态两点关联函数

本节汇集了从单粒子关联函数中提取的临界指数的结果,并将分别介绍静态两点关联函数、局部动力学关联函数和局部态密度谱.

我们考虑零温静态关联函数

$$C(z_1,z_2)\equiv C(z_1,t=0;z_2)\equiv\langle\hat{\psi}^\dagger(z_1)\hat{\psi}(z_2)\rangle_0 \tag{15.9.1}$$

且必须用 $t=0$ 的明确结果(15.6.11)式来估计方程(15.6.4). 为了这个目的,我们引入缩写 $Z_\nu\equiv(1-z_\nu^2/L_F^2)^{1/2}$ ($\nu=1,2$), $L_F=l\sqrt{2N-1}$ (l 是振子长度),以此来求解 $L_F-|z_\nu|>L_F r^2$ 和 $z_1\neq z_2$ 的情况($z_1=z_2$ 的情况是文献[32]考虑过的).

$$\begin{aligned}&|\mathscr{D}(\pm 2u_0(z_\nu)+\mathrm{i}r)|^2\to\frac{1}{4Z_\nu^2}\\&|\mathscr{D}(u_0(z_1)\pm u_0(z_2)+\mathrm{i}r)|^2\to\frac{1}{2(1\pm Z_1Z_2-z_1z_2/L_F^2)}\end{aligned} \tag{15.9.2}$$

这给出了

$$\begin{aligned}C(z_1,z_2)&\\=\frac{r^{2\gamma_0}2^{\alpha_0+\frac{1}{2}-\gamma_0}}{2\pi L_F}\Bigg[&\frac{\sin(k_F(\tilde{z}_1-\tilde{z}_2)+A_-)}{(1-Z_1Z_2-z_1z_2/L_F^2)^{\gamma_0+\frac{1}{2}}(1+Z_1Z_2-z_1z_2/L_F^2)^{\alpha_0}}\\&+(-1)^{N-1}\frac{\cos(k_F(\tilde{z}_1+\tilde{z}_2)+A_+)}{(1+Z_1Z_2-z_1z_2/L_F^2)^{\gamma_0+\frac{1}{2}}(1-Z_1Z_2-z_1z_2/L_F^2)^{\alpha_0}}\Bigg](Z_1Z_2)^{\alpha_0-\frac{1}{2}}\end{aligned} \tag{15.9.3}$$

具有(不相关的)相移

$$A_\pm\equiv\frac{1}{2}[\arcsin(z_1/L_F)\pm\arcsin(z_2/L_F)]-b(u_0(z_1))\mp b(u_0(z_2))$$

以及

$$\tilde{z}_\nu=\tilde{z}(z_\nu)=z_\nu Z(z_\nu)/2+(L_F/2)\arcsin(z_\nu/L_F).$$

对于 $z_1\equiv z>l$ 和 $z_2=0$,以及在势阱内部($|z|\ll L_F$),有

$$C_{\text{center}}(z)=\frac{r^{2\gamma_0}}{\pi L_F}\frac{\sin(k_Fz)}{(z/L_F)^{2\gamma_0+1}}+(-1)^{N-1}\frac{r^{2\gamma_0}}{2\pi L_F}2^{2\alpha_0-2\gamma_0}\frac{\cos(k_Fz)}{(z/L_F)^{2\alpha_0}} \tag{15.9.4}$$

因为 $|z|/L_F\ll 1$, $2\gamma_0+1=2\alpha_0+K$,所以第二项不重要,因此

$$C_{\text{center}}(z)=\frac{r^{2\gamma_0}}{\pi L_F}\frac{\sin(k_Fz)}{(z/L_F)^{2\gamma_0+1}} \tag{15.9.5}$$

给出了衰减指数(两倍于体标度维度 $\hat{\psi}$),即

$$\alpha_C=2\gamma_0+1=\frac{1}{2}\left[K+\frac{1}{K}\right]\equiv 2\Delta \tag{15.9.6}$$

这个结果与开边界条件在体极限下的结果相吻合，也与均匀 Luttinger 模型的结果一致.

我们可以从方程(15.9.3)中提取边界指数 $\Delta_\perp$. 为了这个目的，必须确切地逼近热力学极限，这是通过使势阱越来越浅来完成的：$\omega_l \propto 1/N \to 0$. 此外，耦合常数 K 和费米波数 k_F 必须保持固定. 对于一个特定的相互作用模型，这种极限已经在文献[32]中进行. 此外，除了 η，还有 $r \propto 1/\sqrt{N}$ 也消失了，我们应该如文献[33]中描述的那样考虑重正化的场. 然后在分母 $C(z_1, z_2)$ 中考虑边界情况 $z_2 = L_F(1-\eta)$，其中 $0 < z_1 \ll L_F$. 使 $z_2 \to L_F$，即 $Z_2 \to 0$. 那么 $z_2 - z_1$ 的距离是大的，这是对 $\Delta_\perp$ 的要求. 方程(15.9.3)给出了

$$
\begin{aligned}
C(z_1, L_F(1-\eta)) &\propto \frac{Z_1^{\alpha_0 - 1/2}}{(1 - z_1/L_F)^{\alpha_0 + \gamma_0 + \frac{1}{2}}} (\sqrt{\eta})^{\alpha_0 - 1/2} \\
&\propto \frac{(z_2 - z_1)^{(\alpha_0 - 1/2)/2}}{(z_2 - z_1)^{\alpha_0 + \gamma_0 + \frac{1}{2}}}
\end{aligned}
\tag{15.9.7}
$$

因此

$$
2\Delta_\perp = \frac{1}{2}\alpha_0 + \gamma_0 + \frac{3}{4} = \frac{1}{8}\left[\frac{3}{K} + K + 2\right] \tag{15.9.8}
$$

这个边界指数与文献[25]和[28]中开边界条件的相应结果不同.

15.10 局域动力学关联函数

按照文献[24]和[28]，我们只考虑空间中缓慢变化的部分，也就是说，我们忽略由方程(15.6.4)中最后两个项给出的快速振荡的 Friedel 部分后，得到

$$
C^{\mathrm{NF}}(z, t; z) = \frac{1}{\pi L_F Z(z)} \langle \hat{\psi}_a{}^{\dagger}(u_0(z), t) \hat{\psi}_a(u_0(z)) \rangle_0 \tag{15.10.1}
$$

按照方程(15.6.11)，得

$$
\begin{aligned}
\langle \hat{\psi}_a^{\dagger}(u_0, t) \hat{\psi}_a(u_0) \rangle_0 &= \mathrm{e}^{\mathrm{i}\mu_N t} r^{2\gamma_0} (\mathscr{D}(-\epsilon t + \mathrm{i}r)^{2\gamma_0} \mathscr{D}(-\epsilon t + \mathrm{i}\eta)) \\
&\quad \cdot \left[\frac{\mathscr{D}(2u_0 - \epsilon t + \mathrm{i}r)\mathscr{D}(-2u_0 - \epsilon t + \mathrm{i}r)}{|\mathscr{D}(2u_0 + \mathrm{i}r)|^2}\right]^{\alpha_0}
\end{aligned}
\tag{15.10.2}
$$

上式在 $u_0=\arcsin(z/L_F)-\pi/2$ 时正确. 重正化的能级间距 ϵ 在热力学极限中消失，但化学势成为一个与粒子数无关的常数

$$\mu_N=\epsilon(N-1/2)/K\to 2\hbar/(K^2+1)(\omega_1 N)=\text{const.}$$

消失的 η 和 r 意味着

$$\begin{aligned}\mathscr{D}(-\epsilon t)&=-\frac{\mathrm{i}e^{\mathrm{i}\epsilon t/2}}{2\sin(\epsilon t/2)},\ \mathscr{D}(2u_0-\epsilon t)\\ \mathscr{D}(-2u_0-\epsilon t)&=\frac{e^{\mathrm{i}\epsilon t}}{4(\cos^2(\epsilon t/2)-z^2/L_F^2)}\end{aligned}\tag{15.10.3}$$

为了收集 t 的所有可能的幂，我们指定 z 是非常接近经典的边界，使 $\cos^2(\epsilon t/2)-z^2/L_F^2\propto t^2$ 成立. 然后我们得到

$$C^{\mathrm{NF}}\propto\mathscr{D}(-\epsilon t)^{2\gamma_0+2\alpha_0+1}\propto\frac{1}{t^{2\Delta_\parallel}}\tag{15.10.4}$$

具有的边界指数为

$$2\Delta_\parallel=2\gamma_0+2\alpha_0+1=\frac{1}{K}\tag{15.10.5}$$

这与开边界的单组分结果是一致的，即与文献[24]、[25]和[28]中的结果相一致.

然而，对于远离边界的 z，只有 $\mathscr{D}(-\epsilon t)^{2\gamma_0+1}$ 有贡献，故体积标度指数为

$$2\gamma_0+1=\frac{1}{2}\left[K+\frac{1}{K}\right]\equiv 2\Delta\tag{15.10.6}$$

需要注意的是，比例关系 $2\Delta_\perp=\Delta+\Delta_\parallel$ 就变量 z 和 t 而言并不满足. 然而，边界共形场理论[34]适用于辅助模型，该模型使用变量 $\epsilon\tau$（$\mathrm{i}t\equiv\tau$）和 u. 无限条带 $w\equiv\epsilon\tau-\mathrm{i}u$ 与 $-\pi\leqslant u\leqslant 0$ 可以映射到完整的复平面上，而从方程(15.3.1)得出的欧几里得-拉格朗日密度是局部旋转不变的. 因此，无论边界条件如何，标度关系都会成立. 这可以通过直接计算来检查：为了得到辅助场的边界指数 $\Delta_\perp^{(a)}$，如果我们计算 $\langle\hat{\psi}_a^\dagger(u\approx-\pi/2)\hat{\psi}_a(v\approx 0,\pi)\rangle_0$，而不是物理关联函数 $C(z_1\approx 0,z_2\approx L_F,-L_F)$，则会发现

$$\langle\hat{\psi}_a^\dagger(u)\hat{\psi}_a(v)\rangle_0\propto\frac{1}{\left|\sin\left(\frac{u-v}{2}\right)\right|^{2\Delta_\perp^{(a)}}}\tag{15.10.7}$$

具有新的值，即

$$2\Delta_{\perp}^{(a)} = \frac{1}{4}\left[K + \frac{3}{K}\right] \tag{15.10.8}$$

临界指数 Δ 和 $\Delta_{\parallel}$ 保持不变,所以标度关系得到满足.

随后对物理平面 $z_c \equiv \bar{z} + \mathrm{i}\,\epsilon\tau$ 进行的转换($\bar{z} \equiv z/L_{\mathrm{F}}$)必须确保 $\bar{z} = \cos u$. 不过,它不是保形的.

通过检查相应的欧几里得-拉格朗日密度,对于边界附近,标度坐标 $\bar{z}$ 和 $\epsilon\tau$ 的局域共形不变性的破坏变得很明显:

$$\hat{\mathscr{L}}_{\mathrm{E}} = \frac{\epsilon}{2K'}((\partial_{\epsilon\tau}\hat{\Phi})^2 + Z^2(\partial_{\bar{z}}\hat{\Phi})^2) \tag{15.10.9}$$

这里 $Z^2 = 1 - \bar{z}^2$.

15.11 局域谱密度

我们必须估算忽略 Friedel 部分的反对易子

$$A(t,z) \equiv \langle [\hat{\psi}^{\dagger}(z,0), \hat{\psi}(z,t)]_{+} \rangle_0^{\mathrm{NF}} \tag{15.11.1}$$

利用前面给出的方程(15.6.11)和(15.6.13),我们发现

$$\begin{aligned} A(t,z) &= \left[\mathrm{e}^{-\mathrm{i}\mu_{N+1}t}\mathscr{D}(-\epsilon t + \mathrm{i}r)^{2\gamma_0}\mathscr{D}(-\epsilon t + \mathrm{i}\eta)\left(\frac{\mathscr{D}(-2u_0 - \epsilon t + \mathrm{i}r)\mathscr{D}(2u_0 - \epsilon t + \mathrm{i}r)}{|\mathscr{D}(2u_0)|^2}\right)^{\alpha_0} \right. \\ &\quad \left. + \mathrm{e}^{-\mathrm{i}\mu_N t}\mathscr{D}(\epsilon t + \mathrm{i}r)^{2\gamma_0}\mathscr{D}(\epsilon t + \mathrm{i}\eta)\left(\frac{\mathscr{D}(-2u_0 + \epsilon t + \mathrm{i}r)\mathscr{D}(2u_0 + \epsilon t + \mathrm{i}r)}{|\mathscr{D}(2u_0)|^2}\right)^{\alpha_0} \right] \frac{r^{2\gamma_0}}{\pi L_{\mathrm{F}} Z} \end{aligned} \tag{15.11.2}$$

在热力学极限中, $r \to 0$, $\mu_N \to \mu_{N+1} \to \mu$,从化学势开始测量频率 ω, $\omega - \mu \to \omega$,我们得到

$$\begin{aligned} N(\omega, z) &= \frac{1}{2\pi}\int_{-\infty}^{\infty} \mathrm{d}t\,\mathrm{e}^{\mathrm{i}\omega t}A(t,z) \\ &\propto \frac{Z^{2\alpha_0 - 1}(z)2^{-2\gamma_0 - 1}}{\pi^2 L_{\mathrm{F}}} \end{aligned} \tag{15.11.3}$$

$$\cdot \int_0^{\infty} \mathrm{d}t\cos(\omega t)\left[\frac{\mathrm{e}^{-\mathrm{i}(\gamma_0+1/2)\pi+\mathrm{i}(\gamma_0+1/2+\alpha_0)\epsilon t}}{\sin^{2\gamma_0+1}(t\epsilon/2)(\cos^2(t\epsilon/2)-z^2/L_{\mathrm{F}}^2)^{\alpha_0}}+\mathrm{c.c.}\right]$$

用重正化 $\cos(\omega t)\rightarrow[\cos(\omega t)-1]$,并利用积分

$$\int_0^{+\infty} \mathrm{d}t(\cos t-1)/t^k = \pi/(2\Gamma(k)\cos(\pi k/2)) \quad (1<k<3)$$

深入阱内,得

$$N(\omega, |z| \ll L_{\mathrm{F}}) \propto \frac{1}{\pi L_{\mathrm{F}}} \frac{1}{\epsilon\Gamma(2\gamma_0+1)}\left(\frac{\omega}{\epsilon}\right)^{2\gamma_0} \tag{15.11.4}$$

局域谱密度的体指数为

$$\alpha_{\text{bulk}} = 2\gamma_0 = \frac{1}{2}\left[K+\frac{1}{K}-2\right] \quad (0<\gamma_0<1) \tag{15.11.5}$$

符合文献[24]和[28]中开边界条件的结果.

边界指数是通过如下方式获得的:接近边界时,$|z|\approx L_{\mathrm{F}}$,当$(\cos^2(t\epsilon/2)-z^2/L_{\mathrm{F}}^2)^{\alpha_0}\rightarrow \mathrm{e}^{\mathrm{i}\pi\alpha_0}2^{-2\alpha_0}(t\epsilon)^{2\alpha_0}$时,我们获得 $4Z^2\ll\epsilon^2t^2\ll1$.故

$$N(\omega, |z| \approx L_{\mathrm{F}}) \propto \frac{1}{\pi L_{\mathrm{F}}} \frac{2^{2\alpha_0}Z^{2\alpha_0-1}(z)}{\epsilon\Gamma(2\gamma_0+2\alpha_0+1)}\left(\frac{\omega}{\epsilon}\right)^{2\gamma_0+2\alpha_0} \tag{15.11.6}$$

边界临界指数为

$$\alpha_{\text{boundary}} = 2\gamma_0+2\alpha_0 = \frac{1}{K}-1 \quad (0<\alpha_0+\gamma_0<1) \tag{15.11.7}$$

这个值符合单组分在开边界下的结果[24-25,28].

15.12 两组分关联函数

将前文讨论的结果扩展到两个组分的情况很简单.关联函数在质量和组分表示中分离.然而因为有变换方程(15.0.1),所以方程(15.6.6)中的相应指数是先前值的一半,这就导致了

$$
\begin{cases}
2\Delta = \dfrac{1}{4}\left[K_1 + K_{-1} + \dfrac{1}{K_1} + \dfrac{1}{K_{-1}}\right] \\
2\Delta_{\parallel} = \dfrac{1}{2}\left[\dfrac{1}{K_1} + \dfrac{1}{K_{-1}}\right] \\
2\Delta_{\perp} = \dfrac{1}{16}\left[K_1 + K_{-1} + \dfrac{3}{K_1} + \dfrac{3}{K_{-1}} + 4\right]
\end{cases}
\tag{15.12.1}
$$

对于谱函数,我们假设两组分的粒子数相等,那么上面计算的谱函数(并经刚才所述的修正过)指的是,每个组分都给出了

$$
\begin{aligned}
\alpha_{\text{bulk}} &= \frac{1}{4}\left[K_1 + K_{-1} + \frac{1}{K_1} + \frac{1}{K_{-1}} - 4\right] \\
\alpha_{\text{boundary}} &= \frac{1}{2}\left[\frac{1}{K_1} + \frac{1}{K_{-1}} - 2\right]
\end{aligned}
\tag{15.12.2}
$$

除了 $\Delta_{\perp}$,这些数值与文献[24]、[25]和[28]中给出的完全一致.这同样也是由于违反了本模型中关于空间位置和时间的局域洛伦兹不变性.

通过以上分析,我们首先给出了一个在一维谐振势阱中相互作用费米子模型的自洽的相位算符表述.该模型类似于具有开放边界条件的 Tomonaga-Luttinger 模型,并将单粒子算符表示为适当的相位算符的线性组合,尽管在原始费米子哈密顿量中存在单粒子算符和谐振势阱势.总哈密顿量被表示为相位算符 $\hat{\Phi}$ 和对应于动量算符 $\hat{\Pi}$ 的二次形式,这将极大方便地进一步计算出各种包括关联函数的物理性质.

其次,这些结果被扩展到两组分的情况.该相位公式与开边界条件的表述虽然有许多相似之处,但是也存在明显的差异,如空间位置是与相位场中的变量非线性相关的,这就破坏了通常由相关的相位理论满足的局部洛伦兹不变性.此外,如果考虑谐振势阱拓扑结构,形式因子就会出现.

最后,我们推导了单粒子关联函数的精确结果,并用于提取体和边界的临界指数,包括局部谱密度的临界指数.除了边界标度维度 $\hat{\varphi}$,临界指数的值与开放边界条件的临界指数相吻合.

第 16 章

高斯积分的数值计算

本书的前九章讨论的是有关玻色和费米多体系统的非微扰的计算方法，这一方法的特点是：一方面，它展开的基态矢不是 Fock 态而是相干态，因此它不受耦合强度的限制. 如用 Fock 态作基，则自然只适用于弱作用的情况，故只能是一种微扰的理论方法. 用相干态作基便不受耦合强度所限，是一种非微扰的方法. 另一方面，无论在什么样的哈密顿量情形下，哈密顿量总可通过对易关系表示为一种标准的正规乘积的形式，因此在演化过程中无论用哈密顿量的哪阶作用后得到系统的态矢的相干态的展开形式均保持不变. 所以这种展开形式的回归是这一方法的另一个特点. 在本书的前九章中，应用到多个系统时都得到演化的一步一步的运算在完全相同的形式下进行，而与系统的不同物理性质与繁杂的程度无关. 所有这些系统随着分成的各个小时段间的递推关系亦是在同样的推演下导出结果.

尽管有了以上若干优点，但若真的要计算出具体的定量结果，其中仍然隐含着一个困难，这个困难是：尽管在每次 H 的作用下系统的态矢仍然回归于相同的相干态展开形式，但其中的“波函数”会越来越复杂，包含的积分重数会越来越多. 即使一般情形下积分不能解析积出，但总能做相应数值计算去完成. 若所需的时间较长，分成的小时段数目很大的话，每一小时段推演完成时末态的波函数中所含的积分重数已是一个不小的有限数.在下一个小时段的推演中再加上这一不小的有限数.如此下去，在很大数目的小时段后，其波函数中所含的重数可能就是实际的数值计算无法完成的计算量.因此必须要找出克服这一个困难的办法，否则这一非微扰的理论方法仍然不能付诸实际应用.下面我们用一个具体的物理系统来阐明这是一个什么样的问题，然后再以这一系统为例来说明如何解决这一难题，使这一非微扰理论方法真的能够应用于各种各样的问题.

16.1 Rabi 模型中波函数的递推

如上所述，为了把问题说得清楚和具体，这里以 Rabi 模型为例来阐述.

1. 哈密顿量

Rabi 系统的哈密顿量为

$$H = \frac{\Delta}{2}(|e\rangle\langle e| - |g\rangle\langle g|) + \lambda(a + a^{\dagger})(|e\rangle\langle g| + |g\rangle\langle e|) + \omega a^{\dagger} a \tag{16.1.1}$$

这在第 3 章中已给出过.

算符 H^m 在前面已讨论过，可以表示为如下正规乘积的形式：

$$H^m = \begin{bmatrix} \sum_{n_1 n_2} A_{n_1 n_2}^{(m)} (a^{\dagger})^{n_1} (a)^{n_2} & \sum_{n_1 n_2} C_{n_1 n_2}^{(m)} (a^{\dagger})^{n_1} (a)^{n_2} \\ \sum_{n_1 n_2} D_{n_1 n_2}^{(m)} (a^{\dagger})^{n_1} (a)^{n_2} & \sum_{n_1 n_2} B_{n_1 n_2}^{(m)} (a^{\dagger})^{n_1} (a)^{n_2} \end{bmatrix} \tag{16.1.2}$$

$H^1 = H$.因此$\{A_{n_1 n_2}^{(1)}\}$是已知的：

$$\begin{aligned} &A_{00}^{(1)} = \frac{\Delta}{2}, \quad A_{11}^{(1)} = \omega, \quad \text{其余 } A_{n_1 n_2}^{(1)} \text{ 均为 } 0 \\ &B_{00}^{(1)} = -\frac{\Delta}{2}, \quad B_{11}^{(1)} = \omega, \quad \text{其余 } B_{n_1 n_2}^{(1)} \text{ 均为 } 0 \\ &C_{00}^{(1)} = \lambda, \quad C_{11}^{(1)} = \lambda, \quad \text{其余 } C_{n_1 n_2}^{(1)} \text{ 均为 } 0 \\ &D_{00}^{(1)} = \lambda, \quad D_{11}^{(1)} = \lambda, \quad \text{其余 } D_{n_1 n_2}^{(1)} \text{ 均为 } 0 \end{aligned} \tag{16.1.3}$$

所有的 $A_{n_1n_2}^{(m)}$, $B_{n_1n_2}^{(m)}$, $C_{n_1n_2}^{(m)}$, $D_{n_1n_2}^{(m)}$ 可从以下递推关系及(16.1.3)式得到.

$$\begin{aligned}
A_{n_1n_2}^{(m+1)} &= \frac{\Delta}{2}A_{n_1n_2}^{(m)} + \lambda D_{n_1n_2-1}^{(m)} + \lambda n_1 D_{n_1+1n_2}^{(m)} + \lambda D_{n_1-1n_2}^{(m)} + \omega A_{n_1-1n_2-1}^{(m)} + n_1\omega A_{n_1n_2}^{(m)} \\
B_{n_1n_2}^{(m+1)} &= -\frac{\Delta}{2}B_{n_1n_2}^{(m)} + \lambda C_{n_1n_2-1}^{(m)} + \lambda n_1 C_{n_1+1n_2}^{(m)} + \lambda C_{n_1-1n_2}^{(m)} + \omega B_{n_1-1n_2-1}^{(m)} + n_1\omega B_{n_1n_2}^{(m)} \\
C_{n_1n_2}^{(m+1)} &= \frac{\Delta}{2}C_{n_1n_2}^{(m)} + \lambda B_{n_1n_2-1}^{(m)} + \lambda n_1 B_{n_1+1n_2}^{(m)} + \lambda B_{n_1-1n_2}^{(m)} + \omega C_{n_1-1n_2}^{(m)} + n_1\omega C_{n_1n_2}^{(m)} \\
D_{n_1n_2}^{(m+1)} &= -\frac{\Delta}{2}D_{n_1n_2}^{(m)} + \lambda A_{n_1n_2-1}^{(m)} + \lambda n_1 A_{n_1+1n_2}^{(m)} + \lambda A_{n_1-1n_2}^{(m)} + \omega D_{n_1-1n_2}^{(m)} + n_1\omega D_{n_1n_2}^{(m)}
\end{aligned} \tag{16.1.4}$$

2. 系统的波函数

Rabi 系统的态矢可用相干态做基矢展开,为

$$|\rangle = \begin{pmatrix} \iint \psi(\rho,\eta)\mathrm{e}^{-\rho^2-\eta^2}\ |\rho+\mathrm{i}\eta\rangle \dfrac{\mathrm{d}\rho\mathrm{d}\eta}{\pi} \\ \iint \varphi(\rho,\eta)\mathrm{e}^{-\rho^2-\eta^2}\ |\rho+\mathrm{i}\eta\rangle \dfrac{\mathrm{d}\rho\mathrm{d}\eta}{\pi} \end{pmatrix} \tag{16.1.5}$$

假定已归一,即

$$\langle 1\rangle = 1 \tag{16.1.6}$$

可将 $\psi(\rho,\eta)$称作系统居于$|e\rangle$的相干态波函数,$\varphi(\rho,\eta)$称作系统居于$|g\rangle$的相干态波函数,或称为波函数.

3. 系统分小时段的演化

在前面已讨论过,演化可将 $0\sim t$ 分为 N 个小时段 Δt,然后在每一个小时段中进行演化.

(1) 第一小时段

初始状态是已给定的

$$|t=0\rangle = \begin{pmatrix} \iint \psi^{(0)}(\rho,\eta)\mathrm{e}^{-\rho^2-\eta^2}\ |\rho+\mathrm{i}\eta\rangle \dfrac{\mathrm{d}\rho\mathrm{d}\eta}{\pi} \\ \iint \varphi^{(0)}(\rho,\eta)\mathrm{e}^{-\rho^2-\eta^2}\ |\rho+\mathrm{i}\eta\rangle \dfrac{\mathrm{d}\rho\mathrm{d}\eta}{\pi} \end{pmatrix} \tag{16.1.7}$$

即 $\psi^{(0)}(\rho,\eta),\varphi^{(0)}(\rho,\eta)$为已知.

在前面已知第一时段末系统的态矢$|t=0\rangle$由如下计算得到：

$$|\Delta t\rangle=\begin{pmatrix}\iint\psi^{(1)}(\rho,\eta)\mathrm{e}^{-\rho^2-\eta^2}\ |\rho+\mathrm{i}\eta\rangle\dfrac{\mathrm{d}\rho\mathrm{d}\eta}{\pi}\\ \iint\varphi^{(1)}(\rho,\eta)\mathrm{e}^{-\rho^2-\eta^2}\ |\rho+\mathrm{i}\eta\rangle\dfrac{\mathrm{d}\rho\mathrm{d}\eta}{\pi}\end{pmatrix}$$

$$=\left(\sum_{m=0}^{L}\frac{(-\mathrm{i}\Delta t)^m}{m!}H^m\right)|t=0\rangle$$

$$=\left(\sum_{m=0}^{L}\frac{(-\mathrm{i}\Delta t)^m}{m!}\right)H^m\begin{pmatrix}\iint\psi^{(0)}(\rho,\eta)\mathrm{e}^{-\rho^2-\eta^2}\ |\rho+\mathrm{i}\eta\rangle\dfrac{\mathrm{d}\rho\mathrm{d}\eta}{\pi}\\ \iint\varphi^{(0)}(\rho,\eta)\mathrm{e}^{-\rho^2-\eta^2}\ |\rho+\mathrm{i}\eta\rangle\dfrac{\mathrm{d}\rho\mathrm{d}\eta}{\pi}\end{pmatrix}\tag{16.1.8}$$

将(16.1.2)式代入上式后，上、下分量表示为

上分量：

$$\iint\psi^{(1)}(\rho,\eta)\mathrm{e}^{-\rho^2-\eta^2}\ |\rho+\mathrm{i}\eta\rangle\frac{\mathrm{d}\rho\mathrm{d}\eta}{\pi}$$

$$=\sum_{m=0}^{L}\frac{(-\mathrm{i}\Delta t)^m}{m!}\Big[A_{n_1n_2}^{(m)}\iint(a^\dagger)^{n_1}(a)^{n_2}\psi^{(0)}(\rho,\eta)\mathrm{e}^{-\rho^2-\eta^2}\ |\rho+\mathrm{i}\eta\rangle\frac{\mathrm{d}\rho\mathrm{d}\eta}{\pi}$$

$$+C_{n_1n_2}^{(m)}\iint(a^\dagger)^{n_1}(a)^{n_2}\varphi^{(0)}(\rho,\eta)\mathrm{e}^{-\rho^2-\eta^2}\ |\rho+\mathrm{i}\eta\rangle\frac{\mathrm{d}\rho\mathrm{d}\eta}{\pi}\Big]$$

$$=\sum_{m=0}^{L}\frac{(-\mathrm{i}\Delta t)^m}{m!}\Big[A_{n_1n_2}^{(m)}\iint(a^\dagger)^{n_1}\psi^{(0)}(\rho,\eta)(\rho+\mathrm{i}\eta)^{n_2}\mathrm{e}^{-\rho^2-\eta^2}\ |\rho+\mathrm{i}\eta\rangle\frac{\mathrm{d}\rho\mathrm{d}\eta}{\pi}$$

$$+C_{n_1n_2}^{(m)}\iint(a^\dagger)^{n_1}\varphi^{(0)}(\rho,\eta)(\rho+\mathrm{i}\eta)^{n_2}\mathrm{e}^{-\rho^2-\eta^2}\ |\rho+\mathrm{i}\eta\rangle\frac{\mathrm{d}\rho\mathrm{d}\eta}{\pi}\Big]$$

$$=\sum_{m=0}^{L}\frac{(-\mathrm{i}\Delta t)^m}{m!}\Big[A_{n_1n_2}^{(m)}\iiiint|\rho_1+\mathrm{i}\eta_1\rangle\langle\rho_1+\mathrm{i}\eta_1|\ \mathrm{e}^{-\rho_1^2-\eta_1^2}\frac{\mathrm{d}\rho_1\mathrm{d}\eta_1}{\pi}(a^\dagger)^{n_1}$$

$$\cdot\psi^{(0)}(\rho,\eta)(\rho+\mathrm{i}\eta)^{n_2}\mathrm{e}^{-\rho^2-\eta^2}\ |\rho+\mathrm{i}\eta\rangle\frac{\mathrm{d}\rho\mathrm{d}\eta}{\pi}$$

$$+C_{n_1n_2}^{(m)}\iiiint|\rho_1+\mathrm{i}\eta_1\rangle\langle\rho_1+\mathrm{i}\eta_1|\ \mathrm{e}^{-\rho_1^2-\eta_1^2}\frac{\mathrm{d}\rho_1\mathrm{d}\eta_1}{\pi}(a^\dagger)^{n_1}$$

$$\cdot\varphi^{(0)}(\rho,\eta)(\rho+\mathrm{i}\eta)^{n_2}\mathrm{e}^{-\rho^2-\eta^2}\ |\rho+\mathrm{i}\eta\rangle\frac{\mathrm{d}\rho\mathrm{d}\eta}{\pi}\Big]$$

$$=\sum_{m=0}^{L}\frac{(-\mathrm{i}\Delta t)^m}{m!}\Big[A_{n_1n_2}^{(m)}\iiiint(\rho_1-\mathrm{i}\eta)^{n_1}\mathrm{e}^{-\rho_1^2-\eta_1^2}\mathrm{e}^{(\rho_1-\mathrm{i}\eta_1)(\rho+\mathrm{i}\eta)}\ |\rho_1+\mathrm{i}\eta_1\rangle\frac{\mathrm{d}\rho_1\mathrm{d}\eta_1}{\pi}$$

$$\cdot\ \psi^{(0)}(\rho,\eta)(\rho+\mathrm{i}\eta)^{n_2}\mathrm{e}^{-\rho^2-\eta^2}\ \frac{\mathrm{d}\rho\mathrm{d}\eta}{\pi}$$

$$+\ C_{n_1n_2}^{(m)}\iiiint(\rho_1-\mathrm{i}\eta)^{n_1}\mathrm{e}^{-\rho_1^2-\eta_1^2}\mathrm{e}^{(\rho_1-\mathrm{i}\eta_1)(\rho+\mathrm{i}\eta)}\ |\ \rho_1+\mathrm{i}\eta_1\rangle\ \frac{\mathrm{d}\rho_1\mathrm{d}\eta_1}{\pi}$$

$$\left.\cdot\ \varphi^{(0)}(\rho,\eta)(\rho+\mathrm{i}\eta)^{n_2}\mathrm{e}^{-\rho^2-\eta^2}\ \frac{\mathrm{d}\rho\mathrm{d}\eta}{\pi}\right]$$

$$\underset{\rho\leftrightarrow\rho_1,\ \eta\leftrightarrow\eta_1}{=}\sum_{m=0}^{L}\frac{(-\mathrm{i}\Delta t)^m}{m!}\left[A_{n_1n_2}^{(m)}\iint\left(\iint\psi^{(0)}(\rho_1\eta_1)(\rho_1+\mathrm{i}\eta_1)^{n_2}\mathrm{e}^{(\rho-\mathrm{i}\eta)(\rho_1+\mathrm{i}\eta_1)}\mathrm{e}^{-\rho_1^2-\eta_1^2}\ \frac{\mathrm{d}\rho_1\mathrm{d}\eta_1}{\pi}\right)\right.$$

$$\cdot\ (\rho-\mathrm{i}\eta)^{n_1}\mathrm{e}^{-\rho^2-\eta^2}\ |\ \rho+\mathrm{i}\eta\rangle\ \frac{\mathrm{d}\rho\mathrm{d}\eta}{\pi}$$

$$+\ C_{n_1n_2}^{(m)}\iint\left(\iint\varphi^{(0)}(\rho_1\eta_1)(\rho_1+\mathrm{i}\eta_1)^{n_2}\mathrm{e}^{(\rho-\mathrm{i}\eta)(\rho_1+\mathrm{i}\eta_1)}\mathrm{e}^{-\rho_1^2-\eta_1^2}\ \frac{\mathrm{d}\rho_1\mathrm{d}\eta_1}{\pi}\right)$$

$$\left.\cdot\ (\rho-\mathrm{i}\eta)^{n_1}\mathrm{e}^{-\rho^2-\eta^2}\ |\ \rho+\mathrm{i}\eta\rangle\ \frac{\mathrm{d}\rho\mathrm{d}\eta}{\pi}\right] \tag{16.1.9}$$

比较上式两端,可知

$$\psi^{(1)}(\rho,\eta)$$

$$=\sum_{m=0}^{L}\frac{(-\mathrm{i}\Delta t)^m}{m!}\left[A_{n_1n_2}^{(m)}(\rho-\mathrm{i}\eta)^{n_1}\iint\psi^{(0)}(\rho_1,\eta_1)(\rho_1+\mathrm{i}\eta_1)^{n_2}\mathrm{e}^{(\rho-\mathrm{i}\eta)(\rho_1+\mathrm{i}\eta_1)}\mathrm{e}^{-\rho_1^2-\eta_1^2}\ \frac{\mathrm{d}\rho_1\mathrm{d}\eta_1}{\pi}\right.$$

$$\left.+\ C_{n_1n_2}^{(m)}(\rho-\mathrm{i}\eta)^{n_1}\iint\varphi^{(0)}(\rho_1,\eta_1)(\rho_1+\mathrm{i}\eta_1)^{n_2}\mathrm{e}^{(\rho-\mathrm{i}\eta)(\rho_1+\mathrm{i}\eta_1)}\mathrm{e}^{-\rho_1^2-\eta_1^2}\ \frac{\mathrm{d}\rho_1\mathrm{d}\eta_1}{\pi}\right] \tag{16.1.10}$$

类似可得下分量:

$$\varphi^{(1)}(\rho,\eta)$$

$$=\sum_{m=0}^{L}\frac{(-\mathrm{i}\Delta t)^m}{m!}\left[D_{n_1n_2}^{(m)}(\rho-\mathrm{i}\eta)^{n_1}\iint\psi^{(0)}(\rho_1,\eta_1)(\rho_1+\mathrm{i}\eta_1)^{n_2}\mathrm{e}^{(\rho-\mathrm{i}\eta)(\rho_1+\mathrm{i}\eta_1)}\mathrm{e}^{-\rho_1^2-\eta_1^2}\ \frac{\mathrm{d}\rho_1\mathrm{d}\eta_1}{\pi}\right.$$

$$\left.+\ B_{n_1n_2}^{(m)}(\rho-\mathrm{i}\eta)^{n_1}\iint\varphi^{(0)}(\rho_1,\eta_1)(\rho_1+\mathrm{i}\eta_1)^{n_2}\mathrm{e}^{(\rho-\mathrm{i}\eta)(\rho_1+\mathrm{i}\eta_1)}\mathrm{e}^{-\rho_1^2-\eta_1^2}\ \frac{\mathrm{d}\rho_1\mathrm{d}\eta_1}{\pi}\right] \tag{16.1.11}$$

(2) 第二小时段

如前所述,在第二小时段中,将 $\psi^{(1)}(\rho,\eta)$和 $\varphi^{(1)}(\rho,\eta)$作为这一时段的初始态的上分量的波函数和下分量的波函数,则按照上述同样的推导,得到在第二小时段末的"末态"波函数分别为上分量：

$$
\begin{aligned}
&\psi^{(2)}(\rho,\eta)\\
&=\sum_{m'=0}^{L}\frac{(-\mathrm{i}\Delta t)^{m'}}{m'!}\Big[A_{n_1n_2}^{(m')}(\rho-\mathrm{i}\eta)^{n_1'}\iint\psi^{(0)}(\rho_1,\eta_1)(\rho_1+\mathrm{i}\eta_1)^{n_2'}\mathrm{e}^{(\rho-\mathrm{i}\eta)(\rho_1+\mathrm{i}\eta_1)}\mathrm{e}^{-\rho_1^2-\eta_1^2}\frac{\mathrm{d}\rho_1\mathrm{d}\eta_1}{\pi}\\
&\quad+C_{n_1n_2}^{(m')}(\rho-\mathrm{i}\eta)^{n_1'}\iint\varphi^{(1)}(\rho_1,\eta_1)(\rho_1+\mathrm{i}\eta_1)^{n_2'}\mathrm{e}^{(\rho-\mathrm{i}\eta)(\rho_1+\mathrm{i}\eta_1)}\mathrm{e}^{-\rho_1^2-\eta_1^2}\frac{\mathrm{d}\rho_1\mathrm{d}\eta_1}{\pi}\Big]\\
&=\sum_{m'=0}^{L}\frac{(-\mathrm{i}\Delta t)^{m'}}{m'!}A_{n_1n_2}^{(m')}(\rho-\mathrm{i}\eta)^{n_1'}\iint\Big\{\sum_{m=0}^{L}\frac{(-\mathrm{i}\Delta t)^{m}}{m!}\Big[A_{n_1n_2}^{(m)}(\rho_1-\mathrm{i}\eta)^{n_1}\\
&\quad\cdot\iint\psi^{(0)}(\rho_2,\eta_2)(\rho_2+\mathrm{i}\eta_2)^{n_2}\mathrm{e}^{(\rho_1-\mathrm{i}\eta_1)(\rho_2+\mathrm{i}\eta_2)}\mathrm{e}^{-\rho_2^2-\eta_2^2}\frac{\mathrm{d}\rho_2\mathrm{d}\eta_2}{\pi}\\
&\quad+C_{n_1n_2}^{(m)}(\rho_1-\mathrm{i}\eta_1)^{n_1}\iint\varphi^{(0)}(\rho_2,\eta_2)(\rho_2+\mathrm{i}\eta_2)^{n_2}\mathrm{e}^{(\rho_1-\mathrm{i}\eta_1)(\rho_2+\mathrm{i}\eta_2)}\mathrm{e}^{-\rho_2^2-\eta_2^2}\frac{\mathrm{d}\rho_2\mathrm{d}\eta_2}{\pi}\Big]\\
&\quad\cdot(\rho_1+\mathrm{i}\eta_1)^{n_2'}\mathrm{e}^{(\rho-\mathrm{i}\eta)(\rho_1+\mathrm{i}\eta_1)}\mathrm{e}^{-\rho_1^2-\eta_1^2}\frac{\mathrm{d}\rho_1\mathrm{d}\eta_1}{\pi}\Big\}\\
&\quad+C_{n_1n_2}^{(m')}(\rho-\mathrm{i}\eta)^{n_1'}\iint\Big\{\sum_{m=0}^{L}\frac{(-\mathrm{i}\Delta t)^{m}}{m!}\Big[D_{n_1n_2}^{(m)}(\rho_1-\mathrm{i}\eta_)^{n_1}\\
&\quad\cdot\iint\psi^{(0)}(\rho_2,\eta_2)(\rho_2+\mathrm{i}\eta_2)^{n_2}\mathrm{e}^{(\rho_1-\mathrm{i}\eta_1)(\rho_2+\mathrm{i}\eta_2)}\mathrm{e}^{-\rho_2^2-\eta_2^2}\frac{\mathrm{d}\rho_2\mathrm{d}\eta_2}{\pi}\\
&\quad+B_{n_1n_2}^{(m)}(\rho_1-\mathrm{i}\eta_1)^{n_1}\iint\varphi^{(0)}(\rho_2,\eta_2)(\rho_2+\mathrm{i}\eta_2)\mathrm{e}^{(\rho_1-\mathrm{i}\eta_1)(\rho_2+\mathrm{i}\eta_2)}\mathrm{e}^{-\rho_2^2-\eta_2^2}\frac{\mathrm{d}\rho_2\mathrm{d}\eta_2}{\pi}\Big]\\
&\quad\cdot(\rho_1+\mathrm{i}\eta_1)^{n_2'}\mathrm{e}^{(\rho-\mathrm{i}\eta)(\rho_1+\mathrm{i}\eta_1)}\mathrm{e}^{-\rho_1^2-\eta_1^2}\frac{\mathrm{d}\rho_1\mathrm{d}\eta_1}{\pi}\Big\}
\end{aligned}
\tag{16.1.12}
$$

下分量：

$$
\begin{aligned}
&\varphi^{(2)}(\rho,\eta)\\
&=\sum_{m'=0}^{L}\frac{(-\mathrm{i}\Delta t)^{m'}}{m'!}\Big\{D_{n_1n_2}^{(m')}(\rho-\mathrm{i}\eta)^{n_1'}\iint\Big[\sum_{m=0}^{L}\frac{(-\mathrm{i}\Delta t)^{m}}{m!}\Big(A_{n_1n_2}^{(m)}(\rho_1-\mathrm{i}\eta)^{n_1}\\
&\quad\cdot\iint\psi^{(0)}(\rho_2,\eta_2)(\rho_2+\mathrm{i}\eta_2)^{n_2}\mathrm{e}^{(\rho_1-\mathrm{i}\eta_1)(\rho_2+\mathrm{i}\eta_2)}\mathrm{e}^{-\rho_2^2-\eta_2^2}\frac{\mathrm{d}\rho_2\mathrm{d}\eta_2}{\pi}\\
&\quad+C_{n_1n_2}^{(m)}(\rho_1-\mathrm{i}\eta_1)^{n_1}\iint\varphi^{(0)}(\rho_2,\eta_2)(\rho_2+\mathrm{i}\eta_2)^{n_2}\mathrm{e}^{(\rho_1-\mathrm{i}\eta_1)(\rho_2+\mathrm{i}\eta_2)}\mathrm{e}^{-\rho_2^2-\eta_2^2}\frac{\mathrm{d}\rho_2\mathrm{d}\eta_2}{\pi}\Big)\\
&\quad\cdot(\rho_1+\mathrm{i}\eta_1)^{n_2'}\mathrm{e}^{(\rho-\mathrm{i}\eta)(\rho_1+\mathrm{i}\eta_1)}\mathrm{e}^{-\rho_1^2-\eta_1^2}\frac{\mathrm{d}\rho_1\mathrm{d}\eta_1}{\pi}\Big]\\
&\quad+B_{n_1n_2}^{(m')}(\rho-\mathrm{i}\eta)^{n_1'}\iint\Big[\sum_{m=0}^{L}\frac{(-\mathrm{i}\Delta t)^{m}}{m!}\Big(D_{n_1n_2}^{(m)}(\rho_1-\mathrm{i}\eta_)^{n_1}
\end{aligned}
$$

$$
\begin{aligned}
&\cdot \iint \psi^{(0)}(\rho_2, \eta_2)(\rho_2 + \mathrm{i}\eta_2)^{n_2} \mathrm{e}^{(\rho_1 - \mathrm{i}\eta_1)(\rho_2 + \mathrm{i}\eta_2)} \mathrm{e}^{-\rho_2^2 - \eta_2^2} \frac{\mathrm{d}\rho_2 \mathrm{d}\eta_2}{\pi} \\
&+ B_{n_1 n_2}^{(m)} (\rho_1 - \mathrm{i}\eta_1)^{n_1} \iint \varphi^{(0)}(\rho_2, \eta_2)(\rho_2 + \mathrm{i}\eta_2) \mathrm{e}^{(\rho_1 - \mathrm{i}\eta_1)(\rho_2 + \mathrm{i}\eta_2)} \mathrm{e}^{-\rho_2^2 - \eta_2^2} \frac{\mathrm{d}\rho_2 \mathrm{d}\eta_2}{\pi} \Big) \\
&\cdot (\rho_1 + \mathrm{i}\eta_1)^{n_2'} \mathrm{e}^{(\rho - \mathrm{i}\eta)(\rho_1 + \mathrm{i}\eta_1)} \mathrm{e}^{-\rho_1^2 - \eta_1^2} \frac{\mathrm{d}\rho_1 \mathrm{d}\eta_1}{\pi} \Big] \Big\}
\end{aligned}
\tag{16.1.13}
$$

从(16.1.12)式及(16.1.13)式看出，在第二小时段最后得到了末态的 $\psi^{(2)}(\rho, \eta)$，及 $\varphi^{(2)}(\rho, \eta)$的上、下分量的波函数表示式，并得到如下结论：

所有以后的每一小时段的演化均可以此进行，即任一第 m_1 个小时段末的 $\psi^{(m)}(\rho, \eta)$，$\varphi^{(m)}(\rho, \eta)$均可求出.

不过从上面讨论的第一时段及第二时段的演化可知：

① $\psi^{(0)}(\rho, \eta)$，$\varphi^{(0)}(\rho, \eta)$ 是给定的.

② $\psi^{(1)}(\rho, \eta)$，$\varphi^{(1)}(\rho, \eta)$ 的表示式中除了 $\sum_{m=0}^{L}$ 的求和外，每一波函数包含两项及二重积分.

③ $\psi^{(2)}(\rho, \eta)$，$\varphi^{(2)}(\rho, \eta)$ 除 $\sum_{m=0}^{L}$ 的两重求和外，每一波函包含四项及四重积分.

因此，在第 m_1 个时段后的波函数包含 m_1 个 $\sum_{m=0}^{L}$ 的求和，包含的项数为$(2)^{m_1}$ 及 $2m_1$ 重积分.

显然对这样的波函数进行数值计算是十分困难的，必须找寻能避免这样困难的途径.

16.2　实际可行的数值计算

在前面谈到直接从波函数的递推关系看，一般情形下积分要解析积出是不大可能的，实际上都是采用数值计算的办法，但是在分成许多小时段来进行演化时，在若干个小时段后波函数中包含的项数很多，积分的重数亦很多，这时进行数值计算几乎不可能. 于是必须去找寻避免这一困难的办法. 我们发现正是本书提到的用相干态作基的积分形式使我们可以找到克服这一困难的途径，即应用高斯积分的方法来化解这一困难. 阐明如下：

(1) 如何应用高斯积分求解波函数

由上面的(16.1.10)式~(16.1.13)式看出,下一阶波函数是通过对上一阶波函数进行一定的积分后得到的,高斯积分的精神是波函数的具体形式 $\psi(x)$不知道,但只要能得出在给定的高斯点处的函数值,则等价于函数已知.如果取的高斯点数为 N,则 $\psi(x)$已知等价于 N 个高斯点处的ψ 的值都知道,即

$$\psi(x) \sim \psi_1 = \psi(x_1), \psi_2 = \psi(x_2), \cdots, \psi_N = \psi(x_N) \tag{16.2.1}$$

上面表示的意思是将求 $\psi(x)$换为求 $\psi_1, \psi_2, \cdots, \psi_N$.

换句话说,我们的目标原来是求 $m = M$ 时的

$$\psi^{(M)}(\rho, \eta), \quad \varphi^{(M)}(\rho, \eta)$$

现在可以换作求

$$\{\psi_{i,j}^{(M)}\}: \psi_{i,j}^{(N)} = \psi^{(M)}(x_i, y_j)$$
$$\{\varphi_{i,j}^{(M)}\}: \varphi_{i,j}^{(N)} = \varphi^{(M)}(x_i, y_j$$

上面表明的是将两个变量的波函数换成求两个高斯积分的分立变量的值组.

(2) 现在来看第一小时段中的高斯积分计算

已知

$$\psi_{ij}^{(0)} = \psi^{(0)}(x_i, y_j)$$
$$\varphi_{ij}^{(0)} = \varphi^{(0)}(x_i, y_j)$$

其中,x_i 是ρ 的高斯点,y_i 是 η 的高斯点.待求

$$\psi_{ij}^{(1)} = \psi^{(1)}(x_i, y_j), \quad \varphi_{ij}^{(1)} = \varphi^{(1)}(x_i, y_j)$$

根据上面的阐释,即做如下计算:

(16.1.10)式改写为

$$\sum_{m=0}^{L} \frac{(-\mathrm{i}\Delta t)^m}{m!}\Big[A_{n_1 n_2}^{(m)}(x_i - \mathrm{i}y_j)^{n_1} \sum_{i_1, j_1}(W_{i_1} W_{j_1} \psi_{i_1 j_1}^{(0)}(x_{i_1} + \mathrm{i}y_{j_1})^{n_2} \mathrm{e}^{(x_i - \mathrm{i}y_j)(x_{i_1} + \mathrm{i}y_{j_1})} \mathrm{e}^{-x_{i_1}^2 - y_{j_1}^2})$$
$$+ C_{n_1 n_2}^{(m)}(x_i - \mathrm{i}y_j)^{n_1} \sum_{i_1, j_1}(W_{i_1} W_{j_1} \varphi_{i_1 j_1}^{(0)}(x_{i_1} + \mathrm{i}y_{j_1})^{n_2} \mathrm{e}^{(x_i - \mathrm{i}y_j)(x_{i_1} + \mathrm{i}y_{j_1})} \mathrm{e}^{-x_{i_1}^2 - y_{j_1}^2})\Big]$$
$$= \psi_{ij}^{(1)} \tag{16.2.2}$$

(16.1.11)式改写为

$$\sum_{m=0}^{L} \frac{(-\mathrm{i}\Delta t)^m}{m!}\Big[D_{n_1 n_2}^{(m)}(x_i - \mathrm{i}y_j)^{n_1} \sum_{i_1, j_1}(W_{i_1} W_{j_1} \psi_{i_1 j_1}^{(0)}(x_{i_1} + \mathrm{i}y_{j_1})^{n_2} \mathrm{e}^{(x_i - \mathrm{i}y_j)(x_{i_1} + \mathrm{i}y_{j_1})} \mathrm{e}^{-x_{i_1}^2 - y_{j_1}^2})$$

$$+ B_{n_1 n_2}^{(m)}(x_i - \mathrm{i}y_j)^{n_1} \sum_{i_1, j_1} (W_{i_1} W_{j_1} \varphi_{i_1 j_1}^{(0)} (x_{i_1} + \mathrm{i}y_{j_1})^{n_2} \mathrm{e}^{(x_i - \mathrm{i}y_j)(x_{i_1} + \mathrm{i}y_{j_1})} \mathrm{e}^{-x_{i_1}^2 - y_{j_1}^2})\Big]$$

$$= \varphi_{ij}^{(1)} \tag{16.2.3}$$

(16.2.2)式和(16.2.3)式左侧中的$\{A_{n_1 n_2}^{(m)}, B_{n_1 n_2}^{(m)}, C_{n_1 n_2}^{(m)}, D_{n_1 n_2}^{(m)}\}$已由系统的哈密顿量的正规乘积表示给定.

两式中的$\{x_i, y_j\}, \{x_{i_1}, y_{j_1}\}$是高斯点的值是已知的:

$\{\psi_{ij}^{(0)}\}, \{\varphi_{ij}^{(0)}\}$由初始态给定;

$\{W_i, W_j\}$是高斯积分中(x_i, y_j)处的权重因子,亦是已给定的.

结论:由(16.2.2)式和(16.2.3)式左侧中所有已知量的简单数值计算即可得到两式右侧待求的

$$\{\psi_{ij}^{(1)}\}, \quad \{\varphi_{ij}^{(1)}\}$$

(3) 如已求出$\{\psi_{ij}^{(l)}\}, \{\varphi_{ij}^{(l)}\}$,如何求得$\{\psi_{ij}^{(l+1)}\}, \{\psi_{ij}^{(l+1)}\}$

根据上一小节的讨论,我们立即可以表示出

$$\sum_{m=0}^{L} \frac{(-\mathrm{i}\Delta t)^m}{m!} \Big[A_{n_1 n_2}^{(m)} (x_i - \mathrm{i}y_j)^{n_1} \sum_{i_1 j_1} (W_{i_1} W_{j_1} \psi_{i_1 j_1}^{(l)} (x_{i_1} + \mathrm{i}y_i)^{n_2} \mathrm{e}^{(x_i - \mathrm{i}y_j)(x_{i_1} + \mathrm{i}y_{j_1})} \mathrm{e}^{-x_{i_1}^2 - y_{j_1}^2})$$

$$+ C_{n_1 n_2}^{(m)} (x_i - \mathrm{i}y_j)^{n_1} \sum_{i_1 j_1} (W_{i_1} W_{j_1} \varphi_{i_1 j_1}^{(l)} (x_{i_1} + \mathrm{i}y_i)^{n_2} \mathrm{e}^{(x_i - \mathrm{i}y_j)(x_{i_1} + \mathrm{i}y_{j_1})} \mathrm{e}^{-x_{i_1}^2 - y_{j_1}^2})\Big] = \psi_{ij}^{(l+1)}$$

$$\tag{16.2.4}$$

$$\sum_{m=0}^{L} \frac{(-\mathrm{i}\Delta t)^m}{m!} \Big[D_{n_1 n_2}^{(m)} (x_i - \mathrm{i}y_j)^{n_1} \sum_{i_1 j_1} (W_{i_1} W_{j_1} \psi_{i_1 j_1}^{(l)} (x_{i_1} + \mathrm{i}y_i)^{n_2} \mathrm{e}^{(x_i - \mathrm{i}y_j)(x_{i_1} + \mathrm{i}y_{j_1})} \mathrm{e}^{-x_{i_1}^2 - y_{j_1}^2})$$

$$+ B_{n_1 n_2}^{(m)} (x_i - \mathrm{i}y_j)^{n_1} \sum_{i_1 j_1} (W_{i_1} W_{j_1} \varphi_{i_1 j_1}^{(l)} (x_{i_1} + \mathrm{i}y_i)^{n_2} \mathrm{e}^{(x_i - \mathrm{i}y_j)(x_{i_1} + \mathrm{i}y_{j_1})} \mathrm{e}^{-x_{i_1}^2 - y_{j_1}^2})\Big] = \varphi_{ij}^{(l+1)}$$

$$\tag{16.2.5}$$

结论:比较(16.2.2)式、(16.2.3)式与(16.2.4)式、(16.2.5)式可以看出,当我们用高斯积分来计算每个小时段里的演化时,所有的计算对不同的小时段来讲完全一样,不同的仅是表达式左侧中的$\{\psi_{ij}^{(l)}\}, \{\varphi_{ij}^{(l)}\}$,故前面提到的随着小时段编号的增大,其表示式不断增长的繁复性便不再存在.这是本书中的方法给出的计算最为简化的突出之处.

16.3 重新归一的必要性

我们在用高斯积分递推波函数的过程

$$\{\psi_{ij}^{(0)},\varphi_{ij}^{(0)}\}\rightarrow\{\psi_{ij}^{(1)},\varphi_{ij}^{(1)}\}\rightarrow\cdots\{\psi_{ij}^{(l)},\varphi_{ij}^{(l)}\}\rightarrow\{\psi_{ij}^{(l+1)},\varphi_{ij}^{(l+1)}\}\rightarrow\cdots$$

中,还需添加一个必要的步骤.为了阐明这一步骤的必要性,让我们回头来仔细看一下

$$\{\psi_{ij}^{(l)},\varphi_{ij}^{(l)}\}\rightarrow\{\psi_{ij}^{(l+1)},\varphi_{ij}^{(l+1)}\}$$

(16.2.4) 式和(16.2.5) 式中的求和$\sum_{m=0}^{L}\frac{(-\mathrm{i}\Delta t)^m}{m!}(\cdots)$.这一求和的根源来自

$$\begin{aligned}|t\rangle&=\mathrm{e}^{-\mathrm{i}Ht}\ |t=0\rangle\\&=\sum_m\frac{(-\mathrm{i}\Delta t)^m}{m!}H^m\ |t=0\rangle\end{aligned}\tag{16.3.1}$$

如果上式右方对 m 的求和是 $m=0\rightarrow m=\infty$,到(16.3.1)式不存在任何问题,由于 $\mathrm{e}^{-\mathrm{i}Ht}$是一个幺正算符,因此如

$$\langle t=0\mid t=0\rangle=1$$

即初始态是归一的,则一定有

$$\langle t\mid t\rangle=1$$

$|t\rangle$ 亦保证是归一的.但从前文中知道,在讨论一个小时段的演化时,由于 Δt 很小,$\sum_{m=0}^{L}\frac{(-\mathrm{i}\Delta t)^m}{m!}$ 中的 L 常取一个小的整数,做实际计算时其近似程度是很高的,但毕竟略去了 $m>L$ 的贡献.故若不补偿,经过许多小时段后,误差就会积累起来,归一的偏离会越来越大,为此需正确理解(16.2.4) 式和(16.2.5) 式右方得到的还不是准确的 $\psi_{ij}^{(l+1)}$,$\varphi_{ij}^{(l+1)}$,故只能记为 $\psi'^{(l+1)}_{ij}$,$\varphi'^{(l+1)}_{ij}$,因此对于 $\psi'^{(l+1)}(\rho,\eta)$ 和 $\varphi'^{(l+1)}(\rho,\eta)$,还需要使它们恢复为归一的,即需对之重新归一,亦即要求在得到的 $\psi'^{(l+1)}(\rho,\eta)$,$\varphi'^{(l+1)}(\rho,\eta)$ 上加一个重新的归一因子,才真的是 l 小时段演化后的正确的末态波函数

$$\begin{aligned}\psi^{(l+1)}(\rho,\eta)&=N\psi'^{(l+1)}(\rho,\eta)\\\varphi^{(l+1)}(\rho,\eta)&=N\varphi'^{(l+1)}(\rho,\eta)\end{aligned}\tag{16.3.2}$$

N 的值决定如下：

$$
\begin{aligned}
&\langle t \mid t\rangle \\
&= \begin{pmatrix} \iint \psi^{(l+1)}(\rho,\eta)\mathrm{e}^{-\rho^2-\eta^2} \mid \rho+\mathrm{i}\eta\rangle \dfrac{\mathrm{d}\rho\mathrm{d}\eta}{\pi} \\ \iint \varphi^{(l+1)}(\rho,\eta)\mathrm{e}^{-\rho^2-\eta^2} \mid \rho+\mathrm{i}\eta\rangle \dfrac{\mathrm{d}\rho\mathrm{d}\eta}{\pi} \end{pmatrix}^{+} \begin{pmatrix} \iint \psi^{(l+1)}(\rho,\eta)\mathrm{e}^{-\rho^2-\eta^2} \mid \rho+\mathrm{i}\eta\rangle \dfrac{\mathrm{d}\rho\mathrm{d}\eta}{\pi} \\ \iint \varphi^{(l+1)}(\rho,\eta)\mathrm{e}^{-\rho^2-\eta^2} \mid \rho+\mathrm{i}\eta\rangle \dfrac{\mathrm{d}\rho\mathrm{d}\eta}{\pi} \end{pmatrix} \\
&= \iiiint \psi^{(l+1)*}(\rho_1,\eta_1)\mathrm{e}^{-\rho_1^2-\eta_1^2}\langle \rho_1+\mathrm{i}\eta_1 \mid \psi^{(l+1)}(\rho_2,\eta_2)\mathrm{e}^{-\rho_2^2-\eta_2^2} \mid \rho_2+\mathrm{i}\eta_2\rangle \frac{\mathrm{d}\rho_1\mathrm{d}\eta_1\mathrm{d}\rho_2\mathrm{d}\eta_2}{\pi^2} \\
&\quad + \iiiint \varphi^{(l+1)*}(\rho_1,\eta_1)\mathrm{e}^{-\rho_1^2-\eta_1^2}\langle \rho_1+\mathrm{i}\eta_1 \mid \varphi^{(l+1)}(\rho_2,\eta_2)\mathrm{e}^{-\rho_2^2-\eta_2^2} \mid \rho_2+\mathrm{i}\eta_2\rangle \frac{\mathrm{d}\rho_1\mathrm{d}\eta_1\mathrm{d}\rho_2\mathrm{d}\eta_2}{\pi^2} \\
&= \iiiint [\psi^{(l+1)*}(\rho_1,\eta_1)\psi^{(l+1)}(\rho_2\eta_2) + \varphi^{(l+1)*}(\rho_1,\eta_1)\varphi^{(l+1)}(\rho_2,\eta_2)] \\
&\quad \cdot \mathrm{e}^{(\rho_1-\mathrm{i}\eta_1)(\rho_2+\mathrm{i}\eta_2)}\mathrm{e}^{-\rho_1^2-\eta_1^2}\mathrm{e}^{-\rho_2^2-\eta_2^2}\frac{\mathrm{d}\rho_1\mathrm{d}\eta_1\mathrm{d}\rho_2\mathrm{d}\eta_2}{\pi^2} \\
&= N^2\iiiint [\psi'^{(l+1)*}(\rho_1,\eta_1)\psi'^{(l+1)}(\rho_2,\eta_2) + \varphi'^{(l+1)*}(\rho_1,\eta_1)\varphi'^{(l+1)}(\rho_2,\eta_2)] \\
&\quad \cdot \mathrm{e}^{(\rho_1-\mathrm{i}\eta_1)(\rho_2+\mathrm{i}\eta_2)}\mathrm{e}^{-\rho_1^2-\eta_1^2}\mathrm{e}^{-\rho_2^2-\eta_2^2}\frac{\mathrm{d}\rho_1\mathrm{d}\eta_1\mathrm{d}\rho_2\mathrm{d}\eta_2}{\pi^2} \\
&\Rightarrow N^2\sum_{i_1j_1i_2j_2} W_{i_1}W_{j_1}W_{i_2}W_{j_2}[\psi'^{(l+1)*}_{i_1j_1}\psi'^{(l+1)}_{i_2j_2}\varphi'^{(l+1)}_{i_1j_1}\varphi'^{(l+1)}_{i_2j_2}] \\
&\quad \cdot \mathrm{e}^{(x_{i_1}-\mathrm{i}y_{j_1})(x_{i_2}+\mathrm{i}y_{j_2})}\mathrm{e}^{-x_{i_1}^2-y_{j_1}^2}\mathrm{e}^{-x_{i_2}^2-y_{j_2}^2} \\
&= 1
\end{aligned}
\tag{16.3.3}
$$

即

$$
\begin{aligned}
N_{l+1}^2 = \Big\{ &\sum_{i_1j_1i_2j_2} W_{i1}W_{j_1}W_{i_2}W_{j_2}[\psi'^{(l+1)*}_{i_1j_1}\psi'^{(l+1)}_{i_2j_2}\varphi'^{(l+1)}_{i_1j_1}\varphi'^{(l+1)}_{i_2j_2}] \\
&\cdot \mathrm{e}^{(x_{i_1}-\mathrm{i}y_{j_1})(x_{i_2}+\mathrm{i}y_{j_2})}\mathrm{e}^{-x_{i_1}^2-y_{j_1}^2}\mathrm{e}^{-x_{i_2}^2-y_{j_2}^2}\Big\}^{-1}
\end{aligned}
\tag{16.3.4}
$$

结论：有了以上分析后，知道正确的

$$\{\psi_{ij}^{(l)},\varphi_{ij}^{(l)}\} \to \{\psi_{ij}^{(l+1)},\varphi_{ij}^{(l+1)}\}$$

应将(16.2.4)式和(16.2.5)式分别改为

$$\psi_{ij}^{(l+1)} = N_{l+1}\Big\{\sum_{m=0}^{L}\frac{(-\mathrm{i}\Delta t)^m}{m!}[A_{n_1n_2}^{(m)}(x_i-\mathrm{i}y_j)^{n_1}$$

$$\cdot \sum_{i_1 j_1} (W_{i_1} W_{j_1} \psi^{(l)}_{i_1 j_1} (x_{i_1} + \mathrm{i} y_{j_1})^{n_2} \mathrm{e}^{(x_i - \mathrm{i} y_j)(x_{i_1} + \mathrm{i} y_{j_1})} \mathrm{e}^{-x_{i_1}^2 - y_{j_2}^2})$$

$$+ C^{(m)}_{n_1 n_2} (x_i - \mathrm{i} y_j)^{n_1} \sum_{i_1 j_1} (W_{i_1} W_{j_1} \varphi^{(l)}_{i_1 j_1} (x_{i_1} + \mathrm{i} y_{j_1})^{n_2} \mathrm{e}^{(x_i - \mathrm{i} y_j)(x_{i_1} + \mathrm{i} y_{j_1})} \mathrm{e}^{-x_{i_1}^2 - y_{j_2}^2})]\Big\} \tag{16.3.5}$$

$$\varphi^{(l+1)}_{ij} = N_{l+1} \Big\{ \sum_{m=0}^{L} \frac{(-\mathrm{i}\Delta t)^m}{m!} [D^{(m)}_{n_1 n_2} (x_i - \mathrm{i} y_j)^{n_1}$$

$$\cdot \sum_{i_1 j_1} (W_{i_1} W_{j_1} \psi^{(l)}_{i_1 j_1} (x_{i_1} + \mathrm{i} y_{j_1})^{n_2} \mathrm{e}^{(x_i - \mathrm{i} y_j)(x_{i_1} + \mathrm{i} y_{j_1})} \mathrm{e}^{-x_{i_1}^2 - y_{j_1}^2})$$

$$+ B^{(m)}_{n_1 n_2} (x_i - \mathrm{i} y_j)^{n_1} \sum_{i_1 j_1} (W_{i_1} W_{j_1} \varphi^{(l)}_{i_1 j_1} (x_{i_1} + \mathrm{i} y_{j_1})^{n_2} \mathrm{e}^{(x_i - \mathrm{i} y_j)(x_{i_1} + \mathrm{i} y_{j_1})} \mathrm{e}^{-x_{i_1}^2 - y_{j_1}^2})]\Big\} \tag{16.3.6}$$

16.4 物理量计算

如果要计算 t 时刻系统的某一物理量的期待值，例如 Rabi 系统在 t 时刻的玻色子数 $n = a^\dagger a$ 的期待值，那么将时间分成小时段 Δt 后，t 对应的是 $t = l\Delta t$，则有

$$|t\rangle = |l\Delta t\rangle = \begin{pmatrix} \iint \psi^{(l)}(\rho,\eta) \mathrm{e}^{-\rho^2-\eta^2} \ |\rho + \mathrm{i}\eta\rangle \dfrac{\mathrm{d}\rho \mathrm{d}\eta}{\pi} \\ \iint \varphi^{(l)}(\rho,\eta) \mathrm{e}^{-\rho^2-\eta^2} \ |\rho + \mathrm{i}\eta\rangle \dfrac{\mathrm{d}\rho \mathrm{d}\eta}{\pi} \end{pmatrix} \tag{16.4.1}$$

于是有

$$\begin{aligned} \bar{n}(t) &= \langle t \mid a^\dagger a \mid t\rangle \\ &= \begin{pmatrix} \iint \psi^{(l)}(\rho,\eta) \mathrm{e}^{-\rho^2-\eta^2} \ |\rho + \mathrm{i}\eta\rangle \dfrac{\mathrm{d}\rho \mathrm{d}\eta}{\pi} \\ \iint \varphi^{(l)}(\rho,\eta) \mathrm{e}^{-\rho^2-\eta^2} \ |\rho + \mathrm{i}\eta\rangle \dfrac{\mathrm{d}\rho \mathrm{d}\eta}{\pi} \end{pmatrix}^{+} \\ &\quad \cdot a^\dagger a \begin{pmatrix} \iint \psi^{(l)}(\rho,\eta) \mathrm{e}^{-\rho^2-\eta^2} \ |\rho + \mathrm{i}\eta\rangle \dfrac{\mathrm{d}\rho \mathrm{d}\eta}{\pi} \\ \iint \varphi^{(l)}(\rho,\eta) \mathrm{e}^{-\rho^2-\eta^2} \ |\rho + \mathrm{i}\eta\rangle \dfrac{\mathrm{d}\rho \mathrm{d}\eta}{\pi} \end{pmatrix} \end{aligned}$$

$$= \iiiint \psi^{(l)*}(\rho_1,\eta_1) e^{-\rho_1^2-\eta_1^2} \langle \rho_1 + i\eta_1 \mid \psi^{(l)}(\rho_2,\eta_2) e^{-\rho_2^2-\eta_2^2} a^\dagger a \mid \rho_2 + i\eta_2 \rangle \frac{d\rho_1 d\eta_1 d\rho_2 d\eta_2}{\pi^2}$$

$$+ \iiiint \varphi^{(l)*}(\rho_1,\eta_1) e^{-\rho_1^2-\eta_1^2} \langle \rho_1 + i\eta_1 \mid \psi^{(l)}(\rho_2,\eta_2) e^{-\rho_2^2-\eta_2^2} a^\dagger a \mid \rho_2 + i\eta_2 \rangle \frac{d\rho_1 d\eta_1 d\rho_2 d\eta_2}{\pi^2}$$

$$= \iiiint \psi^{(l)*}(\rho_1,\eta_1) \psi^{(l)}(\rho_2,\eta_2) e^{-\rho_1^2-\eta_1^2} e^{-\rho_2^2-\eta_2^2} (\rho_1 - i\eta_1)(\rho_2 + i\eta_2)$$

$$\cdot \langle \rho_1 + i\eta_1 \mid \rho_2 + i\eta_2 \rangle \frac{d\rho_1 d\eta_1 d\rho_2 d\eta_2}{\pi^2}$$

$$+ \iiiint \varphi^{(l)*}(\rho_1,\eta_1) \varphi^{(l)}(\rho_2,\eta_2) e^{-\rho_1^2-\eta_1^2} e^{-\rho_2^2-\eta_2^2} (\rho_1 - i\eta_1)(\rho_2 + i\eta_2)$$

$$\cdot \langle \rho_1 + i\eta_1 \mid \rho_2 + i\eta_2 \rangle \frac{d\rho_1 d\eta_1 d\rho_2 d\eta_2}{\pi^2}$$

$$= \iiiint \psi^{(l)*}(\rho_1,\eta_1) \psi^{(l)}(\rho_2,\eta_2) e^{-\rho_1^2-\eta_1^2} e^{-\rho_2^2-\eta_2^2} (\rho_1 - i\eta_1)(\rho_2 + i\eta_2)$$

$$\cdot e^{(\rho_1 - i\eta_1)(\rho_2 - i\eta_2)} \frac{d\rho_1 d\eta_1 d\rho_2 d\eta_2}{\pi^2}$$

$$+ \iiiint \varphi^{(l)*}(\rho_1,\eta_1) \varphi^{(l)}(\rho_2,\eta_2) e^{-\rho_1^2-\eta_1^2} e^{-\rho_2^2-\eta_2^2} (\rho_1 - i\eta_1)(\rho_2 + i\eta_2)$$

$$\cdot e^{(\rho_1 - i\eta_1)(\rho_2 - i\eta_2)} \frac{d\rho_1 d\eta_1 d\rho_2 d\eta_2}{\pi^2}$$

$$\Rightarrow \sum_{i_1 j_1 i_2 j_2} \frac{1}{\pi^2} W_{i_1} W_{j_1} W_{i_2} W_{j_2} \Big[\psi_{j_1 j_2}^{(l)*} \psi_{i_2 j_2}^{(l)} e^{-x_{i_1}^2 - y_{j_1}^2} e^{-x_{i_2}^2 - y_{j_2}^2}$$

$$\cdot (x_{i_1} - iy_{j_1})(x_{i_2} + iy_{j_2}) e^{(x_{i_1} - iy_{j_1})(x_{i_2} + iy_{j_2})}$$

$$+ \varphi_{j_1 j_2}^{(l)*} \varphi_{i_2 j_2}^{(l)} e^{-x_{i_1}^2 - y_{j_1}^2} e^{-x_{i_2}^2 - y_{j_2}^2}$$

$$\cdot (x_{i_1} - iy_{j_1})(x_{i_2} + iy_{j_2}) e^{(x_{i_1} - iy_{j_1})(x_{i_2} + iy_{j_2})} \Big] \qquad (16.4.2)$$

(16.3.8)式最后用“⇒”代替“=”(等号),是表示在最后的表示式中已将积分换为高斯积分中的等价的求和计算,其中用到计算得到的$\{\psi_{ij}^{(l)}\}$,$\{\varphi_{ij}^{(l)}\}$.此外由计算 $\hat{n} = a^\dagger a$ 的例子可知,求任何其他的物理量与之类似.

最后在本章末总结一下本章的内容,亦可以说是对本书玻色系统的非微扰论方法的概括.如果在选择态矢空间中的基态矢问题上,如选 Fock 态集,则只适于微扰的问题.而要讨论较强耦合的非微扰问题必须选取相干态作为基态矢,那么选用相干态作基又可分为讨论相干态波函数的微分形式和积分形式两种,本书采用的是积分形式,它的优点是在哈密顿量作用下具有回归同一形式的好处,使得算符作用的部分对所有不同的物理系统的计算相同.因此,不同的计算仅是在将 H^m 算符表示为正规乘积时的形式有所不同.在本章中,说明这一方法中的形式回归的另一个关键优点就是:利用其回归的特点能采取高斯积分,使得原来需要很繁复的数值计算变成很简便的计算.由于这一突出的特点可预期这一方法在应用于相当复杂的系统上时,使本来看起来无法承担的巨大工作量的问题能够得到实现.

参考文献

[1] Gleisberg F, Wonneberger W, Schlöder U, et al. Non-interacting Fermions in a One-dimensional Harmonic Atom Trap: Exact One-particle Properties at Zero Temperature[J]. Physical Review A, 2000, 62(6):597-604.

[2] Emery V J, Evard R P, Devreese J T. Theory of the One-Dimensional Electron Gas in Highly Conducting One-Dimensional Solids[M]. New York: Springer, 1987.

[3] Voit J. One-dimensional Fermi liquids[J]. Rep. Prog. Phys., 1995, 58 : 977-1116.

[4] Schulz H J. Fermi Liquids and Non-Fermi Liquids[J]. Physics, 1995, 61: 533-603.

[5] Gogolin A O, Nersesyan A A, Tsvelik A M. Bosonization and Strongly Correlated Systems [M]. Cambridge: Cambridge University Press, 2004.

[6] Calogero F. Ground State of a One-dimensional N-body System[J]. Journal of Mathematical Physics, 1969, 10(12):2197-2200.

[7] Sutherland B. Quantum Many-body Problem in One Dimension: Ground State[J]. Journal of Mathematical Physics, 1971a, 12(2): 246.

[8] Sutherland B. Exact Results for a Quantum Many-body Problem in One Dimension[J]. Physical Review A, 1971b,4(5): 2019.

[9] Sutherland B. Exact Results for a Quantum Many-body Problem in One Dimension. Ⅱ[J].

Physical Review A, 1972, 5(3):1372-1376.

[10] Kawakami N, Kuramoto Y. Hierarchical Models with Inverse-square Interaction in Harmonic Confinement[J]. Physical Review B, Condensed Matter, 1994, 50(7): 4664-4670.

[11] Schönhammer K, Meden V. Fermion-boson Transmutation and Comparison of Statistical Ensembles in One Dimension[J]. American Journal of Physics, 1996, 64(9):1168-1176.

[12] Tomonaga S. Dr. YOSHIO NISHINA, His Sixtieth Birthday[J]. Progress of Theoretical Physics, 1950, 5: i - ii .

[13] Luttinger J M. An Exactly Soluble Model of a Many-Fermion System[M]. Frederick: American Institute of Physics, 1963.

[14] Mattis D C, Lieb E H. Exact Solution of a Many-fermion System and its Associated Boson Field [J]. Journal of Mathematical Physics, 1965, 6(2): 304-312.

[15] Luther A, Peschel I. Single-Particle States, Kohn Anomaly, and Pairing Fluctuations in One Dimension[J]. Physical Review B, 1974, 9(7): 2911-2919.

[16] Haldane F. Demonstration of the "Luttinger Liquid" Character of Bethe-Ansatz-Soluble Models of 1-D Quantum Fluids[M]. Amsterdam: Elsevier B. V. , 1981.

[17] Luther A, Emery V J. Backward Scattering in the One-dimensional Electron Gas[J]. Physical Review Letters, 1974, 33(10):589-592.

[18] Wonneberger W. Luttinger Model Approach to Interacting One-dimensional Fermions in A Harmonic Trap[J]. Physical Review A, 2001, 63:063607.

[19] Friedel J. Metallic alloys[J]. Il Nuovo Cimento, 1958, 7: 287-311.

[20] Gao X L, Wonneberger W. Phase Theory and Critical Exponents for the Tomonaga-Luttinger Model with Harmonic Confinement[J]. Journal of Physics B Atomic Molecular & Optical Physics, 2004, 37(11):2363-2377.

[21] Gao X L, Wonneberger W. Two-component Fermi Gas in a One-dimensional Harmonic Trap [J]. Physical Review A, 2001, 65(3):033610.

[22] Akdeniz Z, Vignolo P, Minguzzi A, et al. Temperature Dependence of Density Profiles for a Cloud of Noninteracting Fermions Moving Inside a Harmonic Trap in One Dimension[J]. Physical Review A, 2002, 66(5):55601-055601.

[23] Kronig R D. Zur Neutrinotheorie des Lichtes Ⅲ[J]. Physical, 1935, 2(1):968-980.

[24] Meden V, Metzner W, Schöllw oeck U, et al. Luttinger Liquids with Boundaries: Power-laws and Energy Scales[J]. The European Physical Journal B, 2000, 16(4):631-646.

[25] Fabrizio M, Gogolin A O. Interacting One Dimensional Electron Gas with Open Boundaries [J]. Physical Review B, Condensed Matter, 1995, 51(24):17827-17841.

[26] Recati A, Fedichev P O, Zwerger W, et al. Spin-charge Separation in Ultracold Quantum Gases[J]. Physical Review Letters, 2003, 90(2):020401.

[27] Cazalilla M A. Bosonizing One-dimensional Cold Atomic Gases[J]. Journal of Physics B Atomic Molecular & Optical Physics, 2004, 37(7):S1-S47.

[28] Mattsson A E, Eggert S, Johannesson H. Properties of a Luttinger Liquid with Boundaries at Finite Temperature and Size[J]. Physical Review B, 1997, 56(24):15615-15628.

[29] Cazalilla M A. Low-energy Properties of a One-dimensional System of Interacting Bosons with Boundaries[J]. EPL (Europhysics Letters), 2002, 59(6): 793-799.

[30] Schönhammer K. Interacting Fermions in One Dimension: The Tomonaga-Luttinger Model[J]. Physics, 1997.

[31] Schönhammer K. Newton's Law for Bloch Electrons, Klein Factors, and Deviations from Canonical Commutation Relations[J]. Physical Review B, 2001, 63(24):245102.

[32] Artemenko S N, Gao X L, Wonneberger W. Friedel Oscillations in a Gas of Interacting One-dimensional Fermionic Atoms Confined in a Harmonic Trap[J]. Journal of Physics B Atomic Molecular & Optical Physics, 2003, 37(7):S49-S58.

[33] Shankar R. Bosonization: How to Make it Work for You in Condensed Matter[J]. Acta Physica Polonica. B, Particle Physics and Field Theory, Nuclear Physics, Theory of Relativity, 1995, B26(12):1835-1867.

[34] Cardy J L. Conformal Invariance and Surface Critical Behavior[J]. Nuclear Physics B, 1984, 240(4):514-532.

[35] Vignolo P, Minguzzi A, Tosi M P. Light Scattering from a Degenerate Quasi-one-dimensional Confined Gas of Non-interacting Fermions[J]. Physical Review A, 2001, 64(2):436-454.

[36] Fabrizio M, Gogolin A O. Interacting One Dimensional Electron Gas with Open Boundaries [J]. Physical Review B, 1995, 51(24):17827-17841.

[37] Gao X L, Gleisberg F, Lochmann F, et al. Treatment of Backscattering in a Gas of Interacting Fermions Confined to a One-dimensional Harmonic Atom Trap[J]. Physical Review A, 2003, 67(2):426-430.

[38] Houbiers M, Stoof H. Cooper-pair Formation in Trapped Atomic Fermi Gases[J]. Physical Review A, 1999, 59(2):1556-1561.

[39] Townsend C G, Edwards N H, Zetie K P, et al. High-density Trapping of Cesium Atoms in a Dark Magneto-optical Trap[J]. Physical Review A, 1996, 53(3):1702-1714.

[40] Voit J, Wang Y, Grioni M. Bounded Luttinger Liquids as a Universality Class of Quantum Critical Behavior[J]. Physical Review B, 2000, 61(12):7930-7940.

[41] Wen X G. Chiral Luttinger Liquid and the Edge Excitations in the FQH States[J]. Physical Review B, 1990, 41(18):12838-12844.

[42] Wang Y, Voit J, Pu F C. Exact Boundary Critical Exponents and Tunneling Effects in Integrable Models for Quantum Wires[J]. Physical Review B, 1996, 54(12):8491-8500.

[43] Chen S, H Büttner, Voit J. Phase Diagram of an Asymmetric Spin Ladder[J]. Physical Review Letters, 2001, 87(8):087205.

[44] Chen Q H, Zhang Y Y, Liu T, et al. Numerically Exact Solution to the Finite-Size Dicke Model. Physical Review A, 2008, 78: 051801.

[45] Leibfried D, Blatt R, Monroe C, et al. Quantum Dynamics of Single Trapped Ions[J]. Review of Modern Physics, 2003, 75(1):281-324.

[46] Hofheinz M, Weig E M, Ansmann M, et al. Synthesizing Arbitrary Quantum States in a Superconducting Resonator. Nature,2009, 459: 546-549.

[47] Liu T, Wang K L, Feng M. Lower Ground State due to Counter-Rotating Wave Interaction in Trapped Ion System[J]. Journal of Physics B: Atomic, Molecular and Optical Physics, 2007, 40(11): 1967-1974.

[48] Feng M, Twamley J. Readout Scheme of the Fullerene-based Quantum Computer by a Single Electron Transistor[J]. Physical Review A, 2004, 70(3):423-433.

[49] Chen Q H, Yang Y, Liu T, et al. Entanglement Dynamics of Two Independent Jaynes-Cummings Atoms without Rotating-Wave Approximation[J]. Physical Review A, 2010, 82(5): 1112-1112.

[50] Emary C. Chaos and the Quantum Phase Transition in the Dicke Model - art. no. 066203[J]. Physical Review E: Statistical Physics, Plasmas, Fluids, and Related Interdisciplinary Topics, 2003, 67(6aPta2).

[51] Emary C, Brandes T. Quantum Chaos Triggered by Precursors of a Quantum Phase Transition: The Dicke Model - art. no. 044101[J]. Physical Review Letters, 2003(4):90.

[52] Liu T, Zhang Y Y, Chen Q H, et al. Scaling Behavior of the Ground-State Energy, Fidelity, and the Order Parameter in the Dicke Model[J]. Physical Review A, 2009, 80(2):023810.

[53] Han R , Lin Z J , Wang K L. Exact Solutions for the Two-Site Holstein Model[J]. Physical Review B, 2002, 65(17):174303.

[54] Chen Q H, Liu T, Zhang Y Y, et al. Quantum Phase Transitions in Coupled Two-Level Atoms in a Single-Mode Cavity[J]. Physical Review A, 2010, 82(5):1241-1244.

[55] Gu S J, Lin H Q, Li Y Q. Entanglement, Quantum Phase Transition and Scaling in XXZ Chain: arXiv, 10.1103/PhysRevA.68.042330[P]. 2003.

[56] Leggett A, Chakravarty S, Dorsey A, et al. Dynamics of the Dissipative Two-State System[J]. Reviews of Modern Physics, 1987, 59(1):1-85.

[57] Porras D, Cirac J I. Quantum Manipulation of Trapped Ions in Two Dimensional Coulomb Crystals[J]. Physical Review Letters, 2006, 96(25):250501.

[58] Porras D, Marquardt F, Delft J V, et al. Mesoscopic Spin-Boson Models of Trapped Ions[J]. Physical Review A, 2008, 78(1):10101-10101.

[59] Zhang Y Y, Chen Q H, Wang K L. Quantum Phase Transition in the Sub-Ohmic Spin-Boson Model: An Extended Coherent-State Approach[J]. Physical Review B, 2010, 81, 121105 (R).

[60] Alexandre S S, Artacho E, Soler José M, et al. Small Polarons in Dry DNA[J]. Physical Review Letters, 2003, 91(10):108105.

[61] Buonsante P, Vezzani A. Ground-State Fidelity and Bipartite Entanglement in the Bose-Hubbard Model[J]. Physical Review Letters, 2007, 98(11):110601-110601.

[62] Fehske H, Hager G, Jeckelmann J. Metallicity in the Half-Filled Holstein-Hubbard Model[J]. EPL (Europhysics Letters), 2008, 84(5):786-798.

[63] Wang K L, Liu T, Feng M. Exact Solutions of the Holstein Model with Different Site Energies [J]. The European Physical Journal B - Condensed Matter and Complex Systems, 2006, 54(3): 283-289.

[64] Yu Z, Song X. Variable Range Hopping and Electrical Conductivity along the DNA Double Helix[J]. Physical Review Letters, 2001, 86(26):6018-21.

[65] Chen Q H, Wang K L, Wan S L. Variational Calculation for Large Bipolarons in the Strong-Coupling Limit[J]. Physical Review B: Condensed Matter, 1994, 50(1):164-167.

[66] Peeters F M, Devreese J T. Scaling Relations Between the Two- and Three-Dimensional Polarons for Static and Dynamical Properties[J]. Physical Review B: Condensed Matter, 1987, 36 (8):4442-4445.

[67] Wang Y, Wang K L, Wan S L. Calculations of the Ground-State Energy for Strong- and Intermediate-Coupling Exciton-Phonon Systems[J]. Physical Review. B: Condensed Matter, 1996, 54(3):1463-1466.

[68] Braak D. Integrability of the Rabi Model[J]. Physical Review Letters, 2011, 107(10):100401.

[69] Chen Q H, Wang C, He S, et al. Exact Solvability of the Quantum Rabi Model Using Bogoliubov Operators[J]. Physical Review A, 2012, 86(2):3474-3476.